Régions du monde

H. J. de Blij
University of South Florida

Peter O. Muller
University of Miami

Manuel et atlas

Adaptation Yves Brunet, Ph.D., University of Miami
collège de Saint-Hyacinthe

Traduction Pierrette Mayer
Annick Morin (chapitres 10 et 11)

MODULO

Traduction de *Geography — Realms, Regions and Concepts* ©*1997*
avec l'autorisation de John Wiley & Sons, inc.
Tous droits réservés.

Données de catalogage avant publication (Canada)

De Blij, Harm J

    Régions du monde : manuel et atlas

    Traduction de: Geography.
    Comprend un index.

    ISBN 2-89113-705-1

    1. Géographie. 2. Géographie humaine. 3. Géographie économique. I.
Muller, Peter O. II. Brunet, Yves, 1943-   . III. Titre.

G128.D4214 1998   910   C98-940899-X

Nous reconnaissons l'aide financière du gouvernement du Canada par l'entremise du Programme d'Aide au Développement de l'Industrie de l'Édition pour nos activités d'édition.

Équipe de production
Chargée de projet : Michèle Morin
Révision linguistique : Annick Morin, Michèle Morin, Monique Tanguay
Correction d'épreuves : Monique Tanguay, Marie Théoret, Renée Théorêt
Typographie : Carole Deslandes
Conception et réalisation cartographiques des annexes B, C et D : Le Groupe KOREM
Maquette intérieure et montage : Lise Marceau, Marguerite Gouin
Maquette de la couverture : Olena Lytvyn

Régions du monde — Manuel et Altas
© Modulo Éditeur, 1998
Mont-Royal (Québec)
Canada H3P 2H4
Téléphone : (514) 738-9818 / 1 888 738-9818
Télécopieur : (514) 738-5838 / 1 888 273-5247
Site Internet : www.modulogriffon.com

Dépôt légal — Bibliothèque nationale du Québec, 1998
Bibliothèque nationale du Canada
ISBN 2-89113-**705**-1

Imprimé au Canada
2 3 4 5   09 08 07 06 05

Préface

Régions du monde est une adaptation en langue française de la huitième édition de *Geography Realms, Regions and Concepts* de H. J. de Blij et Peter O. Muller. En la préparant, nous avions comme principal souci de répondre aux objectifs du cours *La Carte du monde* du programme de sciences humaines au collégial. C'est chose faite. L'ensemble des chapitres du manuel traite des sujets au programme du cours de manière à faire découvrir et comprendre les liens étroits qu'entretiennent les populations avec leur espace.

Nous avons en effet conservé tous les chapitres de l'édition américaine, mais nous en avons modifié, réorganisé, condensé et mis à jour le contenu. Par exemple, la section décrivant en détail les républiques de la Russie a été supprimée; les sections et encadrés traitant de la zone Asie-Pacifique tiennent maintenant compte de la récente crise économique qui affecte les pays de cette partie du monde. Nous avons traduit et uniformisé la toponymie de toutes les cartes, et nous y avons incorporé les changements adoptés récemment (par exemple, le Zaïre s'appelle maintenant République démocratique du Congo). Nous avons aussi ajouté les outils pédagogiques que sont la présentation d'objectifs en début de chapitre et les questions de révision en fin de chapitre.

Pour bien refléter la réalité propre aux Québécois francophones, le contenu du livre a fait l'objet d'une révision sérieuse et d'une adaptation constante aux besoins des étudiants du collégial. Plusieurs sections ont été réécrites de façon à rendre l'explication plus claire et compréhensible; d'autres ont été synthétisées pour ne présenter que les concepts essentiels au cours. La présentation des contenus est vivante et intéressante, le style, simple et direct.

Une toute nouvelle annexe, *La Terre dans le cosmos* (annexe C), ainsi qu'une section sur les projections cartographiques dans l'annexe B – *Interprétation des cartes*, ont été ajoutées pour répondre aux exigences du programme. Les données de l'annexe A – *Aires et données démographiques* ont été converties au système métrique. Par ailleurs, nous avons regroupé dans l'annexe D – *Cartes des grands ensembles*, les cartes générales de type atlas. Répliques en français des cartes du *Goode's World Atlas* publié par Rand McNally (sauf pour les chapitres 6 et 12), ces cartes ont été soigneusement réalisées par les cartographes professionnels du groupe KOREM de Québec à l'aide d'un système cartographique à la fine pointe de la technologie. L'index géographique qui suit a été substantiellement augmenté par rapport à la version anglaise qui ne contenait que les mots des cartes thématiques : nous y avons ajouté tous les mots des cartes de l'atlas. De plus, on y trouve maintenant les coordonnées de la majorité des lieux ponctuels (villes, villages, sommets, etc.).

Ouverture sur le monde

Régions du monde est une porte d'entrée dans l'univers de la géographie. Le monde, en pleine mutation, est secoué par des bouleversements politiques, économiques et sociaux. Et cela se passe sous nos yeux. Les expressions « nouvel ordre mondial », « globalisation », « village global » sont maintenant régulièrement employées dans les conversations. Que signifient-elles ? Quelles en sont les origines ? En quoi émergent-elles de la géographie des lieux et des hommes ? On ne peut répondre qu'en prenant conscience de la répartition des grands ensembles géographiques à la surface de la terre, des sociétés qui les habitent, de leur environnement, de leurs ressources, de leurs systèmes politiques, de leurs traditions. Apprendre la géographie régionale, c'est comprendre en quoi cette structure globale générale reflète les relations réciproques entre les divers milieux naturels et les communautés humaines.

Le manuel comprend 13 chapitres. Le premier, un chapitre d'introduction, présente le monde dans son ensemble. On y apprend les concepts de base de la géographie : le milieu naturel et son évolution, la physiographie, l'hydrographie, le climat, la culture et les paysages humains, la distribution de la population mondiale, l'urbanisation, l'économie à l'échelle globale. On y apprend aussi à lire et à interpréter les cartes, ainsi qu'à nommer et à positionner les grands ensembles géographiques.

Chacun des douze autres chapitres traite d'un grand ensemble géographique. La première partie est consacrée aux caractéristiques physiques, historiques, humaines et culturelles de l'ensemble géographique à l'étude; dans la deuxième partie, qui décrit les régions de l'ensemble géographique, on découvre les traits dominants qui confèrent un caractère, une personnalité, une atmosphère propre à chacune d'elles.

Outils pédagogiques

L'organisation des chapitres en deux parties permet la souplesse que recherchent la plupart des professeurs pour leur enseignement. On peut, en effet, choisir de mettre l'accent sur le portrait global d'un ensemble géographique et d'y approfondir les thèmes prédominants, puis, dans la partie sur les régions, ne retenir que les rubriques sur les grandes villes. On peut aussi décider de présenter à grands traits les caractéristiques physiques et culturelles de l'ensemble géographique, mais d'analyser en profondeur les traits propres à chacune des régions qui le composent. Chacun choisira l'approche qui lui convient le mieux et profitera des outils pédagogiques qui sont mis à la disposition du lecteur dans ce manuel. En voici une description.

Objectifs Chaque chapitre débute par une présentation des habiletés à développer. Les élèves savent d'entrée de jeu quels sont leurs objectifs et peuvent suivre leur apprentissage en s'y référant régulièrement.

Principales caractéristiques géographiques Cette rubrique se trouve toujours au début de la première partie, dans le portrait global de l'ensemble géographique. On y trouve une liste des principales caractéristiques géographiques qui résument le mieux cette partie du monde.

Encadrés Certains sujets spéciaux, présentant un intérêt particulier, sont traités dans des encadrés, de façon à ne pas interrompre le déroulement du texte principal.

✦ Pour aider le lecteur à se situer, les différentes régions à l'étude dans la deuxième partie des chapitres sont identifiées par ce symbole.

L'une des grandes villes ... Plus de 30 grandes villes du monde sont décrites brièvement et illustrées de leur plan actuel. Cette rubrique est un reflet du processus d'urbanisation grandissant qui confère de plus en plus d'importance aux villes. En effet, pour la première fois dans l'histoire de l'humanité, la majorité des humains vivent dans des villes (nous sommes sur le point de dépasser le cap des 50 %).

Données démographiques des pays et des principales villes Dans chaque chapitre, pour faciliter la lecture et le repérage, les données sur les populations des principales agglomérations urbaines de l'ensemble géographique sont regroupées dans un tableau, au début de la partie sur les régions. De même, les données démographiques des pays du monde sont regroupées dans l'annexe A. Tous ces chiffres sont des projections pour 1997 effectuées par les auteurs américains.

Cartes et index géographique En plus des cartes générales de type atlas de l'annexe D, le manuel contient une riche série exclusive de cartes thématiques, intégrées au texte. Pour faciliter le repérage, toutes les cartes sont quadrillées à l'aide des coordonnées longitude-latitude. En annexe, un index géographique complet, incluant les coordonnées, aide à localiser les lieux répertoriés.

Recherche sur le terrain Une grande partie des photos du livre ont été prises par les auteurs à l'occasion de voyages de recherche sur le terrain. Elles sont accompagnées, en légende, des notes d'observation de leur journal de bord. L'élève peut ainsi voir comment les géographes observent et interprètent les informations qu'ils recueillent sur le terrain.

Questions de révision En fin de chapitre, des questions de révision préparent à une bonne synthèse du chapitre. Répondre à ces questions fera ressortir les liens entre les thèmes principaux et secondaires et consolidera la compréhension de l'élève.

Glossaire et Index À la fin du livre, un glossaire donne les définitions des termes importants. Ceux-ci sont indiqués en rouge dans le texte des chapitres. À la suite du glossaire, un index général reprend les différents thèmes et renvoie aux sections du livre où ceux-ci sont traités.

Remerciements

Nous désirons remercier toutes les personnes qui ont collaboré à la réalisation de ce manuel, en particulier les professeurs de géographie qui ont manifesté leur enthousiasme pour le projet et nous ont transmis leur commentaires et plans de cours, ainsi que ceux qui ont commenté le volume américain; ils nous ont convaincus de la pertinence de publier cette adaptation pour le cours *La carte du monde*. Nous remercions également les étudiants du collège de Saint-Hyacinthe qui ont expérimenté certains chapitres en cours d'adaptation.

Table des matières

Mode d'emploi

Guide d'utilisation de votre livre

Voici comment tirer le meilleur parti de votre livre, c'est-à-dire atteindre un double objectif : maîtriser la matière et obtenir de bonnes notes.

1. Explorez votre livre.
2. Acceptez quelques conseils sur la manière de lire les chapitres.
3. Employez les trois techniques d'étude que nous vous présenterons.

Si vous avez besoin de directives plus précises, adressez-vous à votre professeur ou aux conseillers pédagogiques de votre collège.

À la découverte de votre livre

Régions du monde a été soigneusement conçu pour faciliter votre apprentissage. Examinez-en les composantes et exploitez-les pleinement.

- **Préface.** Si ce n'est déjà fait, lisez la préface. C'est en quelque sorte le portrait de votre manuel.
- **Table des matières.** Parcourez la table des matières pour vous faire une idée générale du contenu de votre cours.
- **Glossaire.** Lorsque nous employons un terme important dans le texte, nous l'indiquons par la couleur rouge. Toutes les définitions des mots en rouge sont rassemblées, par ordre alphabétique, dans un glossaire de forme traditionnelle placé en fin d'ouvrage. Consultez ce glossaire pour réviser les définitions antérieurement présentées.
- **Index géographique.** Pour localiser un lieu, cherchez-en le toponyme dans l'index géographique, notez-en les coordonnées et servez-vous-en pour le repérer sur la carte appropriée.
- **Index.** Si vous vous intéressez à un sujet en particulier, le climat ou l'industrialisation par exemple, vous repérerez dans l'index les pages où il est traité.

Comment lire un chapitre

Chaque chapitre de *Régions du monde* contient des outils d'apprentissage qui vous aideront à maîtriser la matière.

Des objectifs stimulants

D'entrée de jeu, prenez connaissance des objectifs du chapitre pour vous mettre au courant des habiletés que vous y développerez. Revenez-y souvent au cours de votre lecture du chapitre et questionnez-vous sur votre niveau d'acquisition de ces objectifs.

Une introduction directe

Pour situer rapidement la problématique dominante de l'ensemble géographique à l'étude, lisez attentivement le paragraphe d'introduction : c'est votre point de départ.

En première partie : Le portrait global d'un ensemble géographique

Prenez connaissance des caractéristiques physiques et culturelles de l'ensemble géographique à l'étude. Vous découvrirez et comprendrez les liens étroits qu'entretiennent les populations avec leur espace.

Un encadré résumant les Principales caractéristiques géographiques

Consultez l'encadré résumant les *principales caractéristiques géographiques* résultant de l'interaction des communautés humaines et des milieux naturels de cette portion de la surface de la Terre.

Des encadrés sur des sujets d'intérêt particulier

En deuxième partie : Examen de l'ensemble géographique par région

Découvrez les traits qui confèrent à chaque région ou pays son caractère unique.

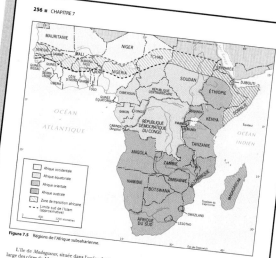

De nombreuses cartes couleurs

Outre les cartes générales de type atlas, *Régions du monde* vous offre une riche série exclusive de cartes thématiques. Les cartes sont l'outil le plus puissant du géographe, elles présentent des quantités considérables d'informations, suggèrent des relations, fournissent des réponses et exposent, aux yeux des chercheurs, d'intéressants problèmes spatiaux. Bien des cartes sont tout simplement fascinantes, n'hésitez pas à vous y attarder.

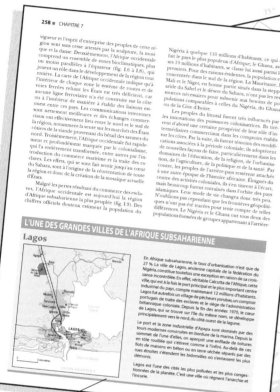

Rubrique L'une des grandes villes du monde...

Prenez conscience de la marche irrépressible de l'urbanisation dans le monde en lisant ces encadrés descriptifs et percutants illustrés du plan des grandes villes du monde.

Questions de révision

En fin de chapitre, pour consolider votre compréhension, répondez aux questions pour faire la synthèse et bien retenir les liens entre les thèmes principaux et secondaires.

Trois techniques d'étude

Maintenant que vous avez fait connaissance avec votre livre et que vous savez comment en lire les chapitres, vous êtes en voie d'atteindre vos deux objectifs : maîtriser la matière et démontrer votre maîtrise. Voici trois techniques infaillibles qui vous aideront à cheminer vers la réussite.

1 **Utilisez la méthode SQL3R.** Le sigle SQL3R désigne les six étapes d'une étude efficace : survoler, questionner, lire, réciter, réviser et rédiger.

- *Survolez* le chapitre en lisant les objectifs, l'introduction et les titres de sections et de sous-sections.

- Pour maintenir votre attention et approfondir votre compréhension, transformez le titre de chaque sous-section en *question*. Inspirez-vous des objectifs présentés au début du chapitre.

- *Lisez* le chapitre et essayez de répondre aux questions que vous avez formulées à partir des titres.

- Après avoir lu le chapitre et répondu à vos questions, arrêtez-vous et *récitez* vos réponses, mentalement ou par écrit.

- *Révisez* le contenu du chapitre en répondant aux questions de révision qui apparaissent à la fin du chapitre. Écrivez vos réponses et vérifiez-les en marquant les sections du texte qui vous ont permis d'y répondre.

- *Rédigez* encore en prenant des notes succinctes dans les marges, à côté des passages que vous ne comprenez pas parfaitement. Consultez ces notes pour poser des questions pendant les cours. La méthode SQL3R semble à première vue fastidieuse, mais nos étudiants ont découvert qu'elle leur fait gagner du temps et qu'elle favorise la compréhension.

2 **Répartissez vos heures d'étude.** Il est important de faire une récapitulation avant un examen, mais les séances d'étude intensives de dernière minute ne vous seront d'aucune utilité au collège. La recherche en psychologie a en effet révélé très clairement que les périodes d'étude courtes mais régulières donnent de bien meilleurs résultats que les longues séances ininterrompues. Vous n'attendez sûrement pas la veille d'un important match de volley-ball pour commencer à vous entraîner. De même, il ne sert à rien de commencer à étudier la veille d'un examen.

3 **Écoutez activement les cours.** Arrivez à l'heure à vos cours et ne sortez pas avant la fin, car vous pourriez manquer des explications importantes. Écoutez *activement* durant les cours. Posez des questions si vous ne comprenez pas. Regardez votre professeur. Concentrez-vous sur ses propos et tentez d'en extraire l'idée principale. Notez les notions clés et les exemples éclairants. Écrivez les dates et les noms importants ainsi que les termes nouveaux. Ne tentez pas de transcrire mot à mot ce que dit votre professeur. Il s'agit là d'une écoute passive et mécanique. Aérez vos notes de façon à pouvoir y ajouter des éléments si votre professeur revient sur un sujet ou développe une idée. Prêtez une attention particulière à tout ce que votre professeur écrira au tableau. Les professeurs prennent généralement la peine d'écrire au tableau les concepts qu'ils jugent les plus importants.

Nous espérons que vous aimerez étudier avec *Régions du monde*. Nous croyons que la géographie est une science vivante, fascinante et utile. Nous souhaitons vivement que notre livre vous en persuade aussi.

INTRODUCTION

Votre étude des bases de la géographie régionale terminée, vous pourrez :

1 Distinguer divers concepts relatifs aux régions et comprendre ce qu'est une structure régionale.

2 Comprendre les principaux aspects du milieu naturel et l'évolution de celui-ci depuis quelques millions d'années.

3 Comprendre la classification des climats d'après Köppen–Geiger en saisissant les rapports entre les précipitations, la végétation et le relief.

4 Comprendre ce qu'est la culture et comment, dans le temps et dans l'espace, se dessinent les paysages humains.

5 Commenter la distribution de la population mondiale et en décrire les principales concentrations.

6 Expliquer ce qu'est l'urbanisation, et en comprendre l'évolution générale dans différentes régions du monde.

7 Apprécier l'ampleur de l'influence exercée par les régions industrialisées et comprendre comment, à l'échelle mondiale, les pays économiquement forts dominent les pays moins développés, de la même façon qu'une région centrale domine sa périphérie.

8 Nommer et positionner sur une carte les 12 ensembles géographiques que vous découvrirez dans les prochains chapitres.

Géographie régionale du monde : éléments physiques et humains

Peut-on imaginer époque plus stimulante pour étudier la géographie ? Régulièrement, le monde en constante mutation est secoué par des bouleversements politiques, économiques et sociaux analogues à ceux dont traitent les manuels d'histoire. Comme jadis, nous assistons à la création d'alliances nouvelles, au démembrement d'unions anciennes, à la naissance de courants novateurs et à la disparition des idées révolues. Les dirigeants politiques parlent du « nouvel ordre mondial » comme d'une réalité, mais à la vérité, ils le font prématurément. Un futur ordre mondial est bien en train de se dessiner, mais bien malin qui pourrait dire aujourd'hui de quoi il sera fait. Ce qui est certain, cependant, c'est que la carte de ce monde nouveau sera très différente de l'ancienne. Pour comprendre les changements en cours et les orientations futures, la géographie est notre plus sûre alliée.

Perspectives géographiques

Dans le présent ouvrage, nous examinons la structure géographique du monde contemporain, c'est-à-dire le plan d'ensemble qu'ont dessiné des milliers d'années de réalisations et d'échecs humains, de progrès et de marasme, d'effervescence révolutionnaire et de stabilité tranquille, d'interaction et d'isolement.

Nous vivons dans un monde où les voyages, le commerce, le tourisme et la télévision multiplient les contacts. À l'ère du village global, l'espace géographique est redécoupé par grands **ensembles** ayant une identité propre et des traits distinctifs. Ce sont ces ensembles aux noms familiers (Europe, Amérique du Sud, Asie du Sud-Est, etc.) que nous examinerons.

Les géographes étudient et décrivent la Terre à sa surface. Ils s'intéressent ainsi à la position et à la distribution des empreintes du peuplement humain, des caractéristiques du milieu naturel, ou des deux à la fois. L'un des objets d'étude les plus intéressants de la géographie est précisément les relations réciproques entre les divers milieux naturels et les communautés humaines. Les recherches géographiques portent sur les raisons, ou les causes, de la distribution qui en résulte : elles tentent d'expliquer le monde humain et physique sous la perspective spatiale. Ainsi, l'étude d'un ensemble géographique traite de la structure spatiale des villes, de l'agencement des fermes et des champs, des réseaux de transport, des systèmes fluviaux, de la nature du climat et de bien d'autres éléments. Vous constaterez d'ailleurs que le langage de la géographie regorge de termes apparentés au concept d'espace : zone, distance, direction, regroupement, proximité, accessibilité, isolement, etc.

En étudiant les grands ensembles géographiques du monde, nous verrons que chacun possède une combinaison particulière de caractéristiques culturelles, organisationnelles et environnementales. En tentant de comprendre comment ces ensembles se sont formés, sur les plans physique et humain, nous apprendrons *où* ils se situent (question fondamentale en géographie pour laquelle il n'y a pas de réponse simple), *pourquoi ils y sont précisément,* comment ils sont constitués et comment ils sont susceptibles d'évoluer.

Ensembles géographiques et régions

C'est le lot de tous les chercheurs que d'ordonner d'innombrables données. Ainsi, les biologistes ont créé une *taxinomie* (ou système de classification) des milliers de plantes et d'animaux qui comporte sept grandes divisions. C'est ainsi qu'allant du général au particulier, nous, humains appartenons au *règne* animal, à l'*embranchement* (ou phylum) des cordés, à la *classe* des mammifères, à l'*ordre* des primates, à la *famille* des hominidés, au *genre* homo et à l'*espèce homo sapiens.* De leur côté, les géologues classent les roches de la surface terrestre en trois grandes catégories (comportant elles-mêmes plusieurs subdivisions), qu'ils situent sur une échelle des temps géologiques couvrant des centaines de millions d'années. De même, les historiens définissent des ères, des âges et des périodes pour conceptualiser les suites d'événements qu'ils étudient.

Les géographes sont des chercheurs et ils ont aussi des systèmes de classification. Par exemple, lorsqu'ils considèrent des problèmes urbains, ils font appel à une méthode de classification fondée sur la taille et les fonc-

tions des lieux étudiés, à laquelle est associée une terminologie incluant des expressions du langage courant : mégalopole, métropole, ville, village, hameau.

Ceux qui s'intéressent à la géographie régionale, comme c'est le cas dans le présent ouvrage, utilisent une structure hiérarchique pour catégoriser les parties du monde qu'ils étudient, de la plus vaste à la plus petite. Reposant sur la notion d'*espace,* leur système de classification est horizontal, et non vertical. L'équivalent géographique de la première division de la taxinomie biologique, soit les règnes (végétal et animal), est le partage naturel du globe en terres émergées et en océans. La seconde division est le classement des terres habitées en ensembles géographiques, sur la base de caractéristiques humaines et physiques (ou naturelles), comme nous l'avons signalé plus haut.

Critères de définition des ensembles géographiques

Les **ensembles géographiques** sont définis en fonction de critères spatiaux. Premièrement, ces ensembles sont les plus grandes entités dans lesquelles on peut classer les terres habitées. Les caractéristiques servant à effectuer ce découpage très général sont de nature physique et humaine. Par exemple, l'Amérique du Sud constitue un ensemble géographique parce qu'elle est une masse continentale (caractéristique physique) et qu'un

Figure I.1 Les ensembles géographiques du monde.

faisceau de normes sociales prévalent sur tout le territoire (caractéristique culturelle). Deuxièmement, les ensembles géographiques sont la résultante de l'interaction des communautés humaines et des milieux naturels. Selon ce critère, l'Antarctique, bien qu'étant une masse continentale, n'est pas un ensemble géographique. Troisièmement, les ensembles géographiques doivent correspondre aussi fidèlement que possible aux grandes concentrations humaines du monde actuel. La Chine est au cœur d'un tel regroupement, et c'est aussi le cas de l'Inde. La carte de la figure I.1 représente les 12 ensembles géographiques du monde délimités à l'aide de ces trois types de critères.

Critères de définition des régions

La division spatiale du monde en ensembles géographiques fournit une structure globale générale, mais notre étude exige l'ajout de subdivisions à cette classification, ce qui nous amène à définir une notion organisationnelle d'une importance capitale en géographie : le concept de **région**. Quand on parle d'une partie des États-Unis ou du Canada (par exemple, du sud des États-Unis, du Midwest ou des Prairies), on utilise le concept de région, mais dans son sens courant et non scientifique.

Identifions d'abord quelques propriétés communes des régions. Bien sûr, toutes les régions ont une **superficie** puisqu'elles occupent une portion de la surface terrestre, et elles sont par conséquent délimitées par des **frontières**. Parfois, la nature se charge de marquer des divisions très nettes, tels que l'axe déterminé par la crête d'une chaîne de montagnes ou la ligne de démarcation d'une zone forestière. Mais bien souvent, les frontières régionales ne s'imposent pas d'elles-mêmes et il faut les délimiter en s'appuyant sur des critères définis à cet effet. Il n'est évidemment pas toujours possible de les tracer de façon très précise. Il est en effet fréquent que des régions adjacentes comportent des zones frontières de transition. C'est aussi le cas de certains ensembles géographiques contigus.

Toutes les régions occupent également une **position**, souvent évoquée par leur dénomination (bassin de l'Amazonie, Indochine, etc.). La *position absolue* d'une région en donne l'étendue au moyen de coordonnées appelées latitude et longitude. Mais le concept de *position relative*, à savoir la localisation d'une région par rapport aux autres, s'avère en général plus utile. Bon nombre de désignations fournissent également des indications sur la positive relative, comme c'est le cas de l'Europe *de l'Est* et de l'Afrique *équatoriale*.

De nombreuses régions présentent une certaine *homogénéité*, ou uniformité, quant à leurs caractéristiques humaines (culturelles) ou physiques (naturelles), ou aux deux à la fois. Ainsi, la Sibérie, une vaste région du nord-est de la Russie, se distingue par son climat glacial, par de vastes zones de pergélisol ou de végétation adaptée à la rigueur du climat et par une faible po-

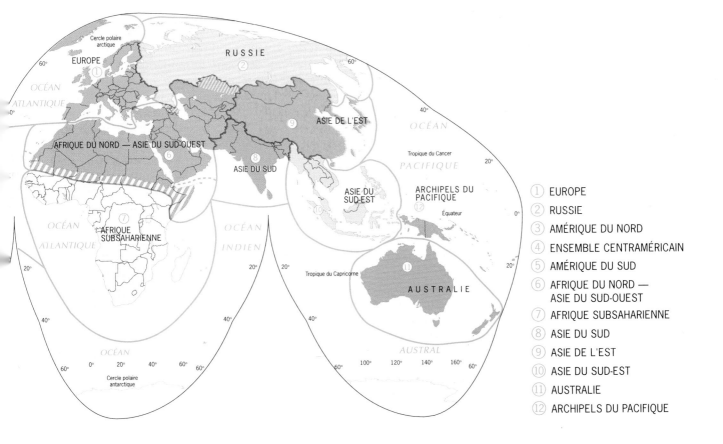

pulation vivant dans de petites agglomérations toutes semblables et très dispersées. Cette homogénéité en fait l'une des régions naturelles et culturelles de la Russie.

D'autres régions se distinguent non pas par leur uniformité, mais par leur intégration fonctionnelle, c'est-à-dire la façon dont les activités y sont organisées. Ces régions résultent de l'extension dans l'espace des activités justifiant leur existence. Prenons l'exemple d'une métropole avec ses banlieues, ses espaces verts, ses villes satellites et les fermes avoisinantes. La métropole fournit des biens de consommation et des services à la zone qui l'encercle et elle achète de celle-ci des denrées agricoles et d'autres produits. Elle est le cœur, ou *centre*, de la région, et la zone d'interaction environnante est appelée **périphérie**. L'influence de la métropole diminue au fur et à mesure qu'on s'éloigne du centre et qu'on s'approche du périmètre extérieur de la zone périphérique; celui-ci constitue la frontière de la **région fonctionnelle** dont la métropole est le noyau.

À l'échelle des régions

Dans le présent ouvrage, nous étudions la géographie du monde à l'échelle régionale, à l'aide d'un ensemble de concepts associés à celui de région, en tenant compte évidemment de ce que chaque région fait partie d'un ensemble géographique.

La taille des régions varie énormément : certaines sont très vastes, comme la Sibérie, une région homogène de la Russie; d'autres sont relativement petites, comme la région fonctionnelle formée par la ville de Boston et sa périphérie. Des géographes ont tenté de définir des termes qui serviraient à distinguer les grandes régions des petites; ainsi, on parle parfois de la division d'une région en sous-régions. Mais étant donné qu'il n'existe pas de terminologie généralement acceptée, nous emploierons le terme *région* pour désigner les espaces délimités, grands ou petits. Quant au degré de précision des cartes, nous devons nous en tenir aux grandes régions, mais à l'occasion nous insérons en cartouche la carte d'une région plus petite. Cette question nous amène à parler du concept géographique d'échelle.

Les cartes sont l'outil premier du géographe. Elles jouent un rôle analogue à celui de la taxinomie et des divers systèmes de classification des autres sciences. Les cartes présentent des quantités considérables d'informations, suggèrent des relations, fournissent des réponses et exposent, aux yeux des chercheurs, d'intéressants problèmes spatiaux. Bien des cartes sont tout simplement fascinantes. Une bibliothèque personnelle n'est pas complète si on n'y trouve pas un bon atlas.

Chaque carte représente une partie ou la totalité de la surface de la terre (ou d'autres éléments de la planète, dans son état actuel ou ancien) de façon plus ou moins détaillée, selon l'échelle utilisée. (L'**échelle**

est le rapport entre la distance séparant deux lieux sur la carte et la distance réelle séparant ces mêmes lieux sur la surface de la terre.)

Par exemple, à la figure I.2, la première carte (en haut à gauche) représente la quasi-totalité du continent nord-américain, mais elle contient très peu d'informations spatiales, à part la frontière politique canado-américaine. La deuxième carte (en haut à droite) montre l'est et le centre du Canada de façon suffisamment détaillée pour que l'on puisse distinguer les provinces, quelques villes et certains éléments physiques non indiqués sur la carte précédente (les plus grands lacs du Manitoba). La troisième carte (en bas à gauche) représente les principales voies de communication terrestres et maritimes du Québec et des environs, la position relative de Montréal, et les système hydrographiques du Saint-Laurent, de la baie James et de la baie d'Hudson. La quatrième carte (en bas à droite) est un plan détaillé de Montréal et de ses banlieues.

Chaque carte de la figure I.2 est accompagnée d'une indication de l'échelle, à savoir une ligne graduée en kilomètres et un rapport. Dans la première carte, celui-ci est de 1 : 103 000 000, ce qui signifie qu'une distance d'une unité de mesure (un centimètre) sur la carte correspond à une distance de 103 millions unités de mesure (identiques) sur la surface terrestre. L'échelle d'une carte est d'autant plus petite que le rapport est faible (ou que le second terme est grand). Ainsi, il est clair que la première carte a la plus petite échelle, soit 1 : 103 000 000, et que la quatrième a la plus grande, soit 1 : 1 000 000. Si on compare les première et troisième cartes pour la représentation des distances, on constate que l'échelle de la première est plus de quatre fois supérieure à celle de la troisième. Par contre, pour la représentation des aires, l'échelle 1 : 24 000 000 est plus de 16 fois supérieure à l'échelle 1 : 103 000 000, car le rapport s'applique alors à chaque dimension (longueur et largeur) de la surface considérée.

Dans un ouvrage où l'on donne un aperçu des principales régions de chaque ensemble géographique, il est nécessaire d'utiliser des échelles relativement petites. Évidemment, quand on étudie une petite région en détail, plus l'échelle est grande, plus il est facile de déterminer les critères appropriés au découpage. Ainsi, pour l'examen des régions urbaines, nous utiliserons des échelles semblables à celle de la carte du grand Montréal de la figure I.2. La plupart du temps, toutefois, nous adopterons un point de vue macroscopique et général, et brosserons un tableau à petite échelle des ensembles géographiques et des régions du monde.

Le milieu naturel

Bien que les grandes régions que nous allons définir et explorer dans le présent ouvrage soient la résultante

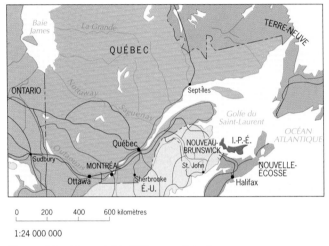

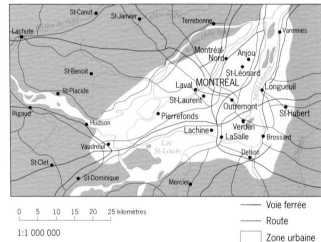

Figure I.2 Montréal à différentes échelles.

de l'activité humaine, il sera souvent question du cadre physique dans lequel cette activité se déroule. Car quels que soient la capacité industrielle d'une société et ses progrès technologiques, le milieu naturel joue encore un rôle prépondérant dans son évolution.

Nous savons que l'environnement peut changer, et parfois très rapidement. Cela s'est produit dans le passé. Ainsi, des archéologues ont dégagé des sables du désert les vestiges de cités ayant jadis connu splendeur et puissance, pourvues qu'elles étaient alors d'importantes réserves d'eau, d'abondantes récoltes et de matières premières, comme le bois et les fibres textiles. De même, au temps des Romains, les fermes à proximité de la côte méditerranéenne de l'Afrique étaient très productives : les précipitations y étaient abondantes et les systèmes d'irrigation adéquats. Aujourd'hui, les aqueducs des Romains sont en ruines et les champs sont à l'abandon. On s'inquiète de plus en plus pour l'avenir : on craint la *désertification*, c'est-à-dire l'assèchement de zones entières causé par l'extension des déserts, de même que le réchauffement de la planète, soit des températures moyennes plus élevées que celles des dernières décennies, et les changements climatiques qui s'en-

suivraient. Les glaciers vont-ils se mettre à fondre, entraînant une hausse du niveau des mers ? Les terres agricoles cesseront-elles d'être productives ? Quelles régions du globe seront les plus touchées par les changements environnementaux ?

Pour répondre à ces questions cruciales, il faut étudier les ensembles géographiques et les régions en tenant compte de leur milieu naturel. Il faut faire de la **géographie physique**, c'est-à-dire faire l'étude spatiale des phénomènes naturels terrestres, de leurs systèmes, de leurs processus et de leurs structures. C'est d'ailleurs en recourant à l'analyse spatiale que le géophysicien et météorologue Alfred Wegener, en vint à énoncer la théorie de la *dérive des continents,* au début du siècle. Wegener étudia le tracé des continents et supposa, après avoir ordonné un ensemble impressionnant de faits, que les masses continentales formaient un seul bloc à un moment de l'histoire de la Terre. Elles se seraient éloignées les unes des autres depuis, mais les deux rives opposées de l'océan Atlantique pourraient encore s'emboîter comme deux morceaux adjacents d'un casse-tête, surtout au niveau de l'Afrique et de l'Amérique du Sud. Cette théorie était révolutionnaire, car on avait

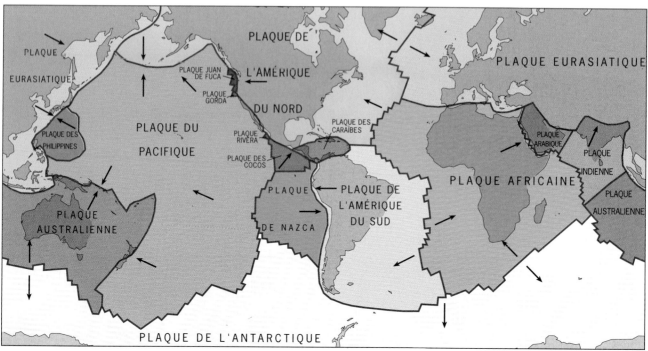

Figure I.3 Les plaques tectoniques du monde.

longtemps cru que les continents étaient permanents et immuables. Soudain, ils se révélaient mobiles.

Dans l'ouvrage qu'il publie en 1915, Wegener affirme que la dérive des continents explique la diversité des paysages naturels des masses continentales. Par exemple, quand l'Amérique du Sud s'est éloignée de l'Afrique, se déplaçant vers l'ouest et avançant dans le Pacifique, le bord avant s'est plissé en accordéon, d'où la formation des Andes. Et ce serait grâce à un mouvement analogue que les montagnes les plus élevées se trouvent dans l'ouest en Amérique du Nord, tandis qu'en Australie elles sont situées dans la marge orientale de la masse continentale, qui s'est déplacée vers l'est, dans le Pacifique.

La théorie de la dérive des continents n'a pas été confirmée du vivant de Wegener; en fait, plusieurs géologues éminents se sont empressés de la tourner en ridicule. Mais, comme cela se produit fréquemment, cette théorie spatiale énoncée par un géographe ouvrit la voie à d'autres chercheurs. Enfin, des géologues découvrirent que l'écorce terrestre, relativement mince, est fragmentée en grandes plaques rigides, appelées **plaques lithosphériques** ou *plaques tectoniques*, qui forment le fond des océans et la base des continents. Ils démontrèrent également que ces plaques sont effectivement mobiles : elles se déplacent lentement, de quelques centimètres par an, sous l'effet de mouvements de convection ayant leur origine dans une couche de roches en fusion (le magma), située loin sous la croûte terrestre. Un déplacement de quelques centimètres par an, c'est bien peu; mais l'âge de la Terre se mesurant en millions d'années, les masses continentales ont donc eu le temps

de voyager sur des milliers de kilomètres. Certaines cuvettes océaniques s'en sont trouvées agrandies, d'autres réduites, et ce faisant, la carte mondiale des terres émergées et des masses maritimes s'est grandement modifiée.

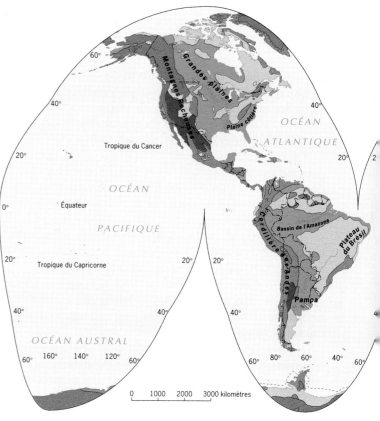

Figure I.4 Les paysages du monde.

Lorsque deux plaques entrent en contact, il se produit une collision gigantesque au cours de laquelle la plaque formée de roches de densité plus faible se soulève au-dessus de l'autre, formant de grandes chaînes de montagnes, comme Wegener l'avait supposé. Ce phénomène s'accompagne de nombreux séismes et éruptions volcaniques. La carte de la figure I.3 indique que les plaques respectives de l'Amérique du Nord et de l'Amérique du Sud se déplacent en direction du Pacifique, tout comme la plaque eurasiatique. L'océan Pacifique est donc presque entièrement entouré de zones de contact, qui forment ce que l'on appelle la ceinture de feu du Pacifique. Pour les habitants des régions où se trouvent des zones d'instabilité de l'écorce terrestre, la tectonique des plaques est bien plus qu'un concept. Par exemple, au Japon, qui est situé à la rencontre de trois plaques, les séismes violents font partie des réalités de la vie, de même que les éruptions volcaniques. Il y a également un risque élevé de tremblements de terre et d'éruptions volcaniques sur toute la marge pacifique (le bord avant) des masses continentales américaines.

Les paysages physiques des continents reflètent les effets des mouvements qui se sont produits au cours de millions d'années. Une chaîne de montagnes géantes est encore en voie de formation là où la plaque indienne pousse sur la plaque eurasiatique : l'Himalaya, où se trouve actuellement le point culminant du globe (l'Everest), est

une manifestation de la collision des deux plaques. Il est à noter que l'Himalaya n'est qu'un chaînon d'un système montagneux d'origine tectonique qui s'étend depuis la Méditerranée jusqu'en Asie du Sud-Est et même au-delà (fig. I.4). Les zones de ce type présentent toujours des risques pour les populations qui y habitent.

La carte des plaques de la Terre est modifiée au fur et à mesure que les recherches progressent; celle de la figure I.3 n'est donc pas définitive. Elle contribue néanmoins à expliquer pourquoi l'Afrique, que Wegener situait au centre de son supercontinent hypothétique (qu'il a appelé *Pangea,* c'est-à-dire « terre ininterrompue »), ne possède pas une longue chaîne montagneuse linéaire comme les autres masses continentales. Nous verrons au chapitre 7 que l'Afrique est souvent appelée, à juste titre, « plateau Africain ». Du point de vue géologique, on serait tenté de dire que c'est l'un des plus anciens « terrains » du patrimoine terrestre.

Au cours de notre étude, nous examinerons les paysages qui forment le milieu naturel de chaque ensemble géographique (fig. I.4). Ceux-ci renferment tous un vieux noyau géologique, appelé *bouclier,* qui a souvent donné naissance à de vastes plaines (basses terres plates) ou à des plateaux. Entre ces espaces au relief peu élevé et les hautes chaînes de montagnes (Andes, Rocheuses, Alpes) s'étendent des zones de collines d'altitude variable. Comme il est difficile d'énoncer des

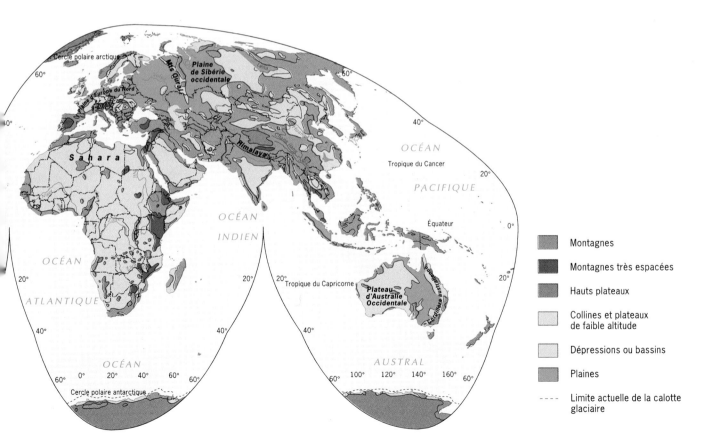

généralités à propos des paysages terrestres, il faudra donc étudier chaque ensemble géographique et chaque région séparément.

Les glaciations

Alors même que les masses continentales sont en mouvement, la Terre connaît périodiquement des *époques glaciaires,* au cours desquelles la température globale diminue et l'environnement subit de profondes modifications. Une époque glaciaire comprend en fait plusieurs *glaciations.* Durant des millions d'années, la température globale se réchauffe puis se refroidit, et cela à plusieurs reprises. Chaque fois qu'elle refroidit, il se produit des changements draconiens : à l'échelle continentale, les glaciers passent par une phase d'expansion; le niveau des mers baisse; le climat se modifie; les zones de végétation se déplacent vers l'équateur; diverses espèces animales et végétales s'éteignent alors que d'autres, mieux adaptées, survivent et se développent.

Depuis 20 millions d'années, la Terre s'est refroidie et, au cours des 5 ou 6 derniers millions d'années, elle a connu une époque glaciaire, soit le *cénozoïque récent* selon la terminologie des géologues. (Cette époque glaciaire, durant laquelle les humains firent leur apparition, fut appelée *pléistocène,* jusqu'à ce que l'on découvre qu'elle avait débuté bien avant.) Faisant partie des espèces vivant en Afrique de l'Est, nos lointains ancêtres ont fait partie des espèces qui se sont adaptées au refroidissement du climat, au dépérissement des arbres, à la sécheresse et à la disparition d'animaux qu'ils chassaient depuis longtemps. Par la suite, pendant plusieurs millions d'années, le climat s'est de nouveau successivement réchauffé puis refroidi à plusieurs reprises, soit une dizaine de fois, peut-être même davantage. Il semble que l'espèce humaine ait réussi à survivre en s'adaptant aux *glaciations,* puis en se développant et en étendant son territoire durant les *périodes interglaciaires* (périodes entre deux glaciations pendant lesquelles le climat global se réchauffe).

La plus récente expansion glaciaire remonte à environ 15 000 ans. La carte de la figure I.5 illustre la situation de l'hémisphère Nord à cette époque; depuis, les glaciers ont une fois de plus reculé, mais notre époque n'est pas une période interglaire comme les autres. Bien que sur l'échelle des temps géologiques sa durée soit celle d'un battement de paupières, l'histoire moderne de la civilisation humaine s'y est déroulée dans sa totalité : depuis l'époque des cavernes jusqu'à celle des mégalopoles; de l'âge de pierre à l'ère spatiale; d'une population de quelques millions d'humains à une population de quelques milliards. Les géologues appellent la période actuelle *halocène,* ce qui laisse entendre que le pléistocène est terminé. Mais rien ne prouve que cette hypothèse soit justifiée : si on fait la comparaison avec les autres glaciations, on constate que l'époque actuelle vient tout juste de commencer.

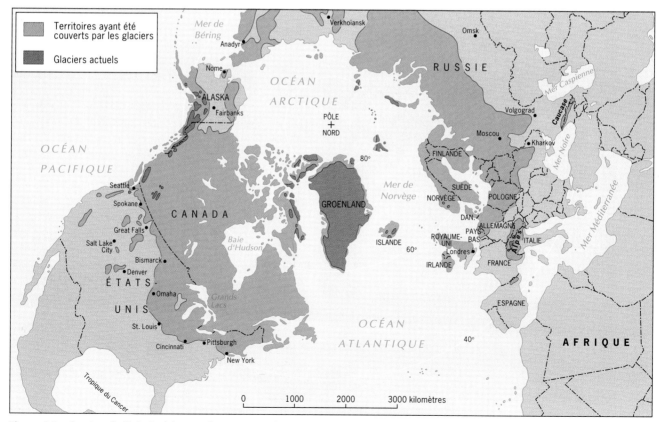

Figure I.5 Portion de l'hémisphère nord couvert par les glaciers durant le pléistocène.

Nous nous inquiétons actuellement du réchauffement de la planète, et cela est bon si cela nous amène à réduire la quantité de rejets polluants dans l'atmosphère. Mais, à long terme, le plus grand danger est une nouvelle expansion glaciaire, précédée (comme par le passé) d'une période de températures extrêmes à la grandeur du globe. Des géographes discernent dans les perturbations météorologiques récentes un modèle analogue à celui qui a annoncé une époque précédente de refroidissement et d'expansion glaciaire. Il est difficile d'imaginer ce qui se produirait sur une planète de 6 milliards d' humains si l'espace habitable diminuait considérablement. Le réchauffement global apparaîtrait alors comme un inconvénient mineur.

L'eau, essentielle à la vie

L'eau est l'essence de la vie sur la Terre. Sans elle, notre planète serait aussi stérile que la Lune ou Mars. À première vue, il semble que nous n'ayons pas à craindre la pénurie d'eau, puisque les océans, les mers, les lacs et les cours d'eau recouvrent plus de 70 % de la surface du globe. Mais en réalité, le problème se fait déjà sentir en maints endroits, même dans des zones normalement bien arrosées. La croissance démographique constante a fait grimper la consommation à un niveau sans précédent. L'eau est transportée au moyen d'aqueducs modernes et de tunnels depuis des fleuves et des réservoirs éloignés jusqu'à des métropoles en expansion. Les agriculteurs américains, surtout ceux de la Californie, se plaignent que la consommation des villes les prive de l'eau dont ils ont besoin pour irriguer leurs terres. Dans le sud de la Floride, l'approvisionnement de la zone urbaine de Miami dépend d'un réservoir d'eau douce souterrain qui alimente des centaines de puits; quand les précipitations ne suffisent pas à maintenir un certain niveau d'eau dans cet *aquifère*, celui-ci est envahi par les eaux salées de l'océan, tout proche. Miami doit donc occasionnellement, comme bien d'autres villes, restreindre la consommation d'eau de ses habitants.

Mais ces difficultés semblent insignifiantes comparativement à ce qui se passe ailleurs. Au début des années 1990, l'Afrique australe a connu la pire sécheresse de toute son histoire; au Zimbabwe, un pays de hauts plateaux à l'intérieur des terres, la quasi-totalité du bétail a péri, les récoltes ont été perdues et la famine a menacé les habitants. Au cours des 20 dernières années seulement, des sécheresses meurtrières ont frappé l'Afrique occidentale, le nord-est du Brésil, l'Éthiopie, l'Asie centrale et d'autres régions.

Aucun endroit du globe n'est à l'abri d'une pénurie d'eau. La construction de réservoirs, déjà en cours ou prévue dans un avenir prochain, risque de provoquer des conflits. Des guerres pour le contrôle de sources d'eau ont déjà eu lieu. Comme la croissance démographique se poursuit et que les variations climatiques s'intensifient, la pénurie d'eau (déjà le lot de centaines de millions d'humains) risque de susciter une crise bien plus grave que ne l'a été celle du pétrole.

L'eau des océans est en soi bien peu utile à l'humanité; en fait, sa seule utilité tient au processus par lequel l'humidité de l'air marin se déplace du littoral vers les masses continentales. Il existe une analogie entre ce processus, appelé **cycle hydrologique,** et le fonctionnement d'un système circulatoire. L'eau s'évapore à la surface des océans; elle monte dans l'atmosphère, alors que le sel reste dans la mer. La masse d'air océanique, chargée d'humidité, dérive au-dessus de la masse continentale où (à cause de divers phénomènes atmosphériques) il se produit une condensation qui provoque des précipitations. Celles-ci alimentent les réservoirs souterrains et les cours d'eau, humidifient les sols et entretiennent la vie des plantes et des animaux. Mais la plus grande partie des précipitations retournent en bout de course à l'océan en empruntant le système fluvial, et le cycle se répète.

Répartition des précipitations

Le cycle hydrologique n'est ni constant ni infaillible : il peut se détraquer. La terre a connu autant de sécheresses meurtrières que d'inondations et de déluges dévastateurs. Par exemple, en 1992, une perturbation appelée oscillation australe El Niño, et considérée comme une anomalie du climat tropical du Pacifique, a provoqué le déplacement d'un ensemble de masses d'air chargées d'humidité vers la Californie et le Texas. Dans le sud de la Californie, les pluies torrentielles ont mis fin à une sécheresse de cinq ans, tout en créant des coulées de boue. Au Texas, les inondations causées par les pluies persistantes ont entraîné la noyade de milliers de têtes de bétail.

Il faut se rappeler ce genre d'événements quand on examine la carte globale de la répartition des précipitations (fig. I.6) : elle donne la quantité *moyenne* des précipitations pour chaque zone du globe durant une période relativement courte. En regroupant les informations contenues sur cette carte et celles de la carte de la figure I.1, on a une bonne idée de la quantité d'eau dont dispose chaque ensemble géographique.

La figure I.6 indique qu'il existe dans la région de l'équateur une zone où les précipitations, abondantes, totalisent souvent plus de 2000 mm annuellement; elle commence au sud du Mexique, comprend le bassin de l'Amazone et de petites régions de l'Afrique occidentale et équatoriale, et s'étend dans le sud et le sud-est de l'Asie. Cette zone de fortes précipitations située à faible latitude est entourée, au nord et au sud, de deux régions sèches. Par exemple, en Afrique équatoriale, la zone tropicale humide se trouve entre l'aride Sahara, au nord, et le désert de Kalahari, au sud. L'Asie centrale, le centre de l'Australie et le sud-ouest des États-Unis sont également des régions très sèches.

S'il est vrai que la zone équatoriale humide est généralement comprise entre deux zones sèches, les marges continentales font exception, et il est possible de percevoir une certaine cohérence dans cette répartition spatiale des précipitations. Les côtes orientales des masses continentales et des îles situées dans la zone tropicale ou à des latitudes moyennes reçoivent des précipitations relativement abondantes; c'est le cas par exemple du sud-est des États-Unis, de l'est du Brésil et de l'Australie, et du sud-est de la Chine. Il existe en outre une étroite zone de précipitations abondantes à des latitudes plus élevées, soit dans les marges occidentales des masses continentales, notamment sur la côte pacifique dans le nord des États-Unis et au Canada, sur le littoral du sud du Chili, dans la pointe sud de l'Afrique, dans l'extrémité sud-ouest de l'Australie et, surtout, sur la façade occidentale de la vaste masse continentale eurasienne, c'est-à-dire l'Europe.

La répartition des précipitations dans le monde (fig. I.6) résulte d'une interaction complexe des systèmes globaux de courants atmosphériques et océaniques, de même que du transfert de la chaleur et de l'humidité. Bien que l'analyse de ces systèmes relève de la géographie physique, il ne faut pas oublier qu'une légère modification de l'un d'eux peut avoir une grande influence sur l'habitabilité d'une région. Il est également important de se rappeler que la carte de la figure I.6 indique la moyenne annuelle des précipitations pour chaque continent, et que rien ne garantit qu'une région quelconque recevra en une année cette quantité. En général, le total des précipitations varie d'autant plus que cette moyenne est faible; autrement dit, les endroits où les données sont les moins fiables sont précisément ceux où elles ont le plus d'importance, à savoir les terres habitées les plus sèches.

Précipitations et habitat humain

Pour satisfaire les besoins d'une population vaste et dense, il ne suffit pas qu'une région reçoive des précipitations abondantes à l'année. Dans la zone équatoriale, en raison des précipitations abondantes et des températures élevées, la destruction bactérienne et fongique des feuilles et des branches mortes est plus rapide que partout ailleurs. Cela constitue un obstacle majeur à la formation d'humus. (L'humus est la matière organique en décomposition de couleur foncée qui forme la couche superficielle du sol. Riche en éléments nutritifs, il est essentiel à la fertilité des terres.) En outre, le sol détrempé perd la majorité de sa substance nutritive à cause du *lessivage*, processus par lequel les éléments nutritifs sont dissous et entraînés vers le bas par les eaux d'infiltration. Seuls les oxydes de fer et d'aluminium restent sur place, d'où le rouge caractéristique des sols tropicaux. Ceux-ci (appelés oxisols) alimentent les forêts équatoriales, très denses, mais ils doivent être abondamment fertilisés pour la culture. Certes, la forêt équatoriale se développe en utilisant sa propre matière végétale en décomposition; toutefois, si on la défriche, le sol sou-

Figure I.6 Répartition des précipitations annuelles dans le monde.

mis au lessivage sera très peu fertile. Il n'est donc pas étonnant que les bassins de l'Amazone et de la République démocratique du Congo ne soient pas au nombre des régions les plus peuplées du globe.

Les régions climatiques

La carte climatique du monde (fig. I.7) met en évidence l'importance de la répartition des précipitations. Le travail de préparation d'une telle carte est appréciable, car il n'est pas facile de délimiter des régions climatiques. Premièrement, dans plusieurs parties du globe, les observations météorologiques sont rares ou insuffisantes, souvent parce qu'elles ne portent que sur de courtes périodes. Deuxièmement, les températures et les climats varient graduellement dans l'espace, alors que les transitions doivent être représentées par des lignes nettes sur la carte. Enfin, les critères à utiliser et l'importance à accorder à chacun font l'objet de discussions. La végétation dépend des conditions climatiques ambiantes, mais faut-il pour autant délimiter les régions climatiques en s'appuyant sur les changements de la végétation observés au sol sans tenir compte des précipitations et des températures enregistrées ? Le débat n'est pas clos. La carte de la figure I.8 donne la distribution de la végétation dans le monde; à vous de tirer vos propres conclusions en la comparant avec celle de la figure I.7.

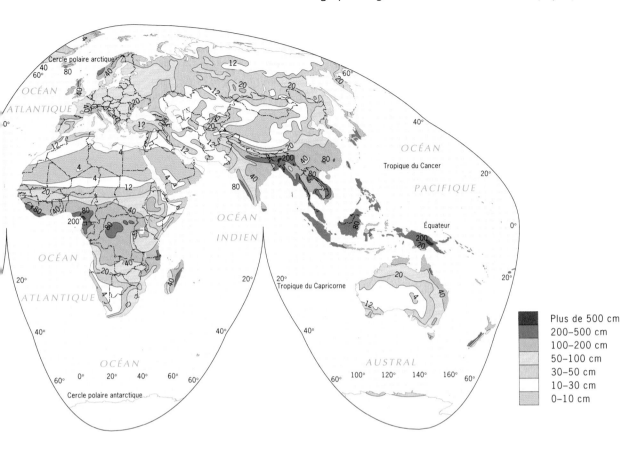

	Plus de 500 cm
	200–500 cm
	100–200 cm
	50–100 cm
	30–50 cm
	10–30 cm
	0–10 cm

Le système de classification en régions appliqué dans la carte de la figure I.7 a été conçu par Wladimir Köppen, puis modifié par Rudolf Geiger. Ce système, qui a l'avantage d'être relativement simple, emploie un ensemble de symboles littéraux. La première majuscule est la lettre la plus significative : *A* désigne un climat tropical humide; *B,* un climat où prévaut la sécheresse; *C,* un climat humide et relativement doux; *D,* un climat où le froid est plus intense; *E,* le climat glacial des régions polaires ou quasi polaires.

Les climats chauds et humides *(A)*

Les climats équatorial et tropical humide se caractérisent par des températures élevées à l'année et des précipitations abondantes. Les régions de la sous-classe *Af* reçoivent chaque mois des quantités importantes de pluie, tandis que dans celles de la sous-classe *Am,* les précipitations augmentent considérablement, de façon soudaine, au début de la *mousson d'été* (« mousson » vient d'un mot arabe qui signifie « saison »; voir l'encadré à la page 278). La sous-classe *Af* tire son nom de la végétation qui se développe dans les zones de ce type, soit la forêt équatoriale. La sous-classe *Am* est appelée, à juste titre, climat de moussons; celui-ci prévaut dans une partie de l'Inde péninsulaire, une zone côtière d'Afrique occidentale et en divers endroits de l'Asie du Sud-Est. Un troisième type de climat tropical, la savane

(Aw), présente de plus grandes variations quotidiennes et annuelles de température et une distribution plus saisonnière des précipitations. La quantité totale de celles-ci est en général plus faible dans la savane que dans la forêt équatoriale (fig. I.6). On exprime souvent le caractère saisonnier des pluies à l'aide de deux maximums, ce qui signifie que l'année comprend deux périodes de pluies abondantes entrecoupées de deux courtes périodes de grande sécheresse. Dans plusieurs zones de savane, les habitants emploient les expressions « grandes pluies » et « petites pluies » pour distinguer ces saisons; toutefois, l'incapacité de prédire le début de celles-ci constitue un problème majeur. Les sols de la savane ne sont pas très fertiles; aussi, lorsque les pluies se font attendre, le spectre de la famine surgit dans ces plaines herbeuses et humides. Les zones de savane sont plus densément peuplées que les forêts équatoriales; des millions de personnes y pratiquent l'agriculture de subsistance. Les variations des précipitations représentent donc le principal problème environnemental dans les régions où règne un climat de savane.

Les climats secs *(B)*

Les climats secs se rencontrent autant aux faibles latitudes qu'à des latitudes élevées. La différence entre les climats de type *BW* (déserts arides) et ceux, plus humides, de type *BS* (steppes semi-arides) est variable, mais on suppose généralement qu'elle tient à un écart de 250 mm dans les moyennes annuelles des précipitations. (Une partie du Sahara central, en Afrique du Nord, reçoit moins de 100 mm de pluie par an.) Une caractéristique des zones arides de presque toutes les régions du monde est l'énorme variation quotidienne des températures, particulièrement prononcée dans les déserts subtropicaux. Au Sahara, par exemple, on a enregistré le jour des maximums supérieurs à 49 °C et, la nuit, des minimums de 9 °C. Les sols des zones arides, qui forment une couche très mince, sont en général plutôt pauvres.

Les climats tempérés humides (C)

Presque toutes les zones tempérées humides sont situées à des latitudes moyennes (fig. I.7), soit juste au nord du Tropique du Cancer (23°30' N) ou juste au sud du Tropique du Capricorne (23°30' S). Ainsi, un climat tempéré humide prévaut dans le sud-est des États-Unis (depuis le Kentucky jusqu'au centre de la Floride), sur la côte ouest de l'Amérique du Nord, dans la plus grande partie de l'Europe et de la Méditerranée, dans le sud du Brésil et le nord de l'Argentine, sur les côtes de l'Afrique occidentale et de l'Australie, dans l'est de la Chine et le sud du Japon. Aucune de ces régions ne souffre de conditions climatiques extrêmes ou rigoureuses, mais certaines connaissent des hivers passablement froids, surtout celles qui ne bénéficient pas de l'influence modératrice des océans. Les zones tempérées humides se trouvent à peu près à mi-distance entre les zones équatoriales sans hiver et les zones polaires sans été. Nous verrons en étudiant les ensembles géographiques nord-américain et européen que des sols fertiles et productifs se sont développés dans les régions tempérées humides.

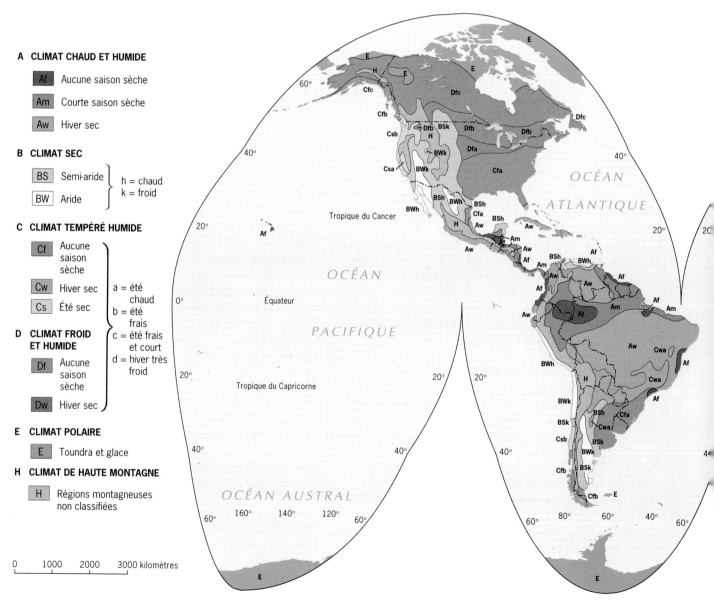

Figure I.7 Les climats du monde (d'après Köppen-Geiger).

Les climats tempérés humides varient de très humides, comme sur les côtes densément boisées de la Colombie-Britannique et des États de Washington et d'Oregon, à relativement secs, comme dans les zones dites méditerranéennes (étés secs), qui comprennent non seulement le littoral du sud de l'Europe et du nord-ouest de l'Afrique, mais aussi l'extrémité sud-ouest de l'Australie et de l'Afrique, le centre du Chili et le sud de la Californie. Dans ces milieux méditerranéens, les broussailles retiennent l'humidité et créent des paysages bien différents de ceux de la verdoyante Europe de l'Ouest.

Les climats froids et humides (*D*)

Les climats froids et humides sont dits continentaux parce qu'ils prévalent à l'intérieur des grandes masses continentales, par exemple dans le centre de l'Eurasie et de l'Amérique du Nord. Il n'existe aucune masse de ce type aux latitudes moyennes de l'hémisphère Sud; on ne trouve donc pas de zones climatiques de type *D* au sud de l'équateur.

Les climats continentaux humides sont caractérisés par une grande variation des températures au cours de l'année, des hivers très froids et des étés relativement frais. Dans les zones de type *Dfa,* par exemple, la température moyenne peut atteindre 21 °C en juillet (le mois le plus chaud) et descendre à -11 °C en janvier (le mois le plus froid). Le total des précipitations, dont une bonne partie tombe sous forme de neige, n'est pas très important : il s'élève à 750 mm à certains endroits mais ne dépasse pas 250 mm ailleurs, ce qui est la valeur caractéristique des steppes. Mais la faible quantité de précipitations est compensée par les températures froides qui freinent la perte d'humidité par évapora-

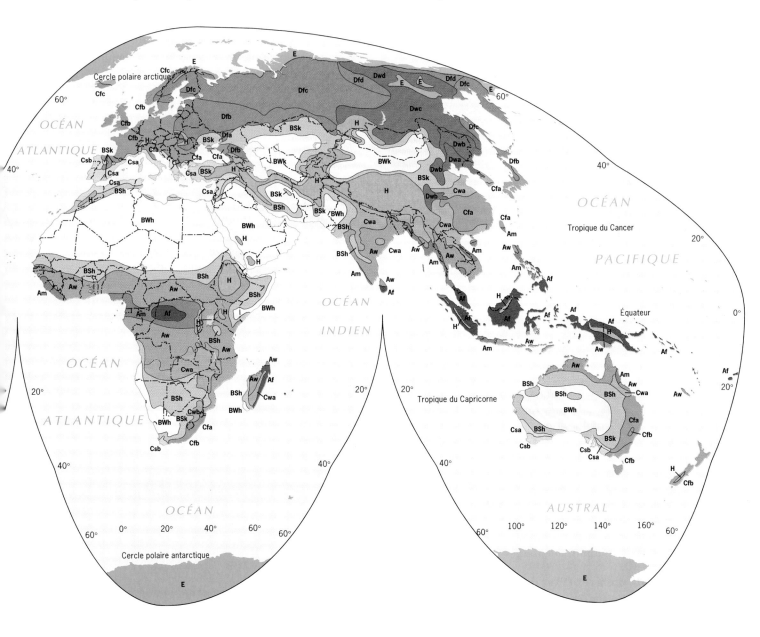

Non loin de l'équateur, au Kenya, en Afrique orientale, une forêt de montagne présente plusieurs caractéristiques de la forêt équatoriale humide : de grands arbres dont le feuillage forme une voûte presque ininterrompue, une large gamme d'espèces végétales, une quantité importante de branches et de feuilles mortes. Mais on remarque également des différences : un sous-bois plus développé et moins d'arbres de taille moyenne. L'altitude est responsable à la fois des températures fraîches, qui modifient la composition de la forêt, et du degré élevé d'humidité, qui contribue à son développement et à sa survie.

tion et évapotranspiration (eau évaporée dans l'atmosphère par le sol et les plantes).

Certains des sols les plus productifs du monde se trouvent dans des zones climatiques froides et humides, notamment dans le Midwest américain, dans certaines parties du sud de la Russie et de l'Ukraine, et dans le nord-est de la Chine. La période hivernale de dormance (durant laquelle toute l'eau est gelée), associée à l'accumulation des débris végétaux à l'automne, équilibre les processus de formation et d'amendement des sols. Ceux-ci se différencient en des couches nettes, riches en éléments nutritifs, et il se crée une réserve importante d'humus. Même dans les zones où les précipitations annuelles sont faibles, le milieu est propice au développement de grandes forêts de conifères.

Les climats polaires *(E)* et de haute montagne *(H)*

Les climats polaires *(E)* comprennent des zones glaciaires, où les glaces et les neiges pérennes rendent impos-

sible l'implantation de toute végétation, et des zones de toundra où, durant une période pouvant aller jusqu'à quatre mois, les températures moyennes se maintiennent au-dessus du point de congélation. Comme les expressions forêt équatoriale, savane et steppe, le terme *toundra* se rapporte à la fois au climat et à la végétation; la frontière entre les zones climatiques de type *D* et *E* (fig. I.7) correspond grosso modo à la ligne de démarcation entre les forêts de conifères boréales et la toundra (fig. I.8).

Enfin, les climats de type *H* des régions de hautes montagnes ne font pas l'objet d'une classification; ils sont représentés en gris sur la carte (fig. I.7) et ressemblent à bien des égards aux climats de type *E*. L'altitude élevée et la topographie complexe des principaux systèmes montagneux engendrent souvent, au-delà de la ligne des arbres, des climats semblables à ceux de l'Arctique, et cela même à de faibles latitudes (par exemple, dans la partie des Andes située en Amérique du Sud équatoriale).

Quand nous examinerons, dans les prochains chapitres, les raisons qui expliquent la localisation des grands groupes humains, nous devrons nous rappeler que l'eau a joué un rôle crucial tout au long de l'histoire. La vallée inférieure et le delta du Nil dans le nord-est de l'Afrique, le bassin du Gange en Inde et au Bangladesh, la plaine du Huang He (ou fleuve Jaune) en Chine sont autant d'endroits où les sols alluviaux (formés de dépôts fluviaux) sont abondants; la fertilité quasi légendaire de ceux-ci a permis le développement de populations de plusieurs millions d'habitants. Aujourd'hui, plus de 95 % des 65 millions d'Égyptiens sont installés à moins de 20 km de la voie navigable du Nil. La vie de centaines de millions d'Indiens et de Chinois dépend des sols alluviaux des bassins du Gange et du Huang He; on y cultive toute une gamme de produits, du maïs au coton, du blé au jute, du riz au soja. De même, au

Dans l'archipel de la Terre de Feu, les côtes du détroit de Magellan sont formées de roches nues, les pentes sont enneigées, les nuages blancs cachent de la glace, et l'eau est extrêmement froide. C'est une zone typique de climat *E* (fig. I.7) : un petit coin d'Antarctique dans la pointe méridionale de l'Amérique du Sud.

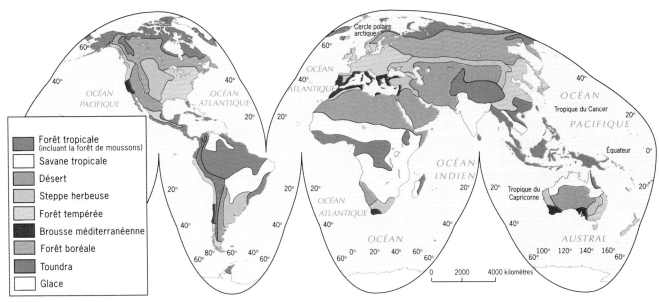

Figure I.8 Distribution de la végétation dans le monde.

Pakistan, au Bangladesh, au Viêt-nam et dans bien d'autres pays, ces bassins fournissent en abondance des produits qu'il est impossible de cultiver sur les terres généralement non fertiles des hautes montagnes.

Les groupes humains vivant dans les vallées fluviales sont en outre les témoins du passé de l'humanité. L'art et la science de l'irrigation a probablement pris naissance dans les vallées fertiles des fleuves de l'Asie du Sud-Ouest; le centre actuel de deux des cultures vivantes les plus anciennes, soit les cultures égyptienne et chinoise, se trouve à proximité de leurs noyaux originels respectifs, fondés il y a des milliers d'années.

Régions et cultures

Lorsqu'on explore un ensemble géographique ou une région, il est important de définir le milieu physique qui en constitue le cadre, c'est-à-dire la **géographie physique** globale. Néanmoins, les ensembles géographiques et les régions étudiés dans les chapitres suivants sont délimités avant tout en fonction de critères relevant de la géographie humaine, dont l'un des plus importants est la culture. C'est pourquoi nous nous attarderons au concept de culture dans un contexte régional.

Les géographes s'intéressent particulièrement aux modifications des paysages par les différentes **cultures** et les comportements qui leur sont associés. Nous examinerons donc la façon dont les membres d'une société perçoivent et exploitent les ressources à leur disposition, comment ils tirent profit du milieu naturel et s'adaptent à ses limites, comment ils organisent leur portion du globe. Certaines réalisations humaines résistent à l'usure du temps : les pyramides d'Égypte, la Grande Muraille de Chine, les routes et les ponts construits par les Romains marquent le paysage depuis des

millénaires. Avec le temps, chaque région acquiert des traits dominants qui finissent par lui conférer un caractère, une personnalité, une atmosphère propres. C'est là un des principaux critères que nous avons employés pour diviser le monde en ensembles géographiques et en régions.

Paysages culturels

Comme nous venons de le mentionner, les géographes s'intéressent spécialement aux marques laissées par les diverses cultures sur le milieu physique. Celles-ci, en s'exprimant de différentes manières, modifient l'aspect visuel de chaque région et lui donnent un caractère particulier. Un seul élément du décor dans une photographie ou un tableau permet parfois d'en déterminer la provenance. L'architecture, les moyens de transport, les objets, les vêtements des personnes représentées (tous des éléments culturels) sont des indices révélateurs. En effet, les membres d'une culture quelconque sont des agents de changement; lorsqu'ils occupent une portion de la surface terrestre, ils la transforment en construisant des structures, en créant des voies de transport et de communication, en lotissant les champs et en labourant le sol, pour ne mentionner que quelques activités.

L'ensemble composite des empreintes qu'ont laissées les humains sur la surface du globe forme le **paysage culturel**. L'usage de ce terme en géographie s'est répandu dans les années 1920, alors que Carl Ortwin Sauer (professeur de géographie à Berkeley) donnait naissance à une école de géographie culturelle, fondée sur ce concept. Dans son article *Recent Developments in Cultural Geography*, publié en 1927, il propose sa définition la plus simple de paysage culturel : « les formes que les activités humaines superposent au paysage physique ». Sauer insiste sur le fait que ces formes sont l'aboutissement de processus culturels — des forces créant et modifiant les modèles culturels — qui se déroulent sur de longues périodes et subissent l'influence des occupants successifs du territoire.

Les groupes qui, l'un après l'autre, ont vécu sur un territoire donné n'appartiennent pas nécessairement à une même culture. Des agglomérations fondées par les colonisateurs européens il y a plus de 100 ans sont maintenant habitées par des Africains; les minarets des islamistes qui s'élèvent au-dessus des immeubles modernes dans certaines villes d'Europe de l'Est rappellent la période de domination de l'Empire ottoman, musulman. En 1929, Derwent Whittlesey employait le terme « **occupations consécutives** » pour désigner les phases successives de l'évolution du paysage culturel d'une région.

En précisant le concept de paysage culturel en 1984, l'éminent spécialiste John Brinckerhoff Jackson en soulignait le caractère durable. Il donna de cette notion une définition assez proche de celle de Sauer : « un ensemble d'espaces créés ou modifiés par les humains et destinés à servir d'infrastructures ou de cadre de vie à la collectivité ». Le paysage culturel se compose donc d'immeubles, de routes, de champs et de bien d'autres choses encore. Mais il possède en outre une caractéristique impalpable, à savoir une atmosphère ou une saveur particulière, dont se dégage une impression générale souvent facile à déceler mais difficile à définir. Ainsi, il est impossible de ne pas reconnaître les odeurs, les images et les sons d'un marché africain traditionnel, mais comment pourrait-on représenter ces caractéristiques sur une carte ou les enregistrer par quelque moyen que ce soit ?

Il est plus facile d'observer et de décrire les propriétés concrètes. Les panoramas urbains, par exemple, sont des éléments prédominants du paysage culturel global. Si l'on veut comparer deux grandes villes, l'une américaine et l'autre japonaise, on peut facilement faire ressortir ce qui les distingue à l'aide de photographies ou de croquis, ou encore au moyen de cartes géographiques. La ville américaine, avec son *quartier des affaires* rectangulaire et ses banlieues étendues, maintenant elles-mêmes fortement urbanisées, contraste vivement avec la métropole japonaise resserrée autour de son centre, où tout vise à économiser l'espace. Pour ce qui est du secteur rural, il est impossible de confondre le modèle américain de subdivision et de propriété des terres agricoles, caractérisé par des fermes gigantesques, avec celui de l'Afrique traditionnelle, à savoir des parcelles de terre de formes irrégulières, et le plus souvent de petites dimensions, regroupées autour d'un village. Néanmoins, aucun paysage culturel ne peut être capté dans sa totalité au moyen d'une photographie ou d'une carte, car le caractère d'une région englobe, outre l'organisation spatiale par-

ticulière, l'aspect visuel global, les bruits, les odeurs, l'expérience commune et le rythme de vie des habitants, et bien d'autres choses encore.

Culture et ethnicité

Les traditions culturelles, la langue et la religion en particulier, durent généralement. Cependant, la culture n'est pas nécessairement fondée sur l'ethnicité; il ne faut pas oublier au cours de notre étude de la géographie humaine régionale que des groupes d'origines ethniques différentes ont réussi à créer un paysage culturel unique, alors que d'autres, ayant une souche ethnique commune, sont divisés sur le plan culturel.

Les événements sanglants dans l'ancienne Yougoslavie en fournissent un bon exemple. Lorsque le pays éclata au début des années 1990, ses groupes constituants se firent une guerre qu'on peut qualifier d'« ethnique ». Quand la crise atteignit la Bosnie-Herzégovine, dans le centre de l'ex-Yougoslavie, les Bosniaques, les Serbes et les musulmans, trois groupes d'origine slave, s'opposèrent dans le cadre d'une terrible guerre civile. (Le nom Yougoslavie signifie « pays des Slaves du Sud ».) Ce qui séparait ces groupes et nourrissait le conflit entre eux, avait trait aux traditions culturelles, pas à l'ethnicité. Les Bosniaques et les Serbes avaient formé des communautés distinctes, qui occupaient des parties différentes de l'ex-Yougoslavie. Les musulmans des-

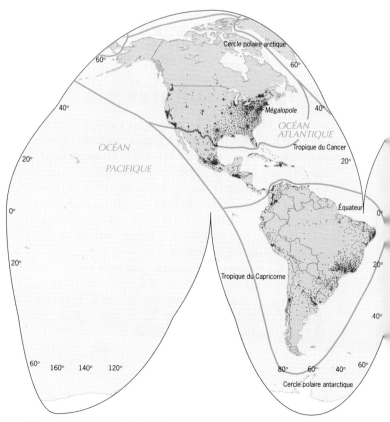

Figure I.9 Distribution de la population mondiale.

cendent pour leur part de Slaves convertis à l'islam par des Turcs (qui avaient autrefois conquis ce territoire), il y a au moins un siècle. Chaque groupe craignait que les deux autres ne cherchent à le dominer; c'est ainsi que des Slaves du Sud combattirent d'autres Slaves du Sud au cours d'une guerre dont les causes étaient en réalité de nature culturelle.

Depuis la fin de la guerre froide, le monde a connu de nombreux conflits interrégionaux; nous en examinerons certains dans les chapitres suivants en les situant dans leur contexte géographique. Nous verrons qu'ils ne sont pas tous d'origine ethnique. La culture a un grand pouvoir unificateur, mais elle peut également être une puissante source de division.

Les ensembles géographiques et leurs populations

Nous avons déjà signalé que la taille d'une population n'est pas le seul critère de définition des ensembles géographiques et des régions. La répartition d'une population et son mode de fonctionnement en société ont beaucoup plus d'importance. C'est ce qui explique qu'on ait défini un ensemble géographique qui renferme à peine plus de 20 millions d'habitants (l'Australie) et un autre qui en compte 1,5 milliard (l'Asie de l'Est). Ni la taille de la population ni la grandeur du territoire ne suffisent à définir un ensemble géographique.

Malgré cela, la carte de la répartition de la population (fig. I.9) laisse entrevoir la position relative de quelques ensembles géographiques, à cause de la forte concentration dans certaines zones. Avant d'examiner ces grands groupes humains en détail, il est bon de rappeler que la population mondiale atteindra bientôt les 6 milliards, c'est-à-dire 6000 millions d'habitants confinés aux masses continentales, qui représentent moins de 30 % de la surface du globe et dont une grande partie est composée de déserts arides, de terrain montagneux très accidenté et de toundra glaciale. (Il ne faut pas oublier que la carte de la figure I.9 est une représentation figée, datant du milieu des années 1990, d'une réalité sans cesse changeante, car la croissance fulgurante de l'humanité se poursuit.) Après des milliers d'années de croissance relativement lente, l'augmentation de la population mondiale s'est accélérée au cours des deux derniers siècles. Il a fallu environ 17 siècles à partir de la naissance du Christ pour que les humains accroissent leur nombre de 250 millions d'habitants; de nos jours, la population globale augmente de ce nombre approximativement *tous les deux ans et demi !*

Au cours de notre étude des ensembles les plus peuplés, nous aurons à plusieurs reprises à traiter de questions démographiques (c'est-à-dire reliées à la popula-

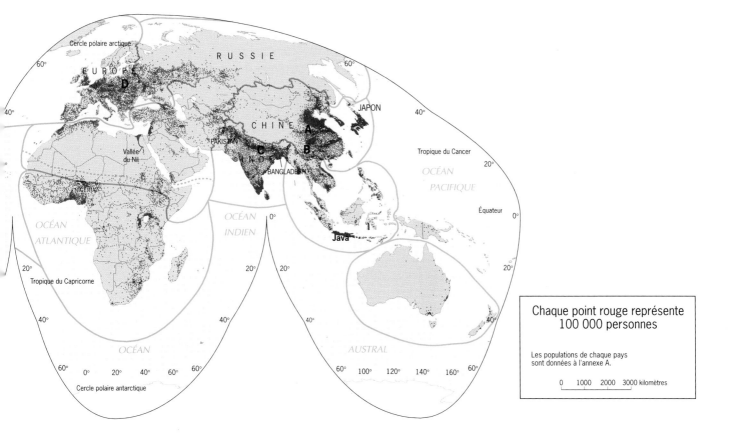

tion). Pour le moment, contentons-nous d'examiner la situation globale. Ainsi, il est intéressant de comparer la carte de la distribution de la population mondiale et les données démographiques de l'annexe A, en fin de volume. Celle-ci fournit des données sur la population totale de chaque ensemble géographique et sur celle de chacun des pays qui le compose. En comparant la carte de la figure I.9 avec celles du relief (fig. I.4), de la répartition des précipitations (fig. I.6) et des zones climatiques (I.7), on constate en outre que certaines des plus grandes concentrations de population du globe se trouvent dans les bassins fertiles de fleuves importants, comme le Huang He et le Chang jiang en Chine et le Gange en Inde. Ainsi, dans le monde moderne, d'anciens modes de vie déterminent encore la localisation de centaines de millions d'habitants.

Les principales populations

Le plus grand groupe humain se trouve en **Asie de l'Est**; il a pour centre la Chine et comprend la zone côtière asiatique, donnant sur le Pacifique, depuis la péninsule de Corée jusqu'au Viêt-nam. La carte de la figure I.9 indique que la **densité de population**, soit le nombre d'habitants par unité de superficie, va en diminuant du littoral vers l'intérieur. On remarque cependant deux bandes, notées A et B, qui partent de la côte. La carte des paysages du monde (fig. I.4) confirme qu'elles correspondent aux populations concentrées dans les vallées des grands fleuves chinois : le Huang He et le Chang jiang (le plus long fleuve de Chine, aussi appelé « fleuve Bleu »). Les habitants de l'Asie de l'Est sont en grande majorité des paysans. La Chine compte bien de grandes villes comme Pékin et Shanghai, mais la population urbaine totale est bien inférieure au nombre des ruraux. Ces derniers vivent sur les terres et y cultivent le riz et le blé dont tous, ruraux et citadins, se nourrissent.

La population de l'**Asie du Sud**, dont l'Inde est le centre, englobe les nombreux habitants de pays voisins, à savoir le Bangladesh et le Pakistan. Ce gigantesque groupe humain, concentré dans la vaste plaine du Gange inférieur (notée C dans la carte de la figure I.9), est sur le point d'égaler en nombre celui de l'Asie de l'Est, et s'il continue à croître au taux actuel il sera le plus important au début du XXIᵉ siècle. La population de l'Asie du Sud est elle aussi composée très majoritairement de paysans, mais dans ce cas la contrainte exercée sur les terres est plus grande et l'agriculture est moins productive. Nous verrons au chapitre 8 que la question démographique est prioritaire dans cette partie du monde.

La troisième concentration de population en importance est celle de l'**Europe**; elle est également installée sur la plus grande masse continentale du globe, mais à l'extrémité opposée par rapport à la Chine. La population européenne totalise plus de 700 millions d'habitants, si on inclut l'ouest de la Russie, ce qui la place dans la même catégorie que les deux plus grands groupes de l'Eurasie; mais les ressemblances s'arrêtent là. En Europe, l'existence d'un axe démographique (noté D sur la carte de la figure I.9) orienté est-ouest s'explique non pas par la présence d'un bassin fluvial fertile, mais par la localisation d'une réserve de matières premières utiles à l'industrie. Nous verrons que l'ensemble géographique européen est l'un des plus urbanisés et industrialisés; sa population dépend davantage des forges et des usines que des rizières et des pâturages.

Les trois grands groupes humains décrits ci-dessus (installés en Asie de l'Est et du Sud et en Europe) totalisent plus de 3,3 milliards d'habitants, sur les 5,6 milliards de la population mondiale. Aucune autre concentration de population n'égale même la moitié de l'une d'elles. Il est tout aussi intéressant de considérer la superficie des masses continentales sur la carte de la figure I.9 en sachant que les populations de l'Amérique du Sud, de l'Afrique subsaharienne et de l'Australie regroupées comptent moins d'habitants que l'Inde à elle seule. En fait, le quatrième regroupement de population en importance est celui de l'**est de l'Amérique du Nord**, qui comprend le centre-est des États-Unis et le sud-est du Canada; néanmoins, ce groupe humain ne représente qu'environ le quart de la plus petite concentration eurasienne. La carte de la figure I.9 indique clairement qu'il n'existe pas dans l'est de l'Amérique du Nord de vastes zones contiguës densément peuplées comme en Europe ou dans l'est et le sud de l'Asie. Ce groupe humain est, comme les Européens, largement concentré dans de grands centres métropolitains, les zones rurales étant relativement peu peuplées. Le cœur de l'Amérique du Nord est constitué du complexe métropolitain qui longe le littoral nord-est des États-Unis, depuis Boston jusqu'à Washington, D.C.; il comprend New York, Philadelphie et Baltimore. Les géographes qui se spécialisent dans l'étude des zones urbaines nomment cette agglomération multimétropolitaine *Mégalopolis*.

Urbanisation et croissance démographique

L'une des caractéristiques des ensembles géographiques et des régions est le degré de concentration de la population dans les villes, c'est-à-dire le taux d'**urbanisation**. Celui-ci est en croissance sur tous les continents. En 1997, il était globalement de 43 %, c'est-à-dire que 2,5 milliards de personnes habitaient dans des villes, grandes ou petites. Toutefois, le taux d'urbanisation n'est pas le même partout. Par exemple, il est de 75 % en Amérique du Sud, mais de 27 % seulement en Afrique subsaharienne. En outre, *à l'intérieur* de chaque ensemble géographique, certaines régions sont plus urbanisées que d'autres.

La **croissance démographique** est un autre critère pertinent que nous avons dû prendre en considération. Les deux plus grands groupes humains, identifiés sur la carte de la figure I.9, augmentent plus rapidement que les troisième et quatrième groupes en importance, soit l'Europe et l'Amérique du Nord respectivement, et l'écart se creuse entre ces concentrations. La question de la croissance démographique reviendra souvent dans l'étude des pays et des communautés des régions à forte ou à faible croissance puisque progrès économiques et situation démographique sont intimement liés.

Ensemble géographique, région et État

Quand les géographes ont besoin de définir des frontières (et qu'ils doivent justifier leur décision !), ils examinent les précédents; par exemple, ils vérifient s'il n'existe pas déjà une grille de découpage territoriale ou d'autres données qui puissent leur être utiles.

À l'échelle de la planète, la structure la plus utile est celle du système international de frontières qui délimite le territoire des quelque 180 États du monde. La carte des États (fig. I.10) indique que la taille de ceux-ci varie énormément : le plus vaste, la Russie, a une superficie de 17,1 millions de kilomètres carrés, tandis que d'autres entités sont tellement petites qu'il est impossible de les représenter. Malgré son irrégularité, cette structure est utile pour diviser les grands ensembles géographiques en régions. Bien qu'on emploie fréquemment l'expression « pays » pour désigner les entités politiques que présente la carte de la figure I.10, le terme géographique exact est **État**.

Les premiers **États** ont vu le jour il y a des milliers d'années, en fait dès qu'un surplus de la production agricole a permis la croissance de vastes cités puissantes qui allaient établir leur autorité sur l'arrière-pays et étendre leur domination à l'extérieur de leurs murs. Mais l'État moderne est un phénomène relativement récent. À la fin du siècle dernier, il existait encore des régions ouvertes, non réclamées et dépourvues de frontières, qui servaient parfois de zones tampons entre des États rivaux. Le système de frontières représenté sur la carte politique du monde actuel a été défini en grande partie au cours du XIXᵉ siècle, et l'accession à l'indépendance de dizaines d'anciennes colonies est survenue pendant le XXᵉ siècle (faisant d'elles des États au même titre que les autres). Le **modèle de l'État européen** consiste en un territoire clairement délimité sur le plan juridique et habité par une population qui s'est donné un gouvernement représentatif, dont le siège est appelé **capitale**. Ce modèle prend aujourd'hui de l'importance après la chute du communisme et des empires coloniaux.

Les cartes des figures I.1 et I.10 indiquent que la plupart des ensembles géographiques sont des regroupements d'États dont les limites sont marquées par des frontières nationales. Par exemple, la limite septentrionale de l'Asie du Sud-Est coïncide avec la frontière politique entre la Chine (qui constitue pratiquement un ensemble géographique à elle seule) d'un côté et le Viêt-nam, le Laos et le Myanmar (Birmanie) de l'autre; la limite occidentale de cet ensemble se confond avec la frontière entre le Myanmar et le Bangladesh (qui fait partie de l'Asie du Sud). Dans ce cas, le système de frontières des États aide à délimiter les ensembles géographiques. Mais il arrive aussi que la limite d'un ensemble géographique traverse un État, comme c'est le cas de la frontière entre l'Afrique subsaharienne et l'ensemble formé de l'Afrique du Nord et de l'Asie du Sud-Ouest, majoritairement musulman. Cette frontière possède les caractéristiques d'une large zone de transition et pourtant elle divise les États du Tchad et du Soudan. Les limites de l'ex-Union soviétique sont en train de se transformer en zones de transition similaires, bien qu'elles traversent des États existants. Ainsi, la Biélorussie (entre l'Europe et la Russie) et le Kazakhstan (entre la Russie et l'Asie du Sud-Ouest, musulmane), qui ont tous deux proclamé récemment leur indépendance, sont situés dans des zones où il se produit des changements à l'échelle régionale.

Le système mondial de frontières s'avère encore plus utile pour définir les limites des régions *à l'intérieur* des ensembles géographiques. Nous expliquerons les divisions régionales dans chaque chapitre, mais il semble approprié de donner ici un exemple. Nous partageons l'ensemble centraméricain en quatre régions, dont deux font partie de la masse continentale : le Mexique (le géant de l'ensemble) et l'Amérique centrale proprement dite, composée de sept États relativement petits et compris entre le Mexique et la frontière entre le Panama et la Colombie (qui est également la limite de l'Amérique du Sud).

Nous ajoutons donc la géographie politique aux autres critères servant à définir les régions, à savoir la géographie physique, la distribution de la population et la géographie culturelle. Mais il faut se rappeler que la structure globale des frontières change constamment : il s'en crée de nouvelles (par exemple entre la république Tchèque et la Slovaquie, en 1993) alors même que d'autres sont éliminées (comme la frontière entre l'Allemagne de l'Ouest et l'Allemagne de l'Est, en 1990). Néanmoins, ce système global, qui résulte en grande partie de l'expansionnisme colonial et impérial, s'avère passablement durable, ce qui contredit les prédictions de certains géographes selon lesquelles les « frontières nées de l'impérialisme » allaient faire l'objet de révisions au cours de la période postcoloniale.

Dans le dernier chapitre, nous discuterons d'un élément nouveau et capital dans l'établissement des frontières, soit leur extension sur et sous les océans et les mers. Ce processus, qui fait disparaître les derniers espaces libres, pourrait avoir des conséquences imprévisibles.

Modèles de développement

La géographie économique fournit des critères qui permettent de délimiter de grandes régions en fonction du niveau de **développement** des divers États, régions et ensembles géographiques. Cette partie de la géographie s'intéresse principalement à l'aspect spatial de l'activité économique, donc aux modèles de production, de distribution et de consommation des biens et services. Ces modèles présentent une grande diversité, comme d'ailleurs tous les éléments qui forment notre univers. Les États transmettent des données économiques, notamment les importations, les exportations, la production des fermes et des usines, aux Nations Unies et à d'autres organisations internationales. C'est à l'aide de ces informations que l'on détermine le niveau de bien-être relatif de chaque pays.

La banque Mondiale, qui est l'un des organismes de surveillance de la situation économique globale, classe les pays en quatre catégories, soit les économies : 1° à revenu élevé; 2° à revenu intermédiaire, tranche supérieure; 3° à revenu intermédiaire, tranche inférieure; 4° à faible revenu. Lorsqu'on reporte ce classement sur une carte (fig. I.10), on voit apparaître des regroupements régionaux. Les économies à revenu élevé sont concentrées en Europe, en Amérique du Nord et dans la partie occidentale de la zone du Pacifique, principalement au Japon et en Australie. Quant aux pays à faible revenu, ils représentent la quasi-totalité de l'Afrique et une bonne partie de l'Asie.

Les frontières de quelques ensembles géographiques sont nettement visibles sur la carte économique

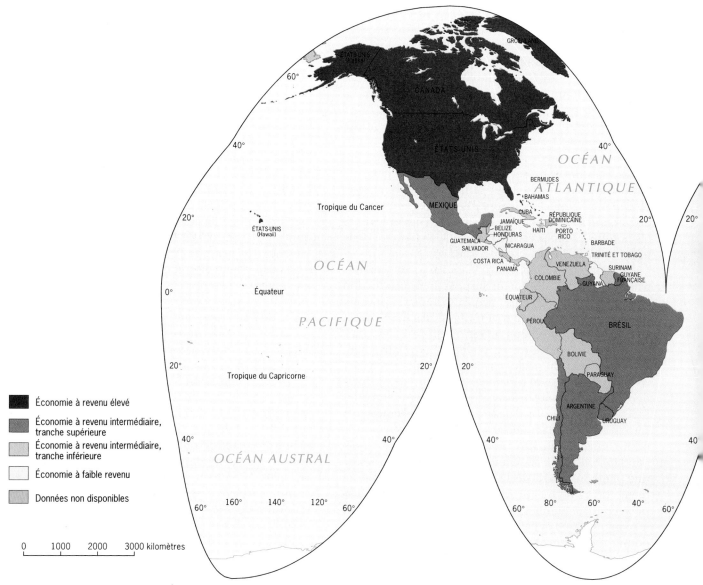

Figure I.10 Carte économique des États du monde.

du monde (fig. I.10), notamment la limite entre les ensembles nord-américain et centraméricain, entre l'Australie et l'Asie du Sud-Est, et entre la Russie et l'Asie de l'Est. De plus, on distingue clairement certaines frontières régionales : par exemple, la limite entre l'Europe de l'Ouest et l'Europe de l'Est, entre le Brésil et l'Amérique andine (dans l'ouest de l'Amérique du Sud), entre la péninsule arabique exportatrice de pétrole et les pays du Moyen-Orient situés au nord-ouest.

La carte de la figure I.10 donne le niveau de développement économique de tous les pays du globe; il faut se rappeler que c'est la structure politique qui sert de grille de référence à cette carte. Jusqu'à tout récemment, les économistes et les spécialistes de la géographie économique se servaient de cette base pour diviser le monde en pays industrialisés et en pays en voie de développement, mais cette distinction a perdu de sa signification pour des raisons qu'il est impossible d'in-

diquer sur la carte. Indépendamment de leur niveau de revenu, de nombreux pays renferment aujourd'hui des centres développés (où sont souvent concentrées les communautés les plus riches) et des zones périphériques pauvres et sous-développées (voir l'encadré « Relations entre le centre et la périphérie d'une région », p. 22). Des États relativement prospères, comme l'Espagne et l'Arabie saoudite, comprennent des zones gravement sous-développées. Par contre, des pays classés parmi les économies à faible revenu ont engendré des villes florissantes, où les tours se multiplient, où les rues fourmillent d'automobiles de luxe et où les boutiques sont remplies de produits haut de gamme. Comme les centres prospères s'enrichissent de plus en plus et que les périphéries défavorisées s'appauvrissent toujours davantage, les moyennes « nationales » des statistiques économiques préparées par les États n'ont plus beaucoup de signification sur le plan géographique. Un indica-

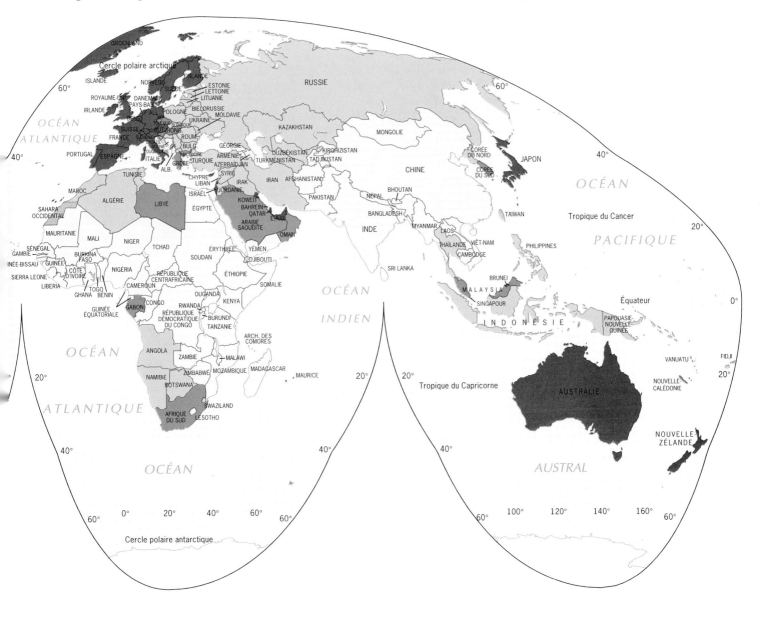

teur des *disparités régionales* de chaque économie serait peut-être plus révélateur.

La division du monde en ensembles géographiques développés et en voie de développement n'est donc plus appropriée. Même si l'Asie de l'Est regroupe en général des économies à faible revenu, elle inclut le Japon qui est l'un des États les plus prospères du globe. Par ailleurs, l'Europe compte parmi les ensembles géographiques à revenu élevé, mais l'Albanie, la Moldavie et l'Ukraine ne partagent pas cette richesse.

Relations entre le centre et la périphérie d'une région

Nous vivons dans un monde où la richesse est inégalement distribuée. Les pays industrialisés détiennent des avantages que n'ont pas les pays moins avancés et, selon plusieurs indicateurs économiques, l'écart entre les deux groupes croît sans cesse. Comment en sommes-nous arrivés à ces extrêmes et qu'est-ce qui perpétue cette situation ?

On a attribué les contrastes régionaux en matière de développement à de nombreux facteurs : le climat, l'héritage culturel, l'exploitation coloniale et, plus récemment, le néocolonialisme. Il est clair que la répartition des ressources naturelles accessibles et la position relative des pays jouent un rôle crucial : certaines régions ont toujours bénéficié de plus larges possibilités d'interaction et d'échanges que d'autres. Par ailleurs, l'isolement par rapport aux grands courants de changement a toujours représenté un désavantage. Tous ces facteurs, plus ou moins reliés à la position relative, sont certainement déterminants.

L'une des caractéristiques fondamentales de l'organisation spatiale d'un État est l'évolution de ses **zones centrales**, qui sont le foyer de l'activité humaine et jouent un rôle prépondérant dans l'exercice du pouvoir et l'incitation au changement. On a généralement tendance aujourd'hui à associer ces entités régionales au cœur du pays, c'est-à-dire à la région qui a la plus forte concentration de population, le plus haut taux de productivité, une influence dominante, une position centrale plus facilement accessible et qui, de surcroît, renferme généralement une capitale nationale puissante.

Dans plusieurs États africains (c'est le cas par exemple au Kenya, au Sénégal et au Zimbabwe), l'ancienne capitale coloniale forme maintenant le cœur de la zone centrale du pays. Les tours et le siège du gouvernement y reflètent la concentration des privilèges, du pouvoir et de l'autorité. La capitale exhibe des signes extérieurs de développement : des routes pavées et éclairées de lampadaires, des hôpitaux et des écoles, des sièges sociaux et des commerces, des usines et des marchés. Dans les zones qui l'entourent, les fermes produisent des denrées périssables, qui se vendent à prix forts aux citadins capables de se les procurer. Mais dans la campagne plus éloignée, la vie est bien différente. Vu de la périphérie, le centre paraît lointain, menaçant ; c'est une source d'inquiétude. À quel prix les produits agricoles se vendront-ils sur les marchés centraux ? Combien les ruraux devront-ils payer pour les biens fabriqués dans la zone centrale et dont ils ont besoin ? Les impôts vont-ils augmenter ? L'organisation de type centre-périphérie favorise le maintien de contrastes marqués entre les régions : le centre a l'apparence d'une métropole florissante, d'une grande ville d'un pays industrialisé, mais dans la périphérie le sous-développement est évident partout.

En examinant le monde sous cet angle, on constate que la structure centre-périphérie n'existe pas uniquement à l'échelle nationale, mais aussi à l'échelle planétaire. Aujourd'hui, l'Europe de l'Ouest tout entière remplit la fonction de zone centrale ; il en est de même pour l'Amérique du Nord et le Japon. Donc, ce que nous avons dit de la ville-région puissante située au cœur d'un pays par ailleurs sous-développé s'applique, à l'échelle macroscopique, à ces zones centrales du globe. Le pouvoir, les capitaux, l'influence et les instances décisionnelles sont concentrés soit en Europe, soit en Amérique du Nord, soit au Japon.

Cette situation est-elle nécessairement désavantageuse pour les pays de la périphérie, globalement moins avancés et économiquement faibles ? Après tout, les sociétés commerciales et les entreprises installées dans la zone centrale font des investissements ; elles stimulent l'économie et fournissent des emplois aux habitants des pays de la périphérie. Mais il se crée une relation de dépendance qui tend à réduire ces avantages. Les profits reviennent majoritairement à la zone centrale et ne bénéficient que très peu à la périphérie. La chose est claire quand on considère par exemple la situation du personnel d'un hôtel ultramoderne érigé sur une plage des Caraïbes. Des capitaux ont été investis dans ce complexe hôtelier, des emplois ont été créés, mais les profits en sont versés au compte bancaire de la multinationale propriétaire, dont le siège social est à New York, à Tokyo ou à Londres.

Tandis que la région centrale défend férocement ses prérogatives, les États des régions périphériques, simples pions dans le jeu de l'économie mondiale, doivent suivre des règles qui leur échappent et qu'ils n'ont pas le pouvoir de changer. On comprend que leurs problèmes internes perdurent. L'utilisation des ressources (par exemple, l'emploi des terres soit pour la production de denrées consommées localement, soit pour la culture de produits destinés à l'exportation) dépend largement d'influences étrangères. Les pays périphériques sont beaucoup plus touchés que les zones centrales par la dégradation de l'environnement, la surpopulation et une mauvaise administration. Ils ont hérité de désavantages qui se sont amplifiés avec le temps au lieu de diminuer. D'ailleurs, l'écart croissant entre les zones centrales qui s'enrichissent et les zones périphériques qui s'appauvrissent est une menace sérieuse à l'avenir de la planète.

Il n'y a pas longtemps, on classait en outre les pays en cinq catégories : les pays industrialisés (capitalistes), les pays derrière le rideau de fer (socialistes ou communistes), le Tiers-Monde (les pays en voie de développement), le Quart-Monde (les moins avancés des pays en voie de développement) et, enfin, les pays les plus pauvres de tous. Mais cette classification a elle aussi perdu beaucoup de son sens dans le monde en mutation des années 1990. La distinction la plus significative que l'on puisse faire actuellement est fondée sur la notion d'*avantage* : certains pays sont avantagés et bien d'autres ne le sont pas. Les avantages prennent diverses formes : la position géographique (il est préférable d'être situé sur la côte plutôt que dans l'arrière-pays), les réserves de matières premières, le mode de gouvernement, la stabilité politique, la compétence de la main-d'œuvre, etc. Au fur et à mesure que l'écart entre les États avantagés et les États désavantagés s'accroît (et *c'est* ce qui se produit actuellement), la stabilité politique globale est de plus en plus menacée, de même que les avantages que détiennent les nantis par rapport aux démunis.

Au cours de notre étude des ensembles géographiques du globe, nous examinerons le concept de développement régional sous plusieurs angles. La carte de la figure I.10 reflète dans une large mesure une suite d'événements qui débuta bien avant la révolution industrielle, puisque l'Europe avait posé les fondations de son expansion coloniale dès le milieu du XVIIIᵉ siècle. La révolution industrielle stimula la demande en matières premières sur ce continent, et les usines contribuèrent à l'affermissement de la domination impériale. Les pays occidentaux furent donc grandement avantagés dès le départ, alors que leurs colonies continuaient de fournir des matières premières et de consommer les produits fabriqués dans les métropoles occidentales. C'est ce qui donna naissance à un système international de commerce et de circulation des capitaux, qui changea très peu à la fin de la période coloniale. Les pays en voie de développement, pleinement conscients d'être dans une situation difficile, accusèrent les États industrialisés de protéger les avantages dont ils bénéficiaient depuis longtemps en pratiquant le *néocolonialisme,* qui n'est qu'une forme déguisée de l'ancien impérialisme.

Indices de sous-développement

Ne vous méprenez pas : même si l'on ne divise plus le monde selon des critères d'industrialisation et de sous-développement, il existe *encore* des régions à l'intérieur des ensembles géographiques et des pays à l'intérieur des régions qui souffrent de sous-développement. Nous verrons au cours de notre exploration du monde que les manifestations et les causes du sous-développement sont nombreuses. L'annexe A en fournit des indices; si l'on compare par exemple les données relatives au Ban-gladesh ou au Mozambique et celles qui se rapportent au Japon ou au Canada, on constate que dans les deux premiers pays la croissance démographique est plus grande, alors que l'espérance de vie, le taux d'urbanisation et le revenu sont moins élevés. Nous verrons que dans les pays les moins avancés, le taux de mortalité infantile est important, la santé de la population et les conditions d'hygiène sont médiocres, l'agriculture est inefficace, l'alimentation est déficiente, les villes sont fortement surpeuplées et des maux de toutes sortes sévissent. De nombreux pays en voie de développement sont prisonniers du système économique planétaire, dans lequel l'exportation de matières premières est pour eux la seule source de devises étrangères.

Il ne fait aucun doute que le système économique mondial défavorise les pays les moins avancés, mais l'instabilité politique dans ces pays, la corruption gouvernementale, la difficulté à déterminer les priorités de façon adéquate, le mauvais usage de l'aide extérieure et le traditionalisme sont autant de facteurs qui freinent en général le développement. L'intervention de puissances économiques, par l'intermédiaire de sociétés multinationales, a également eu des effets négatifs sur l'évolution économique et politique de bon nombre des pays moins avancés, surtout durant la période de la guerre froide : des querelles intestines ont dégénéré en conflits majeurs lorsque les États-Unis et l'Union soviétique ont appuyé des parties opposées. L'Angola, l'Éthiopie, l'Afghanistan, le Viêt-nam, le Nicaragua et d'autres pays en voie de développement ont beaucoup souffert de l'ingérence de superpuissances qui s'affrontaient chez eux par pays interposés.

Ainsi, quand on délimite des régions à l'intérieur d'un ensemble géographique, il faut toujours accorder une grande importance au développement national. Le développement économique est en partie un héritage du passé : il résulte d'influence coloniale, de conflits entre superpuissances et de bien d'autres événements. Mais ce n'est qu'un critère parmi d'autres.

La structure régionale

Au début de cette introduction, nous avons présenté une carte des grands ensembles géographiques du monde (fig. I.1). Nous avons ensuite discuté de la répartition de ceux-ci en régions et des critères de répartition. La figure I.11 présente le résultat de ce processus. Cette structure globale est beaucoup plus qu'une simple division des paysages culturels en régions : elle reflète l'application de critères relevant de la géographie physique, politique, économique, urbaine et historique. C'est en quelque sorte une synthèse spatiale non seulement de la géographie culturelle, mais aussi de la géographie humaine sous ses aspects les plus divers.

Douze ensembles géographiques forment la structure fondamentale de notre étude globale. Nous examinerons évidemment les raisons expliquant le tracé des frontières de chacun, mais nous nous attarderons surtout aux régions qui les composent. La carte de la figure I.11 facilite la compréhension du survol qui suit.

L'Europe (1)

L'Europe est un ensemble géographique malgré la faible étendue de la péninsule qu'elle occupe à l'extrémité ouest de la masse continentale eurasienne. La superficie de l'ensemble européen n'est certainement pas une mesure de son importance sur l'échiquier mondial. L'influence que l'Europe a exercée, les innovations dont elle est à l'origine, les empires qu'elle a fondés, les révolutions qui s'y sont déroulées ont en effet transformé la planète tout entière. Les guerres internes, la perte de colonies et la concurrence extérieure ont été autant d'occasions pour cet ensemble de montrer qu'il possède les ressources naturelles et humaines pour survivre à des désastres.

L'Europe est engagée depuis plus d'un demi-siècle dans un projet d'unification qui entrera dans l'histoire, à savoir la création de l'Union européenne. Ses cinq régions conservent néanmoins leur identité; ce sont l'Europe de l'Ouest, les îles Britanniques, l'Europe septentrionale (ou Europe du Nord), l'Europe méditerranéenne (ou Europe du Sud) et l'Europe de l'Est.

La Russie (2)

La Russie, qui formait le cœur de l'Empire soviétique, demeure le plus vaste État du monde même si 14 anciennes républiques socialistes s'en sont détachées en 1991. Le royaume russe créé par les tsars est devenu sous le régime soviétique un empire, que la mauvaise gestion communiste mena à la ruine. La Seconde Guerre mondiale porta un dur coup à l'Union soviétique, mais elle raviva le nationalisme russe; durant l'après-guerre, cet État devint une superpuissance mondiale, notamment sur le plan militaire, et il joua un rôle de pionnier dans le domaine spatial. Cependant, l'Union soviétique était un empire colonial et, tout comme les empires européens qui se sont désagrégés durant l'après-guerre, elle a fini par montrer des signes d'usure. Le 25 décembre 1991, l'Union des républiques socialistes soviétiques (U.R.S.S.) a cessé d'exister.

Nous pourrions diviser ce vaste ensemble géographique en un grand nombre de régions, mais pour les besoins de notre étude nous en délimiterons quatre : le cœur de la Russie, dont le principal centre est Moscou, la zone pionnière orientale, la Sibérie et l'Extrême-Orient. Étant donné les dimensions et la diversité de ces régions, nous les subdiviserons en sous-régions.

L'Amérique du Nord (3)

L'Amérique du Nord comprend deux pays : les États-Unis ■ et le Canada. Cet ensemble géographique a at-

Figure I.11 Structure régionale des ensembles géographiques du monde.

teint un stade de développement postindustriel; il est caractérisé par un taux d'urbanisation élevé, une technologie de pointe, une mobilité sans égale et une consommation élevée des ressources de la planète et de produits manufacturés. C'est également un ensemble pluriethnique où les minorités ont tendance à se tenir à l'écart de la culture dominante. À la fin des années 1990, un mouvement souverainiste fort cherche à faire du Québec un État autonome.

Nous divisons l'Amérique du Nord en huit régions. Le Noyau principal de cet ensemble est constitué de la principale région urbaine et industrielle de l'Amérique du Nord; il se transforme actuellement en un complexe postindustriel où le Sud et le Sud-Ouest des États-Unis de même que la côte Ouest jouent un rôle de plus en plus grand. Le Cœur agricole comprend les zones d'élevage et de culture des céréales les plus productives du globe. Le Principal Bassin francophone et la région composée de la Nouvelle-Angleterre et des Provinces atlantiques luttent pour ne pas rester à la traîne alors que le foyer économique s'éloigne de plus en plus du nord-est du continent. Le vaste Arrière-pays, riche en ressources, devrait se développer au cours du XXIᵉ siècle. Il est à noter que plusieurs régions sont à cheval sur la frontière canado-américaine, ce qui reflète l'interaction économique entre les deux États, qui s'intensifiera encore lorsque l'Accord de libre-échange

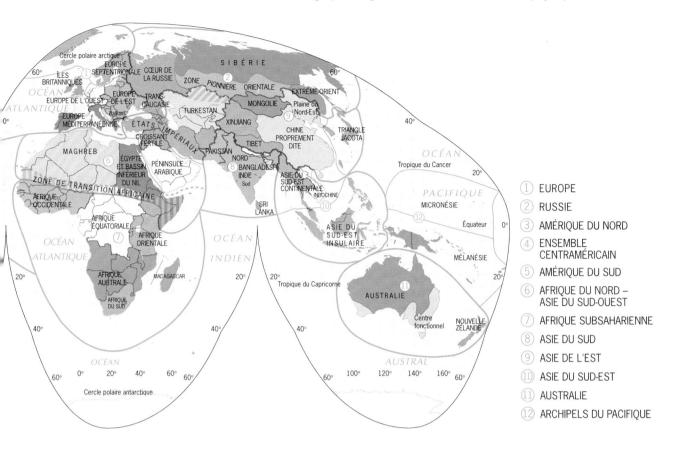

① EUROPE
② RUSSIE
③ AMÉRIQUE DU NORD
④ ENSEMBLE CENTRAMÉRICAIN
⑤ AMÉRIQUE DU SUD
⑥ AFRIQUE DU NORD – ASIE DU SUD-OUEST
⑦ AFRIQUE SUBSAHARIENNE
⑧ ASIE DU SUD
⑨ ASIE DE L'EST
⑩ ASIE DU SUD-EST
⑪ AUSTRALIE
⑫ ARCHIPELS DU PACIFIQUE

nord-américain sera pleinement appliqué dans un avenir prochain.

L'ensemble centraméricain (4)

L'ensemble géographique centraméricain et l'Amérique du Sud forment ce qu'on appelle communément l'Amérique latine, à cause de l'empreinte laissée dans cette partie du monde par les Espagnols et les Portugais à la suite de l'expansion coloniale européenne et de la destruction des cultures amérindiennes. Ce caractère « latin » est néanmoins beaucoup plus marqué en Amérique du Sud que dans l'ensemble centraméricain, et c'est l'un des facteurs qui justifient la définition de deux ensembles géographiques.

L'ensemble géographique centraméricain comprend quatre régions : le Mexique, qui en est le géant; l'Amérique centrale proprement dite, formée de sept États; les îles les plus vastes des Caraïbes, qui forment les Grandes Antilles; et les îles les plus petites des Caraïbes, disposées en arc de cercle, qui forment les Petites Antilles.

L'Amérique du Sud (5)

La masse continentale de l'Amérique du Sud constitue également un ensemble géographique comprenant le Brésil, où l'influence portugaise est perceptible, et un ancien domaine colonial espagnol aujourd'hui divisé en neuf pays indépendants. La religion catholique exerce toujours une influence prépondérante sur la culture sud-américaine, et les structures relatives à la propriété foncière, à la location des terres, à la taxation et aux redevances ont été importées de l'Ancien Monde. L'ascendance européenne des Sud-Américains se reflète encore aujourd'hui dans l'architecture, les villes, les arts visuels, la musique et bien d'autres domaines. Mais ce continent est en train de créer de nouveaux liens, principalement de nature commerciale.

Nous divisons l'Amérique du Sud en quatre régions : le Brésil, qui est le géant du continent; les pays du Nord, qui donnent sur la mer des Caraïbes; l'Ouest montagneux, où prédomine l'influence des Amérindiens; et les pays du Cône sud, qui forment la région la plus développée sur le plan économique.

L'Afrique du Nord et l'Asie du Sud-Ouest (6)

L'Afrique du Nord et l'Asie du Sud-Ouest forment un vaste ensemble géographique, auquel on donne divers noms — le royaume islamique, le monde arabe, le monde aride — dont aucun ne nous semble vraiment approprié. La religion islamiste (musulmane) est le trait culturel dominant, et elle se manifeste souvent de façon marquée dans le paysage. Le milieu naturel est caractérisé par un climat aride; la population est donc concentrée autour des points d'eau, la plupart très éloignés les uns des autres. L'isolement qui en résulte contribue à maintenir la discontinuité culturelle, et les régions présentent de vifs contrastes.

Nous distinguons sept régions : trois en Afrique du Nord et quatre en Asie du Sud-Ouest. L'Égypte forme une région à elle seule et juste à l'ouest se trouve la partie de l'Afrique du Nord dominée par le Maghreb. Au sud, la zone de transition dont il a été question plus haut traverse l'Afrique d'ouest en est. En Asie du Sud-Ouest, la région clé est appelée Croissant fertile; elle se compose de cinq pays qui occupent un territoire en forme de croissant entre la Méditerranée et le golfe Persique. Au sud du Croissant fertile se trouve la péninsule arabique et, au nord, s'étend un groupe de pays dont la population n'est pas arabe; ils forment une région allant de la Turquie à l'Afghanistan. Enfin, le nord-est de cet ensemble géographique, à l'est de la mer Caspienne, est occupé par cinq pays musulmans (l'ancien Turkestan russe) qui se sont soustraits depuis peu à la domination soviétique et où l'islamisme connaît un regain.

L'Afrique subsaharienne (7)

L'Afrique subsaharienne est, comme son nom l'indique, la partie de l'Afrique située au sud du Sahara. Sa frontière septentrionale est une large zone de transition partagée entre plusieurs pays (fig. I.11). Cependant, le littoral marque les autres frontières de cet ensemble géographique qui est le berceau de l'humanité et présente des traits culturels distinctifs très nets. La colonisation par les puissances européennes a laissé son empreinte, notamment dans le tracé des frontières politiques et dans les systèmes de transport, conçus en fonction de l'exportation. Cependant, les cultures africaines traditionnelles ont survécu : des centaines de langues sont encore en usage et des religions locales sont toujours vivantes en dépit de l'introduction du christianisme et de l'islamisme. L'Afrique subsaharienne est en outre le moins industrialisé et le moins urbanisé des grands ensembles géographiques; l'activité principale y est incontestablement l'agriculture.

Nous divisons l'Afrique subsaharienne en quatre régions : l'Afrique de l'Ouest, l'Afrique de l'Est, l'Afrique équatoriale et l'Afrique australe. Cette dernière est dominée par la république d'Afrique du Sud, qui est en voie de se transformer radicalement sur les plans politique et social.

L'Asie du Sud (8)

Le sous-continent indien, qui forme un triangle, délimite également un ensemble géographique à l'intérieur de la masse continentale asiatique. Nettement défini sur le plan physique par les chaînes de montagnes et les mers qui le bordent, cet ensemble abrite l'un des plus grands groupes humains du globe. Après avoir été le berceau de civilisations antiques, l'Inde est devenue la pierre angulaire du vaste empire colonial britannique. La fin de la période coloniale, marquée en bien des endroits par de violents affrontements, a donné naissance à six États indépendants : l'Inde, le Pakistan, le Bangladesh, le Sri Lanka, le Népal et le Bhoutan.

Plusieurs langues sont en usage en Asie du Sud et quelques grandes religions y sont pratiquées, d'où l'existence de divisions culturelles profondes. Même si la communauté hindoue forme la majorité, la minorité musulmane regroupe plus d'habitants que n'en compte n'importe quel pays de l'Afrique du Nord ou de l'Asie du Sud-Ouest. Nous divisons l'Asie du Sud en cinq régions : au centre, le cœur de l'Inde dominé par la plaine du Gange; à l'ouest, le Pakistan; au nord, la région montagneuse formée par le Népal et le Bhoutan; à l'est, le Bangladesh; au sud, l'Inde dravidienne et le Sri Lanka, insulaire.

L'Asie de l'Est (9)

La Chine est au centre de la vaste sphère est-asiatique qui abrite la plus grande population du monde. Cet ensemble géographique s'étend de la frontière de la Russie, non loin de la Sibérie, jusqu'au littoral tropical de la mer de Chine méridionale, et des îles du Pacifique les plus à l'ouest jusqu'aux déserts et aux hautes montagnes accidentées de l'Asie centrale. Les Chinois, au nombre de 1,3 milliard, forment la majorité de la population de l'Asie de l'Est; ils sont en outre les héritiers de l'une des grandes civilisations antiques.

Si la Chine domine sur le plan démographique, c'est le Japon qui est le géant économique de l'Asie de l'Est. Cependant, la suprématie de cet État diminue au fur et à mesure qu'émergent de nouveaux *dragons économiques*; les investissements et les relations commerciales du Japon contribuent en effet à son intégration à la sphère sud-asiatique. Ce pays est le cœur d'une région en formation dont l'unification reste à faire, à savoir la zone Asie-Pacifique, qui s'étend de l'extrémité sud-est de la Russie au nord jusqu'à la Nouvelle-Zélande au sud-est (voir ci-dessous l'encadré « La zone Asie-Pacifique : une région en émergence »).

Nous divisons l'Asie de l'Est en cinq régions : l'est et le nord-est de la Chine qui, avec la Corée du Nord, constitue le cœur de l'ensemble géographique; les hautes chaînes de montagnes et les plateaux du Tibet (en chinois, *Xizang*) occupent le sud-ouest; les vastes déserts du Xinjiang s'étendent à l'ouest; la Mongolie occupe le nord; le triangle formé par le Japon, la Corée du Sud et Taiwan constitue, à l'est, une région dont l'économie est bien développée (Triangle **Jacota**).

L'Asie du Sud-Est (10)

Le Sud-Est asiatique est une véritable mosaïque de groupes linguistiques et ethniques. Cet ensemble géogra-

LA ZONE ASIE-PACIFIQUE : UNE RÉGION EN ÉMERGENCE

Début des années 1980, un changement majeur mondial s'opère : les échanges commerciaux transpacifiques deviennent supérieurs aux échanges transatlantiques. L'aire pacifique semble en voie de devenir le nouveau centre du Monde. Les échanges entre le Japon et les États-Unis continuent de dominer ce trafic, mais les économies en émergence d'États comme la Corée du Sud, Taiwan, Hong Kong, et Singapour connaissent depuis les années 1970 une croissance économique phénoménale. Et dans cette ascension vertigineuse, ces quatre dragons entraînent derrière eux des pays tels la Thaïlande, la Malaysia, l'Indonésie et les Philippines, où l'abondance de la main-d'œuvre à bon marché va permettre des taux de croissance dépassant largement ceux des pays industrialisés. Même la Chine, grâce aux zones franches de son rivage pacifique et à ses rapports particuliers avec Hong Kong, participe à l'émergence de la zone Asie-Pacifique.

Tous les pays du pourtour du Pacifique, du Chili au Canada, et de la Russie à la Nouvelle-Zélande, sont touchés par l'intensification des échanges transpacifiques. Ces États forment donc en 1989 l'Organisation pour la coopération économique en Asie-Pacifique, l'APEC (*Asia-Pacific Economic Cooperation Organization*).

Mais à l'automne de 1997, ce ne fut pas de croissance économique mais de crise financière dont il fut question à la réunion de l'APEC à Vancouver. En effet, la plupart des pays de l'Asie-Pacifique étaient maintenant en proie à une dévaluation importante de leur monnaie et à l'effondrement de leur marché boursier. Craignant que la crise asiatique n'affecte l'économie mondiale, le Fonds monétaire international est intervenu massivement dans les pays les plus touchés comme la Corée du Sud, la Thaïlande et l'Indonésie. Est-ce pour autant la fin du miracle asiatique et du développement de l'aire pacifique?

Au début de 1998, il semble que la crise sera salutaire à long terme. La dévaluation importante des monnaies des pays de l'Asie-Pacifique pourrait permettre à ces pays de retrouver leur compétitivité en crevant les bulles spéculatives et en éliminant les administrations publiques corrompues qu'avait favorisé la longue période de croissance ininterrompue. À court terme, la croissance de l'Asie-Pacifique sera ralentie. Mais dans la mesure où les pays de la zone accepteront de réformer et d'assainir leur économie, on peut s'attendre qu'il y ait reprise, et qu'éventuellement, l'aire pacifique devienne le nouveau centre du Monde.

---

phique a été le théâtre d'innombrables luttes pour le pouvoir; on l'a d'ailleurs qualifié d'Europe de l'Extrême-Orient. Pendant la période coloniale, on a nommé **Indochine** la partie continentale du Sud-Est asiatique. C'est un nom approprié, puisqu'il reflète les principales influences qui se sont exercées sur l'ensemble tout entier. Celui-ci est en effet proche de la Chine du point de vue ethnique, mais il présente divers traits culturels (hindous, bouddhistes et même musulmans) qui lui viennent de l'Inde ou qui lui ont été transmis par l'intermédiaire de ce pays*.

Les discontinuités spatiales de l'Asie du Sud-Est sont évidentes : elle se compose d'une péninsule (où la population est généralement concentrée dans les bassins fluviaux) et de milliers d'îles qui forment les archipels de l'Indonésie et des Philippines. La division de cet ensemble géographique en régions a pour base la distinction entre la partie continentale et la partie insulaire (fig. I.11).

L'ensemble australien (11)

L'Australie et son voisin éloigné, la Nouvelle-Zélande, constituent un ensemble géographique en raison de leur étendue, de leur isolement insulaire et de leur

héritage culturel nettement occidental. Le continent australien est plus vaste que l'Europe, beaucoup plus développé sur le plan économique que ses voisins, l'Asie du Sud-Est et les îles du Pacifique Sud, et sa population se distingue clairement de celle de tous les autres ensembles géographiques. C'est pourquoi il mérite la place qu'il occupe sur la carte de la figure I.11. Mais même la lointaine Australie est en train de changer, l'évolution de l'Asie-Pacifique ayant des effets sur sa géographie régionale.

Les régions de l'ensemble géographique australien sont définies en fonction de critères relevant de la géographie physique et humaine. En Australie, on distingue le centre fonctionnel fortement urbanisé, composé de deux zones séparées, et le vaste intérieur où le désert est prédominant; la Nouvelle-Zélande comprend deux îles principales qui présentent des contrastes marqués sur les plans physique et culturel.

Les archipels du Pacifique (12)

Entre l'Asie et l'Australie (à l'ouest) et l'Amérique (à l'est) s'étend l'immense océan Pacifique, dont la superficie est supérieure à celle de toutes les masses continentales réunies. Les dizaines de milliers d'îles, gran-

---

* Nous réservons le terme Indochine à cette partie de la péninsule qui regroupe les anciennes colonies françaises du Laos, du Cambodge et du Viêt-nam.

des et petites, qui émergent de cette vaste étendue d'eau forment un ensemble géographique fragmenté et très complexe sur le plan culturel, les archipels du Pacifique Sud.

Cet ensemble géographique est traditionnellement divisé en trois régions. La plus peuplée, la Mélanésie a pour centre la Nouvelle-Guinée.(Le nom de la région vient du mot grec *melas* qui signifie « noir », car ses habitants ont la peau, les cheveux et les yeux très foncés). Immédiatement au nord se trouve la Micronésie (*micro* signifie « petit » et le nom de la région reflète la faible étendue de bon nombre des îles qui la composent) et à l'est, la Polynésie (*poly* signifie « plusieurs »), une vaste région centrale du Pacifique Sud, formée de nombreuses îles qui s'étendent de l'archipel d'Hawaii jusqu'à l'île de Pâques au sud-est et jusqu'en Nouvelle-Zélande au sud-ouest.

Deux ensembles géographiques se rencontrent en Australie et en Nouvelle-Zélande : les peuples aborigènes d'Australie sont mélanésiens et la population maorie de la Nouvelle-Zélande est d'ascendance polynésienne.

Relations interrégionales

Maintenant que nous avons mis en place une structure globale, il nous faut examiner chaque partie à une échelle plus grande pour approfondir notre compréhension. Mais avant de commencer, il est bon de rappeler que l'existence de frontières régionales (fig. I.11) ne signifie nullement que les populations des ensembles géographiques et des régions vivent en vase clos. Nous avons déjà mentionné que les régions changent, et le changement vient de l'interaction. Ce qui se passe dans la zone Asie-Pacifique est un exemple actuel de changement et d'interaction, et ces événements ont lieu en dépit du fait que le plus vaste État d'Asie de l'Est, la Chine, s'est fermée au monde pendant des décennies à partir du milieu du siècle. Nous verrons que l'accroissement des échanges internationaux, tant culturels et économiques que politiques, contribue à la **globalisation** du monde, c'est-à-dire à la réduction graduelle des contrastes entre les régions. Toutefois, à la fin du XXe siècle, les ensembles géographiques et les régions possèdent encore leur propre **iconographie**, soit un ensemble de symboles, une culture et des traditions ayant un pouvoir unificateur. Il est nécessaire de comprendre ces particularités pour être en mesure d'en tenir compte, ce qui est essentiel à qui veut naviguer dans notre univers multiculturel. Notre monde en voie de globalisation recèle encore des régions aux caractéristiques uniques, et la géographie est le moyen par excellence pour les découvrir.

CHAPITRE 1

Votre étude de la géographie de l'Europe terminée, vous pourrez :

1 Décrire les caractéristiques géographiques grâce auxquelles l'Europe, malgré des dimensions relativement réduites, a atteint le degré d'influence et de développement économique qu'on lui connaît.

2 Comprendre la géographie physique de l'Europe et en décrire les grandes subdivisions.

3 Apprécier le riche héritage culturel européen résultant des nombreuses révolutions économiques et politiques que le continent a connues.

4 Circonscrire les dimensions géographiques de l'ensemble européen à l'ère de la postindustrialisation et cerner les problèmes de ses zones surindustrialisées.

5 Comprendre comment l'idée d'unification a fait son chemin depuis un demi-siècle, les progrès récents en ce sens, et les difficultés que devra surmonter l'Union européenne pour consolider ses gains et vaincre les mouvements de dislocation.

6 Nommer les principales régions de l'Europe et les pays qu'elles comprennent.

7 Distinguer les sous-régions de l'Europe de l'Ouest, des îles Britanniques, de l'Europe du Nord, de l'Europe méditerranéenne et de l'Europe de l'Est et reconnaître les caractéristiques géographiques de chacune.

8 Localiser sur une carte les différents pays d'Europe, leurs éléments de relief, les principaux fleuves, les grandes villes et aires industrielles.

L'Europe : une puissance séculaire face aux défis nouveaux

P endant des siècles, à bien des égards, l'Europe a occupé une position centrale sur l'échiquier mondial. Les empires européens, qui s'étendaient à la grandeur du globe, ont partout transformé la société. Les capitales européennes étaient le foyer d'un réseau qui contrôlait le commerce des ressources des autres continents. Des millions d'Européens ont émigré partout dans le monde, de l'Amérique du Nord jusqu'en Australie, et ils ont fondé de nouvelles communautés. L'Europe a été le théâtre de révolutions agraires, industrielles et politiques qu'elle a exportées dans la quasi-totalité du globe, ce qui a contribué à consolider sa suprématie. Par ailleurs, elle a précipité le monde dans la guerre à deux reprises au cours du XXe siècle. À la suite de la Seconde Guerre mondiale (1939-1945), les puissances européennes, affaiblies, ont perdu leurs colonies, pendant longtemps source de richesse et d'influence; de plus, le continent a été divisé en deux par un rideau de fer idéologique, qui n'a été levé qu'en 1990. Deux événements ont dominé les 50 dernières années : le redressement de l'endurante Europe de l'Ouest et le rejet du communisme par l'Europe de l'Est.

Portrait de l'ensemble européen

Fondamentalement, l'Europe est une mosaïque de 38 pays, que l'on peut diviser, sur le plan de la géographie humaine, en 5 grandes régions. L'*Europe de l'Ouest* comprend l'Allemagne et la France, deux grands pays, les trois États du Benelux (Belgique, Pays-Bas et Luxembourg) et trois États alpins (la Suisse, l'Autriche et le minuscule Liechtenstein). L'*Europe de l'Est* se compose des anciens satellites communistes : la Pologne, la République tchèque, la Slovaquie, la Hongrie, la Roumanie, la Bulgarie, l'Albanie et les vestiges de l'ex-Yougoslavie, à savoir la Yougoslavie, la Slovénie, la Croatie, la Bosnie-Herzégovine et la Macédoine. À ces 12 pays sont venues s'ajouter la Lettonie, la Lituanie, la Biélorussie, la Moldavie et l'Ukraine, qui ont obtenu leur indépendance de l'ex-Union soviétique en 1991. Les *îles Britanniques* sont formées de la Grande-Bretagne et de l'Irlande. L'*Europe septentrionale* ou *Europe du Nord* comprend le Danemark, la Norvège, la Suède, la Finlande, l'Estonie et l'Islande, tandis que l'*Europe méditerranéenne* ou *Europe du Sud* réunit l'Espagne, le Portugal, l'Italie, la Grèce et Malte, un petit État insulaire. Malgré le nombre considérable d'États qui la composent, l'Europe est tout compte fait un continent de modeste dimension (fig. I.11). En dépit de cette superficie relativement restreinte, elle est demeurée pendant plus de 2000 ans un incontestable foyer de civilisation et le haut lieu de l'innovation et de l'invention.

L'ensemble européen dispose non seulement de ressources humaines considérables, mais aussi d'une importante réserve de matières premières diversifiées qui lui ont toujours permis de s'adapter aux changements et de faire face aux nouveaux besoins. En fait, la diversité des éléments naturels de l'Europe n'a probablement pas d'égal, compte tenu de sa faible étendue. De la chaude Méditerranée à la glaciale Scandinavie arctique, des rives plates de la mer du Nord aux sommets élancés des Alpes, des forêts humides et des landes de la côte atlantique aux plaines semi-arides de la région située au nord de la mer Noire, l'Europe présente une grande variété de milieux naturels. L'Ouest, formé d'îles et de péninsules, contraste vivement avec l'Est, plus continental. L'ossature montagneuse de l'Europe, riche en matières premières (charbon, minerai de fer et autres minéraux d'une grande valeur pour l'industrie), traverse le continent en son centre, d'ouest en est, depuis l'Angleterre jusqu'à l'Ukraine. Cette hétérogénéité ne se limite pas à la géographie physique. En effet, les populations européennes sont issues de souches linguistiques et culturelles multiples; aux groupes d'origine latine, germanique et slave s'ajoutent de nombreuses minorités, telles que les Finnois, les Hongrois et diverses communautés celtiques (fig. 1.4).

La pluralité des composantes physiques et humaines de l'Europe ne constitue évidemment pas en soi le principal atout du continent. En fait, c'est sa géographie qui a procuré au vieux continent des avantages presque sans égal, tant du point de vue de la proximité que de l'accessibilité.

La **position relative** de l'Europe dans le monde — au centre des terres émergées — a certainement facilité l'établissement de contacts avec le reste de la planète (fig. 1.1). Par ailleurs, du fait de sa situation à l'extrémité occidentale du continent eurasien, aucun point de son territoire n'est vraiment éloigné de la mer — un élément essentiel au développement — et l'interpénétration des eaux et des terres y est exceptionnelle. La quasi-totalité de l'Europe méditerranéenne et de l'Europe occidentale est constituée de péninsules et d'îles, depuis la Grèce, l'Italie et la péninsule Ibérique (Espagne et Portugal) jusqu'aux îles Britanniques, au Danemark et à la péninsule de Scandinavie (Norvège et Suède). L'Europe du Sud donne sur la Méditerranée tandis que l'Europe de l'Ouest encercle pratiquement la mer du Nord, tout en étant tournée vers l'océan Atlantique; de l'autre côté de la mer Méditerranée se trouve l'Afrique et, par-delà l'Atlantique, s'étend l'Amérique. Le continent européen est depuis longtemps un centre d'échanges sur les plans humain et culturel, de même qu'une plaque tournante pour la circulation des biens et des idées. Cela n'est pas étonnant si on considère l'abondance des voies de communication : des cours d'eau totalisant des centaines de kilomètres de voies navigables, des baies, des détroits et des chenaux, tous praticables, relient de nombreuses îles et péninsules au reste du continent ainsi qu'à des mers facilement

LA POSITION RELATIVE : L'EUROPE EST AU CENTRE DES TERRES ÉMERGÉES.

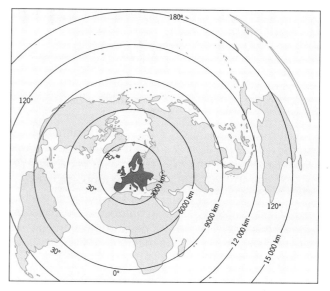

Figure 1.1 Projection équidistante des cercles azimutaux ayant pour centre Hambourg, en Allemagne.

accessibles, dont la Méditerranée, la mer du Nord et la mer Baltique. Il y a quelques siècles, les océans eux-mêmes sont devenus des boulevards grâce auxquels les voyageurs au long cours pouvaient entrer en contact avec des peuples éloignés.

La proximité a également favorisé l'Europe sur le plan intérieur. Bien que les Alpes forment une barrière transcontinentale, elles n'empêchent pas la circulation entre les régions situées de part et d'autre, car de nombreux cols assurent depuis des siècles la communication par voie terrestre. Par exemple, la distance entre Rome et Paris — deux anciens points de contrôle, l'un en Méditerranée et l'autre en Europe de l'Ouest — est équivalente à la distance entre la ville de Québec et

---

PRINCIPALES CARACTÉRISTIQUES GÉOGRAPHIQUES DE L'EUROPE

1. L'Europe occupe l'extrémité occidentale de l'Eurasie, une position privilégiée pour l'établissement de contacts avec le reste du monde.

2. L'influence persistante et de plus en plus vigoureuse que l'Europe exerce à la grandeur du globe est attribuable en bonne part aux avantages résultant de siècles de domination politique et économique à l'échelle mondiale.

3. Le milieu naturel européen présente une grande diversité quant à la topographie, au climat, à la végétation et au sol, et il est doté de ressources industrielles considérables.

4. L'Europe se caractérise par une forte différenciation de ses régions, tant sur le plan culturel que physique, par un haut degré de spécialisation spatiale des activités économiques et par l'abondance des possibilités d'échanges.

5. L'économie européenne est dominée par une industrie à productivité élevée. En général, le niveau de développement décroît cependant d'ouest en est.

6. Les États-nations d'Europe sont issus des centres de pouvoir qu'ont été à une époque les métropoles des empires coloniaux. Certains de ces États sont présentement aux prises avec des mouvements séparatistes.

7. La population européenne, l'une des trois plus grandes concentrations humaines de la planète, a en général un bon niveau de vie; le taux d'urbanisation, le niveau d'instruction et l'espérance de vie sont élevés presque partout sur le continent.

8. L'intégration économique de l'Europe a déjà fait d'énormes progrès, et la tendance actuelle va dans le sens d'une coordination encore plus poussée et élargie.

Washington, D.C. Toutefois, même si deux points quelconques du continent européen ne sont jamais très éloignés l'un de l'autre, des régions ou des villes voisines présentent souvent de vifs contrastes sur les plans économique et environnemental. La combinaison proximité et différences marquées — un trait distinctif de l'Europe depuis plus d'un millénaire — suscite de nombreuses interactions.

Paysages et atouts physiques

Même si l'Europe occupe un territoire peu étendu, sa géographie physique est variée et complexe. On pourrait facilement diviser le continent en un grand nombre de régions morphologiques, mais cela se ferait au détriment du découpage général en régions qui a joué un rôle crucial dans l'histoire des peuples européens. Par conséquent, on peut classer les paysages européens en quatre grands groupes : les vieux massifs du Centre, le système alpin au sud, les vieux massifs de l'Ouest et, enfin, la plaine d'Europe du Nord (fig. 1.2).

Le cœur de l'Europe présente une région de collines et de petits plateaux aux pentes boisées et aux vallées fertiles. Ces *vieux massifs du Centre* renferment la majeure partie des gisements houillers européens. Une fois sorties de la longue torpeur du Moyen Âge et sous l'impulsion de la révolution industrielle, les petites agglomérations de la région agrippées aux flancs des collines se sont peu à peu développées et sont finalement devenues de grandes villes. C'est ainsi que les exploitations agricoles ont fait place aux mines et aux usines.

Les vieux massifs du Centre sont bordés au sud par les chaînes alpines, beaucoup plus élevées, et des autres côtés par la plaine d'Europe du Nord. Le *système alpin* comprend, en plus des Alpes proprement dites, d'autres chaînes montagneuses : les Pyrénées (l'une des rares et véritables barrières naturelles d'Europe, marquant la frontière entre l'Espagne et la France), les Apennins (en Italie), les Alpes Dinariques (en ex-Yougoslavie) et les Carpates (en Europe de l'Est). En fait, le système alpin s'étend au sud jusqu'en Afrique du Nord (monts Atlas) et à l'est jusqu'en Turquie, et même au-delà.

Même si la région située à la limite occidentale de l'Europe est elle aussi très accidentée, les *vieux massifs de l'Ouest*, situés en Scandinavie, en Écosse, en Irlande, en Bretagne, au Portugal et en Espagne, n'appartiennent pas au système alpin (les plus hauts sommets ont une altitude bien inférieure à celle des pics alpins). Les hautes terres occidentales, qui forment un arc de cercle, correspondent à une formation géologique ancienne. Elles contrastent vivement avec les Alpes, relativement jeunes et encore soumises à des forces orogéniques, où le risque de séisme est élevé. Les chaînes scandinaves font partie d'un bouclier ancien qui repose sur des roches cristallines où l'on peut voir les marques laissées par la glaciation du pléistocène. Le centre de l'Espagne est occupé par un plateau, la Meseta, qui repose lui aussi sur des roches relativement anciennes, maintenant fortement érodées.

La dernière des régions géomorphologiques d'Europe est la plus densément peuplée. _La plaine d'Europe du Nord_ forme un immense arc de cercle qui, prenant origine dans le sud de la France, s'étend dans les basses terres du nord de l'Allemagne puis en Pologne, à l'est, pour enfin pénétrer profondément, en s'élargissant, dans le sud-ouest de la Russie. Il est à noter que le sud-est de l'Angleterre, le Danemark et la pointe méridionale de la Suède appartiennent également à cet ensemble (fig. 1.2). La plus vaste partie de la plaine d'Europe du Nord a une altitude inférieure à 150 m et, localement, très peu d'élévations dépassent 30 m. Mis à part ce trait commun, ces basses terres présentent une remarquable diversité. En France, elles englobent les bassins de trois fleuves importants, soit la Garonne, la Loire et la Seine. Dans les Pays-Bas, elles sont constituées pour une bonne part de terres obtenues par drainage et entourées de digues, qui sont situées sous le niveau de la mer (les polders). Dans le sud-est de l'Angleterre, les zones les plus élevées des Pays-Bas, le nord de l'Allemagne, le Danemark, le sud de la Suède, et même plus loin à l'est, la plaine d'Europe du Nord a conservé des traces de la glaciation du pléistocène, qui

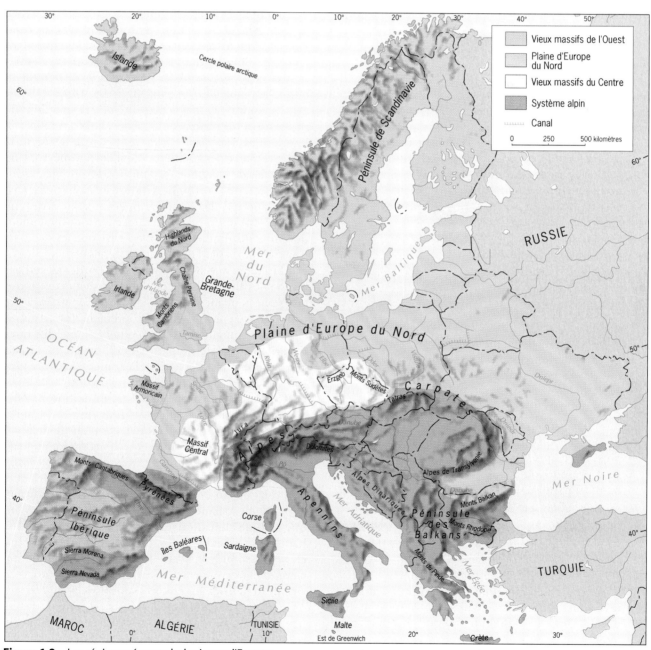

Figure 1.2 Les régions géomorphologiques d'Europe.

Le système alpin constitue l'ossature montagneuse de l'Europe. Il s'étend des Pyrénées, qui marquent la frontière entre l'Espagne et la France, jusqu'aux Carpates et aux Balkans à l'est. Les Alpes, formidable barrière culturelle et physique, étaient recouvertes de glaces au début de l'ère quaternaire. Leurs sommets, encore enneigés aujourd'hui, dominent le magnifique paysage de l'est de la France, de la Suisse et d'une partie de l'Autriche (la photographie ci-dessus a été prise en Savoie, près de la frontière suisse). L'accroissement de la circulation routière résultant de l'intensification des échanges commerciaux entre l'Italie et l'Europe de l'Ouest et du développement de l'industrie touristique — qui tire parti de la beauté des paysages — risque d'entraîner la dégradation du milieu naturel alpin.

a pris fin il y a seulement quelques millénaires (fig. I.5). Chacune des sous-régions énumérées ci-dessus présente des avantages particuliers selon la nature des sols et du climat, d'où l'implantation d'exploitations agricoles qui comptent parmi les plus productives du monde.

La plaine d'Europe du Nord est également, depuis très longtemps, l'une des principales voies de communication ayant favorisé les échanges entre les divers groupes humains du continent et d'ailleurs. Des peuples entiers ont emprunté ce corridor pour émigrer et des armées l'ont traversé à maintes reprises. Au fur et à mesure que la plaine s'est peuplée, l'agriculture s'est diversifiée et intensifiée pour finalement dominer le paysage rural. Parallèlement, les fermiers ont fondé, en s'établissant à proximité des terres qu'ils exploitaient, une myriade de villages. Quelques siècles plus tard, dans l'Europe actuelle, il n'existe toujours rien de comparable à la zone laitière *(dairy belt)* ou à la zone du blé *(wheat belt)* de l'Amérique du Nord; même là où domine une culture particulière, il est presque certain que la récolte comprendra divers autres produits.

Atout également important des vastes plaines nord-européennes : le grand nombre de cours d'eau navigables, qui descendent des hauteurs avoisinantes et sillonnent les basses terres jusqu'à la mer. Outre la

Loire, la Seine et la Garonne qui coulent en France, le système Rhin-Meuse *(Maas)*, lequel se jette dans la mer aux Pays-Bas, dessert l'une des régions industrielles et agricoles les plus productives d'Europe; la Weser, l'Elbe et l'Oder traversent le nord de l'Allemagne; la Vistule parcourt la Pologne; le Danube, qui arrose le sud-est de l'Europe, rivalise avec le Rhin par la régularité de son débit et sa navigabilité. Ainsi, au nord des chaînes alpines, les plus grands fleuves européens forment une étoile dont les branches, issues des hautes terres de l'intérieur, irradient jusqu'à la mer. Les voies fluviales et le relief de la plaine d'Europe du Nord sont donc propices à la circulation et au commerce. Au cours des siècles, les Européens ont amélioré ces conditions naturelles favorables en reliant des portions navigables de cours d'eau au moyen de canaux (fig. 1.2). L'ensemble

LA FRONTIÈRE ORIENTALE DE L'EUROPE

L'Europe est respectivement bornée à l'ouest, au nord et au sud par l'océan Atlantique, l'océan Arctique et la mer Méditerranée. Quant à sa frontière orientale, elle a toujours fait l'objet de débats. Certains experts la font coïncider avec l'Oural (système montagneux situé loin à l'intérieur de la Russie), reconnaissant ainsi l'existence d'une « Russie d'Europe » et, vraisemblablement, d'une « Russie d'Asie ».

Néanmoins, il est justifié, du point de vue géographique, d'établir cette frontière comme on le fait dans le présent chapitre, en supposant qu'elle se confond avec la frontière occidentale de la Russie. En effet, l'Europe de l'Est, tout comme l'Europe de l'Ouest, est fragmentée en un grand nombre d'États aux particularismes culturels marqués : ce trait politique la rapproche de l'Europe et la distingue du colosse russe à l'est. Des contrastes de nature historique et culturelle justifient également le tracé de longs segments de la frontière (fig. 1.4). Malgré l'hégémonie exercée par l'ex-Union soviétique, de 1945 à 1990, sur l'Europe de l'Est (une domination qui remonte en fait à l'époque tsariste d'avant 1917 pour plusieurs républiques de l'ouest de l'URSS qui ont proclamé leur indépendance en 1991), les différences idéologiques y ont survécu de même que le sentiment nationaliste. L'Europe de l'Est a conservé ses nationalismes locaux, ses conflits larvés ou manifestes et ses tensions, comme l'ont démontré les bouleversements qu'a connus cette région à partir de 1989. Par contre, en dépit de ses dissensions intérieures, la Russie demeure le géant de l'Eurasie par l'étendue de son territoire. Plusieurs fois grande comme l'Europe, la Russie s'est maintenue par la force au cours des siècles et elle pourrait bien exercer une influence déstabilisante sur l'émergence de l'Europe postcommuniste.

de ces voies, auxquelles sont venus s'ajouter les routes et les chemins de fer, ont assuré la communication entre des dizaines de milliers de localités. C'est ce qui explique que les techniques nouvelles et les innovations se soient répandues rapidement et que les activités et les relations commerciales n'aient jamais cessé de s'intensifier.

L'héritage gréco-romain

L'Europe moderne a commencé à se peupler après la dernière phase de retrait de la glaciation du pléistocène, le recul graduel des glaces ayant transformé la toundra froide en forêt décidue et les vallées glaciaires en zones herbeuses. Les premières grandes civilisations européennes sont nées sur les rives de la Méditerranée, plus précisément dans les îles et les péninsules grecques et, un peu plus tard, en Italie. La Grèce était en effet exposée à l'influence des civilisations, déjà avancées, de la Mésopotamie et de la vallée du Nil (fig. 6.2), et un véritable réseau de routes commerciales tapissait la partie orientale de la mer Méditerranée.

La Grèce antique

En même temps qu'ils fondaient leurs cités-États, les anciens Grecs accomplissaient des réalisations impressionnantes sur le plan intellectuel. Leur science politique et leur philosophie ont longtemps influencé la

Il ne fait aucun doute que les anciens Grecs savaient choisir l'emplacement idéal pour leurs constructions. L'Acropole est visible d'où que l'on se trouve dans la cité d'Athènes et le Parthénon domine le paysage. (Le mot grec *akropolis* signifie « ville haute ».) L'Acropole comprend plusieurs monuments, dont le plus prestigieux est le Parthénon, un chef-d'œuvre réalisé sous la direction de Phidias, un ingénieur-architecte athénien. Les travaux ont débuté en 447 av. J.-C. Les grandes colonnes du temple ont une hauteur de 10,2 m; elles sont légèrement renflées et s'inclinent un peu vers l'intérieur. Le Parthénon correspond donc à la base d'une grande pyramide dont le sommet s'élèverait à une hauteur de 900 m. Consacré à Athéna, il était à l'origine orné d'admirables sculptures — œuvre de Phidias — qui, pour la plupart, ont été retirées du site. La magnificence de ce monument n'a jamais cessé d'inspirer les architectes. Il en est ainsi depuis l'époque romaine, et il y a fort à parier qu'il en sera toujours ainsi.

pensée politique et l'art de gouverner. Leurs réalisations en architecture, en sculpture, en littérature et en éducation sont remarquables. La fragmentation du territoire de la Grèce a favorisé l'expérimentation à l'échelle locale, de même que les échanges d'idées et d'innovations. Cependant, ce pays a toujours été aux prises avec des dissensions intestines, qui ont finalement provoqué son déclin. En 146 av. J.-C., les Romains ont eu raison de la dernière résistance militaire grecque. Néanmoins, l'héritage des anciens Grecs survécut : ils avaient fait de la Méditerranée orientale l'un des principaux centres culturels du monde et leur culture devint une composante importante de la civilisation romaine.

L'Empire romain

L'apport des Romains, successeurs des anciens Grecs, est également très important. Sous la domination romaine, des progrès remarquables furent accomplis dans des domaines comme les communications terrestres et maritimes, l'organisation militaire, le droit et l'administration publique. À son apogée (IIe siècle av. J.-C.), l'Empire romain s'étendait de la Bretagne au golfe Persique et de la mer Noire à l'Égypte. Étant donné la grande diversité culturelle des peuples conquis par les Romains, et les échanges d'idées et d'innovations qui en résultèrent, les possibilités d'interaction entre les régions étaient nombreuses, surtout dans le sud et l'ouest de l'Europe. Ainsi, des régions où le mode de vie avait été jusque-là dicté par survie furent intégrées à la structure économique plus vaste de l'État; elles pouvaient désormais vendre sur des marchés lointains des produits qui n'avaient jamais trouvé preneur sur le marché local. Des denrées alimentaires et des matières premières en provenance de la quasi-totalité du bassin méditerranéen affluaient à Rome. Avec sa population estimée à un quart de million d'habitants, la cité romaine constituait à elle seule le plus grand marché de l'Empire; elle fut d'ailleurs le premier centre urbain d'Europe à atteindre les dimensions d'une métropole.

La tradition urbaine finit par caractériser la culture romaine partout dans l'Empire, et plusieurs villes fondées à cette époque sont encore florissantes aujourd'hui. De plus, les centres urbains romains étaient reliés par un réseau hors pair d'axes routiers et de voies navigables, un élément important de l'**infrastructure** nécessaire à la croissance économique et au développement. Néanmoins, ce que l'Empire romain a avant tout légué à l'Europe, ce sont des idées, c'est-à-dire un ensemble de concepts qui, après une longue période de latence, ont fini par jouer un rôle crucial lorsque l'Europe s'est remise à progresser. En ce qui concerne l'organisation politique et militaire, l'administration publique et la stabilité, l'Empire romain avait plusieurs siècles d'avance sur son temps. Avant la domination romaine, jamais une aussi grande partie de l'Europe n'avait été unifiée sans le recours à la force, et jamais le continent n'était venu aussi près de se donner une langue commune ou **véhiculaire**.

Avant que les Romains n'établissent l'ordre dans ce vaste territoire et qu'ils n'en fassent un domaine d'un seul tenant, l'Europe était en grande partie habitée par des peuples tribaux dont le mode de vie en était un de subsistance. Bon nombre de ces communautés vivaient pratiquement isolées; elles pratiquaient très peu le commerce et défendaient leur territoire contre toute intrusion. Sous la férule de Rome, ces peuples ont été intégrés à la vie économique et politique de l'Empire, ce qui a entraîné l'implantation d'exploitations agricoles, la construction de systèmes d'irrigation, l'ouverture de mines et la création d'ateliers. Les régions sous domination romaine ont ainsi peu à peu acquis une caractéristique propre à l'Europe : la **spécialisation spatiale**. Par exemple, une partie de l'Afrique du Nord devint le grenier de l'Empire romain en voie d'urbanisation; l'île d'Elbe, dans la Méditerranée, produisait du minerai de fer; la région de Carthagène, dans le sud-est de l'Espagne, exploitait des mines d'argent et de plomb à des fins d'exportation. Un grand nombre d'autres localités de l'Empire romain se spécialisèrent dans la production de certaines denrées agricoles, de biens manufacturés ou de minerais particuliers. Les Romains savaient comment exploiter leurs richesses naturelles et les talents variés de leurs sujets.

Déclin et renaissance

La fragmentation de l'Empire, puis son effondrement au Vᵉ siècle n'ont pas détruit ce que les Romains avaient accompli : la diffusion de leur langue et la propagation du christianisme (qui a été en un sens le seul facteur de continuité au cours de l'âge des ténèbres qui a suivi), de même que les progrès réalisés dans diverses sphères, dont l'éducation et les arts. Cependant, le déclin de la Rome antique s'est accompagné d'un véritable brassage des peuples européens, au moment où les populations germaniques et slaves ont envahi les territoires du continent qu'elles occupent encore de nos jours. Ainsi, les Angles et les Saxons ont quitté les côtes du Danemark et gagné la Bretagne, les Francs sont entrés en France et les Alamans ont traversé la plaine d'Europe du Nord pour aller s'installer en Allemagne. Des rois, des ducs, des barons et des comtes ont profité de l'effondrement de la puissance romaine pour s'imposer comme dirigeants locaux. L'Europe était en plein chaos et, la voyant vulnérable, des peuples du nord de l'Afrique et du sud-est de l'Asie l'ont envahie. Les Maures (population métissée d'Arabes, de Berbères et de Noirs) ont conquis un large secteur de la péninsule Ibérique, et les Ottomans (Turcs) ont étendu leur empire islamique jusqu'en Europe de l'Est. Les paysages

Les Romains ont marqué de leur empreinte les paysages culturels de l'ancien Empire : ils ont construit des villes, des routes, des aqueducs et diverses autres structures. Le pont du Gard (près d'Avignon en Provence, dans le sud-est de la France), un magnifique aqueduc romain qui résiste aux intempéries depuis près de 2000 ans, en est un exemple.

urbains de l'Espagne méridionale et des Balkans conservent l'empreinte culturelle de ces invasions musulmanes.

Après avoir été fragmentée en royaumes féodaux pendant le quasi-millénaire que dura le Moyen Âge, l'Europe moderne commença à émerger dans la seconde moitié du XVᵉ siècle. Sur le continent, les monarchies accroissaient leur pouvoir aux dépens des seigneurs féodaux et de l'aristocratie terrienne, et, ce faisant, elles posaient les bases des États-nations. Sur le plan mondial, les États naissants d'Europe de l'Ouest étaient sur le point de découvrir, par-delà les mers, d'autres continents et d'immenses richesses. Les puissances européennes en voie de formation étaient animées d'une conscience et d'une fierté nationales nouvelles; il y avait en outre un regain d'intérêt pour les réalisations des Grecs et des Romains en sciences et dans l'art de gouverner. Cette période d'essor qu'a connue l'Europe est appelée, à juste titre, *Renaissance*.

Durant cette nouvelle ère de progrès et de prospérité, l'Europe de l'Ouest occupait une place prépondérante, car ses États avaient directement accès aux océans qui menaient, depuis peu, à d'immenses richesses. Une concurrence féroce s'engagea alors entre les monarchies d'Europe de l'Ouest et l'on se mit à pratiquer un nationalisme économique fondé sur le **mercantilisme**. Il s'agissait d'accumuler la plus grande quantité possible d'or et d'argent en faisant du commerce extérieur et en acquérant des colonies. Les États encourageaient et soutenaient le mercantilisme puisqu'ils pouvaient ainsi se procurer des métaux précieux soit directement, en conquérant des peuples qui en détenaient de grandes quantités, soit indirectement, en établissant avec eux un commerce dont la balance leur serait favorable. Il existait donc une incitation non seulement à découvrir de nouveaux territoires susceptibles de receler des métaux précieux, mais aussi à produire sur le continent même des biens pouvant être vendus avec profit à l'étranger. Le profil des États modernes d'Europe de l'Ouest commençait à se dessiner. Cette partie du continent entrait dans l'ère de croissance et d'expansion qui devait mener à la création de grands empires et à une période de domination européenne sur le monde.

Les révolutions dans l'Europe en voie de modernisation

La marche de l'Europe vers la domination mondiale s'est accompagnée de conflits et de bouleversements, et une bonne partie des réalisations de la Renaissance ont été détruites au cours des luttes que se sont livrées les puissantes monarchies pour accéder à la suprématie. Des guerres de religion ont semé la mort et la misère; les gouvernements parlementaires naissants ont dû céder la place à de nouvelles tyrannies. Malgré tout, de nombreux domaines étaient en effervescence. Ainsi, les progrès économiques réalisés en Europe de l'Ouest finirent par entraîner la chute des monarchies absolues et, du même coup, celle de la noblesse, qui possédait les terres et détenait d'énormes privilèges. Les marchands, installés dans les villes, commencèrent à s'enrichir et à acquérir du prestige, et la propriété foncière, privilège de la noblesse, perdit peu à peu de son importance.

La révolution agraire

La révolution agraire en cours eut pour effet d'intensifier les transformations décrites ci-dessus. On entend par *révolution agraire* l'importante métamorphose de l'agriculture européenne qui a précédé la révolution industrielle et qui a contribué à l'accroissement constant de la population au cours des XVIIᵉ et XVIIIᵉ siècles. Les progrès réalisés par les Pays-Bas, la Belgique et l'Italie du Nord (et peu après par l'Angleterre et la France) dans le commerce et l'industrie ouvrirent la voie. L'urbanisation et la croissance des marchés rendirent nécessaire une organisation plus efficace de la propriété foncière et de l'agriculture. Au même moment, des méthodes plus productives de préparation des sols, de rotation des cultures, de plantation, de moissonnage et d'alimentation du bétail se développaient, tandis que l'amélioration des outils agricoles et des systèmes d'entreposage et de distribution des denrées profitait aux fermiers. Dans les villes en croissance, les prix des produits de la ferme se mirent à grimper et

la culture de végétaux importés principalement d'Amérique se développa sur le continent. (La pomme de terre devint l'un des aliments de base des Européens.) Ainsi, de plus en plus de fermiers cessèrent de pratiquer une agriculture de subsistance pour entrer dans une économie de marché fondée sur le profit.

La révolution industrielle

Parallèlement aux progrès qu'elle accomplissait en agriculture, l'Europe avait développé des industries importantes — avant même que ne débute la **révolution industrielle**. Les manufacturiers européens fabriquaient une vaste gamme de biens destinés aux marchés locaux, dont la qualité était toutefois inférieure à celle des produits importés de l'Inde ou de la Chine. Voyant cela, les entrepreneurs européens s'attachèrent à améliorer leurs produits et à les fabriquer en série. Comme il n'y avait pratiquement pas de limites aux quantités de matières premières qu'ils pouvaient faire venir par bateau, ils comprirent qu'ils pourraient inonder les marchés asiatiques de biens produits à un coût inférieur.

C'est ainsi qu'a débuté la course aux inventions. On cherchait de meilleures machines, en particulier pour le filage et le tissage. Dans les années 1780, James Watt mit au point la machine à vapeur, qui fut rapidement adaptée à divers usages. À peu près au même moment, on s'aperçut que le charbon (converti en coke, riche en carbone) était de loin supérieur au charbon de bois pour la fonte du minerai de fer. Les effets de ces innovations capitales ne tardèrent pas à se manifester. L'invention du métier mécanique révolutionna l'industrie du tissage. Les hauts-fourneaux, dont l'approvisionnement en combustible avait dépendu jusque-là des forêts européennes — en voie de diminution —, se concentrèrent dans les bassins houillers. La machine à vapeur servit à actionner non seulement des métiers à tisser, mais aussi des locomotives. Enfin, le transport maritime entra dans une nouvelle ère.

L'Angleterre jouissait alors d'un énorme avantage. En effet, son influence s'exerçait déjà sur le monde lorsque débuta la révolution industrielle, et la plupart des innovations significatives avaient lieu sur son sol. La Grande-Bretagne contrôlait l'approvisionnement en matières premières, elle avait le monopole des produits en demande partout dans le monde et elle était la seule à posséder les compétences requises pour fabriquer les machines qui manufacturaient ces produits. L'Europe ne tarda pas à exporter les fruits de la révolution industrielle, et l'organisation spatiale moderne des industries européennes commença à prendre forme (fig. 1.3). En Grande-Bretagne, des zones industrielles, densément peuplées et très urbanisées, se développèrent à proximité des bassins houillers dans le centre de l'Angleterre, à Newcastle au nord-est, dans le sud du pays de Galles et en Écosse, le long de la Clyde qui arrose Glasgow.

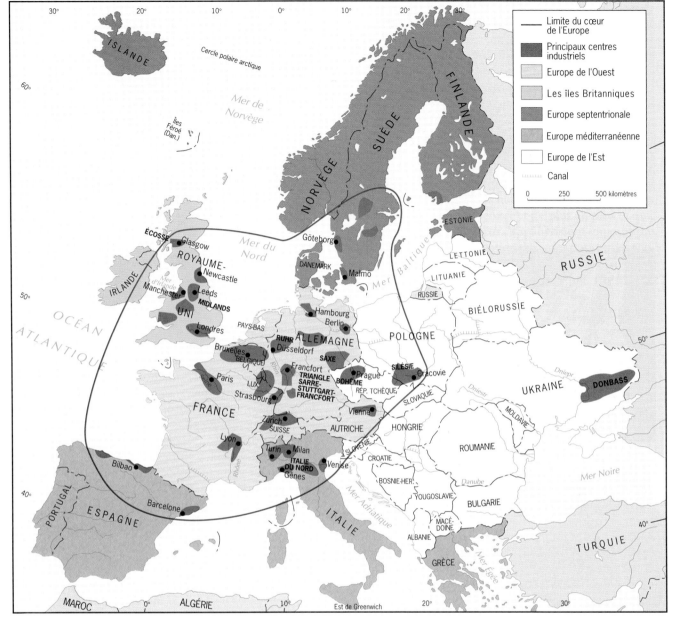

Figure 1.3 Cœur et régions d'Europe.

En Europe continentale, de riches gisements houillers sont concentrés dans un corridor qui s'étend d'ouest en est, le long de la frontière méridionale de la plaine d'Europe du Nord; ce corridor part du sud de l'Angleterre et traverse le nord de la France, la Belgique, l'Allemagne (Ruhr), la République tchèque (ouest de la Bohême), le sud de la Pologne (Silésie) et l'est de l'Ukraine (bassin du Donetz ou Donbass). Comme la majorité des gisements de minerai de fer se trouvent aussi dans une bande de ce genre, la carte industrielle de l'Europe (fig. 1.3) reflète une importante concentration des activités économiques. Un autre ensemble de zones industrielles s'est développé à l'intérieur et à proximité des grands centres urbains en expansion, comme l'indique également la carte. Sur ce plan, Lon-

dres — alors le principal centre urbain d'Europe et le marché local le plus prospère de Grande-Bretagne — était typique. De nombreuses industries locales s'y étaient installées, attirées par l'abondance de la main-d'œuvre, la disponibilité des capitaux et le nombre impressionnant d'acheteurs potentiels. Même si la révolution industrielle avait permis à d'autres villes de prendre de l'expansion, Londres ne perdit pas sa suprématie, car les industries continuèrent de s'y multiplier.

L'industrialisation de l'Europe a en outre accéléré la croissance de plusieurs villes et localités. Ainsi, en Angleterre, seulement 9 % de la population vivait dans des zones urbaines en 1800, alors qu'en 1900 cette proportion était passée à 62 %. (Elle est aujourd'hui de plus de 90 %.) Pendant cette période d'industrialisation et d'urbanisation, la population totale de la Grande-Bretagne a également monté en flèche. Et lorsque la modernisation de l'industrie s'est étendue à la Belgique, à l'Allemagne, à la France et aux Pays-Bas, ainsi qu'aux autres États d'Europe de l'Ouest, tout le tissu urbain a été complètement transformé.

Les révolutions politiques

L'Europe n'était pas étrangère aux essais de démocratie, mais la *révolution politique* qui allait déferler sur le continent après 1780 devait entraîner des changements d'une envergure sans précédent. La Révolution française (1789-1795) a été le point culminant de cette période, mais la catharsis politique de la France, et de l'Europe entière, s'est poursuivie jusqu'au XXe siècle, alors que les mouvements nationalistes ont fini par ébranler toutes les monarchies du continent.

La naissance de l'État-nation

Les périodes de renaissance et de changements radicaux qu'a connues l'Europe ont profondément modifié sa carte géopolitique. De petites entités ont été absorbées par d'autres, plus grandes, les conflits ont été résolus (par la force ou la négociation), les frontières ont été délimitées et certaines régions ont été réorganisées. Bref, les États-nations d'Europe étaient en gestation.

Mais qu'est-ce au juste qu'un État-nation ? La réponse dépend en partie de ce qu'on entend par **nation**. Pour qu'une nation soit considérée telle, elle doit respecter certains critères d'homogénéité. Ainsi, une nation regroupe un nombre substantiel de personnes qui ont en commun une langue, une histoire, des ancêtres et des institutions politiques. Selon les définitions généralement admises, bon nombre d'États ne sont pas des États-nations, car leur population ne partage pas un ou plusieurs des critères évoqués plus haut. Cependant, l'homogénéité culturelle n'est peut-être pas aussi importante que le « sentiment national » (un concept plus abstrait), c'est-à-dire l'engagement émotionnel envers l'État et ce qu'il représente. Ainsi, la population de la Suisse, l'un des plus vieux États d'Europe, n'a d'unité ni linguistique, ni religieuse, ni historique; c'est pourtant un État-nation très viable, qui a célébré son 700e anniversaire en 1991.

Un **État-nation** peut donc être défini comme une entité politique installée sur un territoire clairement délimité et habité par une population importante dotée d'une conscience commune et d'un « vouloir vivre collectif », suffisamment bien structurée pour exercer un pouvoir réel. Ce désir de durer en tant que groupe se manifeste de façon éclatante dans l'appareil d'État, le système politique et le consensus idéologique. L'entité politique doit évidemment reposer sur un gouvernement qui veille à ce que les forces de cohésion de l'État prévalent sur les forces de dislocation.

Cette définition d'État-nation renvoie essentiellement au modèle européen qui a pris forme au cours de la longue période de changements évolutifs et révolutionnaires qu'a traversée le continent. On cite souvent la France comme le meilleur exemple d'État-nation européen, mais la Pologne, la Hongrie, la Suède, le Royaume-Uni, l'Espagne et l'Allemagne, récemment réunifiée, correspondent eux aussi dans une large mesure à cette définition. La Belgique et la Moldavie sont par contre des exemples d'États européens qui ne peuvent pour le moment être qualifiés d'États-nations. L'ex-Yougoslavie et l'ex-Tchécoslovaquie n'ont jamais été des États-nations, car les forces de dislocation qui s'y exercent, parfois en sous main, parfois au grand jour avec éclat, ont toujours été trop considérables pour que puisse s'établir une stabilité durable.

L'Europe actuelle

Bien que le continent européen soit incontestablement une entité géographique, il ne présente géographiquement que peu d'homogénéité. Bien sûr, ses habitants ont en commun des langues d'origine indo-européenne (fig. 1.4), des traditions religieuses chrétiennes (fig. 6.1) et ils descendent en majorité d'une même souche européenne (caucasienne). Cependant, ces caractéristiques culturelles et physiques, que possèdent d'ailleurs aussi des groupes hors de l'Europe, ne sont pas des facteurs déterminants d'unification de la mosaïque européenne. En fait, l'Europe est disparate. En effet, comme l'indique la figure 1.4, les Hongrois et les Finnois sont au nombre des communautés européennes dont la langue n'appartient pas au groupe indo-européen. Quant à la tradition chrétienne commune, l'histoire du continent démontre qu'elle a davantage causé la guerre et la destruction qu'elle n'a favorisé la cohésion. Les habitants de l'Irlande du Nord en savent quelque chose. Enfin, malgré une ascendance que l'on veut commune, les Européens se distinguent également les uns des autres sur le plan physique; les Espagnols sont loin de ressembler aux Suédois, et les Écossais n'ont rien des Siciliens.

Sur le plan du développement économique, l'exploitation séculaire de territoires outre-mer a permis aux puissances européennes d'amasser d'énormes richesses et d'exercer, à l'échelle du globe, une influence qui a survécu à deux guerres mondiales et s'est prolongée au-delà de l'ère coloniale. En 1945, l'Europe est entrée dans la période de reconstruction, de réalignement et de redémarrage de l'après-guerre. La reconstruction a été grandement facilitée par les milliards de dollars que les États-Unis versèrent aux pays ayant adhéré au plan Marshall (1948-1952). Le réalignement vint avec l'établissement du rideau de fer, qui allait désormais séparer l'Est, sous domination soviétique, de l'Europe de l'Ouest; cet état de choses s'accompagna de l'émergence de plusieurs « blocs » internationaux, formés d'États désireux de promouvoir la coopération multinationale.

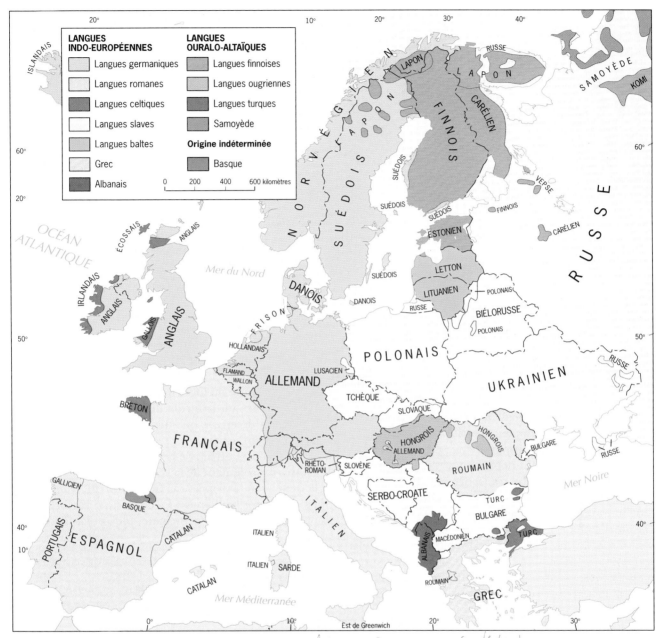

Figure 1.4 Langues parlées en Europe.

Romane = latin et Empire Romain (catholique)
Germanique = protestant   Slaves = orthodoxe

Le redémarrage de l'Europe s'effectua malgré la perte des empires coloniaux, les crises politiques fréquentes et divers autres obstacles; là encore, le dynamisme du vieux continent lui permit de survivre. L'Europe contemporaine, récemment sortie de la période d'après-guerre, possède de nombreux atouts. Dans les paragraphes qui suivent, nous examinerons quelques-unes de ses principales caractéristiques géographiques.

Intensification de l'interaction spatiale

L'accroissement de la coopération internationale est une conséquence logique de la paix d'après-guerre, car l'Europe tire depuis longtemps de son milieu naturel et de ses ressources des avantages exceptionnels — probablement sans égal compte tenu de sa faible étendue — sur le plan de la communication et des échanges humains. Il est intéressant d'analyser comment l'**interaction spatiale** joue dans ce coin du monde à l'aide des trois principes suivants : 1° la complémentarité, 2° la transportabilité, 3° les sources intermédiaires.

Les complémentarités internes ont toujours stimulé la géographie économique de l'Europe. L'Italie en fournit un exemple typique. Elle est l'État méditerranéen le plus développé sur le plan économique, même si elle ne possède pas de gisements houillers importants. Ses industries ont donc longtemps dépendu de l'impor-

Les Français sont depuis longtemps les maîtres de la technologie du train à grande vitesse. Ce TGV (train à grande vitesse) traverse Montpellier en empruntant la ligne qui relie Marseille à la frontière espagnole.

tation du charbon des riches gisements d'Europe de l'Ouest. Or, les agriculteurs italiens cultivent des agrumes, des olives, des raisins et divers légumes hâtifs, des produits qui sont très en demande au nord des Alpes où ils ne peuvent être cultivés à cause de la rudesse du climat. L'Italie exporte donc ses fruits et ses vins sur les marchés d'Europe occidentale et elle y achète son charbon. Dans ce cas, la complémentarité n'est pas soumise à des contraintes de transportabilité : des voies ferrées et des routes traversent depuis longtemps la barrière physique des Alpes, et le transport des marchandises dans les deux sens est avantageux pour les transporteurs puisque leurs véhicules ne rentrent jamais vides. De plus, comme le nord-ouest de l'Europe et l'Italie sont respectivement les sources de charbon et de fruits les plus rapprochées, aucun concurrent (source intermédiaire) ne risque de venir perturber cette interaction spatiale, créatrice de florissants échanges de produits de base.

Quantité d'échanges commerciaux de ce type se font depuis longtemps partout en Europe et tous dépendent invariablement d'un réseau de transport efficace. En fait, l'Europe bénéficie depuis l'époque romaine d'un bon système de communication, et l'amélioration constante de la technologie contribue à l'augmentation des échanges entre un nombre de plus en plus grand de localités, de plus en plus éloignées. Si l'excellent réseau actuel de chemins de fer, de routes et de voies aériennes est parfaitement intégré, c'est assurément grâce aux efforts déployés durant l'après-guerre par les planificateurs d'une Europe unifiée. Dans les années 1990, deux importants projets ont encore amélioré le splendide réseau ferroviaire du nord-ouest de l'Europe. Premier lien direct entre l'Angleterre et l'Europe continentale, le fameux tunnel sous la Manche, en service depuis 1994, a permis de réduire à trois heures le temps nécessaire pour aller de Londres à Paris par voie de terre. Par ailleurs, depuis 1998, les principales villes d'Europe de l'Ouest sont reliées par un nouveau réseau ferroviaire de trains à grande vitesse (300 km/h), semblable à celui qui assure la liaison entre Paris et la plupart des villes françaises.

Avantages de la tradition urbaine

L'Europe se classe parmi les régions les plus urbanisées du monde puisqu'au moins 72 % de ses habitants vivent dans des villes. Cette proportion est respectivement de 84 % et de 81 % en Europe du Nord et en Europe de l'Ouest ; elle grimpe à 97 % en Belgique, à 92 % au Royaume-Uni, à 89 % dans les Pays-Bas et à 85 % en Allemagne.

Si ces taux d'urbanisation s'apparentent à ceux du Canada et des États-Unis, le paysage urbain de l'Europe est cependant très différent de celui de l'Amérique. Cela est attribuable en grande partie à l'histoire du continent qui est beaucoup plus ancienne, mais des différences ethniques et environnementales jouent aussi un rôle déterminant. Ainsi, parce que l'espace est restreint et la population nombreuse, le coût des terrains est très élevé en Europe. Les gouvernements n'hésitent donc pas à construire du logement social. Plusieurs pays ont aussi instauré un contrôle des prix des immeubles et des loyers, de même que des politiques strictes de développement urbain.

Le modèle urbain de la région de Londres (fig. 1.5) est très représentatif de la structure spatiale interne de la **métropole** européenne (formée d'une ville principale et de ses banlieues). Le cœur de la région métropolitaine est la ville principale, plus précisément son

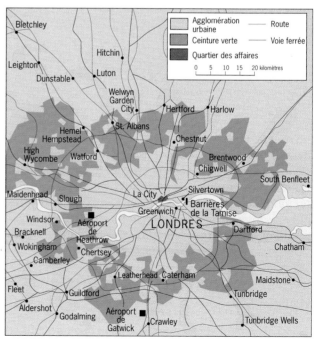

Figure 1.5 Région métropolitaine de Londres.

LE QUARTIER DE LA DÉFENSE À PARIS

La croissance fulgurante des centres d'affaires de certaines banlieues est en train de transformer le paysage urbain de l'Amérique du Nord, et on commence à observer le même phénomène en Europe de l'Ouest. Le plus connu et le plus important des centres d'affaires périphériques de toute l'Europe continentale est celui du quartier de la Défense, dans la banlieue ouest de Paris. Trépidant d'activité, ce quartier, développé durant les deux dernières décennies pour décongestionner le centre-ville de la capitale française, présente aujourd'hui la plus forte concentration de bureaux adaptés à l'ère informatique, le plus grand centre commercial, une infrastructure capable d'accueillir les sièges sociaux de plus de 150 entreprises, les agences européennes de dizaines de sociétés multinationales, un imposant complexe hôtelier, un vaste hall d'exposition et des restaurants. Le système de transport qui dessert le quartier est impressionnant, car il réussit à absorber le flot quotidien des 150 000 personnes qui travaillent au centre d'affaires de la Défense, de même que les 30 millions de visiteurs annuels.

L'élément le plus frappant de la Défense est la Grande Arche colossale, où aboutit l'axe historique de Paris, qui s'étend maintenant sur plus de 8 km depuis le Louvre, en passant par les Champs-Élysées et l'Arc de triomphe.

quartier des affaires qui est situé au centre-ville et correspond à la partie la plus ancienne de l'agglomération urbaine. C'est là qu'on trouve la plus grande concentration d'entreprises, de services publics et de boutiques, de même que les demeures les plus riches et les plus prestigieuses. De vastes quartiers résidentiels enserrent le quartier des affaires. Chacun est caractérisé par une classe sociale correspondant à une tranche de revenu donnée, ce qui reproduit dans l'espace le système de classes de la société européenne. Puis au-delà s'étend une zone suburbaine de dimension importante, la banlieue, où la densité de population est beaucoup plus élevée qu'en Amérique du Nord, car il est dans la tradition européenne de regrouper les espaces récréatifs dans une « ceinture verte » et de vivre dans des appartements plutôt que dans des maisons individuelles. En outre, les Européens dépendent beaucoup plus des transports en commun que les Nord-Américains, ce qui tend à limiter encore davantage l'étalement urbain. La structure européenne favorise l'intégration de nombreuses activités non résidentielles aux banlieues et, aujourd'hui, dans plusieurs régions urbaines de l'Europe, des centres d'affaires ultramodernes situés en périphérie font concurrence au quartier des

affaires du centre-ville (voir l'encadré « Le quartier de la Défense à Paris »).

Métamorphose politique et économique

La chute du communisme en Europe de l'Est et dans l'ex-Union soviétique au début des années 1990 a marqué le début d'une ère nouvelle pour le continent européen. L'Empire soviétique, démantelé, s'est alors scindé en 15 nouveaux États indépendants, correspondant chacun à une ancienne république de l'URSS. Cinq de ces « nouveau-nés » — soit la Lettonie, la Lituanie, la Moldavie, l'Ukraine et la Biélorussie — font partie d'une Europe de l'Est élargie et redéfinie, qui s'étend maintenant jusqu'à la frontière russe; une sixième ex-république soviétique, l'Estonie, appartient quant à elle à l'Europe du Nord pour des raisons d'ordre historique et culturel. Depuis lors, la superficie de l'ensemble européen a augmenté de 21 %, le nombre de pays qui le composent est maintenant de 38, et sa population totale s'est accrue de 16 % par rapport à 1990.

Par ailleurs, une nouvelle Europe unique a remplacé les deux Europes qui se défiaient de part et d'autre du rideau de fer. Bien que cette métamorphose politique ait nettement diminué le risque d'un conflit armé entre l'Est et l'Ouest, elle n'a pas eu d'effets notables sur la réduction des divisions culturelles internes en Europe. En fait, la résurgence des nationalismes et des anciennes hostilités en Europe de l'Est (qui a presque immédiatement déclenché une atroce guerre civile dans la Yougoslavie en voie de désintégration) démon-

Le centre d'affaires du quartier de la Défense, en banlieue ouest de Paris, est le plus important d'Europe et le plus moderne à bien des égards, notamment par son architecture des plus audacieuses. C'est debout au sommet de l'Arc de triomphe, dans l'axe des Champs-Élysées, qu'il faut contempler la Grande Arche tout au bout de l'esplanade (au premier plan sur la photo). La Défense attire maintenant autant de touristes que les trésors de la vieille cité construite sur la Seine.

tre bien que l'Europe en reconstruction aura à surmonter de nombreux obstacles dans sa marche vers la coopération internationale. Mis à part ces difficultés, les Européens ont reconnu depuis longtemps les inconvénients d'une fragmentation du continent et ils ont déjà fait d'énormes progrès vers l'unification. Pendant plus d'un demi-siècle, l'Europe de l'Ouest s'est appliquée à établir les liens économiques qui constituent aujourd'hui la pierre angulaire de l'*Union européenne*. L'évolution de cette organisation multinationale, regroupant 15 pays dont la majorité forme le cœur du continent (fig. 1.3), rend de plus en plus probable l'intégration de la nouvelle Europe. Dans les paragraphes qui suivent, nous allons examiner l'interaction des forces en présence, certaines susceptibles de mener à la désintégration politique, d'autres à une plus grande intégration économique.

Dislocation

En examinant la question des États-nations, nous avons fait allusion aux forces internes de dislocation responsables de l'éclatement de la Yougoslavie et de la Tchécoslovaquie. Des tensions analogues perceptibles ailleurs sur le continent pourraient bien entraîner le démembrement d'autres États. Le terme **dislocation** désigne ici le processus au cours duquel, à l'intérieur d'un État, des régions ou des peuples demandent et obtiennent, par la négociation ou la rébellion active, plus de pouvoir politique, ou même l'autonomie, par rapport au pouvoir central. Il existe des régionalismes dans la majorité des États, mais pour que le processus de dislocation s'enclenche, il faut qu'une force majeure de cohésion — telle une croyance commune dans ce que le pays représente — faiblisse au point qu'un mouvement régional de sécession prenne naissance. La probabilité d'un glissement vers le séparatisme est plus élevé dans les pays où les gouvernements ont toujours eu de la difficulté à créer un État-nation viable. En fait, la Yougoslavie et la Tchécoslovaquie ont toutes deux été érigées sur les ruines encore fumantes de l'Empire austro-hongrois, au lendemain de la Première Guerre mondiale. Réunis à la conférence de la Paix à Versailles, en 1919, les Alliés vainqueurs n'ont su que faire de l'inextricable enchevêtrement d'ethnies qui composait l'Empire déchu.

Le concept de dislocation (*devolution* en anglais) a d'abord été employé pour décrire sommairement l'évolution des événements politiques au Royaume-Uni, où la renaissance des séparatismes régionaux est quelque peu ironique du point de vue géographique. Cet État est dominé sur les plans démographique, politique et économique par l'Angleterre — historiquement, le noyau des îles Britanniques. Les trois autres entités géopolitiques du pays, à savoir l'Écosse, le pays de Galles et l'Irlande du Nord, ont été conquises sur une période de plusieurs siècles, puis annexées à l'Angleterre. Pourtant, ni le temps, ni le développement résultant de la révolution industrielle, ni la prospérité de la période coloniale n'ont réussi à annihiler le régionalisme au Royaume-Uni. Durant les années 1960 et 1970, Londres a dû faire face à la menace d'une guerre civile en Irlande du Nord de même qu'à la montée du séparatisme en Écosse et au pays de Galles. En effet, à la suite de la découverte de riches gisements de pétrole et de gaz sous la mer du Nord, à proximité des côtes écossaises, le poids politique de l'Écosse changea. Le gouvernement britannique vit alors d'un autre œil cette entité en passe de devenir le centre de la nouvelle industrie de l'énergie, secteur vital pour le Royaume-Uni tout entier. Il autorisa les nationalistes à se prononcer sur la création de leurs propres assemblées, dotées (initialement) de pouvoirs législatifs et exécutifs limités. Bien que cette proposition ait été rejetée sur un argument de droit (*après* que la majorité des Écossais eurent voté en sa faveur), le résultat du scrutin eut pour effet de consolider le mouvement séparatiste, dont les visées continuent de faire l'objet de discussions à Londres. Le processus de dislocation, dont l'issue déterminera l'avenir de l'Écosse au sein du Royaume-Uni, est donc loin d'être terminé. Des sondages d'opinion indiquent que depuis le début des années 1990 l'indépendance de l'Écosse rallie de plus en plus d'adeptes[*].

Figure 1.6 Courants sécessionnistes en Europe : les points chauds (1997).

---

[*] En 1997, lors d'un nouveau référendum, une forte majorité d'Écossais se sont prononcés en faveur de la création d'une assemblée législative dotée de pouvoirs de taxation.

L'émergence et l'importance du régionalisme au Royaume-Uni — l'un des États européens les plus stables — mettent en évidence les conséquences potentielles de la présence de forces de dislocation ailleurs sur le continent. L'Espagne, par exemple, tente elle aussi de composer avec cette réalité en signant des accords d'autonomie avec les dirigeants des Provinces basques du nord et ceux de la Catalogne, au nord-est. Par ces ententes, l'Espagne a consenti à ce que les deux régions aient chacune leur parlement; elle a accordé au basque et au catalan le statut de langue officielle, au même titre que l'espagnol; elle a transféré aux deux communautés des pouvoirs locaux en matière de taxation et d'éducation. Sur la carte de la figure 1.6, les masses rouges désignent des régions où sont présentes des forces de dislocation. La France, notamment, lutte depuis longtemps contre un courant sécessionniste en Corse, une île méditerranéenne qui a le statut de collectivité territoriale française. Des tendances analogues existent en Italie : des habitants de la Sardaigne réclament l'autonomie de leur île, voisine de la Corse, et un courant séparatiste a vu le jour dans le sud du Tyrol, une région située dans le nord du pays, à la croisée des Alpes autrichiennes, suisses et italiennes. La carte signale également l'éclatement des anciens États yougoslave et tchécoslovaque, et indique la présence de forces de dislocation en Belgique (où deux communautés d'origine ethnique différente, l'une de langue flamande et l'autre de langue française, sont encore aujourd'hui profondément divisées), de même que dans plusieurs des États nouvellement indépendants qui jalonnent la frontière occidentale de la Russie.

Dans l'Europe actuelle, le régionalisme ne peut que s'intensifier devant l'émergence de véritables centres d'influence et de pouvoir économique. Cela est particulièrement vrai des grandes villes régionales dont le centre d'affaires connaît une croissance fulgurante, comme Lyon en France, Milan en Italie, Barcelone en Espagne et Stuttgart en Allemagne. Ce qui frappe encore davantage, c'est que ces grandes villes ont établi des liens directs entre elles, éliminant du coup la nécessité de passer par les capitales et les gouvernements centraux de leurs États respectifs. En outre, l'Union européenne encourage le développement de ce nouveau réseau interrégional, car elle espère non seulement qu'il contribuera à la création d'une Europe plus ouverte et plus souple, mais aussi qu'il remplacera éventuellement, en prenant de l'expansion, la vieille structure des États-nations.

L'unification de l'Europe

En 1994, la *Belgique*, les Pays-Bas (*Nederland*) et le *Luxembourg* ont célébré le 50ᵉ anniversaire de la convention d'union douanière qui devait les mener ensuite à une

LE SUPRANATIONALISME EN EUROPE

1944 Signature de la convention d'union douanière par les trois pays du Benelux.

1957 Signature du traité de Rome par la France, l'Allemagne (de l'Ouest), l'Italie et les trois pays du Benelux. Cet accord créant la Communauté économique européenne (CÉE) — encore appelée « Marché commun » ou « Europe des Six » — est entré en vigueur le 1ᵉʳ janvier 1958.

1959 Signature du traité créant l'Association européenne de libre-échange (AELE) qui allait entrer en vigueur en 1960.

1968 Suppression des droits de douane à l'intérieur de la CÉE et établissement d'un tarif douanier commun pour l'extérieur.

1973 Adhésion du Royaume-Uni, du Danemark et de l'Irlande à la CÉE, d'où l'Europe des Neuf.

1979 Première élection du Parlement européen au suffrage universel direct; la nouvelle assemblée législative de 410 membres se réunit à Strasbourg.

1981 Adhésion de la Grèce à la CE (la dénomination « Communauté européenne » a remplacé celle de « Communauté économique européenne »), d'où l'Europe des Dix.

1986 Adhésion de l'Espagne et du Portugal à la CE, d'où l'Europe des Douze. Année de la signature de l'Acte unique européen par lequel les Douze s'engageaient à réaliser 279 objectifs précis avant la fin de 1992, ce qui fut fait à 95 %.

1991 Rencontres à Maastricht pour planifier l'entrée en vigueur et l'évolution de l'Union européenne (UE) au cours des années 1990.

1992 Signature du traité sur l'Union européenne, ou traité de Maastricht.

1993 Entrée en vigueur du grand marché unique européen assurant la libre circulation des biens, services et capitaux à l'intérieur de l'Union. Ratification du traité de Maastricht. La CE devient l'Union européenne.

1995 Adhésion de l'Autriche, de la Finlande et de la Suède à l'Union européenne, d'où l'Europe des Quinze (ou simplement « les Quinze »).

union économique : le *Benelux*. Pourquoi ce premier traité est-il important ? Simplement parce qu'il a mis en branle le processus de coopération et d'association internationales devant conduire à la création de l'Union européenne (UE). Certains qui croient en cette organisation multinationale espèrent que ce même processus entraînera la création des « États-Unis d'Europe ».

L'expérience d'unification économique entreprise par l'Europe correspond au concept de **supranationalisme** que les géographes politiques définissent comme étant une association volontaire de trois pays ou plus, qui peut être de nature politique, culturelle ou écono-mique. Nous vous suggérons de lire l'encadré « Le su-pranationalisme en Europe » afin de prendre connaissance des différentes étapes qui ont mené à la création de l'Union européenne, un modèle de réussite économique unique en son genre et rempli de promesses.

Si l'Union européenne évolue dans le sens souhaité par ses membres, le rôle de l'Europe dans la géographie économique et politique mondiale sera encore plus déterminant qu'il ne l'a été par le passé. L'Europe des Quinze compte une population totale de près de 375 millions d'habitants; elle constitue l'un des mar-chés les plus prospères du globe et produit environ 40 %

Figure 1.7 Le supranationalisme en Europe.

des exportations mondiales. Il n'est donc pas étonnant que d'autres États européens aient demandé à être admis dans l'UE. Mais le seront-ils ? (En 1997, la demande de la Turquie fut rejetée.) Tant que l'économie sera florissante, le supranationalisme se portera bien. Jusqu'à tout récemment, l'Europe (plus particulièrement les pays membres de l'ancienne CÉE) a effectivement connu une période de prospérité. Mais qu'en sera-t-il si l'économie montre un jour des signes de ralentissement ? Il y a fort à parier que le processus d'intégration ralentira aussi. À moins que le futur ne fasse mentir le passé...

Les régions de l'ensemble européen

Malgré sa faible étendue, l'ensemble européen offre une grande diversité environnementale, culturelle et économique. Il est plus facile de comprendre cette grande diversité en regroupant les 38 pays qui en font partie en régions, définies selon des critères de proximité, de similarités environnementales, d'associations historiques, de composants culturels communs, d'analogies sociales et de liens économiques. On définit ainsi cinq régions : 1° l'Europe de l'Ouest, 2° les îles Britanniques, 3° l'Europe septentrionale, 4° l'Europe méditerranéenne, 5° l'Europe de l'Est.

On verra dans ce qui suit que les régions d'Europe — comme celles de tous les autres continents — sont

LES PRINCIPALES VILLES DE L'ENSEMBLE EUROPÉEN	
Ville	**Population*** (en millions)
Amsterdam (Pays-Bas)	1,1
Athènes (Grèce)	3,8
Barcelone (Espagne)	2,8
Berlin (Allemagne)	3,3
Bruxelles (Belgique)	1,1
Francfort (Allemagne)	3,6
Londres (Royaume-Uni)	7,3
Lyon (France)	1,3
Madrid (Espagne)	4,1
Milan (Italie)	4,3
Paris (France)	9,5
Prague (République tchèque)	1,2
Rome (Italie)	2,9
Stuttgart (Allemagne)	2,6
Varsovie (Pologne)	2,4
Vienne (Autriche)	2,1

* Nombre approximatif d'habitants des agglomérations urbaines en 1997

susceptibles de subir des changements. La chute de l'Union soviétique en 1991 a entraîné une redéfinition des frontières de l'Europe de l'Ouest, de l'Europe de l'Est et de l'Europe septentrionale. La structure géographique de ce continent complexe continue d'être modelée par l'évolution des relations entre le centre et la périphérie et, plus particulièrement, par l'extension de l'Union européenne.

✦ L'Europe de l'Ouest

L'Europe de l'Ouest est à la fois le cœur du continent, son centre économique et le foyer du courant unificateur. C'est l'Europe de l'industrie et du commerce, des grandes villes et de l'activité trépidante, de la spécialisation spatiale et de l'interdépendance des secteurs économiques. En bref, c'est l'Europe sous son jour le plus dynamique, celle qui a fondé des empires tout en créant des gouvernements démocratiques, celle dont les paysages culturels ont été modelés par des guerres dévastatrices et le redressement étonnant qui a suivi.

L'Europe de l'Ouest est donc une région en raison de ce qu'elle fait plutôt que de ce qu'elle est. Elle se définit par sa productivité, son influence et ses interventions dans de nombreux domaines, de même que par un mode et un niveau de vie qui la distinguent des régions environnantes. En tant que telle, l'Europe de l'Ouest est une région multiculturelle au passé conflictuel. Plusieurs fois victime de la guerre et de la destruction, cette partie d'Europe, qui repose sur les ruines de la Seconde Guerre mondiale, demeure vulnérable aux bouleversements politiques.

L'Europe de l'Ouest comprend l'Allemagne, la France, la Belgique, les Pays-Bas, le Luxembourg, la Suisse, l'Autriche et le Liechtenstein. Elle abrite une population de 180 millions d'habitants et ses 8 États comptent parmi les plus riches du monde, ce qui en fait une puissance internationale (fig. 1.8).

La puissante Allemagne

Après avoir été divisée pendant presque un demi-siècle en une grande république capitaliste et prospère à l'ouest et en une plus petite, communiste et pauvre, à l'est, l'Allemagne a été réunifiée en 1990 au moment de l'effondrement du régime communiste. La réunification a entraîné la disparition de la frontière étanche entre l'Ouest et l'Est et la démolition du tristement célèbre mur de Berlin, qui divisait la capitale. Cependant, une fois les festivités terminées, les Allemands ont dû s'attaquer à un énorme défi tant économique que social. Les immenses progrès réalisés en moins de 10 ans en vue d'intégrer l'ancien satellite soviétique à l'économie de l'Allemagne occidentale témoignent de la vitalité de l'économie nationale.

Avant la Seconde Guerre mondiale, le jeune Empire allemand avait annexé la partie occidentale de la

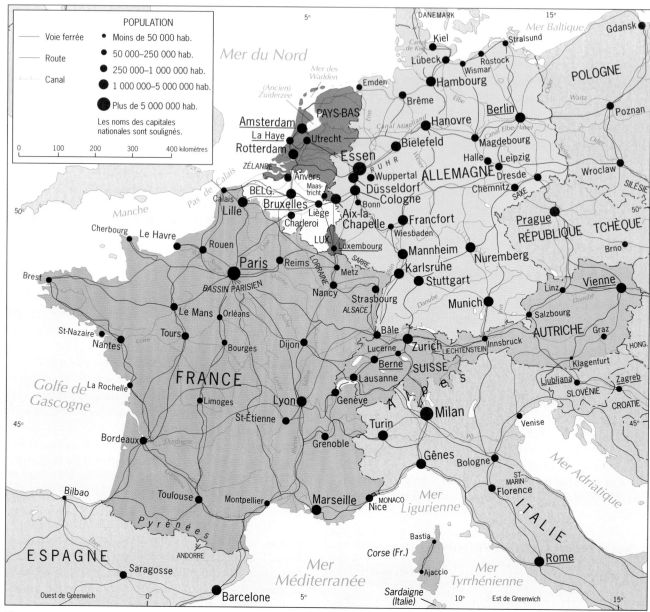

Figure 1.8 L'Europe de l'Ouest.

Pologne actuelle et une vaste région au bord de la mer Baltique, qui s'étendait à l'est jusqu'au littoral lituanien. À l'époque, l'Allemagne possédait trois principaux centres industriels : à l'ouest, près de la frontière des Pays-Bas, la *Ruhr* ; au centre, la partie de la *Saxe* qui longeait la frontière tchécoslovaque ; et à l'est, la *Silésie* (fig. 1.8). Grâce à l'abondance des ressources qui s'y trouvaient — charbon, carburants, fer et alliages —, l'énorme machine industrielle de l'Allemagne pouvait soutenir et fournir en armements des forces armées capables de précipiter le monde dans la guerre... ce qui ne manqua pas d'arriver.

La géographie économique de l'Allemagne a été radicalement transformée lorsqu'à la fin de la guerre, en 1945, le pays a été démantelé et sa frontière orientale,

redessinée. La Silésie a été annexée à la Pologne, elle-même redéfinie, et la Saxe s'est trouvée à l'intérieur des frontières de l'Allemagne de l'Est, communiste. L'Allemagne de l'Ouest conservait la Ruhr, mais sa réserve de matières premières était considérablement réduite.

Néanmoins, en peu de temps, l'Allemagne de l'Ouest mit sur pied l'économie la plus florissante d'Europe, aidée en cela par le plan Marshall, la stabilité et les politiques éclairées des puissances qui l'avaient vaincue. En 15 ans à peine, soit de 1949 à 1964, le produit national brut (PNB) du pays tripla tandis que sa production industrielle augmentait de 60 %. L'économie de marché de l'Allemagne de l'Ouest absorba des millions d'immigrants et de réfugiés germanophones venus respectivement de l'Allemagne de l'Est communiste et de l'Europe de l'Est; le chômage y était pratiquement inexistant et des centaines de milliers de Turcs et d'autres travailleurs étrangers vinrent occuper les postes qui demeuraient vacants ou ceux que dédaignaient les Allemands.

La géographie a beaucoup à voir avec le redressement de l'Allemagne de l'Ouest, qu'on a qualifié de « miracle économique ». L'Allemagne partage sa frontière avec chacun des autres pays d'Europe occidentale, sauf le Liechtenstein (fig. 1.8), et son système de transport terrestre et maritime (chemins de fer, routes, fleuves navigables et canaux artificiels) est le meilleur de la région — en fait, du continent. Le pays, qu'on pourrait croire enfermé à l'intérieur des terres, est en réalité ouvert sur le monde, car il a accès à l'un des plus grands ports du monde, Rotterdam (aux Pays-Bas). Comme on peut le voir sur la carte, le centre industriel de la Ruhr est relié à ce port par le Rhin (l'une des voies navigables les plus achalandées du monde). Mais l'Allemagne de l'Ouest n'a jamais été dépendante d'un seul centre; en plus des agglomérations urbaines qui jalonnent la Ruhr, il existe un peu partout dans le pays de grands centres urbains ayant chacun leurs zones industrielles et agricoles : Hambourg (elle-même un port important) dans le nord, Francfort au centre, Stuttgart et Munich dans le sud.

Figure 1.9 Les 16 États fédérés (*Länder*) de l'Allemagne réunifiée.

L'Allemagne de l'Ouest devint l'un des principaux producteurs de fer, d'acier, de produits chimiques, de véhicules motorisés, de machinerie, de textile, d'une foule d'autres biens manufacturés et de nombreux produits agricoles. Ses dépenses militaires étant limitées, elle a pu importer des quantités considérables de matières premières et vendre sa production sur tous les marchés du monde. Jouissant de la protection de l'OTAN, l'Allemagne de l'Ouest, force première du Marché commun naissant, sut transformer ses avantages géographiques en richesse.

Toutes les économies en expansion connaissent néanmoins des périodes de ralentissement. C'est ainsi que durant les années 1970 on vit poindre des problèmes auxquels l'Allemagne de l'Ouest devrait éventuellement faire face : une population vieillissante qui mettrait à l'épreuve la capacité du pays à fournir des services sociaux; un nombre croissant de chômeurs qui auraient besoin de l'aide de l'État; la montée de la xénophobie, qui s'est manifestée par des attentats cruels contre les travailleurs immigrés d'origine turque ou africaine; et le retour à l'extrémisme dans les politiques nationales. L'économie allemande fut fortement touchée par l'augmentation vertigineuse du prix du pétrole au milieu des années 1970; la « crise du pétrole », d'envergure mondiale, marqua la fin du miracle économique allemand. Les industries lourdes vieillissantes de la Ruhr furent déclassées sur le marché international, la diversification et la modernisation ayant trop tardé. Tout à coup, l'avenir de ce gigantesque centre industriel devenait incertain.

Au moment de sa réunification avec l'Allemagne de l'Est, en 1990, l'Allemagne de l'Ouest ne semblait pas en très bonne position pour faire face aux difficultés qui risquaient de se présenter. Elle avait remarquablement réussi à revitaliser son économie au cours des années 1980, mais le miracle des années 1950 ne s'était pas reproduit. De plus, la situation économique de l'Allemagne de l'Est était bien pire que ne l'avaient laissé supposer les statistiques publiées sous le régime communiste. Les usines y étaient vétustes, les infrastructures pitoyables, l'environnement pollué, l'agriculture collective inefficace. Les coûts énormes de la réunification obligèrent le gouvernement à augmenter la taxe de vente et l'impôt sur le revenu des Allemands de l'Ouest. Au moment où la nouvelle Allemagne entra en récession, au début des années 1990, son avenir paraissait plutôt sombre.

Cependant, à la fin des années 1990, l'Allemagne est en voie d'opérer encore une fois un redressement spectaculaire, et l'intégration de l'Allemagne de l'Est progresse rapidement. La migration vers l'Ouest des *Ossis* (Allemands de l'Est) diminue, en raison notamment des programmes de rééquilibrage, et l'Allemagne parvient à conserver la position dominante qu'elle occupe autant en Europe occidentale que dans l'Union européenne.

L'Allemagne est actuellement constituée de 16 États fédérés, ou *Länder*, qui correspondent chacun à une entité culturelle ou à un noyau politique ayant joué un rôle dans l'évolution de la nation (fig. 1.9). L'un de ces *Länder* est Berlin, enclavée dans l'État du Brandebourg. Berlin, ville historique et primatiale, est la capitale de l'Allemagne réunifiée; elle était d'ailleurs la capitale du pays avant sa division en deux États distincts. Bonn, plus petite, a été jusqu'en 1990 la capitale de l'Allemagne de l'Ouest et elle est toujours le siège du gouvernement allemand, qui sera transféré à Berlin dès que sera terminée la construction de l'immense centre qui doit l'accueillir.

Avec ses 82 millions d'habitants, l'Allemagne compte environ 23 millions de résidants de plus que tout autre pays d'Europe : un Européen sur sept est allemand. L'expansion de l'Allemagne et la revitalisation de son économie inquiètent un certain nombre d'Européens. Le spectre de la domination de l'Union européenne par l'Allemagne — qui a précipité le monde dans la guerre à deux reprises au cours du XXe siècle — est l'un des facteurs qui poussent divers groupes à rejeter le projet d'unification. Les actions des extrémistes de droite et les attentats contre des étrangers semblent donner raison aux sceptiques, à qui les adeptes de l'Union européenne peuvent rétorquer que les pays membres d'une organisation multinationale sont moins enclins aux actions unilatérales.

La France

La France, deuxième pays en importance de l'Europe de l'Ouest, est également favorable à l'Union européenne. Les Français et les Allemands ont été rivaux pendant des siècles. La France est un vieil État, en fait le plus vieux de l'Europe occidentale. L'Allemagne est un pays jeune, fondé en 1871 après qu'une coalition d'États germanophones eut remporté une guerre contre les... Français !

La superficie de la France dépasse largement celle de l'Allemagne, et sa situation géographique peut sembler plus avantageuse, puisque ce pays est bordé par la mer Méditerranée et l'océan Atlantique et qu'il a de plus une fenêtre sur la mer du Nord, à Calais. Cependant, la France n'a aucun bon port naturel et les navires de haute mer ne peuvent emprunter ni ses fleuves ni ses rivières pour pénétrer à l'intérieur des terres. Bref, le pays ne dispose pas, sur son territoire ou à l'extérieur, d'un système portuaire comparable à celui que Rotterdam offre à l'Allemagne.

La carte de l'Europe de l'Ouest (fig. 1.8) met en évidence un important contraste démographique entre la France et l'Allemagne. La France a une ville dominante, Paris, située au cœur du Bassin parisien, lui-même au centre du pays. Aucune autre ville française ne rivalise même de loin avec la capitale par sa population ou sa position relative : Paris compte 9,5 millions

L'UNE DES GRANDES VILLES D'EUROPE

Paris

Si la grandeur d'une ville est fonction de la richesse de ses monuments historiques, de la vitalité de sa culture et de l'étendue de son influence à l'échelle mondiale, Paris n'a pas d'égale. Le vieux Paris recèle des trésors architecturaux et artistiques, anciens et récents, d'une valeur inestimable. L'île de la Cité, noyau initial de la ville, est le site de la cathédrale de Notre-Dame de Paris, dont la construction a débuté au XIIe siècle. L'Arc de triomphe domine la célèbre avenue des Champs-Élysées, qui mène à la vaste place de la Concorde, au-delà de laquelle se trouve une ancienne résidence royale transformée en un magnifique musée : le Louvre. Avec ses superbes ponts enjambant la Seine, ses palais et ses parcs, Paris incarne la culture et la tradition françaises ; elle est sans doute la ville primatiale par excellence. En tant que capitale d'un empire, elle a été le foyer d'où irradiaient les forces d'assimilation au monde francophone, lesquelles ont profondément modifié, conformément au modèle français, les sociétés de l'Afrique septentrionale, occidentale et équatoriale, de Madagascar, de l'Indochine et d'autres colonies plus petites.

Le vieux Paris est aujourd'hui entouré de nouveaux quartiers. Celui de la Défense, par exemple, est animé par un centre d'affaires ultramoderne, l'un des plus importants d'Europe (voir l'encadré à la page 41). Mais tout n'est pas que splendeur dans la Ville lumière. Des quartiers périphériques, formés d'îlots pauvres et surpeuplés, abritent la classe des déshérités et des sans-emploi ; c'est là que s'entassent un grand nombre d'immigrés musulmans qui vivent à l'écart du charme et des beautés de la vieille ville.

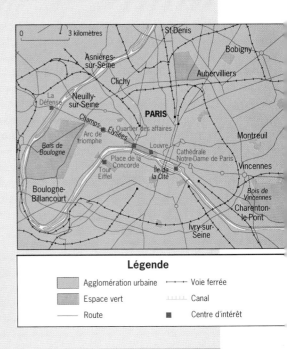

Légende

Agglomération urbaine	Voie ferrée
Espace vert	Canal
Route	Centre d'intérêt

d'habitants, alors que Lyon, la deuxième ville en importance, n'en a que 1,3 million. Aucune ville d'Allemagne n'a l'envergure de Paris, mais plusieurs, disséminées dans tout le pays, comptent de 1 à 5 millions d'habitants. Comme on le voit à l'annexe A, l'Allemagne est dans l'ensemble substantiellement plus urbanisée que la France.

Mais comment Paris a-t-elle pu se développer autant alors qu'il n'y avait à proximité aucune réserve importante de matières premières ? Pour répondre à cette question, il faut examiner le **site** de la ville et surtout sa **situation** (par rapport notamment à des zones riches en ressources et à d'autres agglomérations). Trois rivières navigables, l'Oise, la Marne et l'Yonne, se jettent dans la Seine non loin de Paris. La construction de canaux a permis d'étendre ce réseau maritime de manière à relier Paris à la vallée de la Loire, aux bassins du Rhône et de la Saône, à la Lorraine et à la frontière avec la Belgique, au nord. En restructurant la France et en construisant dans tout le pays un système de routes radiales (auquel est venu s'ajouter un réseau ferroviaire) qui convergent vers Paris, Napoléon a assuré la suprématie de la capitale (voir la carte insérée en cartouche dans la figure 1.10).

Alors que Paris devenait l'une des plus grandes villes européennes, le développement industriel de la France était beaucoup moins éclatant. Pour expliquer cela, on pourrait avancer plusieurs raisons, dont l'accessibilité limitée à du charbon de bonne qualité — d'où des coûts additionnels —, un système de transport moins efficace que celui d'autres pays, une production manufacturière axée sur la fabrication de produits comme les textiles de qualité supérieure et la mécanique de précision. Parallèlement, l'agriculture française était la plus productive d'Europe, car du

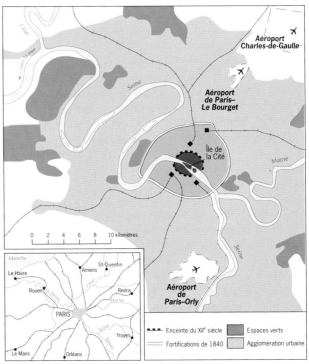

Figure 1.10 Paris et sa région.

En rien semblable à la Tamise en Angleterre, la Seine, très sinueuse, serpente dans une vallée aux flancs le plus souvent fortement escarpés. Les navires de fort tonnage ne peuvent en remonter le cours au-delà de Rouen. Paris leur est inaccessible. Par ailleurs, Le Havre, à l'embouchure, n'est pas extraordinaire comme port naturel. La basse Seine est donc jalonnée de ports plus petits où sont manutentionnés des produits comme le pétrole, le gaz et (comme l'illustre la photo) la ferraille.

Bassin parisien à la côte méditerranéenne et des berges du Rhin aux rives du golfe de Gascogne, les sols et le climat de France présentent une grande diversité. La variété des produits de la ferme est donc presque illimitée. Les vins — surtout les bordeaux, les bourgognes et les champagnes — et les fromages français sont distribués sur tous les marchés du monde.

Actuellement, la géographie économique de la France est dominée par la nouvelle industrie des technologies de pointe, particulièrement développées dans les secteurs du transport et des télécommunications. La France est l'un des principaux fabricants de trains à grande vitesse, d'avions, de systèmes de communication à fibre optique et de divers équipements utilisés dans le domaine aérospatial. Par ailleurs, en développant un réseau de centrales nucléaires qui répond présentement à plus de 75 % de la demande nationale en électricité, le pays a réduit sa dépendance face au pétrole importé de l'étranger et est maintenant un chef de file dans le domaine du nucléaire.

Lorsque Napoléon réorganisa la France, il subdivisa les vastes régions traditionnelles en 80 petits *départements* (des additions et des subdivisions ultérieures ont porté ce nombre à 96; voir la carte insérée en cartouche dans la figure 1.11). Chaque département était représenté à Paris, mais le pouvoir était concentré dans la capitale. La France devint alors un État très centralisé, et elle le resta pendant près de deux siècles.

La France applique maintenant une politique de décentralisation. Elle a mis en place une nouvelle structure en regroupant les 96 départements en 22 provinces historiques, nommées *régions* (fig. 1.11), de manière

à tenir compte des forces de dislocation qui se manifestent partout en Europe et, en fait, partout dans le monde. Les régions, tout en étant représentées au gouvernement central, ont une grande autonomie, notamment dans les domaines de la taxation, du pouvoir d'emprunt et des dépenses en matière de développement. Les villes principales des régions ont bénéficié de cette réorganisation. Promues capitales régionales, elles ont acquis les moyens d'attirer des investisseurs français et étrangers. C'est ainsi que les industries en pleine expansion et les firmes multinationales affluent maintenant vers Lyon, deuxième plus grande ville française et chef-lieu de la région Rhône-Alpes. Véritable force économique, cette région fait partie des *moteurs de l'Europe* (les autres étant la Lombardie en Italie, la Catalogne en Espagne et le Bade-Wurtemberg en Allemagne). Ces régions, qui fonctionnent comme des entités autonomes, entretiennent des relations commerciales internationales, y compris avec des pays aussi éloignés que la Chine et le Chili.

En 1950, la France était encore au centre d'un vaste empire colonial qui s'étendait de l'Algérie à Madagascar et de l'Afrique de l'Ouest au Pacifique Sud. Il ne lui reste maintenant de cet empire que de rares vestiges et une population de 3 millions d'immigrants venus des anciennes colonies pour habiter les villes françaises. (Ces immigrants représentent près de 5 % de la population totale de 59 millions d'habitants.) Les crises politiques et sociales présentes dans le pays d'origine de ces ressortissants étrangers ont tendance à se transposer en France. C'est ainsi qu'au cours des années 1990 Paris et d'autres villes françaises ont été le théâtre d'actes de terrorisme de la part de musulmans intégristes opposés au gouvernement algérien. La France a longtemps maintenu une politique d'intervention dans son

Les fermes et les villages dispersés sur les rives de la Seine en Haute-Normandie ont rendu cette région célèbre et ils attirent chaque été un flot constant de touristes.

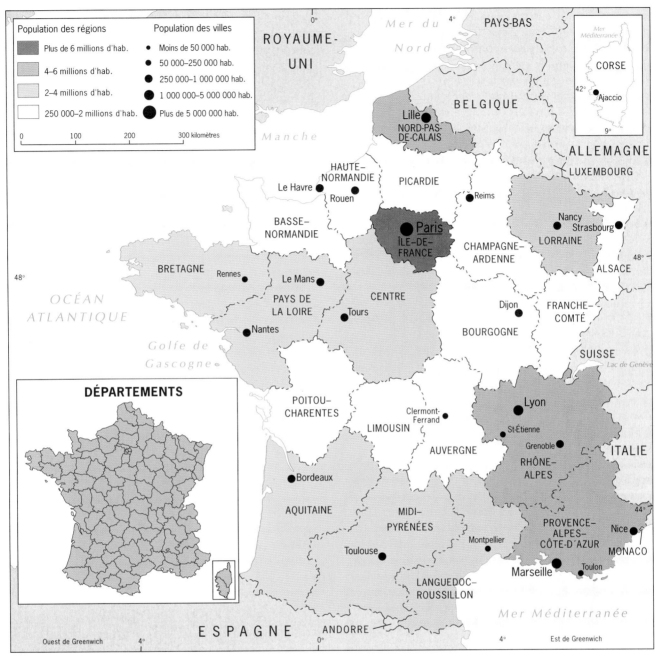

Figure 1.11 Les 22 régions de France.

ancien empire, allant jusqu'à soutenir militairement des gouvernements menacés. D'ailleurs, il ne semble pas qu'elle ait l'intention d'abandonner ses dernières possessions en Amérique du Sud (Guyane française), dans les Caraïbes, l'Atlantique et le Pacifique Sud. Les territoires d'outre-mer coûtent au gouvernement français des milliards de dollars chaque année, mais en dépit des protestations, et même des insurrections, le drapeau tricolore continue de flotter sur des capitales aussi éloignées que Papeete (Tahiti), Saint-Denis (Réunion) et Nouméa (Nouvelle-Calédonie).

Cet attachement aux vestiges de l'ère coloniale reflète l'ambivalence de la France à l'égard de son statut

changeant dans un monde en mutation. Toujours imprégnée d'impérialisme et entretenant les visées d'une superpuissance, la France a récemment défié l'opinion internationale en procédant à des essais nucléaires dans un atoll de la Polynésie française; au même moment, elle se portait à la tête de la communauté internationale pour rechercher une solution au conflit en ex-Yougoslavie. Un président français s'est rendu au Viêt-nam (une ancienne colonie française) pour resserrer les liens entre les deux pays, tandis que son gouvernement cherchait à prendre ses distances avec les États de son ancien empire en Afrique noire. Les dirigeants français désirent faire de leur pays une pierre angulaire de l'Union européenne, mais la population est divisée sur la question. Ainsi, les agriculteurs français, dont l'influence est encore considérable, n'hésitent pas à assiéger la capitale lorsque les politiques de l'Union européenne vont à l'encontre de leurs intérêts.

La restructuration de la France en régions et les progrès réalisés dans le domaine du transport (terrestre, maritime et aérien), sur les plans national et international, ont consolidé l'une des économies mondiales les plus prospères et les plus diversifiées. Ainsi, en 1994, la mise en service du tunnel sous la Manche — première liaison terrestre directe entre la France et la Grande-Bretagne — a fait passer la région française Nord-Pas-de-Calais d'une économie fondée sur un secteur métallurgique périclitant à une économie moderne centrée sur le transport et le commerce. La France est à la fois l'un des piliers de l'Europe de l'Ouest et l'un des membres les plus dynamiques de l'Union européenne.

Le Benelux

Trois entités politiques se partagent un petit territoire au nord-ouest de l'Europe occidentale : la Belgique, les Pays-Bas et le minuscule Luxembourg. Ces pays forment une union économique appelée Benelux (nom formé par la juxtaposition des premières lettres de *Be*lgique, *Ne*derland et *Lux*embourg). Le toponyme Pays-Bas conviendrait en fait très bien à ces trois États, car la quasi-totalité de ce territoire extrêmement plat s'élève à peine au-dessus du niveau de la mer (une partie des Pays-Bas est d'ailleurs située sous ce niveau). Seul le sud-est du Benelux, soit le Luxembourg et les Ardennes dans l'est

Au premier plan de la photo, prise à Utrecht aux Pays-Bas, on aperçoit des centaines de bicyclettes stationnées sous le surplomb d'un immeuble à bureaux. Ici, tout le monde se rend au travail sur deux roues. Du cadre en costume-cravate à l'ouvrier en jeans, chacun est conscient que l'espace urbain est restreint, que l'essence coûte cher et pollue. Par ailleurs, l'usage de la bicyclette contribue à ralentir l'étalement urbain des villes néerlandaises (et d'autres villes européennes) : quand le temps est frais, pluvieux et venteux, comme il arrive souvent aux Pays-Bas, plus le trajet est court, mieux c'est.

de la Belgique, présente des paysages de collines et de plateaux où des élévations dépassent 300 m. Il existe des différences majeures entre la Belgique et les Pays-Bas, tout comme entre l'Allemagne et la France. En fait, ces deux pays sont à ce point contrastants qu'ils en deviennent complémentaires.

La Belgique a deux zones industrielles caractéristiques. La première, orientée selon l'axe est-ouest qui relie Charleroi et Liège, s'est développée à proximité de gisements houillers et regroupe les industries lourdes. La seconde, formée d'industries légères et plus diversifiées, va de Charleroi à l'important port d'Anvers, au nord, en passant par Bruxelles. La production industrielle de ces deux secteurs est variée. Elle comprend des métaux, des produits chimiques, des meubles et des spécialités, comme les pianos, les savons et la coutellerie. Les Pays-Bas, au contraire, dépendent largement de l'agriculture (et ils jouent un rôle vital dans le transport); ils exportent des produits laitiers, de la viande, des légumes et d'autres denrées alimentaires. On le voit, les deux pays avaient tout avantage à former l'union économique du Benelux de 1940.

Les pays du Benelux font partie des pays les plus densément peuplés du globe; l'espace y vaut littéralement de l'or. Environ 26 millions de personnes vivent dans une région dont la superficie est inférieure à celle du Nouveau-Brunswick (dont la population n'atteint pas le million). Depuis des siècles, les Néerlandais agrandissent leur espace vital. Ils ne le font pas aux dépens de leurs voisins, mais en gagnant sans cesse des terres sur la mer. C'est ainsi qu'en 1932 le projet d'assèchement du Zuiderzee débuta (fig. 1.8). Ce projet, le plus grand du genre à ce jour, devrait se terminer au tournant du siècle. Au sud-ouest du pays, les îles de la Zélande (fig. 1.8) ont été reliées au moyen de digues, et le drainage par pompage a permis de créer de nouveaux polders (terres gagnées sur la mer).

La région triangulaire délimitée par les trois villes principales que sont Amsterdam, Rotterdam et La Haye constitue le noyau des Pays-Bas. La capitale, Amsterdam, en est le cœur, avec son centre d'affaires trépidant, son port achalandé et ses diverses industries légères. Rotterdam, le plus grand port du monde, est situé dans le delta du Rhin et de la Meuse *(Maas)*; c'est la porte de l'Europe de l'Ouest. Son développement moderne est à l'image de la région industrielle allemande de la Ruhr et de la vallée du Rhin. Or, les activités industrielles dans l'arrière-pays rhénan sont en déclin. Rotterdam s'en ressent donc, tout comme il subit les effets de l'accroissement de la concurrence des autres ports européens. Quant à La Haye, la troisième ville du triangle, elle est la capitale administrative des Pays-Bas et le siège de la Cour internationale de justice (un organe de l'ONU).

Les trois villes du noyau triangulaire forment la conurbation appelée Randstad-Holland. Une **conur-**

bation résulte de la réunion de deux ou plusieurs centres urbains importants. Celle de Randstad-Holland a la forme d'un anneau incomplet qui ceinture une région demeurée rurale. *Rand*, en néerlandais, veut dire « bordure » ou « frontière », et *Holland* signifie « pays creux ». Cette dernière expression s'applique parfaitement au cœur des Pays-Bas, qui donne sur la mer du Nord et est globalement situé sous le niveau de celle-ci.

Vu leur territoire restreint et leurs ressources limitées, la Belgique, les Pays-Bas et le Luxembourg se sont tournés vers le commerce international pour consolider leur économie. Bruxelles, la capitale de la Belgique, a aussi réussi à devenir un centre politique et administratif important. En plus d'être l'une des deux capitales de l'Union européenne (l'autre étant Strasbourg), elle est le siège de l'OTAN et de nombreuses organisations économiques internationales. Des centaines de multinationales y ont aussi établi leur siège social, confortant ainsi la ville dans son rôle de centre financier, commercial et industriel.

La Belgique demeure néanmoins un amalgame de trois régions à l'avenir politique incertain. Des forces de dislocation menacent régulièrement de diviser les Flamands de langue néerlandaise (55 % de la population) et les Wallons francophones (33 %). Pour contrer ce problème, on a procédé, au début des années 1990, à une restructuration géopolitique du pays, le divisant en trois régions égalitaires (la troisième, Bruxelles, constituant presque un État fédéré). Le nationalisme flamand n'en demeure pas moins une force puissante.

Les États alpins

La Suisse et l'Autriche sont deux pays montagneux situés à l'intérieur des terres. La ressemblance s'arrête là. L'Autriche est membre de l'Union européenne, pas la Suisse. L'Autriche est un pays unilingue, la Suisse est multilingue. L'Autriche a une ville primatiale, la Suisse, multiculturelle, n'en a pas. L'Autriche a des ressources naturelles abondantes et diversifiées (y compris du pétrole), pas la Suisse. L'Autriche est deux fois plus grande que la Suisse, elle est plus peuplée et possède une bien plus grande superficie de terres agricoles.

Malgré cela, c'est la Suisse, et non l'Autriche, qui vient en tête des États alpins de l'Europe de l'Ouest sur le plan du PNB par habitant et selon divers autres indices (voir l'annexe A). Le développement des pays montagneux est assujetti à de nombreuses contraintes : ces pays étant souvent *situés à l'intérieur des terres*, la circulation des idées et des innovations se fait moins bien, les déplacements sont plus difficiles, l'agriculture est restreinte et les communautés sont plus isolées. Les exemples du Tibet, de l'Afghanistan et de l'Éthiopie confirment cela. C'est pourquoi l'extraordinaire réussite de la Suisse est une telle leçon de géographie humaine. Ce pays, l'un des plus prospères d'Europe, a en effet mis à profit ses compétences et ses habiletés pour transformer les terribles obstacles inhérents à son milieu naturel en véritables atouts.

Tout au long de leur histoire, les Suisses ont su profiter de leur environnement alpin. Ils ont compris que leur situation géographique les destinait naturellement à un rôle d'intermédiaire dans le commerce interrégional. Tirant avantage de l'eau qui descend des montagnes, ils ont construit des centrales hydroélectriques qui alimentent en énergie des industries hautement spécialisées. Conscients de la beauté naturelle de leur environnement, ils ont développé une florissante industrie touristique. De leur côté, les agriculteurs suisses ont mis au point des méthodes pour maximaliser le rendement des pâturages montagneux et des sols des vallées. Et s'il est vrai que les Suisses du nord parlent allemand, ceux de l'ouest, français, ceux du sud-est, italien, et que les habitants des hautes terres isolées parlent romanche (fig. 1.4), cette hétérogénéité linguistique et culturelle n'a pas de conséquences néfastes dans cette économie florissante. Vu sa neutralité, sa sécurité et sa stabilité, la Suisse devint durant la guerre un véritable refuge, un géant mondial du secteur bancaire et un pôle d'attraction pour les devises de toutes provenances.

Zurich, Genève et Berne sont les trois plus importantes villes de Suisse. Zurich, la principale ville du pays, est un centre financier situé dans un canton germanophone. Genève, ville internationale de l'extrémité sud-ouest de la Suisse, se trouve en pays francophone, tandis que Berne, la capitale, est sise à proximité de la ligne de partage allemand-français. Ces trois villes ont des industries reliées à la mécanique de précision, certaines très anciennes. Internationalement reconnue, la qualité des produits suisses (montres, instruments de précision, spécialités agroalimentaires) fait figure de norme.

Pays à part entière de l'Europe de l'Ouest, la Suisse prospère doit aussi faire face aux difficultés d'un continent en mutation. Le trafic bilatéral entre l'Europe de l'Ouest et la Méditerranée, de même que le flot toujours croissant de touristes, est néfaste à l'environnement alpin. Dans un monde d'échanges et de globalisation, la neutralité traditionnelle de la Suisse et sa réserve — c'est le seul État d'Europe de l'Ouest ayant refusé d'adhérer à l'Union européenne — inquiètent ceux qui craignent qu'isolé le pays ne perde de l'avance sur le terrain de la concurrence.

L'Autriche, quant à elle, est devenue membre de l'Union européenne en 1995, lors d'un référendum où la majorité favorable à l'adhésion a cependant rencontré une forte opposition. Germanophone, largement catholique et issue de l'Empire austro-hongrois, l'Autriche se rapproche bien davantage de l'instable Europe de l'Est que de la Suisse. De par sa géographie physique même, l'Autriche semble tournée vers l'est : sa partie orientale est plus vaste, plus basse et plus productive, et c'est là que le Danube, qui coule vers l'est, la relie à la Hongrie, son alliée séculaire des campagnes contre les Turcs musulmans.

Vienne, de loin la principale ville des États alpins, est aussi située à proximité de la frontière orientale de l'Autriche. Considérée comme l'une des villes primatiales les plus significatives au monde, la capitale autrichienne est un trésor d'histoire et d'architecture. Vienne, la plus orientale des métropoles de l'Europe de l'Ouest, n'est véritablement qu'à quelques pas de l'Europe de l'Est en mutation; sa situation est comparable à celle de Singapour, qui sert d'avant-poste aux entreprises souhaitant entretenir des relations commerciales avec les pays du Sud-Est asiatique.

En adhérant à l'Union européenne en 1995, l'Autriche n'a eu aucun mal à satisfaire aux critères du traité de Maastricht. Depuis, sa limite orientale n'est plus une banale frontière interrégionale, puisqu'elle divise main-tenant l'Europe en deux camps : d'un côté, les États membres de l'UE et de l'autre, ceux qui aspirent à le devenir mais ne sont pas encore admissibles. En entrant dans l'Union européenne, la position relative de l'Autriche a changé. Quelles conséquences cela aura-t-il ? L'avenir le dira.

✦ Les îles Britanniques

Au large des côtes de l'Europe de l'Ouest se trouvent deux grandes îles entourées d'une myriade d'îlots. La région que forme cet archipel s'appelle les îles Britanniques. Elle est morphologiquement isolée de l'Europe (fig. 1.12). La *Grande-Bretagne*, la plus vaste des deux îles principales, est également la plus rapprochée du continent (34 km). L'île plus petite, située à l'ouest, est l'*Irlande*.

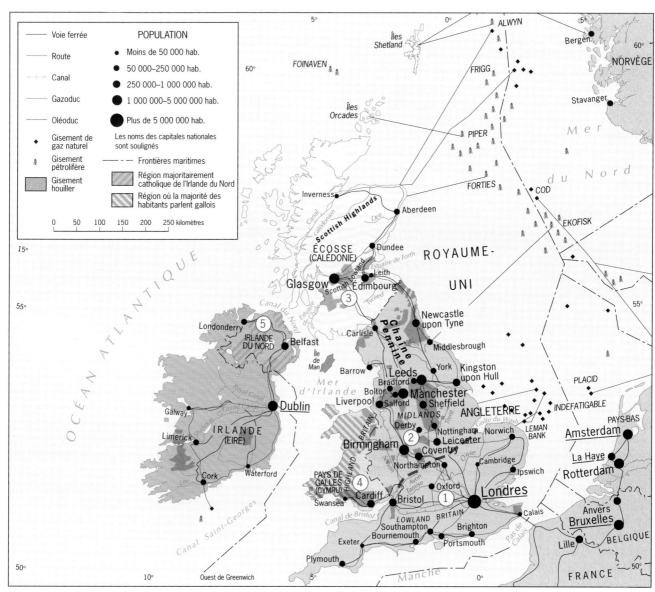

Figure 1.12 Les îles Britanniques.

La toponymie des îles et des pays de cet archipel prête à confusion. Par exemple, l'appellation « îles Britanniques » est encore en usage aujourd'hui même si l'île d'Irlande, à l'exception de l'extrémité nord-est, n'est plus sous la domination des Anglais depuis trois générations. De plus, l'État-nation qui occupe l'île de Grande-Bretagne et la pointe nord-est de l'Irlande porte officiellement le nom de Royaume-Uni de Grande-Bretagne et d'Irlande du Nord (en abrégé, Royaume-Uni ou UK pour *United Kingdom*), mais on l'appelle aussi Grande-Bretagne et on dit de ses habitants que ce sont des Britanniques ! Le cas de l'Irlande, dont le nom officiel est république d'Irlande (ou *Eire* en gaélique) bien qu'elle n'inclue pas toute l'île d'Irlande, a aussi de quoi faire damner.

Bien sûr, l'étude des pays serait simplifiée si géographie physique et géographie politique coïncidaient, mais ce n'est pas le cas. Durant la longue occupation britannique de l'Irlande, qui est très majoritairement catholique, un grand nombre de protestants venus du nord de la Grande-Bretagne se sont installés dans le nord-est de l'Irlande. Lorsque les Britanniques se sont retirés en 1921, les Irlandais ont retrouvé leur autonomie, sauf dans la pointe nord-est, laquelle est demeurée sous le contrôle de Londres désireuse de protéger les protestants qui s'y étaient établis. C'est ce qui explique que le pays porte encore aujourd'hui le nom officiel de Royaume-Uni de Grande-Bretagne *et d'Irlande du Nord*.

L'Irlande du Nord (fig. 1.12) n'était pas habitée que par les protestants venus de Grande-Bretagne; elle comptait aussi une importante population d'Irlandais catholiques qui se sont trouvés du mauvais côté de la frontière quand l'Irlande a recouvré son autonomie. Depuis, la guerre civile déchire sporadiquement l'Irlande du Nord et a des répercussions manifestes en Grande-Bretagne et même en Europe de l'Ouest. Cette querelle a été et demeure l'une des plus coûteuses de l'histoire de l'Europe.

Toute la Grande-Bretagne fait partie du Royaume-Uni, mais celui-ci comprend trois entités politiques. La plus vaste est l'Angleterre; c'est là que résidait le pouvoir central qui a jadis assujetti le reste de la région. Les Anglais ont conquis le *pays de Galles* au Moyen Âge et les liens de l'*Écosse* avec l'Angleterre, cimentés par l'accession d'un Écossais au trône d'Angleterre, ont été ratifiés par l'Acte d'Union en 1707. L'Angleterre, le pays de Galles, l'Écosse et l'Irlande du Nord forment depuis le *Royaume-Uni*.

Les îles Britanniques constituent une région distincte pour diverses raisons. Pendant des siècles, la Grande-Bretagne, que son insularité isolait de la turbulente Europe, a pu se développer et se donner un système parlementaire unique dans le monde occidental. Après avoir conquis les Gallois, les Écossais et les Irlandais, les Britanniques ont entrepris de créer ce qui allait devenir le plus grand empire colonial du monde. Une période de mercantilisme et de développement manufacturier (axé avant tout sur de petites fabriques locales alimentées hydrauliquement par des torrents des Pennines, l'ossature montagneuse de la Grande-Bretagne) laissa bientôt présager l'impressionnante révolution industrielle qui allait transformer non seulement la Grande-Bretagne, mais aussi une grande partie du globe. Les noms des villes britanniques devinrent des synonymes de spécialités, et de véritables bataillons de cheminées d'usines se mirent à transformer le paysage urbain. Londres, au bord de la Tamise, se métamorphosa et devint rapidement le centre d'un vaste empire politique, financier et culturel dont l'influence allait s'étendre au monde entier. Grâce à l'étroit Pas de Calais qui l'avait toujours protégé contre les invasions en provenance du continent, le Royaume-Uni a pu, encore récemment lors de la Seconde Guerre mondiale (1939-1945), gagner le temps nécessaire pour mettre au point sa machine de guerre. À la fin du conflit, le pays occupait une place prépondérante parmi les Alliés victorieux, et son rôle dans l'après-guerre semblait déterminé d'avance.

C'était compter sans l'effondrement du colonialisme et le redressement de l'Europe continentale alimenté par le plan Marshall. En quelques décennies, le Royaume-Uni vit s'effriter l'empire qu'il avait mis des siècles à bâtir et son influence sur l'échiquier mondial, bien que toujours réelle, se trouva terriblement amoindrie. Par ailleurs, lorsque le courant de supranationalisme se fit jour en Europe, le Royaume-Uni, pris au piège de ses relations avec les anciennes colonies du Commonwealth, garda ses distances. Il finit par adhérer à la CÉE en 1973, mais il a toujours cherché depuis à empêcher l'Union européenne de resserrer ses règlements et reste méfiant face à l'intégration. En fait, les Britanniques s'opposent formellement à ce que l'Union européenne devienne un jour une fédération. Par ce goût de l'isolement, ils montrent qu'ils sont et demeurent avant tout des Britanniques.

Le Royaume-Uni

Tant par sa superficie que par sa population de près de 60 millions d'habitants, le Royaume-Uni est, à l'échelle européenne, un grand pays. Seule l'Allemagne est plus peuplée, et seulement 9 des 38 pays européens sont plus vastes. On verra plus loin que le Royaume-Uni présente une grande diversité spatiale. Il se divise en cinq grandes sous-régions selon des critères morphologiques, économiques, politiques et culturels : ① le sud de l'Angleterre, prospère, ayant Londres pour centre; ② le nord de l'Angleterre, partie en stagnation au centre de la Grande-Bretagne; ③ l'Écosse, autonomiste, qui occupe l'extrémité nord de la Grande-Bretagne; ④ le pays de Galles, intraitable, dans l'ouest de l'Angleterre; ⑤ l'Irlande du Nord, accablée par les dis-

Lorsqu'on remonte la Tamise en direction de Londres et qu'on a dépassé Tilbury, on aperçoit, à bâbord, des terres planes à peine plus élevées que le niveau de la mer ainsi qu'une rangée de dômes en aluminium. Ces structures métalliques constituent la Barrière de la Tamise, un ingénieux système de protection contre les crues. En cet endroit, l'accumulation de sédiments entraîne des risques d'inondation sérieux. Lorsque le niveau d'eau est trop élevé, un ensemble de barrages, ressemblant à des portes géantes, protègent la zone urbaine et industrielle en amont.

sensions internes, séparée de la Grande-Bretagne par le canal du Nord (fig. 1.12).

Comme en font foi presque tous les indicateurs économiques, la sous-région nord, qui traverse une période de marasme, est moins avancée que l'Angleterre dans son ensemble, et beaucoup moins que le Sud relativement prospère. Les villes du centre (Manchester, Sheffield et Leeds), ayant longtemps fait figure de moteurs industriels, sont maintenant minées de problèmes sociaux et économiques, et elles forment la zone de la rouille (*rust belt*) de l'Angleterre. Les quais de la vieille cité portuaire de Liverpool, d'où les navires anglais partaient autrefois fonder l'empire d'outre-mer, sont maintenant désertés. Pour Liverpool, le tunnel sous la Manche, qui la relie depuis peu à l'Europe de l'Ouest en pleine croissance, est désormais le seul espoir d'un retour à la prospérité.

Par contre, dans le sud de l'Angleterre, l'économie est florissante; les industries reliées aux technologies de pointe et aux services ont connu une croissance fulgurante, surtout dans les secteurs de la finance, de l'ingénierie, des communications et de l'énergie. Comme l'indique la carte de la figure 1.12, la métropole londonienne (fig. 1.5) occupe avec son arrière-pays la plus grande partie de cette sous-région.

L'Écosse, dont le sol est riche en gisements de charbon et de fer, a pris une part active à la révolution industrielle britannique. Et quand ces ressources ont décliné, la reconversion n'a pas traîné, car on a découvert qu'au large de la côte orientale de l'Écosse le sous-sol de la mer du Nord renfermait de riches gisements de pétrole. Dans l'agglomération d'Édimbourg, l'ancien port de pêche de Leith est devenu un important centre d'activités reliées au forage en mer du Nord et à la

L'UNE DES GRANDES VILLES D'EUROPE

Londres

Londres est une vaste métropole (fig. 1.5) et, à bien des égards, elle est encore aujourd'hui la ville européenne la plus civilisée et la plus cosmopolite. Tout le long de la Tamise s'étalent les emblèmes de sa double vocation historique, à la fois capitale d'un État et d'un empire : la Tour de Londres, le Tower Bridge, le Parlement et le Royal Festival Hall. La ville elle-même est un mélange inextricable d'éléments anciens et modernes, d'équipements désuets et d'installations de pointe, de secteurs pauvres et de quartiers prospères. Bref, Londres tient à la fois du XXIᵉ et du XIXᵉ siècle.

En dépit de sa population de 7,3 millions d'habitants, Londres a réussi à créer et à conserver, grâce à une planification à long terme, une « ceinture verte » réservée aux activités de nature récréative, agricole et, généralement, non résidentielle et non commerciale (fig. 1.5).

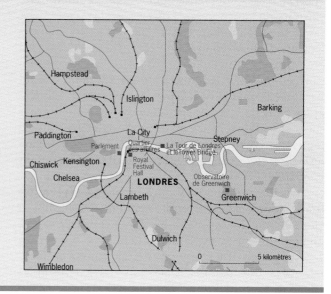

construction d'oléoducs. Mais rien de tout cela ne réussit à freiner la montée du nationalisme chez les Écossais, peuple à l'individualisme marqué. Ces derniers ont en effet de plus en plus le sentiment d'être désavantagés au sein du Royaume-Uni et de l'Union européenne.

Le pays de Galles, dont la superficie équivaut au quart de celle de l'Écosse, est un territoire reculé au relief rude et accidenté. C'est là que les anciens Celtes se sont réfugiés au moment des grandes invasions; leurs descendants ont conservé leur langue malgré des siècles de domination par les Anglais. Cependant, le chômage sévit au pays de Galles et bon nombre de Gallois ont dû s'expatrier pour pouvoir gagner leur vie. Il n'est donc pas étonnant qu'au pays de Galles, comme en Écosse, les questions économiques et culturelles soient l'objet de débats politiques houleux.

Quant à l'Irlande du Nord, elle présente le problème politique national le plus grave auquel Londres doit faire face. Environ les deux tiers des Irlandais du Nord sont d'ascendance écossaise ou anglaise et de foi protestante, tandis que le reste de la population est catholique, comme la quasi-totalité des habitants de la république d'Irlande, au sud de l'île. La distribution des deux groupes opposés sur le territoire de l'Irlande du Nord (fig. 1.12) est telle qu'il est improbable que la partition puisse mettre fin au conflit qui a tué des milliers de personnes depuis une trentaine d'années. Les catholiques accusent de discrimination Londres et l'administration régionale dominée par les protestants, tandis que ces derniers reprochent aux catholiques de vouloir intégrer le Nord à la république d'Irlande.

La république d'Irlande

Quand l'île d'Irlande, à l'exception de son extrémité nord-est, s'est libérée du joug colonial britannique il y a à peine trois générations, elle est devenue la république d'Irlande. Cette île a la forme d'une soucoupe à large bord, ébréchée à l'est, là où les basses terres s'ouvrent sur la mer. C'est dans cette échancrure qu'est située Dublin, la capitale. L'écoulement des eaux met en évidence la topographie générale du pays (fig. 1.12).

En Irlande, pays encore largement rural, c'est l'excès d'eau et non le relief qui impose des limites à l'agriculture. Le climat froid et humide convenant bien à la culture de la pomme de terre, celle-ci a rapidement remplacé les autres cultures maraîchères après l'introduction de plants importés d'Amérique dans les années 1660. Cependant, même la pomme de terre n'a pu résister aux incessantes précipitations des années 1840. Année après année, la récolte de pommes de terre, alors à la base de l'alimentation des Irlandais (8 millions en 1830), fut détruite : les tubercules, attaqués par le mildiou, pourrissaient sur place. Plus d'un million d'Irlandais moururent de famine et presque deux millions durent émigrer.

Aujourd'hui, la population totale de l'île n'est plus que de 5,3 millions d'habitants, alors que celle de la république d'Irlande est de 3,6 millions. Et le déclin démographique se poursuit. Fuyant une société conservatrice régie par les croyances religieuses, les jeunes en quête d'une vie meilleure quittent ce pays dont le taux de chômage est l'un des plus élevés d'Europe. Vu la mauvaise situation de l'emploi, on pourrait s'attendre que des entreprises étrangères viennent s'établir sur l'île pour bénéficier du faible coût de la main-d'œuvre, des avantages fiscaux et de la proximité de l'Union européenne. En fait, bon nombre d'industries légères se sont développées en Irlande au cours des années 1980, mais cette revitalisation a été interrompue à cause de problèmes de main-d'œuvre (manque de compétence, exigences syndicales) et de l'insuffisance des infrastructures.

✦ L'Europe septentrionale

L'exemple des six pays indépendants situés au nord de l'Europe de l'Ouest illustre bien les contrastes qui opposent souvent centre et périphérie. En effet, l'Europe septentrionale est désavantagée en matière d'environnement : le climat est rigoureux, les sols sont pauvres, la réserve de minéraux est limitée, les distances sont grandes. La population totale des pays qui la constituent — Suède, Norvège, Danemark, Finlande, Estonie et Islande — dépasse à peine 25 millions d'habitants; elle est donc inférieure à celle du Benelux et ne représente que le septième de la population totale de l'Europe de l'Ouest. Par contre, la superficie de l'ensemble des terres émergées de l'Europe septentrionale est à peu près égale à celle de l'Europe de l'Ouest. Malgré sa position périphérique, l'Europe septentrionale a aussi son centre : les trois capitales Helsinki, Oslo et Stockholm, situées dans le sud à peu près toutes à la même latitude (fig. 1.13).

La situation périphérique de l'Europe septentrionale n'est toutefois pas qu'une question d'environnement. En effet, vue du centre de l'Europe, l'Europe septentrionale ne semble mener nulle part : elle ne possède aucune voie maritime importante reliant l'Europe de l'Ouest à d'autres zones productives du monde. L'Europe du Nord ne bénéficie donc pas du type d'interactions qui ont tissé des liens entre les îles Britanniques et l'Europe continentale, par exemple. De plus, à l'exception du Danemark, relativement petit, les autres pays sont séparés du cœur de l'Europe par des étendues d'eau. Par ailleurs, les réserves de matières premières de l'Europe septentrionale sont limitées; toutefois, le relief élevé offre des possibilités pour l'établissement de centrales hydroélectriques.

Mais l'éloignement et l'isolement de l'Europe du Nord, de même que son environnement austère, n'ont pas eu que des conséquences négatives. En effet, la

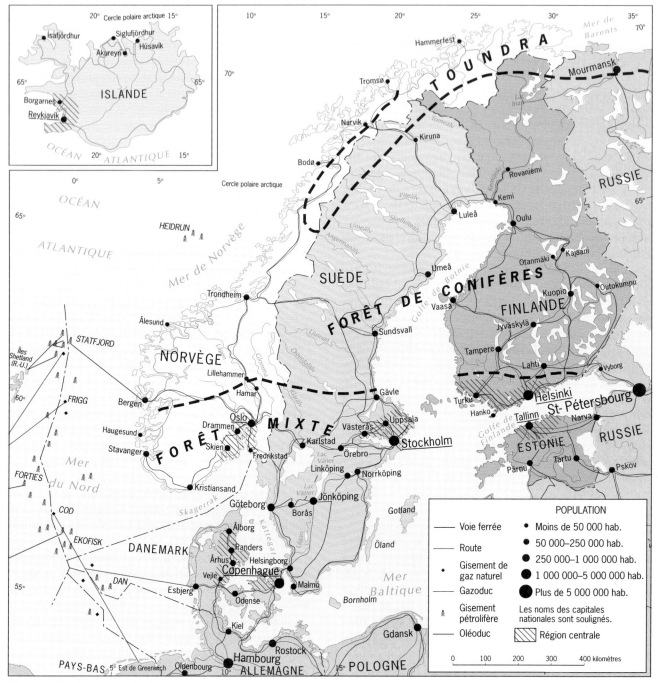

Figure 1.13   Europe septentrionale.

Suède et la Norvège ont été tenues à l'écart des guerres qui ont dévasté l'Europe continentale (bien que la Norvège ait connu l'invasion nazie durant la Seconde Guerre mondiale). Autre avantage : toute personne qui parle l'une des trois langues scandinaves — le danois, le suédois et le norvégien — peut comprendre les deux autres. Cet état de fait, de même que l'adhésion de la majorité des habitants à une même Église luthérienne, est un important critère de cohésion. En outre, tous les pays de la région ont été très tôt gouvernés par des démocraties parlementaires; les droits de la personne

y sont respectés depuis longtemps et la politique sociale y est très avancée.

La Suède

Par sa superficie et sa population, la Suède, qui occupe le centre de la région, est le plus grand des pays de l'Europe septentrionale (fig. 1.13). Les Suédois vivent pour la plupart au sud de la zone où les forêts de conifères cèdent la place aux forêts mixtes (décidus et conifères). C'est là que se trouvent la capitale, le cœur du pays et, comme l'indique la figure 1.3, les principaux centres industriels; c'est également là que sont concentrées les principales zones agricoles, vu le relief moins élevé, les sols de qualité supérieure et le climat relativement doux.

Pendant longtemps, la Suède s'est contentée d'exporter des matières premières et des produits semi-finis aux pays industrialisés. Aujourd'hui, cependant, elle fabrique à partir de ressources locales des produits finis, tels que des automobiles, de l'équipement électronique, de l'acier inoxydable, des meubles et de la verrerie. Ainsi, l'aciérie de Luleå utilise le minerai de fer de l'important gisement de Kiruna dans le Grand Nord. Les industries suédoises, contrairement à celles de plusieurs pays d'Europe de l'Ouest, sont réparties dans une douzaine de villes, petites et moyennes, ayant chacune ses spécialités.

La Norvège

En 1994, lorsque la Suède et la Finlande ont voté en faveur de l'adhésion à l'Union européenne, la Norvège, elle, s'est prononcée contre. Avec ses parcelles limitées de sol arable, ses pentes abruptes, ses immenses forêts et son interminable et spectaculaire côte bordée de fjords, la Norvège a axé son développement économique sur la mer, dans la mer et sous la mer. La marine marchande norvégienne sillonne les mers du globe et l'industrie de la pêche exploite les immenses étendues d'eau qui bordent le pays. De plus, sous la mer du Nord, la partie de la plate-forme continentale appartenant à la Norvège renferme des réserves importantes de pétrole et de gaz. Tous ces atouts économiques ont persuadé une majorité de

À cause du haut relief de la Norvège, bon nombre de ses villes et villages sont dispersés sur la côte et plus ou moins bien reliés les uns aux autres. Quand on se rend à Oslo en voiture, on a l'impression d'être coupé de tout et de se trouver bien éloigné des grandes villes de la côte atlantique, dont Trondheim et Bergen. Située tout au fond du fjord qui porte son nom, Oslo est orientée vers le sud, suivant l'axe du fjord qui s'ouvre sur le Skagerrak. Comme bien d'autres villes scandinaves, la capitale de la Norvège est exempte de dégradation urbaine et de pauvreté, et son riche patrimoine architectural en fait une sorte de musée à ciel ouvert.

Norvégiens qu'il était plus avantageux pour eux de ne pas adhérer à l'Union européenne.

Comme on le voit sur la carte, la Norvège ne possède pas de zones industrielles ou agricoles comparables à celles de la Suède. De plus, les villes norvégiennes — depuis Oslo, la capitale, et le port de Bergen jusqu'à l'ancienne capitale Trondheim et à Hammerfest dans l'Arctique — sont toutes situées dans la zone côtière et les liaisons terrestres ne sont pas très développées. En fait, le pays est un chapelet d'agglomérations disséminées sur un littoral au relief élevé, qui n'est habitable que grâce à la température relativement élevée des eaux de l'Atlantique.

Le Danemark

Le plus petit État de l'Europe septentrionale est le Danemark, dont la population de 5,2 millions d'habitants est la deuxième en importance dans la région, après celle de la Suède. Le Danemark comprend essentiellement la péninsule du Jutland et les îles adjacentes, situées entre la Suède et l'Europe de l'Ouest. (Le Groenland, rattaché au Danemark, est un territoire autonome. Voir à ce sujet l'encadré « Le Groenland et l'Europe ».) Le climat relativement doux et humide, le relief peu accidenté et les sols de bonne qualité sont autant de facteurs permettant de pratiquer la culture intensive sur 75 % du territoire danois. Le pays exporte des produits laitiers, de la viande, de la volaille et des œufs, surtout en Allemagne, en Suède et au Royaume-Uni, ses principaux partenaires commerciaux.

La capitale danoise, Copenhague, joue depuis longtemps un rôle d'entrepôt : de grandes quantités de biens de consommation arrivant par bateau y sont stockées, puis expédiées. Pourquoi cela ? Simplement parce que les navires de fort tonnage ne peuvent naviguer sur la mer Baltique, peu profonde. Des navires plus petits sillonnent donc cette étendue d'eau et viennent décharger leur cargaison dans le port de Copenhague. Véritable plaque tournante, ce port est encore le plus important du sud de la Baltique.

La Finlande

Presque aussi étendue que l'Allemagne, la Finlande ne compte que 5 millions d'habitants, dont la majorité est concentrée dans le triangle que forment Helsinki, la capitale, Tampere, le centre de l'industrie textile, et Turku, le centre de la construction navale (fig. 1.13). La Finlande est un pays de forêts de conifères et de lacs glaciaires, et son économie a longtemps été dépendante de l'exportation du bois et de produits dérivés. Toutefois, les Finlandais étant habiles et ingénieux, ils ont réussi à développer une importante industrie mécanique et un florissant secteur de production de denrées alimentaires de base.

Selon les Finlandais, le pays a perdu une partie essentielle de ses basses terres aux mains de l'Union soviétique. Ces terres ont été intégrées à une « république » russe contrôlée par Moscou. C'est ainsi que la ville de Vyborg a été soustraite à la Finlande, qui n'a toutefois pas connu le même sort que les États baltes situés au sud du golfe de Finlande. La Suède a autrefois imposé sa domination à ce pays, et le suédois est devenu, au même titre que le finnois, une langue officielle en Finlande. Comme l'indique la figure 1.4, le finnois et l'estonien ne sont pas apparentés aux langues scandinaves. D'ailleurs, l'origine des Finlandais et de leur culture fait l'objet de débats et d'études; on s'interroge encore sur ce qui a bien pu amener leurs ancêtres à s'établir dans ce coin de l'Europe.

En 1995, les Finlandais ont voté pour l'adhésion à l'Union européenne. Ce faisant, ils laissaient derrière eux cinq décennies de neutralité imposée par traité par l'Union soviétique. Cette intégration à l'UE a eu pour la Finlande des conséquences importantes, car avec l'effondrement de l'URSS, en 1991, ses relations commerciales avec l'Est ont considérablement diminué et Moscou a mis fin à un important contrat d'approvisionnement en pétrole.

L'Estonie

Ce sont des critères ethniques et linguistiques qui justifient l'inclusion de l'Estonie dans l'Europe septentrionale. En effet, l'estonien appartient au même groupe de langues que le finnois, et les Estoniens considèrent avoir des liens avec la région puisque leur pays était sous la domination de la Suède au moment de sa conquête par les Russes, en 1710. Durant la période soviétique, la fragile indépendance de la Finlande, située à la frontière de l'empire communiste, a entretenu chez les Estoniens l'espoir de retrouver leur autonomie. Aujourd'hui, un intense commerce maritime relie Tallinn, la capitale, à Helsinki, de l'autre côté du golfe de Finlande.

L'Estonie connaît d'importants problèmes politiques et économiques. Environ le tiers de sa population (qui atteint 1,5 million d'habitants) est composé de colons russes qui se sont établis durant la période soviétique. Lors de son accession à l'indépendance en 1991, l'Estonie a resserré les règles d'obtention de la citoyenneté pour la minorité russe, ce qui a entraîné une détérioration des relations avec les nouveaux dirigeants de la Russie. Entre-temps, les échanges commerciaux avec la Russie ont beaucoup diminué et l'effondrement de l'économie russe a eu des répercussions considérables sur l'économie estonienne. Durant la période soviétique, l'Estonie s'était industrialisée en exploitant de riches gisements de schistes bitumineux, qui servent à l'alimentation des centrales électriques. Mais les événements des années 1990 ont perturbé l'approvisionnement en matières premières et remis en cause l'accès, auparavant assuré, aux marchés de l'Est. Pour l'instant, aucun redressement économique ne semble en vue.

LE GROENLAND ET L'EUROPE

Bien que situé plus près du continent nord-américain que de l'Europe, le Groenland, l'île la plus vaste du monde, est historiquement rattaché au vieux continent — plus précisément au Danemark. Et même si le détroit de Béring n'est large que de quelques kilomètres entre le Groenland et l'île canadienne d'Ellesmere, ce sont les relations que le territoire entretient outre-Atlantique, surtout avec le Danemark, qui assurent son bon fonctionnement.

Peuplé à l'origine par les Inuits, puis intégré au Danemark, le Groenland a depuis 1979 le statut de territoire autonome rattaché à la couronne danoise et son nom inuit est *Kalaallit Nunaat*. Bien que la bonne marche de l'île dépende de l'aide financière de Copenhague, les Groenlandais jouissent d'une entière liberté politique. En tant que partie intégrante du Danemark, l'île est entrée dans la CÉE en 1973, mais lorsqu'elle a obtenu son autonomie en 1979, elle a choisi par référendum de s'en retirer.

L'Islande

Dans les eaux glaciales de l'Atlantique Nord, juste au sud du cercle polaire arctique, se trouve une île volcanique émaillée de glaciers : l'Islande. Avec ses 269 000 habitants d'origine scandinave, cette île et son petit archipel voisin, les îles Westermann, présentent un intérêt scientifique particulier, car ils sont situés sur la dorsale médio-atlantique, là où les plaques tectoniques eurasienne et nord-américaine s'écartent l'une de l'autre et où l'on peut observer la formation de nouvelles terres.

La population de l'Islande, dont près de la moitié habite Reykjavík, la capitale, est essentiellement urbaine. La géographie économique du pays est extrêmement dépendante des eaux périphériques. La pêche des fruits de mer procure aux Islandais l'un des plus hauts niveaux de vie au monde, sans cependant les mettre à l'abri des risques de la surpêche. Les dissensions à propos des territoires et des quotas de pêche se sont accrues au cours des dernières décennies, mais les Islandais demeurent sur leurs positions, arguant que, contrairement aux Norvégiens et aux Britanniques, ils n'ont pour ainsi dire pas d'autres choix économiques.

✦ L'Europe méditerranéenne

L'Europe méditerranéenne comprend cinq pays situés au sud de l'Europe de l'Ouest : l'Italie, l'Espagne, le Portugal, la Grèce et Malte, un minuscule État insulaire (fig. 1.14). En passant d'une région quasi polaire à une région quasi tropicale, on s'attend à observer de vifs contrastes. Ils sont effectivement nombreux, mais

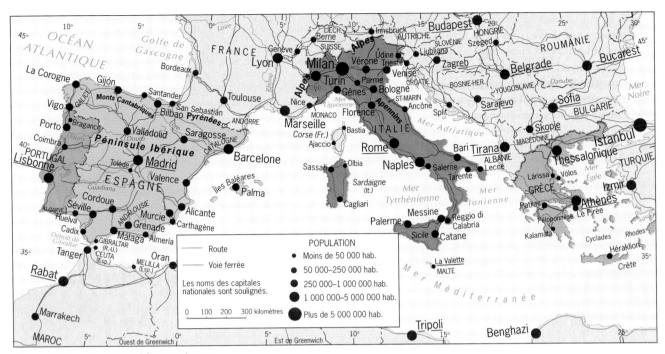

Figure 1.14   Europe méditerranéenne.

il existe également des similitudes. Ainsi, l'Europe méditerranéenne est, comme l'Europe septentrionale, une région discontinue formée de péninsules. De plus, la Méditerranée ne faisant pas partie du cœur de l'Europe, elle présente elle aussi des contrastes de type centre-périphérie. Une certaine continuité culturelle, remontant à la période gréco-romaine, marque les langues et les religions de même que les modes de vie et les paysages. Comme l'indique la figure I.7, le milieu naturel est caractérisé par un régime climatique auquel la région a donné son nom : le climat méditerranéen. Les étés y étant habituellement chauds et secs, les cultures souffrent souvent du manque d'eau.

L'Europe du Sud (autre désignation de l'Europe méditerranéenne) est loin d'être aussi riche en ressources naturelles que le cœur de l'Europe, comme l'indique la carte des centres industriels (fig. 1.3). Seules les parties septentrionales de l'Espagne et de l'Italie (cette dernière au prix d'importations massives de charbon et de minerai de fer) ont réussi à faire partie intégrante du cœur économique de l'Europe. L'Espagne exporte même directement à l'Europe de l'Ouest une bonne part des minerais qu'elle extrait. Sur le plan des ressources forestières, la situation n'est guère plus reluisante, la Méditerranée ayant été largement déforestée (ce qui ne fut pas le cas en Scandinavie et en Finlande). En dépit de sa topographie passablement accidentée, l'Europe du Sud dispose de ressources hydroélectriques limitées, car les précipitations y sont peu abondantes et soumises aux variations saisonnières.

C'est surtout sur le plan démographique que l'Europe du Nord et l'Europe du Sud se distinguent. Bien

que la seconde soit moins étendue que la première, elle compte presque cinq fois plus d'habitants (118 millions en 1997). La distribution de cette population, largement concentrée dans les basses terres côtières et les fertiles bassins fluviaux, reflète encore aujourd'hui le caractère agricole de la période préindustrielle, quoique la création d'importants centres industriels, notamment en Italie du Nord et en Espagne septentrionale, ait superposé une nouvelle mosaïque à l'ancienne. Le taux d'urbanisation de l'Europe méditerranéenne demeure néanmoins bien inférieur à celui de l'Europe de l'Ouest ou de l'Europe septentrionale, et même à celui des îles Britanniques. En 1997, seule la minuscule île de Malte avait atteint un taux d'urbanisation de 70 %, et le Portugal fermait la marche avec un taux de 34 %, l'un des plus faibles d'Europe. D'autres indicateurs révèlent que le niveau de vie des Méditerranéens est inférieur à celui des autres Européens (voir l'annexe A). Cette situation a été et demeure l'un des principaux problèmes que l'Union européenne doit résoudre puisque ses dirigeants ont pour objectif de réaliser l'égalité économique des 15 pays membres.

L'Italie

Avec ses 58 millions d'habitants, l'Italie est le plus peuplé des États méditerranéens et le plus développé sur le plan économique. Le pays est divisé en 20 régions administratives dont plusieurs correspondent à des régions historiques séculaires (fig. 1.15). Certaines d'entre elles sont devenues des centres économiques puissants grâce au développement de leurs villes principales respectives; c'est le cas notamment

À Rome, plus que partout ailleurs dans le monde, les trésors de l'Antiquité sont intégrés au milieu urbain moderne. Les banlieusards qui rentrent à Rome contournent le Colisée et d'autres grands monuments comme s'il s'agissait de vieux bâtiments ordinaires. Le fabuleux legs des anciens Romains — le Forum, l'arc de Constantin le Grand, la colonne Trajane — ne représente qu'une partie du patrimoine national. Lorsqu'on déambule dans les rues de la cité, on ne peut manquer de tomber sur des sites comme celui-ci : des vestiges de la cité antique entourés par la ville moderne, mais protégés, pour le moment du moins, de l'empiètement.

de la Lombardie (Milan) et du Piémont (Turin). D'autres, telles que la Toscane (Florence) et la Vénétie (Venise), font partie du noyau initial de la culture italienne. Toutes ces régions, situées dans la moitié septentrionale du pays, contrastent vivement du point de vue social, économique et politique avec des régions du sud comme la Calabre, la Sicile et la Sardaigne. En fait, on dit souvent de l'Italie qu'elle comprend deux pays : le Nord progressiste et le Sud stagnant, appelé également *Mezzogiorno*.

C'est Rome qui cimente le Nord et le Sud. Centre historique du pouvoir politique, la Ville éternelle chevauche l'étroite zone de transition entre les deux moitiés du pays. Cette zone, appelée « ligne d'Ancône », tire son nom de la ville du littoral adriatique où elle se termine de l'autre côté de la péninsule (fig. 1.15). Bien que Rome demeure la capitale et le centre culturel de l'Italie, le foyer des activités économiques s'est déplacé vers le nord, en Lombardie, plus précisément dans la vallée du Pô.

La zone triangulaire formée par Milan, Turin et Gênes exporte des machines-outils, des appareils électroniques, des automobiles, des bateaux et quantité de produits spécialisés. L'agglomération de Milan, où vit 9 % de la population italienne, génère actuellement le tiers du revenu national brut. Comme l'indiquent les données de l'annexe A, l'Italie est un pays

L'UNE DES GRANDES VILLES D'EUROPE

Rome

Fondée il y a 3000 ans, Rome est peut-être la ville historique où les vestiges du passé sont le mieux intégrés à la vie moderne : la circulation intense contourne le Colisée, le Forum, le Panthéon et d'autres monuments faisant partie de l'héritage du plus grand empire européen.

Mille ans après sa fondation, la ville, alors la capitale d'un empire s'étendant de la Grande-Bretagne au golfe Persique et des rives de la mer Noire à l'Afrique du Nord, comptait presque un million d'habitants. En 1870, après des siècles de déclin, Rome est devenue la capitale de l'Italie unifiée. Sa population, qui n'était plus que de 200 000 habitants, est alors entrée dans un prodigieux cycle de croissance. Ainsi, en 1930, la population avait atteint 1 million; en 1960, elle était de 2 millions et actuellement elle frôle les 3 millions.

Rome est en fait une double capitale puisque la Cité du Vatican, siège de l'Église catholique romaine, forme une enclave à l'intérieur de la ville. La Cité constitue un État souverain, dont l'influence dans le monde surpasse de loin celle de l'Italie.

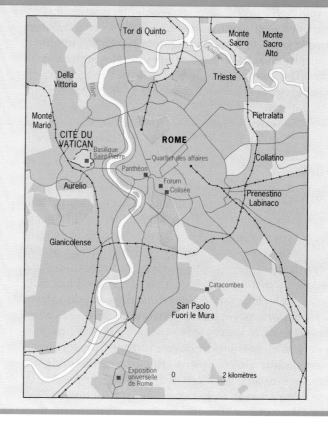

Le quartier de la Défense à Paris n'est qu'un exemple des importants centres d'affaires qui se sont développés à l'extérieur du centre-ville des métropoles européennes. On aperçoit sur la photo l'un des centres industriels de pointe les plus avancés d'Europe. Il est situé dans une banlieue de Milan, en bordure de la *Tangenziale* (périphérique), près de l'échangeur assurant la communication avec l'*autostrada* (autoroute) qui mène à Gênes.

prospère : le PNB par habitant est de loin le plus élevé de l'Europe méditerranéenne et il est égal à celui de plusieurs États du cœur de l'Europe.

La réussite économique de l'Italie est d'autant plus remarquable que le *Mezzogiorno* périclite. En effet, le Nord, très industrialisé et dominé par l'entreprise privée, contraste de plus en plus avec le Sud, agricole et stagnant, où les entreprises d'État abondent. La nécessité de venir en aide au *Mezzogiorno*, très pauvre, entraîne des coûts énormes tant du point de vue financier que social. En effet, les contribuables du Nord considèrent cette zone misérable comme un gouffre sans fond où vont s'abîmer leurs impôts. Et comme si cela ne suffisait pas, le débat politique se polarise sur la réaction des extrémistes du Nord (en majorité des Lombards) qui prétendent que les Nord-Africains sont en train d'envahir le sud de l'Italie.

Après un siècle d'administration caractérisée par l'incompétence et la corruption, l'Italie aurait grandement besoin d'un gouvernement stable et efficace. Depuis 50 ans, au moins une cinquantaine de gouvernements se sont succédé, démissionnant les uns après les autres. Cet état de fait a fortement accru la dette nationale et affaibli la lire, d'où l'incapacité récurrente du pays à satisfaire aux exigences économiques et sociales de l'Union européenne.

L'Espagne

La péninsule Ibérique occupe la pointe occidentale de l'Europe méditerranéenne. Elle est séparée de la France et de l'Europe de l'Ouest par les Pyrénées — une chaîne montagneuse très accidentée — et de l'Afrique du Nord par le détroit de Gibraltar, très res-

Figure 1.15 Régions de l'Italie.

Pour avoir une vue d'ensemble de Málaga, il faut monter sur les remparts de la forteresse construite par les Maures qui s'étaient emparés de la ville en 711. Le tourisme et la villégiature ont modelé le littoral de l'agglomération par ailleurs industrielle, qui est devenue le principal centre de la Costa del Sol. Selon les résidants, l'arène sert plus souvent à la présentation de concerts de rock que de corridas. De toute façon, on dit que ce sont les touristes et non les habitants de la ville qui encouragent la tenue de ces spectacles sanglants. Les gratte-ciel du bord de mer accueillent les visiteurs en mal de soleil et les villégiateurs saisonniers, mais la vocation touristique de cette partie du littoral pourrait être compromise par des difficultés d'approvisionnement en eau potable.

serré (fig. 1.14). L'Espagne occupe la quasi-totalité de ce petit territoire.

L'Espagne est divisée en 17 *communautés autonomes* (fig. 1.16), dotées chacune d'un parlement et d'un gouvernement régional ayant pleins pouvoirs en matière de planification intrarégionale, de travaux publics, de culture, d'éducation, de politique environnementale, et disposant de pouvoirs limités en ce qui a trait au commerce international. Chaque communauté a de plus le droit de négocier son propre degré d'autonomie, comme l'a fait la communauté des Provinces basques, qui abrite une minorité ethnique dont le nationalisme passionné représente depuis des décennies une force de dislocation.

La Catalogne, dont la capitale Barcelone est très florissante, constitue la principale zone industrielle de l'Espagne. Sa puissance économique lui confère un pouvoir politique important. Néanmoins, en Catalogne comme dans les Provinces basques, la question du séparatisme est fréquemment à l'ordre du jour.

Madrid, la capitale de l'Espagne, est pratiquement située au centre du pays. Comme Rome, elle se trouve sur la ligne de démarcation entre deux zones économiquement disparates. De nombreux facteurs freinent le développement du Sud, notamment la sécheresse, une réforme agraire inadéquate, le manque de ressources et l'éloignement du Nord-Est en pleine croissance. Alors que l'Union européenne cherche à réduire les disparités entre les États membres, ces derniers, et l'Espagne ne fait pas exception, doivent tâcher de pallier les divisions internes que ne peut qu'engendrer la concentration de la croissance économique dans des zones particulières.

Le Portugal

La pointe sud-occidentale de la péninsule Ibérique est occupée par le Portugal (10 millions d'habitants), un État relativement pauvre qui a énormément bénéficié de son admission dans l'Union européenne. En effet, suivant la politique de rééquilibrage adoptée par l'UE, les pays les

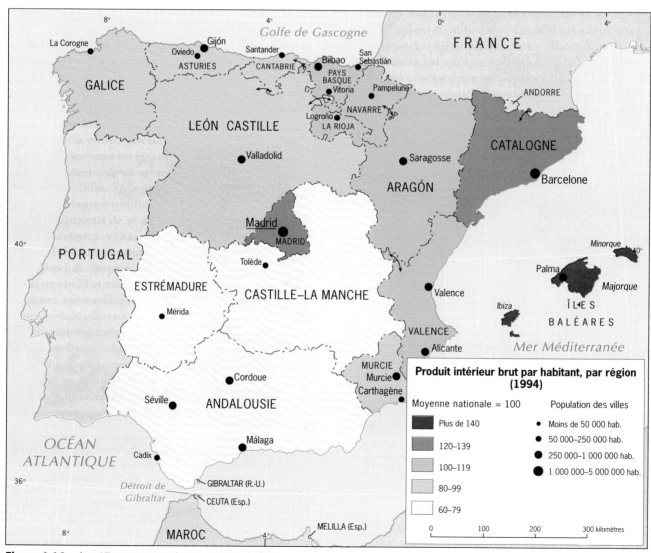

Figure 1.16 Les 17 communautés autonomes de l'Espagne.

plus riches doivent venir en aide aux moins nantis. C'est ainsi que Lisbonne, la capitale, a fait l'objet d'un gigantesque projet de rénovation, incluant la modernisation du système de transport terrestre et maritime.

En Espagne, des agglomérations importantes sont établies sur les plateaux de l'arrière-pays de même que dans les basses terres côtières. Au Portugal, au contraire, la population est concentrée sur le littoral atlantique et dans les environs. Lisbonne et Porto, la deuxième agglomération en importance, sont des villes côtières. Les meilleures terres arables se trouvent dans l'ouest et le nord du pays, là où le climat est plus humide. Cependant, les fermes portugaises étant petites et peu productives, le pays, largement rural, doit importer jusqu'à la moitié de sa consommation en produits agroalimentaires. Bien que le Portugal exporte des textiles, des vins, du liège et du poisson, son déficit ne cesse de s'accroître et son économie tire de l'arrière.

La Grèce

Les péninsules et les îles qui forment le territoire grec occupent l'extrémité orientale de l'Europe du Sud et de l'Union européenne. La Grèce a des frontières terrestres communes avec la Turquie, la Bulgarie, la Macédoine et l'Albanie, et, comme l'indique la figure 1.14, elle possède quelques îles tout près de la côte turque. Les archipels grecs totalisent 2000 îles dont la taille varie considérablement, depuis la Crète (8331 km²) jusqu'aux minuscules parcelles de terre des Cyclades.

La Grèce antique est l'un des berceaux de la civilisation occidentale. D'abord annexée par l'Empire romain en expansion, elle tomba sous l'emprise des Ottomans à partir du milieu du XVᵉ siècle et demeura sous leur coupe pendant près de 350 ans. Elle reconquit son indépendance en 1827, mais mit encore près d'un siècle à regagner ses frontières actuelles au prix d'une série de guerres balkaniques. Pendant la Seconde Guerre mondiale, la Grèce a connu l'occupation nazie et le pays a été dévasté. Durant l'après-guerre, les Grecs sont entrés en conflit avec les Turcs et les Albanais, puis, récemment, avec les Macédoniens qui venaient tout juste d'obtenir leur indépendance. Encore aujourd'hui, la Grèce est une zone instable du globe.

La Grèce moderne est une nation de plus de 10 millions d'habitants; le cœur du pays est Athènes, l'une des grandes villes européennes. Si on inclut le port du Pirée, le Grand Athènes abrite presque 40 % de la population grecque, ce qui en fait l'une des zones urbaines les plus congestionnées et les plus polluées d'Europe. Athènes est la quintessence des villes primatiales. La monumentale architecture de la Grèce antique domine encore le paysage culturel. L'Acropole et d'autres grands monuments attirent un flot constant de visiteurs; le tourisme est en fait l'une des principales sources de devises étrangères et Athènes ne donne qu'un avant-goût de ce que le pays a à offrir sur ce plan.

Comme celles des autres pays méditerranéens, les forêts de la Grèce ont été décimées par une exploitation séculaire. Cela a entraîné l'érosion des sols, et la superficie des terres arables est donc très faible. Encore largement agricole, la Grèce produit elle-même les denrées de base qu'elle consomme. Dans le secteur agroalimentaire, elle n'importe que des produits de l'élevage et vend sur les marchés de l'UE des fruits méditerranéens (raisins, olives, figues et agrumes). Son PNB par habitant est le plus bas de tous les pays de l'UE, à cause notamment de l'instabilité du gouvernement, souvent inefficace et incapable de mettre de l'ordre dans les finances publiques.

✦ L'Europe de l'Est

L'Europe de l'Est est la plus complexe, la plus perturbée et la moins stable des cinq régions de l'Europe. Son nom a été pendant des siècles (en fait, pendant des millénaires) synonyme de fragmentation, d'instabilité et de conflit. Sa topographie accidentée, ses grands fleuves, ses plaines isolées et ses vallées stratégiques ont été le théâtre de migrations tumultueuses, de batailles épiques et de la création puis du démembrement de plusieurs États et empires. Des Slaves, des Germains, des Turcs, des Hongrois, des Roumains et des Albanais, venus de toutes les directions, ont convergé vers cette région. Les disparités quant à l'ethnicité, à la religion, à l'alphabet et au mode de vie ont constamment provoqué des conflits.

L'Europe de l'Est a souvent été qualifiée de zone sismique parce que nul autre coin du monde n'est aussi vulnérable aux bouleversements politiques. Nombre d'expressions utilisées en géographie pour décrire le renversement de l'ordre établi ont leur origine dans cette région. **Balkanisation** est l'un de ces termes (voir l'encadré « Balkanisation »); *purification ethnique* en est un autre. Plus récent, ce dernier renvoie à l'expulsion d'une population entière par un groupe désireux de

---

BALKANISATION

« Les Balkans » et « la péninsule Balkanique » sont deux expressions qui désignent la partie sud de l'Europe de l'Est, c'est-à-dire la région triangulaire formée par la pointe méridionale de la Grèce continentale, l'extrémité septentrionale de la mer Adriatique et la pointe nord-occidentale de la mer Noire. Mais le nom « Balkan » désigne d'abord une chaîne de montagnes bulgare. On en a tiré le terme « balkanisation », qui évoque le fait que la région a souvent été le théâtre de conflits et d'éclatements. Tout bon dictionnaire donne une définition de ce mot. Voici celle du *Robert* : « Morcellement politique d'un pays, d'un empire. »

s'emparer de son territoire. L'expression a beau être nouvelle, elle n'en désigne pas moins un processus aussi ancien que l'Europe de l'Est elle-même.

Après la Seconde Guerre mondiale, l'Union soviétique étendit sa domination sur la quasi-totalité de l'Europe de l'Est par l'intermédiaire des partis communistes qui, durant l'après-guerre, gouvernaient la Pologne, l'Allemagne de l'Est, la Tchécoslovaquie, la Hongrie, la Roumanie et la Bulgarie. Comme on peut le voir sur la figure 1.17, la chose ne s'est pas faite sans heurts. Les limites de la Pologne ont été dans l'ensemble déplacées vers l'ouest; la Prusse-Orientale, en bordure de la mer Baltique, a cessé d'exister et les Allemands ont été déportés. L'URSS annexa la pointe orientale de la Tchécoslovaquie et toute la partie nord-est de la Roumanie. Pourtant, selon les standards de l'Europe de l'Est, la situation dont fait état la carte de la figure 1.17 peut être considérée comme relativement stable.

Figure 1.17   L'ancienne Europe de l'Est (1919-1991).

L'effondrement de l'Union soviétique, au début des années 1990, a mis à l'épreuve cette précaire stabilité, et l'Europe de l'Est s'est effondrée. La guerre civile a éclaté en ex-Yougoslavie, et le pays s'est fragmenté en cinq. En 1993, la Tchécoslovaquie s'est scindée en deux. Mais la chute du régime communiste a eu d'autres conséquences, qui pourraient être encore plus déterminantes pour l'Europe de l'Est. La frontière orientale du continent européen s'est déplacée vers l'est : elle ne se confond plus avec les limites de la Pologne et de la Roumanie; elle suit maintenant celles de la Lettonie et de l'Ukraine. Ainsi, la nouvelle Europe de l'Est compte cinq États supplémentaires le long de sa frontière orientale : la Lettonie et la Lituanie au nord, l'Ukraine et la Moldavie au sud, et la Biélorussie au centre.

La structure géopolitique

L'Europe de l'Est s'étend de la mer Baltique au nord jusqu'à la mer Noire et à la mer Adriatique au sud, et depuis la frontière russe à l'est jusqu'à la frontière allemande à l'ouest. En regroupant par régions géographiques les 17 pays qui forment cette partie complexe de l'Europe, on s'en facilite la compréhension.

1. *Les pays de la mer Baltique.* Ce sont la Pologne, la Lituanie, la Lettonie et la Biélorussie, qui, bien que n'étant pas située sur la côte, a des frontières communes avec chacun des trois autres pays et est directement reliée à l'enclave russe de Kaliningrad.

2. *L'arrière-pays.* Il est formé des États qui occupaient le centre de l'ancienne Europe de l'Est : la République tchèque (l'État le plus occidental et le plus occidentalisé de la région), la Slovaquie et la Hongrie.

3. *Les pays de l'Adriatique.* Ce sont des pays complexes et changeants, issus, à l'exception de l'Albanie, du démembrement de l'ex-Yougoslavie. Ils comprennent la Slovénie, la Croatie, la Bosnie-Herzégovine, la Yougoslavie et la Macédoine.

4. *Les pays de la mer Noire.* Ce groupe comprend la Bulgarie et la Roumanie, qui faisaient partie de l'ancienne Europe de l'Est, de même que la Moldavie et l'Ukraine. On voit sur la carte de la figure 1.18 que la Moldavie, presque enfermée dans les terres, a cependant des frontières communes avec deux pays situés sur la côte de la mer Noire.

Les pays de la mer Baltique

La Pologne

Située dans la plaine d'Europe du Nord, la Pologne a longtemps été un pays essentiellement agricole. L'industrialisation fut le fait des planificateurs communistes de l'après-guerre qui organisèrent l'exploitation massive des riches gisements de charbon et de minerais du sud et polluèrent du même coup l'air, les eaux de sur-

Les vieilles pierres du port de Gdynia et de l'ancienne cité hanséatique de Gdansk, tout près, témoignent des périodes de turbulence et de prospérité qui ont marqué ces villes. En effet, la plupart des bâtiments anciens ont survécu à la Seconde Guerre mondiale, et de nombreux travaux de restauration sont maintenant en cours dans ces villes jumelles. Théâtre de la rébellion dirigée par le mouvement syndical *Solidarnosc* (Solidarité) contre le régime communiste polonais, Gdansk, comme le reste du pays d'ailleurs, traverse aujourd'hui une difficile période de transition vers un nouvel ordre économique et social.

face et la nappe phréatique. Les meilleures terres agricoles de la Pologne se trouvent aussi dans le sud. On y fait une culture intensive, et le principal produit est le blé. Dans le centre de la Pologne, là où une mince couche de sols pauvres s'est formée sur des dépôts glaciaires, la culture du seigle et de la pomme de terre prévaut. Au nord, les sols de la façade baltique sont trop pauvres pour être cultivables; on n'y trouve que landes et pâturages.

KALININGRAD : UN COIN DE RUSSIE SUR LA BALTIQUE

Kaliningrad, dont l'immense port naval forme une **enclave** russe ouverte sur la Baltique (fig. 1.18), est enserrée entre la Lituanie et la Pologne. Les Soviétiques ont arraché cette place forte aux Allemands en 1945, et la ville compte aujourd'hui près de 1 million d'habitants, dont 90 % sont russes. Ceux-ci vivent actuellement dans l'incertitude. En effet, même si les nouveaux maîtres se sont attachés à annihiler l'héritage allemand vieux de sept siècles, ce dernier reste perceptible et la rumeur court que les Russes pourraient vendre la ville à l'Allemagne. Néanmoins, à la fin des années 1990, Kaliningrad était redevenue une base militaire, rôle crucial pour un pays, qui, comme la Russie, possède peu de ports en eau chaude.

Sise au cœur d'une zone agricole très productive, Varsovie, capitale de la Pologne et ville primatiale, s'étend sur la rive de la Vistule, non loin du point où le fleuve commence à être navigable. Également noyau initial du pays et principal foyer de la culture polonaise, la capitale est le nœud d'un réseau de voies de communication qui irradient dans tout le pays (fig. 1.18).

Le projet qu'entretiennent les 40 millions de Polonais de faire de leur pays un État démocratique et économiquement viable a de bonnes chances d'aboutir. En effet, la Pologne a l'avantage d'être déjà un État-nation qui

ne compte que quelques minorités peu nombreuses. De plus, elle est majoritairement catholique et unilingue.

La Lituanie

En 1940, l'Union soviétique a annexé la Lituanie. Dès lors, la nouvelle république dut se tourner vers Moscou et oublier les relations et les échanges qu'elle aurait pu établir avec les pays au-delà de la mer Baltique. Vilnius, la capitale, est donc située dans l'arrière-pays, près de la frontière avec la Biélorussie, et non sur la côte. En 1991, quelques mois avant la désagrégation de l'URSS, Moscou a reconnu l'indépendance auto-

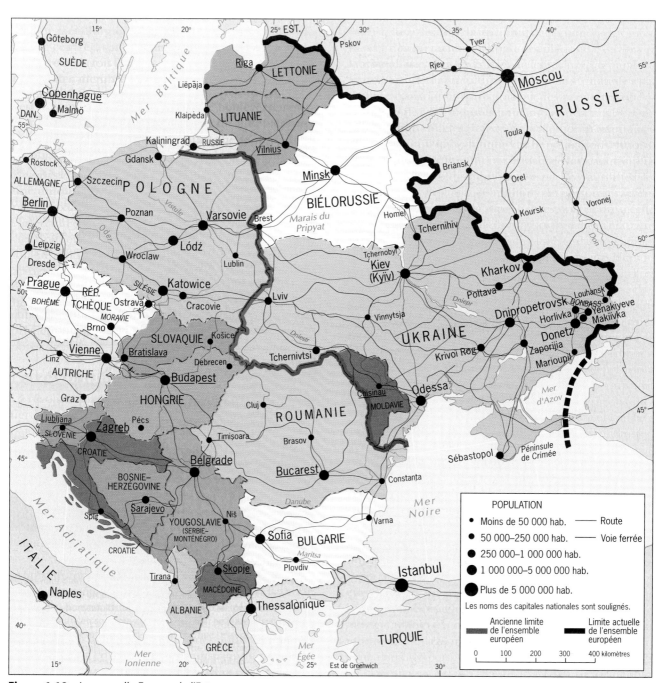

Figure 1.18 La nouvelle Europe de l'Est.

proclamée de la Lituanie. Après avoir refusé à la Russie un accès militaire sans restriction à Kaliningrad, la Lituanie a tenté d'assurer sa sécurité en devenant membre associé de l'Union de l'Europe occidentale et en demandant son adhésion à l'OTAN.

La Lettonie

La Lettonie compte 2,5 millions d'habitants, dont environ un tiers de Russes. Comme la Lituanie, la Lettonie a perdu son indépendance en 1940 et l'a recouvrée en 1991, mais la ressemblance s'arrête là. En effet, vu l'absence d'entente concernant le sort des 900 000 Russes vivant sur son territoire, ses relations avec Moscou sont tendues, d'autant plus que le pays dépend de l'ex-Union soviétique pour son approvisionnement en matières premières et l'écoulement de ses produits.

La Biélorussie

Durant la période soviétique, la Biélorussie était la meilleure alliée de la Russie, avec laquelle elle entretient encore des relations étroites. Sa capitale Minsk, également la plus grande ville, occupe le centre du pays. Sa population de 10 millions d'habitants comprend 80 % de Biélorusses (ou Russes blancs). La réserve de matières premières du pays se compose de tourbe (employée comme combustible), de sel et de potasse (utilisée comme fertilisant), et les sols sont pauvres. Néanmoins, Minsk est une grande ville industrielle où l'on produit des machines agricoles, des camions et des machines-outils.

La position relative de la Biélorussie, entre le cœur de la Russie et le reste de l'Europe orientale, l'assure d'un bon approvisionnement en hydrocarbures, car d'importants oléoducs traversent son territoire. À la fin des années 1990, la Biélorussie poursuit une politique de rapprochement avec la Russie et il n'est pas impossible qu'elle devienne la première république indépendante à revenir dans le giron de Moscou.

L'arrière-pays

La République tchèque et la Slovaquie (qui formaient la Tchécoslovaquie) sont, avec la Hongrie, des États clés de l'Europe de l'Est en mutation.

La République tchèque

La République tchèque est non seulement le pays le plus occidental de l'Europe de l'Est mais aussi le plus occidentalisé. C'est en Bohême, dans une zone de plateaux entourés de montagnes, que se trouve Prague, à la fois capitale et important centre industriel. Cette partie du pays a toujours été cosmopolite et occidentale tant par son type de relations que par son modèle de développement. C'est la zone la plus productive et la plus prospère du pays.

La Moravie, autre composante de la République tchèque, occupe la partie orientale du pays. Son développement de type communiste en a fait une zone où les industries lourdes occupent une place importante : elle produit de l'acier et d'autres métaux, de même que des produits chimiques. Plusieurs de ces industries peu productives, subventionnées par l'État, sont maintenant désuètes et non concurrentielles, ce qui cause d'énormes difficultés au gouvernement démocratique de la nouvelle République. Malgré le problème morave et sa situation à l'intérieur des terres, la République tchèque pourrait bien être le premier pays d'Europe de l'Est à adhérer à l'Union européenne.

La Slovaquie

La Slovaquie, située à l'est de la République tchèque, a une population de 5,4 millions d'habitants, dont 86 % sont slovaques. À la suite des élections législatives de 1992, la conscience ethnique et le nationalisme des Slovaques se sont réveillés, et la Slovaquie a proclamé sa souveraineté et consacré ainsi la partition de la Tchécoslovaquie. Bratislava, située sur le Danube à quelque 80 km en aval de Vienne, fut choisie comme capitale.

Après la séparation, des problèmes de taille sont apparus. Contrairement à la République tchèque, la Slovaquie est un État multiethnique. Or, en légiférant en 1995 pour restreindre de façon significative l'usage du hongrois, les autorités se sont mis à dos les 11 % de Hongrois qui peuplent le sud du pays.

La Slovaquie a toujours été moins développée et plus rurale que la République tchèque. Actuellement, la détérioration des relations entre les deux pays, le désordre caractérisant l'économie slovaque, les tensions ethniques et un style de gouvernement autocratique ont de quoi inquiéter.

La Hongrie

Le grand fleuve d'Europe de l'Est, le Danube, traverse plusieurs pays de la région, mais il divise plus qu'il ne rapproche. Pourtant, il y a plus de 1000 ans, le Danube et le bassin du Danube moyen avaient contribué à unir les Hongrois (ou Magyars), ces gens venus d'une lointaine région d'Asie et dépourvus de racines slaves ou germaniques. Aujourd'hui, la Hongrie est un État-nation comptant environ 10 millions d'habitants, mais la Roumanie, la Slovaquie, la Slovénie, la Croatie et la Yougoslavie ont également des minorités hongroises, qui témoignent d'un passé où le pouvoir de la Hongrie s'exerçait sur une plus grande partie de l'Europe de l'Est (fig. 1.19).

Budapest, la capitale de la Hongrie, est une ville primatiale dont la taille est presque 10 fois celle de la deuxième ville hongroise en importance. Voilà qui en dit long sur la ruralité du pays, dont le taux d'urbanisation n'atteint pas encore 65 % à la fin des années 1990. En dépit des bouleversements qu'elle a connus au XXe siècle, la Hongrie est demeurée autosuffisante sur le plan agroalimentaire; c'est en fait le seul pays d'Europe de l'Est dont la balance commerciale est positive

Figure 1.19 La mosaïque ethnique de l'Europe de l'Est.

dans ce secteur. En se stabilisant, l'économie permettra enfin à l'agriculture d'occuper la place importante qui lui revient dans l'économie nationale.

Compte tenu de l'abondance de la main-d'œuvre instruite et compétente, il semble que l'avenir de la Hongrie repose sur les petites entreprises privées qui se spécialisent dans la fabrication d'équipements de précision et ne consomment pas de grandes quantités de matières premières.

Les pays de l'Adriatique

L'ancienne Europe de l'Est ne comprenait que deux pays en bordure de la mer Adriatique : la Yougoslavie

socialiste et l'Albanie (fig. 1.17). L'Albanie existe toujours, mais la Yougoslavie s'est morcelée en cinq États, dont l'un pourrait bien ne pas survivre à la purge qui a cours présentement.

L'ex-Yougoslavie

Le démembrement de l'ex-Yougoslavie est la grande tragédie européenne de la seconde moitié du XXᵉ siècle. Longtemps latentes et contenues, les forces de dislocation ont finalement eu raison de l'État multinational et multiculturel qui avait survécu à sept décennies d'agitation et de guerres. L'ex-Yougoslavie (ou « pays des Slaves du Sud ») occupait le territoire borné par la mer Adriatique à l'ouest, la Roumanie à l'est, l'Autriche et la Hongrie au nord, et la Grèce au sud. Créé après la Première Guerre mondiale, ce pays regroupait 7 principales communautés ethniques et culturelles, et 17 communautés moins importantes (fig. 1.19). Le Nord, habité majoritairement par des Slovènes et des Croates, était de religion catholique romaine, alors que le Sud comptait une majorité de Serbes orthodoxes. Quelques millions de musulmans vivaient dans des enclaves des secteurs chrétiens. Deux alphabets étaient en usage dans le pays.

C'est d'abord le roi de Serbie, puis une dictature communiste ayant à sa tête le maréchal Tito, un héros de guerre, qui ont assuré l'intégrité de l'ex-Yougoslavie. Mais celle-ci n'a pas résisté à l'effondrement du régime communiste en Europe de l'Est et en Union soviétique. Ironiquement, ce sont les planificateurs de la société communiste qui ont involontairement jeté les bases du désastre en subdivisant le pays en six « républiques » nationales, comptant chacune (sauf la Bosnie) un groupe ethnique dominant. Les droits des minorités qu'abritaient inévitablement toutes ces « républiques » furent garantis par l'État autocratique.

Après la chute du régime communiste, chacune des « républiques » proclama son indépendance, ou plutôt la *majorité* de chaque entité le fit. Ce qui restait de l'appareil étatique, encore dominé par les Serbes, tenta d'empêcher la désagrégation, mais ces efforts se révélèrent vite inutiles et de nouveaux États furent créés : la Slovénie, la Croatie, la Bosnie-Herzégovine, la Macédoine et la Yougoslavie, cette dernière étant le résultat d'une soustraction. Les minorités de ces nouveaux pays manifestèrent cependant leur désaccord et, en Croatie et en Bosnie-Herzégovine, elles se révoltèrent contre ceux qui avaient proclamé l'indépendance. Il s'ensuivit un conflit dévastateur, au moment même où un gigantesque projet d'unification de l'Europe était en marche. L'Europe, qui avait précipité le monde dans la guerre à deux reprises au cours du XXᵉ siècle et juré que « plus jamais » un génocide ne viendrait assombrir son ciel, échoua à ce premier test. Les membres de l'UE, l'Allemagne en tête, reconnurent rapidement les États issus du démembrement de l'ex-Yougoslavie. Ignorant les appels des minorités alarmées, les puissances européennes se contentèrent de jouer les observateurs alors qu'au moins 250 000 personnes étaient tuées, qu'environ un million d'autres étaient blessées, que la purification ethnique et les exécutions sommaires vidaient des régions entières, que les réfugiés affluaient dans les pays voisins et que des trésors historiques étaient saccagés. Pendant ce temps, à Maastricht et à Bruxelles, on sablait le champagne pour célébrer les progrès de l'Union européenne.

À la fin de 1996, la carte de l'ex-Yougoslavie (fig. 1.18), en mutation constante, était formée de cinq entités : la Slovénie, la Croatie, la Bosnie-Herzégovine, la Yougoslavie et la Macédoine.

La Slovénie La Slovénie a été la première des « républiques » communistes à se séparer et à proclamer son indépendance. C'était aussi la plus homogène sur le plan ethnique, mais elle était de faible étendue et sa population (2 millions d'habitants) ne représentait que 8 % des 23 millions de citoyens de l'ex-Yougoslavie. La Slovénie, plus occidentalisée que les autres États et située dans les Alpes, fournissait jusqu'à 20 % du PNB de l'ex-Yougoslavie, grâce notamment à ses industries métallurgique, électronique et automobile. C'est un État-nation bien délimité ayant sa propre langue, son propre paysage culturel, sa ville primatiale (la capitale Ljubljana) et son propre climat social.

La Croatie La création de cet État en forme de croissant, qui s'étire le long de la frontière hongroise et de la mer Adriatique, ne donne pas une idée très juste de la répartition des Croates dans l'ex-Yougoslavie. Aux 4 millions de Croates de la « république » de Croatie s'ajoutaient les 800 000 de la « république » adjacente de Bosnie (fig. 1.19). La présence d'une importante minorité serbe en Croatie a inévitablement mené au conflit lorsque cette dernière, à l'exemple de la Slovénie, a proclamé son indépendance en 1991. L'Allemagne a rapidement reconnu le nouvel État, qui avait été un allié des Nazis et avait livré bataille à la Serbie antinazie durant la Seconde Guerre mondiale. Grâce à son industrialisation durant la période communiste et à son autosuffisance alimentaire, la Croatie était, après la Slovénie, la plus prospère des « républiques » de l'ex-Yougoslavie, mais son économie a été grandement touchée par la guerre civile et la réduction de ses relations commerciales.

La Bosnie-Herzégovine Située au centre de l'Europe de l'Est et pratiquement enfermée dans les terres, la Bosnie-Herzégovine est une véritable bombe avec ses 3,5 millions d'habitants, dont 49 % sont de foi musulmane, 31 % sont serbes et 17 %, croates. Ancienne ville fortifiée en grande partie détruite pendant la guerre, Sarajevo, la capitale, est un lieu saint tant pour les musulmans que pour les Serbes orthodoxes. Cette Jérusalem de la Bosnie-Herzégovine est située à la limite orientale d'une pointe de terre où les musulmans sont encore en majorité. Ces derniers s'allièrent aux Croates pour combattre les Serbes qui, pendant un temps, avaient réussi à s'emparer de 70 % de la Bosnie, où ils avaient pratiqué une cruelle purification ethnique. C'est le gouvernement à majorité musulmane qui, en déclarant l'indépendance en 1992, avait déclenché la rébellion des Serbes de Bosnie-Herzégovine, auxquels l'État majoritairement serbe situé immédiatement à l'est (la nouvelle Yougoslavie) est venu prêter main-forte. On estime que 250 000 personnes ont perdu la vie durant la guerre civile qui a suivi et détruit une grande partie des infrastructures et du patrimoine culturel de la Bosnie-Herzégovine. Il a fallu attendre 1995 pour qu'un accord, conclu sous la pression des États-Unis et signé à Dayton en Ohio, aboutisse à un fragile cessez-le-feu, sous la surveillance des Nations Unies. Évidemment, les vieilles rancœurs, récemment avivées, ne sont pas disparues pour autant. Dévastée, la Bosnie-Herzégovine est entièrement dépendante de l'importation de denrées alimentaires et d'équipement : son économie (y compris l'industrie de l'armement développée durant la période communiste) est moribonde.

La Yougoslavie La Yougoslavie (c'est le nom que les Serbes ont donné à leur territoire) est le plus étendu et le plus peuplé (11 millions d'habitants) des États issus du démantèlement de la Yougoslavie communiste. Elle est formée de deux républiques fédérées, la Serbie et le Monténégro (un territoire côtier habité par environ 700 000 Monténégrins, alliés des Serbes). La Serbie comprend deux provinces autonomes : la Voïvodine au nord, qui abrite une importante minorité hongroise, et le Kosovo au sud, majoritairement albanais-musulman mais dirigé par un gouvernement serbe autoritaire (fig. 1.17). C'est le désir des 9 millions de Serbes de vivre dans un même État qui les a amenés à déclarer la guerre aux Slovènes, aux Croates et aux Bosniaques musulmans. Les sanctions internationales imposées au régime établi dans la capitale, Belgrade, ont permis de tempérer les ambitions des Serbes sans pour autant mettre fin au conflit. La Yougoslavie communiste produisait une grande diversité de denrées agricoles et son industrie s'était développée suivant le modèle soviétique (industries lourdes). L'économie yougoslave a été considérablement affaiblie par la guerre, les sanctions internationales et la disparition du système d'interdépendance économique des anciennes « républiques » communistes.

La Macédoine En proclamant son indépendance en 1991, la Macédoine s'est attiré les représailles de la Grèce pour avoir choisi ce toponyme. En effet, pour les Grecs, « Macédoine » est le nom d'une région de leur pays qu'aucune entité non grecque n'a le droit de s'attribuer. Le port grec de Thessalonique, à proximité de la Macédoine, a donc été fermé aux Macédoniens, ce qui a porté un dur coup à l'économie déjà chancelante de la plus pauvre des « républiques » de la Yougoslavie communiste. Quand ce différend prit fin au milieu de 1995, l'économie de la Macédoine avait été réduite à une économie de subsistance. Les Nations Unies ont dépêché des troupes à Skopje, la capitale, pour éviter que les conflits qui enflammaient le Nord ne se propagent à la Macédoine. Mais les plus grandes difficultés auxquelles ce pays devra faire face viendront probablement de l'intérieur. En effet, sa population de 2,2 millions d'habitants est à 65 % macédonienne et à 21 % albanaise (fig. 1.19), bon nombre d'Albanais étant de foi musulmane. Ici comme ailleurs, une économie déclinante baignant dans les disparités ethniques et culturelles forme un composé explosif.

L'Albanie

Le démantèlement de l'ex-Yougoslavie a attiré l'attention mondiale à cause de la gravité du conflit qu'il a provoqué. Cependant, il y a sur les rives de l'Adriatique un autre pays où tout pourrait s'enflammer. Anachronique même selon les standards de l'Europe de l'Est, l'Albanie, dernier vestige européen de l'Empire ottoman, abritait une population majoritairement musulmane (70 %) au moment de sa proclamation d'indépendance. Seul pays européen ayant adhéré à l'idéologie communiste chinoise après la Seconde Guerre mondiale, l'Albanie a continué de se conformer aux dogmes communistes et maintenu ses frontières fermées, longtemps après que les autres « républiques » communistes eurent ouvert les leurs et modifié le cours de leur évolution.

Aujourd'hui, les indicateurs sont clairs : l'Albanie est au dernier rang des pays européens pour la qualité de vie. La majorité de ses 3,6 millions d'habitants (le taux de natalité de l'Albanie est de loin le plus élevé du continent) vit de l'élevage et de l'agriculture, alors que le septième seulement du territoire se prête à ce type d'activités, le pays étant montagneux et sujet aux séismes. Cependant, ce n'est peut-être pas sur le plan économique qu'il faut considérer l'Albanie. En examinant la carte de la figure 1.19, on comprend pourquoi cet État pourrait faire les manchettes : il y a presque autant d'Albanais en Yougoslavie et en Macédoine qu'il y en a en Albanie (la Grèce a décidé de fermer sa frontière aux Albanais lorsque le nombre d'émigrants est monté en flèche). Ceux qui forment une minorité dans les États voisins étant restés attachés à la mère patrie, tout conflit les opposant aux Serbes ou aux Macédoniens entraînerait inévitablement l'Albanie dans la guerre. En 1996, la capitale, Tirana, était encore une relique presque intacte de l'Europe de l'Est d'une autre époque. Cependant, comme l'a prouvé l'effondrement de l'ex-Yougoslavie, les revirements sont parfois brusques et soudains dans cette sous-région instable.

Les pays de la mer Noire

La mer Noire est entourée à l'ouest et au nord par quatre pays d'Europe de l'Est, à savoir la Bulgarie, la Roumanie, la Moldavie et l'Ukraine (fig. 1.18). Tous, sauf la Moldavie, ont une zone littorale donnant sur la mer Noire, mais aucune de leurs capitales respectives ou de leurs grandes villes n'est située sur la côte. Cette orientation vers l'intérieur est caractéristique de la sous-région dans son ensemble.

La Bulgarie

Située dans la partie sud de l'Europe de l'Est, la Bulgarie présente un relief montagneux sauf dans la plaine du Danube, qui se prolonge au nord jusqu'en Roumanie. S'étendant d'est en ouest, la chaîne des Balkans forme l'ossature montagneuse du pays.

Comme les autres pays balkaniques, la Bulgarie a sa minorité turque. Depuis 1974, les autorités bulgares s'acharnent contre cette ethnie qui forme 9 % de la population. Ainsi, leur politique d'assimilation, notamment, a déclenché des grèves de la faim et des échauffourées qui ont entraîné la mort de nombreux Turcs. Lorsque la frontière entre la Bulgarie et la Turquie a été rouverte en 1989, plus de 300 000 Turcs ont quitté le pays.

Jusqu'au milieu du siècle, plus des trois quarts de la population bulgare s'adonnait à l'agriculture. Puis, avec la domination soviétique, la planification centralisée, l'industrialisation rapide conforme au modèle communiste et la collectivisation de l'agriculture ont transformé l'économie. La Bulgarie a connu d'énormes difficultés durant la période postcommuniste, notamment parce que ses industries vétustes n'étaient pas productives et que la réforme économique s'est fait attendre.

Postée à proximité de l'entrée de la mer Noire, bornée au nord par le Danube, sise au carrefour des principales voies terrestres reliant l'Europe à l'Asie du Sud-Est, la Bulgarie occupe une position stratégique (fig. 1.19). Sa capitale Sofia, retranchée à l'abri des montagnes, s'étend en bordure de la voie ferrée reliant Vienne, Belgrade et Istanbul. Cette position relative de la Bulgarie pourrait bien constituer un de ses principaux atouts dans l'avenir.

La Roumanie

Comme son nom le suggère, la Roumanie fut jadis une province romaine. D'ailleurs, le roumain appartient au groupe roman (langues issues du latin populaire) des langues indo-européennes. Sur le plan linguistique, la Roumanie forme donc une enclave romane en territoire slave (fig. 1.4).

Ce pays, dont la population est plus que le double de celle de la Bulgarie, dispose également d'une plus grande réserve de matières premières et est mieux relié au reste du monde. Pourtant, sa situation économique et sociale est loin d'être reluisante. Le pays a en effet peine à se relever des excès du totalitarisme communiste. Pendant des années maintenue sous la coupe de Nicolae Ceausescu, un dictateur sanglant, la Roumanie a vu ses richesses nationales dilapidées, une large part de son patrimoine architectural anéantie et son tissu social détruit.

L'économie roumaine est moribonde et la situation sociale est dramatique. Durant la période communiste, une grande partie des paysages urbains et ruraux traditionnels ont été rasés pour faire place à des édifices publics massifs et à des immeubles résidentiels en rangée, sans caractère. Reconnue autrefois comme l'une des sociétés les plus civilisées, la Roumanie, dont la capitale Bucarest était comparée à Paris, est aujourd'hui le plus malade des États balkaniques.

La Moldavie

Reculée dans les terres, derrière le port ukrainien d'Odessa, la Moldavie a été enlevée à la Roumanie par les Soviétiques en 1940 et a proclamé son indépendance en 1991. Sa population est majoritairement de langue roumaine.

Aujourd'hui, c'est la géographie politique qui retient l'attention en Moldavie. En effet, les Moldaves ont voté très majoritairement contre le rattachement à la Roumanie, mais les minorités ukrainienne (14 %) et russe (13 %), concentrées dans l'extrémité orientale du pays, songent à la séparation. En 1996, la situation du pays demeurait l'un des dilemmes géopolitiques non résolus susceptibles de déstabiliser une partie de l'Europe de l'Est.

L'Ukraine

Avec ses 52 millions d'habitants, l'Ukraine est le pays le plus peuplé d'Europe de l'Est, et le plus vaste du continent européen. Sa capitale, Kiev, est un centre historique, politique et culturel important. Traditionnellement agricole et reconnue pour la fertilité de ses sols, l'Ukraine avait, à la fin de la période soviétique, un secteur industriel extrêmement développé et une économie diversifiée. La minorité russe représente 22 % de la population ukrainienne.

À la fin de 1991, les Russes d'Ukraine furent du jour au lendemain considérés comme des étrangers. Un courant autonomiste, qui avait pris naissance dans la péninsule de Crimée, se mit à faire des adeptes dans les zones urbaines industrialisées de l'est de l'Ukraine,

Lorsque l'ancien président Gorbatchev lança la *glasnost* (ou politique de transparence), on se rendit vite compte à quel point l'environnement s'était dégradé en Union soviétique. La nappe phréatique, les eaux de ruissellement, les mers, les sols et l'air avaient gravement souffert de la pollution tant chimique que nucléaire. La photo ci-dessus, montrant un vieux quartier résidentiel de la ville de Donetsk en Ukraine, illustre bien ce qui s'est produit en ex-URSS : des montagnes de scories dominent les maisons de cette banlieue autrefois verdoyante, et des cheminées crachent des polluants qui rendent l'air âcre et noircissent le ciel.

russifié. Moscou laissa entendre qu'une « révision » des frontières pourrait s'imposer. C'est qu'en réalité il y a deux Ukraine, et la chose est évidente si on divise le pays en deux le long du Dniepr (fig. 1.18). À l'ouest de ce fleuve largement endigué s'étend l'Ukraine agricole, rurale et catholique; à l'est s'est développée l'Ukraine industrielle, urbaine et russe orthodoxe. Les voies de communication entre l'Ouest et la Russie sont peu développées et indirectes; les voies de communication entre l'Est et la Russie sont nombreuses et achalandées.

Cette division résulte de l'exploitation des riches gisements houillers de qualité supérieure du bassin du Donetz (ou Donbass), situés à moins de 320 km de Krivoï Rog. En priorisant le développement industriel de cette zone, les planificateurs soviétiques favorisèrent l'émergence d'un nombre de plus en plus grand de villes importantes, si bien que l'est de l'Ukraine a fini par ressembler à la Ruhr allemande.

Sous le régime communiste, le besoin chronique de la Russie en denrées stimula prodigieusement les exportations agroalimentaires de l'Ukraine, de sorte que l'ouverture sur la mer Noire perdit de son importance. Désormais, l'Ukraine allait entretenir des relations commerciales et autres avec l'intérieur soviétique et non avec le monde extérieur. Aujourd'hui, l'accès à la mer Noire est redevenu l'un des atouts géographiques majeurs du pays, car elle lui permet de communiquer avec l'Union européenne par voie terrestre ou maritime sans avoir à passer par la Russie.

L'Ukraine est aux prises avec un problème d'approvisionnement énergétique, comme l'a si terriblement rappelé en 1986 la catastrophe nucléaire de Tchernobyl, au nord de Kiev.

L'Europe compte 582 millions d'habitants répartis dans 38 pays. Elle a sur son sol plusieurs des économies les plus performantes du monde. Si elle était politiquement stable et économiquement intégrée, l'Europe du XXIᵉ siècle serait une superpuissance. Mais c'est bien de stabilité dont manque la géographie politique de cet ensemble. Les forces de dislocation y sont toujours présentes et les conflits ethniques continuent de le perturber. Quant à réaliser l'intégration économique, ce n'est pas chose faite. En effet, pas même la moitié des pays européens y participent jusqu'à maintenant, et le processus risque de durer, puisque l'Union européenne devra probablement rejeter les candidatures de nombreux États de l'Europe de l'Est. L'Europe a toujours été le lieu des changements révolutionnaires, et elle le demeure aujourd'hui.

QUESTIONS DE RÉVISION

1. Expliquez comment l'emplacement de l'Europe favorise des interrelations efficaces avec le reste du monde.

2. Nommez un pays européen ayant accédé à la domination politique et économique mondiale et expliquez le contexte historique de cette accession.

3. Où, en sol européen, trouve-t-on réunis les plus importants gisements de minerais, la plus grande concentration de main-d'œuvre et les meilleures ressources agricoles ? Pourquoi en est-il ainsi ?

4. Expliquez comment la spécialisation spatiale de l'Europe favorise les occasions d'échanges.

5. Comment peut-on expliquer qu'en Europe le niveau de développement économique aille en diminuant d'ouest en est ?

6. Quel effet les mouvements séparatistes nationaux ont-ils sur les États-nations d'Europe ?

7. Donnez au moins trois exemples de pays européens qui se démarquent de leur région par un niveau de vie particulièrement faible. Pourquoi en est-il ainsi ?

8. Expliquez comment les systèmes de transport et de communication facilitent l'interaction spatiale dans l'ensemble européen.

9. Décrivez les progrès réalisés par les pays européens sur la voie d'une meilleure intégration économique.

CHAPITRE 2

Votre étude de la géographie des grandes régions de la Russie terminée, vous pourrez :

1 Saisir l'essentiel de la complexe histoire russe et mettre en lumière le rôle des principaux intervenants.

2 Expliquer l'importance de l'ère communiste et montrer combien l'héritage de cette période pèse lourdement sur l'avenir immédiat de la Russie.

3 Décrire les structures politiques que le régime communiste dut mettre en place pour assurer le fonctionnement de la mosaïque géoculturelle que constituait l'Empire soviétique.

4 Apprécier l'ampleur de la réorganisation économique à laquelle la Russie doit s'attaquer depuis l'indépendance de l'Ukraine, du Kazakhstan et de douze autres de ses anciennes républiques.

5 Comprendre les problèmes politiques qui se posent sur les frontières internationales de la Russie, particulièrement en Orient.

6 Situer les quatre grandes régions de l'ensemble russe et décrire les caractéristiques et fonctions principales de chacune.

7 Comprendre les conflits territoriaux et ethniques qui ont cours présentement dans la zone de transition transcaucasienne.

8 Localiser sur une carte les principales caractéristiques physiques, culturelles et économiques de l'ensemble russe.

La Russie : une fédération en proie à la dissension

Le nom *Russie* évoque le passé géographique et culturel du pays : les terribles tsars, les conquérants cosaques, les évêques byzantins, les révolutionnaires véhéments, les cultures discordantes. La Russie a repoussé les hordes tatares, agrandi son territoire jusqu'à créer un vaste empire d'un seul tenant, défait Napoléon; plus tard, elle tomba aux mains des révolutionnaires puis, quand le régime communiste s'effondra, elle perdit la plus grande partie de son domaine impérial. Aujourd'hui, la Russie vit une période de transition qui la place dans une situation précaire, voire périlleuse.

Pays aux distances considérables et au froid mordant, la Russie se caractérise par des forêts impénétrables, des montagnes inhospitalières, des avant-postes isolés et des frontières éloignées. Avant la période communiste, la culture russe était dominée par un nationalisme vigoureux, la résistance au changement, le despotisme politique et une aristocratie richissime; les serfs étaient réduits à la misère. De grands écrivains ont d'ailleurs exprimé le désespoir des pauvres; des compositeurs renommés ont célébré l'indomptable peuple russe et, comme l'a fait Tchaïkovski dans son *Ouverture solennelle*, ont commémoré les victoires de leurs compatriotes sur les nations ennemies.

Sous le tsarisme, de nation qu'elle était, la Russie allait devenir un empire. Les tsars, avides de richesses, de terres et de pouvoir, envoyèrent leurs armées dans les plaines de

Sibérie, les déserts de l'intérieur de l'Asie et les montagnes aux confins de la Russie. Les explorateurs russes se rendirent plus loin encore : après avoir pénétré en Alaska, ils longèrent la côte ouest de l'Amérique du Nord et plantèrent le drapeau russe près de San Francisco. C'était en 1812, une année triomphale pour les Russes. Mais tandis que la Russie étendait son empire, les divisions internes minaient le pouvoir des tsars : les serfs se rebellaient et les soldats, privés de solde et mal nourris, se mutinaient. Aussi, lorsque les tsars tentèrent d'instituer des réformes, l'aristocratie s'y opposa. Au début du XXᵉ siècle, l'Empire était mûr pour la révolution de 1905.

En 1917, l'abdication du dernier tsar déchaîna une lutte pour le pouvoir, qui tomba aux mains des communistes, dirigés par Vladimir Ilitch Lénine. Très vite, ces derniers firent disparaître les nombreux symboles de la Russie traditionnelle. Le drapeau fut remplacé; le tsar et sa famille furent exécutés. La capitale séculaire de la Russie, Saint-Pétersbourg, fut renommée Petrograd et plus tard Leningrad, en l'honneur du chef révolutionnaire. Moscou, située à l'intérieur du pays, devint la capitale de la *Russie soviétique*. La création de l'*Union des républiques socialistes soviétiques* (URSS), qui devait éventuellement compter 15 entités politiques, fit de la Russie une république parmi d'autres, et son nom disparut de la carte du monde.

Toutefois, la Russie continua d'occuper le premier rang au sein de l'Union. Ce n'est pas sans raison qu'on a qualifié la révolution communiste de révolution *russe*. L'Empire soviétique résultait de l'expansionnisme des tsars, et les nouveaux dirigeants communistes étaient avant tout des Russes. Alors que se formait l'Union, des millions de Russes migrèrent aux confins de l'Empire, c'est-à-dire dans les anciennes colonies des tsars, devenues des républiques, ou dans des territoires conquis plus tard par l'Armée rouge. L'Union soviétique devenait bien un empire colonial russe. Parallèlement, les Britanniques, les Français, les Belges et les Portugais émigraient en grand nombre dans les colonies de leurs pays respectifs.

Mais à l'instar des autres grands empires coloniaux du monde, l'Union soviétique n'a pas survécu. En effet, la résurgence d'un passé longtemps occulté ayant éveillé le sentiment nationaliste et la conscience ethnique, les peuples non russes se sont soulevés contre Moscou. Les Lituaniens, les Ukrainiens, les Géorgiens et les autres peuples pris dans les filets de l'Empire soviétique entreprirent de se libérer du joug communiste. Même le nationalisme russe ressurgit, s'exprimant non pas contre les autres peuples de l'Empire, mais contre le régime communiste qui avait lié le sort des Russes à celui de ces peuples pendant près de 70 ans.

Comme l'avait fait le dernier tsar longtemps auparavant, le dernier président communiste, Mikhaïl Gorbatchev, tenta de maîtriser et de canaliser le courant de changement qui déferlait sur le pays. Et, comme son prédécesseur, il échoua, dépassé par les événements. (Cependant, contrairement au tsar Nicolas II, Gorbatchev a survécu et il a raconté dans ses écrits et au cours de conférences ce qui s'était produit.) Aujourd'hui, l'Empire soviétique n'est plus, et le drapeau national russe flotte de nouveau sur le Kremlin. Les préoccupations de la Russie ont changé elles aussi, la stabilité politique et la réorientation de l'économie ayant remplacé la guerre froide et la compétition entre superpuissances.

Les États de l'Empire soviétique éclaté tentent actuellement de prendre leurs distances par rapport à Moscou. Les six anciennes républiques socialistes soviétiques les plus à l'ouest (la Biélorussie à un degré moindre cependant) se tournent vers l'Europe dans l'espoir de jouer un nouveau rôle dans la communauté internationale. Les cinq anciennes républiques d'Asie centrale constituent maintenant une région géographique distincte : le **Turkestan**, où la renaissance de l'islamisme a entraîné le resserrement des liens avec le monde musulman. Les trois républiques situées sur le territoire compris entre la mer Noire et la mer Caspienne et borné, au nord, par la Russie et, au sud, par la Turquie et l'Iran constituent la zone de transition transcaucasienne. Ce territoire ne fait réellement partie ni de l'ensemble russe ni du royaume islamique au sud (fig. I.11).

Portrait de l'ensemble russe

La Russie est de loin le plus vaste pays du monde, même en excluant le territoire des 14 autres ex-républiques soviétiques. Elle s'étend sur 11 fuseaux horaires, depuis la mer de Béring, au large de l'Alaska, jusqu'au golfe de Finlande. Sa partie la plus septentrionale pénètre profondément dans l'Arctique et son point le plus méridional est à la même latitude que New York. Il n'est pas facile de se représenter l'étendue du territoire russe; sa superficie est plus de deux fois celle des États-Unis ou de la Chine, et près de deux fois celle du Canada.

La Russie est également un pays de grands espaces inhabités. Sa population de 145 millions d'habitants est bien inférieure à celle de la Chine, laquelle est de 1,3 milliard, et à celle de l'Inde, qui compte environ 960 millions d'habitants. Et encore aujourd'hui, cette population est fortement concentrée dans ce qu'on nomme parfois la « Russie d'Europe », c'est-à-dire dans la partie du territoire située à l'ouest de l'Oural, la chaîne montagneuse qui marque la limite ouest de la Sibérie (fig. 2.2). La désignation « Sibérie » (en russe *Sibir*, qui signifie « pays endormi ») convient bien à cette vaste région où l'on vit encore dans des agglomérations dispersées le long de quelques bandes de terres mal reliées. Si la Russie tsariste et l'Union soviétique ont eu quelque chose en commun, c'est bien la volonté de peupler l'est du territoire de manière à consolider la présence russe dans cette zone frontière éloignée. Avec le temps, des agglomérations ont effectivement formé un avant-poste oriental, les plus importantes jalonnant deux voies ferrées : l'une construite avant la révolution, par les tsars, et l'autre après, par les communistes. Novossibirsk, qui porte bien son nom, est l'une des nombreuses localités transouraliennes dont le toponyme commence par *novo*, qui signifie nouveau.

De tous les pays dont l'étendue et la population atteignent une certaine taille, c'est la Russie qui est le plus au nord; en outre, aucune barrière naturelle ne protège ce territoire des masses d'air froid qui descendent de l'Arctique. Moscou est située à une latitude plus élevée que Schefferville dans le nord du Québec, et Saint-Pétersbourg (Leningrad sous les communistes) est à la même latitude que la pointe méridionale du Groenland, soit à 60° N. En Russie, les hivers sont longs, les jours sont courts et le froid est intense; les étés sont brefs, de même que la saison de croissance des plantes. Et comme si cela ne suffisait pas, la quantité annuelle de précipitations est de modeste à très faible, car les masses d'air chaud et humide provenant de l'Atlantique Nord perdent une bonne partie de leur chaleur et de leur humidité pendant leur trajet au-dessus de l'Europe. (On qualifie de **continental** le climat caractéristique des régions enfermées dans les terres, qui subissent peu l'influence adoucissante des océans.) La sécheresse, la variation des précipitations et les températures extrêmes ont donc de tout temps rendu la vie difficile aux fermiers russes.

PRINCIPALES CARACTÉRISTIQUES GÉOGRAPHIQUES DE LA RUSSIE

1. La Russie est de loin le plus vaste État du monde : sa superficie est presque deux fois celle du Canada, qui arrive au deuxième rang.

2. De tous les pays ayant une superficie et une population importantes, c'est la Russie qui est située le plus au nord. Une bonne partie de son territoire se trouve dans des zones très froides ou très arides. Des chaînes de montagnes longues et fortement accidentées font obstacle aux courants d'air chaud en provenance de régions subtropicales, tandis que rien ne freine les masses d'air froid descendant de l'Arctique.

3. La Russie fut l'une des principales puissances coloniales du monde. À l'époque tsariste, les Russes fondèrent le plus grand empire d'un seul tenant qui ait jamais existé; les dirigeants soviétiques qui succédèrent aux tsars après la révolution poursuivirent l'expansion du territoire.

4. Avec ses 150 millions d'habitants, la Russie est relativement peu peuplée compte tenu de sa superficie. Cette population est par ailleurs fortement concentrée dans la partie du pays la plus à l'ouest, qui ne représente que le cinquième du territoire.

5. Seule la partie de la Russie située à l'ouest de l'Oural a connu un développement important. C'est là que se trouvent les principales villes, les plus grands centres industriels, les réseaux de transport les plus denses et les zones agricoles les plus productives. À l'est de l'Oural, l'intégration nationale et le développement économique sont essentiellement limités à un étroit corridor qui s'étend du sud de l'Oural à la région de Vladivostok, dans le sud de la Russie extrême-orientale.

6. La Russie est un État multiculturel dont la géographie politique intérieure est complexe. Ses 21 républiques, délimitées à l'origine selon des critères ethniques, sont devenues des entités géopolitiques.

7. Malgré sa vaste étendue, la Russie est désavantagée par sa situation à l'intérieur de l'Eurasie : elle ne dispose que d'un petit nombre de ports adéquats et bien localisés.

8. Des régions ayant fait partie de l'Empire tsariste puis de l'Empire soviétique se réorientent maintenant en fonction de l'ère postcommuniste. L'Asie du Sud-Ouest, largement musulmane, et l'Europe de l'Est empiètent chacune de son côté sur le territoire de la Russie impériale.

9. L'effondrement du régime communiste soviétique a plongé la Russie dans un marasme économique. Le fonctionnement de bon nombre des composantes de l'économie soviétique décrites dans le présent chapitre (zones agricoles, liaisons ferroviaires, réseaux de pipelines) a été gravement perturbé au cours de la période de transition qui devrait éventuellement aboutir à la création d'un nouvel ordre.

10. Depuis longtemps, la Russie est une source de matières premières, mais elle n'exporte pas de grandes quantités de produits manufacturés, sauf dans le domaine de l'armement. En effet, peu de biens de consommation de fabrication russe (automobiles, téléviseurs, appareils photo, etc.) se retrouvent sur les marchés mondiaux, et la situation était la même dans la Russie soviétique.

La position relative de la Russie explique partiellement les visées impérialistes des tsars : le pays n'a jamais disposé de port en eaux chaudes. Dans leur marche vers le sud, les soldats russes auraient peut-être atteint le golfe Persique ou même la mer Méditerranée si la révolution n'avait éclaté. Le tsar Pierre le Grand, rêvant d'une Russie qui entretiendrait des relations commerciales avec tous les États du monde, fit de Saint-Pétersbourg le principal port de l'Empire. Mais en réalité, la géographie historique de la Russie se caractérise par l'indifférence aux principaux courants de changement et de progrès, et par l'isolement volontaire. Il est donc peu probable que même une ribambelle de ports en eaux chaudes eût transformé la Russie en un pays commerçant, ouvert au monde. En fait, les visées des tsars étaient bien davantage de nature stratégique qu'économique.

« En déambulant dans les rues de Saint-Pétersbourg, en 1994, plus de 30 ans après notre premier séjour dans cette ville, nous sommes frappés par l'ampleur des changements survenus depuis 1991. La principale artère de la ville, Nevski Prospekt (représentée sur la photo), ainsi que d'autres rues sont bondées de voitures et de piétons. On voit des affiches et des enseignes publicitaires partout. De petits étals de fabrication artisanale bordent les trottoirs. On y vend de tout, des livres aux souvenirs de famille. On peut aussi se procurer des denrées et des services de luxe, et les nouveaux riches font leurs emplettes dans des boutiques tape-à-l'œil ouvertes depuis peu. Mais impossible de ne pas voir les nouveaux pauvres, dont la misère est criante. Par exemple, un peu plus loin sur la Nevski Prospekt, une petite fille joue du violon toute la journée, pendant que son père désœuvré recueille la monnaie que lui jettent les passants. La criminalité a aussi monté en flèche, et bon nombre des petites entreprises créées récemment risquent d'être victimes d'extorsion. À l'instar des autres villes russes, Saint-Pétersbourg (ou " Peter ", comme l'appellent les gens de la région) est en pleine effervescence postsoviétique. » (Source : recherche sur le terrain de H. J. de Blij)

Un État impérial multinational

Échelonnée sur plusieurs siècles, l'expansion territoriale de la Russie ne s'est pas limitée à l'annexion de contrées vides et dépourvues de frontières : des peuples de diverses nationalités et cultures furent intégrés, souvent à la suite de luttes armées au cours desquelles les dirigeants récalcitrants furent éliminés et leurs territoires, annexés, ce qui alimenta les conflits ethniques. C'est ainsi que l'État russe devint une puissance impériale, et au moment où le courant révolutionnaire prit forme au sein même du peuple russe, les tsars régnaient sur le plus grand empire d'un seul tenant qui ait jamais existé. La Russie tsariste était une métropole **impériale** et la population de l'Empire comptait plus d'une centaine de nationalités. Les communistes sortirent vainqueurs des luttes révolutionnaires et, au lieu de libérer les peuples assujettis par les tsars, ils modifièrent simplement la structure de l'Empire en créant l'Union soviétique. Les peuples des colonies furent intégrés dans ce nouveau système qui devait, en théorie, leur permettre de retrouver leur autonomie et leur identité, mais qui en pratique les voua à l'asservissement et, dans certains cas, à l'extinction.

L'héritage eurasien

La géographie historique de cet empire si agité est essentiellement celle de la Russie à l'ouest de l'Oural, bien que l'Ukraine et les régions avoisinantes aient également joué un rôle. Avant le Moyen Âge, des Scythes, des Sarmates, des Goths, des Huns s'installèrent, se battirent, puis furent intégrés ou chassés. Plus tard, les Slaves dominèrent sur le territoire correspondant à l'Ukraine actuelle et créèrent leur royaume à partir de cette base, constituée des terres fertiles qui bordent la mer Noire au nord.

Deux villes jouèrent un rôle crucial dans l'évolution des États slaves : Novgorod dans le nord, près du lac Ilmen, membre de la Hanse (une association de villes commerçantes), et Kiev (en ukrainien, *Kiiv*) sur le Dniepr, au cœur du royaume slave, près de la ligne de démarcation entre les forêts du centre de la Russie et les steppes herbeuses du sud. Kiev était notamment un important centre d'échanges où Scandinaves et Méditerranéens se côtoyaient. Novgorod et Kiev, alors deux principautés, ou *Rus*, s'unirent au cours des XIᵉ et XIIᵉ siècles pour former un vaste État régional, relativement prospère.

L'invasion mongole

Toutefois, la prospérité suscitant la rivalité, la principauté de Kiev connut des luttes intestines, puis fut envahie par des peuples étrangers. La menace extérieure venait de l'Empire mongol fondé par Gengis Khan en

Asie centrale. Les hordes tatares déferlèrent sur la principauté, qui fut conquise, y compris la ville de Kiev elle-même, en 1240. Bon nombre de Russes se réfugièrent alors dans les forêts du centre de la Russie, où le risque de tomber aux mains des cavaliers des steppes était beaucoup moindre. Ils créèrent dans ces forêts de petits États féodaux, dont beaucoup étaient sous la domination de princes qui payaient un tribut aux Tatars en échange d'une paix toute relative.

La situation de Moscou, au centre de l'un de ces États, présentait des avantages énormes : la ville se trouvait sur la route maritime menant à Novgorod et était entourée d'autres principautés russes. La proximité de la Moskova facilita l'érection d'une forteresse, et les Moscovites réussirent à repousser définitivement les Mongols, assurant ainsi leur suprématie dans la région.

Moscou sut très tôt tirer parti de ses atouts géographiques : déjà, au cours du XVe siècle, les princes moscovites annexèrent notamment Novgorod. Mais c'est sous le règne d'Ivan IV le Terrible (1547-1584), qui prit le titre de tsar, que la Moscovie devint un véritable royaume et qu'elle entreprit son expansion dans des territoires non russes. Cette période de conquêtes n'allait d'ailleurs prendre fin que bien après le renversement du régime tsariste par les révolutionnaires en 1917. Ivan le Terrible établit d'abord sa domination sur l'important bassin de la Volga, à l'est, puis il infligea une cuisante défaite aux Tatars musulmans avant de poursuivre sa marche vers l'est, à travers l'Oural, jusqu'en Sibérie.

Les Cosaques

L'expansion de la Russie vers l'est fut conduite par un groupe relativement restreint de peuples semi-nomades qui occupaient le territoire de l'Ukraine actuelle et auxquels on a donné le nom de Cosaques. À la fois opportunistes et aventuriers, ils se rendirent dès le XVIe siècle dans la zone frontière orientale, attirés par la possibilité de s'enrichir grâce au commerce des fourrures. Au milieu du XVIIe siècle, ils atteignirent l'océan Pacifique, après avoir vaincu les Tatars qui leur barraient la route et consolidé leurs positions en construisant des places fortes *(ostrogi)* le long des fleuves.

Le règne de Pierre le Grand

Lorsque Pierre le Grand devint tsar de la Russie (il a régné de 1682 à 1725), Moscou était déjà le centre d'un vaste empire. Les islamistes ne représentaient plus une menace depuis la défaite des Tatars, qui ne détenaient plus que quelques places fortes. L'Église orthodoxe russe avait déjà marqué le paysage culturel de bâtiments religieux caractéristiques et elle était représentée au sein de l'élite dominante par des évêques influents.

Pierre le Grand consolida les acquis de la Russie, mais il rêvait de faire de ce pays sans unité un État moderne de style européen. Il fonda Saint-Pétersbourg,

capitale avancée aux portes de la Finlande alors sous domination suédoise, en assura la défense en faisant construire une forteresse dans l'île voisine de Kronstadt, et en fit le principal port de la Russie.

À bien des égards, Pierre le Grand est considéré comme le père de la Russie moderne. Tsar exceptionnel, il remua ciel et terre dans l'espoir de mener à bien son projet de reconstruction de la Russie : il déplaça la capitale de la zone forestière intérieure à la zone côtière de l'ouest, ouvrit le pays aux influences étrangères et relocalisa la population. Il promulgua même une loi enjoignant les puissantes familles de marchands de quitter leur ville pour s'installer à Saint-Pétersbourg. Les navires et les voitures qui pénétraient dans le territoire de la ville durent, en guise de péage, y apporter des matériaux de construction. Conscient que l'avenir de la Russie en tant que puissance mondiale dépendait de son pouvoir tant sur les mers que sur les terres, Pierre le Grand alla lui-même, incognito, travailler comme manœuvre dans les réputés chantiers navals de Hollande, afin d'acquérir des connaissances dans l'art de construire des navires. Pendant ce temps, les armées tsaristes continuaient de conquérir des territoires et des peuples : l'annexion de l'Estonie en 1721 élargit la fenêtre de la Russie sur l'Occident, et une vaste région au sud de la ville de Tomsk fut intégrée au royaume (fig. 2.1).

Le règne de Catherine II la Grande

Sous Catherine II, dite la Grande, qui régna pendant presque toute la seconde moitié du XVIIIe siècle, l'Empire russe prit de l'expansion dans le secteur de la mer Noire, aux dépens des Ottomans. La péninsule de Crimée, la ville portuaire d'Odessa et tout le littoral septentrional de la mer Noire tombèrent sous la domination des Russes. Durant la même période, les armées de la tsarine tentèrent d'envahir le territoire compris entre la mer Noire et la mer Caspienne, soit la zone montagneuse du Caucase, qui abritait des dizaines de groupes ethniques et culturels différents, dont plusieurs s'étaient convertis à l'islam. Les villes de Tbilissi (dans la Géorgie actuelle), de Baki *(Baku)* en Azerbaïdjan et d'Erevan (en Arménie) furent conquises. Finalement, la marche des Russes vers une façade sur l'océan Indien fut interrompue par les Britanniques, qui dominaient en Perse (l'Iran actuel), et par les Turcs. Catherine la Grande avait néanmoins réussi à faire de la Russie une puissance coloniale.

Le XIXe siècle

Le désir d'expansion des tsars n'était pas encore satisfait. Tout en poursuivant leur avancée vers le sud, les Russes attaquèrent leurs vieux ennemis à l'ouest, les Polonais, et conquirent la quasi-totalité de la Pologne actuelle, y compris la capitale Varsovie. Au nord-ouest, ils enlevèrent en 1809 la Finlande à la Suède.

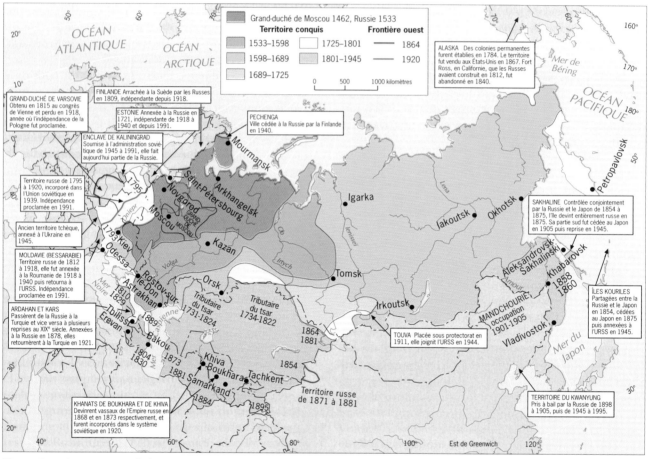

Figure 2.1 La croissance de l'Empire russe.

Cependant, pendant presque tout le XIXe siècle, la Russie dut concentrer ses efforts en Asie centrale, c'est-à-dire dans la région comprise entre la mer Caspienne et la frontière occidentale de la Chine, où les villes de Tachkent et de Samarkand passèrent sous sa domination (fig. 2.1). À cette époque, les Russes devaient encore faire face à des incursions de cavaliers nomades et ils cherchaient à établir leur autorité sur les steppes d'Asie centrale, jusqu'au pied des hautes montagnes qui les bordent au sud. En s'emparant de ces territoires appartenant au royaume islamique, la Russie se fit un nombre considérable de sujets musulmans. Le régime tsariste accorda à ces peuples un vague statut de protectorat, qui leur laissait une certaine autonomie. Beaucoup plus loin à l'est, l'expansionnisme japonais associé au déclin de l'influence de la Chine incita la Russie à annexer plusieurs provinces chinoises situées à l'est de l'Amour. Peu de temps après, soit en 1860, les Russes fondaient le port de Vladivostok sur le Pacifique.

C'est alors que débuta la succession d'événements qui, après cinq siècles d'expansion et de consolidation pratiquement ininterrompus, allait aboutir au premier échec de l'Empire russe dans sa lutte pour la conquête de territoires. En 1892, les Russes entreprirent la construction du Transsibérien dans le but de mieux relier la frontière orientale éloignée au cœur du pays, à l'ouest. Or, comme le chemin le plus direct pour se rendre de la capitale à Vladivostok traverse le nord-est de la Chine, plus précisément la Mandchourie (fig. 2.1), les Russes demandèrent aux Chinois la permission de construire le dernier tronçon de voie ferrée sur leur territoire, mais ces derniers refusèrent. Profitant de la Révolte des Boxers en 1900 (voir le chapitre 9), la Russie riposta en annexant la Mandchourie, puis en l'occupant. C'est ce qui déclencha la guerre de 1905 avec les Japonais, qui se termina par une cuisante défaite des Russes; le Japon s'empara même à cette occasion de la partie sud de l'île de Sakhaline (qu'il rebaptisa Karafuto).

L'héritage colonial

La Russie, héritière des innovations britanniques et européennes en général, au même titre que l'Allemagne, la France et l'Italie, a donc connu elle aussi sa période d'expansion **coloniale**. Mais alors que les puissances européennes empruntaient les voies maritimes, les souverains russes avançaient sur les voies terrestres, en Asie centrale, en Sibérie, en Chine et sur le littoral pacifique de l'Extrême-Orient. Il en résulta non pas le plus grand empire du monde, mais certainement le plus vaste empire *d'un seul tenant*. À l'époque de la guerre avec le Japon en 1904-1905, l'empereur de Russie régnait sur un territoire de plus de 22 millions de km². L'empire duquel se réclamèrent en 1917 les communistes était donc bien davantage le fait de la Russie tsariste que celui de la révolution socialiste.

Le milieu physique

On a déjà mentionné que les milieux climatique et biotique de la Russie sont fonction de sa position à l'intérieur des terres, de la latitude globalement élevée, de l'exposition aux masses d'air en provenance de l'Arctique et de l'encerclement par des chaînes montagneuses dans les autres directions. Des températures froides, une saison de croissance des plantes de courte durée et des précipitations peu abondantes, voilà les conditions auxquelles les fermiers russes ont eu de tout temps à faire face.

Pendant la période soviétique, alors que l'Empire tout entier était sous le contrôle de Moscou, les planificateurs communistes entreprirent des projets d'irrigation majeurs visant à amener l'eau dans les régions les plus chaudes, plus particulièrement à l'est de la mer Caspienne, dans les républiques musulmanes arides d'Asie centrale. Certains de ces ouvrages eurent des effets bénéfiques, mais d'autres, ayant eu pour conséquences le détournement de cours d'eau, le rabattement de la nappe phréatique, la pollution de vastes étendues par l'usage de pesticides et la détérioration de la santé de la population, tiennent davantage du désastre écologique. La superficie de la mer d'Aral — située entre le Kazakhstan et l'Ouzbékistan — a diminué de plus de la moitié depuis 1960 parce que les eaux qui l'alimentaient ont été partiellement détournées dans le cadre de projets d'irrigation.

Le climat global de la Russie explique en grande partie les réactions de Moscou à la déclaration d'indépendance de l'Ukraine. Cette république comprend des zones climatiques de type *Cfa* et de type *Dfa* (les symboles *Cf* et *a* signifiant respectivement l'absence de saison sèche et des étés chauds), de même que la partie la plus méridionale de la zone de type *Dfb*, où le climat est encore relativement tempéré (fig. I.7). Bon an, mal an, l'Ukraine produisait jusqu'à 45 % de toutes les denrées agricoles récoltées en Union soviétique, et une bonne partie de cette production était vendue aux Russes à des prix fixés par le régime communiste et non par le marché mondial. La perspective de perdre ces vastes terres fertiles au moment de la dissolution de l'Union soviétique fut d'ailleurs l'un des principaux facteurs qui incitèrent la Russie à créer la Communauté des États indépendants (CÉI) dès décembre 1991. Lorsque Boris Eltsine devint président de la Russie, la priorité pour la Fédération russe consistait à conserver l'Ukraine en son sein. Ce projet devait finalement échouer : non seulement l'Ukraine proclama son indépendance, mais les relations entre les deux pays s'envenimèrent.

Quelle que soit son évolution politique, la Russie dépendra pendant de nombreuses années des pays étrangers pour son approvisionnement en denrées alimentaires, étant donné son climat (et les effets néfastes de celui-ci sur les conditions biotiques et la composition des sols). Les coûts énormes engendrés par l'importation de céréales représentaient un problème de taille pour l'Union soviétique, malgré la productivité exceptionnelle de l'Ukraine. La situation ne peut être que pire pour la Russie.

Les régions géomorphologiques

La carte géomorphologique de la Russie (fig. 2.2) donne une idée des éléments responsables du climat globalement rigoureux du pays. Le sud de l'État russe est occupé par des chaînes montagneuses : le Caucase ⑧ à l'ouest, la chaîne d'Asie centrale ⑦ au centre et le système montagneux de l'Est ⑥ dans la zone du Pacifique, depuis le détroit de Béring jusqu'à la frontière de la Corée du Nord. Les courants d'air chaud en provenance des zones subtropicales ne peuvent pratiquement pas traverser cette barrière montagneuse, tandis que rien n'arrête les masses d'air froid de l'Arctique dans leur course vers le sud. La côte arctique de la Russie est une plaine qui descend en pente douce vers l'océan Arctique. Sur la carte de la figure 2.2, on distingue en tout huit régions géomorphologiques.

La *plaine de Russie* ① est la continuation vers l'est de la plaine d'Europe du Nord; c'est là que s'est formé le noyau originel de l'État russe. Le bassin de la Moskova occupe le centre de cette région; un peu plus au nord, le pays est couvert de forêts de conifères, identiques à celles du Canada; au sud du bassin de la Moskova s'étendent les champs de blé de la Russie méridionale et, au-delà, ceux de l'Ukraine. La péninsule de Kola et la mer de Barents dans le Grand Nord méritent l'attention : des courants chauds de l'Atlantique Nord contournent la pointe septentrionale de la Norvège et pénètrent dans la mer de Barents, d'où la possibilité de garder le port de Mourmansk ouvert presque toute l'année. La plaine de Russie est bornée à l'est par l'*Oural* ②. Bien que ce système montagneux ne soit pas très élevé, il domine la topographie puisqu'il sépare deux immenses plaines. Même si l'Oural s'étire sur plus de 3200 km depuis les rives de la mer de Kara jusqu'à la frontière avec le Kazakhstan, il ne fait pas obstacle à la circulation est-ouest. Le sud de la région est d'ailleurs plutôt densément peuplé, à cause notamment de la présence de gisements de minéraux et de combustibles fossiles.

Immédiatement à l'est de l'Oural se trouve la Sibérie. La *plaine de Sibérie occidentale* ③, parfois décrite

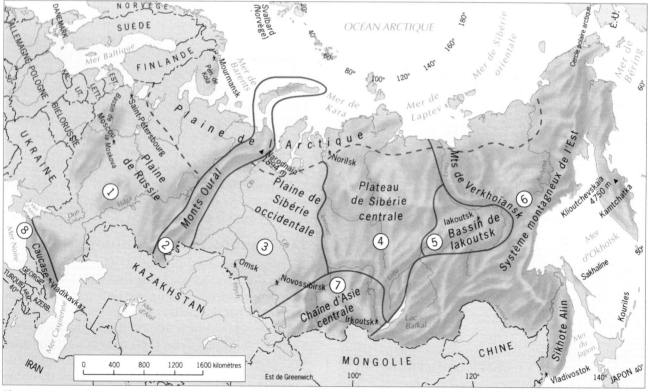

Figure 2.2   Les régions géomorphologiques de la Russie.

comme la plus vaste plaine au monde, est formée de deux grands bassins : celui de l'Ob et celui de l'Irtych. Sur les 1600 derniers kilomètres de son cours, l'Ob descend en pente douce vers l'océan Arctique, la dénivellation étant inférieure à 90 m. Sur la carte de la figure 2.2, le pointillé allant de la frontière finlandaise à la mer de Sibérie orientale délimite la plaine côtière de l'Arctique. Au nord de cette ligne de démarcation, l'eau contenue dans le sol est gelée en permanence; ainsi, le *pergélisol* (ou *merzlota*) constitue un obstacle supplémentaire à l'établissement permanent de communautés dans la région. En examinant de nouveau la carte, on note que le nord de la plaine de Sibérie occidentale est situé dans la zone de pergélisol, et que son centre est en bonne partie couvert de marécages. Cependant, des agglomérations se sont développées dans sa partie méridionale, dont les deux grandes villes d'Omsk et de Novossibirsk, dans le corridor du Transsibérien.

Immédiatement à l'est de la plaine de Sibérie occidentale, le relief s'élève et forme le *plateau de Sibérie centrale* ④, en partie situé dans la zone de pergélisol, donc isolé et peu peuplé. Les hivers y sont longs et extrêmement rigoureux et les étés, courts; l'activité humaine n'a pas encore modifié sensiblement cette région. Au-delà du *bassin de Iakoutsk* ⑤, la topographie devient montagneuse et plus élevée. Les *massifs de l'Est* ⑥ sont un enchevêtrement de chaînes de montagnes et de crêtes, de vallées aux pentes abruptes et de structures volcaniques. Le lac Baïkal est situé dans une auge pro-

fonde de 1500 m, ce qui en fait le lac le plus profond du globe. Dans la presqu'île du Kamtchatka, le volcan Klioutchevskaïa s'élève à près de 4750 m.

L'extrémité septentrionale de cette dernière région ⑥ est la partie la plus inhospitalière de la Russie, mais dans le sud, le long du littoral pacifique, le climat est moins rigoureux. La région n'en est pas moins une véritable zone frontière. Les forêts alimentent les industries du bois et de la fourrure, et de riches gisements d'or et de diamants ont été découverts. Dans le but d'exploiter ces richesses, les Soviétiques ont construit la ligne du BAM (*Baïkal-Amourskaïa Maguistral*), un voie ferrée longue de 3540 km, parallèle dans l'ensemble au Transsibérien qui devenait légèrement désuet (fig. 2.5).

La zone frontière méridionale de la Russie est marquée elle aussi par des montagnes : les *massifs d'Asie centrale* ⑦, qui vont de la frontière avec le Kazakhstan à l'ouest au lac Baïkal à l'est, et le *Caucase* ⑧, qui occupe une bande de terres comprise entre la mer Noire et la mer Caspienne. Les massifs d'Asie centrale s'élèvent au-dessus de la ligne des neiges et comprennent d'immenses glaciers. Durant la période de fonte annuelle, de l'eau chargée d'alluvions descend jusqu'au bas des pentes où elle enrichit et irrigue les sols. Le Caucase est un prolongement du système alpin d'Europe et il en a le relief (voir la photo à la page 99), mais il est dépourvu de cols facilement praticables. La frontière méridionale de la Russie est donc nettement délimitée par la topographie.

Comme l'indique la carte des régions géomorphologiques de la Russie, les terres les plus propices au peuplement forment un territoire qui va en se rétrécissant d'ouest en est; au-delà de l'Oural méridional, il n'y a plus qu'un chapelet d'agglomérations disséminées dans le sud du pays. On verra dans le présent chapitre que des villes isolées se sont néanmoins développées à l'intérieur de la Sibérie, notamment Iakoutsk sur la Lena et Norilsk, non loin de l'Ienisseï. Donc, à l'est de l'Oural, la population de la Russie est, comme celle du Canada, largement concentrée dans les zones plus hospitalières du sud; celles-ci forment une étroite bande de terres qui ne s'élargit que dans la zone côtière du Pacifique, en Extrême-Orient.

L'héritage soviétique

L'ère du communisme prit fin avec l'effondrement de l'Empire soviétique, mais ses effets sur la géographie politique et économique de la Russie vont se faire sentir encore longtemps. Après 70 années de centralisation extrême, la réorganisation des régions en fonction de l'économie de marché ne peut se faire du jour au lendemain.

En 1918, les communistes déménageaient la capitale de Petrograd (Saint-Pétersbourg) à Moscou. Ce transfert avait une valeur symbolique : la nouvelle capitale n'est pas située sur une voie navigable importante, mais dans l'arrière-pays, au cœur des forêts mêmes qui ont protégé les premiers Russes des envahisseurs étrangers. L'Union soviétique naissante avait donc choisi de se tourner vers l'intérieur.

La structure politique

La structure politique de l'Union soviétique mise en place par les Bolcheviks était fondée sur la reconnaissance de l'identité ethnique des nombreux peuples qui composaient l'Empire. Mais compte tenu de l'étendue et de la complexité de celui-ci, il fut impossible de créer autant d'entités politiques qu'il y avait de nationalités. Les nouveaux dirigeants divisèrent donc l'immense royaume tsariste en *républiques socialistes soviétiques* (RSS) de manière à octroyer un territoire à chacune des nations les plus importantes. La carte de la figure 2.3 indique que, de tous les groupes ethniques, seuls les russophones étaient dispersés à la grandeur de l'État (et cette situation n'a pas changé). La république socialiste soviétique russe était de loin la plus vaste : elle occupait presque 77 % du territoire soviétique.

Les communistes créèrent également des entités politiques moins importantes, les *républiques socialistes soviétiques autonomes* (RSSA), qui étaient en quelque sorte des républiques à l'intérieur des républiques. D'autres territoires reçurent le statut de *région autonome*. Avant son effondrement, l'URSS comptait 15 républiques socialistes soviétiques (fig. 2.4) : à celles qui avaient

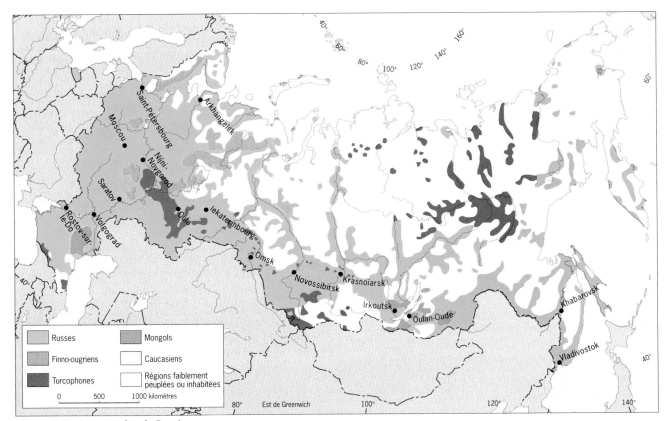

Figure 2.3 Les peuples de Russie.

été fondées en 1924 étaient venues s'ajouter la Moldavie, l'Estonie, la Lettonie et la Lituanie, annexées ultérieurement.

La politique soviétique consistant à déplacer des
peuples entiers fut appliquée pour récompenser ou
punir, ou encore pour servir les desseins des planificateurs. Ainsi, des minorités forcées de quitter leur terre
natale pour aller s'établir plus à l'est furent remplacées
par des russophones qui, avec le temps, formèrent eux-
mêmes d'importantes minorités dans toutes les républiques soviétiques (fig. 2.4).

La république soviétique de Russie était la principale composante d'une **fédération** soumise à l'autorité
omnipotente de Moscou. En fait, elle constituait le
noyau de cet empire : la moitié de la population totale,
la capitale et le cœur de l'Union se trouvaient sur son
territoire, qui lui-même représentait les trois quarts du
territoire de l'Union.

La structure économique de l'Union soviétique

Dès sa fondation, l'Union soviétique fut dotée d'une
économie dirigée. C'était en quelque sorte une pre-

mière mondiale, car jamais auparavant un gouvernement central n'avait structuré un pays tout entier en
fonction de buts qu'il avait lui-même fixés conformément aux principes du marxisme-léninisme. Les deux
principaux objectifs des planificateurs étaient d'accélérer l'industrialisation et de collectiviser les terres.

Les petits fermiers aussi bien que les grands propriétaires terriens furent expropriés, puis les terres furent regroupées dans des exploitations collectives, ou
sovkhozes. Les fermiers et les paysans qui tentèrent de
s'opposer à la mise en application du « grand projet
communiste » firent l'objet de terribles représailles. Le
souvenir de ces violences est d'ailleurs l'une des raisons
de la montée du courant antirusse dans les anciennes
républiques devenues indépendantes.

À l'époque du totalitarisme communiste, la fin justifiait les moyens, de sorte que des millions de personnes que le régime tsariste avait déjà cruellement fait
souffrir connurent des privations inouïes. Et tandis que
les dissidents se faisaient éliminer, les planificateurs soviétiques en arrivaient à la conclusion que des fermes
collectives de plus petite taille, soit les *kolkhozes*, seraient
plus efficaces et plus adéquates que les *sovkhozes*. Malheureusement, la productivité des nouvelles exploitations agricoles n'augmenta pas comme il avait été prévu

Figure 2.4   Les Russes et les autres minorités dans l'ancien Empire soviétique.

et l'Union soviétique dut importer des denrées alimentaires pendant les quelque 70 ans que dura le régime communiste.

Sachant que la puissance de l'Union ne pouvait venir que de ses industries, les Soviétiques développèrent leur système de transport (fig. 2.5) et firent passer l'approvisionnement en énergie avant l'agriculture. Il s'ensuivit un accroissement rapide de la productivité, et le programme d'industrialisation de l'URSS donna dans l'ensemble de bons résultats.

Malgré cela, le « grand projet soviétique » devait hypothéquer l'avenir. Les planificateurs de l'URSS avaient choisi l'emplacement des diverses industries sans tenir compte de facteurs déterminants de la géographie économique, ce qui entraîna des coûts d'exploitation prohibitifs; de plus, en l'absence de concurrence, les gestionnaires ne pouvaient prendre conscience des faiblesses du système et rien n'incitait les ouvriers à être productifs.

Au moment où Gorbatchev, persuadé de la nécessité d'initier des réformes, devint président en 1985, le processus de dislocation de l'Union soviétique était déjà amorcé : les systèmes économique, politique et social du pays s'effritaient. Malgré tout, ce président a eu le mérite d'ouvrir la société soviétique au monde et à elle-même et permis la dissolution de l'ancien régime sans pertes de vies considérables.

L'Union soviétique était le premier producteur de pétrole du globe. Or, comme plusieurs des gisements pétrolifères sont situés à l'extérieur de la Russie proprement dite, les dirigeants russes tentent de garder un certain contrôle sur l'exploitation et l'exportation de cette ressource dans ce qu'ils appellent le « **proche-étranger** », c'est-à-dire les 14 autres ex-républiques de l'Union soviétique (fig. 2.10). Ils font valoir que des capitaux soviétiques ont servi à construire les infrastructures de l'industrie pétrolière et que, par conséquent, la Russie est en droit de profiter elle aussi de la ressource. Par ailleurs, à l'instar des autres puissances colonisatrices, la Russie ne veut pas se départir de ses anciennes possessions sans être assurée de pouvoir y maintenir une présence.

La géographie politique changeante de la Russie

La Russie est un assemblage hétéroclite de nations et d'ethnies; bon nombre des cultures non russes ont conservé leur vigueur et leur intensité malgré plus de 70 ans de domination communiste et l'application d'une politique de russification. Comme nous l'avons déjà mentionné, les planificateurs soviétiques, pour régler les problèmes posés par la diversité culturelle, avaient conçu une structure géopolitique qui, selon eux, allait répondre aux exigences des différents groupes

ethniques et réduire les tensions. C'est ainsi qu'ils avaient créé de nouvelles entités politiques en subdivisant les républiques socialistes soviétiques.

La Russie proprement dite était certainement la composante la plus complexe de la structure géopolitique soviétique. La république soviétique de Russie était divisée sur les plans politique et administratif en 6 territoires, 49 régions, 16 républiques socialistes soviétiques autonomes, 5 régions autonomes et 10 districts autonomes. La création des 16 républiques autonomes et des 5 régions autonomes visait la reconnaissance d'une vingtaine des 40 minorités importantes qui vivaient dans la république russe. Cette structure géopolitique complexe ne donna jamais les résultats escomptés. Même si les 5 régions autonomes étaient en vertu de leur statut plus importantes que les 10 districts autonomes, des peuples et des dirigeants de plusieurs districts autonomes en vinrent à jouer un rôle déterminant dans les affaires nationales, ce à quoi ne parvinrent jamais certaines régions. Quand la Russie devint un État indépendant à la fin de 1991, elle prit le nom officiel de *Fédération de Russie*, qui reflète son passé, sa géographie politique fortement hiérarchisée et sa diversité culturelle.

La Fédération de Russie héritait de la structure administrative complexe créée par les Soviétiques, et il lui était évidemment impossible d'en changer du jour au lendemain. Elle devait néanmoins agir rapidement, car l'agitation gagnait quelques-unes de ses propres républiques et même des entités administratives, qui réclamaient leur indépendance ou plus d'autonomie.

Le 31 mars 1992, la quasi-totalité des 89 républiques, régions autonomes, territoires administratifs (*kraï*) et régions administratives (*oblast*) russes signèrent le traité fédéral. Seules deux républiques refusèrent : le Tatarstan, dont le président réclama l'indépendance, au même titre que la Lettonie ou la Géorgie; et la Tchétchénie, dans la zone caucasienne, où se déclara une crise politique qui aboutit à la partition du territoire en deux républiques, la Tchétchénie et l'Ingouchie (fig. 2.6). La Tchétchénie avait d'abord accepté de signer le traité, mais elle revint sur sa décision et, au milieu de 1997, ni la Tchétchénie ni l'Ingouchie n'avaient officiellement adhéré au traité. L'intervention militaire des Russes en Tchétchénie, qui visait à soumettre la république à l'autorité de Moscou, déclencha un long conflit sanglant dont les conséquences sont désastreuses tant pour le peuple tchétchène que pour le pouvoir politique russe.

La structure de la Fédération

La structure territoriale de la Fédération de Russie, en évolution, n'est pas plus simple que l'était celle de la République socialiste fédérative soviétique de Russie sous le régime communiste. En 1997, la jeune Fédération était composée de 89 « sujets » : 21 républiques, 11 régions autonomes *(okrougi)*, 49 provinces *(oblast)*, 6 territoires *(kraï)* et 2 villes fédérales autonomes.

Le pays est manifestement en mutation. Le 1er janvier 1996, une demi-douzaine d'entités ayant un statut moins important se proclamaient unilatéralement républiques (dont trois apparaissent sur la carte de la figure 2.6), y compris les villes de Moscou et de Saint-Pétersbourg ! Bien que le Parlement ne se soit pas prononcé sur cette question, aucune des entités autonomistes n'a reculé et certaines font valoir leurs droits avec

beaucoup de vigueur; c'est le cas notamment de la « république » Maritime et de la « république » de l'Oural. Cependant, certaines revendications paraissent plus raisonnables que d'autres. Les aspirations de Kaliningrad, une **enclave** russe sur le littoral de la mer Baltique, se justifient du fait qu'elle est éloignée du centre et séparée du reste de la Russie. Par contre, il est difficile de prendre au sérieux les prétentions des provinces d'Amour (dont la population est d'environ 1 million d'habitants) et de Vologda (province rurale, près de la zone forestière, à 700 km à l'est de Saint-Pétersbourg).

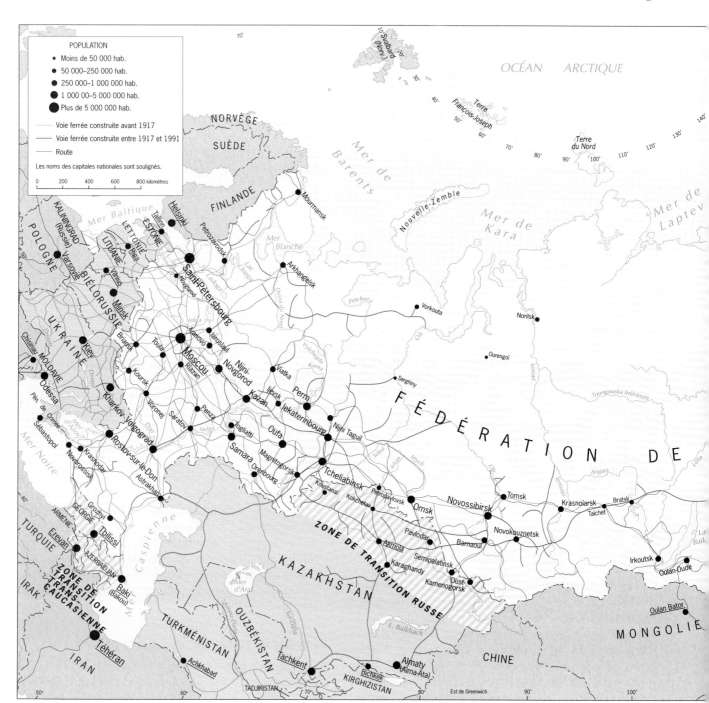

Figure 2.5   La Russie : ses grands centres urbains et son réseau de communication de surface.

La majorité des républiques reconnues abritent des minorités importantes, alors que ce n'est pas le cas des républiques autoproclamées. Mais comme le met en évidence la carte de la figure 2.6, la Russie, si l'on fait abstraction de ses républiques internes, n'est qu'un long territoire fragmenté et parsemé d'enclaves, qui s'étire d'ouest en est et dont la superficie représente à peine plus de la moitié de celle de la Fédération. Et bien que le cœur occidental de la Russie soit très majoritairement russophone, le centre névralgique de la Fédération englobe également le groupe de six républiques non russes situées à l'est de Moscou, dont plusieurs sont dotées de centrales énergétiques, d'usines d'armement, de lignes de chemins de fer importantes et d'autres éléments essentiels au bon fonctionnement du pays. Bref, la carte de la Fédération de Russie a une allure de poudrière.

La conjoncture russe

Quand Pierre le Grand entreprit de réorienter son pays vers l'Europe et le reste du globe, il s'imaginait une Russie qui aurait des ports en eaux chaudes, une nation non plus encerclée par les Suédois, les Lituaniens, les Polonais et les Turcs, mais ouverte au monde et susceptible d'exercer une influence à l'échelle du continent eurasien. Les relations entre le centre et la périphérie ont toujours revêtu une importance considérable pour la Russie, et cela continue d'être vrai. Les 25 millions de russophones qui vivent dans les anciennes républiques soviétiques des zones frontières de la Fédération sont privés de la protection réelle dont ils bénéficiaient sous le régime communiste, alors même que des conflits déchirent plusieurs États limitrophes, de la Géorgie au Tadjikistan. La Russie a de nouvelles raisons de se préoccuper de ce qui se passe à la périphérie, et l'expression *proche-étranger* est devenue familière à Moscou. Les Russes soutiennent que l'effondrement de l'Union soviétique ne leur a pas fait perdre le droit d'intervenir, par la force si nécessaire, dans leur ancien empire colonial.

Les problèmes internes

L'Union soviétique était caractérisée par d'énormes disparités régionales, des infrastructures inadéquates et de profondes contradictions sociales. Cette situation

L'effritement de l'économie de la Russie durant la période de « restructuration » fut particulièrement prononcé dans le secteur de l'agriculture. En effet, le rendement des fermes chuta de façon dramatique dans ce pays largement dépendant de sa propre production. La privatisation des fermes collectives fut chaotique; elle rencontra une forte résistance dans plusieurs régions et entraîna la migration des fermiers vers les villes, d'où une pénurie de main-d'œuvre agricole. Le gouvernement, inquiet des conséquences que cela pouvait avoir sur la production, fit appel à l'armée pour effectuer les récoltes. Sur la photo, des soldats ramassent des navets dans une ferme de la région de Vologda.

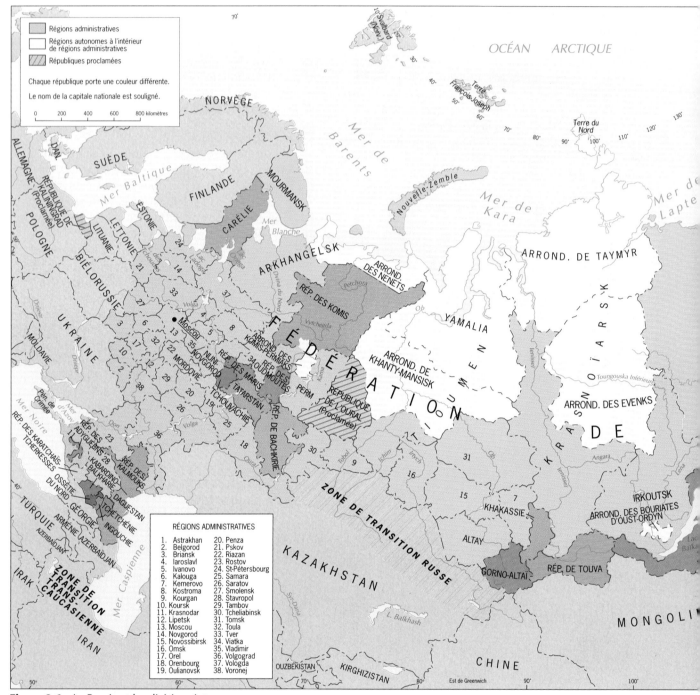

Figure 2.6 La Russie et les divisions internes.

a engendré des problèmes considérables que la Fédération russe devra résoudre.

L'économie de la Russie est dans un tel marasme que sa reconstruction prendra des décennies. Dans le secteur de l'agriculture, la reprivatisation des terres s'avère être un processus lent et hasardeux, qui risque d'engendrer le chaos et une baisse de la production. Il faut de plus compter avec les difficultés inhérentes à la rigueur du milieu naturel. La production de viande, de lait, de légumes et de céréales diminue d'année en année depuis 1989.

Dans le secteur industriel, l'activité est au ralenti, car les exigences de l'économie du marché nécessitent la transformation et la modernisation des entreprises d'État notoirement inefficaces et structurellement lourdes. En outre, la désuétude et le mauvais état des infrastructures héritées du régime soviétique freinent l'extraction et la vente de matières premières (y compris le pétrole).

Les difficultés économiques risquent d'avoir des répercussions sur le plan politique. Si le chômage, l'insuffisance des fonds de retraite, les mouvements de

Comme de larges segments de la frontière russe sont des points sensibles qui font l'objet de contestations, ils ont été marqués et renforcés. Sur la photo, une clôture électrisée, érigée au milieu d'une zone frontière interdite, trace la limite entre la Russie et la Chine, à proximité de la pointe occidentale de la Mongolie.

bois séparées par des rues boueuses, non pavées; des villes mornes où des bataillons de cheminées crachant une fumée polluante dominent des bâtiments gris disposés en rangées. Passé Novossibirsk, le décor présente plus de variété et même, au-delà d'Irkoutsk et des rives du lac Baïkal, des vues spectaculaires. Puis le froid s'intensifie et le voyage semble plus long que jamais. Il y a une bonne raison à cela : le Transsibérien fait maintenant un immense détour par Khabarovsk, où il bifurque vers le sud, en direction de Vladivostok. La construction d'une ligne directe à travers la Chine aurait réduit la durée du trajet d'une journée, mais cela ne s'est pas fait, car la Chine a refusé, se rappelant que ce qui est aujourd'hui le flanc oriental de la Russie lui avait été enlevé durant l'ère mandchoue (fig. 9.6). Au XVIIIe siècle, la sphère d'influence de la Chine s'étendait bien au-delà de l'Amour; aujourd'hui, une large portion de ce fleuve marque la frontière entre la Chine et la Russie (fig. 2.7). En fait, la Chine et la Russie ont contesté à diverses reprises la frontière marquée par l'Amour et l'Oussouri. Après l'effondrement de l'Union soviétique, la Russie prit l'initiative de garantir les ententes ayant fait l'objet de traités portant sur des segments de cette frontière. Dans les années à venir, la question des territoires que la Chine aurait « perdus » sera au centre des débats.

Les autres problèmes extérieurs de la Russie sont plus pressants mais plus faciles à surmonter. Voici les principaux.

sécession, la pénurie de denrées alimentaires et d'autres facteurs engendrent des troubles de nature à porter atteinte à la stabilité précaire de la Fédération, la transformation de la Russie en un État démocratique pourrait être compromise.

Les problèmes extérieurs

Si, en partant de Moscou, un voyageur se dirige vers l'est en train, un paysage d'aspect uniforme se déroule sous ses yeux pendant près d'une semaine : de vastes étendues boisées; des agglomérations de maisons en

Figure 2.7 Les frontières orientales : zones d'instabilité.

1. *La réaffirmation de l'autorité de la Russie dans le proche-étranger*, puisque la question du sort réservé aux russophones sous la juridiction de nouveaux gouvernements est prioritaire (voir ci-contre l'encadré « Les Russes s'en vont ! »).

2. *Le maintien de la Communauté des États indépendants.* En 1998, cette organisation ne semblait plus très utile ; apparemment, elle servait avant tout à resserrer les liens entre deux des États fondateurs : la Russie et la Biélorussie.

3. *La réaffirmation du rôle de la Russie en Europe de l'Est.* La Fédération étant majoritairement slave, les peuples slaves d'Europe de l'Est pourraient demander l'aide de Moscou en cas de conflit.

Située au cœur du plus grand bloc continental, qu'elle partage avec les deux États les plus populeux du monde, bornée par 14 pays et encadrée par plusieurs autres — de la Suède à l'ouest jusqu'aux États-Unis à l'est —, la Russie exerce encore une influence à l'échelle internationale, bien qu'à un degré moindre.

Les régions de l'ensemble russe

Étant donné l'immensité de la Russie et sa diversité géomorphologique et culturelle, l'étude régionale de cet ensemble exige l'adoption d'une petite échelle et un très haut degré de généralisation. La carte de la

LES RUSSES S'EN VONT !

Tandis que Moscou réfléchit au sort réservé aux russophones vivant dans le « proche-étranger » à majorité non russe, ces derniers, en bon nombre, n'attendent pas : ils partent. Et ils ne sont pas les seuls. D'autres groupes n'ayant pas d'ascendance régionale quittent aussi (s'ils le peuvent) les nouvelles républiques indépendantes qui bordent la Russie. Au Kazakhstan seulement, les observateurs des Nations Unies ont évalué le contingent d'émigrés à près de 1,2 million de russophones et à au moins 500 000 germanophones. Les diverses sources d'information se contredisent, mais, selon les données disponibles, environ 3,5 millions de russophones auraient quitté le « proche-étranger » depuis 1991.

Le cas des anciennes républiques soviétiques est un exemple typique de courant migratoire engendré par des facteurs de rejet. En effet, pour favoriser les peuples d'origine, les gouvernements respectifs des nouveaux États indépendants accordent le statut de langue officielle aux langues parlées par la majorité des habitants du pays, ils modifient le système d'éducation, font revivre des traditions nationales et restructurent le système économique. Ce faisant, ils relèguent les russophones au second plan et les privent des privilèges dont ils jouissaient auparavant. Ces derniers se sentent donc exclus, voire menacés. Ceux qui le peuvent (les gens instruits, donc susceptibles de trouver un travail, et les mieux nantis) émigrent en grand nombre, laissant derrière eux leurs compatriotes âgés ou pauvres. Le risque d'un choc des cultures s'en trouve réduit puisque la communauté russophone des États du « proche-étranger », bien que comptant encore 20 millions de personnes à la fin des années 1990, est grandement affaiblie. Les craintes de Moscou sont donc justifiées.

figure 2.8 propose une division de la Russie proprement dite en quatre régions, auxquelles vient s'ajouter la zone de transition transcaucasienne, qui occupe le territoire contesté compris entre la mer Noire et la mer Caspienne.

✦ Le cœur de la Russie

Le cœur d'un État est la région relativement petite où sont concentrés la majorité de la population, les villes principales, les industries les plus importantes, les réseaux de communication denses, les zones de culture intensive et d'autres composantes essentielles. Le noyau originel d'un vieil État reflète particulièrement sa culture et son histoire. Le cœur de la Russie correspond grosso modo à la région qui s'étend de la frontière occidentale du continent russe à l'Oural, à l'est

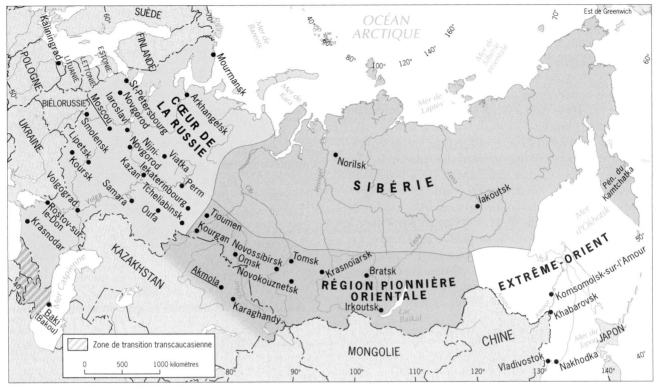

Figure 2.8 Les régions de la Russie.

(fig. 2.8). C'est la Russie de Moscou et de Saint-Pétersbourg, de la Volga et de ses centres industriels, des fermes et des forêts. C'est là que les Moscovites établirent leur pouvoir et posèrent les fondations de l'Empire russe dont a hérité l'Union soviétique, maintenant démembrée.

La région industrielle centrale

La région industrielle centrale de la Russie correspond au cœur du pays (fig. 2.9). La délimitation de cette sous-région fait l'objet de débats, comme la définition de n'importe quelle région d'ailleurs. Certains géographes préfèrent l'appellation « région de Moscou », qui indique bien que toutes les composantes de la région, à 400 km à la ronde, sont orientées vers la capitale, laquelle est aussi le noyau historique de l'État. En observant la carte de la figure 2.9, on voit que Moscou est bel et bien le centre du pays. Les routes et les voies ferrées rayonnent dans toutes les directions depuis la capitale, entre autres vers les villes et les voies navigables du bassin de la Volga au sud-est (un canal relie Moscou à la Volga, principal fleuve navigable de la Russie).

L'agglomération de Moscou (dont la population était de 9,3 millions d'habitants en 1997) est une métropole en mutation, où les tours d'habitation dominent de plus en plus les quartiers résidentiels. Bien que la construction de ces immeubles ait contribué à atténuer la grave pénurie de logements, la capitale est encore surpeuplée, comme presque toutes les villes russes, ce qui oblige la majorité de ses habitants à vivre dans des espaces incroyablement exigus.

Moscou est en outre le centre d'une zone qui comprend environ 50 millions d'habitants (soit un tiers de la population totale du pays), concentrés dans les grandes villes : Nijni-Novgorod, capitale soviétique de l'industrie automobile; Iaroslavl, centre de fabrication de pneus; Ivanovo, principal centre de l'industrie textile; Toula, centre minier et métallurgique, où sont exploités des gisements de lignite (charbon brun).

LES PRINCIPALES VILLES DE L'ENSEMBLE RUSSE	
Ville	**Population*** (en millions)
Baki (Azerbaïdjan)	1,9
Erevan (Arménie)	1,4
Iekaterinbourg (Russie)	1,4
Irkoutsk (Russie)	0,7
Kazan (Russie)	1,1
Moscou (Russie)	9,3
Nijni-Novgorod (Russie)	1,5
Novossibirsk (Russie)	1,5
Saint-Pétersbourg (Russie)	5,1
Tbilissi (Géorgie)	1,4
Vladivostok (Russie)	0,7
Volgograd (Russie)	1,0

* Nombre approximatif d'habitants des agglomérations urbaines en 1997

Saint-Pétersbourg (Petrograd, puis Leningrad sous les Soviétiques) est depuis longtemps la deuxième ville de la Russie, avec sa population de 5,1 millions d'habitants. Cependant, elle ne bénéficie pas aujourd'hui d'une position aussi avantageuse que Moscou, du moins en ce qui concerne le marché intérieur. L'ancienne capitale est située tout à fait à l'extérieur de la région industrielle centrale.

Saint-Pétersbourg a néanmoins joué le rôle de précurseur dans la révolution industrielle russe, et la ville a conservé les spécialités et compétences qu'elle avait alors développées. Actuellement, Saint-Pétersbourg et les régions avoisinantes fournissent environ 10 % de la production industrielle du pays, grâce en particulier à la fabrication d'équipement de qualité supérieure. En plus du combinat habituel d'industries (métaux, produits chimiques, textiles et agroalimentaire), Saint-Pétersbourg compte d'importants chantiers navals et, bien sûr, un port et des entrepôts maritimes.

La région de la Volga

La région de la Volga (en russe, *Povolzie*), qui fait partie du cœur de la Russie, s'étend le long du bassin moyen et inférieur du fleuve du même nom. C'est le principal fleuve du pays, et la majorité des villes de cette région dont il constitue le centre vital sont situées sur ses rives (fig. 2.9).

LE LITTORAL DE LA MER DE BARENTS

Au nord de Saint-Pétersbourg, la région qu'on appelle le cœur de la Russie emprunte des traits sibériens. Les grandes villes de Mourmansk et d'Arkhangelsk, reliées par des routes et des voies ferrées, sont deux avant-postes dans les ténèbres du cercle polaire arctique.

Située dans la péninsule de Kola, non loin de la frontière de la Finlande (fig. 2.6), Mourmansk doit son importance à sa base navale, à son port de pêche et à son port à conteneurs. Arkhangelsk est située à l'embouchure de la Dvina du Nord, sur la mer Blanche (fig. 2.6). Son port sert avant tout au transport du bois; il ne bénéficie pas d'une aussi longue saison de dégel que Mourmansk, libre de glaces en hiver grâce aux courants chauds de l'Atlantique Nord.

Aucune agglomération de la Sibérie, à l'est de l'Oural, ne rivalise avec ces deux villes.

La région de la Volga a d'abord connu une croissance fulgurante durant la Seconde Guerre mondiale parce que, étant située à l'est de l'Ukraine, elle était protégée grâce à son éloignement contre les attaques des armées allemandes qui envahissaient le territoire russe à l'ouest. Dans un deuxième temps, durant l'après-guerre, la région située entre la Volga et l'Oural devint

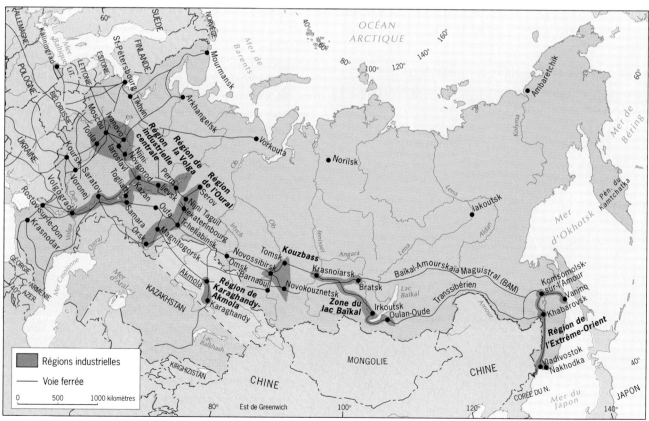

Figure 2.9 Les régions industrielles de Russie.

L'UNE DES GRANDES VILLES DE L'ENSEMBLE RUSSE

Moscou

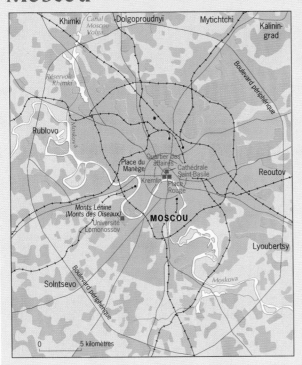

Plus proche de la frontière occidentale que du centre géographique de la Russie, Moscou est néanmoins, selon la distribution de la population, la ville la plus centrale du pays, et de loin. Elle est en outre le noyau originel de la Russie, et toutes les routes convergent vers elle.

Sur les rives de la sinueuse Moskova, la silhouette des bulbes des églises et des bâtiments modernes de Moscou se dresse sur la plaine russe boisée comme un gigantesque havre entouré de verdure. C'est une victoire des armées moscovites sur les hordes tatares qui assura la suprématie de la capitale. Le Kremlin (d'un mot russe qui signifie « citadelle » ou « forteresse »), entouré d'une muraille en brique rouge d'environ 2 km de longueur et dotée de 18 tours, protégeait la ville contre les envahisseurs.

Le Kremlin, de forme triangulaire, donne sur la Moskova; il s'élève sur une immense place carrée (la place Rouge, où se déroulaient les parades militaires) et il est flanqué de l'église de Saint-Basile-le-Bienheureux. Il est à la fois le noyau de l'ancienne ville et le cœur de la ville moderne. C'est de ce centre que les avenues et les rues rayonnent dans toutes les directions, jusqu'à la ceinture verte et au-delà. En dépit de sa taille, Moscou n'a pas l'aspect d'une grande ville internationale. La politique des communistes était de créer une « ville socialiste » où les divers quartiers seraient agencés de manière que les citadins n'aient pas à parcourir de grandes distances pour se rendre au centre-ville.

la principale source de pétrole et de gaz naturel de l'Union soviétique tout entière. On avait d'abord cru qu'il s'agissait de la plus grande réserve de combustibles de l'URSS, mais des gisements encore plus considérables furent découverts par la suite à l'est de l'Oural, plus précisément en Sibérie occidentale. Les gisements de combustibles fossiles de la région de la Volga ne perdirent pas pour autant leur importance, à cause de leur localisation et de leur taille. Enfin, dans un troisième temps, le système de transport de la région connut une expansion considérable. Le canal Volga-Don relie directement la voie fluviale de la Volga à la mer Noire; le canal de Moscou prolonge cette voie vers le nord, jusqu'au cœur de la région industrielle centrale; les canaux de Marinsk assurent la liaison avec la mer Baltique. La population actuelle de la région de la Volga dépasse les 25 millions d'habitants et celles des villes de Samara (Kouibychev sous les Soviétiques), de Volgograd, de Kazan et de Saratov se situent entre 1 et 1,3 million. L'industrie s'est également développée dans le bassin moyen de la Volga, surtout dans le secteur de l'équipement de pointe. Par exemple, l'usine de montage construite par Fiat à Togliatti est l'une des plus grandes du monde.

La région de l'Oural

L'Oural, qui marque la frontière orientale du cœur de la Russie, est un système montagneux globalement peu élevé. L'Oural polaire est formé d'une chaîne unique qui s'élargit en une zone de collines dans l'Oural central. Ce système ne comporte aucun obstacle à la circulation est-ouest. Les réserves considérables de minerais et de métaux de l'Oural et des environs ont fait de cette région le lieu tout désigné pour l'implantation des industries. Aujourd'hui, la région de l'Oural s'étend de

Une partie de l'usine de montage de Lada, à Togliatti, sur la Volga, non loin de Kazan. Les automobiles dans le parc de stationnement sont prêtes pour l'expédition.

Serov, dans le nord, jusqu'à Orsk, dans le sud (fig. 2.9), et elle est bien reliée à la Volga et à la région industrielle centrale.

La région de l'Oural a acquis de l'importance au cours de la Seconde Guerre mondiale, car son éloignement la protégeait contre les attaques des Allemands; ses usines pouvaient donc participer à l'effort de guerre sans risquer d'être détruites. La région devait autrefois importer du charbon, mais la découverte de gisements pétrolifères dans la zone comprise entre l'Oural et la Volga a considérablement réduit le problème de l'approvisionnement en énergie (fig. 2.10). L'exploitation, plus récente, de gisements de pétrole et de gaz en Sibérie occidentale, au nord-est de l'Oural, contribue elle aussi au développement de la région.

La région industrielle centrale et les régions de la Volga et de l'Oural sont des composantes essentielles du cœur de la Russie. Au cours des dernières décennies, l'expansion des trois régions a entraîné le rapprochement de leurs frontières et l'intensification des

L'Union soviétique fabriquait une quantité considérable d'équipement, mais la quasi-totalité de cette production était destinée au marché intérieur, une très faible proportion étant exportée dans les pays non communistes. Un secteur pourtant faisait exception, soit l'armement, et la Russie vend encore aujourd'hui des armes partout dans le monde. La photo montre le port de Saint-Pétersbourg; des canons et des camions blindés sont prêts à être expédiés, probablement en Inde. On remarque aussi les tracteurs de ferme rouges qui attendent d'être chargés à bord des navires, le port à conteneurs et, à l'arrière-plan, les tours d'habitation construites durant la période soviétique.

échanges. Elles contrastent vivement avec le Nord arctique couvert de forêts et relativement peu développé, et avec la partie méridionale comprise entre la mer Noire et la mer Caspienne, montagneuse et isolée. Donc, même dans le cœur de la Russie, la croissance et le développement n'ont pas encore atteint les zones périphériques.

✦ La région pionnière orientale

Du flanc oriental de l'Oural aux sources de l'Amour, et de la latitude de Tioumen à la zone septentrionale du Kazakhstan s'étend la vaste région pionnière orientale, qui est le fruit d'un gigantesque projet d'expansion du cœur de la Russie vers l'est (fig. 2.8). Les cartes des villes et du système de transport terrestre et maritime indiquent que cette région est plus densément peuplée et plus développée dans sa partie occidentale; dans l'est, depuis la longitude du lac Baïkal, les agglomérations isolées qui jalonnent les voies ferrées se succèdent le long d'un axe est-ouest. Trois sous-régions dominent le paysage : le Kouzbass (ou bassin du Kouznetsk) dans l'ouest, la zone du lac Baïkal dans l'est et, au sud, la zone de Karaghandy-Akmola située dans le Kazakhstan septentrional.

Le Kouzbass

À environ 1450 km à l'est de l'Oural se trouve le *Kouzbass* (fig. 2.9), l'un des principaux centres d'industrie lourde développés dans le cadre de la planification nationale soviétique. Comme on a découvert des gisements de minerai de fer de bonne qualité à proximité du bassin houiller du Kouznetsk, des industries utilisant cette ressource se sont implantées dans la région et leur croissance a entraîné celle des centres urbains. La principale ville, Novossibirsk, est située tout près de la zone industrielle, à la croisée du Transsibérien et de l'Ob; elle est devenue un véritable symbole du développement soviétique du vaste arrière-pays de la Russie orientale. Tomsk, située au nord-est de Novossibirsk, est l'une des plus anciennes villes russes de Sibérie; elle a été fondée 300 ans avant la révolution socialiste et est maintenant intégrée au complexe moderne du Kouzbass. Au sud-est de Novossibirsk se trouve Novokouznetsk, un centre sidérurgique dont la production est destinée aux industries mécaniques et métallurgiques régionales; ses usines de produits dérivés de l'aluminium utilisent la bauxite de l'Oural.

Même si le bassin du Kouznetsk recèle des ressources considérables, notamment du charbon et du fer, la croissance industrielle et urbaine de la région est due dans une large mesure à l'habileté de l'État communiste et de ses planificateurs à promouvoir ce type de développement.

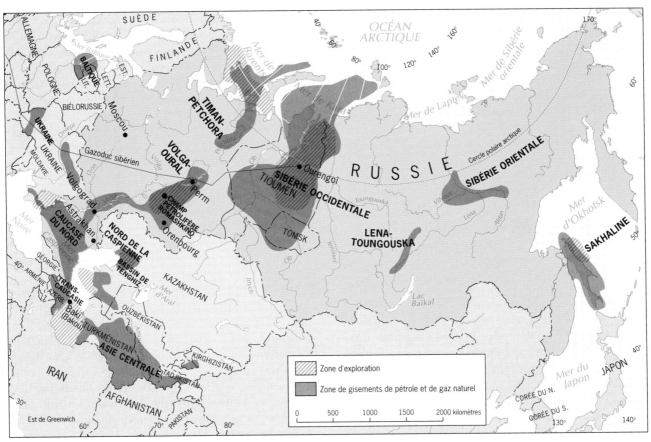

Figure 2.10   Gisements de pétrole et de gaz en Russie et au proche-étranger.

La région de Karaghandy-Akmola

Dans leur marche vers l'est, les planificateurs soviétiques du développement national ne se souciaient pas des frontières en général, et certainement pas des divisions politiques. Ainsi, le développement industriel s'est étendu au nord du Kazakhstan, presque entièrement russifié durant la période soviétique. La partie nord de ce pays se trouve directement dans l'axe d'expansion économique vers l'est, en direction du bassin du Kouznetsk, du plan soviétique (fig. 2.9); ainsi, la construction de routes dans le nord du Kazakhstan visait davantage à relier cette région à la Russie qu'au reste du pays. Cela explique partiellement que la république soviétique kazakh, fondée pour tenir compte de la présence de minorités musulmanes (Kazakhs et autres) dans cette partie de l'Asie centrale, ait abrité la plus importante minorité russophone de toutes les républiques soviétiques, soit 38 % de la population totale (les Kazakhs totalisant 40 %). Les russophones étaient majoritaires dans le nord, les Kazakhs et autres minorités étant concentrés dans le reste du territoire.

Les paysages de la région de Karaghandy-Akmola (fig. 2.9) reflètent l'évolution des événements. La petite ville kazakh de Karaghandy est devenue un centre métallurgique et sidérurgique, une ville russifiée qui échangeait des matières premières et des produits finis avec les autres zones industrielles de la Russie et, plus

particulièrement, l'Oural. De façon analogue, l'ancien centre caravanier Akmola (Akmolinsk, puis Tselinograd sous les Soviétiques) est devenu, au cours des années 1950, un centre administratif et commercial.

Actuellement, un grand nombre de russophones quittent le Kazakhstan, l'indépendance, le nationalisme kazakh et l'islamisation ayant fait d'eux des citoyens de second ordre dans cette partie du « proche-étranger », et surtout dans la lointaine capitale d'Almaty (transférée à Akmola en 1998).

La zone du lac Baïkal

À l'est du Kouzbass, le développement se fait plus discontinu et les distances sont davantage un obstacle (fig. 2.9). Au nord de la république de Touva et, plus à l'est, aux environs du lac Baïkal, des agglomérations, grandes et petites, jalonnent les deux voies ferrées qui se rendent jusqu'au littoral du Pacifique (fig. 2.5). À l'ouest du lac, les corridors ferroviaires traversent le bassin supérieur de l'Ienisseï. Des barrages et des centrales hydroélectriques desservent la vallée de l'Angara et plus particulièrement la ville de Bratsk. L'économie locale repose sur des exploitations minières et forestières ainsi que sur quelques fermes, mais l'isolation prédomine. La ville d'Irkoutsk, au sud-ouest du lac Baïkal, est le principal centre de services sur un vaste territoire qui s'étend en Sibérie au nord et dans le sud-est de la Russie, selon un axe est-ouest.

À l'est du lac Baïkal, la désignation « région pionnière orientale » prend tout son sens : c'est là que se trouve la zone la plus accidentée, la plus éloignée et la plus inhospitalière de tout le sud de la Russie. Elle ne comprend que quelques agglomérations dispersées, qui ne sont souvent que de simples camps. La république de Bouriatie (fig. 2.6) est située dans cette zone; le territoire qui la borde à l'est fut enlevé à la Chine par les tsars et il pourrait éventuellement faire l'objet de contestations. Là où la ligne de démarcation russo-chinoise bifurque vers le sud en suivant l'Amour, la région pionnière orientale laisse la place à l'Extrême-Orient russe.

✦ La Sibérie

Avant d'évaluer le potentiel du littoral pacifique de la Russie, il faut se rappeler que les zones de développement décrites ci-dessus sont concentrées dans la périphérie méridionale du vaste ensemble russe; aucune n'est située dans l'immense territoire sibérien, au nord (fig. 2.8). La Sibérie s'étend de l'Oural à la grande presqu'île du Kamtchatka, qui est vide, morne et inhospitalière. Plus étendue que les États-Unis, la Sibérie a une population estimée à 15 millions d'habitants tout au plus. Elle est le symbole par excellence du caractère rébarbatif du milieu physique russe : des distances considérables, des températures froides dont les effets sont accentués par de forts vents en provenance de l'Arctique, un relief accidenté, des moyens de survie limités.

La Sibérie dispose néanmoins de ressources. On y a découvert de l'or, des diamants et divers autres minéraux précieux, puis des gisements métallifères, notamment du fer et de la bauxite, et, plus récemment, d'importants gisements de pétrole et de gaz (fig. 2.10), dont l'exploitation contribue à répondre à la demande énergétique du pays.

Des fleuves importants, dont l'Ob, l'Ienisseï et la Lena, coulent doucement vers le nord, à travers la Sibérie et la plaine de l'Arctique, pour aller se jeter dans l'océan Glacial Arctique (fig. 2.2). Des centrales hydroélectriques construites dans les bassins fluviaux fournissent l'énergie nécessaire à l'extraction et au raffinement des minerais, de même qu'au fonctionnement des scieries qui exploitent les vastes forêts de la Sibérie.

La géographie humaine de la Sibérie est caractérisée par la fragmentation, car une bonne partie du territoire est pratiquement inhabitable (fig. 2.3). Des bandes de terres ont été colonisées par les Russes; par exemple, sur la carte de la figure 2.3, l'Ienisseï est marqué par la présence de communautés russophones (une suite de petites agglomérations au nord de Krasnoïarsk), et il en est de même pour le bassin supérieur de la Lena. Cependant, ces corridors et ces îlots habités sont séparés les uns des autres par des centaines de kilomètres de territoire vide. Au paroxysme de la terreur stalinienne, les dissidents et les criminels condam-

nés aux travaux forcés étaient envoyés dans les mines et les exploitations forestières de Sibérie, où ils devaient purger leur peine dans des conditions si pénibles que nombre d'entre eux n'en sont jamais revenus.

La géographie politique de la Sibérie orientale est caractérisée par la montée du nationalisme iakoute dans la république de Sakha (anciennement Iakoutie). La découverte récente de ressources (y compris du pétrole et du gaz naturel) donne de plus en plus d'importance à cette république, dont Iakoutsk est à la fois le centre et la capitale.

La Sibérie joue le rôle d'entrepôt frigorifique de la Russie : elle recèle des ressources qui pourraient revêtir une importance considérable pour le développement de la Fédération. Les métaux précieux et les combustibles jouent déjà un grand rôle dans l'économie russe. On peut s'attendre à ce que la réserve de matières premières de la Sibérie contribue, avec le temps, à la croissance de la région pionnière orientale. La construction du BAM (Baïkalo-Amourskaïa Maguistral) au cours des années 1980 est un pas dans cette direction. Cette ligne ferroviaire longue de 3540 km, située au nord du Transsibérien et parallèle à celui-ci, relie directement Taïchet (à proximité de Krasnoïarsk) à Komsomolsk-sur-Amour (fig. 2.5). Jusqu'à maintenant toutefois, de nombreux problèmes ont entravé l'exploitation du nouveau chemin de fer, dont le service régulier est fréquemment interrompu sur de longs tronçons. Une nouvelle zone industrielle importante devrait néanmoins se développer dans le corridor du BAM au cours du XXIe siècle.

✦ L'Extrême-Orient

Le littoral pacifique de la Russie s'étend sur environ 8000 km; il est donc plus long que celui des États-Unis (en incluant l'Alaska). Toutefois, la plus grande partie de la zone côtière orientale est située au nord du 50e parallèle et, du point de vue climatique, elle se trouve du « mauvais côté » du Pacifique. Ainsi, le port de Vladivostok, à l'origine le terminus du Transsibérien, bien qu'à une latitude se situant environ à mi-chemin entre San Francisco et Vancouver, sur la côte ouest américaine, ne pourrait être ouvert à l'année, n'était des brise-glace. C'est loin d'être le cas des ports de la côte américaine du Pacifique.

Les Russes avaient néanmoins décidé de développer le plus possible cette région d'Extrême-Orient (fig. 2.8), et les différences idéologiques qui sont apparues récemment entre la Russie en voie de démocratisation et la Chine fidèle au communisme n'ont fait qu'accroître leur détermination. Dans l'arrière-pays asiatique, la frontière russo-chinoise est marquée par de hautes chaînes de montagnes et des zones arides inhabitées; au sud du Kouzbass et du lac Baïkal, la république de Mongolie forme en quelque sorte une **zone tampon** entre la Chine et la Russie. Par contre, dans la zone du Pacifique, l'Extrême-Orient russe et le nord-est de la Chine sont situés de part et d'autre d'une frontière contestée, marquée par l'Amour et son affluent l'Oussouri.

Comme l'indique la carte des zones climatiques (fig. I.7), l'Extrême-Orient russe n'a rien du jardin de l'Éden. La proximité de l'océan Pacifique ne contribue pas vraiment à adoucir le climat; les étés n'y sont que légèrement plus longs et plus doux qu'en Sibérie. Dans l'ensemble, l'Extrême-Orient russe est une région sauvage très accidentée, et la population y est clairsemée. Des exploitations forestières et des villages de pêcheurs isolés sont disséminés sur le territoire; les fruits de mer constituent encore aujourd'hui la base de l'économie. La flottille de pêche russe part de Vladivostok et de quelques petits ports plus au nord pour aller sillonner la mer d'Okhotsk et le Pacifique Nord, en quête de saumon, de hareng, de morue et de maquereau; ces poissons sont congelés ou mis en conserve, puis expédiés par chemin de fer aux marchés éloignés de l'Ouest.

Comme c'est le cas pour la Sibérie, on ne connaît pas toutes les réserves de minéraux de l'Extrême-Orient russe. Il existe un gisement de charbon de qualité supérieure dans le bassin de la Boureïa (un affluent de l'Amour), et on a découvert du minerai de fer près de Komsomolsk, actuellement le principal producteur d'acier de la région. De plus, à proximité de cette ville se trouvent les gisements d'étain qui constituent la première source d'approvisionnement du pays.

Durant la période soviétique, le port de Vladivostok, qui renfermait une immense base navale, n'était accessible qu'aux têtes dirigeantes du Parti communiste. Maintenant, la rade grouille de cargos transportant des marchandises de contrebande, depuis des automobiles usagées jusqu'à des magnétoscopes. La clique russe qui contrôle la ville rêve de créer la « république Maritime » et fait bien peu de cas des directives de Moscou. La flotte qui fit à une certaine époque la fierté des Russes rouille le long des quais. Vladivostok ayant longtemps été interdit aux étrangers, Nakhodka pouvait s'enorgueillir du titre de premier centre commercial et de plus important port de pêche de l'Extrême-Orient russe. Aujourd'hui, les maîtres de Vladivostok, qui n'hésitent pas à jouer dur, veulent lui reprendre ce titre.

Le principal axe de développement urbain et industriel de l'Extrême-Orient russe suit le système Amour-Oussouri, du port de Vladivostok au sud — où se trouvent une immense base navale, un important chantier naval et de vastes usines de transformation du poisson — jusqu'à Komsomolsk au nord (fig. 2.9). La ville de Khabarovsk, située au confluent de l'Amour et de l'Oussouri, tire d'énormes avantages de sa position centrale. Ses industries mécaniques et métallurgiques utilisent le fer et l'acier de Komsomolsk; ses industries chimiques dépendent du pétrole de Sakhaline, située à proximité; ses fabriques de meubles emploient le bois des forêts omniprésentes dans la région.

Le Transsibérien a été prolongé à l'est de Vladivostok sur une distance de 90 km, jusqu'à Nakhodka, située sur le littoral. Principale ville de la région avant la fondation de Vladivostok, Nakhodka est l'agglomération de l'Extrême-Orient russe la plus au sud et abrite un port en forte croissance. Ce dernier donne sur la mer du Japon : de l'autre côté s'étend l'une des plus grandes puissances économiques du monde, dont l'approvisionnement en matières premières dépend essentiellement de l'importation.

Compte tenu de la géographie régionale, comment se fait-il que les échanges commerciaux russo-japonais ne se soient jamais développés ? La réponse a quelque chose d'ironique. Le Japon et l'Union soviétique ne signèrent jamais de traité mettant fin à la guerre (la Seconde Guerre mondiale) entre eux, les Soviétiques

Le pétrole et le gaz naturel comptent parmi les ressources les plus précieuses de la Russie. Cependant, l'équipement et les installations servant à leur exploitation tombent souvent en panne en raison d'un mauvais entretien. En 1994, une catastrophe écologique s'est produite dans la région de Oussinsk, dans le nord de la Russie : d'immenses nappes de pétrole ont couvert la taïga à la suite d'un déversement accidentel. Les autorités russes ont maintenu que la quantité répandue n'était que de 13 000 tonnes, mais, selon d'autres sources, 280 000 tonnes de pétrole auraient effectivement été déversées.

ayant occupé et annexé quatre petites îles japonaises de l'archipel des Kouriles, au nord-est de Hokkaido (fig. 9.16). Les Japonais demandèrent que ces îles leur soient rendues, mais les Soviétiques refusèrent; le problème resta donc entier, ce qui non seulement différa la signature du traité, mais fit également obstacle aux échanges commerciaux entre les deux puissances. En 1990, Gorbatchev, alors président de l'Union soviétique, rencontra les dirigeants japonais, qui lui offrirent 26 milliards de dollars américains en échange des îles contestées. Les Japonais s'engageaient de plus à effectuer des travaux de prospection en Russie extrême-orientale et en Sibérie orientale, à acheter des matières premières de la Russie et à participer au développement des infrastructures de la région. Les négociations furent interrompues par l'effondrement de l'Union soviétique. Lorsque le nouveau président russe, Boris Eltsine, rencontra les Japonais, il jura de ne pas céder « un mètre carré » du territoire russe. Malgré les efforts diplomatiques déployés depuis, la question reste en suspens, ce qui retarde la croissance de la région tout entière et l'entrée de la Russie dans la sphère économique de l'Asie de l'Est.

Certains comparent l'Extrême-Orient russe actuel au *Wild West* américain d'une autre époque. Les vols, les crimes violents, la corruption et un gouvernement régional très autoritaire font de la région un endroit où il est difficile de faire des affaires. Si on ajoute à cela le manque de fiabilité du système ferroviaire et le peu d'efficacité du port à conteneurs de Vostotchnyi dans l'agglomération de Nakhodka, il est évident que les avantages reliés à la position relative de la région sont annulés par l'inaction et la mauvaise administration. L'Extrême-Orient russe a un énorme potentiel économique, mais des obstacles tant internes qu'externes freinent sa croissance. Non seulement la Russie n'a pas accepté l'offre des Japonais, mais la menace d'un conflit avec la Chine plane toujours; envieuse, cette dernière ne demanderait pas mieux que de faire de Vladivostok son principal port d'exportation... Rien de ce que les Russes d'Extrême-Orient ont fait jusqu'à maintenant n'était de nature à stimuler la coopération russo-chinoise. Donc, si un jour Moscou finit par accéder aux aspirations de la « république Maritime », celle-ci connaîtra vraisemblablement des journées difficiles.

✦ La zone de transition transcaucasienne

Le territoire compris entre l'ensemble géographique russe et celui qui réunit l'Afrique du Nord et l'Asie du Sud-Ouest forme une région très complexe sur les plans géomorphologique, historique et culturel. Du point de vue topographique, la région est dominée par le Caucase, un ensemble montagneux dont les vallées furent le théâtre d'innombrables guerres; du point de vue historique, elle fut, et est encore, le lieu d'affrontements entre chrétiens et musulmans, Russes et Turcs, Arméniens et Iraniens; du point de vue culturel, elle forme une mosaïque de langues, de religions et de cultures. Bref, cette région constitue à bien des égards les Balkans de l'Asie.

Le terme géographique « zone de transition transcaucasienne » reflète le caractère changeant de cette région agitée, formée de trois entités politiques : la Géorgie, l'Arménie et l'Azerbaïdjan (fig. 2.11).

Ces trois anciennes républiques d'Union soviétique font partie du territoire que les Russes appellent le « proche-étranger ».

Avant d'étudier la géographie régionale de la zone de transition, il serait bon d'en préciser la position relative. Elle est bornée au nord par la Fédération russe, mais non par la Russie proprement dite. Presque tout son flanc nord, qui va de la mer Caspienne à la mer Noire, est occupé par des républiques de la Fédération de Russie; certaines sont stables et paisibles, d'autres instables et en ébullition. Au sud, elle est flanquée par l'Iran et la Turquie, deux pays musulmans avec lesquels elle a des liens historiques. L'Iran et l'Azerbaïdjan ont un passé commun, et la Turquie entretient depuis longtemps des relations orageuses avec l'Arménie. Ces forces extérieures continuent d'exercer une influence sur le cours des événements en Transcaucasie.

Mais où se situe donc vraiment la zone de transition transcaucasienne ? Cette question reste sans réponse au tournant du siècle. La Géorgie, qui donne sur la mer Noire, a affirmé son « européanité », et le gouvernement, rompu aux conflits, a fait part de ses intentions de resserrer les liens qui unissent le pays à l'Europe. L'Arménie, enfermée dans les terres et fragmentée, est un État chrétien presque encerclé par des territoires musulmans. Enfin, l'Azerbaïdjan (fig. 2.11) est en réalité la moitié septentrionale d'une province dont le sud fait partie de l'Iran actuel. Les problèmes territoriaux urgents sont à ce point nombreux en Transcaucasie qu'on a choisi d'étudier cette région séparément, sa configuration pouvant être bouleversée à tout moment. Il s'agit réellement d'une zone en transition : ses trois républiques sont peu étendues et leur influence est relativement limitée, alors que plusieurs des puissants États voisins ne demanderaient pas mieux que d'imposer leur autorité sur la région (ou même d'en intégrer certaines parties).

La Géorgie

Des trois républiques de Transcaucasie, la Géorgie est la seule à donner sur la mer Noire. La Géorgie est un pays de hautes montagnes et de vallées fertiles, dont la géographie politique est complexe. Sa population de 5,4 millions d'habitants est géorgienne à plus de 70 %, mais elle comprend aussi des Arméniens (8 %), des

Russes (6 %), des Azerbaïdjanais ou Azéris (6 %) et une proportion plus faible d'Ossètes (3 %) et d'Abkhazes (2 %). Par ailleurs, la Géorgie comprend trois entités autonomes dominées chacune par une minorité : les républiques autonomes d'Abkhazie et d'Adjarie à l'est, et la région autonome d'Ossétie du Sud (fig. 2.11).

Tbilissi, capitale de la Géorgie depuis 15 siècles, était le centre d'un puissant empire à la fin du XIIᵉ siècle. Mais après avoir été l'enjeu de luttes islamiques entre Turcs et Perses, la Géorgie sollicita la protection de la Russie qui, étant à la recherche de ports en eaux chaudes, l'annexa.

La Géorgie est reconnue pour la beauté de ses paysages, son climat doux et hospitalier, la variété de sa production agricole (et surtout son thé), son bois, son manganèse et d'autres produits. Les vins, le tabac et les agrumes géorgiens sont très recherchés. La diversité de son économie pourrait permettre à la Géorgie de devenir un État viable.

Après la déclaration d'indépendance du pays, en 1991, des luttes entre factions aboutirent à la dissolution du premier gouvernement élu. Mais le pire était

Le mont Elbrous (5642 m) est le point culminant du Caucase; on le qualifie souvent, à tort, de plus haut sommet d'Europe. Une église orthodoxe orientale se dresse sur une haute montagne voisine.

Figure 2.11   La zone de transition transcaucasienne.

encore à venir. Les aspirations à l'autodétermination de certaines parties de la république autonome géorgienne d'Ossétie du Nord donnèrent lieu à de violents combats; de plus, une autre république, l'Abkhazie, proclama son indépendance en 1991.

En échange de l'autorisation de conserver des bases militaires permanentes sur le territoire géorgien, l'armée russe accepta finalement de rétablir l'ordre. Dans ce processus, la Géorgie perdit cependant un peu de sa souveraineté.

Entre-temps, l'économie prometteuse de la Géorgie s'était grandement affaiblie; l'industrie touristique était moribonde et les réputées stations thermales subtropicales (celles qui n'avaient pas été détruites au cours du conflit) restaient vides. Si la géographie politique de la Géorgie comporte un élément positif, c'est bien la présence dans le sud-ouest du pays de la république d'Adjarie. Aucun mouvement de sécession ne s'y est fait sentir : la population à plus de 80 % géorgienne compte 10 % de Russes et 5 % d'Arméniens. Toutefois, cette composante positive n'a pas suffi à raviver l'espoir en Géorgie, où l'enthousiasme postsoviétique fut vite brisé par le déclenchement de la guerre civile.

L'Arménie

Enfermée dans les terres et bornant la Géorgie au sud, l'Arménie a connu un sort encore pire que celui de la république voisine, non seulement sur le plan politique mais aussi sur le plan environnemental. En effet, l'Arménie occupe la partie la plus montagneuse et la plus accidentée de la Transcaucasie, où les séismes sont fréquents. Elle n'est d'ailleurs pas encore remise du tremblement de terre de 1988 qui a tué des milliers de personnes.

Avec une superficie à peu près égale à celle de la Belgique, l'Arménie est la moins étendue de toutes les républiques soviétiques. Elle forme un long corridor étroit, qui, en s'étendant vers le sud-est, divise en deux le territoire azerbaïdjanais et en isole la pointe du sud-ouest (fig. 2.12).

Convertis au christianisme il y a 17 siècles, les Arméniens tentent depuis plus d'un millénaire d'établir la paix sur leur territoire situé à la limite du monde musulman. La chose n'est pas facile, comme le rappellent cruellement les conflits ethniques dans lesquels la chrétienne Arménie et l'Azerbaïdjan musulman se sont engagés, au lendemain de leur indépendance, à propos du Haut-Karabakh, une enclave en sol azerbaïdjanais, où sont installées des communautés chrétiennes arméniennes (fig. 2.12). Avec cette guerre, l'économie arménienne, déjà fragile, s'est effondrée.

L'Arménie n'est pourtant pas dépourvue d'atouts. Elle a une population (près de 4 millions d'habitants) étonnamment homogène, compte tenu du fait qu'elle est une ancienne entité soviétique et, qui plus est,

transcaucasienne : plus de 90 % de la population est d'ascendance arménienne et de confession chrétienne. En outre, l'Arménie dispose de ressources : elle possède de riches gisements de minerais, elle produit une large gamme de fruits subtropicaux dans des vallées bien irriguées, et les centrales hydroélectriques construites durant la période soviétique assurent un approvisionnement énergétique tout à fait adéquat. La capitale, Erevan, est une grande métropole qui abrite plus du tiers de la population du pays; elle est située à proximité de la frontière avec la Turquie. Cependant, l'Arménie demeure exposée aux répercussions de conflits déclenchés par ses voisins proches ou éloignés.

L'Azerbaïdjan

Alors que la Géorgie et l'Arménie, situées sur le flanc occidental de la zone de transition transcaucasienne, sont des communautés chrétiennes, l'Azerbaïdjan, situé plus à l'est, au bord de la mer Caspienne, est une vieille communauté islamique que son passé rattache à l'Iran, qui le borde au sud. On verra au chapitre 6 qu'une des provinces iraniennes porte elle aussi le nom d'Azerbaïdjan; la séparation d'avec l'Iran s'est produite au XIXᵉ siècle au cours de l'avancée des Russes vers le sud. Même si l'athéisme était officiellement de rigueur en Union soviétique, les Azéris, qui sont maintenant presque 8 millions, n'ont jamais renié leur foi chiite; après la déclaration d'indépendance, l'islamisme a connu un regain de vigueur.

La morphologie du territoire de l'Azerbaïdjan, tout comme sa position relative, est une source de conflit. Le pays est divisé en deux parties par la pointe sud-est de l'Arménie (fig. 2.11), et Nakhitchevan se trouve isolé du reste du pays; en outre, l'Azerbaïdjan musulman entoure l'*enclave* arménienne et chrétienne du Haut-Karabakh. Le conflit dévastateur au cours duquel, au début des années 1990, les forces en présence se disputèrent cette enclave marqua un net recul pour les deux États : des milliers de personnes furent tuées et beaucoup d'autres durent chercher refuge à l'étranger. L'Arménie souhaitait relier le Haut-Karabakh au cœur du pays par un corridor, tandis que l'Azerbaïdjan voulait chasser les Arméniens et établir son autorité sur cette enclave problématique. La médiation des Turcs permit notamment de réduire la violence, mais les deux protagonistes ne trouvèrent pas de solution satisfaisante.

En théorie, les réserves de pétrole de l'Azerbaïdjan devraient former la base d'une économie florissante, mais la signature d'ententes commerciales concernant la vente de ce produit à des pays étrangers a été entravée par l'intervention de la Russie dans cette région du « proche-étranger ». La Fédération russe affirme que l'ensemble des gisements de pétrole situés sous la mer Caspienne est la propriété commune de tous les États issus de la dislocation de l'Union soviétique. De plus, l'Azerbaïdjan doit présentement utiliser un oléoduc qui traverse le territoire russe (Daghestan, Groznyi) pour exporter son pétrole via un port de la mer Noire.

Le maintien de bases militaires en Géorgie et l'intervention dans l'économie azerbaïdjanaise indiquent clairement que la Russie considère la zone de transition transcaucasienne comme une composante importante du « proche-étranger ». Dans cette zone, elle se trouve toutefois face à deux des principaux pays musulmans : la Turquie et l'Iran. Comme ce sont les Russes qui ont construit dans cette région un complexe pétrolifère et gazéifère dont dépend une grande partie du sud de la Fédération de Russie, ils ne sont pas près d'y relâcher leur influence.

En conclusion, comme toutes les régions de la Russie proprement dite et du « proche-étranger », la zone de transition transcaucasienne vit à bien des égards une période de... transition. Elle a conservé plusieurs des caractéristiques inhérentes à sa situation frontalière. L'influence russe se fait toujours sentir au nord, alors que la pression islamique émane du sud. De vieilles animosités divisent encore les Turcs et les Arméniens, tandis qu'un héritage culturel commun lie les Azéris d'Azerbaïdjan et d'Iran. La géographie régionale de la Transcaucasie justifiera peut-être un jour le tracé d'une frontière entre ensembles géographiques dans cette zone, mais au tournant du siècle cela ne semble pas sur le point de se faire.

QUESTIONS DE RÉVISION

1. Décrivez la place qu'occupe la Russie, quant à la superficie, en la comparant à d'autres pays parmi les plus grands du monde.

2. Expliquez comment la Russie a réussi à se créer un si vaste empire colonial.

3. Pourquoi la majorité de la population russe est-elle concentrée à l'ouest de l'Oural, qui ne représente qu'un cinquième du pays ?

4. Quel rôle jouent les différences ethniques dans l'organisation de l'État russe, et comment ces différences menacent-elles l'existence même de la Fédération ?

5. Malgré la longueur exceptionnelle de son littoral, pourquoi la Russie est-elle considérée comme mal pourvue en ports maritimes ?

6. Comment les voisins musulmans du sud-ouest de la Russie peuvent-ils présenter une menace pour les frontières russes ?

7. Expliquez pourquoi, malgré ses ressources considérables, la Russie produit si peu de biens de consommation de haute qualité.

CHAPITRE 3

Votre étude de la géographie des grandes régions de l'Amérique du Nord terminée, vous pourrez :

1 Comprendre les similitudes et les différences entre les populations des États-Unis et du Canada.

2 Connaître les traits marquants de la géographie physique de l'Amérique du Nord.

3 Esquisser l'histoire du peuplement des zones rurales des États-Unis au XIXe siècle et des zones urbaines au XXe siècle.

4 Comprendre les transformations culturelles et économiques associées au postindustrialisme des années 1990 et à la réorganisation de l'espace urbain et régional.

5 Apprécier les forces qui modèlent la géographie économique des États-Unis : le rôle changeant des ressources naturelles, l'approvisionnement énergétique, la régionalisation de l'agriculture, le déclin des industries traditionnelles et les effets considérables de la révolution postindustrielle.

6 Mieux saisir certains enjeux du Canada contemporain et les forces susceptibles d'entraîner une scission alors que s'intensifie le mouvement d'indépendance au Québec.

7 Comprendre l'infrastructure régionale changeante de l'Amérique du Nord.

8 Positionner sur la carte les principales caractéristiques physiques, culturelles et économiques de cet ensemble géographique.

L'Amérique du Nord : la mutation postindustrielle

L'ensemble nord-américain comprend deux pays qui présentent de nombreuses similitudes. La culture européenne a laissé son empreinte tant aux États-Unis qu'au Canada. L'anglais est la langue dominante aux États-Unis, alors qu'il y a deux langues officielles au Canada, l'anglais et le français. La très grande majorité des pratiquants adhèrent au christianisme, et la plupart des habitants sont d'ascendance européenne. Il n'est donc pas étonnant que l'influence du Vieux Continent soit omniprésente dans les arts, l'architecture et les autres modes d'expression culturelle.

La société nord-américaine est l'une des plus urbanisées du globe : rien ne la représente mieux que les gratte-ciel de New York, de Toronto ou de Chicago. En outre, les Nord-Américains forment une population très mobile ; des réseaux d'autoroutes et de chemins de fer de même que des lignes aériennes commerciales relient efficacement les villes et les régions dispersées sur un vaste territoire. Les banlieusards envahissent les centres d'affaires de la périphérie et du centre-ville des métropoles chaque jour ouvrable, pour en repartir en fin d'après-midi. De plus, chaque année, une personne sur six change de domicile.

Durant les années 1990, l'Amérique du Nord est entrée dans une nouvelle ère. C'est la troisième fois qu'un changement de cette envergure se produit depuis l'arrivée de Christophe Colomb dans le Nouveau Monde, il y a plus de 500 ans. Pendant les quatre premiers siècles, l'agriculture et la vie rurale ont dominé; la seconde époque, soit l'ère industrielle marquée par l'urbanisation, qui a duré environ un siècle, vient de prendre fin. En effet, une société et une **économie postindustrielles** se développent actuellement au Canada comme aux États-Unis : la production et le traitement d'informations, les services spécialisés et les usines à la fine pointe de la technologie dominent, et cela dans le cadre d'un réseau international de relations commerciales. Alors que les cols bleus sont remplacés par des cols blancs à un rythme effarant et que le milieu de travail est de plus en plus informatisé, l'Amérique du Nord tout entière vit de profonds bouleversements. Plusieurs qualifient maintenant de « zone de la rouille » *(Rustbelt)* la zone manufacturière sur le déclin du nord-est des États-Unis et du sud-est du Canada. Par contre, dans les États américains du Sud et de l'Ouest *(Sunbelt),* les centres urbains prestigieux se multiplient, particulièrement autour de la *Silicon Valley,* en banlieue de San Francisco, et à proximité des autres technopôles au Texas, en Caroline du Nord, en Floride, en Arizona et en Caroline du Sud.

La géographie humaine des États-Unis et du Canada connaît évidemment des transformations analogues, de nouvelles et puissantes forces y faisant leur apparition. Des régions se développent alors que d'anciens centres luttent pour survivre en se restructurant. Simultanément, à l'échelle métropolitaine, les villes industrielles vivent des bouleversements profonds alors que de nouvelles possibilités de croissance s'offrent à leurs banlieues (qui abritent maintenant plus de la moitié de la population américaine) et aux zones rurales en voie d'urbanisation.

Portrait de l'ensemble nord-américain

Deux pays hautement industrialisés

Même si le Canada et les États-Unis se ressemblent sur les plans historique, culturel et économique, ils présentent des différences importantes, attribuables en partie à des facteurs spatiaux. Les États-Unis, dont la superficie est légèrement inférieure à celle du Canada, occupent le centre de l'Amérique du Nord, d'où la plus grande diversité des milieux naturels. La population américaine est dispersée dans la quasi-totalité du pays, mais les côtes de l'Atlantique et du Pacifique sont plus densément peuplées. Par contre, la très grande majorité des Canadiens vivent à l'intérieur d'un corridor orienté est-ouest qui longe la frontière américaine et dont la largeur ne dépasse pas 320 km. Les États-Unis

englobent le prolongement nord-ouest du continent nord-américain : l'Alaska. (L'État d'Hawaii est par contre inclus dans les archipels du Pacifique.) Donc, contrairement au Canada, les États-Unis constituent un *pays fragmenté* (pays dont le territoire discontinu est composé de plusieurs parties séparées par un ou des pays étrangers ou des étendues d'eau internationales).

Contrastes démographiques

La comparaison des populations quant à leur importance numérique et à leur composition fait également ressortir des différences. En 1997, la population des États-Unis totalisait environ 267 millions d'habitants, alors que celle du Canada atteignait à peine plus du dixième, soit 30 millions d'habitants. Mais bien qu'étant relativement petite, la population canadienne connaît des divergences associées à la culture et aux traditions, et ces divergences se manifestent fortement à l'échelle régionale. L'anglais est la langue principale de 62 % des Canadiens, alors que le français est parlé par 24 % de la population et que 14 % utilisent une autre langue; les Amérindiens et les Inuits ne forment qu'environ 2 % de la population totale du pays.

Le multilinguisme canadien est accentué par la forte concentration des francophones (plus de 85 %) au Québec. Foyer historique, traditionnel et culturel des Canadiens d'ascendance française, le Québec chevauche, en son centre et dans sa partie inférieure, la vallée du Saint-Laurent, qui fut la principale route d'accès à toute l'Amérique du Nord pour les premiers colons français. Deuxième province quant à la population, il

Le paysage du centre-ville de Chicago que l'on voit sur la photo rappelle que même les pays les plus prospères renferment des aires de misère extrême. L'intersection en question se trouve au centre d'un ghetto en expansion situé dans l'ouest de la ville et entouré d'une foule de maisons abandonnées et délabrées de même que d'usines et d'entrepôts désaffectés. À part la *Sears Tower* (surmontée de deux mâts blancs), qui est le plus haut gratte-ciel d'Amérique du Nord, ce paysage n'a rien d'unique : il est malheureusement très représentatif des quartiers défavorisés qui font partie intégrante de toutes les grandes métropoles industrielles américaines.

PRINCIPALES CARACTÉRISTIQUES GÉOGRAPHIQUES DE L'AMÉRIQUE DU NORD

1. L'Amérique du Nord est formée de deux des plus vastes États du monde : le Canada arrive au second rang et les États-Unis, au quatrième.

2. Le Canada et les États-Unis sont tous deux des États fédéraux, mais leurs régimes politiques respectifs diffèrent. Le système canadien est une adaptation du régime parlementaire britannique; la fédération canadienne comprend dix provinces et trois territoires. Aux États-Unis, les pouvoirs exécutif et législatif sont séparés; l'Union est composée de 50 États, du commonwealth de Porto Rico et de territoires insulaires sous administration américaine, situés dans les Antilles et le Pacifique.

3. Le Canada et les États-Unis sont tous deux des sociétés pluralistes. Au Canada, malgré l'accentuation de la multiethnicité, cette caractéristique se manifeste essentiellement par le bilinguisme régional, alors qu'aux États-Unis les principales divisions sont de nature ethnique et raciale.

4. La majorité des francophones du Québec soutiennent l'important mouvement d'indépendance de cette province. Au référendum de 1995, ce sont les minorités non francophones qui ont assuré par une faible marge la victoire des partisans du maintien du Québec au sein de la fédération canadienne. Le prochain référendum pourrait marquer la fin de l'existence du Canada dans ses limites actuelles.

5. L'Amérique du Nord est un ensemble géographique prospère, où le revenu et le taux de consommation moyens sont élevés. Ses ressources naturelles sont très diversifiées, mais la consommation des matières premières non renouvelables est effrénée et l'approvisionnement local en énergie n'est pas assuré pour l'avenir.

6. L'Amérique du Nord est l'un des ensembles géographiques les plus urbanisés bien que sa densité de population soit relativement faible. C'est également l'ensemble géographique où les habitants sont les plus mobiles.

7. L'Amérique du Nord comprend l'un des complexes manufacturiers les plus importants du monde. L'industrialisation du continent a entraîné une croissance sans précédent des centres urbains et, dans les deux pays, la société se transforme rapidement sous l'influence de la mutation postindustrielle de l'économie.

8. L'Accord de libre-échange nord-américain a créé des liens encore plus étroits entre les économies respectives des États-Unis, du Canada et du Mexique. Les obstacles aux échanges commerciaux entre les trois pays, de même qu'aux investissements internationaux, sont en voie d'être éliminés.

---

englobe aussi la deuxième métropole du pays, Montréal. Au cours des dernières décennies, le mouvement nationaliste québécois a connu un regain de vigueur considérable et il prône la séparation de la province du reste du Canada; les partisans de l'indépendance du Québec furent défaits par une faible marge au dernier référendum, tenu en 1995.

Le cœur du pays se trouve principalement en Ontario, la province canadienne la plus peuplée, dont le centre est la métropole de Toronto. La minorité francophone ontarienne représente seulement 5 % environ de la population de la province et elle est concentrée dans l'est, le long de la frontière québécoise. À l'ouest de l'Ontario s'étendent les provinces des Prairies, soit le Manitoba, la Saskatchewan et l'Alberta, où les minorités française, allemande et ukrainienne forment de 4 à 7 % de la population totale de chaque province. La Colombie-Britannique, la province la plus à l'ouest et la troisième du Canada par la taille de sa population, a comme centre la métropole de Vancouver; c'est également la province où le fait français est le moins présent : plus de 80 % des habitants sont d'ascendance britannique, alors que seulement 1,5 % sont d'origine française, une proportion largement inférieure à celle des Asiatiques dont le nombre croît sans cesse.

Aucune division linguistique ne menace l'unité de l'autre fédération nord-américaine, mais on y rencontre un **pluralisme culturel** d'une autre nature. Le clivage entre les Américains d'ascendance européenne (plus de 80 % des habitants) et ceux d'origine africaine (12 % de la population en 1995) est plus marqué que les disparités linguistiques ou ethniques, qui font également partie de la mosaïque culturelle des États-Unis. Malgré les progrès réalisés au cours de la seconde moitié du siècle par les mouvements de défense des droits de la personne, grâce auxquels les *bases légales* de la ségrégation raciale dans la vie publique se sont grandement affaiblies, la très grande majorité des Blancs refusent toujours la présence de Noirs dans leur environnement immédiat; la ségrégation raciale *de fait* continue donc de prévaloir sur la quasi-totalité du territoire dans le domaine du logement. Même s'il n'existe aucun mouvement souverainiste régional comparable à celui qui se manifeste au Québec, il ne fait aucun doute que la ségrégation raciale persistante à l'échelle locale a donné naissance à deux sociétés distinctes inégales, l'une blanche et l'autre noire.

Richesse et influence économique

Selon tous les indicateurs de développement, les États-Unis et le Canada sont parmi les pays les plus avancés : le niveau de vie moyen de leurs habitants se classe parmi les plus élevés du monde. Cependant, tous n'ont pas d'excellentes conditions de vie; la misère est en fait très répandue et elle touche plus particulièrement le centre des grandes villes américaines de même que les réserves amérindiennes ou inuits. Dans les zones les plus défavorisées, la malnutrition est endémique bien qu'elle n'atteigne pas la même gravité que dans les pays sous-développés, où les pauvres souffrent quotidiennement d'une misère extrême.

Les sociétés hautement développées d'Amérique du Nord ont joué un rôle prépondérant dans la sphère internationale en raison de leur histoire et de leur géographie. Bien pourvus en ressources naturelles et humaines, les deux pays ont brillamment mis celles-ci à profit pour assurer leur prospérité et acquérir de l'influence à l'échelle mondiale : durant les premières décennies du XXᵉ siècle, la révolution industrielle nord-américaine a surpassé celle qui avait bouleversé l'Europe.

Mais la plus grande victoire pour l'ensemble nord-américain est probablement celle durement remportée sur un milieu naturel vaste et rébarbatif. En améliorant constamment leurs réseaux de transport et de communication, les États-Unis et le Canada ont réussi à organiser sur de grandes distances (plus de 4000 km) et selon un axe est-ouest la totalité des deux pays, où les éléments physiographiques, y compris les obstacles formés par les chaînes de montagnes, sont en grande majorité orientés selon un axe nord-sud. Les découvertes réalisées dans le domaine du transport ferroviaire, routier et aérien au cours des 150 dernières années ont permis de réduire les distances géographiques, ou d'accroître la **convergence espace-temps**, c'est-à-dire que les déplacements entre des régions éloignées ont demandé de moins en moins de temps, entraînant une plus grande dispersion des personnes et des activités.

Même si les États-Unis et le Canada présentent toujours des différences importantes, ils entretiennent néanmoins des relations étroites et cordiales; la limite entre les deux pays est de loin la plus longue frontière internationale ouverte du monde (environ 80 millions d'individus la traversent chaque année). Il est clair que les rôles respectifs des deux États sur la scène mondiale sont intimement liés. Les événements qui se produisent en Amérique du Nord, et les raisons qui sous-tendent ceux-ci, sont d'une importance cruciale pour tous les pays du globe. Les États-Unis et le Canada forment l'ensemble géographique le plus développé; leur évolution à l'ère postindustrielle sera déterminante pour l'avenir de nombreux autres États.

Géographie physique

Avant d'examiner plus en détail la géographie humaine des États-Unis et du Canada, il est bon de prendre connaissance du cadre physique dans lequel ces deux pays se sont développés. La masse continentale nord-américaine s'étend de l'océan Glacial Arctique au Panamá, mais nous faisons coïncider la limite sud de l'ensemble géographique avec la frontière mexicano-américaine. L'Amérique du Nord ainsi définie va quand même des latitudes quasi tropicales du sud de la Californie et du Texas jusqu'aux régions subpolaires de l'Alaska et de la frontière nord du Canada. Quant au reste de la masse continentale nord-américaine, il forme avec les îles des Antilles un ensemble géographique distinct étudié au chapitre 4 : l'ensemble centraméricain.

Le milieu naturel

Le milieu naturel nord-américain est caractérisé par des **régions physiographiques** homogènes bien définies. Le relief, le climat, la végétation, le sol et les conditions naturelles de chacune présente un certain degré d'uniformité, donc des paysages typiques. On n'a qu'à penser aux montagnes Rocheuses, aux Grandes Plaines de l'Ouest ou aux Appalaches; cependant, d'autres régions ont des frontières moins marquées.

La carte physique détaillée de l'Amérique du Nord est reproduite à la figure 3.1. Le trait le plus frappant est l'orientation nord-sud de la principale ossature montagneuse, les Rocheuses, dont le relief accidenté domine la partie ouest du continent, de l'Alaska au Nouveau-Mexique. La principale composante de l'est de l'Amérique du Nord est une chaîne de montagnes beaucoup moins élevée, les Appalaches; ce massif est orienté selon un axe NE-SO et il s'étend des Provinces atlantiques jusqu'en Alabama. La direction des Rocheuses et des Appalaches est une caractéristique importante : contrairement aux Alpes européennes, ces chaînes ne constituent pas un obstacle naturel pour les masses d'air polaire et tropical, en provenance respectivement du nord et du sud, qui balaient l'intérieur du continent.

Entre les Rocheuses et les Appalaches, du delta du Mackenzie sur l'océan Arctique au littoral du golfe du Mexique, s'étend la vaste plaine centrale. Celle-ci se divise en plusieurs régions : 1° le Bouclier canadien, noyau géologique du continent qui renferme les roches les plus anciennes; 2° la Plaine centrale proprement dite, largement recouverte de débris restés sur place au moment de la fonte des glaciers à la fin du cénozoïque; 3° les Grandes Plaines de l'Ouest, vaste étendue sédimentaire qui s'élève doucement vers l'ouest

Figure 3.1 Physiographie de l'Amérique du Nord.

en direction des Rocheuses. Le long de la frontière méridionale, les Plaines de l'intérieur se fondent dans les plaines côtières de l'Atlantique et du golfe du Mexique, qui s'étirent du sud du Texas jusqu'à Long Island dans l'État de New York et comprennent le Piémont appalachien du côté de l'océan.

À l'ouest des Rocheuses se trouve une zone de bassins et de plateaux d'entremont. Cette région comprend : 1° dans le sud, le plateau du Colorado, recouvert d'une épaisse couche de sédiments et incluant le splendide Grand Canyon; 2° dans le nord, le plateau de la Columbia, couvert d'épanchements de lave; 3° le Grand Bassin, une zone de cuvettes et de chaînes montagneuses, faisant partie du Nevada et de l'Utah, qui

comprenait plusieurs lacs de l'époque glaciaire dont il ne reste plus qu'un vestige : le Grand Lac Salé.

Cette dernière région physiographique est qualifiée d'*entremont* à cause de sa localisation entre les Rocheuses à l'est et les chaînes côtières longeant le Pacifique à l'ouest *(Coast Range)*. Un système de hautes montagnes presque ininterrompu, résultant de la collision des plaques de l'Amérique du Nord et du Pacifique (fig. I.3), domine la côte ouest américaine, de la péninsule de l'Alaska au sud de la Californie. Les principales composantes de cette zone côtière montagneuse sont la Sierra Nevada (Californie), la chaîne des Cascades (Oregon et Washington) et la chaîne de hauts massifs qui longe le littoral pacifique en Colombie-

Britannique et dans le sud de l'Alaska. Trois larges vallées, densément peuplées, forment l'unique interruption digne de mention : la Grande Vallée constituée des vallées du Sacramento et de San Joaquim; la dépression du Puget Sound dans l'État de Washington, qui s'étend vers le sud jusque dans la vallée de la Willamette dans l'ouest de l'Oregon; et le bassin inférieur du Fraser, qui traverse la partie sud de la chaîne côtière de la Colombie-Britannique.

Le climat

Les régimes et les régions climatiques de l'Amérique du Nord sont clairement représentés sur la carte des climats du monde (fig. I.7). En général, la température varie en fonction de la latitude : elle est d'autant plus basse que la distance par rapport au pôle est faible. Cependant, l'écart entre les temps de réchauffement de la terre et de l'eau crée des exceptions locales à cette règle générale. Les terres émergées se réchauffant et se refroidissant beaucoup plus rapidement que les étendues d'eau, les variations annuelles de température sont beaucoup plus grandes là où la *continentalité* est plus marquée.

Sauf dans la bande côtière du Pacifique, les précipitations sont en général de moins en moins abondantes à mesure que l'on avance vers l'ouest, à cause de l'effet de fœhn : les masses d'air en provenance du Pacifique perdent la plus grande partie de leur humidité avant d'atteindre l'intérieur du continent (voir l'enca-

« L'avion qui nous transportait s'est posé à l'aéroport de Saint Louis, qui n'avait pas été touché par l'inondation; mais dès que nous nous sommes éloignés de l'aéroport, nous avons été pris dans un embouteillage, la circulation routière et ferroviaire étant gravement perturbée. L'importante inondation qui a frappé le Midwest en 1993 n'a pas causé des dommages seulement dans une partie de la ville de Saint Louis : les fermes, les champs, les forêts et la périphérie en général se sont retrouvés sous des mètres d'eau. Depuis un remblai, en regardant vers le confluent du Mississippi et du Missouri, nous avons croqué la scène reproduite ci-dessus; dans cette zone, des milliers de bestiaux ont péri, des récoltes ont été détruites et des maisons ont été lourdement endommagées, lorsqu'elles n'ont pas tout simplement été emportées. Les humains n'ont pas réussi dans ce cas à maîtriser la nature à l'aide de leurs techniques; dès que les eaux se sont retirées, les habitants sont revenus vivre sur ces terres fertiles, malgré le risque d'une nouvelle catastrophe. » (Source : recherche sur le terrain de H. J. de Blij)

L'EFFET DE FŒHN

La sécheresse prévalant dans une grande partie des basses terres intérieures de l'ouest des États-Unis et du Canada est attribuable à l'effet conjugué du climat et du relief. Malgré l'orientation ouest-est des vents dominants, les masses d'air chargées d'humidité en provenance du Pacifique n'arrivent pas à franchir la barrière formée par les hautes chaînes de montagnes pour pénétrer jusqu'au cœur du continent. En fait, lorsque des masses d'air se dirigeant vers l'est atteignent le pied des chaînes montagneuses, orientées selon un axe nord-sud, elles sont poussées vers le haut le long des flancs occidentaux, face au vent, et se refroidissent graduellement au cours de leur ascension vers le sommet. Le point de saturation en vapeur d'eau de l'air froid étant plus faible, la baisse des températures provoque des précipitations importantes, sous forme de pluie ou de neige : les masses d'air océaniques sont comparables à des éponges gorgées d'humidité dont le refroidissement extrairait la quasi-totalité de l'eau. Les chutes de pluie ou de neige provoquées par l'effet de l'altitude sont appelées précipitations *orographiques* (*oros* signifiant « montagne »).

La moyenne annuelle des précipitations est très élevée dans la partie supérieure des versants au vent des chaînes montagneuses de la côte ouest, mais la principale conséquence du phénomène orographique décrit ci-dessus se fait sentir à l'est des montagnes. Les masses d'air en provenance de l'ouest, qui ont perdu presque toute leur humidité au moment où elles franchissent la ligne de faîte, se réchauffent alors qu'elles dévalent les versants sous le vent de la barrière orographique. Leur capacité à retenir la vapeur d'eau augmente donc proportionnellement, de sorte qu'un vent chaud et sec, appelé *chinook*, balaie périodiquement les terres de l'intérieur sur des distances pouvant atteindre des centaines de kilomètres. La prévalence sur de vastes étendues de conditions environnementales semi-arides, et même tout à fait arides en certains endroits, porte le nom d'effet de fœhn : les montagnes créent littéralement une zone de sécheresse du côté des versants sous le vent.

dré « L'effet de fœhn »). Cette division grossière entre une partie occidentale aride et une partie orientale humide comporte une frontière mal définie qu'il vaut mieux considérer comme une large zone de transition. En effet, bien qu'il soit facile de délimiter des aires en prenant comme critère la limite de 500 mm de précipitations annuelles (fig. I.6), cette ligne **isohyète** (reliant les points de la masse continentale qui reçoivent en moyenne exactement 500 mm de précipitations par an), plus ou moins d'orientation nord-sud, se déplace de façon importante dans les Grandes Plaines d'une année à l'autre, car durant la saison chaude les masses d'air en provenance du golfe du Mexique déversent des quantités d'eau très variables.

Les précipitations sont par ailleurs beaucoup plus régulières dans la partie orientale humide. Les vents d'ouest dominants (soufflant d'ouest en est : les vents sont toujours décrits en fonction de la direction *d'où ils proviennent*) amènent habituellement dans la vaste zone à l'ouest du 100ᵉ méridien des masses d'air sec qui absorbent des quantités considérables d'humidité durant leur passage au-dessus de la Plaine centrale, et ils les redistribuent dans l'est du continent nord-américain. De nombreuses tempêtes se développent dans le front météorologique, très actif, où les masses d'air tropicales en provenance du golfe du Mexique viennent en contact avec les masses d'air polaires issues du nord. Même en l'absence de tempêtes de grande étendue, les perturbations locales créées par les écarts considérables de température représentent une menace constante. Le centre du continent nord-américain enregistre chaque année plus de tornades (le phénomène météorologique le plus violent qui soit) que toute autre zone du globe. En outre, la moitié nord de cette région reçoit l'hiver de grandes quantités de neige, particulièrement dans la zone des Grands Lacs.

La carte des climats du monde indique que le Canada ne comprend aucune zone de climat tempéré humide en dehors d'une étroite bande longeant le Pacifique; le froid caractérise donc l'ensemble des milieux naturels canadiens. À l'est des Rocheuses, les climats les plus *tempérés* du Canada correspondent aux climats les plus *froids* des États-Unis. Les conditions naturelles qui caractérisent le nord du Midwest et la région des Grands Lacs des États-Unis se retrouvent dans le sud du Canada, ce qui explique la forte production agricole des provinces des Prairies et de l'Ontario. Le Canada est, comme les États-Unis, un important exportateur de denrées agricoles, et plus particulièrement de blé, même si la saison de pousse y est relativement courte.

La division globale de l'Amérique du Nord entre une partie occidentale aride et une partie orientale humide se reflète également dans la répartition des sols et de la végétation. Le sol est généralement assez humide pour permettre une récolte là où la moyenne annuelle des précipitations est supérieure à la limite critique de 500 mm; ailleurs, même si les sols sont fertiles, comme c'est le cas dans les Grandes Plaines de l'Ouest, l'irrigation est indispensable à la productivité agricole. La distribution de la végétation (fig. I.8) a été largement modifiée par les interventions humaines dans les zones peuplées de l'Amérique du Nord. La dichotomie humide/aride demeure néanmoins une généralisation valable : la végétation naturelle des aires où la moyenne annuelle des précipitations est supérieure à 500 mm est de type *forestier*, alors que dans les zones où le climat est plus sec elle est de nature *steppique*.

Los Angeles est tristement célèbre pour son taux élevé de pollution atmosphérique. Les deux photos contrastées ci-dessus représentent deux situations extrêmes quant à la qualité de l'air dans le quartier des affaires. Le smog enveloppe cette ville en expansion une bonne partie de l'année, en dépit des efforts déployés pour réduire la quantité de polluants émis notamment par les automobiles et les usines.

L'hydrographie

Les deux principaux bassins de drainage des eaux de surface de l'Amérique du Nord se situent entre les Rocheuses et les Appalaches : 1° les cinq grands lacs (Supérieur, Michigan, Huron, Érié et Ontario) se jettent dans le fleuve Saint-Laurent; 2° le réseau fluvial du Missouri et du Mississippi est alimenté par d'importants affluents, dont l'Ohio, le Tennessee et l'Arkansas. Ces deux bassins datent de la fin de l'ère cénozoïque et forment le plus vaste réseau intérieur de voies navigables naturelles au monde. Les interventions humaines ont encore amélioré sa navigabilité, d'abord par la construction de canaux reliant les deux bassins, puis par l'aménagement de la voie maritime du Saint-Laurent.

Par ailleurs, la côte nord-est bénéficie d'un nombre important de fleuves plus courts qui assurent la circulation depuis l'Atlantique vers l'intérieur. En fait, plusieurs des grandes villes côtières du nord-est des États-Unis, dont Washington D.C., Baltimore et Philadelphie, sont situées à proximité des cascades qui constituaient la limite de navigabilité à marée haute. Les cours d'eau du sud-est et de la partie du continent située à l'ouest des Rocheuses n'étaient pas initialement d'une grande utilité en raison de leur orientation et de problèmes de navigabilité. Par contre, dans l'Ouest américain, le Colorado et la Columbia sont devenus d'importantes sources d'eau potable en plus de jouer un rôle crucial dans l'irrigation et la production d'électricité.

Les États-Unis

La description de l'Amérique du Nord que nous venons d'esquisser sera utile pour l'étude des régions, dans la dernière partie du chapitre. Cependant, pour bien saisir la structure régionale, il est également nécessaire d'avoir une idée assez précise de la géographie humaine, changeante, de chaque pays. Nous verrons d'abord celle des États-Unis, dont les principales composantes sont données sur la carte de la figure 3.2. Nous concentrerons notre attention sur la géographie urbaine, culturelle et économique contemporaine, et retracerons en premier lieu l'évolution du facteur le plus déterminant de la géographie humaine : la distribution de la population.

Histoire du peuplement

La distribution actuelle de la population des États-Unis (fig. 3.3) est l'aboutissement de quatre siècles d'histoire qui commença avec la fondation de la première colonie européenne sur la côte nord-est du pays. Lentement d'abord, et à un rythme accéléré à partir de 1800, alors que les découvertes techniques importantes se

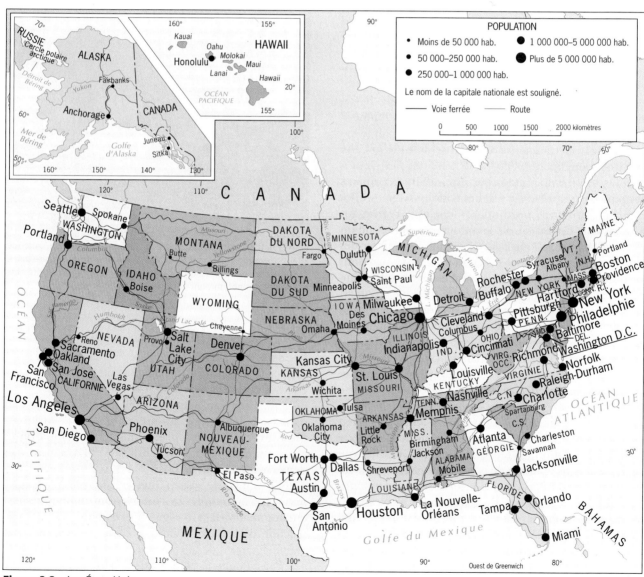

Figure 3.2   Les États-Unis.

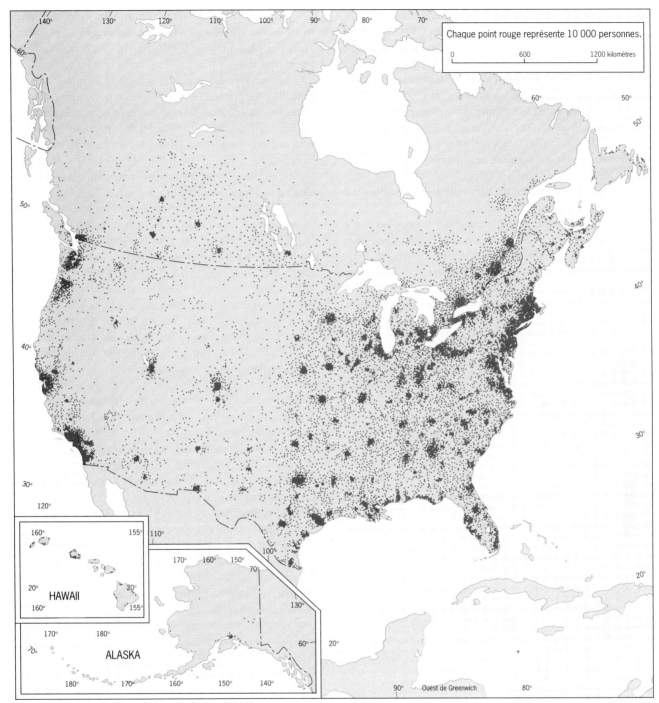

Figure 3.3 Distribution de la population (1990).

succédaient rapidement, les Américains (comme les Canadiens) développèrent ce continent remarquable en repoussant les frontières de la colonisation jusqu'au Pacifique. Cette expansion s'est faite à une vitesse fulgurante; les Américains sont en fait depuis longtemps la population la plus mobile du globe. Même durant les années 1990, les migrations continuent de modeler les États-Unis, le changement le plus important étant probablement les déplacements d'individus et de sources de revenu du nord et de l'est vers le sud et l'ouest

(la *Sunbelt*). Le recensement de 1980 a révélé que pour la première fois le centre de gravité des États-Unis se trouvait à l'ouest du Mississippi; cette situation est l'aboutissement d'une évolution longue de 200 ans, chaque recensement décennal faisant état d'un déplacement vers l'ouest. Celui de 1990 a mis en évidence une translation de 65 km vers le sud-ouest durant les années 1980, et il ne fait aucun doute que celui de l'an 2000 fera état d'un autre déplacement dans la même direction.

Pour bien comprendre la distribution actuelle de la population américaine, il faut passer en revue les principales forces qui ont déterminé, et continuent de modeler, la répartition des habitants et des activités. Les États-Unis sont perçus depuis leur fondation comme le pays offrant le plus de possibilités, et c'est ce qui explique l'afflux constant d'immigrants qui s'intègrent rapidement à la société dominante. Les habitants se sont installés là où les chances de progrès étaient les meilleures, et ils ont montré peu de réticence à déménager lorsque des changements économiques ont entraîné le développement successif de divers secteurs du territoire.

Des transformations de cet ordre ont provoqué des migrations majeures au cours du XXe siècle. Bien que le front pionnier se soit arrêté depuis une centaine d'années, le déplacement de la population vers l'ouest se poursuit, accompagné actuellement d'un important mouvement vers le sud. L'explosion démographique des villes, engendrée par la révolution industrielle pendant les dernières décennies du XIXe siècle, a déclenché un exode rural qui a duré jusqu'aux années 1960. Un courant migratoire du sud vers le nord, principalement de la population noire, a marqué le milieu du XXe siècle, mais cette tendance a pris fin et elle s'est même inversée, bon nombre de Noirs étant retournés dans le sud-est des États-Unis. Ces déplacements font partie intégrante de l'attraction générale de la *Sunbelt*, décrite plus haut, qui a provoqué un phénomène migratoire important qui se poursuit pour les raisons suivantes : 1° les activités économiques des États-Unis et les emplois les mieux rémunérés continuent de se déplacer dans cette direction; 2° la migration des riches Américains à la retraite vers la Floride et l'Arizona, bien que ralentie, ne semble pas vouloir s'arrêter; 3° les nouveaux contingents d'immigrants en provenance de l'ensemble centraméricain et de l'Asie de l'Est se sont dirigés respectivement dans la zone contiguë à la frontière sud du pays et dans les villes côtières de la Californie.

Dans les paragraphes qui suivent, nous examinerons plus en détail les changements démographiques reliés d'abord à l'influence rurale, puis aux effets considérables de l'urbanisation industrielle.

Modèles du peuplement d'avant le XXe siècle

Les origines de la distribution de la population américaine remontent à l'époque coloniale des XVIIe et XVIIIe siècles, dominée par l'Angleterre et la France. Les Français cherchaient avant tout à pénétrer à l'intérieur des terres dans le but de mettre sur pied un lucratif commerce des fourrures. Quant aux Anglais, ils ont concentré leurs efforts de colonisation dans ce qui constitue aujourd'hui la façade nord-est des États-Unis. La colonie de Nouvelle-Angleterre, la plus au nord, s'est spécialisée dans le commerce; celle de la baie de Chesapeake, la plus au sud, s'est tournée vers les gran-

des plantations de tabac; la région côtière de l'Atlantique central, située entre les deux, comprenait plusieurs colonies plus petites, habitées par des fermiers indépendants.

Le gouvernement britannique maintenait alors la frontière intérieure fermée et exerçait un contrôle de plus en plus serré sur les activités économiques. En 1775, les tensions croissantes dans les colonies côtières, désireuses d'étendre leur territoire, déclenchèrent finalement la rébellion marquant le début de la guerre d'Indépendance, qui devait durer huit ans et aboutir à la formation de l'État indépendant des États-Unis d'Amérique.

La frontière ouest du pays naissant se trouva alors grande ouverte. Lorsque le front pionnier atteignit la rive ouest du Mississippi, soit durant les années 1820, il était évident que les trois colonies côtières initiales (identifiées par **A**, **B** et **C** sur la figure 3.4) étaient devenues des foyers culturels distincts. La moitié nord du vaste arrière-pays fut rapidement unifiée grâce à l'amélioration constante des infrastructures. Cependant, le Sud du pays ne souhaitait pas du tout intégrer son économie à celle du Nord : il préférait exporter le tabac et le coton qu'il produisait dans ses plantations directement sur les marchés d'outre-mer. Cette tendance au régionalisme, associée à la volonté persistante de maintenir l'esclavagisme, amena le Sud à faire sécession, déclenchant ainsi la guerre civile qui allait déchirer le pays de 1861 à 1865 et dont le Sud allait mettre des décennies à se relever.

La frontière ouest des États-Unis atteignit la côte pacifique au cours de la seconde moitié du XIXe siècle. La Californie, où l'agriculture se développait à un rythme fulgurant, fut reliée dès 1869 au reste du pays par un chemin de fer transcontinental, dont la présence allait également contribuer à l'exploitation des Grandes Plaines de l'Ouest, jusque-là laissées pour compte. À la fin de l'expansion du front pionnier, durant les années 1890, le modèle actuel d'aménagement rural était déjà bien établi, et les principales régions agricoles (sur lesquelles nous reviendrons plus loin) existaient déjà.

L'urbanisation industrielle du XXe siècle

La révolution industrielle a bouleversé les États-Unis durant les années 1870, soit environ un siècle après avoir transformé l'Europe. Mais elle s'y est si bien ancrée et a progressé à un rythme tellement rapide qu'à peine 50 ans plus tard les États-Unis avaient devancé l'Europe et étaient devenus la première puissance industrielle du monde. Ainsi, des changements sociaux et économiques d'une portée considérable, analogues à ceux qu'ont connus les pays industrialisés d'Europe, se sont produits à un rythme accéléré aux États-Unis; ils ont été encore accentués par l'arrivée, entre 1870 et 1914, de près de 25 millions d'immigrants européens, venus en grande majorité chercher du travail dans les principaux centres manufacturiers.

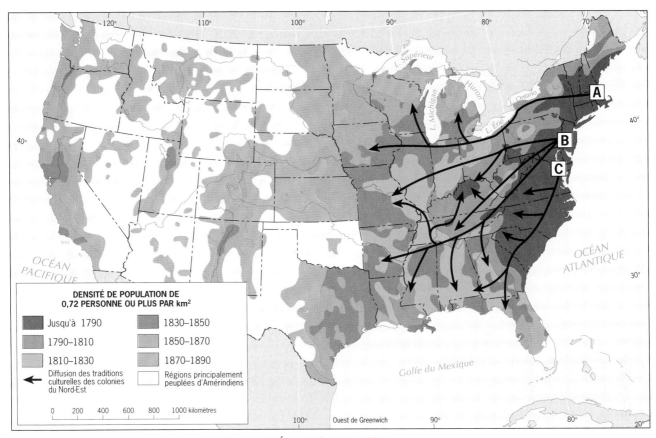

Figure 3.4 Expansion des colonies européennes aux États-Unis avant 1890.

Les effets de l'urbanisation d'origine industrielle se sont fait sentir à deux niveaux. À l'échelle nationale, ou *macroéchelle,* un ensemble de villes nouvelles a rapidement émergé; celles-ci, reliées par un réseau ferroviaire efficace, se sont spécialisées dans la collecte, le traitement et la distribution de matières premières et de biens manufacturés. À l'intérieur du système urbain, c'est-à-dire à l'échelle locale ou *microéchelle,* chaque ville s'est développée en tant que centre manufacturier, acquérant ainsi une structure interne qui est à la base du cadre géographique actuel de la plupart des villes centrales des grandes régions métropolitaines des États-Unis. Dans les paragraphes suivants, nous examinerons l'évolution des villes à l'échelle nationale et locale.

Évolution du système urbain américain Le développement, à la fin du XIXe siècle, du système urbain national s'est fait sur la base du rôle extérieur traditionnel des villes : fournir à l'arrière-pays des biens et des services en échange de matières premières. Comme les activités artisanales et commerciales étaient concentrées dans les agglomérations (préindustrielles) existantes, c'est là que le mouvement d'industrialisation s'est d'abord développé. Ces centres abritaient au départ la majeure partie de la main-d'œuvre, et les capitaux s'y trouvaient en plus grande quantité; ils constituaient en outre un marché pour les produits finis et disposaient

d'un meilleur réseau de transport et de communication. Ces villes étaient également en mesure d'absorber les flots de milliers de migrants qui s'agglutinaient autour des nouvelles usines construites à l'intérieur des frontières municipales ou dans la périphérie immédiate. Les revenus générés par ces activités ont à leur tour permis aux centres en voie d'industrialisation d'investir dans la mise en place d'infrastructures locales plus perfectionnées, notamment dans le domaine des services privés ou publics et du logement; ainsi, chaque phase d'expansion entraînait une intensification du développement urbain. Une fois amorcé, ce processus se poursuivait à un tel rythme qu'il échappait à toute planification, de sorte qu'au tournant du XXe siècle plusieurs grandes villes étaient apparues dans le paysage américain, sans que cela ait été prévu.

La formation du système urbain national était une conséquence inévitable, sinon voulue, de l'industrialisation, sans laquelle le développement économique rapide des États-Unis n'aurait pu avoir lieu. Bien qu'il soit apparu durant la révolution industrielle qui s'est étalée de 1870 à 1920, ce système était déjà en voie de formation durant les décennies qui ont précédé la guerre de Sécession. Son évolution au cours des deux derniers siècles est résumée dans le modèle multiphase exposé par John Borchert et comportant cinq **étapes de l'évolution métropolitaine,** définies en fonction des progrès des techniques reliées au transport et des sources d'énergie utilisées par les industries.

- L'*époque de la voile et de la charrette* (1790-1830), c'est-à-dire de la navigation et des modes de transport routier primitifs. Les principales villes étaient alors les ports du nord-est : Boston, New York et Philadelphie, dont aucun n'avait encore atteint une situation de primatie.

- L'*époque de la locomotive à vapeur* (1830-1870) durant laquelle un réseau ferroviaire transcontinental a vu le jour. L'accès plus facile aux réserves de matières premières a contribué à la fondation de petits centres manufacturiers à l'extérieur de la zone principale de la Nouvelle-Angleterre. En 1850, New York était devenue une ville primatiale; les autres villes principales étaient Pittsburgh, Detroit et Chicago, trois centres industriels en pleine croissance.

- L'*époque de l'acier et du rail* (1870-1920) englobe la révolution industrielle américaine. Les éléments marquants incluent la naissance de l'industrie sidérurgique, d'une importance cruciale, dans le corridor Chicago-Detroit-Pittsburgh et la construction de voies ferrées en acier, qui a permis de transporter des biens de consommation lourds sur de plus longues distances et en moins de temps.

- L'*époque de l'automobile, de l'avion et du confort* (1920-1970) comprend la fin de la période d'urbanisation d'origine industrielle des États-Unis et le plein développement de la hiérarchie urbaine nationale. L'étalement régional et métropolitain a été rendu possible par l'usage de plus en plus répandu de l'automobile et du camion, auquel s'est ajouté l'attrait exercé par les banlieues et les États de la *Sunbelt* qui offraient un environnement plus agréable. Le pays disposait désormais d'un réseau complet de liaisons aériennes et de communications interurbaines.

- L'*époque des satellites, de l'électronique et des engins à réaction* (depuis 1970) modelée par les progrès réalisés dans le domaine des communications internationales, de l'informatique et du transport transocéanique. Les métropoles les plus florissantes sont actuellement celles qui sont reliées par des lignes aériennes intercontinentales directes, qui intensifient leurs relations commerciales et financières avec les pays étrangers et qui disposent de centres de recherche de pointe; elles comprennent plusieurs centres urbains des façades pacifique et atlantique de même que du Texas.

Le développement du système urbain des États-Unis et de l'économie fondée sur l'industrie a provoqué une importante redistribution de la population qui s'est déplacée en fonction des possibilités d'emploi. La transformation régionale la plus notable a été l'émergence, au début du XXᵉ siècle, du *Noyau principal*, ou Cœur industriel (*American Manufacturing Belt*), qui s'est taillé la part du lion de l'activité industrielle tant aux États-Unis qu'au Canada. Cette zone, qui englobait le sud de l'Ontario, avait la forme d'un grand rectangle

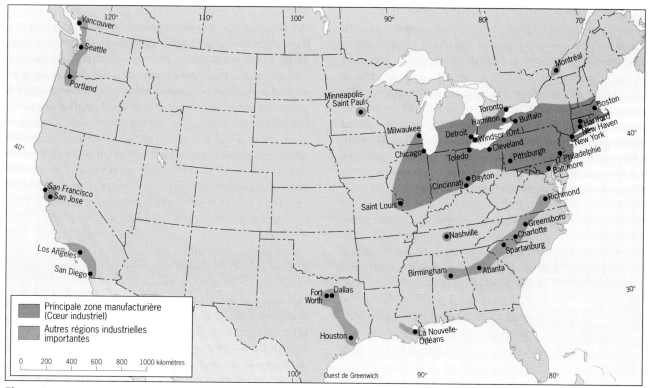

Figure 3.5 Les zones manufacturières d'Amérique du Nord.

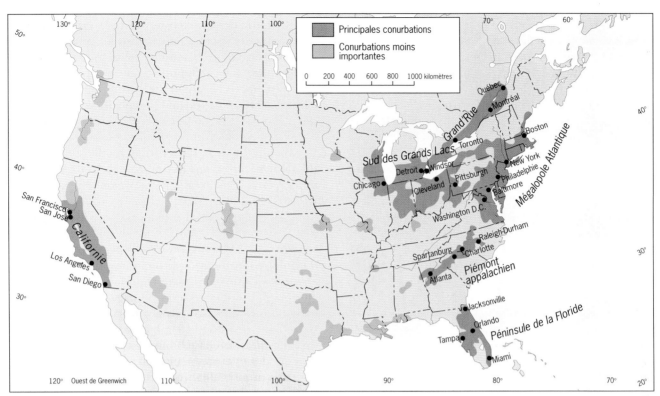

Figure 3.6 Les mégalopoles d'Amérique du Nord.

dont les quatre sommets coïncidaient avec les villes de Boston, Milwaukee, Saint Louis et Baltimore. Cependant, les entreprises manufacturières ayant tendance à se regrouper dans des espaces relativement limités, le paysage de cette région n'était *pas* entièrement dominé par les usines. En fait, moins de 1 % du territoire de cette zone est utilisé pour l'industrie. Le principal centre est la métropole de Boston, et la majorité des usines et des fonderies s'entassent dans une dizaine de secteurs : Harford-New Haven, New York et le nord du New Jersey, Philadelphie, Baltimore, Buffalo, Pittsburgh-Cleveland, Detroit-Toledo, Chicago-Milwaukee, Cincinnati-Dayton, Saint Louis, et Toronto-Hamilton-Windsor en Ontario.

À l'échelle intrarégionale, les innovations dans le domaine du transport ont entraîné graduellement la décentralisation urbaine et l'émergence de mégalopoles, les périphéries en expansion des principales villes se rejoignant pour former des conurbations. La plus importante est certainement la *mégalopole Atlantique* (fig. 3.6), qui occupe la bande côtière urbanisée du nord-est, s'étirant sur 1000 km depuis le sud de l'État du Maine jusqu'en Virginie et englobant les métropoles de Boston, New York, Philadelphie, Baltimore et Washington. La mégalopole Atlantique était à l'origine le centre économique du Noyau principal des États-Unis, le siège du gouvernement, le centre d'affaires le plus important, le foyer culturel et le pivot des échanges commerciaux entre les États-Unis et le Vieux Monde, outre-Atlantique. Les quatre autres princi-

pales conurbations sont celles du *Sud des Grands Lacs* : Chicago-Detroit-Pittsburgh, de la *Californie* : San Diego-Los Angeles-San Francisco, de la *péninsule de la Floride* : Jacksonville-Orlando-Tampa-Miami, et du *Piémont appalachien* : Atlanta-Charlotte-Raleigh-Durham. Elles devraient, comme un certain nombre de mégalopoles moins importantes (fig. 3.6) poursuivre leur expansion. (Il est à noter que des forces analogues ont donné naissance à une période semblable d'urbanisation industrielle au Canada, d'où la formation de la principale conurbation canadienne, baptisée la *Grand'Rue* et s'échelonnant de Québec à Windsor, en passant par Montréal et Toronto.)

La structure en mutation de la métropole américaine La structure interne de la métropole américaine est issue du même ensemble de forces qui ont modelé le système urbain du pays. En tant que centre industriel, la métropole américaine se démarquait de sa contrepartie européenne : alors que les grandes villes d'Europe étaient d'abord le siège du pouvoir politique et militaire, l'industrialisation étant venue s'y greffer après coup, un grand nombre de villes des États-Unis ont été dès le départ des centrales économiques qui produisaient les biens et les services nécessaires à la révolution industrielle en cours. Les accomplissements des villes américaines ont donc toujours été jugés essentiellement en fonction de leur capacité à réaliser des profits. Le premier rôle social des centres urbains était d'accueillir les immigrants (issus de la campagne ou de l'étranger) et de les intégrer à la culture dite dominante, dont les membres étaient de plus en plus concentrés dans les banlieues en pleine croissance après 1920.

Les innovations dans le domaine du transport ont représenté une force déterminante dans le modelage géographique des métropoles. La construction dans les villes de chemins de fer à rails plats a modifié de nouveau la structure spatiale : vers la fin du XIXᵉ siècle, les wagonnets tirés par des chevaux furent remplacés par des tramways électriques. L'arrivée de l'automobile après la Première Guerre mondiale entraîna un revirement complet de la situation : les Américains commencèrent à remplacer les grandes villes compactes par des métropoles largement dispersées, caractéristiques de l'ère des autoroutes qui allait débuter après la Seconde Guerre mondiale. En 1970, la construction de réseaux autoroutiers intra-urbains avait nivelé les coûts d'implantation à l'intérieur d'une même métropole, ce qui contribua à la transformation rapide des banlieues, dont la vocation était au départ essentiellement résidentielle, en de véritables *villes périphériques* disposant des équipements et du prestige nécessaires pour attirer les investisseurs. Ainsi, les banlieues acquirent une indépendance fonctionnelle, de sorte que plusieurs grandes villes perdirent du terrain au point de devenir les égales des nouveaux centres et de voir leur florissant quartier des affaires relégué au rôle de fournisseur de services pour les populations les plus démunies, désormais majoritaires dans la ville centrale.

« Dans le cadre de notre étude sur l'urbanisation des banlieues américaines, nous nous sommes rendus à maintes reprises à Tyson's Corner pour recueillir des données. Rien dans le paysage ci-dessus, capté au milieu des années 1990, ne laisse deviner qu'il y a moins de 30 ans cet endroit n'était rien de plus qu'un carrefour de routes rurales. Mais lors de la décentralisation de la ville voisine de Washington D.C., Tyson's Corner a misé sur la facilité d'accès sans égale dont elle bénéficie, étant située à l'intersection du périphérique de la capitale et de l'autoroute à péage menant à l'aéroport de Dulles. Un nombre impressionnant de commerces de détail et d'immeubles à bureaux de même qu'une pléthore d'entreprises de services s'y sont installés. Tyson's Corner est maintenant, selon nous, l'un des trois plus grands pôles d'activité économique situés en zone périurbaine (*edge cities*) d'Amérique du Nord. » (Source : recherche sur le terrain de H. J. de Blij)

Au cours des 150 dernières années, la géographie sociale des métropoles industrielles en puissance a été caractérisée par la formation de mosaïques résidentielles résultant de la juxtaposition de groupes de plus en plus homogènes. Avant l'introduction du tramway, qui a fourni à la population hétérogène des villes un moyen de transport abordable, celle-ci était incapable de constituer des quartiers formés sur la base de l'ethnicité. Les immigrants qui affluaient dans les villes industrielles devaient habiter dans des logements ou des maisons en rangées surpeuplés, situés à proximité des lieux de travail, dont l'ordre d'occupation correspondait à l'ordre d'arrivée dans la ville de leurs occupants. Lorsque, durant les années 1920, les États-Unis restreignirent soudainement l'admission d'immigrants, les directeurs d'usines se tournèrent vers l'importante main-d'œuvre afro-américaine concentrée dans le sud du pays et de plus en plus touchée par le chômage à cause du déclin de la culture du coton; ils engagèrent des milliers de travailleurs noirs pour combler les besoins des usines du Cœur industriel. Ce nouveau mouvement de migration eut des effets immédiats sur la géographie sociale des villes industrielles, car les Blancs refusèrent de partager leur milieu de vie avec les Noirs. Ces derniers se regroupèrent donc involontairement dans des quartiers qui leur étaient réservés. En 1945, ceux-ci étaient devenus de vastes *ghettos* dont l'expansion constante entraîna l'exode urbain de plusieurs communautés de Blancs durant l'après-guerre, ce qui contribua à la création d'une société divisée sur le plan racial.

La composante périurbaine de la mosaïque résidentielle urbaine, qui abrite actuellement un peu plus de 50 % de la population des États-Unis, rassemble les habitants les plus riches des métropoles. Nous avons déjà souligné le fait que de nombreuses activités non résidentielles se sont développées dans les zones périphériques depuis 1970, transformant en quelque sorte celles-ci en villes à faible densité, en forme d'anneau, qui entourent le noyau initial des métropoles. Il y a un quart de siècle, le nombre total d'emplois était déjà plus élevé dans les banlieues que dans les villes centrales; vers la fin des années 1990, même dans les métropoles de la *Sunbelt*, un pourcentage critique des emplois (soit plus de 50 % de tous les emplois existant dans une zone urbaine) se retrouvaient désormais dans les banlieues.

Le développement rapide de la ville périphérique a favorisé l'autosuffisance de cette dernière et réduit du même coup les échanges avec la ville centrale. La tendance à l'indépendance fonctionnelle s'est accrue lorsque de nouveaux noyaux périurbains ont été créés pour subvenir aux besoins des économies locales naissantes, les principaux étant situés à proximité d'échangeurs pivots des autoroutes. Ces noyaux d'activités multifonctionnels se sont fréquemment développés autour d'importants centres commerciaux régionaux dont le prestige a suscité la création de nombreuses zones industrielles et de complexes de bureaux, ainsi que la construction de tours d'habitations, d'hôtels, de restaurants, de centres culturels et de loisirs, et même de stades et d'arénas répondant aux normes internationales; ces ensembles ont constitué des centres d'affaires suburbains florissants, qui sont devenus la nouvelle version du quartier des affaires de l'ère de l'automobile. L'essor des centres d'affaires suburbains a amené des dizaines de milliers de citadins à organiser leur vie autour de ces noyaux qui offrent des emplois, des boutiques, des activités récréatives et tous les autres éléments d'un environnement urbain complet. Ainsi, les banlieusards fréquentent de moins en moins non seulement la ville centrale mais aussi les autres secteurs de la ville périphérique.

L'influence de la ville centrale au sein de la métropole aux noyaux multiples est en déclin, et son quartier des affaires dessert de plus en plus les citadins moins riches du centre-ville de même que les banlieusards qui viennent y travailler. À l'extérieur du centre-ville, de vastes quartiers défavorisés abritent une population à revenu inférieur ou moyen, dont la majorité n'ont d'autre choix que d'habiter dans ces ghettos.

Géographie culturelle

Au cours des deux derniers siècles, les nombreux immigrants de toutes provenances ont largement contribué, et continuent de contribuer, à la création d'une riche mosaïque culturelle aux États-Unis. Bon nombre des nouveaux venus étaient prêts à laisser derrière eux les traditions de leur pays d'origine pour s'assimiler à la culture en formation de leur patrie d'adoption, qui était elle-même de nature hybride et changeait sans cesse sous l'action de nouvelles influences. La plupart des immigrants à mobilité sociale ascendante qui étaient prêts à entrer dans ce creuset étaient presque assurés d'être acceptés par la société américaine dominante. Cependant, des millions de nouveaux arrivants ne se sont pas intégrés à la vie sociale. Ils se sont isolés, de gré ou de force, dans des communautés ethniques, principalement localisées dans les quartiers défavorisés du Cœur industriel, dont une grande proportion des habitants appartiennent à des minorités qui ne participent pas tout à fait à la culture nationale.

Les fondements de la culture américaine

La maturation de la culture américaine a entraîné l'enracinement d'un ensemble de valeurs et de croyances très influentes : 1° le goût de la nouveauté, 2° l'amour de la nature, 3° la liberté de mouvement, 4° l'individualisme, 5° l'acceptation sociale, 6° la poursuite acharnée de ses objectifs, 7° un intense sentiment de la destinée. Brian Berry a distingué ces traits culturels dans le comportement des Américains tout au long de l'évolution de la société urbaine des États-Unis. L'« idéal rural » a dominé l'histoire de ce pays et il s'exprime encore aujourd'hui par une forte aversion à l'égard de la ville. À l'époque où l'industrialisation a rendu inévitable l'exode vers les villes, ceux qui en avaient les moyens ont déménagé le plus tôt possible dans les banlieues naissantes (goût de la nouveauté) où l'environnement semi-urbain permettait un mode de vie plus ou moins rural (amour de la nature). La création d'une mosaïque résidentielle métropolitaine fragmentée et composée d'une myriade de quartiers légèrement différents a favorisé les déplacements fréquents, la vie de la classe moyenne étant centrée sur la famille nucléaire et la poursuite acharnée de son aspiration à se faire accepter par le groupe occupant l'échelon supérieur dans la hiérarchie sociale. Les progrès accomplis ont persuadé la majorité des Américains qu'à la condition d'être tenaces ils réussiraient à atteindre les objectifs qu'ils s'étaient fixés en travaillant d'arrache-pied, et qu'ils avaient la capacité de parvenir à leur destinée en réalisant le « rêve américain », qui consiste dans l'accession à la propriété, l'accumulation de richesses et la satisfaction totale.

La langue

Bien que les différences linguistiques n'occupent pas une place aussi importante aux États-Unis qu'au Canada, la première langue d'au moins un huitième de la population américaine était autre que l'anglais en 1990. Des variantes régionales (ou dialectes) de l'anglais sont encore en usage même si la tendance actuelle est au développement d'une véritable société nationale. Par exemple, l'accent des habitants du Sud ou de la Nouvelle-Angleterre est facilement identifiable. La toponymie (désignation des lieux) témoigne d'une relation étroite entre le langage et le paysage. Elle fournit de précieux indices sur les déplacements antérieurs des influences culturelles et des groupes ethniques. Ainsi, la prépondérance des toponymes gallois (tels Cynwynd, Bryn Mawr et Uwchlan) immédiatement à l'ouest de Philadelphie est le dernier vestige d'une colonie fondée autrefois par des immigrants de langue celtique venus du pays de Galles.

La religion

La marqueterie religieuse de l'Amérique du Nord, dominée par les religions chrétiennes, comporte d'importantes variations. Plusieurs grandes confessions protestantes sont concentrées dans des régions données : les baptistes dans le sud-est des États-Unis, les luthériens dans le nord du Midwest et des Grandes Plaines de l'Ouest, et les mormons dans l'Utah et le sud de l'Idaho, notamment. Les catholiques sont concentrés en deux endroits : 1° dans les métropoles du Cœur industriel et de la Nouvelle-Angleterre, qui ont accueilli un grand nombre d'Européens d'allégeance catholique au cours du dernier siècle; 2° dans toute la zone frontière bordant le Mexique, qui abrite une communauté hispano-américaine en croissance. Les juifs forment le groupe religieux dont les membres ont le plus tendance à se regrouper; les principales communautés se trouvent dans les villes et les banlieues de la mégalopole Atlantique, du sud de la Californie, du sud de la Floride et du Midwest.

L'ethnicité

L'ethnicité (ou l'origine nationale) a joué un rôle déterminant dans la formation de la culture américaine; celle-ci a à son tour exercé une influence sur les traditions culturelles des nouveaux immigrants qui se sont assimilés à la société dominante. Il existe aux États-Unis, et cela depuis longtemps, une mosaïque ethnique complexe. La distribution des minorités donnée à la figure 3.7 inclut les nations amérindiennes des États-Unis. Occupant en grande majorité des terres ancestrales faisant partie de réserves créées par le gouvernement fédéral, ces groupes sont très peu mobiles. Par ailleurs, la population hispanique connaît une croissance rapide à cause du taux élevé de natalité des Américains hispanophones et de l'arrivée d'immigrants (en bonne partie illégaux) en provenance de l'ensemble centraméricain. Ce groupe ethnique forme une proportion de plus en plus grande de la population de la zone frontière du Sud-Ouest, et ses représentants ont commencé à migrer vers les aires métropolitaines du Nord et de l'Est.

Les Noirs sont dans l'ensemble moins mobiles que la population hispanique, car ils se butent toujours à la discrimination raciale dans le domaine du logement. Néanmoins, les Noirs à mobilité sociale ascendante sont de plus en plus présents dans les banlieues et, à cause de l'inversion du mouvement migratoire, dans les localités prospères du Sud, même s'ils doivent s'établir dans des communautés où la discrimination raciale est encore très marquée. La composante la plus récente de la marqueterie ethnique est formée par les Américains d'origine asiatique, fortement concentrés dans les grandes métropoles de la côte Ouest.

La mosaïque culturelle

La géographie culturelle des États-Unis est en constante évolution. Une nouvelle fragmentation est en train de créer une *mosaïque culturelle,* c'est-à-dire un ensemble de plus en plus hétérogène de « carreaux » uniformes et distincts associés à des groupes de plus en plus spécifiques. Les communautés d'intérêts ne se définissent plus uniquement en fonction des classes de revenu, de la race et de l'ethnicité, mais aussi en fonction de l'âge, de l'activité professionnelle et surtout du mode de vie. L'attrait manifeste et la prolifération constante de ces groupes est un indice non équivoque de la satisfaction

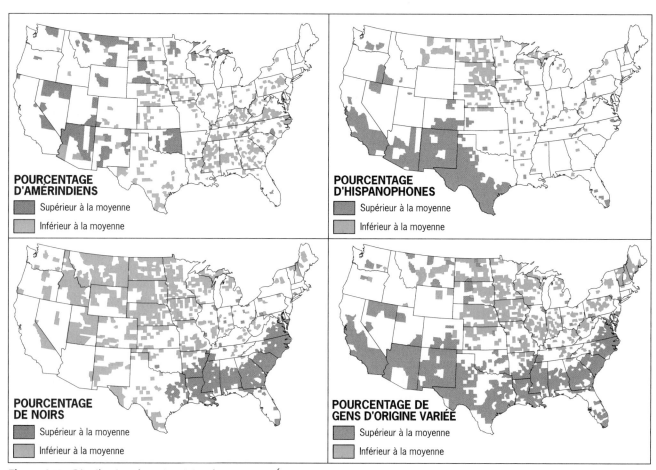

Figure 3.7 Distribution des minorités ethniques aux États-Unis.

de la majorité des Américains. Néanmoins, une telle balkanisation, alimentée par le choix des gens d'entrer en contact uniquement avec des individus en tout point semblables à eux, compromet la survie d'importantes valeurs démocratiques, qui ont joué un rôle crucial tout au long de l'évolution de la société américaine.

La géographie changeante de l'activité économique

La géographie économique des États-Unis est la résultante de tous les éléments énumérés ci-dessus, les abondantes ressources naturelles, humaines et technologiques ayant contribué à créer l'une des économies les plus avancées du monde. La plus grande victoire des Américains a peut-être été de surmonter l'immense obstacle que représentaient les distances; les gens et les activités se sont organisés à la grandeur du territoire en tirant le meilleur parti des possibilités de développement agricole, industriel et urbain. Cependant, en dépit des réalisations du passé, la géographie économique des États-Unis connaît de nouveaux bouleversements au tournant du XXIe siècle, la transition d'une société industrielle à une société postindustrielle tirant à sa fin.

Principales composantes de la géographie économique

Le principal objet de la géographie économique est l'analyse spatiale des activités de production, qui se classent en quatre grandes catégories.

- **Les activités primaires**, ou activités d'« extraction », dans le cadre desquelles les travailleurs sont en contact direct avec l'environnement; les principaux secteurs sont les *mines* et l'*agriculture*.
- **Les activités secondaires**, ou le secteur *manufacturier,* qui consistent à transformer des matières premières en produits industriels finis.
- **Les activités tertiaires**, ou le secteur des *services,* qui sont d'une grande diversité, de la vente au détail à la finance en passant par l'éducation et le travail de bureau routinier.
- **Les activités quaternaires**, qui forment aujourd'hui le secteur dominant; elles comprennent la collecte, le traitement et la transmission d'*informations*. Ce secteur englobe un sous-ensemble formé des activités, parfois qualifiées de quinaires, associées à la gestion, c'est-à-dire à la prise de décisions dans les grandes entreprises.

Chacun des secteurs d'activité a eu sa période de prédominance au cours de l'histoire du travail aux États-Unis, qui couvre les deux derniers siècles, et le secteur quaternaire continuera vraisemblablement d'occuper la première place dans les années à venir. L'agriculture, qui joua un rôle prédominant jusqu'à la fin du XIXe siècle, fut supplantée par le secteur manufacturier en 1900. Le secteur des services connut après 1920 une croissance constante et il prit la première place, au détriment du secteur manufacturier, au cours des années 1950; il est maintenant en déclin par rapport au secteur quaternaire qui ne cesse de croître. La répartition approximative par secteur de la main-d'œuvre américaine est actuellement la suivante : 2 % en agriculture, 15 % dans le secteur manufacturier, 18 % dans les services et 65 % dans le secteur quaternaire (dont environ 10 % dans le secteur quinaire). Examinons plus en détail chacune des principales composantes de la géographie économique des États-Unis, soit l'utilisation des ressources, l'agriculture, le secteur manufacturier et la révolution postindustrielle.

L'utilisation des ressources

Les États-Unis (comme le Canada) bénéficient d'importantes réserves de minéraux et d'abondantes sources d'énergie. Heureusement, ces ressources étaient suffisamment concentrées pour que leur extraction soit économiquement rentable pendant une longue période, et la majorité des principaux dépôts de matières premières font encore l'objet d'opérations de forage ou d'extraction. De plus, les réserves de minerais et de combustible minéral situés dans la masse continentale ou au large des côtes recèlent vraisemblablement d'importants gisements non encore localisés et qui pourraient être exploités dans l'avenir.

Les ressources minérales   Les riches dépôts de minerais de l'Amérique du Nord sont concentrés dans trois zones principales, soit le Bouclier canadien au nord des Grands Lacs, les Appalaches, et de nombreuses aires dispersées dans les chaînes montagneuses de l'Ouest. Les réserves les plus importantes du Bouclier canadien sont : les dépôts de minerai de fer de la chaîne Mesabi, immédiatement à l'ouest du lac Supérieur, de même que ceux du fossé du Labrador, le long de la frontière du Québec-Labrador; les dépôts de nickel de la région de Sudbury (Ontario), du nord du Manitoba et de la partie centrale de la côte du Labrador; les dépôts d'or, d'uranium et de cuivre du nord-ouest du Canada. La région des Appalaches renferme des gisements de houille grasse et d'anthracite, dans le nord-est de l'État de Pennsylvanie, de même que des dépôts de minerai de fer, dans le centre de l'Alabama. La région des chaînes de montagnes de l'Ouest recèle de riches gisements de charbon, de cuivre, de plomb, de zinc, de molybdène, d'uranium, d'argent et d'or.

Réserves de combustibles fossiles   Les ressources de l'Amérique du Nord les plus importantes sur le plan stratégique sont les réserves de *combustibles fossiles* (charbon, pétrole et gaz naturel); on les appelle ainsi car ils proviennent de la compression et de la transformation géologique d'organismes végétaux et animaux minuscules qui vivaient à la surface de la Terre il y a des centaines de millions d'années. La carte de la figure 3.8 révèle l'abondance des sources d'énergie et fait état d'un réseau de distribution très développé, particulièrement dans les États américains contigus et en Alaska.

Les réserves de *charbon* de l'ensemble nord-américain sont parmi les plus importantes du globe; aux États-Unis seulement, elles sont suffisantes pour répondre aux besoins pendant 400 ans. Les trois principaux bassins houillers sont situés : 1° dans les Appalaches; cette région occupe encore le premier rang mais perd du terrain, car le charbon à haute teneur en soufre qui y est extrait doit être traité, à grands frais, pour répondre aux normes de contrôle de la pollution atmosphérique; 2° dans le nord des Grandes Plaines de l'Ouest et le sud de l'Alberta; cette région d'exploi-

tation continue de s'étendre, de nombreux dépôts de charbon à faible teneur en soufre, situés près de la surface, se prêtant bien à l'extraction à ciel ouvert; 3° dans le centre des États-Unis, où des dépôts de charbon à haute teneur en soufre pouvant être extraits à ciel ouvert s'étirent en forme d'arc dans le sud de l'Illinois et l'ouest du Kentucky; l'exploitation dans cette région décline toutefois proportionnellement à l'augmentation des activités dans l'Ouest.

Les principales zones d'exploitation *pétrolière* des États-Unis sont situées dans les États du Texas et de la Louisiane, le long et au large de la côte du golfe du Mexique (des réserves abondantes ont été découvertes sous le fond du golfe au milieu des années 1990); dans le centre des États-Unis, plus précisément dans l'ouest du Texas, l'Oklahoma et l'est du Kansas; dans la partie centrale du versant nord de l'Alaska, donnant sur

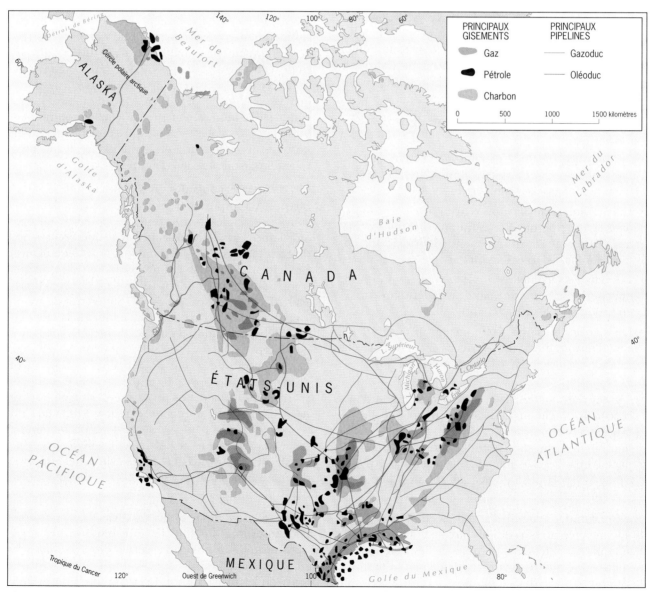

Figure 3.8 Principaux gisements de combustibles fossiles en Amérique du Nord.

À la station expérimentale de l'université de l'Illinois à Urbana (illustrée ci-dessus), on s'affaire à perfectionner la *technique de positionnement global par satellite*. Cette technique permettra bientôt aux agriculteurs d'effectuer tous leurs épandages importants d'engrais à l'aide d'un outil de grande précision, dirigé au moyen d'une carte informatisée des variations de fertilité de leurs champs.

l'océan Arctique. Des gîtes de moindre étendue sont localisés dans le sud de la Californie, où d'importants gisements inexploités ont été découverts au large des côtes, dans le centre-ouest des Appalaches, dans le nord des Grandes Plaines de l'Ouest et dans le sud des Ro-

cheuses. Les principaux gisements pétroliers du Canada se trouvent dans un large croissant s'incurvant vers le sud-est depuis les gisements bitumineux de la région de l'Athabaska, dans le nord de l'Alberta (responsable à elle seule de plus de 25 % de la production totale de pétrole brut du pays), jusqu'aux prairies du sud du Manitoba.

La distribution des dépôts de *gaz naturel* est semblable à celle des gisements pétrolifères, car le pétrole et le gaz sont généralement localisés dans des formations géologiques identiques, soit le fond d'anciennes mers peu profondes. Donc, les principaux gisements de gaz naturel se trouvent le long de la côte du golfe du Mexique, dans le centre des États-Unis et dans la région des Appalaches. Cependant, lorsque des pressions d'origine géologique s'exercent sur des dépôts souterrains de pétrole, celui-ci se transforme en gaz naturel. Ce phénomène s'est produit fréquemment dans les zones montagneuses, de sorte que des dépôts de gaz sont localisés dans l'ouest, au sein et à proximité des Rocheuses, à l'écart des gisements pétrolifères.

L'agriculture

Même si le XXe siècle a été dominé par l'urbanisation et le développement des secteurs économiques autres que primaire, l'agriculture demeure une composante importante de la géographie humaine des États-Unis. C'est l'activité qui occupe la plus grande superficie de terre, les champs de céréales couvrant de vastes étendues de l'Amérique du Nord. De plus, de grands troupeaux paissent dans les zones de pâturage ou sont

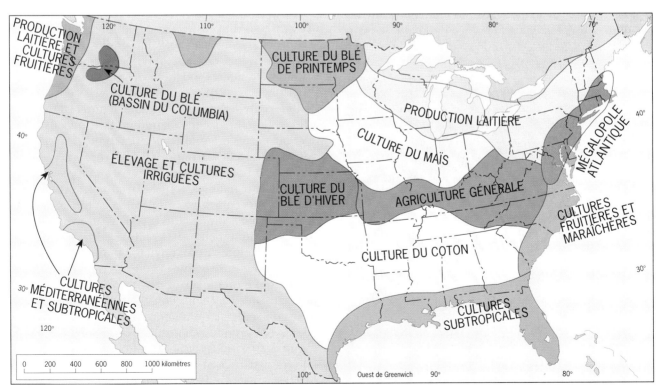

Figure 3.9 Zones agricoles des États-Unis.

nourris de fourrage, car cet ensemble géographique prospère, où la demande de viande rouge est très élevée, peut s'offrir le luxe d'alimenter son bétail à même les terres cultivées. L'emploi de plus en plus répandu de la technologie mécanique de pointe en agriculture a constamment contribué à l'accroissement du volume et de la valeur de la production agricole totale, de même qu'à une réduction draconienne du nombre d'individus œuvrant dans ce secteur : en 1995, seul un faible 1,7 % de la population américaine vit encore sur des fermes. L'accroissement des dimensions et du rendement des entreprises agricoles est un autre facteur ayant contribué à réduire le nombre de fermes, qui est actuellement inférieur à 1,9 million, soit le plus faible chiffre enregistré depuis les années 1850.

La distribution par régions des activités agricoles aux États-Unis est donnée à la figure 3.9. La mégalopole Atlantique, déjà en voie de formation au début du siècle, était le pivot de ce système régional : elle constituait le plus grand marché de denrées agricoles et le principal nœud du réseau de transport de tout le pays.

Le secteur manufacturier

Le Cœur industriel *(Manufacturing Belt)* a longtemps dominé la production manufacturière de l'Amérique du Nord (fig. 3.5). Cette zone, on le sait, est organisée autour d'une dizaine de centres urbains et industriels reliés entre eux par un réseau de transport très dense. Ce modèle d'aménagement a été privilégié à cause des avantages économiques que procure la concentration des industries dans les villes, car la main-d'œuvre et les capitaux y sont plus abondants, les marchés pour les produits finis y sont plus vastes et c'est là que se trouvent les principaux nœuds des réseaux de transport

La modernisation en cours de la sidérurgie ne se limite pas au Cœur industriel : la photo montre la mini-aciérie construite récemment à Beaumont, sur la côte texane du golfe du Mexique, par la North Star Steel Company.

utilisés pour l'approvisionnement en matières premières et la distribution des biens de consommation. Au fur et à mesure que ces centres industriels ont pris de l'expansion, ils ont réalisé des économies d'échelle, c'est-à-dire des économies attribuables à la production de biens en série, le coût de fabrication d'une unité étant réduit grâce à la mécanisation des chaînes de montage, à la spécialisation de la main-d'œuvre et à l'achat de grandes quantités de matières premières.

Le pays a bénéficié de ce modèle efficace de production jusqu'à la fin de l'ère industrielle. Compte tenu des effets de l'inertie, c'est-à-dire du besoin d'utiliser les installations manufacturières très onéreuses pendant toute leur durée de vie (soit plusieurs décennies) pour rentabiliser les investissements initiaux, le Cœur industriel ne disparaîtra certainement pas dans un proche avenir. Cependant, la fermeture des usines désuètes, déjà amorcée, entraînera la redistribution des industries américaines. Les propriétaires manifestent de plus en plus le désir de déménager leurs entreprises dans le Sud ou l'Ouest, divers facteurs leur rendant ces régions plus attrayantes : les coûts de transport sont partout les mêmes aux États-Unis, mais les coûts d'approvisionnement en énergie sont actuellement moindres dans les États du centre-sud qui produisent du pétrole et du gaz naturel; l'essor des industries de pointe réduit le besoin de main-d'œuvre non spécialisée; le choix du site d'une entreprise dépend de plus en plus de facteurs qui ne sont pas de nature économique.

Le déclin de l'industrie traditionnelle Depuis les années 1970, la tendance dominante dans le Cœur industriel est le déclin de l'industrie lourde traditionnelle. Les problèmes associés au vieillissement des industries, à la décroissance de l'économie et à la compétition des sociétés étrangères touchent de très nombreuses entreprises; il n'est plus rentable d'investir de nouvelles sommes dans les complexes manufacturiers désuets de cette région. Les usines abandonnées font malheureusement partie intégrante des paysages dégradés des villes industrielles. L'importation de produits concurrentiels de bonne qualité a accaparé une portion importante du marché américain au cours des deux dernières décennies. La compétition en provenance de la zone Asie-Pacifique ainsi que de l'Europe, autrefois fondée uniquement sur le faible coût de la main-d'œuvre, compte de plus en plus d'industries disposant de technologies de pointe et ayant un rendement élevé.

La situation de la sidérurgie illustre bien le recul des États-Unis à l'échelle globale. Cette industrie lourde était non seulement l'une des plus importantes, mais elle a été à l'origine même du développement du Cœur industriel. Les aciéries américaines ont occupé le premier rang dans le monde jusqu'à il y a environ 30 ans, mais elles ont par la suite connu un tel déclin qu'en 1986 les ventes avaient diminué de plus de 40 % et l'emploi, de près de 60 %. Cette situation est en partie attribuable à la baisse de la demande mondiale et à la hausse constante des importations d'acier, les acheteurs américains voulant profiter des prix moins élevés des produits étrangers. Mais le déclin de la sidérurgie est également dû à la lenteur dont ont fait preuve les propriétaires d'entreprises dans la modernisation des méthodes de production désuètes.

Les efforts de relance Les manufacturiers américains ont finalement commencé à tirer des leçons de l'avance marquée de leurs concurrents étrangers. Ils ont déployé des efforts considérables pour créer des « usines du futur » dans des secteurs de pointe, principalement dans la partie du Cœur industriel située dans le Midwest. Des dizaines de milliers de spécialistes ont été engagés dans le secteur de la recherche et du développement de même que dans la fabrication de nouveaux équipements, l'accent ayant été mis sur la robotique et d'autres techniques d'automatisation à la fine pointe de la technologie. La sidérurgie a joué un rôle de premier plan dans cette relance, plusieurs usines ayant doublé leur productivité depuis 1990. L'une des initiatives ayant connu le plus de succès fut la fondation (surtout dans le Midwest et le Sud), par de petites compagnies, de mini-aciéries employant des travailleurs non syndiqués, qui fabriquent de l'acier en faisant fondre des rebuts de métal à l'aide de l'énergie électrique plutôt qu'en transformant du minerai de fer au moyen de l'énergie tirée du charbon.

Les progrès réalisés dans la modernisation des usines ont malheureusement provoqué une réduction marquée du nombre d'emplois dans le secteur manufacturier. Cette situation n'est *pas* due à un déclin global des activités : la production industrielle a augmenté de plus de 60 % entre 1970 et le milieu des années 1990, mais le besoin de cols bleus a chuté radicalement. Les problèmes humains qui en découlent n'ont pas encore été résolus, car la dynamique sous-tendant la révolution postindustrielle continue de susciter des changements dans la structure et la composition de la main-d'œuvre américaine.

La révolution postindustrielle

Des signes de la postindustrialisation sont visibles partout aux États-Unis et au Canada; ils sont communément regroupés sous des appellations du type « société de l'information » ou « ère de l'électronique ». L'expression *postindustrielle* indique par elle-même quel secteur n'est plus au centre de l'économie américaine, mais plusieurs spécialistes des sciences humaines utilisent également ce terme pour désigner un ensemble de caractéristiques sociales marquant une coupure historique avec le passé récent. Nous avons déjà souligné plusieurs manifestations des forces qui sont en train de transformer la société; dans les paragraphes suivants,

nous nous intéresserons à des aspects plus généraux de la géographie économique.

Les technologies de pointe, les cols blancs et le travail de bureau font partie intégrante des principales industries en croissance de l'économie postindustrielle. Celles-ci ne dépendant pas de facteurs spatiaux; elles réagissent à des forces d'attraction de nature autre qu'économique, comme le prestige ou le confort d'une localité, ou encore la proximité d'aires de récréation. Dans le nord de la Californie, la *Silicon Valley*, siège de l'industrie des microprocesseurs (des composantes essentielles des ordinateurs et des appareils électroniques), présente un ensemble exceptionnel de caractéristiques susceptibles d'attirer une masse critique d'entreprises de pointe dans une localité donnée. Selon une étude récente, ces caractéristiques incluent : 1° la proximité d'une grande université (Stanford) offrant un excellent programme de troisième cycle en ingénierie; 2° la proximité immédiate d'un centre urbain cosmopolite (San Francisco); 3° un vaste bassin de main-d'œuvre très qualifiée et moyennement qualifiée; 4° un climat agréable et des aires de récréation accessibles toute l'année; 5° des logements de bonne qualité situés dans un proche voisinage; 6° un climat économique local favorable à la prospérité des grandes entreprises. Il n'est pas étonnant que le succès de la *Silicon Valley* ait stimulé la création de plusieurs complexes semblables, principalement dans les villes de la grande banlieue de San Diego et de Los Angeles en Californie, d'Austin et de Dallas au Texas, et de Raleigh-Durham en Caroline du Nord.

En dehors de ces complexes florissants, les effets de la révolution postindustrielle se sont fait sentir de façon inégale dans les diverses régions géographiques au cours des deux dernières décennies. Les États où l'environnement est particulièrement agréable ont connu un meilleur développement; c'est le cas principalement de la Californie, de l'Oregon et de l'État de Washington. De ce point de vue, il n'est donc pas étonnant que les États du Cœur industriel aient connu dans l'ensemble une faible croissance, bien que le Midwest soit le théâtre d'une relance depuis 1985. Les performances globales de la réputée *Sunbelt* sont particulièrement remarquables.

Il n'est pas exact de dire que les États du Sud constituent une zone homogène de développement : les contrastes y sont nombreux et très marqués. À l'intérieur d'un même État, les disparités sont évidentes et il arrive malheureusement trop souvent qu'un comté florissant en voisine un autre où rien n'a changé. Même les zones les plus prospères de la *Sunbelt* ne sont pas à l'abri des revirements de l'économie; le Texas, l'Oklahoma et la Louisiane ont d'ailleurs pu le constater lorsque, durant les années 1980, l'industrie pétrolière est entrée dans une longue période de déclin. Mais même si le développement économique de cette région comporte des lacunes, plusieurs métropoles de la *Sunbelt* continueront vraisemblablement d'attirer une proportion de plus en plus grande des principales activités commerciales des États-Unis.

Le Canada

Comme les États-Unis, le Canada est un État fédéral, mais sa structure administrative est différente. Il est divisé en 10 provinces et en 2 territoires (fig. 3.10). Ces derniers, soit le Yukon et les Territoires du Nord-Ouest*, occupent une vaste étendue dont la superficie est la moitié de celle de l'Australie, mais ils abritent en tout moins de 100 000 habitants. L'aire des provinces varie

largement. Il suffit de comparer la minuscule Île-du-Prince-Édouard au Québec, trois fois plus grand que la France. Les Provinces atlantiques (Nouvelle-Écosse, Nouveau-Brunswick, Île-du-Prince-Édouard, Terre-Neuve) occupent la partie la plus à l'est. Viennent ensuite le Québec puis l'Ontario, les deux plus grandes provinces canadiennes. La majeure partie de l'ouest du pays, c'est-à-dire le territoire à l'ouest du lac Supérieur, est occupée par les provinces des Prairies : le Manitoba, la Saskatchewan et l'Alberta. La dixième province, soit la Colombie-Britannique, s'étend dans l'extrême ouest, au-delà des Rocheuses, face au Pacifique.

L'Ontario (10,9 millions d'habitants) et le Québec (7,4 millions) sont les provinces les plus peuplées; la

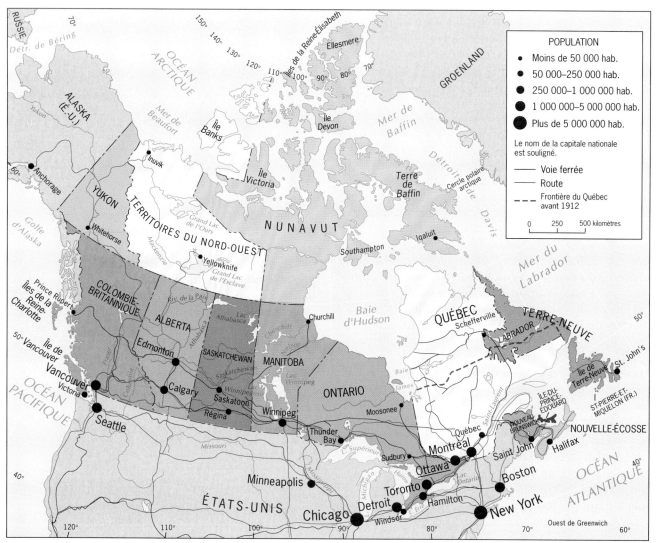

Figure 3.10 Le Canada.

---

* La carte de la figure 3.10 indique l'existence d'un troisième territoire nordique, le Nunavut, dont la création est prévue pour 1999. C'est là le résultat d'une entente entre le gouvernement canadien et les Inuits de l'est de l'Arctique, portant sur les revendications territoriales de ces derniers. Le Nunavut s'étendra sur un cinquième de la surface du Canada : sa superficie sera supérieure à celle de n'importe quelle province et des deux autres territoires. Étant donné que 80 % de ses quelque 22 000 habitants sont des Inuits, le Nunavut sera la première division administrative fédérale à majorité amérindienne à posséder un certain degré d'autonomie gouvernementale.

Colombie-Britannique vient au troisième rang avec ses 3,8 millions d'habitants. Les provinces des Prairies totalisent 5 millions d'habitants, tandis que les Provinces atlantiques n'en rassemblent que 2,8 millions. Seulement 95 000 habitants sont disséminés dans les territoires de l'extrême nord. La population totale du Canada, soit 30 millions d'habitants, représente à peine plus du dixième de celle des États-Unis. En début de chapitre, nous avons souligné le fait que la majorité des Canadiens vivent dans une bande de terre d'au plus 350 km de largeur qui longe la frontière américaine.

Histoire du peuplement

La carte de la distribution de la population (fig. 3.3) met en évidence le fait qu'une petite fraction seulement de l'immense territoire du Canada est effectivement peuplée, soit environ un huitième. Même dans la zone la plus populeuse, près de la frontière américaine, la distribution des grandes agglomérations rappelle un chapelet d'îles s'échelonnant dans une vaste mer. Les cinq principales concentrations urbaines sont facilement repérables sur la carte, la plus importante étant certainement la Grand'Rue, qui abrite plus de 60 % des Canadiens. Cette conurbation, nous l'avons déjà mentionné (fig. 3.6), s'étire dans le sud-ouest du Québec et en Ontario, depuis la ville de Québec dans la basse vallée du Saint-Laurent jusqu'à Windsor sur la rivière de Detroit, en passant par Montréal et Toronto. Les quatre autres concentrations urbaines sont : 1° le croissant s'étirant de Saint John à Halifax, dans le centre du Nouveau-Brunswick et de la Nouvelle-Écosse; 2° la région de Winnipeg dans le sud du Manitoba; 3° le corridor reliant Edmonton à Calgary, dans le centre-sud de l'Alberta; 4° le sud-ouest de la Colombie-

Britannique, dont le cœur est Vancouver, la troisième métropole du pays.

Le Canada avant le XXᵉ siècle

Le Canada s'est peuplé plus lentement que les États-Unis. Comparativement à la colonisation du territoire américain par les Européens (fig. 3.4), ce n'est que quelques décennies plus tard que ces derniers pénétrèrent jusque dans l'intérieur du territoire canadien (fig. 3.11). Ainsi, en 1850, l'est des États-Unis et une bonne partie de la côte ouest américaine étaient déjà peuplés, alors que la frontière du Canada s'établissait seulement aux rives du lac Huron. Le nombre des pionniers canadiens s'aventurant vers l'ouest a évidemment toujours été inférieur à celui de leurs semblables américains. L'unité géopolitique du Canada ne s'est faite, à contrecœur, qu'au cours du dernier tiers du XIXᵉ siècle, et cela uniquement à cause de la crainte de voir le voisin du sud étendre son territoire vers le nord. En outre, l'avancée des Canadiens vers l'ouest a évidemment été ralentie par des obstacles physiques de taille, dont la partie hostile du Bouclier canadien située au nord et à l'ouest des lacs Huron et Supérieur, de même que les chaînes de montagnes accidentées qui séparent les Plaines intérieures de la façade pacifique et ne comportent pas de col facilement praticable.

L'évolution du Canada moderne et de sa géographie culturelle (qui fait l'objet de la prochaine section) est profondément marquée par l'existence de deux grandes cultures, dont il sera question à la fin du chapitre. Ce sont les Français, et non les Britanniques, qui furent les premiers occupants européens du territoire du Canada actuel, à compter des années 1530. Au cours du XVIIᵉ siècle, la *Nouvelle-France* se développa dans le bassin du Saint-Laurent, la région des Grands Lacs et

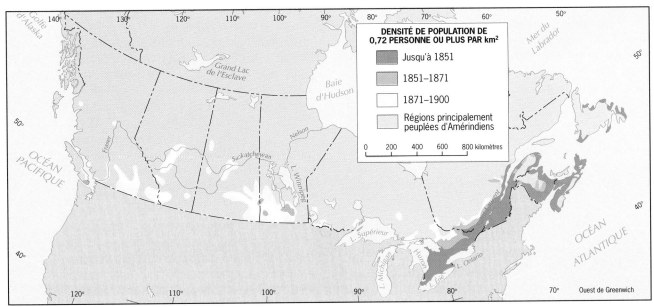

Figure 3.11 Expansion des colonies européennes au Canada avant 1900.

la vallée du Mississippi. Les années 1680 marquèrent le début d'une série de guerres qui allaient opposer la France et la Grande-Bretagne et se solder par la défaite des Français et la cession de la Nouvelle-France aux Anglais en 1763. Au moment où Londres établissait son autorité sur cette nouvelle colonie, les Français s'étaient déjà taillé une place en Amérique du Nord : le droit civil français, le régime seigneurial et la religion catholique faisaient partie intégrante du paysage culturel. Les Britanniques, souhaitant éviter une guerre et faisant face à des problèmes dans leurs colonies américaines, accordèrent à la « Province du Québec », qu'ils définirent alors comme s'étendant des Grands Lacs à l'embouchure du Saint-Laurent, le droit de conserver son code civil et le régime seigneurial, de même que la pleine liberté religieuse.

À la fin de la guerre d'Indépendance américaine, Londres ne possédait plus que le territoire rebaptisé Amérique du Nord britannique (la dénomination Canada, tirée d'un mot amérindien signifiant « village », n'existait pas encore), où la culture française était nettement dominante. La guerre avait amené des milliers d'Anglais à migrer vers le nord et des différends ne tardèrent pas à opposer ces derniers aux Français. En 1791, à la demande des nouveaux arrivants, le Parlement de Londres divisa la « Province du Québec » en deux colonies : le Haut-Canada, s'étendant en amont de Montréal et dont le cœur était la rive nord du lac Ontario, et le Bas-Canada, correspondant à la vallée du Saint-Laurent. Ces deux colonies sont en fait les noyaux respectifs de l'Ontario et du Québec actuels (fig. 3.10). Dans la planification élaborée par le Parlement de Londres, l'Ontario allait devenir anglophone, alors que le Québec demeurerait francophone.

Cette première division culturelle ne donna cependant pas les résultats escomptés, de sorte qu'en 1840 les deux colonies furent de nouveau réunies par l'Acte d'union qui donnait une représentation égale au Haut-Canada et au Bas-Canada au sein du nouveau gouvernement responsable. Mais cette tentative échoua également, de sorte qu'en 1867 l'Acte de l'Amérique du Nord britannique unit les deux Canada, le Nouveau-Brunswick et la Nouvelle-Écosse dans une confédération, à laquelle se joignirent par la suite les autres provinces et les territoires. Au sein de cette fédération, l'Ontario et le Québec étaient de nouveau deux entités distinctes, mais ce dernier recevait cette fois des garanties : il pouvait conserver son code civil et le français était reconnu comme l'une des deux langues officielles au Parlement, devant les tribunaux et dans la province de Québec.

Le Canada au XXᵉ siècle

Vers la fin du XIXᵉ siècle, la jeune fédération canadienne se développait rapidement à l'échelle régionale, et l'intégration économique du continent avançait à grands pas. En 1886, le chemin de fer du Canadien Pacifique avait finalement atteint Vancouver, une condition que la Colombie-Britannique avait posé 15 ans plus tôt pour entrer dans la Confédération. La construction de cette voie de communication cruciale accéléra grandement la colonisation non seulement de l'extrême ouest mais aussi des provinces des Prairies, où les sols très fertiles permirent la croissance d'une économie fondée sur la culture du blé, lorsque les immigrants affluèrent de l'est et d'outre-mer au début de ce siècle (fig. 3.11). À la même époque, l'industrialisation gagna également du terrain au Canada, de sorte qu'en 1920 le secteur manufacturier avait remplacé l'agriculture comme première source nationale de revenu. Comme nous l'avons vu plus tôt, la principale zone industrielle du Canada est le corridor du sud de l'Ontario allant de Toronto à Windsor en passant par Hamilton (fig. 3.5). Ce corridor est également l'un des secteurs du Cœur industriel de l'Amérique du Nord depuis le début de la révolution industrielle canadienne (durant la Première Guerre mondiale (1914-1918), le pays a participé à l'effort de guerre en Europe continentale aux côtés de la Grande-Bretagne).

Les progrès de l'industrialisation ont entraîné, comme il fallait s'y attendre, la croissance du système urbain du Canada. Maurice Yeates a construit, dans le même ordre d'idées que le découpage en cinq époques de l'évolution métropolitaine des États-Unis par Borchert, un modèle du développement urbain au Canada, comportant trois phases. La première, *De la colonisation à l'exploitation des ressources naturelles,* qui s'est terminée en 1935, englobe la période de transition séculaire entre l'économie mercantile prévalant au moment de l'expansion vers l'ouest et une économie fondée sur les produits de base, c'est-à-dire sur l'extraction de matières premières et la production de denrées alimentaires destinées à l'exportation, le secteur manufacturier occupant une place de plus en plus grande dans le Cœur industriel en pleine croissance. En 1930, Montréal et Toronto, qui présentaient déjà des caractères culturels très différents, se trouvaient au sommet de la hiérarchie urbaine du Canada, qui ne comptait pas de ville primatiale.

Durant l'*ère industrielle capitaliste,* qui dura de 1935 à 1975, le Canada connut une prospérité semblable à celle dont bénéficiait les États-Unis. Cependant, le développement, et notamment la croissance fulgurante du secteur manufacturier, des activités tertiaires et de l'urbanisation, s'est effectué en grande partie après 1950, car les effets de la Crise de 1929 se sont fait sentir jusqu'au début de la Seconde Guerre mondiale, et celle-ci fut suivie d'une longue récession. L'économie a notamment été stimulée par les investissements des sociétés américaines dans la construction d'usines au Canada, et plus particulièrement de fabriques d'automobiles en Ontario, à proximité des sièges sociaux des grands manufacturiers de la région de Detroit. Dans l'Ouest canadien, l'essor rapide de la production de pétrole et de gaz naturel a entraîné le développement urbain de l'Alberta; de plus, l'emploi de nouvelles techniques en agriculture a contribué à réduire les besoins de main-d'œuvre dans ce secteur et a provoqué l'exode d'une partie de la population rurale des provinces voisines de la Saskatchewan et du Manitoba. C'est aussi durant l'après-guerre qu'a émergé la Grand'Rue, qui représente moins de 2 % du territoire canadien, mais en est venue à abriter plus de 60 % de la population du pays, à produire les deux tiers du revenu national et à fournir près des trois quarts des emplois du secteur manufacturier.

L'*ère du capitalisme global,* qui a débuté en 1975, est marquée par un accroissement significatif des investissements étrangers en provenance de la zone Asie-Pacifique ainsi que de l'Europe, et par le passage à une économie et à une société postindustrielles, ce processus entraînant pour le Canada des problèmes analogues à ceux auxquels les États-Unis font face. Il est intéressant de noter que le taux d'urbanisation s'est récemment stabilisé à 75 % aux États-Unis, alors qu'au Canada il ne cesse de grimper et a atteint 77 % en 1997, cette augmentation étant due principalement à la création de nouvelles banlieues. Cependant, même si des centres d'affaires émergent dans la grande banlieue de Toronto et que le mégacentre commercial de la banlieue ouest d'Edmonton est toujours le plus grand complexe de ce type au monde, la géographie urbaine du Canada n'est pas celle des États-Unis. En effet, l'étalement des métropoles provoqué par l'avènement de l'automobile n'y a pas été aussi important, de sorte que dans les villes centrales les populations appartiennent encore en grande partie à la classe moyenne et les bases de l'économie n'ont pas été détruites.

Géographie culturelle et politique

Le clivage historique entre les Canadiens anglophones et francophones, auquel l'Acte de l'Amérique du Nord britannique devait apporter une solution, s'est accentué au cours des trois dernières décennies au point d'occuper une place prépondérante dans la géographie culturelle du pays.

Au cours des années 1970, tandis que le Parti québécois, un parti politique souverainiste, accédait au pouvoir pour la première fois, le gouvernement fédéral élaborait un projet de révision de la Constitution du pays. En 1980, la majorité des Québécois se prononcèrent par référendum contre l'indépendance. La nouvelle Constitution proposée par Ottawa ne reçut *pas* l'aval du Québec, de sorte que le gouvernement fédéral tente en vain depuis de trouver une solution capable de maintenir l'unité du pays.

À la fin de 1995, alors que les Canadiens semblaient lassés de la question constitutionnelle, un second référendum sur l'indépendance fut tenu au Québec et, à la surprise générale, 49,4 % de l'électorat, majoritairement

Depuis 1978, les plaques d'immatriculation du Québec portent la devise de la province — « Je me souviens » —, une devise sans doute bien étrange pour la majorité des Nord-Américains. Comme le soulignait en effet l'historien américain Mason Wade dans son ouvrage intitulé *Les Canadiens français* : « Nulle part en Amérique du Nord le culte du passé n'est plus vivace qu'au Canada français. Le Canada français a un sens de la tradition unique en Amérique du Nord et les Canadiens français vivent avec et de leur passé. Pour comprendre ce pays, il faut d'abord avoir pleinement conscience de ce que son histoire représente pour les Canadiens français eux-mêmes. » Si, depuis la Révolution tranquille, les Canadiens français, qui se désignent maintenant comme Québécois, ont développé un État moderne, pris en main leur économie et se sont tournés résolument vers le commerce international, la mémoire de leur histoire reste encore pour eux un principe bien vivant d'action politique.

francophone, vota en faveur de la séparation. Depuis, de nouveaux efforts ont été déployés en vue d'organiser un troisième référendum.

Du point de vue géographique, le fait que le Canada francophone ne se limite pas aux frontières du Québec pose un problème de taille. La figure 3.12 indique que le Principal Bassin francophone déborde la vallée inférieure et moyenne du Saint-Laurent : il s'étend vers l'est et l'ouest au-delà des frontières de la province, de même que vers le sud-est sur le territoire américain. En outre, des communautés anglophones résident à l'intérieur de ce bassin francophone, notamment dans de grandes villes comme Hull et Montréal. Les membres de ces communautés, spécialement les plus jeunes, quittent en grand nombre le Québec, alors que d'autres affirment non seulement qu'ils ont l'intention de rester mais qu'ils ont autant le droit de se séparer de la province que celle-ci a le droit de se séparer du Canada.

La crise d'origine culturelle que connaît le Québec a réanimé le sentiment ethnique chez les quelque 1,3 million d'Amérindiens canadiens. Ainsi, les Premières Nations exigent du gouvernement fédéral qu'il réponde à leurs revendications territoriales. Par ailleurs, une entente avec les Inuits des Territoires du Nord-Ouest prévoit la création du Nunavut en 1999. Quant aux Cris, la population aborigène de l'extrême nord de la province, le territoire qu'ils réclament représente plus de la moitié du territoire du Québec.

Géographie économique

La croissance économique du Canada a bénéficié, comme celle des États-Unis, d'une *réserve de ressources* diversifiées et de bonne qualité. On l'a dit, le Bouclier canadien recèle de riches gisements de minéraux et, plus à l'ouest, des quantités importantes de pétrole sont extraites du sous-sol de l'Alberta. Le Canada a long-temps été l'un des principaux pays producteurs et ex-portateurs de *denrées agricoles*, et plus particulièrement de blé et d'autres céréales, cultivées sur les terres ferti-les des provinces des Prairies. Les nouvelles technolo-gies permettent de maintenir un rendement élevé, mais la demande de main-d'œuvre a diminué au point où les travailleurs agricoles ne représentent plus que 3 % de la population active du pays. Le passage à l'ère post-industrielle a également entraîné une baisse subs-tantielle de l'emploi dans le *secteur manufacturier*, et no-tamment la perte d'au moins 300 000 postes dans les usines durant la récession du début des années 1990. Les effets de ces coupures radicales se sont surtout fait sentir dans les centres industriels du sud de l'Ontario et du sud-ouest du Québec, qui connaîtront encore pen-dant un certain temps des problèmes de chômage et de recyclage des travailleurs, car la proportion de la population active du Canada employée dans le secteur manufacturier, qui était de 14 % en 1990, devrait chu-ter à 8 % d'ici la fin du siècle. Par ailleurs, les *secteurs tertiaire et quaternaire*, qui employaient déjà 67 % de la main-d'œuvre canadienne en 1990, fournissent une foule de possibilités économiques. Le sud de l'Ontario bénéficie heureusement de la mutation postindus-

trielle, car les principaux centres de recherche et déve-loppement dans le domaine des technologies de pointe sont localisés dans la région de Waterloo et de Guelph, deux villes universitaires situées à environ 100 km à l'ouest de Toronto.

L'avenir économique du Canada dépend large-ment du développement continu des relations commer-ciales avec l'étranger. Selon l'Accord de libre-échange signé en 1989 entre les États-Unis et le Canada, et qui fera époque, tous les tarifs douaniers et les mesures restrictives touchant les investissements devraient être éliminés d'ici 1999, ce qui représente en soi un pro-grès remarquable étant donné que la circulation an-nuelle de biens et de services de part et d'autre de la frontière canado-américaine occupe déjà le premier rang dans le commerce international. De plus, ces liens économiques ont été renforcés par l'entrée en vigueur, en 1994, de l'Accord de libre-échange nord-américain (Alena), qui a consolidé les gains associés à l'entente de 1989 et donné de nouvelles possibilités aux deux pays en étendant au Mexique la zone de libre-échange, qui devrait en outre inclure le Chili dans un proche avenir (voir l'encadré « L'Accord de libre-échange nord-américain »).

Lors d'un récent congrès, des spécialistes et des fonctionnaires canadiens se sont interrogés sur les con-séquences immédiates et à court terme de l'accord de libre-échange sur l'économie nationale. La plupart

L'UNE DES GRANDES VILLES D'AMÉRIQUE DU NORD

Toronto

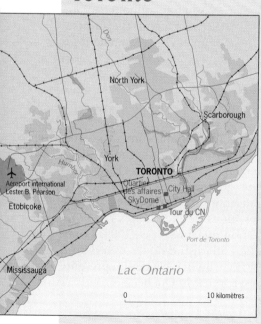

Capitale de l'Ontario et noyau historique du Canada anglophone, Toronto est la plus grande métropole du Canada (4,7 millions d'habitants). Le paysage de la vieille ville est dominé par une magni-fique architecture de type victorien et le centre-ville, florissant, abrite le principal centre d'affaires du pays. Les points de repère n'y manquent pas : le stade à toit ouvrant, le célèbre hôtel de ville avec ses tours jumelles incurvées qui se font face, et la tour du CN en forme de mât qui s'élève à 533 m, ce qui en fait la plus haute structure isolée du monde. Toronto est en outre un port et un centre manufactu-rier importants : des usines, des quais et des dépôts ferroviaires longent sur des kilomètres la rive grouillante du lac On-tario, qui communique avec l'Atlantique par la voie maritime du Saint-Laurent. *La qualité de la vie* est l'un des premiers traits mentionnés par les Torontois lors-

qu'ils parlent de leur ville. Celle-ci a été moins touchée par le phénomène de l'étalement urbain que les métropoles américaines de taille identique. *La diver-sité* est une autre des principales carac-téristiques de Toronto, qui abrite la mo-saïque ethnique urbaine la plus riche de toute l'Amérique du Nord. Les commu-nautés italienne, portugaise, chinoise, grecque, française et ukrainienne sont parmi les groupes ethniques les plus nombreux et les plus vigoureux. Si To-ronto tire si bien son épingle du jeu, c'est peut-être qu'elle a été la première ville nord-américaine à mettre en place une administration métropolitaine de type fédératif, en 1954. Une quarantaine d'années plus tard, la ville centrale et ses banlieues continuent de travailler har-monieusement à la résolution des pro-blèmes considérables qui ne manquent pas de se présenter.

L'ACCORD DE LIBRE-ÉCHANGE NORD-AMÉRICAIN

Les échanges économiques entre le Canada, les États-Unis et le Mexique ont été encadrés par l'Accord de libre-échange nord-américain (Alena), qui est entré en vigueur en 1994, et dès 1995 il a été prévu que le Chili serait intégré dans un proche avenir à cette grande alliance économique. Celle-ci a créé le plus vaste marché commun du globe, évalué à plus de 7 billions de dollars (US) et englobant 410 millions de consommateurs (sans compter le Chili), comparativement à 373 millions pour l'Union européenne. D'ici l'an 2009, les quatre économies devraient être entièrement intégrées par étapes. Des milliers de tarifs douaniers, de quotas et de licences d'importation devraient disparaître ou être réduits de manière à éliminer la majorité des barrières douanières touchant les produits agricoles et les biens manufacturiers, de même que les services des secteurs tertiaire et quaternaire. Les restrictions concernant la circulation des capitaux entre les pays devraient également être éliminées, et la réglementation régissant les entreprises sous contrôle étranger est en voie d'être libéralisée.

Les architectes de l'Alena ont attiré l'attention sur les avantages que procurera l'entente lorsqu'elle sera appliquée dans son intégralité. La libre circulation des biens à l'intérieur de ce vaste marché commun devrait stimuler les investissements dans les quatre pays, et la concurrence accrue devrait permettre aux consommateurs d'avoir accès à une gamme étendue de produits de qualité à des coûts moindres. Le Canada s'est joint à l'Alena essentiellement pour conserver les concessions qu'il avait obtenues au moment de la signature de l'accord de libre-échange avec les États-Unis en 1989. Selon les sondages, la majorité des Canadiens étaient particulièrement sceptiques au début, estimant que l'entente de 1989 avait été dans l'ensemble néfaste à l'économie nationale. Mais ces doutes se sont vite dissipés lorsque les exportations, et du même coup le nombre de nouveaux emplois, ont augmenté substantiellement dans le cadre de l'Alena au milieu des années 1990. Le commerce avec les États-Unis, que l'entente de 1989 avait déjà stimulé, a été en grande partie responsable de cette hausse.

Si l'Alena atteint ses objectifs, chaque pays membre devra se concentrer sur la production de biens et de services dans les secteurs où il dispose d'avantages relatifs (recherche et développement, compétences techniques, savoir-faire administratif, etc.). Comme les travailleurs se déplaceront des entreprises les moins productives vers les plus productives, il y aura une redistribution des emplois, mais ce phénomène aurait lieu de toute façon, chaque pays devant s'adapter aux changements de l'économie du continent et du globe entier.

Le succès de l'Alena a attiré l'attention de tous les pays d'Amérique. Même si la plupart d'entre eux participent déjà aux efforts d'intégration de leur propre économie régionale (voir les chapitres 4 et 5), ils souhaitent faire partie éventuellement de l'extension de l'Alena. Ainsi, un ambitieux projet de zone de libre-échange des Amériques (*Free Trade Area of the Americas* ou *FTTA)* fut lancé en 1994 lors du « sommet des Amériques » tenu à Miami. Cette zone engloberait tous les pays de l'hémisphère américain, à l'exclusion de Cuba, dans un marché unique de plus de 800 millions de consommateurs. Si ce projet est mené à terme en l'an 2005 comme prévu, sa réalisation pourrait accélérer l'application complète de l'Alena, de même que l'évolution de celui-ci en une organisation d'envergure beaucoup plus considérable.

d'entre eux ont prévu une réorientation spatiale des activités entraînant un affaiblissement des traditionnels liens est-ouest, tandis que les relations nord-sud s'intensifieraient dans le cadre d'une structure régionale transnationale chevauchant la frontière canado-américaine. Certaines de ces relations sont déjà passablement développées en raison de traits géographiques et historiques communs : les Provinces atlantiques avec la Nouvelle-Angleterre, le Québec (indépendant ou non) avec l'État de New York, l'Ontario avec le Michigan et les États voisins du Midwest, les provinces des Prairies avec la partie nord du Midwest, et la Colombie-Britannique avec le nord-ouest des États-Unis. Des liens internationaux sont aussi solidement intégrés à la configuration régionale de toute l'Amérique du Nord, qui fait l'objet de la prochaine section.

Les régions de l'ensemble nord-américain

La structure régionale de l'Amérique du Nord reflète très bien la transformation en cours de la géographie humaine du continent. De nouvelles forces provoquant le déracinement et la redistribution d'une partie de la population et des activités, certaines règles traditionnelles ont cessé de s'appliquer. Cependant, la diversité des paysages naturels, culturels et économiques garantit le maintien de différences régionales. Dans les pages qui suivent, nous examinerons l'organisation spatiale actuelle des

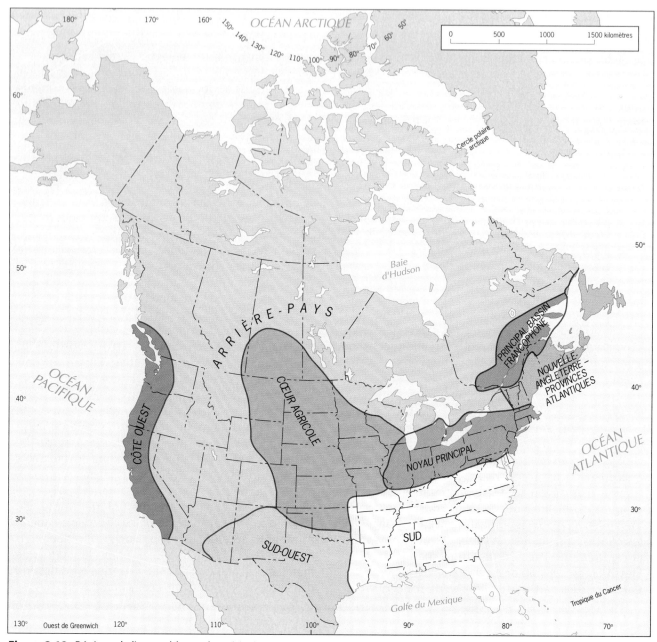

Figure 3.12 Régions de l'ensemble nord-américain.

États-Unis et du Canada en divisant l'ensemble nord-américain en huit régions (fig. 3.12).

◆ Le Noyau principal

Centre historique des économies interreliées du Canada et des États-Unis, le Noyau principal, qui coïncide avec le Cœur industriel *(Manufacturing Belt)*, a incontestablement joué un rôle de premier plan au cours du siècle allant de la guerre de Sécession à la fin de l'ère industrielle, soit de 1865 jusqu'à 1970 environ. Le passage à l'ère postindustrielle a réduit l'importance de ce pivot régional, de sorte que le Noyau principal partage de plus en plus ses fonc-

tions essentielles avec les régions émergentes de l'Ouest et du Sud.

La baisse radicale du nombre d'emplois de cols bleus dans le Cœur industriel n'a malheureusement pas entraîné la création de programmes efficaces de recyclage de la main-d'œuvre ou de nouveaux postes dans d'autres secteurs. Diverses parties de la région ont donc été touchées par un chômage endémique, dont les effets sont particulièrement manifestes dans les quartiers défavorisés et les proches banlieues de Detroit, de Chicago, de Philadelphie, de Cleveland, de Baltimore et de Pittsburgh.

Le secteur manufacturier continue d'occuper une place importante au sein de l'économie en mutation

LES PRINCIPALES VILLES D'AMÉRIQUE DU NORD	
Ville	**Population*** (en millions)
Atlanta	4,1
Boston	3,2
Chicago	8,3
Dallas-Fort Worth	5,2
Detroit	4,5
Houston	5,1
Los Angeles	10,0
Montréal	3,4
New York	17,9
Philadelphie	5,1
San Francisco-Oakland	4,2
Seattle-Tacoma	3,9
Toronto	4,7
Vancouver	1,9
Washington D.C.	4,4

* Nombre approximatif d'habitants des agglomérations urbaines en 1997

de l'ensemble nord-américain, mais les problèmes associés à la productivité et au vieillissement des équipements, qui ont fait augmenter les coûts de production dans le Cœur industriel, constituent un obstacle au moment où les facteurs de localisation industriels favorisent les régions émergentes. Comme nous l'avons déjà mentionné, la partie du Noyau principal située dans le Midwest a réagi positivement à ce défi en intégrant des technologies de pointe dans ses principaux complexes industriels.

Dans d'autres parties du Noyau principal, où le secteur manufacturier était traditionnellement moins prépondérant, le développement postindustriel a fait surgir de nouveaux centres de croissance. Les principales aires métropolitaines de la mégalopole Atlantique, où les activités économiques quaternaires et quinaires occupent déjà une place importante, s'adaptent relativement bien aux changements. Ainsi, même si elle souffre encore des conséquences de la dernière récession, la région de Boston, bien pourvue en centres de recherche, a attiré des entreprises de technologie de pointe innovatrices, principalement dans le corridor de l'autoroute 128 qui entoure la ville centrale. New York continue de jouer un rôle prédominant dans

L'UNE DES GRANDES VILLES D'AMÉRIQUE DU NORD

Chicago

La ville de Chicago est située à proximité de l'extrémité méridionale du lac Michigan, non loin du centre géographique des États-Unis. Les premiers colons avaient bien perçu la vocation de carrefour du site, car ils en avaient fait un poste d'où partait le portage entre le lac Michigan et un affluent du Mississippi. Encore aujourd'hui, Chicago est le principal nœud ferroviaire du pays et, alors que le transport aérien a désormais la faveur pour les longs trajets, la ville conserve son rôle de carrefour, l'aéroport international de O'Hare étant depuis plus d'une génération le plus achalandé du monde.

Principale zone manufacturière des États-Unis durant le siècle qui a suivi la révolution industrielle des années 1870 et 1880, Chicago est devenue un important centre commercial dont le quartier des affaires, aux nombreux gratte-ciel, arrivait au second rang par sa taille et son influence, après Manhattan.

La ville de Chicago, dont la zone métropolitaine compte 8,3 millions d'habitants, ne ménage pas ses efforts pour s'adapter à l'ère postindustrielle. La diversité de son économie s'est avérée un atout précieux pour la réalisation de cet objectif, et la métropole est déterminée à se transformer en un centre de services de premier ordre. Le vaste complexe suburbain en expansion, englobant des tours à bureaux et une zone industrielle, qui s'est développé autour de l'aéroport de O'Hare est en fait devenu la « seconde ville » de Chicago.

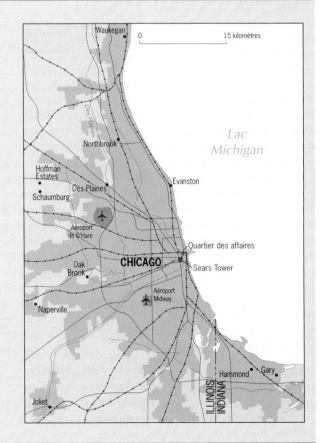

L'UNE DES GRANDES VILLES D'AMÉRIQUE DU NORD

New York

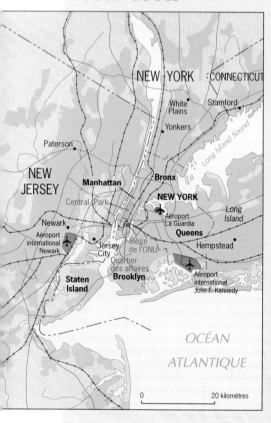

New York n'est pas seulement la plus grande ville du continent nord-américain; c'est aussi l'un des endroits les plus célèbres du globe, la porte de l'Amérique vers le Vieux Monde, le siège des Nations Unies, l'un des principaux centres financiers du monde; bref, une « cité internationale » dans tous les sens du terme.

New York est formée de cinq districts *(boroughs)* ayant comme centre l'île de Manhattan; le quartier des affaires est situé sur cette île, au sud de la 59ᵉ Rue, laquelle borde Central Park au sud. Le paysage composé de gratte-ciel est unique au monde; les points de repère, les rues, les places et les boutiques célèbres y sont plus nombreux que dans toute autre ville, à l'exception de Paris. L'influence de New York, cette capitale culturelle et médiatique des États-Unis, ne cesse de rayonner à la grandeur de la planète grâce aux réseaux de télévision, aux journaux, aux revues, aux éditeurs, aux grands couturiers, concepteurs et aux artistes innovateurs qui ont choisi de s'y installer.

À l'échelle métropolitaine, New York est le centre d'une vaste agglomération urbaine de 250 km², qui compte 17,9 millions d'habitants et s'étend partiellement sur trois États, dans le cœur de la mégalopole Atlantique. Cette grande banlieue est en elle-même gigantesque avec ses 10 millions d'habitants, ses grands centres d'affaires et ses centres périurbains florissants. Par ailleurs, en dépit de ses relations avec l'étranger, New York est aux prises avec les mêmes problèmes que les autres villes centrales américaines. Ses ghettos, peuplés de gens défavorisés, ne cessent de s'étendre; l'activité de son port et de ses principales industries, vieillissantes, est en déclin; la communauté des affaires subit une pression toujours plus grande à cause des coûts d'exploitation élevés dans Manhattan, où tout est extrêmement cher. New York n'a pas encore trouvé de solution à ces problèmes, mais la ville continue de déployer des efforts pour les surmonter et se transformer de manière à jouer un rôle de premier plan dans l'économie du XXIᵉ siècle. Sa réputation, son dynamisme et son assurance pourraient lui permettre de réussir dans cette voie.

les domaines financier et publicitaire, et les réseaux de télévision y maintiennent leur siège social. Mais même dans ces sphères, la ville doit maintenant partager son pouvoir de décision avec sa grande banlieue, qui abrite depuis au moins 25 ans plus de sièges sociaux de grandes sociétés que Manhattan.

Washington D.C. est peut-être la métropole du Noyau principal qui a le plus bénéficié du passage à l'ère postindustrielle. Les secteurs de la production d'informations et de l'administration ayant connu un essor fulgurant, et le gouvernement fédéral américain ayant resserré ses liens avec les entreprises privées, un nombre impressionnant de bureaux, de centres de recherche, d'organisations commerciales, de groupes de pression et de services de consultation se sont établis dans le district de Columbia et les banlieues environnantes des États prospères du Maryland et de la Virginie. La migration des services vers les banlieues a été accentuée par le manque d'espace dans le centre du district fédéral, le désir de fuir les quartiers défavorisés du centre-ville et la présence de l'autoroute périphérique, longue de 105 km, qui relie les centres périurbains les plus prestigieux. Le développement de la grande banlieue curviligne de Washington confirme que les aires

Le vieux quartier résidentiel de Boston, encastré entre la Charles River et l'imposant quartier des affaires, est un héritage de l'époque où les villes étaient plus compactes. Les bâtiments peu élevés, à forte densité, servaient à la fois à des fins résidentielles et commerciales, et les quartiers étaient définis par les paroisses, dont le centre était l'église. Contrairement à d'autres villes transformées par la création de banlieues, Boston a conservé une grande partie de son caractère original.

suburbaines non résidentielles forment la catégorie la plus prospère de banlieues, et cela partout dans le Noyau principal.

✦ La Nouvelle-Angleterre et les Provinces atlantiques

La Nouvelle-Angleterre, l'un des noyaux historiques de l'ensemble nord-américain, possède une forte identité régionale dont les origines remontent à plus de 400 ans. Sa moitié sud, à caractère urbain, est le pivot septentrional du Noyau principal depuis le milieu du XIXᵉ siècle et appartient donc à cette dernière région. Par ailleurs, les six États de la Nouvelle-Angleterre, soit le Maine, le New Hampshire, le Vermont, le Rhode Island, le Massachusetts et le Connecticut, présentent encore aujourd'hui de nombreux traits communs. Alors que le Cœur industriel et la mégalopole Atlantique chevauchent le sud de la région Nouvelle-Angleterre–Provinces atlantiques, celle-ci s'étend vers le nord-est, au-delà de la frontière canadienne (fig. 3.12), pour englober la majeure partie du territoire des Provinces atlantiques (Nouveau-Brunswick, Nouvelle-Écosse, Île-du-Prince-Édouard et Terre-Neuve).

Des similitudes de nature économique et culturelle ont créé des liens étroits entre le nord de la Nouvelle-Angleterre et la façade atlantique canadienne. Ces deux secteurs à dominante rurale, qui présentent un environnement rébarbatif et où les ressources du sol sont limitées, ont été délaissés au profit de zones de l'intérieur plus fertiles. Le développement économique de la Nouvelle-Angleterre a donc toujours accusé un retard sur celui du reste de l'ensemble nord-américain, les activités primaires occupant la première place : la pêche dans les bancs autrefois très poissonneux du nord de l'Atlantique, l'exploitation forestière dans les hautes terres et l'agriculture dans les vallées fertiles, peu nombreuses. Le secteur de la récréation et du tourisme a permis récemment un nouvel essor de l'économie, les magnifiques paysages des côtes et des montagnes attirant des millions de visiteurs en provenance de la région voisine du Noyau principal. Le développement des centres de ski a également contribué à la croissance de l'économie en prolongeant la saison touristique aux durs mois d'hiver.

L'étroite affinité culturelle entre les Provinces atlantiques et la Nouvelle-Angleterre repose sur l'histoire et la tradition. Elles partagent une culture homogène empreinte de l'héritage britannique et elles abritent une population traditionnellement autarcique, pragmatique et conservatrice. Les habitants s'établissent de préférence dans des villages, ce qui contraste vivement avec la population rurale dispersée du centre des États-Unis, où dominent les fermes isolées.

Au cours de la dernière décennie, l'économie de la Nouvelle-Angleterre est passée d'un extrême à l'autre. Elle a connu une croissance remarquable au milieu et à la fin des années 1980, grâce à la vitalité de l'industrie informatique et aux sommes investies par le gouvernement fédéral dans la recherche militaire. Mais la situation de la région s'est rapidement détériorée lorsque, vers le début des années 1990, des ordinateurs de taille plus petite, fabriqués en majorité à l'extérieur de la Nouvelle-Angleterre, ont envahi le marché et que la fin de la guerre froide a entraîné une réduction substantielle des dépenses militaires. Ces revirements de situation ont coïncidé en outre avec une récession qui a frappé l'ensemble du pays et dont la Nouvelle-Angleterre a souffert au point où la chute de son économie a été considérée comme la pire baisse à survenir depuis la crise de 1929. La relance était à peine amorcée au milieu des années 1990 et elle pourrait bien ne pas être terminée avant la fin du siècle.

Les Provinces atlantiques ont elles aussi connu des difficultés économiques au cours des années 1990. L'industrie de la pêche des poissons de fond, en particulier, a décliné de façon dramatique, les stocks de flétans, de harengs et de morues ayant été décimés par l'exploitation à outrance. (Cette situation a également touché le Massachusetts : en 1994, la pêche fut interdite dans une partie des Georges Banks au large de Cape Cod.) De plus, les dissensions à propos de la frontière maritime du Canada ont provoqué la saisie de bateaux de pêche et accru les tensions avec des pays étrangers, dont les États-Unis. En 1996, ce conflit risquait toujours d'envenimer les relations internationales, depuis longtemps marquées par la cordialité, dans le nord-est du continent.

✦ Le Principal Bassin francophone

Le Principal Bassin francophone comprend la partie peuplée du sud du Québec, qui chevauche la vallée inférieure et centrale du Saint-Laurent depuis la frontière entre l'Ontario et le Québec, immédiatement en amont de Montréal, jusqu'au golfe du Saint-Laurent, de même que des zones majoritairement francophones situées en Ontario, au Nouveau-Brunswick (le foyer national des Acadiens) et dans le nord de l'État américain du Maine, près de la frontière québécoise (fig. 3.12). Les villes du Québec ont conservé le charme caractéristique du Vieux Monde, et le découpage des terres effectué par les Français fait encore partie des paysages ruraux : les fermes occupent des parcelles rectangulaires étroites, qui se succèdent perpendiculairement au Saint-Laurent ou aux rivières de manière à donner à chaque établissement un accès à la voie navigable.

L'économie du Principal Bassin francophone n'est plus à dominante rurale quoique la production laitière occupe encore une place importante. Le taux d'urbanisation y est le même que dans le reste du Canada; l'industrialisation, très répandue, a bénéficié du faible coût de l'énergie hydroélectrique produite par d'immenses barrages construits dans le nord du Québec. Les activités commerciales tertiaires et postindustrielles sont concentrées dans la région de Montréal; le secteur du tourisme et de la récréation sont également importants.

Nous avons déjà souligné que l'intensification du sentiment nationaliste au Québec depuis 1970 a eu des conséquences majeures pour la fédération canadienne. Des changements considérables se sont également produits à l'intérieur de la province. Par exemple, durant les années 1980, le gouvernement provincial a voté des lois visant à promouvoir l'usage du français et la culture québécoise. La domination des anglophones ayant pris fin, les Québécois ont concentré leurs efforts sur le développement économique de la province.

✦ Le Cœur agricole

L'agriculture est l'activité dominante dans le centre de l'Amérique du Nord. La culture maraîchère et la production laitière cohabitent avec d'autres activités économiques dans le Noyau principal, mais depuis la vallée du Mississippi jusqu'au pied des Rocheuses, soit dans la quasi-totalité d'une région qui s'étend d'est en ouest sur quelque 1600 km, la production de viande et de céréales est la principale activité. Comme la moitié est du Cœur agricole est située dans la zone humide du continent et à proximité du marché agroalimentaire du nord-est des États-Unis, les zones mixtes de culture

et d'élevage y dominent, alors que la culture du blé, moins rentable, est reléguée aux zones fertiles mais semi-arides de la Plaine centrale et des Grandes Plaines de l'Ouest, soit dans la région située à l'ouest du 100e méridien. Cette dernière englobe également la principale zone agricole du Canada, au nord de la frontière qui suit le 49e parallèle. Bien que la sécheresse s'abatte moins fréquemment sur les fertiles provinces des Prairies que sur les plaines américaines, la saison de pousse y est plus courte en raison des latitudes plus élevées.

La carte de la figure 3.13 indique la distribution des zones de culture du maïs et du blé, dont les limites coïncident avec celle du Cœur agricole. Le cœur de la zone de culture du maïs *(Corn Belt)*, à l'est, se trouve dans l'Illinois et l'Iowa, d'où elle s'étend aux États voisins (fig. 3.9). Le centre-nord de l'Illinois, qui compte de nombreuses fermes pratiquant la culture du maïs, est un exemple classique d'une aire de transition bordant une frontière régionale : la limite entre le Cœur agricole et le Noyau principal, qui passe par Milwaukee et Saint Louis, traverse de bout en bout cette partie de l'Illinois (fig. 3.12) qui renferme des aires industrielles urbaines importantes entre lesquelles s'insèrent des aires de culture du maïs parmi les plus productives du globe. À la limite ouest de la zone de culture du maïs s'étendent les zones sèches de culture du blé *(Wheat Belt)*. La croissance de la demande pour cette céréale à l'étranger au cours des dernières années a entraîné l'intensification de la production dans la zone de culture du blé d'hiver au moyen de l'irrigation à pivot central, une technique utilisée pour pallier le manque

L'UNE DES GRANDES VILLES D'AMÉRIQUE DU NORD

Montréal

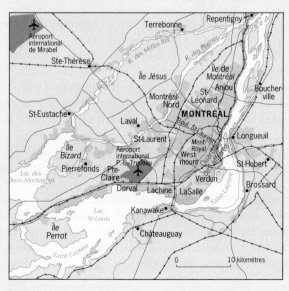

Montréal occupe une grande île, de forme triangulaire, dans le Saint-Laurent. La ville tire son nom du mont Royal, au sommet arrondi, au pied duquel s'étend son noyau historique. Deuxième ville francophone au monde après Paris, ce qui représente à la fois un atout et un défi, Montréal est également l'une des cités les plus cosmopolites de l'ensemble nord-américain : son imposant centre des affaires, ses quartiers vibrants d'animation et ses rues achalandées ont conservé une riche atmosphère européenne. Pour échapper à la rigueur des hivers, une grande partie des immeubles du centre-ville ont été reliés par des corridors souterrains agréablement aménagés, bordés de boutiques et de restaurants, et débouchant sur l'un des métros les plus beaux et les plus modernes du monde.

En dépit de l'éclat et de l'atmosphère continentale de la ville, tout n'est pas rose à Montréal. L'économie de la métropole, qui reposait traditionnellement sur ce qu'il est convenu d'appeler les secteurs mous (chaussures, textiles, meubles,...), est en déclin depuis les années 1950. De tout nouveaux secteurs sont cependant en émergence, et Montréal attire de plus en plus des industries de pointe telles que l'aéronautique, les télécommunications et les entreprises pharmaceutiques.

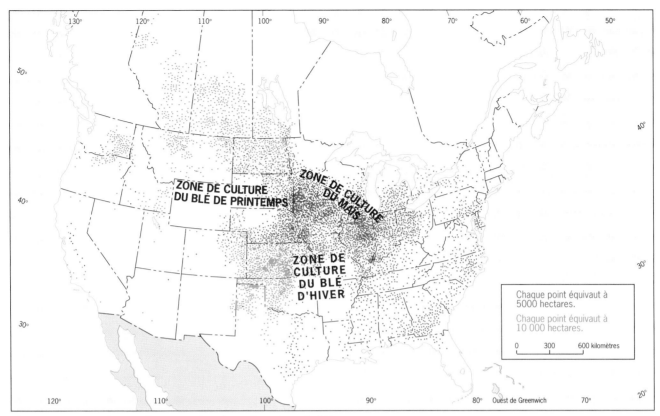

Figure 3.13 Distribution des zones de culture du maïs et du blé.

d'humidité dans les régions où les réserves d'eaux souterraines sont assez abondantes, ce qui est le cas dans le centre du Nebraska, le sud-ouest du Kansas et la partie nord du Texas et de l'Oklahoma.

La quasi-totalité des activités du Cœur agricole sont orientées vers l'agriculture. Dans les principales métropoles, à savoir Kansas City, Minneapolis-Saint Paul, Winnipeg, Omaha et même Denver, on trouve de grandes usines de traitement et d'emballage, d'importants services de commercialisation du porc et du bœuf, des minoteries et des usines de production d'huile de soya et de colza. Les habitants de la région sont en majorité d'ascendance nord-européenne et de tendance conservatrice. Toutefois, à cause des progrès rapides de la technologie, les agriculteurs doivent se tenir au courant des techniques agricoles et des méthodes commerciales développées par la science s'ils veulent survivre dans ce secteur d'activité devenu extrêmement compétitif.

✦ Le Sud

Des huit régions de l'ensemble nord-américain, le sud des États-Unis est celle qui a connu les changements les plus considérables au cours du dernier quart de siècle. Ayant choisi très tôt après la création de la nation de s'orienter en fonction de ses propres intérêts, cette région a été particulièrement isolée du reste du pays, sur les plans économique et culturel, durant une longue période après la guerre de Sécession. Mais au cours des années 1970, après plus d'un siècle de stagnation, elle bénéficia d'une meilleure perception à l'échelle nationale, ce qui amorça un courant de croissance et de changement sans précédent.

Sous l'action des forces ayant sous-tendu la création de la *Sunbelt*, les individus et les activités migrèrent vers le Sud. Les villes d'Atlanta, de Houston, de Miami, de Tampa et de Charlotte, notamment, se transformèrent en métropoles florissantes presque du jour au lendemain, et des conurbations virent rapidement le jour entre autres dans le sud et le centre de la Floride, dans le Piémont appalachien des Caroline et le long du littoral du golfe du Mexique, depuis Houston jusqu'à Mobile, en Alabama, en passant par la Nouvelle-Orléans. Cette révolution fulgurante fut accompagnée, dans les zones rurales les plus favorisées, d'une revitalisation du secteur agricole, la priorité ayant été accordée aux denrées très en demande, comme le bœuf, le soya, la volaille, le bois et, plus récemment, le coton. Sur le plan social, la ségrégation raciale a été éliminée des institutions il y a trois décennies. Même si les relations avec les minorités causent toujours des difficultés, les inégalités ne sont maintenant pas plus prononcées dans le Sud que dans les autres régions des États-Unis.

Malgré la croissance qu'elle a connue depuis 1970, la région fait encore face à de nombreux problèmes économiques, car elle ne s'est pas développée de façon uniforme. Alors que certaines métropoles et zones rurales ont fait d'immenses progrès, des secteurs fortement peuplés n'ont pas bénéficié de la relance. Des zones adjacentes à des aires de forte croissance sont demeurées inchangées, de sorte que dans les paysages du Sud des secteurs florissants voisinent fréquemment des zones retardées. Une autre caractéristique de la distribution des aires non agricoles ayant connu une forte croissance mérite d'être soulignée : à part Atlanta, située dans le centre, et le corridor qui s'étend vers le nord-est depuis ce centre jusqu'en Caroline du Nord, les secteurs qui ont le plus bénéficié du développement se trouvent dans la périphérie de la région, plus précisément dans les banlieues de Washington se trouvant au nord de la Virginie, autour de Houston, et dans le centre et le sud de la côte de la Floride. Ce modèle de développement en échiquier persiste, de sorte qu'actuellement des zones délaissées sont enclavées dans des secteurs florissants. C'est le cas en particulier des villes centrales de la région, dont les perspectives d'avenir ressemblent de plus en plus à celles des villes centrales du Nord, les grandes banlieues florissantes d'Atlanta, de Houston, de Miami, de Tampa, d'Orlando, de Charlotte, de Raleigh-Durham et de la Nouvelle-Orléans accaparant une proportion toujours plus élevée du total des emplois des concentrations métropolitaines.

Il apparaît, rétrospectivement, que la récente période de développement a entraîné de nombreux changements bénéfiques et contribué à réduire le complexe d'infériorité dont la région souffrait depuis longtemps. Mais le Sud n'est pas au bout de ses peines, car une grande partie de la région tire encore de l'arrière. L'un des observateurs les plus en vue, l'historien C. Vann Woodward, a écrit à propos de ce qu'il appelle le *New South* : « La vieille distinction entre un Sud pauvre au sein d'un monde prospère persiste, et il y a peu d'espoir de combler ce fossé dans un proche avenir. »

✦ Le Sud-Ouest

Jusque dans les années 1960, dans les manuels de géographie de l'Amérique du Nord, le Sud-Ouest n'était pas considéré comme une région distincte : la zone frontière longeant le Mexique était répartie entre les Grandes Plaines de l'Ouest, les Rocheuses et les plateaux d'entremont, dont elle formait les prolongements. Le Sud-Ouest constitue aujourd'hui une entité régionale importante, dont le caractère unique tient en partie à sa nature biculturelle. Le courant migratoire vers la *Sunbelt* a amené un grand nombre d'Anglo-Américains à se joindre à une population mexicano-américaine en forte croissance, dont le noyau est formé de l'importante population hispanique installée depuis longtemps dans la région et dont les origines remontent à la colonie espagnole qui s'étendait de la côte du golfe du Mexique, dans le Texas actuel, jusqu'au

centre de la Californie. En tenant compte des Amérindiens, passablement nombreux, le Sud-Ouest est en fait une région *triculturelle*.

Le développement rapide qu'ont connu récemment le Texas, l'Arizona et le Nouveau-Mexique repose essentiellement sur trois facteurs : 1° la facilité d'approvisionnement en *électricité* pour alimenter les climatiseurs durant les longs étés brûlants; 2° la présence de sources d'*eau* suffisantes, tant pour remplir les piscines que pour irriguer les cultures, sans lesquelles une grande population ne pourrait subsister dans ce milieu aride; 3° la présence de l'*automobile*, qui permet aux nouveaux arrivants de se disséminer, comme ils le désirent, sur des territoires où la densité démographique reste faible. La première et la troisième de ces conditions favorables découlent directement du fait que le flanc oriental du Sud-Ouest est pourvu de vastes réserves de pétrole et de gaz naturel (fig. 3.8). Cependant, l'alimentation en eau pourrait devenir problématique dans l'avenir. Par exemple, Phoenix et Tucson n'auraient pu continuer à se développer à un rythme rapide sans la construction récente d'un long canal dans le centre de l'Arizona, à partir du Colorado, dernière source importante d'eau potable de l'État.

Le Sud-Ouest ne cesse de prospérer, et une grande partie de cette richesse vient de l'exploitation du pétrole. Durant les années 1980, une grande partie du Texas a été touchée par la chute des prix du pétrole, et ce n'est qu'au début des années 1990 que la relance a été amorcée. Toutefois, la révolution postindustrielle s'est aussi largement fait sentir dans cette région : des complexes industriels de pointe, plus particulièrement dans les secteurs de l'électronique et de l'aérospatiale, ont été installés dans l'est du Texas, à l'intérieur du triangle déterminé par les villes de Houston, San Antonio et Dallas-Fort Worth. La capitale de l'État, Austin, située à proximité du centre du triangle, a tiré profit de la croissance régionale au point de devenir l'un des principaux centres de la recherche en technologie de pointe. Plus récemment, le développement économique a été stimulé par les possibilités associées à l'entrée en vigueur de l'Alena. La croissance de la zone frontière mexicano-américaine du Texas semble particulièrement prometteuse, notamment à l'intérieur d'un nouveau corridor de développement transnational qui s'étend vers le sud sur plus de 800 km, depuis Dallas jusqu'à Monterrey, située à 150 km au sud de la frontière mexicaine, en passant par Austin et San Antonio.

✦ L'Arrière-pays

La dénomination « Arrière-pays » convient très bien à la région de loin la plus vaste de l'Amérique du Nord, qui englobe la plus grande partie du Canada, la totalité de l'Alaska, les parties nord du Minnesota, du Wisconsin et du Michigan, les Adirondacks de l'État de New

York et l'ouest des États-Unis, compris entre (et incluant) d'une part la Sierra Nevada et la chaîne des Cascades et d'autre part les Rocheuses. Le caractère marginal de cette vaste région, où le peuplement est beaucoup plus faible, est attribuable à l'isolement et à la nature accidentée du relief. Ainsi, malgré la croissance démographique récente, la densité de population n'est toujours que de 5 hab./km² environ dans la partie américaine de l'Arrière-pays, comparativement à 30 hab./km² pour l'ensemble des État-Unis. L'Arrière-pays recèle des richesses considérables : ses réserves de minéraux et ses ressources énergétiques sont parmi les plus importantes de la planète.

Il n'est donc pas étonnant que l'histoire de la région soit faite de périodes de croissance et de périodes de déclin se succédant au gré des progrès de la technologie, des fluctuations de l'économie et des décisions prises par les sociétés commerciales et les gouvernements installés dans le Noyau principal. Les événements des dernières années ont mis en évidence cette évolution en dents de scie. Après la crise du pétrole du début des années 1970, il y eut une véritable invasion de prospecteurs à la recherche de nouvelles sources de pétrole et de gaz naturel, particulièrement sur le versant nord de l'Alaska, donnant sur l'océan Arctique, et dans la partie adjacente du Canada, dans le sud-ouest du Wyoming, dans le nord-ouest du Colorado et dans divers secteurs de l'Alberta. Lors de la mise en opération, en 1977, de l'oléoduc qui traverse l'Alaska, l'optimisme atteignit un niveau jamais égalé, de sorte que l'ouest du Wyoming et le Colorado accueillirent des dizaines de milliers de migrants qui exercèrent une telle pression sur les services publics que le point de rupture fut atteint. Mais, comme cela s'était déjà produit, cette période de croissance fut de courte durée : avec la fin de la pénurie de pétrole, les prix chutèrent.

Dans d'autres secteurs de la région, l'industrie minière fut touchée par les récentes récessions : plusieurs mines de fer furent fermées dans le Minnesota, le nord de l'Ontario, au Québec et au Labrador, et des mines de cuivre du Montana, de l'Utah et de l'Arizona, autrefois très productives, connurent un ralentissement sans précédent. Malgré cela, l'avenir reste prometteur. Les variations économiques ont eu peu d'effet sur l'extraction de charbon et d'uranium dans les Rocheuses, et les mines d'argent, de plomb, de zinc et de nickel, dispersées dans l'ouest de l'Amérique du Nord et dans le Bouclier canadien, ont poursuivi leurs opérations. Il est certain que la diminution, partout dans le monde, des réserves de combustibles fossiles facilement exploitables entraînera le retour en grand nombre des sociétés pétrolières dans le centre des Rocheuses, qui recèle de vastes dépôts d'huile de schiste.

Les récents changements dans l'industrie minière masquent un afflux plus constant de migrants et d'activités non primaires dans d'autres secteurs de l'Arrière-

pays. En fait, entre 1970 et 1995, la population de la partie américaine de la région a augmenté de 70 %, la principale force d'attraction étant la recherche de lieux de résidence agréables, qu'offrent en particulier les vastes espaces ouverts, propres et calmes des Rocheuses et des plateaux d'entremont. C'est ce qui explique que le Nevada, l'Arizona, l'Idaho, le Colorado, l'Utah, le Nouveau-Mexique et le Montana soient parmi les 10 États ayant connu la plus forte croissance au milieu des années 1990. De plus, des entreprises et des industries s'installent dans l'Arrière-pays, attirées vers les aires métropolitaines en croissance par la qualité de la vie, le coût relativement faible de la main-d'œuvre et des taxes, et le bassin de main-d'œuvre qualifiée. C'est l'Utah qui a bénéficié le plus de ce courant migratoire, et plus particulièrement la *Software Valley*, formée par le corridor, long de 65 km, allant de Salt Lake City à Provo, au pied des monts Wasatch. Cette zone abrite la deuxième concentration d'entreprises informatiques après celle de la *Silicon Valley*. La *Software Valley* bénéficie de la présence de deux universités, d'une main-d'œuvre très instruite et très dévouée, et d'un complexe postindustriel spécialisé dans la production de logiciels de traitement de texte et de simulation par ordinateur.

✦ La côte Ouest

La côte pacifique des États-Unis et du sud du Canada exerce une forte attraction sur les migrants depuis la création de la piste de l'Oregon par les pionniers, il y a plus de 150 ans. Contrairement au reste de l'Ouest nord-américain, l'étroite bande de terre comprise entre l'océan et la barrière formée par la Sierra Nevada et la chaîne des Cascades est convenablement arrosée. En outre, le milieu naturel y est beaucoup plus hospitalier en raison du climat généralement doux, de la fertilité des sols de la Grande Vallée californienne, des paysages magnifiques comme ceux de la côte dans la région de Big Sur ou des monts Olympic dans l'État de Washington, des superbes plans d'eau entourant San Francisco et Oakland, San Diego, Seattle et Tacoma, de même que Vancouver. La côte Ouest s'est développée principalement durant l'après-guerre; elle a alors connu une croissance démographique et économique fulgurante, et ce n'est que récemment qu'elle a dû faire face aux conséquences négatives de sa maturation en temps que région.

La Californie en particulier a payé cher ses cinquante ans de croissance continue. Cet État, le plus populeux de l'Amérique du Nord (33 millions d'habitants en 1997) s'est principalement développé dans l'effervescente conurbation qui s'étend vers le sud depuis San Francisco jusqu'à San Diego près de la frontière mexicaine, en passant par San Jose, la vallée de San Joaquim, le bassin de Los Angeles et la côte sud-ouest. Ce corridor qui suit la faille de San Andreas est une

L'UNE DES GRANDES VILLES D'AMÉRIQUE DU NORD

Los Angeles

Los Angeles est probablement la ville qui a le plus souvent fait parler d'elle dans les journaux au cours des dernières an-

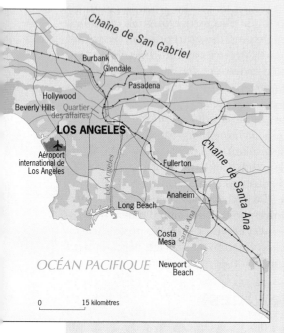

nées, mais la plupart du temps, cette publicité a été négative. Pourtant, les tremblements de terre, les glissements de terrain, les feux de brousse, les alertes concernant le taux élevé de pollution atmosphérique, les procès retentissants et les émeutes n'ont pas réussi à ternir l'image prestigieuse de la ville. Cela démontre l'endurance et la vigueur de Los Angeles, de même que son statut indiscutable de capitale du monde du divertissement en Occident.

La descente vers l'aéroport international de Los Angeles, qui se fait presque toujours au-dessus du cœur de la métropole, permet de se rendre compte de l'immensité de ce centre urbain. Celui-ci occupe non seulement le bassin de Los Angeles, qui a la forme d'un vaste amphithéâtre, mais aussi les lisières adjacentes du littoral, les vallées et les collines en marge des montagnes, et même la zone en bordure du désert Mojave, située à 80 km de la côte. Cette métropole, exemple par excellence de l'étalement

urbain, n'aurait pu exister sans l'avènement de l'automobile. En fait, la plus grande partie de Los Angeles a été construite au cours des 40 dernières années, concurremment à l'expansion rapide du réseau autoroutier, qui surpasse celui de toutes les autres métropoles américaines. Le Grand Los Angeles est tellement dispersé qu'il a été doté d'une structure comprenant six entités urbaines, toutes en croissance.

La métropole compte en tout 10 millions d'habitants, ce qui en fait la deuxième agglomération d'Amérique du Nord en importance et le centre de la conurbation qui s'étend vers le sud le long du littoral du Pacifique, depuis San Francisco jusqu'à la frontière mexicaine (fig. 3.6). Los Angeles est en outre le principal centre commercial, industriel et financier de la côte Ouest et, à l'échelle mondiale, la plus grande ville de la partie est de l'aire pacifique, de même que le point de départ de la majorité des liaisons aériennes et maritimes à destination de l'Asie.

---

zone à risques où sévissent tour à tour la sécheresse dans les zones intérieures, les inondations près du littoral, les glissements de terrain, les feux de brousse et les séismes. De plus, la concentration de population et l'étalement urbain mettent l'environnement à rude épreuve. Huit millions d'automobiles circulent quotidiennement à Los Angeles, créant une pollution intense, et la surconsommation d'eau est telle qu'on a dû construire un immense réseau d'aqueduc pour en importer depuis des réserves situées à des centaines de kilomètres.

Si frappante dans les films tournés durant l'après-guerre, l'image dorée de la Californie du Sud, reposant sur une vie de détente au grand air, dans les banlieues aux jardins luxuriants, sous un climat parmi les plus agréables de la planète, s'est étiolée au cours de la réorganisation qu'a connue l'État. Il ne fait aucun doute que la croissance économique a apporté la prospérité à la Californie, qui occupe le premier rang au pays sur le plan de l'innovation, mais cette richesse est sujette à des hauts et des bas, parce que fondée en bonne partie sur des industries peu stables, dont l'aérospatiale et l'armement. Cette situation est en voie de changer, particulièrement dans le sud de l'État, durement touché par la récession des années 1990. Plus de la moitié des 350 000 emplois que comptait le domaine aérospatial en 1990 ont disparu, mais les industries de services, orien-

tées vers la zone Asie-Pacifique, se développent rapidement, notamment dans la sphère du divertissement, et sont en train de combler le vide. Il est néanmoins évident que l'époque de l'optimisme sans borne est terminée et que la Californie devra de nouveau se battre pour conserver les avantages considérables qu'elle détient, la compétition de diverses autres régions du continent étant de plus en plus forte, sans parler de la croissance d'autres secteurs de l'aire pacifique.

La partie septentrionale de la région de la côte Ouest comprend la zone du littoral pacifique du nord-ouest des États-Unis — ayant comme centre la vallée de la Willamette en Oregon, elle-même une extension de la plaine du Cowlitz-Puget Sound de l'ouest de l'État de Washington — de même que la zone côtière de la Colombie-Britannique dans le sud-ouest du Canada. Le développement de cette partie de la région a d'abord reposé sur l'exploitation forestière et la pêche, deux activités primaires qui occupent encore une place importante; c'est la construction de barrages gigantesques sur la Columbia, dans les années 1930 et 1950, qui marqua le début de l'industrialisation. L'approvisionnement peu coûteux en électricité attira des fabricants d'aluminium et d'aéronefs, et explique notamment la localisation du vaste complexe aérospatial de Boeing près de Seattle. Les attraits naturels uniques, jalousement sauvegardés dans cette partie de la région, ont attiré des centaines d'entreprises en croissance, de sorte que le littoral pacifique du Nord-Ouest américain s'adapte en douceur à l'économie postindustrielle en phase de maturation.

Vu l'importance du marché de l'Asie de l'Est, le plus grand avantage potentiel du littoral pacifique du Nord-Ouest américain, et aussi de la zone urbaine de la Californie, est peut-être sa position sur le Pacifique. Avec leurs aéroports rapprochés, les villes de Seattle et de Portland, en Oregon, ne peuvent que bénéficier de cette situation. Jouissant de ces mêmes avantages, la ville canadienne de Vancouver, dont la population est à 20 % d'origine asiatique, est en avance dans la création de liens commerciaux avec la zone Asie-Pacifique. En effet, depuis que l'incertitude provoquée par la réintégration de Hong Kong à la Chine en 1997 a amené des milliers de résidants prospères de l'ancienne colonie britannique à venir créer à Vancouver des sociétés commerciales, plus de 35 % des exportations de la Colombie-Britannique sont destinées à l'Asie-Pacifique. C'est plus que partout ailleurs au Canada ou aux États-Unis.

Vancouver, principale ville de la Colombie-Britannique, a tiré profit de son emplacement dans l'aire pacifique. Un grand nombre d'immigrants asiatiques, en provenance surtout de Hong Kong depuis 1990, se sont installés dans cette métropole, contribuant à renforcer les liens que celle-ci avait déjà créés avec des partenaires commerciaux d'outre-Pacifique.

QUESTIONS DE RÉVISION

1. Quel rang les États-Unis et le Canada occupent-ils dans le monde pour ce qui est de la superficie de leur territoire ?

2. Nommez et décrivez chacune des grandes régions physiographiques de l'Amérique du Nord.

3. Quelles sont les principales différences entre les régimes fédératifs américain et canadien ?

4. Quelles sont les principales différences entre les sociétés pluralistes américaine et canadienne ?

5. Quelles sont les caractéristiques culturelles communes au Canada et aux États-Unis, et quelles sont les caractéristiques socio-économiques qui y engendrent des inégalités ?

6. Quelle est l'influence des ressources naturelles sur le niveau de vie des populations nord-américaines ?

7. Quel effet le passage à l'ère postindustrielle a-t-il sur les zones manufacturières de l'Amérique du Nord ?

8. De quelle façon l'Accord de libre-échange nord-américain devrait-il influer sur les relations économiques entre les États-Unis, le Canada et le Mexique ?

Votre étude de la géographie de l'ensemble centraméricain terminée, vous pourrez :

1 Reconnaître ce que la géographie culturelle et sociale de l'ensemble centraméricain doit aux Mayas, aux Aztèques et aux Espagnols de même qu'aux autres influences européennes ou africaines.

2 Dire comment la région du littoral de l'ensemble centraméricain se distingue de la région de l'intérieur sur les plans politique, culturel et économique.

3 Distinguer suffisamment l'« intérieur » et le « littoral » pour en comprendre l'évolution et les perspectives de transformation.

4 Décrire les opportunités de développement du Mexique et les problèmes que causent les inégalités économiques et la croissance démographique.

5 Expliquer l'influence de l'altitude sur l'organisation spatiale et le peuplement en Amérique centrale et en Amérique du Sud.

6 Comprendre l'organisation spatiale de l'Amérique centrale et les difficultés que devra surmonter chacune des républiques de cette région.

7 Positionner sur la carte les principales caractéristiques physiques, culturelles et économiques de cet ensemble géographique.

L'ensemble centraméricain : le choc des cultures

Caractérisé par de vifs contrastes, un passé tumultueux, l'agitation politique et un avenir incertain, l'ensemble centraméricain comprend toutes les terres émergées, y compris les îles, situées entre les États-Unis et l'Amérique du Sud (fig. 4.1), d'où sa très grande diversité. Il englobe donc le Mexique, un État relativement vaste, l'isthme au sud-est, qui va en se rétrécissant depuis le Guatemala jusqu'au Panamá, ainsi que les nombreuses îles, grandes et petites, disséminées dans la mer des Antilles (ou mer des Caraïbes), à l'est. Des volcans élancés et des plaines boisées, des îles montagneuses et des récifs de coraux en composent le paysage. Des vents tropicaux humides soufflent de la mer et arrosent les côtes exposées (face au vent), mais les zones sous le vent (protégées du vent) sont plus sèches. Les sols varient depuis les zones volcaniques fertiles jusqu'aux déserts dénudés. L'ensemble regorge de paysages spectaculaires, et le tourisme y est l'une des principales industries.

Portrait de l'ensemble centraméricain

L'ensemble centraméricain forme-t-il vraiment un ensemble géographique distinct ? Certains géographes l'englobent avec l'Amérique du Sud dans ce qu'ils nomment « Amérique latine », ce nom évoquant l'héritage ibérique (espagnol et portugais) et la prédominance de la religion catholique. Mais ces deux caractéristiques s'appliquent davantage à l'Amérique du Sud. En effet, dans l'ensemble centraméricain, d'importantes populations d'origine africaine ou asiatique côtoient les populations de souche européenne. En outre, il n'existe

Figure 4.1 Régions de l'ensemble centraméricain.

pas d'endroit en Amérique du Sud où la culture des premiers habitants a autant contribué au développement de la civilisation moderne qu'au Mexique. Les Antilles sont une mosaïque d'États indépendants, de territoires en transition sur le plan politique et de dépendances coloniales survivantes. Les Dominicains sont majoritairement hispanophones, leurs voisins haïtiens parlent français, le néerlandais est en usage à Curaçao et dans les îles adjacentes, et l'anglais est la langue officielle de la Jamaïque. L'ensemble centraméricain illustre donc parfaitement le concept géographique de pluralisme culturel.

Un pont continental

Comparativement à la masse continentale sud-américaine, l'ensemble géographique centraméricain est cloisonné et fragmenté. La partie continentale en forme d'entonnoir, qui s'étire sur environ 6000 km et relie l'Amérique du Nord et l'Amérique du Sud, n'est plus qu'un étroit couloir d'à peu près 65 km de largeur au niveau de Panamá. À cet endroit, l'**isthme** fait un crochet vers l'est de sorte que les deux extrémités de l'État de Panamá sont situées sur un axe est-ouest, tandis que le célèbre canal perce l'isthme suivant une direction NO-SE. Sur la carte, l'étroit couloir centraméricain a l'allure d'un pont jeté entre l'Amérique du Nord et l'Amérique du Sud; les spécialistes de la géographie physique donnent d'ailleurs le nom de **pont continental** à un tel lien isthmique.

L'Amérique du Nord et l'Amérique du Sud n'ont pas toujours été reliées de cette façon. Des processus géologiques ou une variation du niveau de la mer engendrent les ponts continentaux, qui existent pendant

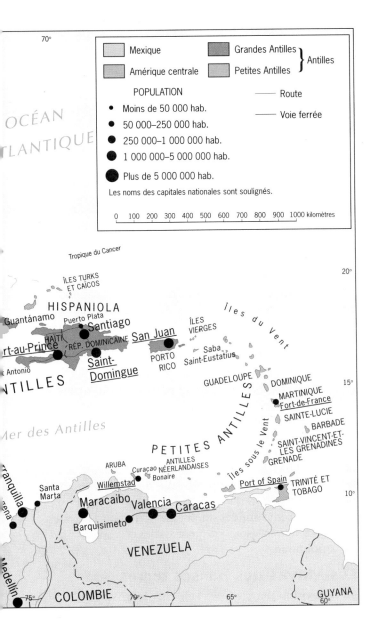

1. Caractérisé par la fragmentation, l'ensemble centraméricain englobe tous les pays du pont continental allant du Mexique au Panamá, et l'ensemble des îles de la mer des Antilles, à l'est.

2. L'isthme centraméricain forme une barrière, d'une importance cruciale, entre les océans Atlantique et Pacifique. Du point de vue physiographique, il constitue un pont entre les deux grandes masses continentales de l'Amérique.

3. L'ensemble centraméricain est caractérisé par un morcellement prononcé, tant sur le plan culturel que politique. Sa géographie politique fait obstacle à tout effort d'unification, mais les pays et les régions commencent enfin à coopérer pour tenter de résoudre des problèmes communs.

4. La géographie culturelle de l'ensemble centraméricain est complexe. Les influences africaines dominent dans les Antilles, tandis que les traditions espagnoles et amérindiennes sont encore vivantes dans l'isthme.

5. L'ensemble centraméricain comprend les territoires les moins développés de toute l'Amérique, mais de nouvelles perspectives économiques contribueront peut-être à enrayer la pauvreté endémique.

6. Par son étendue, sa population et son potentiel économique, le Mexique arrive au premier rang parmi les pays de l'ensemble géographique.

7. Le Mexique a entrepris une réforme économique et il a connu une croissance industrielle remarquable. Ses chances de poursuivre dans cette voie dépendent étroitement de sa capacité à mener à bien le redressement de son économie et à étendre ses relations commerciales avec les États-Unis, le Canada et, bientôt, le Chili dans le cadre de l'Accord de libre-échange nord-américain.

un certain temps puis disparaissent sous l'effet de facteurs analogues à ceux qui les ont créés. La carte du monde indique la présence actuelle ou passée d'autres ponts du même type : la péninsule du Sinaï entre l'Asie et l'Afrique; l'isthme reliant autrefois l'Asie du Nord-Est et l'Alaska, là où se trouve maintenant le détroit de Béring; la zone d'eaux peu profondes entre la Nouvelle-Guinée et l'Australie. Les ponts continentaux ont joué un rôle capital dans la dissémination des espèces animales et des humains sur la surface du globe.

Même si l'isthme centraméricain forme un pont continental, son relief fragmenté a toujours constitué un obstacle à la circulation. Les chaînes de montagnes, les volcans, les zones côtières marécageuses et les forêts tropicales denses rendent en effet les communications difficiles, particulièrement dans les régions où tous ces éléments sont rassemblés, ce qui est le cas dans la quasi-totalité de l'Amérique centrale (voir l'encadré « L'ensemble centraméricain et l'Amérique centrale »).

L'archipel

La majorité des îles de la mer des Antilles décrivent un grand arc, depuis Cuba jusqu'à Trinité (en espagnol, *Trinidad*), mais plusieurs autres se trouvent soit au nord ou à l'est de cette chaîne, comme la Barbade, soit au sud, comme les îles Caïmans (en anglais, *Cayman Islands*). Les quatre plus grandes îles, à savoir Cuba, Hispaniola, Porto Rico et la Jamaïque, forment les **Grandes Antilles**, et les autres îles, les **Petites Antilles**. Encore

L'ENSEMBLE CENTRAMÉRICAIN ET L'AMÉRIQUE CENTRALE

Nous entendons par *ensemble centraméricain* tous les pays et territoires situés entre les États-Unis et la masse continentale de l'Amérique du Sud. On emploie parfois la dénomination *Amérique centrale* pour désigner cet ensemble alors que, traditionnellement, elle ne fait référence qu'à la partie continentale. Ainsi, l'Amérique centrale comprend les républiques qui occupent la langue de terre reliant le Mexique à l'Amérique du Sud, à savoir le Guatemala, le Belize, le Honduras, le Salvador, le Nicaragua, le Costa Rica et le Panamá. Notons que bon nombre d'habitants d'Amérique centrale considèrent toujours que le Panamá ne fait pas partie de la région parce que son territoire, jusqu'au début du siècle, était intégré à la Colombie (Amérique du Sud).

une fois, la carte laisse entrevoir la géomorphologie de la région : l'archipel tout entier est composé des sommets de chaînes de montagnes qui se dressent sur le fond de la mer des Antilles. Certaines crêtes sont relativement stables, mais d'autres comptent des volcans actifs. Le risque de séisme est élevé presque partout : dans les îles et sur le pont continental, l'écorce est instable là où les plaques caraïbe, des Galápagos et nord-américaine se rencontrent (fig. I.3). Les ouragans, engendrés et alimentés par les vastes masses d'eaux tropica-

« Nous avions remarqué les deux pitons volcaniques au cours de la dernière étape d'un long trajet en automobile entre Castries et le sud de Sainte-Lucie, une île des Antilles. Mais ce n'est qu'après avoir traversé la dernière crête que nous aperçûmes La Soufrière, une ville occupant un site dangereux, au pied du petit piton. L'activité des deux volcans a déjà nécessité l'évacuation de la ville, et la population est constamment sous la menace d'une éruption. Les éruptions volcaniques et les séismes, provoqués par les mouvements des plaques tectoniques, de même que les ouragans, font de cette région l'un des lieux de peuplement les plus dangereux. » (Source : recherche sur le terrain de H. J. de Blij)

les, représentent un risque additionnel, ce qui fait du milieu naturel centraméricain l'un des plus périlleux du globe.

L'héritage mésoaméricain

L'isthme centraméricain a vu naître l'une des grandes civilisations antiques. Il a véritablement été l'un des **foyers culturels** du monde (fig. 6.2), un noyau d'où ont irradié des idées nouvelles. Sa population, qui s'est répandue dans les territoires avoisinants, a fait progressé l'agriculture, l'urbanisation, le transport, l'écriture, les sciences, les arts, l'architecture et la religion. Les anthropologues appellent Mésoamérique ce foyer culturel, qui s'étendait vers le sud-est depuis les environs de la ville actuelle de Mexico jusqu'au centre du Nicaragua. Ce développement a été exceptionnel, car il s'est produit dans des milieux naturels très différents, présentant tous des obstacles à l'unification et à l'intégration de vastes régions. La civilisation maya apparut il y a plus de 3000 ans dans les basses terres tropicales correspondant au territoire actuel du Honduras, du Guatemala, du Belize et de la presqu'île du Yucatán (Mexique), et peut-être simultanément dans les hautes terres du Guatemala. Plusieurs cités, dont El Mirador, furent fondées entre 1000 et 500 av. J.-C. Plus tard, sur les hauts plateaux du Mexique central, les Aztèques donnèrent naissance à une importante civilisation dont le centre était la plus grande ville de toute l'époque précolombienne. D'autres cités-États, ayant une culture avancée, furent fondées un peu partout dans l'isthme, ce qui fait de la Mésoamérique l'un des creusets de l'art de la politique.

Les Mayas des basses terres

La civilisation maya est la seule du globe à s'être épanouie en bonne partie dans une zone tropicale de basses terres. Les archéologues n'ont pas fini de tirer des informations des grandes cités où se dressaient des pyramides en pierre et d'autres constructions complexes. La culture maya a connu, sur plus de trois millénaires, des phases de gloire et de déclin; elle a atteint son apogée durant la période dite classique, soit du IIIᵉ au Xᵉ siècle de notre ère.

L'Empire maya s'étendait sur un territoire plus vaste que celui de n'importe quel État moderne d'Amérique centrale ou des Antilles. Sa population comptait vraisemblablement de 2 à 3 millions d'habitants, qui utilisaient l'une ou l'autre des 24 langues de la famille maya, dont un bon nombre sont encore en usage dans la région. Le régime maya était une théocratie (c'est-à-dire que l'État était dirigé par les chefs religieux) reposant sur une hiérarchie religieuse complexe, et les cités-États, qui renfermaient des monuments élaborés dont il ne reste que des vestiges, étaient également des centres religieux. On sait que la culture maya comptait de

Les anciens Mayas ont créé l'un des plus grands foyers de civilisation du monde dans la zone tropicale s'étendant de la presqu'île du Yucatán jusqu'au site actuel de Mexico et incluant le Chiapas et le Guatemala. Le domaine maya comprenait des centres importants où s'élevaient d'imposantes constructions en pierre qui renfermaient de gigantesques personnages sculptés dans le roc, des tombeaux élaborés, des hiéroglyphes et nombre d'autres structures en voie d'être dégagées de la forêt dense de l'arrière-pays. La photo représente la pyramide nécropole dite des Inscriptions, l'un des monuments du site de Palenque, dans l'État mexicain de Chiapas.

brillants artistes, écrivains, mathématiciens et astronomes, de même que des maîtres dans des domaines plus techniques. Les paysans mayas cultivaient le coton, et une industrie textile rudimentaire avait été mise sur pied; les canots qui sillonnaient la mer des Caraïbes servaient notamment à exporter le tissu de coton dans d'autres parties de l'ensemble centraméricain. Ce produit était échangé entre autres contre des fèves de cacao (substance qui entre dans la fabrication du chocolat), une denrée tellement prisée qu'elle tenait lieu de monnaie, contre de l'obsidienne qui servait à fabriquer des outils et des armes, et contre des plumes de quetzal dont on ornait les vêtements.

Les Aztèques des hautes terres

La région de cuvettes de hautes montagnes où s'élève actuellement la ville de Mexico a également été le foyer d'une civilisation avancée. C'est là que s'est développé Teotihuacán, le premier véritable centre urbain des Amériques, fondé aux environs du début de l'ère chrétienne. Cette cité a prospéré pendant près de 700 ans : sa population s'élevait à plus de 125 000 habitants, son paysage était dominé par de grandes pyramides et son influence s'est fait sentir jusque dans le monde maya. Vers l'an 900, les Toltèques venus du nord s'installèrent dans la région; ils conquièrent et assimilèrent les populations amérindiennes qui y vivaient et fondèrent un État puissant. Même si leur hégémonie dura moins de 300 ans, ils parvinrent à établir leur autorité sur une partie du do-

maine maya; ils adoptèrent également plusieurs des innovations et coutumes de ce peuple et les introduisirent sur le plateau. Quand d'autres peuples venus eux aussi du nord pénétrèrent dans l'Empire toltèque, celui-ci était déjà sur le déclin; mais les conquérants aztèques eurent tôt fait d'assimiler et de perfectionner les techniques qui y étaient appliquées.

L'Empire aztèque, qui représente l'apogée de l'organisation sociale et du pouvoir en Mésoamérique, aurait pris naissance au début du XIVe siècle dans une île de l'un des nombreux lacs de la vallée de Mexico. Le complexe urbain développé autour de ce noyau était à la fois une cité fonctionnelle et un centre religieux; nommé Tenochtitlán, il est devenu la plus grande ville d'Amérique et la capitale d'un vaste et puissant empire. Grâce à des alliances conclues avec des peuples voisins, les Aztèques ont établi leur domination sur toute la vallée de Mexico, cette zone clé centraméricaine qui forme le cœur du Mexique moderne. Il s'agit d'un bassin de 50 km sur 65 km, entouré de montagnes et situé à environ 2500 m au-dessus du niveau de la mer. L'altitude et la position à l'intérieur des terres exercent une influence sur le climat, qui est plutôt sec et très frais pour une zone tropicale. Les lacs de la vallée constituaient d'importantes voies de communication internes et les Aztèques les ont reliés au moyen de canaux. Ils étaient sillonnés par la flottille de canots qui transportaient des denrées agricoles dans les cités et rapportaient au souverain le tribut payé par ses nombreux sujets.

Les Aztèques consolidèrent leur puissance militaire tout au long du XIVe siècle et ils entreprirent la conquête des peuples voisins au début du siècle suivant. Ils rencontrèrent peu de résistance au cours de l'extension de leur empire vers l'est et le sud. Les Aztèques n'avaient pas pour objectif principal l'acquisition de terres ou la diffusion de leur culture, mais l'asservissement de peuples et de cités qui devaient leur payer un tribut. Lorsque la domination aztèque s'étendit à l'Amérique centrale, aux biens acheminés vers la vallée de Mexico s'ajoutèrent de l'or, des fèves de cacao et du tissu de coton. Le royaume prospérait, sa population connaissait une croissance fulgurante et ses cités s'épanouissaient. Celles-ci étaient non seulement des centres religieux, mais de vraies villes qui jouaient un rôle économique et politique et qui abritaient de larges populations, dont une main-d'œuvre spécialisée et compétente.

Les réalisations des Aztèques sont impressionnantes même si elles s'appuient davantage sur des emprunts que sur de véritables innovations. Ils dévièrent des cours d'eau pour irriguer les fermes et construisirent des terrasses soutenues par des murailles là où les sols risquaient d'être emportés par l'érosion. En fait, les techniques agricoles constituent l'élément le plus important de l'héritage que les Amérindiens de la région ont laissé à leurs successeurs et à l'humanité tout entière. Ainsi, quand les Européens débarquèrent en Mésoamérique, ils y trouvèrent des cultures de maïs, de patates douces, de diverses variétés de haricots, de tomates, de courges, de cacaoyers et de tabac, pour n'en nommer que quelques-unes.

Le choc des cultures

Les Occidentaux ont trop souvent tendance à croire que le début de l'histoire d'une région coïncide avec l'arrivée des Européens et que la puissance de ces derniers était telle que tout ce qui existait sur les continents où ils ont débarqué comptait bien peu. L'histoire de l'ensemble centraméricain semble confirmer cette perception : une poignée d'envahisseurs espagnols réussirent en un laps de temps incroyablement court (1519-1521) à soumettre le grand Empire aztèque qui avait jusque-là inspiré la crainte. Mais il ne faut pas perdre de vue certains faits. Une prophétie aztèque ayant prédit l'arrivée de « dieux blancs », les Amérindiens crurent d'abord que le débarquement des Espagnols était simplement la réalisation de cette prophétie. Et une fois entrés sur le territoire aztèque, les conquistadores se rendirent compte que d'immenses richesses avaient été accumulées dans les cités. Même s'il disposait de 508 soldats, Hernán Cortés n'a pas vaincu le puissant empire sans aide : il déclencha une rébellion au sein de peuples que les Aztèques avaient soumis et qui avaient vu certains des leurs enlevés pour être offerts en sacrifice aux dieux. Sous le commandement de Cortés, qui disposait de chevaux et d'armes à feu, ces indigènes se soulevèrent contre leur oppresseur et se joignirent aux Espagnols en route pour Tenochtitlán. Des milliers d'Amérindiens rebelles furent tués par les guerriers aztèques au cours du siège de la cité; s'ils avaient été moins braves, la capitale ne serait pas tombée aussi facilement aux mains des conquistadores.

La chute de la plus importante cité-État du centre de l'Amérique laissa la voie libre aux Espagnols, qui établirent leur suprématie sur le continent. En effet, aucun autre État ne put résister à l'invasion des Européens. Seules quelques communautés parvinrent à échapper aux attaquants pendant un temps en se réfugiant dans des forêts denses, de hautes montagnes ou de petites îles. Mais elles furent bientôt rattrapées par les soldats et les prêtres espagnols ou décimés par les maladies que ces derniers leur avaient transmises.

Les effets de la conquête

La confrontation qui eut lieu entre les cultures hispanique et amérindienne sur l'ensemble centraméricain fut désastreuse à tout point de vue pour les indigènes : leur nombre chuta de façon draconienne, les forêts furent rapidement détruites, l'élevage de bétail accrut

les contraintes exercées sur la végétation, la culture du blé espagnol remplaça celle du maïs, et la population autochtone dut s'entasser dans des villes nouvellement construites. Celle-ci déclina de façon dramatique immédiatement après la défaite rapide des Aztèques : on estime que la population de l'ensemble centraméricain se situait entre 15 et 25 millions d'habitants au moment de l'arrivée des Espagnols; il ne restait plus que 2,5 millions d'indigènes un siècle plus tard.

Les conquistadores étaient des colonisateurs impitoyables, au même degré que tous les autres Européens qui ont asservi des peuples étrangers. Il est vrai que les Espagnols ont réduit les Amérindiens à l'esclavage et qu'ils étaient déterminés à détruire la puissance des sociétés indigènes. Mais c'est la biologie qui s'est chargée de réaliser ce que la cruauté n'aurait pu accomplir en un laps de temps aussi court. Aucun natif d'Amérique n'était immunisé contre les maladies que les Espagnols avaient apportées avec eux : la petite vérole, la fièvre typhoïde, la rougeole, la grippe et les oreillons. Ils n'étaient pas non plus immunisés contre les maladies tropicales dont étaient porteurs les esclaves africains introduits par les Espagnols; celles-ci se répandirent donc très rapidement dans les basses terres chaudes et humides de l'ensemble centraméricain, où elles firent d'énormes ravages.

Le paysage culturel de la Mésoamérique, avec ses grandes cités, ses champs en terrasses, ses villages aborigènes dispersés, a donc subi des transformations profondes. Les cités amérindiennes ont dépéri; les Espagnols ont détruit Tenochtitlán, mais compte tenu des atouts du site et de sa situation, ils décidèrent d'y ériger la capitale de l'isthme. Alors que les indigènes avaient utilisé presque exclusivement la pierre, les Espagnols employèrent de grandes quantités de bois dans leurs constructions; de plus, ils se servaient du charbon de bois comme combustible pour se chauffer, cuisiner et faire fondre les métaux. L'effet sur les forêts se fit rapidement sentir; les zones de déboisement entourant les villes espagnoles s'étendaient sans cesse. Les conquistadores introduisirent en outre sur le continent du bétail qui allait rapidement se reproduire; l'alimentation des bestiaux exerça des contraintes non seulement sur l'utilisation des prairies mais également sur celle des produits agricoles. Les habitants entraient désormais en concurrence avec les bovins pour se nourrir. Il fallut donc cultiver de vastes étendues de terre ayant un rendement plus faible, situées à une altitude plus élevée et dans des zones où le climat était plus sec, ce qui contribua à la perturbation de l'équilibre agricole de la région. De plus, les Espagnols importèrent leurs propres semences, notamment de blé, et leur propre équipement agricole; en peu de temps, de grands champs de blé commencèrent à empiéter sur les petites exploitations de maïs des indigènes. Le système d'irrigation ne fut pas non plus épargné : les colons espagnols avaient besoin d'eau pour arroser leurs cultures et faire fonctionner leurs moulins hydrauliques. Les transformations qu'ils effectuèrent eurent pour effet de détourner l'eau qui servait jusque-là à arroser les cultures des Amérindiens, pour qui l'approvisionnement en nourriture devint encore plus difficile.

De toutes les nouveautés introduites dans le paysage culturel par les Espagnols, ce sont les traditions urbaines qui entraînèrent le plus de conséquences. Pour mieux asseoir leur domination, les conquistadores délogèrent les populations autochtones de leurs terres et les relocalisèrent dans des villes et de petits villages qu'ils avaient conçus et construits eux-mêmes (fig. 4.2) et où ils pouvaient mettre en pratique le mode de gouvernement et d'administration qui était le leur; le noyau de chaque nouveau centre urbain était la grand-place où s'élevait l'église (catholique). Chaque ville était localisée à proximité de terres censément productives (mais qui ne l'étaient pas dans bien des cas), de manière que les indigènes puissent se rendre tous les jours dans les champs pour y travailler. Entassés dans les villes et villages, ces peuples entrèrent en contact avec la culture espagnole : ils furent christianisés et durent payer un tribut à leur nouveau maître. Néanmoins, les villages autochtones survécurent, mais ils furent administrés par les conquérants. Ces villages constituent toujours l'un des éléments clés du paysage des régions éloignées du sud-est du Mexique et du centre du Guatemala, où les langues indigènes sont encore aujourd'hui plus répandues que l'espagnol (fig. 4.3).

Une fois les Amérindiens conquis et relocalisés, les Espagnols s'attaquèrent à l'exploitation des ressources du Nouveau Monde pour leur propre bénéfice. Ils organisèrent le commerce dans les secteurs lucratifs, ils

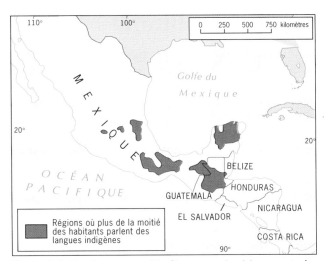

Figure 4.3 Les langues amérindiennes en Amérique centrale.

se mirent à l'agriculture commerciale, à l'élevage de bétail et, surtout, ils firent main basse sur les mines. L'extraction de l'or semblait particulièrement prometteuse, et les Espagnols établirent tout simplement leur autorité sur la main-d'œuvre autochtone qui s'adonnait déjà à cette tâche. Mais les gisements facilement accessibles furent vite menacés d'épuisement, et les prospecteurs européens se mirent à la recherche d'autres minéraux dont ils pourraient tirer des profits. Leurs efforts ne tardèrent pas à porter fruit : ils trouvèrent de grandes réserves d'argent et de cuivre, notamment dans une vaste zone pionnière au nord de la vallée de Mexico (fig. 4.6). L'exploitation de ces ressources entraîna des changements considérables dans cette région, car les villes minières avaient besoin de main-d'œuvre, d'équipement pour l'extraction des minerais, de denrées et d'un réseau de transport adéquat pour la circulation croissante des personnes, des biens et des services. Une nouvelle structure urbaine apparut, ce qui permit non seulement l'intégration et l'organisation du royaume espagnol du centre de l'Amérique, mais aussi l'extension de sa domination économique à de vastes régions de la Nouvelle-Espagne. L'exploitation minière a réellement constitué l'activité pivot de l'ensemble centraméricain durant la période coloniale.

Dans toutes les sphères du domaine espagnol, que ce soit les villes, les fermes, les mines ou les villages indigènes, l'église catholique a joué un rôle de premier plan dans la transformation culturelle de la société amérindienne. Les Jésuites, de concert avec les soldats, ont repoussé les frontières du royaume espagnol vers le nord et l'ouest, l'Église appuyant l'État dans son entreprise d'occupation des territoires autochtones, qui n'a pas toujours été exempte de violence. Après la conquête, c'est l'Église qui fut responsable du contrôle, de la pacification, de l'organisation et de l'acculturation des peuples amérindiens.

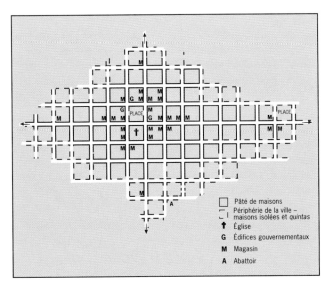

Figure 4.2 Plan d'aménagement d'une ville coloniale espagnole.

Intérieur et littoral

De tout l'ensemble centraméricain, le Panamá est le seul État autre que le Mexique à avoir été un centre d'activité espagnol dès les premiers temps de la colonie (la ville de Panamá fut fondée par les Espagnols en 1519) : en plus de constituer le lieu de passage entre les deux océans, il renfermait des gisements d'or. Mis à part le couloir correspondant approximativement au site de l'actuel canal de Panamá et qui assurait la communication entre l'Atlantique et le Pacifique, les Espagnols s'établirent essentiellement sur le littoral pacifique de l'isthme, puis, de là, ils étendirent sans cesse leur influence vers le nord-ouest, c'est-à-dire en Amérique centrale. Néanmoins, le principal centre d'activité espagnol a toujours été situé dans la région qui constitue aujourd'hui le centre et le sud du Mexique.

Les principales zones de l'ensemble centraméricain qui furent l'enjeu de la lutte entre les puissances européennes se trouvent dans les îles et sur la côte de la mer des Antilles. Les Britanniques réussirent à prendre pied sur l'isthme en établissant leur domination sur la côte, dans une étroite bande de terres basses allant du Yucatán au site actuel du Costa Rica. Comme l'indique la carte des zones d'influence à l'époque coloniale (fig. 4.4), les Espagnols affrontèrent les Britanniques, les Français et les Hollandais, tous attirés par le lucratif commerce du sucre et la possibilité d'accumuler rapidement des richesses, et tous déterminés à étendre leur empire. Après des siècles de luttes coloniales

entre Européens, les États-Unis intervinrent dans la région et exercèrent une influence sur les zones côtières de l'isthme, non pas en effectuant des conquêtes mais en introduisant la culture de la banane à grande échelle.

Les effets du développement des plantations allaient être aussi considérables que ceux de la colonisation des îles des Caraïbes. La géographie économique de la zone côtière de la mer des Antilles fut transformée lorsque les Américains entreprirent la culture de la banane sur des milliers d'hectares, dans les terres alluviales jusque-là inexploitées. Comme les maladies introduites dans le Nouveau Monde par les Européens avaient fait plus de ravages dans cette zone chaude et humide qu'ailleurs, le petit nombre d'Amérindiens ayant survécu ne pouvaient fournir toute la main-d'œuvre nécessaire.

Les populations relativement peu nombreuses des îles des Caraïbes furent décimées encore plus rapidement que celles de l'isthme par les mauvais traitements que leur infligeaient les colons européens et les maladies que ces derniers leur avaient transmises. En à peine plus de 50 ans, ces peuples furent anéantis, ce qui créa une pénurie de main-d'œuvre. Pour y remédier, les conquérants eurent recours au commerce des esclaves africains, ce qui modifia profondément la démographie des îles antillaises (fig. 4.5). Et lorsque le besoin de main-d'œuvre se fit sentir sur la côte antillaise de l'isthme, des dizaines de milliers d'ouvriers agricoles noirs de la Jamaïque et d'autres îles y furent transférés. Un grand

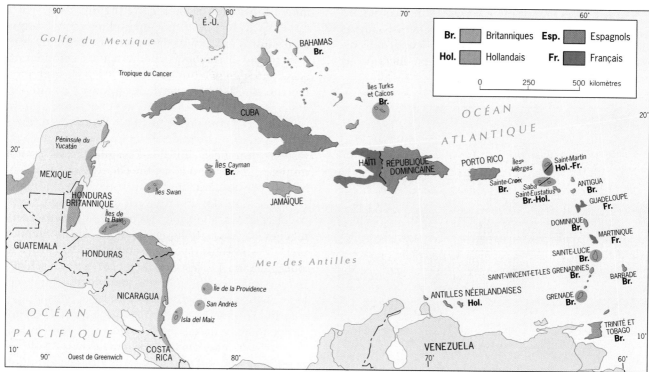

Figure 4.4 Les Antilles à l'époque coloniale (vers 1800).

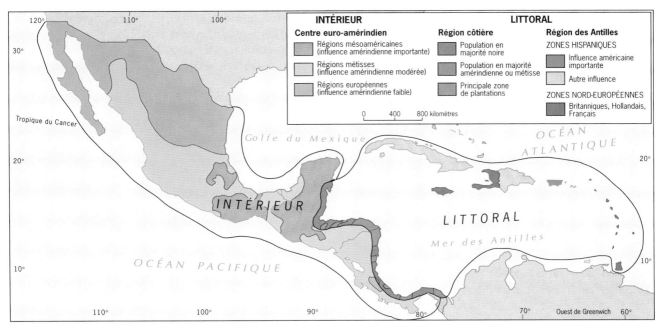

Figure 4.5 Ensemble centraméricain : intérieur et littoral.

nombre de descendants d'esclaves africains vint s'ajouter à ces premiers contingents lors de la construction du canal de Panamá, entre 1904 et 1914. La composition de la population de l'isthme fut donc, elle aussi, complètement modifiée par ces migrations forcées.

John Augelli a conceptualisé les contrastes entre, d'une part, les hautes terres et, d'autre part, les zones côtières et les îles de l'ensemble centraméricain au moyen de la **structure intérieur-littoral** (fig. 4.5). Augelli distingue : 1° l'intérieur euro-amérindien, formé du pont continental allant du Mexique au Panamá, à l'exception de la zone côtière antillaise qui s'étend du milieu du Yucatán à l'Amérique du Sud; 2° le littoral euro-africain, qui comprend cette zone côtière et les îles des Caraïbes. Les termes *euro-amérindien* et *euro-africain* mettent en évidence l'héritage culturel de chaque région : dans l'intérieur, les influences européenne (espagnole) et amérindienne prédominent, tandis que dans le littoral ce sont les héritages européen et africain qui prévalent.

À la figure 4.5, l'intérieur est subdivisé en régions selon le poids de l'héritage amérindien. Dans le sud du Mexique et au Guatemala, cette influence prédomine; elle est faible dans le nord du Mexique et une partie du Costa Rica, et modérée dans les autres secteurs. Quant au littoral, mis à part sa première subdivision, qui est la distinction évidente entre les îles et la zone côtière des plantations de l'isthme, il est également subdivisé selon l'héritage culturel : Cuba, Porto Rico et la République dominicaine (sur l'île d'Hispaniola) ont subi l'influence espagnole, et les autres îles, diverses influences européennes; ce dernier groupe comprend les îles qui appartenaient aux Antilles britanniques ainsi que celles des Antilles françaises et néerlandaises.

Aux contrastes reliés au peuplement s'ajoutent des différences dans les paysages et l'orientation des divers secteurs. Le littoral était une zone de plantations de canne à sucre et de bananes, facilement accessible, orientée vers la mer, où les échanges interculturels et le métissage étaient très fréquents. L'intérieur, où les communications étaient plus difficiles, est resté plus isolé. Le littoral étant dominé par l'agriculture d'exportation, son économie, fondée sur le commerce, était sensible aux fluctuations du marché mondial et dépendait des capitaux en provenance d'outre-mer. L'intérieur était le domaine des haciendas, plus autosuffisantes, donc moins dépendantes des marchés extérieurs.

Les haciendas

Le contraste évident entre les systèmes d'exploitation des terres des haciendas et des plantations constitue en soi un important critère de division du territoire entre intérieur et littoral. L'**hacienda** était une institution espagnole, alors que la plantation moderne était, selon Augelli, un concept introduit par des conquérants venus de régions plus septentrionales d'Europe. Dans l'hacienda, les propriétaires espagnols régnaient sur un domaine, mais ils n'avaient pas besoin d'en pousser la productivité à son maximum : le seul fait de posséder des terres aussi vastes leur conférait le prestige social et le bien-être qu'ils recherchaient. Les ouvriers agricoles indigènes vivaient sur le domaine, qui dans bien des cas avait déjà été leur terre, et des lots où ils pouvaient pratiquer une agriculture de subsistance leur étaient réservés. Les techniques agricoles et les méthodes de transport des denrées vers les marchés n'ont pas changé dans les villages amérindiens intégrés aux premières haciendas. Tout cela semble appartenir à un passé lointain, mais l'héritage des haciendas, caractérisées par une utilisation inefficace des terres et de la main-d'œuvre, est encore perceptible partout dans l'isthme centraméricain et dans certains secteurs d'Amérique du Sud.

Les plantations

Le concept de **plantation** contraste vivement avec celui d'hacienda. Dans leur ouvrage intitulé *Middle America, Its Lands and Peoples*, publié en 1989, Robert West et John Augelli mettent en évidence la différence entre haciendas et plantations en énumérant cinq propriétés de ces dernières : 1° les plantations étaient situées dans les basses terres côtières de la zone tropicale humide de l'ensemble; 2° la production des plantations, fondées généralement sur la monoculture, était presque entièrement destinée à l'exportation; 3° les capitaux et les techniques étaient le plus souvent importés,

Ces photos illustrent le contraste entre deux modes d'exploitation des terres du littoral centraméricain, auxquels sont associés des paysages culturels ruraux bien différents. Les terres les plus fertiles, encore aujourd'hui majoritairement sous le contrôle de propriétaires d'haciendas (souvent absentéistes), sont réservées à la culture de produits d'exportation ou de luxe; d'autres sont exploitées par des sociétés étrangères qui cultivent des fruits pour les marchés de leur pays d'origine. La vaste plantation de bananes (photo du haut), située dans le nord du Honduras, contraste vivement avec le champ du paysan solitaire (photo du bas). Les petites parcelles de terres arables des hautes terres, où en général seul l'élevage extensif (notamment des chèvres) peut être pratiqué, ne fournissent qu'une maigre subsistance à ceux qui les cultivent.

de sorte que les terres étaient la propriété d'étrangers et que les profits retournaient à l'étranger; 4° le travail était saisonnier : la main-d'œuvre abondante requise durant la période des récoltes restait oisive une bonne partie de l'année; de plus, cette main-d'œuvre avait dû être importée à cause de la pénurie de travailleurs agricoles amérindiens; 5° le mode de fonctionnement de la plantation, de type industriel, était plus efficace que celui de l'hacienda pour ce qui est de l'utilisation des terres et de la main-d'œuvre. Les plantations n'avaient pas pour objectif l'autosuffisance de la population mais le profit : leur établissement et leur exploitation ont été motivées avant tout par l'attrait de la richesse, et non par la recherche du prestige social.

Le poids des structures agraires traditionnelles

Les deux systèmes traditionnels d'exploitation des terres ont changé considérablement au cours du XXe siècle. Par leurs investissements massifs dans la zone côtière caraïbe du Guatemala, du Honduras, du Nicaragua, du Costa Rica et du Panamá, des sociétés américaines ont profondément transformé cette région en introduisant une nouvelle conception de l'agriculture de plantation. Les gouvernements nationaux ont exercé une pression croissante sur les haciendas de l'intérieur, qu'ils considèrent comme un handicap économique, politique et social. Certaines ont en fait été démantelées, et les terres ont été partagées entre plusieurs petits propriétaires; d'autres ont été amenées à se spécialiser davantage et à accroître leur productivité. Au Mexique, le partage des haciendas a entraîné la création des *ejidos*, ou terres collectives, attribuées à des groupes de paysans. Même si leurs vestiges continuent actuellement d'être redistribués, les haciendas et les plantations ont contribué pendant des siècles à créer des différences dans les orientations sociales et économiques de l'intérieur et du littoral, et ces particularités font maintenant partie de la physionomie caractéristique de chaque région.

La diversité politique

L'isthme centraméricain est actuellement divisé en huit États, tous ayant un passé colonial espagnol, à l'exception d'un seul : le Belize. Ce dernier, autrefois appelé Honduras britannique, est en voie de transformation : les milliers d'immigrants hispanophones issus des pays voisins qui y affluent depuis 1980 sont sur le point de former la majorité de la population, peu nombreuse. Le plus vaste des huit États, le Mexique, est également le géant de l'ensemble; ses 1 972 500 km² représentent plus de 70 % de la superficie de toutes les terres émergées de l'ensemble centraméricain (y compris les Antilles), et sa population de près de 100 millions d'habitants est supérieure à celle de l'Amérique centrale et des Antilles réunies.

Les Antilles présentent une diversité culturelle beaucoup plus grande. Dans cette région, c'est Cuba qui vient en tête : sa superficie est presque égale à la superficie totale de toutes les autres îles, et sa population de 11,3 millions d'habitants excède largement celle du deuxième État le plus peuplé, la République dominicaine, qui en compte 8,2 millions. Comme nous l'avons déjà mentionné, les Antilles ont été soumises à un grand nombre d'influences autres que celle des Espagnols. En effet, bien que ces derniers aient marqué Cuba de leur empreinte, la Jamaïque (dont la population de 2,5 millions d'habitants est majoritairement noire), juste au sud, a été une colonie britannique; quant à Haïti (population de 7,5 millions d'habitants, en majorité des Noirs), immédiatement à l'est, son héritage est principalement africain et français. L'île d'Hispaniola, surpeuplée (15,7 millions d'habitants), est partagée entre Haïti et la République dominicaine, cette dernière étant majoritairement hispanophone. L'influence espagnole prédomine également dans l'île voisine, la dernière des Grandes Antilles, à savoir Porto Rico (3,7 millions d'habitants), qui est un État libre associé de l'Union américaine.

Les Petites Antilles sont elles aussi marquées par la diversité culturelle. Elles comprennent les îles Vierges des États-Unis, achetées au Danemark; la Barbade, Sainte-Lucie, Saint-Vincent-et-les Grenadines, et Grenade, anciennement sous la tutelle britannique; la Guadeloupe et la Martinique, deux départements français d'outre-mer (DOM); l'île Saint-Martin, partagée entre la France et les Pays-Bas *(Sint Maarten)*; les îles Saba, Saint-Eustatius, Bonaire, Curaçao ainsi que l'île autonome d'Aruba, qui forment avec *Sint Maarten* les Antilles néerlandaises, le trio A-B-C (**A**ruba-**B**onaire-**C**uraçao) étant situé près de la côte nord-ouest du Venezuela. Les îles voisines de la Trinité *(Trinidad)* et de Tobago (plus petite), qui se trouvent à l'écart de l'arc antillais, non loin de la côte nord-est du Venezuela, sont d'anciennes possessions britanniques; elles forment depuis 1962 l'État indépendant de Trinité et Tobago.

Des mouvements souverainistes prirent naissance très tôt dans l'ensemble géographique centraméricain. Dans les Grandes Antilles, où l'Espagne détenait les colonies de Cuba et de Porto Rico alors que la Jamaïque était sous domination britannique, les Afro-Antillais de l'île d'Hispaniola, dont un bon nombre d'esclaves, se rebellèrent contre les colonisateurs français; il en résulta la fondation de la république d'Haïti en 1804. Dans l'isthme, les insurrections contre l'autorité espagnole, qui débutèrent en 1810, allaient aboutir à l'indépendance du Mexique en 1821 et à celle des républiques d'Amérique centrale un peu plus tard au cours de la même décennie.

La carte des Antilles de l'époque coloniale représente une mosaïque de colonies britanniques, néerlandaises, françaises, espagnoles et danoises (fig. 4.4). Tou-

tes ces puissances étrangères se sont livré une concurrence féroce dans le cadre de l'exploitation de la canne à sucre, rendue possible par la disponibilité de la main-d'œuvre formée d'esclaves africains. Les États-Unis, opposés à toute intervention européenne en Amérique, énoncèrent la doctrine de Monroe en 1823, par laquelle ils signifiaient leur intention de décourager toute tentative des puissances européennes de réaffirmer leur autorité sur les républiques devenues récemment indépendantes ou d'étendre les domaines qui étaient déjà sous leur autorité. Les États-Unis ne détenaient pas de possessions dans l'ensemble centraméricain à cette époque, mais les républiques naissantes qui se trouvaient à ses portes avaient de toute évidence un potentiel économique et stratégique important.

À la fin du XIXᵉ siècle, les États-Unis en étaient arrivés à jouer un rôle déterminant dans l'ensemble centraméricain. La guerre hispano-américaine de 1898 aboutit à l'indépendance de Cuba, qui devint de fait un protectorat américain, et à l'annexion de Porto Rico par les États-Unis. Au début du XXᵉ siècle, les Américains construisirent le canal de Panamá. Entre-temps, des sociétés américaines mirent sur pied un commerce fort lucratif, fondé non pas sur la canne à sucre mais sur de vastes plantations de bananes. Les républiques d'Amérique centrale devinrent ainsi des colonies américaines de fait, malgré leur statut officiel d'États indépendants.

Les États actuels des Grandes et des Petites Antilles obtinrent leur indépendance par à-coups. La Jamaïque, dont une grande partie de la population descendait d'esclaves africains, et Trinité et Tobago, où les Britanniques avaient fait venir un fort contingent de Sud-Asiatiques, accédèrent finalement à la souveraineté absolue en 1962; d'autres îles sous tutelle britannique, soit la Barbade, Saint-Vincent-et-les Grenadines ainsi

LES PRINCIPALES VILLES CENTRAMÉRICAINES	
Ville	**Population*** (en millions)
Guadalajara (Mexique)	3,3
Guatemala (Guatemala)	1,0
La Havane (Cuba)	2,3
Managua (Nicaragua)	1,3
Mexico (Mexique)	24,0
Monterrey (Mexique)	2,9
Panamá (Panamá)	1,0
Port-au-Prince (Haïti)	1,4
San José (Costa Rica)	1,0
San Juan (Porto Rico)	1,1
San Salvador (Salvador)	0,6
Saint-Domingue (République dominicaine)	2,8
Tegucigalpa (Honduras)	0,8

* Nombre approximatif d'habitants des agglomérations urbaines en 1997

que la Dominique, n'obtinrent leur indépendance que plus tard. Quant à la Martinique et à la Guadeloupe, ce sont encore aujourd'hui des départements français d'outre-mer, alors que les îles des Antilles néerlandaises bénéficient d'un degré d'autonomie variable. Rien ne laisse prévoir que les îles Vierges des États-Unis, achetées au Danemark en 1917, accéderont un jour à l'indépendance.

Les régions de l'ensemble centraméricain

Nous divisons l'ensemble centraméricain en trois régions : les Antilles, qui regroupent toutes les îles de la mer des Caraïbes, le Mexique et l'Amérique centrale, qui comprend sept républiques.

✦ Les Antilles

Les Antilles sont actuellement surpeuplées; elles constituent en fait la région la plus densément peuplée de l'Amérique. La pauvreté y est endémique et de nombreuses localités connaissent une misère extrême, à laquelle la majorité des habitants ont bien peu de chance d'échapper. Toute généralisation à propos des Antilles ne saurait toutefois s'appliquer à Porto Rico, qui a voté en 1993 en faveur du maintien de son statut d'État li-

En survolant la zone limite entre Haïti et la République dominicaine, on peut voir que de longs segments de la frontière sont marqués par un vif contraste dans la végétation des deux pays : la partie occidentale, haïtienne, est presque totalement dénudée alors que la partie orientale, dominicaine, est encore couverte de forêts. La surpopulation, le manque de surveillance et la mauvaise administration des autorités gouvernementales haïtiennes se sont associés pour créer l'un des paysages les plus contrastés de la région.

bre associé aux États-Unis, ni à Cuba (voir l'encadré « Le Cuba de Castro à l'ère postsoviétique »), un État communiste qui a toujours su se tirer d'affaire. Dans la plupart des autres îles, la situation du citoyen moyen

LE CUBA DE CASTRO À L'ÈRE POSTSOVIÉTIQUE

Cuba, la plus grande île des Antilles, se trouve à moins de 145 km de la pointe méridionale de la Floride. Cet état communiste est sous la gouverne dictatoriale de Fidel Castro depuis 1959. Considéré par les États-Unis comme le paria de l'hémisphère occidental, ce dernier a toujours cherché à étendre sa révolution socialiste à d'autres pays d'Amérique. Mais avec le démembrement de l'URSS en 1991, la situation économique de l'île a bien changé. Cuba a alors perdu la majorité de ses marchés et les sources de matières premières auxquels ses bienfaiteurs soviétiques l'avaient habituée. Pour parer à ce coup terrible et conserver la faveur populaire, Castro adopta des mesures de libéralisation économique, sans toutefois abandonner ses principes socialistes. L'entreprise privée fut encouragée, le secteur public subit une cure d'amaigrissement et l'investissement étranger fut sollicité.

Les entreprises en participation (joint ventures) se sont multipliées durant les années 1990 et Cuba compte maintenant des stations touristiques et des banques internationales européennes, des concessions d'automobiles japonaises, des usines textiles israéliennes, un système téléphonique mexicain dernier cri, etc. Le courant d'intégration économique allant en s'intensifiant partout en Amérique, tout l'Occident aspire à établir des relations commerciales avec Cuba, la chute de l'URSS ayant éliminé les risques associés à l'idéologie castriste. En fait, seuls les États-Unis refusent toute négociation avec Cuba et maintiennent l'embargo commercial décrété il y a longtemps.

Vu la position géographique avantageuse et les réserves de matières premières de Cuba, tout porte à croire que ce pays pourrait devenir un « dragon économique » dans les Antilles. Les conditions pour la pratique de l'agriculture commerciale y sont parmi les meilleures de l'archipel des Caraïbes et la diversification des cultures est déjà commencée. Cuba possède des gisements de nickel, de cuivre et de fer de qualité supérieure, et la découverte de gisements pétrolifères n'est pas à écarter. La fabrication de produits spécialisés est encouragée depuis le début des années 1960, et l'industrie biotechnologique, entre autres, a atteint un niveau de développement respectable (on lui doit le vaccin antiméningitique). Par ailleurs, les institutions universitaires cubaines sont les plus avancées des Caraïbes et les infrastructures répondront bientôt aux normes internationales.

Haïti est le pays le plus pauvre des Amériques. Ses bidonvilles, comme celui de Port-au-Prince représenté ci-dessus, comptent parmi les milieux de vie les plus misérables.

est difficile, voire désespérée, et l'espérance de vie est dramatiquement courte.

Les conditions actuelles jurent avec celles de l'époque coloniale où le commerce du sucre assurait la prospérité de la région. Mais cette prospérité avait été acquise au prix de l'extermination de groupes amérindiens et de la réduction à l'esclavage de Noirs arrachés à l'Afrique. La totalité des profits des exploitations de canne à sucre revenaient évidemment aux planteurs, les ouvriers agricoles n'en ayant jamais tiré aucun bénéfice. Plus tard, l'économie régionale dut faire face à la concurrence de plus en plus forte des autres zones tropicales de culture de la canne à sucre et, lorsque les Antilles perdirent le monopole du marché européen, elles se retrouvèrent dans une situation difficile. Entre-temps, les Européens contribuèrent à la croissance démographique des îles, comme ils l'avaient fait dans d'autres parties du monde, en améliorant les conditions d'hygiène et les soins médicaux. Le taux de mortalité se mit à baisser alors que le taux de natalité demeura élevé, ce qui entraîna une augmentation fulgurante de la population.

Après le déclin du commerce du sucre, des millions de personnes avaient tout juste de quoi survivre; elles souffraient de malnutrition et de la faim. Bon nombre cherchèrent de l'emploi à l'extérieur des îles. Ainsi, des dizaines de milliers de travailleurs agricoles jamaïcains se rendirent dans les plantations de la côte caraïbe de l'isthme; de nombreux Antillais sous domination britannique partirent pour l'Angleterre dans l'espoir d'y trouver de meilleures conditions de vie; des

Portoricains et, plus récemment, des Dominicains émigrèrent à New York. Mais cet exode ne réussit pas à endiguer la croissance démographique galopante de la région : la population totale des Antilles est actuellement de 37 millions d'habitants et on prévoit qu'au cours des trois prochaines décennies l'augmentation pourrait atteindre 40 %.

Jusqu'à maintenant, les Antillais ont eu peu de possibilités d'améliorer leur sort. Leur habitat est fragmenté par des étendues d'eau et cloisonné par des montagnes; la superficie totale des terres plates arables ne représente qu'une maigre fraction du vaste archipel des Caraïbes. Bien que l'économie régionale ait connu une certaine diversification, l'agriculture occupe toujours une place importante. Le sucre compte encore parmi les principaux produits et il vient en tête de la liste des exportations de la République dominicaine et de Cuba; à Haïti, le café occupe le premier rang des produits de base exportés. Dans les Petites Antilles, les plantations de canne à sucre ont perdu de leur importance; elles ont été remplacées en bien des endroits par la culture de la banane, de la lime, de diverses épices et du coton à longue soie. Néanmoins, l'économie de certains États repose encore sur le commerce du sucre; c'est le cas notamment de la Barbade et de Saint-Kitts et Nevis (anciennement Saint-Christophe et Nièves). Quant à la seule industrie de la région qui soit en croissance, le tourisme, elle n'apporte pas que des bienfaits.

Problèmes reliés à la pauvreté générale

L'ensemble de l'industrie agricole antillaise, soit les cultures de café à Haïti, de bananes en Jamaïque, de fruits dans les Petites Antilles et l'industrie vitale de la canne à sucre, doit constamment faire face à une forte concurrence extérieure, si bien que les Antilles n'ont pas encore réussi à se positionner sur le marché mondial de manière à relever le niveau de vie de la population. De même, les ressources naturelles de la région (bauxite en Jamaïque, pétrole dans l'île de la Trinité, nickel à Cuba) ne suffisent pas à soutenir l'industrialisation dans le bassin des Caraïbes. Comme c'est le cas dans toutes les économies à faible revenu, les matières premières sont vendues et transformées à l'étranger. Les pays antillais dépendent donc de marchés extérieurs sur lesquels ils n'ont pas de prise.

Vivant dans le dénuement et dans des conditions d'hygiène difficiles, la majorité des Antillais pratiquent une agriculture de subsistance sur de petites parcelles de terre. L'approvisionnement en denrées alimentaires est souvent inadéquat, car les meilleures terres arables sont réservées à l'agriculture d'exportation. Cette pratique explique la malnutrition endémique dans les îles. Les méthodes agricoles n'ont pas changé depuis des générations, et la tradition selon laquelle la terre familiale doit être partagée entre les descendants a eu pour conséquence de réduire les lots initiaux à de minuscules parcelles; les propriétaires doivent donc travailler comme métayers ou se faire engager sur une plantation pour compenser le faible rendement de leurs propres terres. En outre, le sol est sans cesse menacé d'érosion : le relief jamaïcain comporte de nombreux ravins, et le sol haïtien a tellement souffert de la surexploitation et du déboisement que l'on peut parler de désastre écologique global.

Compte tenu de tous ces problèmes, il est étonnant que le taux d'urbanisation soit de 60 % dans les îles, ce qui est largement supérieur au taux de 43 % de l'ensemble centraméricain. Les quatre principales agglomérations urbaines, soit Saint-Domingue en République dominicaine, La Havane à Cuba, Port-au-Prince à Haïti et San Juan à Porto Rico, regroupent plus de 20 % de la population totale des Antilles. Hélas, les conditions de vie dans les villes, grandes ou petites, sont souvent pires que dans les zones rurales les plus défavorisées. Les bidonvilles de Port-au-Prince sont les plus pauvres du globe.

L'héritage africain

La géographie humaine des Antilles comporte une part d'héritage africain; en certains endroits, le paysage culturel présente de fortes analogies avec celui de l'Afrique occidentale ou équatoriale. L'influence africaine est perceptible partout : dans les habitations des villages, les marchés ruraux, la cuisine locale, le rôle des femmes dans la vie rurale, les techniques agricoles, la vie familiale, les arts et nombre de traditions.

Le tourisme est devenu une importante source de revenus et d'emplois dans les pays antillais où le potentiel économique est limité. Des dizaines de navires quittent les ports de Floride pour aller sillonner la mer des Caraïbes et s'arrêter dans les îles des Grandes et des Petites Antilles. Sur la photo, le *Royal Viking Sun* fait escale dans une baie de la côte occidentale de la Dominique. Ses 700 passagers iront visiter l'île et flâner dans les boutiques et les restaurants.

Néanmoins, ce sont les Antillais d'ascendance européenne, c'est-à-dire les Blancs, qui occupent une position dominante dans la politique et l'économie de l'archipel; les **mulâtres** (nés d'un parent noir et d'un parent blanc) viennent au deuxième rang, suivis des Noirs. À Haïti par exemple, où 95 % de la population est d'ascendance noire, ce sont les 5 % de mulâtres qui détiennent véritablement le pouvoir. Sur l'île voisine de la Jamaïque, les mulâtres, qui représentent 15 % de la population, ont aussi joué dans la politique du pays un rôle hors de proportion avec leur nombre. En République dominicaine, dans la hiérarchie politique et économique, les Blancs d'ascendance hispano-européenne (15 %) viennent en tête, suivis des métis (70 %) et, enfin, des Noirs (15 %). De même, à Cuba, les Noirs (11 %) ont été défavorisés par rapport aux Blancs (37 %) et aux **métis** nés d'un parent espagnol ou portugais et d'un parent amérindien (21 %).

La composition de la population antillaise est encore plus complexe, car elle comprend des Asiatiques d'ascendance chinoise ou indienne. En effet, à la suite de l'émancipation des esclaves au XIXᵉ siècle, il y eut pénurie de main-d'œuvre. Quelque 100 000 immigrants chinois débarquèrent donc à Cuba en qualité d'apprentis (1 % de la population actuelle est d'ascendance chinoise), et la Jamaïque, la Guadeloupe, la Martinique et surtout la Trinité accueillirent 250 000 ressortissants indiens. Outre les langues issues du contact du français ou de l'anglais avec des langues africaines, plusieurs langues asiatiques sont donc en usage dans les Antilles. L'hindi est particulièrement répandu à la Trinité, où 41 % des habitants sont d'origine sud-asiatique. On le voit, la diversité culturelle des sociétés pluriethniques des Antilles est quasi illimitée.

Le tourisme : bienfait ou calamité ?

Les stations touristiques, les paysages grandioses et les sites historiques attirent chaque année près de 25 millions de visiteurs dans les Antilles, ce qui fait de cette région l'une des destinations les plus populaires du globe. Environ 10 millions de touristes participent à des croisières (dont le point de départ est en général Miami ou Fort Lauderdale), d'où la croissance fulgurante, depuis 1980, des ports d'escale et des zones côtières avoisinantes. La Jamaïque fournit un bon exemple. Le développement récent de Ocho Rios, de Port Antonio et de Montego Bay, entre autres, a stimulé l'industrie touristique au point qu'elle représente actuellement le sixième du PIB du pays et emploie plus du tiers de la population active.

Source de devises dont le pays a cruellement besoin, le tourisme sert mal cependant les petits entrepreneurs locaux. En effet, les politiques gouvernementales et les interventions des sociétés multinationales favorisent surtout les grandes entreprises et les stations importantes. De plus, l'invasion constante de touristes aisés et parfois tapageurs nourrit la colère et le ressentiment des communautés dépourvues. Enfin, le tourisme dégrade souvent la culture locale, car pour plaire aux visiteurs, on adapte très souvent la tradition (comme cela se fait dans les spectacles « culturels » présentés dans les hôtels).

Étant donné le potentiel limité de la région, le tourisme est une bonne chose pour les Antilles, car il fournit aux populations locales des revenus et des emplois qu'ils n'auraient pas autrement. Par contre, il est créateur de tensions sociales. Comment pourrait-il en être autrement quand des hôtels quatre étoiles côtoient les taudis, quand des paquebots luxueux jettent l'ancre le long des villages misérables et que des étrangers engloutissent des repas plantureux pendant qu'à la porte des enfants souffrent de la faim ?

La coopération régionale

Comme nous l'avons souligné dans les chapitres portant sur l'Europe et la Russie, les régions explorent actuellement de nouvelles formes de coopération internationale. Et les Antilles ne font pas exception. En 1994, se reconnaissant des intérêts économiques communs et un sentiment d'appartenance régionale, les 16 États indépendants créèrent l'Association des États de la Caraïbe (ACS). Ce regroupement avait été précédé en 1973 par la formation de la Communauté des Caraïbes (Caricom), une union douanière réunissant les anciennes colonies britanniques désireuses d'assurer leur développement en créant des liens avec les pays hispanophones voisins. L'ACS comprend tous les États de l'isthme centraméricain à l'exception du Panamá, la République dominicaine, Cuba et Haïti (où le créole domine), de même que le Venezuela et la Colombie (deux pays du nord de l'Amérique du Sud). Au milieu de 1997, l'Association comptait 25 États. Les seules îles qui n'en étaient pas membres étaient des États non autonomes, sous la tutelle de la France, des Pays-Bas, du Royaume-Uni ou des États-Unis.

Bien que la création de l'ACS visait à resserrer les liens entre les États du bassin caraïbe, elle répondait aussi à des préoccupations régionales plus immédiates, comme les effets appréhendés de la signature de l'Accord de libre-échange nord-américain (Alena). Ce traité menaçait en effet d'éliminer l'exemption de douane (principalement dans le secteur textile) accordée par les États-Unis en 1983, à la suite de leur intervention militaire à Grenade. Or, cette exemption avait favorisé la création d'emplois dans plusieurs États des Caraïbes vu la croissance fulgurante des exportations vers les États-Unis. En signant l'Accord de libre-échange nord-américain en 1994, le Mexique devenait un concurrent des pays des Caraïbes sur le marché américain, car l'Alena prévoyait une diminution des tarifs douaniers mexicains et leur élimination éventuelle. En se regroupant au sein de l'ACS, les pays des Caraïbes réussirent à obtenir des États-Unis une garantie de parité douanière avec le Mexique jusqu'à la fin des années 1990.

La mosaïque continentale

Le Mexique est le géant de l'ensemble centraméricain; son étendue, la taille de sa population, ses caractéristiques culturelles, l'importance de sa réserve de matières premières et sa position relative en font une région. Sa frontière commune avec les États-Unis facilite les échanges économiques, mais elle provoque actuellement des tensions dans la zone limite à cause de l'ampleur de l'émigration illégale. Cet exode vers le nord s'explique largement par les conditions économiques qui ont longtemps prévalu au Mexique. Or, l'Alena pourrait améliorer les choses, car l'unification du marché devrait stimuler l'essor de l'industrie et le développement en général.

Les sept républiques d'Amérique centrale réunies ont un territoire moins vaste et une population moins importante que le Mexique. La région géographique qu'elles constituent continue d'être ravagée par des conflits armés et des luttes de pouvoir auxquels les grandes puissances ont participé jusqu'à tout récemment. Elle est maintenant aux prises avec une économie stagnante, une croissance démographique importante et une grave crise environnementale.

✦ Le Mexique et sa révolution inachevée

La population du Mexique — 97,8 millions d'habitants (en 1997) — excède de 27 millions celle de tous les autres pays réunis (fig. 4.6), et sa superficie est plus de deux fois supérieure à la superficie totale de ces pays. En 1998, le Mexique a dépassé la barre des 100 millions. Sa croissance démographique est telle que sa population a doublé depuis 1970 et qu'elle devrait le faire encore d'ici l'an 2030.

La géomorphologie du Mexique ressemble à celle de l'ouest des États-Unis. On distingue sur la figure 4.1 plusieurs traits caractéristiques de la région : la presqu'île allongée de Basse Californie dans le nord-ouest, qui est séparée du reste du pays par le golfe de Californie; la péninsule du Yucatán à l'extrême est, qui s'avance dans le golfe du Mexique; l'isthme de Tehuantepec dans le sud-est, dont l'ossature montagneuse s'incurve en direction du Guatemala et s'étend vers le nord en direction de Mexico. À peu de distance de la capitale, ce système se divise en deux chaînes de montagnes, la Sierra Madre occidentale et la Sierra Madre orientale, qui encadrent le cœur du Mexique, en forme d'entonnoir. Le vaste plateau central, accidenté, mesure environ 2400 km sur 800 km; l'altitude, de 2450 m au sud, à

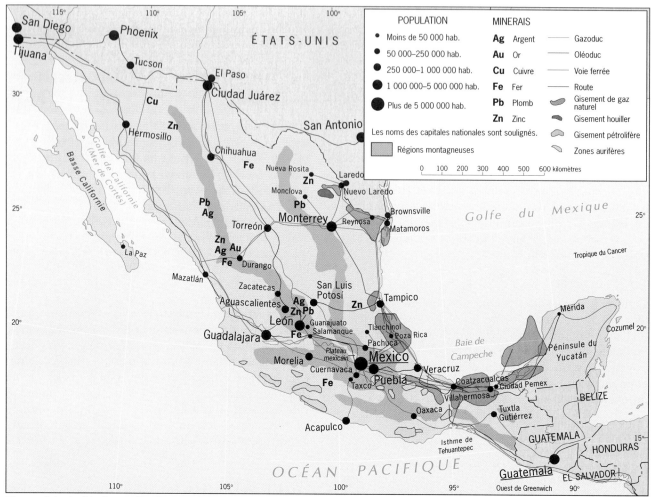

Figure 4.6   Le Mexique : distribution de la population et des ressources naturelles.

proximité de Mexico, diminue graduellement vers le nord, jusqu'au Rio Grande. Comme le montre la figure I.7, le Mexique est caractérisé par un climat sec, particulièrement dans la vaste zone septentrionale encadrée de montagnes.

La figure 4.7 illustre la distribution de la population mexicaine dans les 31 États du pays. La zone la plus dense, où est concentrée plus de la moitié de la population, s'étire de l'État de Veracruz (à l'est) donnant sur le golfe du Mexique jusqu'à celui de Jalisco (à l'ouest) donnant sur l'océan Pacifique. Au centre de ce couloir se trouve l'État de Mexico, qui est le plus peuplé et dont le cœur forme le district fédéral de Mexico, lequel est en voie de devenir la plus grande agglomération urbaine du globe. Au nord de ce corridor s'étend une zone sèche et accidentée, qui compte parmi les moins peuplées du pays; elle englobe six États ayant une frontière commune avec les États-Unis, à savoir Tamaulipas, Nuevo León, Coahuila, Chihuahua, Sonora et Baja California Norte. Le sud du Mexique comprend, dans le Yucatán, une zone périphérique de basses terres peu peuplée, au climat chaud et humide, mais les

hautes terres de l'ossature continentale situées au sud-est de Mexico abritent des populations importantes, en particulier dans les États de Guerrero, d'Oaxaca et de Chiapas.

La carte de la distribution de la population met aussi en lumière le fort taux d'urbanisation du Mexique. Cette situation s'explique à la fois par l'attrait des villes, qui représentent l'espoir de meilleures conditions de vie, et le rejet de la campagne, associée à la stagnation économique. La proportion de la population mexicaine vivant dans des villes, grandes ou petites, est passée de 59 % en 1970 à 75 % en 1996, ce qui est très élevé pour un pays en voie de développement (le taux d'urbanisation des États-Unis était de 76 % la même année). Ces données reflètent l'incroyable croissance qu'a connue ces dernières années l'agglomération de Mexico, qui compte actuellement 24 millions d'habitants, soit le quart de la population totale du pays. Guadalajara, Puebla et León sont au nombre des autres grandes villes du couloir densément peuplé (fig. 4.7). Quelques-unes des villes en forte croissance se trouvent à l'extérieur de cette zone centrale, non loin de la frontière avec les États-Unis : Tijuana et Ciudad Juárez ont depuis peu plus de 1 million d'habitants, et la population de Monterrey, qui est de 3 millions, s'est accrue au point de faire de Nuevo León un État plus peuplé que ses voisins. Par contre, à l'autre extrémité du pays, dans les hautes terres éloignées où les communautés indigènes sont à l'écart du courant de modernisation, le taux d'urbanisation est très faible.

La culture mexicaine est encore fortement marquée par l'empreinte amérindienne. Actuellement, les métis (européens-amérindiens) et les descendants d'Amérindiens représentent respectivement 60 % et 30 % de la population du Mexique, alors que les habitants de souche européenne ne forment que 8 % de la population. S'il ne fait pas de doute que les indigènes ont été plus ou moins européanisés, on ne peut toutefois parler d'**acculturation**, car l'influence amérindienne sur la société mexicaine moderne est prononcée. De toute évidence, ce qui s'est produit au Mexique est plutôt un phénomène transculturel, soit l'échange de traits caractéristiques entre deux populations étroitement liées. Dans la zone périphérique du sud-est (fig. 4.3), la langue maternelle de plus de 5 millions de Mexicains est une langue amérindienne; la majorité parle également

ment espagnol, mais des centaines de milliers ne connaissent pas d'autre langue. L'espagnol que parlent les Mexicains a été fortement influencé par les langues indigènes. D'ailleurs, l'influence amérindienne est également perceptible dans l'habillement, l'alimentation, la cuisine, la sculpture, la peinture, l'architecture et les traditions populaires. La fusion des héritages espagnol et amérindien, qui a donné au Mexique moderne son caractère distinctif, résulte entre autres de bouleversements qui ont commencé à remodeler le pays il y a près d'un siècle.

La révolution et ses conséquences

Le Mexique moderne est le produit de la révolution qui débuta en 1910 et dont la conclusion se fait toujours attendre. Au cœur de ce conflit, la réforme agraire. En effet, la question de la redistribution des terres n'avait pas été réglée au moment où le Mexique se soustrayait à la domination coloniale espagnole, au début du XIXᵉ siècle. En 1900, un peu plus de 8000 haciendas se partageaient encore la quasi-totalité des terres fertiles et 96 % des paysans étaient sans terre et devaient travailler comme *peones* (journaliers que le système maintenait dans un état d'endettement perpétuel) sur les haciendas.

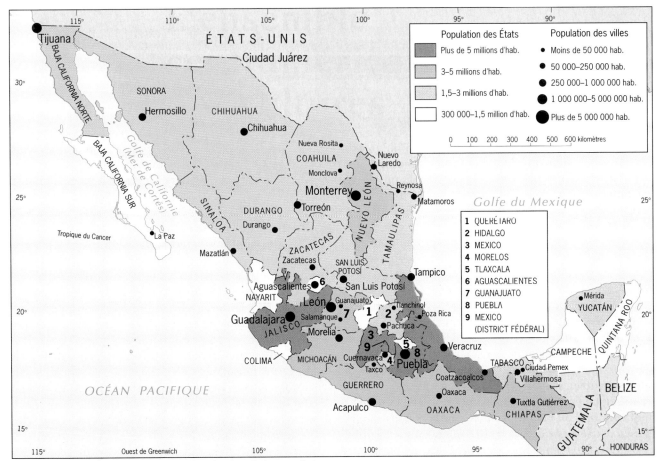

Figure 4.7 Les États du Mexique : distribution de la population.

L'UNE DES GRANDES VILLES DE L'ENSEMBLE CENTRAMÉRICAIN

Mexico

L'ensemble centraméricain compte une seule métropole, Mexico. Avec ses 24 millions d'habitants, celle-ci abrite le quart de la population du Mexique, et sa croissance démographique est d'un demi-million d'habitants par an. Dans quelques années, la métropole mexicaine sera la plus grande agglomération urbaine de la planète.

Mexico occupe le site de Tenochtitlán, une cité érigée par les Aztèques il y a sept siècles, au milieu d'une zone lacustre. C'est sur les ruines de Tenochtitlán que les conquistadores construisirent la capitale coloniale espagnole qui, après la proclamation d'indépendance, devint la capitale du Mexique. La ville de Mexico occupe une position centrale et elle est bien reliée au reste du pays; elle forme le noyau de la zone la plus développée du Mexique et est devenue la ville primatiale par excellence.

Le paysage de la métropole est fortement contrasté : on trouve au centre-ville des sites historiques, de magnifiques palais, des églises, des villas, des musées superbes, des tours ultramodernes et des boutiques de luxe. Les quartiers résidentiels qui entourent le centre-ville abritent une classe moyenne aisée et la classe ouvrière dont la situation est difficile mais stable. Mais, au-delà de cette zone, on compte plus de 500 banlieues misérables et un nombre incalculable de *ciudades perdidas* (« cités perdues ») où les nouveaux arrivants, totalement démunis, vivent dans des conditions sordides. Selon certaines données, pas moins du tiers de la population de la métropole mexicaine s'entasse ainsi dans des baraquements de fortune.

Les problèmes environnementaux vont de pair avec les difficultés sociales. Les eaux de surface étant taries depuis longtemps, Mexico doit s'approvisionner au moyen de pipelines qui traversent les montagnes pour compenser la pénurie d'eau qui sévit actuellement. Le taux de pollution atmosphérique est l'un des plus élevés du globe; 3,5 millions de véhicules automobiles et 40 000 usines alimentent le smog dans l'atmosphère raréfiée de la capitale, située en haute altitude, et l'indice de pollution atteint souvent 100 fois la norme admise. À cela s'ajoutent les risques reliés à la géologie de la région : affaissement du sol, séismes et activité volcanique.

La grande capitale ne cesse malgré tout d'attirer chaque année des centaines de milliers de démunis qui ont pour seul bagage l'espoir d'y trouver une vie meilleure.

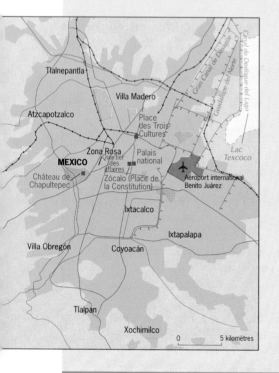

Depuis 1917, environ la moitié des terres cultivables ont été redistribuées, en majorité à des groupes de paysans composés d'une vingtaine de familles. La plupart de ces fermes, appelées *ejidos*, ont été découpées dans les anciennes haciendas du centre et du sud du Mexique, là où les traditions amérindiennes relatives à la propriété et aux techniques agricoles avaient survécu et où les réformes avaient donné les meilleurs résultats. Même si la malnutrition et la pauvreté continuaient de sévir dans les campagnes, il était largement admis que, des pays centraméricains abritant une importante population autochtone, le Mexique était le seul à avoir réalisé des progrès notables dans la résolution du problème agraire. Cependant, l'ampleur de ce qui restait à accomplir fut mise en évidence le 1er janvier 1994, quand la révolte éclata dans l'État de Chiapas, au sudest du pays. La question agraire était au cœur de ce soulèvement qui fit les manchettes le jour même de l'entrée en vigueur de l'Alena.

Le Chiapas est le plus pauvre des 31 États mexicains. Sa population en forte croissance compte 3,9 millions d'habitants, dont une majorité d'ascendance maya. Elle se compose principalement de paysans qui tirent une maigre subsistance de sols peu fertiles. Les terres les plus productives appartiennent depuis des siècles à de grands propriétaires terriens, car la réforme agraire n'a pas été appliquée dans cette partie du Mexique.

Face à l'inertie et à l'inefficacité du gouvernement, les paysans du Chiapas mirent sur pied une organisation vouée à la reconnaissance de leurs droits, l'Armée zapatiste de libération nationale (du nom du légendaire révolutionnaire Emiliano Zapata) ou EZLN. Ce mouvement entreprit une guérilla le 1er janvier 1994 en menant simultanément des attaques contre plusieurs villes du Chiapas. Le programme de l'Armée zapatiste incluait la réforme agraire, la participation au développement économique du pays, le renforcement de l'identité culturelle et l'autonomie de la région. Les militaires expulsèrent rapidement les insurgés des villes, mais l'EZLN obtint que ses revendications soient prises en compte lors des négociations qui allaient avoir lieu au cours de l'année 1994 pour mettre fin au conflit armé. Au début de 1998, la guérilla n'avait pas repris mais les tensions persistaient, les problèmes n'ayant pas été résolus. L'Armée zapatiste s'attira la sympathie générale chez les populations indigènes de quatre autres États

L'agriculture

Alors que l'agriculture de subsistance a peu changé dans les zones rurales les plus pauvres du Mexique, l'agriculture commerciale s'est diversifiée au cours du dernier quart de siècle et a fait d'énormes progrès sur les marchés local et extérieur. Ce sont encore les exploitations privées qui sont les plus productives, bien que la majorité d'entre elles aient été subdivisées en *ejidos*. Dans le plateau central, les cultures de denrées destinées au marché local dominent; dans le nord, plus aride, des projets d'irrigation d'envergure ont été réalisés à partir des cours d'eau qui descendent des hautes terres de l'arrière-pays. Le long de la côte nord-ouest, qui connaît une croissance fulgurante, les grandes exploitations mécanisées où se pratique la culture du coton répondent aux besoins du pays et à la demande extérieure en forte croissance. Le blé et les légumes d'hiver sont produits pour approvisionner les marchés locaux, mais les investisseurs étrangers sont attirés par la culture des fruits et des légumes, et plus particulièrement celle des bananes et de la canne à sucre. L'élevage de bovins constitue également un secteur important, qui s'étend actuellement dans les basses terres de la zone côtière du golfe du Mexique, depuis le nord de l'arrière-pays où il était traditionnellement pratiqué.

La côte ouest mexicaine, au relief montagneux, est située dans la zone de collision de la plaque nord-américaine et de la plaque des Galápagos; c'est une région aux paysages spectaculaires, où le risque de séisme est très élevé. Les plages, la beauté des lieux et le climat ont contribué à en faire l'un des centres touristiques les plus populaires du globe. Il ne faut néanmoins pas oublier qu'Acapulco (dans l'État de Guerrero) est également une base navale, comme le confirme la photo, et qu'elle a été dans le passé une ville commerçante. Sous la domination coloniale espagnole, Acapulco était le seul port d'import-export assurant les échanges avec les lointaines colonies espagnoles des Philippines, dans le Pacifique. La carte indique qu'à la latitude d'Acapulco l'isthme est relativement étroit, ce qui facilite la communication par voie terrestre avec le port de Veracruz, situé sur le golfe du Mexique. Mais les temps changent, de même que la fonction des lieux, et c'est maintenant sur le tourisme que repose surtout l'économie d'Acapulco.

du sud : Guerrero, Oaxaca, Puebla et Michoacán. Ses actions pourraient bien être à l'origine d'un mouvement national de défense des droits des Amérindiens.

La transformation de la géographie économique

Durant les dernières décennies, plusieurs secteurs de l'économie mexicaine ont progressé. Au début des années 1990, la croissance précédant l'entrée en vigueur de l'Alena amena d'autres transformations. La ratification de cet accord, qui réunira en 2010 le Mexique, les États-Unis, le Canada et le Chili au sein d'une zone de libre-échange de 470 millions d'habitants, provoqua aussi des bouleversements politiques et économiques inattendus au Mexique. À la fin de 1994, première année de l'accord, le peso connut une dévaluation qui plongea le pays dans une grave récession. Celle-ci mit à l'épreuve la confiance des travailleurs, des dirigeants d'entreprises et des investisseurs étrangers et força le gouvernement à corriger les faiblesses du système de manière à remettre le pays sur la voie de la croissance. Passons maintenant en revue l'activité économique changeante du Mexique en tenant compte des événements récents.

De vifs contrastes marquent certains segments de la frontière américano-mexicaine. Ainsi, le paysage de la vallée Impériale (vue de l'est sur la photo), à l'est de la zone urbaine frontalière de Mexicali (Mexique) et de Calexico (Californie), reflète bien la différence entre les deux économies. La grande ville de Mexicali (à gauche) s'étend vers l'est le long de la frontière; on aperçoit à l'avant-plan un complexe de maquiladoras entouré d'une zone résidentielle dense. Du côté américain, des champs prospères couvrent une région naturellement sèche mais irriguée par un canal, entièrement situé aux États-Unis, qui capte les eaux du Colorado avant que ce fleuve ne traverse la frontière du Mexique. À la limite entre les deux pays, le canal bifurque vers le nord de manière à contourner Calexico (à l'arrière-plan, à droite); à l'ouest de cette ville, il revient vers la frontière internationale.

Les sources d'énergie

L'industrie de l'extraction des métaux n'occupe plus la place qui a déjà été la sienne au Mexique, mais le pays est depuis 1970 un producteur de pétrole. Les riches gisements pétrolifères de la baie de Campeche (golfe du Mexique) dans le sud du pays, non loin de Villahermosa dans l'État de Tabasco, ont fourni au Mexique des revenus importants à la fin des années 1970, époque où le prix de l'or noir sur le marché mondial était élevé. La découverte de gisements considérables de pétrole et de gaz naturel dans cette région, qui sont venus s'ajouter aux importantes réserves déjà exploitées au nord-ouest de Veracruz, dans la zone côtière du golfe du Mexique, et au nord-est dans le Yucatán (fig. 4.6), a rendu le Mexique autosuffisant quant à ces ressources énergétiques. Au cours des années 1970, le prix élevé du pétrole avait permis au pays d'amorcer la transformation de son économie, mais la chute des prix survenue durant les années 1980 devait en freiner l'évolution pendant une décennie. En effet, ne retirant pas du pétrole les revenus escomptés, le pays ne put payer les intérêts sur les emprunts étrangers contractés pour financer la réalisation de projets nationaux, et ce fut la crise économique. Ce genre de catastrophe est susceptible de se reproduire si les dirigeants mexicains décident de profiter d'une nouvelle flambée du prix du pétrole pour reprendre de trop grands risques.

L'industrialisation

Les industries manufacturières ont joué un rôle crucial dans l'évolution économique du Mexique au cours des dernières années, mais le développement de ce secteur a en fait débuté il y a près d'un siècle. Bénéficiant de larges réserves de matières premières variées, concentrées surtout dans le nord (fig. 4.6), le pays entreprit son industrialisation en 1903 en construisant un complexe sidérurgique (maintenant abandonné) dans la ville de Monterrey, située dans le nord-est. Un autre centre métallurgique fut mis sur pied à Monclova, dans la même région, au cours des années 1950; pendant cette période, plusieurs usines furent fondées dans diverses zones du centre du Mexique, et plus particulièrement dans la capitale elle-même ou ses environs. Depuis, le secteur industriel n'a pas cessé de croître, et il a fourni de l'emploi à au moins un sixième de la population active durant les deux dernières décennies.

Le facteur le plus déterminant de l'évolution de l'industrie manufacturière mexicaine est la croissance des *maquiladoras* dans la zone frontière septentrionale. Les *maquiladoras* sont des usines appartenant à des intérêts étrangers (le plus souvent de grandes sociétés américaines), où des composantes et des matières premières importées et exemptées de douane sont respectivement assemblées et transformées en produits finis. Au moins 80 % de ces biens sont exportés aux États-Unis, les frais douaniers étant limités à la valeur ajoutée aux produits de base par le processus de fabrication qui a eu lieu dans les usines mexicaines (selon les dispositions de l'Alena, ces tarifs seront graduellement supprimés dans un avenir prochain). Toutes les parties en cause tirent avantage de ce système : il procure de nombreux emplois aux Mexicains, et il permet aux sociétés étrangères de profiter de taux de rémunération qui sont en moyenne 20 % moins élevés que les taux en vigueur au nord de la frontière américaine. Bien que ce programme de développement ait été mis sur pied dans les années 1960, il n'existait, en 1982, que 558 *maquiladoras* qui employaient 122 000 personnes. Puis ce secteur a connu une croissance fulgurante : 1800 *maquiladoras* étaient en opération au début des années 1990 et elles comptaient 500 000 travailleurs. La production comprenait du matériel électronique et électrique, des pièces d'automobile, des vêtements, des produits en plastique et des meubles. En 1995, plus de 2300 *maquiladoras* étaient installées le long de la frontière américano-mexicaine (fig. 4.8); elles employaient plus de 600 000 personnes, soit au moins le cinquième de la main-d'œuvre industrielle du pays, et fournissaient plus de 5 % du PIB du Mexique.

Le gouvernement mexicain tente d'encourager le développement de diverses autres régions du pays en s'appuyant sur le succès du projet des *maquiladoras*. Il souhaite notamment que des firmes industrielles créent des complexes manufacturiers dans l'arrière-pays au lieu d'investir uniquement dans les usines qui bordent la frontière avec les États-Unis. Plusieurs sociétés multinationales — les trois principaux fabricants d'automobiles américains et quatre de leurs concurrents japonais et allemands entre autres — ont récemment entrepris des projets de ce type; il est à noter que l'industrie automobile est le secteur qui fournit actuellement le plus d'emplois et qui vient en tête des exportations. Dans le but de rendre le reste du pays rapidement accessible, le gouvernement donne la priorité aux programmes de modernisation des infrastructures conformément aux normes internationales; ces efforts visent surtout à améliorer les télécommunications, les autoroutes et le réseau de centrales hydroélectriques.

La ville florissante de Monterrey, située à 250 km de la frontière américano-mexicaine, est suffisamment proche du Texas pour avoir bénéficié de la récente période de croissance de la région. Elle est souvent considérée comme le modèle des futurs centres urbains mexicains. Elle possède plusieurs atouts, dont une main-d'œuvre instruite et bien rémunérée, une communauté d'affaires internationale stable et un complexe industriel de pointe, doté d'équipements ultramodernes, qui a attiré des sociétés multinationales de premier ordre. De plus, une nouvelle autoroute qui rejoint le Rio Grande contribue à créer une zone internationale de développement, allant de Monterrey à l'agglomération Dallas–Fort Worth, qui est en passe de devenir

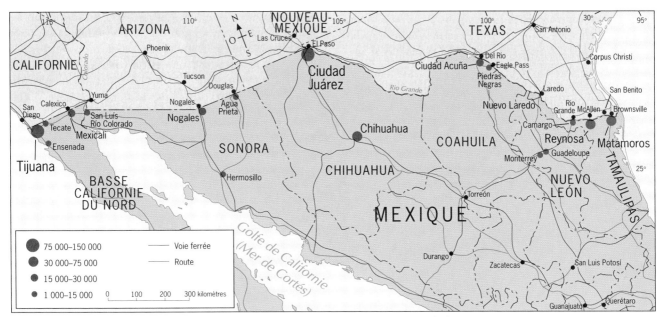

Figure 4.8 Nombre de personnes travaillant dans les *maquiladoras* établies près de la frontière américaine (en 1995).

le principal axe du commerce transfrontalier avec le Texas. En outre, lorsque les restrictions commerciales entre le Mexique et les États-Unis seront éliminées, les manufacturiers qui voudront tirer profit de l'Alena ne sentiront plus le besoin de rester en zone frontalière.

Une suite ininterrompue de défis

L'entrée en vigueur de l'Alena, le 1er janvier 1994, devait représenter un tournant dans la vie économique du Mexique. Mais au lieu de cela, les deux premières années furent marquées par une succession de crises, dont l'insurrection au Chiapas, des scandales politiques, la dévaluation du peso et la récession. Les exportations vers les États-Unis augmentèrent tout de même sensiblement durant la même période (plus de 80 % des exportations mexicaines sont destinées aux États-Unis et environ 70 % de tous les produits importés viennent de ce pays). Quand la crise associée à la dévaluation du peso s'est déclarée, à la fin de 1994, les Américains n'ont pas hésité à intervenir pour soutenir l'économie mexicaine. Celle-ci, poursuivant actuellement le redressement amorcé, a recommencé à croître, mais il ne faut pas oublier que l'Alena est le premier accord commercial réciproque entre des économies à revenu élevé d'une part et à revenu intermédiaire, d'autre part. Comme l'ont prouvé les événements qui se sont déroulés depuis 1993, des problèmes internes et externes ne peuvent manquer de survenir durant la période de transition vers le nouvel ordre économique supranational.

Au moment où le Mexique s'efforce de joindre les rangs des États privilégiés du monde, les déplacements de sa population indiquent qu'il est un géant encore faible. Le nombre de Mexicains qui migrent chaque année vers la zone frontalière septentrionale dépasse de beaucoup le million. Ils s'y rendent dans l'espoir de trouver un emploi en agriculture ou dans une usine, et la majorité d'entre eux aimeraient bien poursuivre leur voyage vers le nord; des centaines de milliers réussissent effectivement à traverser la frontière, mais plusieurs autres sont interceptés et déportés par les autorités américaines. Au milieu des années 1990, les problèmes reliés à l'immigration illégale ont contribué à rallier l'opinion publique au durcissement des mesures prises par les États-Unis pour contrer cette activité. Ainsi, les patrouilles ont été renforcées, des clôtures ont été érigées le long de plusieurs segments de la frontière et il est même question de fermer celle-ci.

Au moment où l'Alena sera appliqué dans son intégralité, la ville mexicaine de Monterrey, dans l'État de Nuevo León, devrait être la première à en bénéficier grâce à sa situation.

✦ Les républiques d'Amérique centrale

Les sept pays qui s'entassent dans le pont continental reliant le Mexique à l'Amérique du Sud forment l'Amérique centrale (fig. 4.9). Tous ces États sont plutôt exigus : seul le Nicaragua est plus vaste que l'île antillaise de Cuba. Le plus peuplé des pays hispanophones est le Guatemala avec 11,3 millions d'habitants, et le moins peuplé est le Panamá, qui n'en compte que 2,7 millions; quant à l'unique territoire anciennement sous domination britannique, le Belize, sa population n'est que de 240 000 habitants.

Le pont continental en forme d'entonnoir où sont situées les républiques d'Amérique centrale est constitué d'un bourrelet de hautes terres encadré par les basses terres littorales du Pacifique et de la mer des Antilles. La population a de tout temps été concentrée dans la zone tempérée des hautes terres (*tierras templadas*), où l'altitude adoucit les températures (voir l'encadré « Les zones d'altitude ») et où les précipitations conviennent à la culture d'une large gamme de produits. Comme nous l'avons déjà mentionné, ces hautes terres sont parsemées de volcans, et on trouve des terres volcaniques fertiles un peu partout. Les anciennes agglomérations amérindiennes étaient précisément situées dans les zones les plus fertiles des hautes terres et cette distribution de la population a persisté durant la période coloniale espagnole.

En Amérique centrale, hormis le facteur d'altitude, la population est plus dense sur la façade du Pacifique que sur celle de la mer des Antilles (fig. I.9). Le Salvador, le Belize et le Panamá font exception à la règle selon laquelle la population est concentrée dans les *tierras templadas*. La plus grande partie du Salvador est en effet située dans la zone chaude (*tierras calientes*), et la majorité de ses 6,2 millions d'habitants (la densité de population, qui est de 275 hab./km², se rapproche de celle de l'Inde) s'entassent dans des plaines dont l'altitude est inférieure à 750 m. Au Nicaragua également, la façade sur le

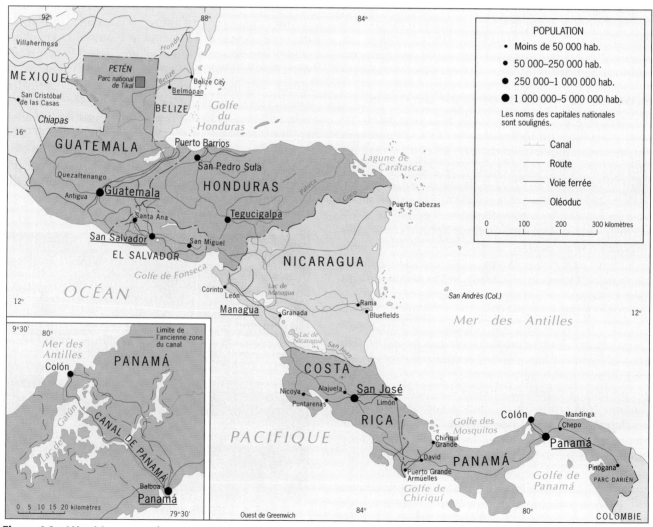

Figure 4.9 L'Amérique centrale.

Pacifique est plus peuplée que le reste du pays; les principaux centres amérindiens étaient anciennement localisés aux environs des lacs de Managua et de Nica-

LES ZONES D'ALTITUDE

L'isthme centraméricain et la côte ouest de l'Amérique du Sud sont caractérisés par un relief élevé et de vifs contrastes entre les diverses localités. Les gens vivent dans des agglomérations situées aussi bien dans les basses terres tropicales au climat chaud et humide que dans les vallées au climat tempéré, et même dans les hauts plateaux des Andes, juste sous la ligne des neiges. Chacune de ces zones se distingue des autres quant au climat, à la nature du sol, aux cultures, aux animaux domestiques et au mode de vie. Les différentes zones d'altitude portent des noms précis à la manière de régions ayant des propriétés caractéristiques, ce qu'elles sont effectivement.

La zone inférieure, allant du niveau de la mer à une hauteur approximative de 750 m, est celle des *tierras calientes* (terres chaudes) des plaines côtières et des bassins intérieurs de faible altitude où les cultures tropicales, notamment les plantations de bananes, dominent. La zone moyenne comprend les hautes terres tropicales où se trouvent les plus grandes agglomérations de l'ensemble centraméricain et de l'Amérique du Sud : ce sont les *tierras templadas* (terres tempérées), qui atteignent 1850 m de hauteur. Les températures y sont plus fraîches, la principale culture d'exportation est le café, tandis que le maïs et le blé sont les deux premiers produits de consommation de base. La troisième zone, comprise entre les altitudes de 1850 m et de 3600 m environ, est celle des *tierras frías* (terres froides) des hautes Andes; là, les cultures résistantes comme la pomme de terre et l'orge constituent la base de l'alimentation. Seules une petite partie de l'ensemble centraméricain et une proportion plus grande des Andes sud-américaines appartiennent à cette dernière zone. Au-dessus de la ligne des arbres, qui marque la limite supérieure de la zone des *tierras frías*, se trouve la *puna* (ou les *páramos*); dans cette quatrième zone, qui va approximativement de 3600 m à 4500 m, le climat est tellement froid et le sol si dénudé que seul l'élevage de moutons et d'autres bêtes résistantes est praticable. La zone la plus élevée de toutes est celle des *tierras heladas* (terres glacées), qui s'étend jusqu'aux plus hauts sommets des Andes; c'est une région de neiges et de glaces pérennes.

Cette répartition en zones s'applique aux montagnes se trouvant sous des latitudes équatoriales. Il est clair que plus on s'éloigne des tropiques et qu'on se rapproche des pôles, plus l'étagement est décalé vers le bas, les lignes de démarcation des zones étant situées à des altitudes de moins en moins élevées.

ragua ainsi que dans les hautes terres avoisinantes. L'activité volcanique, fréquente dans cette zone, s'accompagne d'émissions de cendres qui couvrent la campagne et fertilisent le sol auquel elles sont intégrées sous l'action des précipitations.

Par contre, la densité de population est relativement faible dans les basses terres de la zone côtière de la mer des Antilles, chaude et humide, où les sols sont en majorité lessivés par les précipitations abondantes. La zone centrale du Guatemala, république la plus peuplée, a longtemps été située dans les hautes terres du sud. Bien que la majorité de la population costaricaine soit concentrée dans la vallée centrale *(Valle central)*, à proximité de San José, les basses terres de la façade sur le Pacifique sont le théâtre de mouvements importants de migration intérieure depuis que l'on y cultive la banane. Même le Panamá est largement orienté vers le Pacifique : plus de la moitié des Panaméens (et environ les deux tiers de la population rurale) vivent dans les basses terres du sud-ouest et sur les pentes des montagnes adjacentes; le quart de la population demeure dans la zone du canal de Panamá et y travaille; la majorité des autres habitants (dont un bon nombre descendent de Noirs venus des Antilles) sont établis sur le littoral caraïbe de l'isthme.

Les plus petites républiques font face à des problèmes analogues à ceux que rencontrent les zones les moins développées du Mexique, mais à un degré plus élevé; elles partagent également plusieurs des difficultés que connaissent les îles les plus pauvres des Caraïbes. Cependant, la surpopulation est le plus grand obstacle que l'Amérique centrale ait à surmonter. L'explosion démographique de cette région a débuté au milieu du siècle : la population est passée de 9,3 millions d'habitants en 1950 à 34,4 millions en 1997. Contrairement au Mexique, où le taux de natalité a diminué sensiblement depuis 1980, les pays d'Amérique centrale (à l'exception du Costa Rica et du Panamá) vont doubler leur population d'ici l'an 2020 pour atteindre un total d'environ 70 millions si le rythme de croissance actuel se maintient. Cela constituerait une véritable catastrophe démographique, d'autant que la région est déjà incapable de trouver une solution à ses problèmes sociaux et économiques et à la pénurie de ressources naturelles.

À l'issue d'une période tourmentée

Les inégalités, les gouvernements répressifs, les interventions étrangères et les coups d'État fréquents ont déchiré l'Amérique centrale pendant une bonne partie de son histoire moderne.

Ces bouleversements ont des racines anciennes et profondes, et la région lutte aujourd'hui pour sortir de la période tourmentée qu'ont été les années 1980 et le début des années 1990. L'Amérique centrale n'est pas une région très vaste, mais à cause de son relief elle compte de nombreuses localités isolées, relativement difficiles d'accès. Des conflits opposent en permanence les populations amérindiennes et métisses, et le clivage entre privilégiés et défavorisés est très prononcé. La gouverne dictatoriale d'élites locales a succédé à la domination coloniale des Espagnols, et les derniers conflits armés font partie d'une longue histoire de violence. Ceux-ci ont cependant entraîné une conséquence sans précédent, à savoir un flot considérable de réfugiés. Des dizaines de milliers de gens, forcés de fuir des zones de combat ou tentant d'échapper au terrorisme pratiqué par les « escadrons de la mort », ont souvent laissé derrière eux des familles brisées dont la vie a été bouleversée.

Même s'il reste de nombreux problèmes à résoudre, l'avenir s'annonce meilleur pour l'Amérique centrale, qui porte encore les marques des derniers conflits. Le profil de chaque république établi dans les paragraphes suivants fait état des possibilités de développement qui s'offrent à elle. Au niveau supranational, l'émergence d'un nouvel esprit de coopération contribue à la montée d'un sentiment d'appartenance régionale à peu près inexistant dans le passé. Les efforts déployés à partir de 1993 pour tenter de ressusciter le commerce local dans le cadre du Marché commun centre-américain, créé en 1960, ont donné naissance à une suite d'ententes visant à réaliser une union économique de plus grande portée. Pendant ce temps, des accords de libre-échange avec des États adjacents à l'Amérique centrale faisaient l'objet de négociations, puis les sept pays de l'isthme fondaient l'Association des États de la Caraïbe (qui regroupe actuellement la majorité des pays de l'ensemble centraméricain). En 1995, les relations entre les républiques d'Amérique centrale s'étaient améliorées au point que, à l'exception du minuscule Belize, elles ont manifesté le désir d'être intégrées collectivement à l'Alena.

Le Guatemala : la fin de la guérilla ?

Le Guatemala, qui formait le cœur de l'ancien Empire maya et est encore fortement imprégné de la culture et des traditions amérindiennes, n'a qu'une courte façade sur la mer des Antilles mais un littoral plus long sur le Pacifique. Avec plus de 11 millions d'habitants, il est le plus peuplé des sept pays d'Amérique centrale, les métis représentant actuellement 55 % de la population et les Amérindiens, 45 %.

Au cours des 50 dernières années, des régimes militaires ont dominé la scène politique au Guatemala. L'écart sans cesse croissant entre les Amérindiens misérables et les métis mieux nantis, qui se sont donné le nom de *ladinos*, a déclenché, durant les années 1950, une guerre civile qui a fait plus de 100 000 morts, dont une grande majorité de descendants des Mayas, et qui ne s'est terminée qu'avec la signature d'un accord de paix durable, à la fin de 1996.

Ce qui est dramatique, c'est que le Guatemala a un énorme potentiel économique qui n'a pu être développé à cause des conflits internes. Dans la Sierra Madre, qui forme l'ossature montagneuse du sud du pays, les sommets atteignent plus de 4000 m, les sols sont fertiles, et il existe des zones bien arrosées suffisamment grandes pour permettre la culture de tout un éventail de produits, dont un excellent café. Les ressources naturelles, encore mal connues, incluent du nickel, dans les hautes terres, et du pétrole, sur le versant nord des montagnes. Le rétablissement définitif de la paix sociale contribuerait au développement d'une importante industrie touristique susceptible de tirer parti du riche héritage maya, des paysages spectaculaires et des plages magnifiques. Cependant, les infrastructures routières et maritimes sont tout à fait inadéquates : la zone centrale en formation autour de Guatemala, la capitale, est encore bien mal reliée au monde extérieur.

Le Belize : une identité mouvante

Le Belize (appelé Honduras britannique jusqu'en 1981) compte seulement 240 000 habitants, dont un bon nombre sont d'ascendance africaine. Ce pays a longtemps présenté plus de similarités avec les îles des Caraïbes qu'avec ses voisins de l'isthme centraméricain, mais la situation est en train de changer. À l'émigration des créoles (mulâtres africains-européens, majoritairement anglophones), dont la proportion est passée de 40 % en 1980 à moins de 30 % en 1995, s'est ajoutée l'arrivée massive de réfugiés hispanophones — fuyant les guerres civiles qui faisaient rage au Guatemala, au Salvador et au Honduras — qui a fait passer la proportion de ce groupe de 33 % à 43 % entre 1980 et 1991. En l'an 2000, les hispanophones formeront vraisemblablement la majorité, et l'espagnol sera devenu la langue commune du pays.

En outre, le Belize n'est plus uniquement un État exportateur de sucre; l'agriculture commerciale s'y est diversifiée et les usines de transformation de fruits de mer, en pleine croissance, constituent l'une des principales sources de revenus. De plus, l'écotourisme est en expansion et l'État est en train de devenir un paradis fiscal pour les sociétés étrangères et les particuliers qui cherchent à éviter de payer des impôts à leur pays d'origine.

Le Honduras, embourbé dans la pauvreté

Le Honduras occupe une position cruciale dans la géographie politique de l'Amérique centrale étant donné ses frontières communes avec le Nicaragua, le Salvador et le Guatemala (fig. 4.9), trois États actuellement aux prises avec les conséquences des conflits internes qui les ont déchirés pendant des années ou même des décennies. La population de 5,8 millions d'habitants compte environ 90 % de métis, et le Honduras est le deuxième pays le plus pauvre (après le Nicaragua) et le moins avancé en Amérique centrale. L'agriculture, l'élevage, l'exploitation forestière et une industrie minière (plomb et cuivre) peu développée forment la base de l'économie hondurienne. Les secteurs économiques traditionnels de l'Amérique centrale, soit les cultures de bananes et de café et le textile, représentent la majorité des exportations. La conjoncture économique ne s'est pas vraiment améliorée depuis la fin des hostilités qui ont ravagé la région durant les années 1980. Cette situation est d'autant plus tragique que, contrairement aux États voisins, le Honduras n'est miné par aucune division sociale ou ethnique profonde, et l'écart entre riches et pauvres, même s'il est évident, y est beaucoup moins grand.

Le Salvador, un pays en reconstruction

Le Salvador est le plus petit pays d'Amérique centrale mais, avec ses 6,2 millions d'habitants, c'est aussi le plus densément peuplé. Sa plaine côtière donnant sur le Pacifique est étroite et bordée de montagnes de nature volcanique, derrière lesquelles s'étend le plateau central où est situé le cœur du pays, et notamment la capitale, San Salvador. Au nord, à proximité de la frontière avec le Honduras, s'élève une autre chaîne montagneuse, dont plusieurs zones ont presque toujours échappé au contrôle gouvernemental.

La population salvadorienne est très homogène : elle compte 89 % de métis et seulement 10 % d'Amérindiens. Le Salvador était une « république de café »; cette culture se pratiquait dans de vastes plantations détenues par un petit nombre de grands propriétaires terriens qui avaient fait des paysans une main-d'œuvre asservie. Cette organisation était soutenue par les militaires, qui ont à plusieurs reprises réprimé violemment l'insurrection de paysans réduits à la misère. De 1980 à 1992, le Salvador a été déchiré par une guerre civile dévastatrice, dont l'ampleur est due en partie au fait que les États-Unis et la Russie ont fourni des armes aux factions opposées. Ce conflit a fait quelque 75 000 morts, en majorité des paysans.

L'économie du Savaldor est de toute évidence en voie de redressement, en partie grâce aux devises envoyées par ceux qui ont quitté le pays durant les troubles, mais la situation des paysans de l'arrière-pays surpeuplé, qui disent avoir été oubliés au cours des efforts de reconstruction nationale, constitue un problème majeur. L'avenir de cet État demeure donc incertain; avec son passé marqué par les dissensions et la désintégration, il aura du mal à surmonter les inégalités criantes qui font partie de son héritage.

Le Nicaragua, ruiné par les désastres

Le Nicaragua était une république typique d'Amérique centrale, gouvernée par un régime dictatorial et exploitée par une riche minorité de grands propriétaires terriens; les cultures d'exportation s'y pratiquaient sur d'immenses plantations détenues par des sociétés étrangères. La situation ne pouvait que mener à une insurrection et, en 1979, le Front sandiniste de libération nationale renversa le gouvernement installé dans la capitale, Managua. Il s'ensuivit une guerre civile qui allait déchirer le pays pendant la quasi-totalité des années 1980.

L'une des principales conséquences de cette période de troubles fut le marasme économique qui a fait du Nicaragua l'État le plus pauvre d'Amérique centrale. En plus de graves problèmes de pauvreté, de chômage et de financement des services publics, le gouvernement élu en 1996 doit régler la question extrêmement complexe de redistribution des terres qui a pris des proportions cauchemardesques : des milliers de titres de propriétés datant d'avant et d'après la guerre doivent être examinés. De plus, le Nicaragua possède relativement peu d'avantages pour entrer en concurrence avec les républiques plus prospères de la région. À moins que le pays ne réussisse à freiner sa croissance démographique due à un taux de natalité très élevé (qui dépasse maintenant celui d'Haïti par près de 20 %), le niveau de vie ne pourra être amélioré dans un avenir prochain.

Le Costa Rica : une démocratie durable

Le Costa Rica abrite une nation ayant une longue tradition de démocratie et qui s'est d'ailleurs donné un gouvernement librement élu dès 1889. Ce pays jouit d'une stabilité politique exceptionnelle dans la région, et ce, de façon quasi ininterrompue depuis quelque 175 ans; les forces armées furent abolies en 1948, de même que le pouvoir militaire qui, dans les autres pays d'Amérique centrale, a été la source de nombreux conflits.

Comme ses voisins, le Costa Rica est divisé en régions morphologiques parallèles aux côtes. La plus densément peuplée est la zone centrale, située dans les *tierras templadas*, dont le cœur est le *Valle central*, un bassin fertile où se trouvent la capitale, San José, et les principales exploitations de café. À l'est s'étendent les basses terres chaudes et bien arrosées, dont la population clairsemée est formée en majorité de paysans pratiquant une agriculture de subsistance. Dans la troisième zone, constituée des plaines et des pentes douces de la façade pacifique, la société américaine United Fruit exploite la plus grande partie des plantations de bananes du pays, et l'agriculture d'exportation est en voie de se développer et de se diversifier.

L'essor durable de l'économie du Costa Rica a assuré à ses habitants le plus haut niveau de vie de même que le taux d'alphabétisation et l'espérance de vie les plus élevés de la région. Mais de graves problèmes

LA DÉFORESTATION DES TROPIQUES

La déforestation de l'isthme centraméricain a débuté durant la période de colonisation espagnole, soit au XVIᵉ siècle, mais elle a connu une accélération incroyable au cours des dernières décennies : depuis 1950, plus de 80 % des forêts d'Amérique centrale ont été abattues. Actuellement, plus d'un million d'hectares de forêt sont détruits chaque année au Mexique et en Amérique centrale.

La cause principale du déboisement est le besoin de pâturage pour le bétail alors que plusieurs pays, dont le Costa Rica, se lancent dans la production et l'exportation de viande. Le prix à payer sur le plan environnemental pour ce type d'exploitation est énorme. Les sols privés de la protection du couvert végétal sont soumis à une forte érosion, et le risque d'inondation croît de façon importante, ce qui entraîne également de graves problèmes dans les zones adjacentes encore fertiles. La seconde cause du déboisement est l'expansion rapide des exploitations forestières en milieu tropical. Enfin, la troisième cause est reliée à l'explosion démographique de la région : les paysans, toujours plus nombreux, qui doivent tirer leur subsistance de terres peu fertiles n'ont d'autre choix que d'abattre des arbres pour s'approvisionner en bois de chauffage et étendre les aires de culture, ce qui a pour effet d'empêcher la régénération de la forêt, comme le montre la situation extrême créée à Haïti (voir la photo à la page 152).

L'importance de la forêt tropicale vient d'abord de ce qu'elle constitue le milieu de vie le plus riche et le plus diversifié de la planète : même si elle n'occupe qu'un maigre 5 % de la superficie des terres émergées, elle abrite plus de la moitié des espèces animales et végétales du globe. En outre, le déboisement des forêts tropicales a des effets sur le climat de la Terre. La tendance au réchauffement global serait aggravée par la destruction des forêts

Cette photo, prise au Costa Rica, montre l'étendue des dommages causés par la déforestation : les pluies tropicales érodent rapidement la couche de sol arable lorsqu'il n'y a plus de racines pour la retenir.

restantes par le feu, qui accroîtrait de façon importante la quantité de gaz carbonique dans l'air, d'où l'intensification de l'effet de serre, c'est-à-dire le maintien de masses d'air chaud à des altitudes relativement basses. Ce phénomène serait en outre amplifié par la disparition des arbres, qui absorbent habituellement une partie du gaz carbonique. Il en résulterait une élévation des températures sous toutes les latitudes, la fonte des glaciers polaires et une augmentation du niveau des mers, autant de facteurs susceptibles de mettre en péril la vie des habitants de toutes les zones côtières densément peuplées du globe.

---

transparaissent sous ce vernis de prospérité relative. La structure sociale maintient près du quart de la population dans un état de pauvreté endémique, et l'écart entre nantis et démunis ne cesse de s'accroître. Sur le plan politique, la situation demeure stable, malgré la proximité de zones conflictuelles dans les pays voisins. Le Costa Rica a évité de prendre position, car la très grande majorité de ses habitants, pacifistes, favorisent la neutralité nationale et aiment bien que leur pays soit considéré comme « la Suisse de l'Amérique centrale ».

Le Panamá : la zone du canal en voie de restructuration

Au début du siècle, l'intérêt des États-Unis pour la construction du canal de Panamá, qui allait réduire de 8000 milles marins le trajet par bateau entre ses côtes

orientale et occidentale, s'intensifia. Cependant, comme la Colombie à qui l'isthme panaméen appartenait refusait de signer un traité permettant la réalisation du projet, les Américains fomentèrent une révolte qui aboutit à l'indépendance du Panamá. La nouvelle république accorda immédiatement aux États-Unis les droits qu'ils exigeaient sur la zone du canal, dont la largeur moyenne est d'environ 16 km et la longueur, à peine plus de 80 km. L'inauguration de cet ouvrage qui rappelle la puissance et l'influence des États-Unis dans l'ensemble centraméricain a eu lieu en 1914 (voir la carte insérée en cartouche dans la figure 4.9).

En 1970, alors que plus de 14 000 navires transitaient chaque année par le canal (même s'ils ne sont plus que 13 000, la capacité de transport a augmenté) et que les droits de passage représentaient des centaines de millions de dollars, le Panamá manifesta son intention de mettre fin à la présence des États-Unis dans cette zone. En 1977, les deux parties convinrent que les Américains se retireraient graduellement de la zone du canal et qu'ils renonceraient à tout contrôle sur le canal lui-même à compter du 1er janvier de l'an 2000. À

« Dans le canal de Panamá, une première série d'écluses élèvent les navires jusqu'au niveau du lac de Gatún, de 26 m supérieur au niveau de la mer. Nous avons observé des remorqueurs en train de guider le *Queen Elizabeth II* vers l'écluse de Pedro Miguel, la plus élevée d'une série de trois, à proximité du Pacifique. À l'arrière-plan, nous pouvions admirer la tranchée Gaillard, qui forme le tronçon le plus spectaculaire du canal, et derrière nous s'étendait le lac de Miraflores. [...] À l'intérieur des écluses, les navires sont tirés par des locomotives puissantes, appelées mulets, qui se déplacent dans les deux sens sur des rails. Il nous a fallu 12 heures pour traverser le canal de Panamá d'une extrémité à l'autre, un voyage des plus fascinants. » (Source : recherche sur le terrain de H. J. de Blij)

la fin des années 1990, le Panamá administrait la majeure partie de la zone du canal. Cependant, les instances internationales doutent que ce pays, qui n'est pas riche, puisse faire les investissements continuels nécessaires au maintien et à l'entretien des installations. Celles-ci ont en effet commencé à se détériorer depuis le retrait partiel des Américains.

La population panaméenne, qui s'élève à 2,7 millions d'habitants, se compose principalement de métis (70 %) et de minorités amérindienne, noire, asiatique et blanche. L'est du pays, et en particulier la province du Darién, voisine de la Colombie, est couvert d'une forêt dense; c'est là que se situe l'unique point de rupture de la route panaméricaine, qui autrement traverse l'Amérique du nord au sud. La population rurale est concentrée dans les hautes terres à l'ouest du canal, et la majorité de la population urbaine vit à proximité de la voie maritime, notamment dans les deux villes situées à chaque extrémité, soit Panamá et Colón.

Même s'il est vieillissant et que les plus gros navires ne peuvent plus l'emprunter, le canal de Panamá constitue encore aujourd'hui le cœur du pays. Avec ses nombreuses tours, le paysage de la capitale, Panamá, rappelle davantage Singapour ou Miami que San Salvador ou San José. La chose est étonnante, car le Panamá compte moins de 3 millions d'habitants. Cependant, il se pourrait que les liens que le pays a récemment établis avec la Colombie, où sévit le problème de la drogue, ne soit pas étranger à cet état de fait. L'explication officielle toutefois fait état du développement de la fonction bancaire internationale.

QUESTIONS DE RÉVISION

1. Pourquoi dit-on de l'ensemble centraméricain qu'il est fragmenté ?

2. L'isthme centraméricain forme-t-il un pont continental ou une barrière ? Pourquoi ?

3. Quel effet l'altitude a-t-elle sur l'organisation régionale de l'Amérique centrale ?

4. Pourquoi l'unification de l'ensemble centraméricain semble-t-elle hors de question ?

5. Quelles sont les principales différences culturelles entre la région continentale et les Antilles ?

6. D'un point de vue historique, décrivez sommairement ce qu'ont été les relations entre l'ensemble centraméricain et les États-Unis.

7. Quels pays de l'ensemble centraméricain sont les plus sous-développés ? Pourquoi ?

8. Pourquoi le Mexique est-il considéré comme le pays dominant de l'ensemble centraméricain ?

9. Quelles sont les principales ressources de l'ensemble centraméricain ?

10. Quels sont les avantages de l'Alena pour l'ensemble centraméricain ?

CHAPITRE 5

Votre étude de la géographie de l'Amérique du Sud terminée, vous pourrez :

1 Décrire la répartition des systèmes agricoles de cet ensemble géographique.

2 Saisir l'essentiel de la géographie historique de l'Amérique du Sud.

3 Discerner les influences qui ont modelé culturellement l'Amérique du Sud.

4 Décrire le modèle de régionalisation à l'œuvre en Amérique du Sud en montrant comment il est lié à la culture, à l'histoire ainsi qu'aux événements politiques.

5 Comprendre ce qui distingue chacune des républiques d'Amérique du Sud en se référant à son milieu naturel, à ses ressources et à son potentiel de développement économique.

6 Localiser sur une carte les principales caractéristiques physiques, culturelles et économiques de cet ensemble géographique.

L'Amérique du Sud : un continent contrasté

De tous les continents, c'est probablement l'Amérique du Sud qui a la forme la plus familière : un immense triangle relié à l'Amérique du Nord par l'isthme centraméricain. Mais ce qui est moins évident, c'est que l'Amérique du Sud est située au sud-est de sa contrepartie septentrionale. La capitale du Pérou, Lima, sur la côte ouest sud-américaine, est plus à l'est que Miami, en Floride. Donc, l'Amérique du Sud avance beaucoup plus loin dans l'océan Atlantique que l'Amérique du Nord, et sa côte orientale est bien plus proche de l'Afrique et même de la péninsule Ibérique que ne le sont l'isthme centraméricain ou la côte est nord-américaine. Étant donné cette position, l'océan Pacifique est beaucoup plus large aux latitudes sud-américaines qu'il ne l'est à la hauteur de l'Amérique du Nord, et la distance entre la côte ouest de l'Amérique du Sud et l'Australie est près du double de la distance entre Vancouver et le Japon.

Le développement orienté vers le nord et l'est de l'Amérique du Sud est encore réaffirmé par la présence des Andes dans la marge occidentale du continent; ce système montagneux, l'un des plus longs et des plus élevés du globe, forme une gigantesque muraille depuis la Terre de Feu (en espagnol, *Tierra del Fuego*), dans la pointe australe du triangle, jusqu'au Venezuela dans le nord (fig. 5.1). Sur toutes les cartes du monde physique, on peut reconnaître cette chaîne par le tracé des courbes isohyètes (reliant les points du globe où les précipitations moyennes sont égales; voir la figure I.6), par la zone allongée de climat de haute montagne (fig. I.7) et la distribution régionale de la végétation (fig. I.8). La carte de la figure I.9 indique en outre que les concentrations de population le long des côtes septentrionale et orientale sont beaucoup plus importantes que celles de la région des Andes.

Figure 5.1 Relief de l'Amérique du Sud.

Portrait de l'ensemble sud-américain

Longtemps caractérisée par les disparités régionales, l'agitation politique et le marasme économique, l'Amérique du Sud entre actuellement dans une nouvelle ère. Les principaux pays, peu habitués à la coopération, découvrent maintenant les avantages que procure la création de liens internationaux et multinationaux plus étroits, particulièrement dans le cadre d'accords de libre-échange. Les juntes militaires disparaissent du paysage politique; les forces armées se retirent dans leurs casernes alors que des gouvernements plus démocratiques sont portés au pouvoir. La construction de routes permet la colonisation de régions du continent jusque-là isolées. L'Amérique du Sud s'est lancée dans de nouvelles entreprises minières afin de tirer profit de ses ressources variées : le charbon et le pétrole de la Colombie; le minerai de fer et l'or des vastes marges de l'immense bassin amazonien; le cuivre du sud du Pérou et du nord du Chili; l'argent, le zinc et le plomb des Andes péruviennes. À la fin des années 1990, il semble bien que le continent sud-américain soit au seuil d'une période de croissance économique sans précédent.

Cette vision optimiste ne fait cependant pas oublier que l'Amérique du Sud devra surmonter de graves problèmes pour se développer. Bien sûr, certaines régions font actuellement de réels progrès durables. Mais d'autres, encore trop nombreuses, continuent de souffrir de l'insuffisance des infrastructures, de l'inefficacité gouvernementale et de la corruption; qui plus est, elles n'arrivent pas à sortir du cycle sans fin de périodes de stagnation suivies d'une phase de forte croissance ou de décroissance. La principale source de difficultés demeure l'élargissement constant de l'écart entre les privilégiés et les démunis, et cela à la grandeur du continent; depuis 1980, la proportion de la population sud-américaine vivant sous le seuil de la pauvreté est passée de 27 % à 33 %. Les estimations de la Banque mondiale sont encore plus révélatrices : le cinquième de la population le mieux nanti détiendrait 67 % de la richesse alors que le cinquième le plus démuni n'en posséderait qu'une fraction incroyablement faible, soit 2 %. Selon ces données, aucun autre ensemble géographique ne présente un clivage aussi marqué entre riches et pauvres. Mais ce n'est là qu'un aspect de l'extrême diversité qui, en dépit des récents progrès, constitue le trait le plus distinctif de l'Amérique du Sud.

Histoire du peuplement

Bien que la population sud-américaine soit actuellement concentrée dans le nord et l'est du continent, ce sont les Andes qui, à l'apogée de l'Empire inca, abritaient les cités les plus densément peuplées et les mieux organisées. Même si les origines de cette civilisation recèlent encore une part de mystère, il est généralement admis que les Incas descendent de peuples anciens qui seraient venus d'Asie par le détroit de Béring et qui seraient descendus à travers l'Amérique du Nord, puis l'isthme centraméricain, jusqu'en Amérique du Sud. Donc, des tribus et des sociétés amérindiennes se sont développées pendant des milliers d'années avant le débarquement des Européens sur le continent sud-américain au XVIe siècle.

Il y a environ mille ans, des sociétés prospéraient dans les vallées et les bassins andins et en divers endroits de la façade sur le Pacifique. Au nombre des caractéristiques de ces cultures figurent la domestication du lama, la pratique de diverses religions ainsi que des réalisations dans des sphères artistiques, dont la sculpture et la peinture. Les Incas établirent leur autorité sur ces tribus depuis leur capitale, érigée dans le bassin de Cuzco, dans les Andes péruviennes; ce n'est qu'à la fin du XIIe siècle qu'ils entreprirent la construction de ce qui allait devenir le plus grand empire précolombien d'Amérique. (Nulle part en Amérique du Sud il n'existe de traces de réalisations culturelles comparables à celles de la zone centrale des Andes.)

L'Empire inca

La comparaison avec les anciennes civilisations de Mésopotamie, d'Égypte et d'Asie et avec l'Empire aztèque (Mexique) met en évidence le caractère exceptionnel de la civilisation inca. Partout ailleurs, des voies d'eau ont facilité les interactions et la circulation des biens et des idées, alors que les Incas ont bâti un empire dans une série de bassins allongés (ou *altiplanos*) dans les Andes. Ces bassins situés en altitude résultent de l'accumulation, dans les vallées encastrées entre des chaînons parallèles et convergents, de matériaux arrachés aux hautes terres avoisinantes par l'érosion. Les *altiplanos* sont fréquemment séparés par des zones qui comptent parmi les plus accidentées du globe, où les montagnes aux hauts sommets enneigés alternent avec des gorges escarpées. Chaque *altiplano* était habité par une ethnie distincte; les Incas s'installèrent d'abord dans

---

PRINCIPALES CARACTÉRISTIQUES GÉOGRAPHIQUES DU CONTINENT SUD-AMÉRICAIN

1. Les traits dominants du relief de l'Amérique du Sud sont les chaînes montagneuses des Andes dans l'ouest et le bassin amazonien dans l'est, le reste de la masse continentale étant en majorité formé de plateaux.

2. Le Brésil occupe à lui seul la moitié de la masse continentale et il abrite la moitié de la population du continent.

3. La population sud-américaine est encore concentrée dans les marges de la masse continentale. L'arrière-pays est en général très peu peuplé, mais quelques zones sont en voie de développement.

4. Les relations entre les États d'Amérique du Sud s'intensifient rapidement. L'intégration économique représente un atout important, surtout dans le sud du continent.

5. Les inégalités et les contrastes entre les économies régionales sont très prononcés, tant à l'échelle continentale que nationale.

6. Le pluralisme culturel est un trait distinctif de la majorité des pays sud-américains et il se manifeste souvent à l'échelle régionale.

Géographie économique de l'Amérique du Sud

En Amérique du Sud comme sur la quasi-totalité du globe, l'agriculture constitue la principale activité économique. Toutefois, la carte des zones agricoles du continent (fig. 5.2) met en évidence un agencement peu habituel : les aires consacrées aux cultures commerciales avoisinent celles qui sont réservées à l'agriculture de subsistance, ce qui n'est le cas nulle part ailleurs (l'une de ces activités dominant généralement l'autre dans un espace donné). Cet équilibre ne résulte évidemment pas d'une planification; il reflète plutôt des divisions culturelles et économiques profondes, caractéristiques du milieu sud-américain.

L'aire réservée à l'agriculture commerciale comprend : 1° une vaste zone d'élevage de bovins (9), qui s'étend le long de la côte nord-est du Brésil jusqu'en Patagonie; 2° une zone de culture du blé (3) dans la Pampa argentine; 3° une zone mixte de culture (maïs, agrumes, etc.) et d'élevage (2) dans le nord-est de l'Argentine, l'Uruguay, le sud du Brésil et le centre-sud du Chili; 4° des zones côtières de plantations (6) dans l'est du Brésil, les Guyanes, le Venezuela, la Colombie et le Pérou; 5° une zone de cultures méditerranéennes (5) dans le centre du Chili.

L'agriculture de subsistance qui prédomine sur le reste des terres arables d'Amérique du Sud contraste vivement avec les activités agricoles commerciales. Diverses cultures sont pratiquées selon des méthodes primitives par des nomades (zone 8), dans les forêts équatoriales du bassin amazonien et sur les collines avoisinantes, de même que par des fermiers sédentaires (zone 7), dans les plateaux andins depuis la Colombie, au nord, jusqu'à l'*Altiplano* bolivien, au sud. Enfin, une agriculture mixte de subsistance (zone 4) est pratiquée sur une bande de terre qui s'étire sur presque tout le centre-est du Brésil, entre les plantations de la côte et les pâturages de l'arrière-pays.

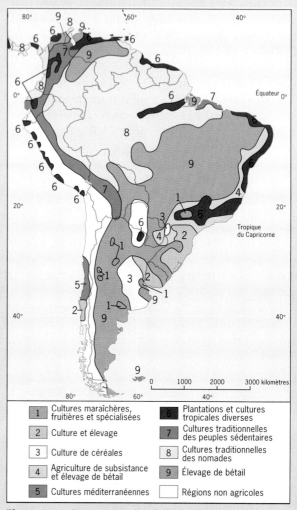

1	Cultures maraîchères, fruitières et spécialisées	6	Plantations et cultures tropicales diverses
2	Culture et élevage	7	Cultures traditionnelles des peuples sédentaires
3	Culture de céréales	8	Cultures traditionnelles des nomades
4	Agriculture de subsistance et élevage de bétail	9	Élevage de bétail
5	Cultures méditerranéennes		Régions non agricoles

Figure 5.2   Zones agricoles de l'Amérique du Sud.

la vallée de Cuzco (fig. 5.3), et c'est depuis ce noyau qu'ils conquirent les peuples des autres bassins et du littoral du Pacifique, sur lesquels ils établirent leur autorité.

Les succès militaires des Incas furent certes impressionnants, mais leur capacité à intégrer les peuples et les territoires du domaine andin dans un État stable et bien organisé le fut beaucoup plus. Cette entreprise avait pourtant bien peu de chances de réussir, car l'extension de l'Empire ne pouvait se faire que sur des terres s'étirant le long du Pacifique, de sorte qu'il était toujours plus difficile d'exercer un contrôle efficace sur l'ensemble du territoire. Cependant, les Incas possédaient les compétences requises pour la construction de routes et de ponts, la colonisation et l'administration; en un laps de temps incroyablement court, ils consolidèrent leur domaine, qui s'étendait du sud de la Colombie, au nord, jusqu'au cen-

tre du Chili, au sud (ce qui correspond à la zone brune de la carte de la figure 5.3).

Le royaume inca aurait compté à son apogée plus de 20 millions de sujets. Bien qu'ayant toujours été minoritaires dans ce vaste État, les Incas constituaient l'élite dirigeante d'une société structurée selon un modèle rigide de classes. Ils formaient, en tant que représentants de l'empereur établi à Cuzco, la caste des administrateurs chargés d'appliquer les décisions de leur souverain concernant l'organisation de tous les secteurs d'activité dans les territoires conquis. Ainsi, la vie des sujets de l'Empire inca était contrôlée par la bureaucratie mise en place par les « fonctionnaires » venus de Cuzco, ce qui limitait grandement la liberté individuelle. L'État était à ce point centralisé et l'asservissement de la population, soumise à un contrôle strict, était tellement grand qu'il suffisait de renverser le chef pour prendre le pouvoir et régner sur le royaume tout entier, comme le prouvèrent les Espagnols peu de temps après leur débarquement, au début des années 1530.

L'Empire inca, qui avait si rapidement atteint son apogée, se désintégra soudainement lorsque les envahisseurs espagnols le prirent d'assaut. Il est possible que son développement fulgurant ait été l'une des causes de sa faiblesse; quoi qu'il en soit, au début du XVIᵉ siècle, la révolte fermentait tandis que l'expansion dans les Andes septentrionales provoquait des tensions toujours plus grandes dans la structure administrative qui avait suscité tant d'admiration. L'Empire inca laissa en héritage, en plus de vestiges spectaculaires comme ceux du Machu Picchu, des valeurs sociales qui font toujours partie de la vie des indigènes andins et constituent encore aujourd'hui l'une des différences fondamentales entre les populations hispanophone et amérindienne de cette partie de l'Amérique du Sud. Par exemple, la langue de l'Empire inca, le quechua, s'est tellement bien enracinée qu'elle est encore parlée par des millions d'autochtones dans les hautes terres du Pérou, de l'Équateur et de la Bolivie.

Les envahisseurs ibériques

Comme sur le continent centraméricain, la localisation des peuples indigènes en Amérique du Sud détermina dans une large mesure les points de débarquement des envahisseurs espagnols. À l'instar des Mayas et des Aztèques du Mexique, les Incas avaient accumulé de l'or et de l'argent dans leur capitale; en outre, ils pratiquaient une agriculture productive et disposaient d'une main-d'œuvre servile. Peu de temps après la défaite des Aztèques, en 1521, les conquistadores traversèrent l'isthme de Panamá et firent voile vers le sud, le long du littoral nord-ouest de l'Amérique du Sud. Francisco Pizarro, qui entendit parler de l'Empire inca au cours de son premier voyage, en 1527, retourna en Espagne pour en organiser la conquête. Il se rendit sur la côte péruvienne avec 183 soldats et deux douzaines de chevaux quatre ans plus tard, soit au moment où les Incas tentaient de régler la question de la succession royale de même que des conflits qui avaient éclaté dans le nord de l'Empire. La suite des événements est bien connue : en 1533, les Espagnols, victorieux, entraient dans Cuzco.

Les conquistadores ne modifièrent pas immédiatement la structure impériale inca : ils permirent le couronnement d'un nouveau souverain, qu'ils maintinrent en fait sous leur autorité. Cependant, les envahisseurs, avides de terres et d'or, ne tardèrent pas à se quereller entre eux, ce qui entraîna l'effondrement de l'ancien ordre social. La nouvelle structure implantée dans l'ouest de l'Amérique du Sud fit des indigènes les serfs des Espagnols. Ces derniers dépossédèrent les Amérindiens de leurs terres pour y établir de grandes haciendas; ils imposèrent en outre un tribut et un système de travaux forcés visant à maximiser les profits de l'exploitation du territoire. Comme ceux qui avaient envahi l'isthme centraméricain, les conquistadores ayant débarqué au Pérou avaient un statut peu élevé dans la société féodale espagnole. Ils importaient toutefois deux notions qui prévalaient dans la péninsule Ibérique : la possession de terres était synonyme de pouvoir et de prestige, et l'accumulation d'or et d'argent était gage de prospérité.

Lima, capitale coloniale de la côte ouest fondée par Pizarro en 1535, se trouve à environ 600 km au nord-ouest du centre andin de Cuzco. Elle est devenue en peu de temps l'une des villes les plus prospères du monde, grâce à l'exploitation des riches gisements d'argent des Andes, et la capitale de la vice-royauté du Pérou au moment où les autorités de la métropole intégraient ce nouveau territoire à leur empire colonial (fig. 5.3). Plus tard, lorsque la Colombie et le Venezuela furent soumis à leur tour et que les établissements espagnols eurent pris de l'expansion dans la zone de l'estuaire du río de la Plata (situé dans ce qui est aujourd'hui l'Argentine et l'Uruguay), deux vice-royautés additionnelles furent créées : la Nouvelle-Grenade dans le nord et La Plata dans le sud.

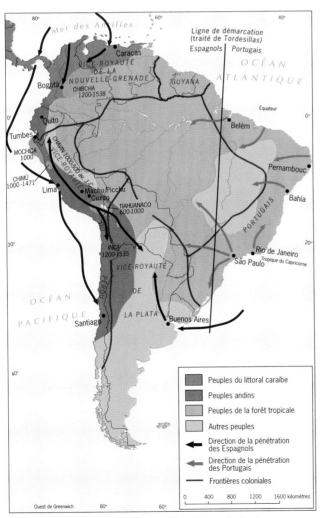

Figure 5.3 La colonisation de l'Amérique du Sud.

Entre-temps, d'autres conquérants ibériques avaient pénétré dans le centre-est du continent, soit dans la zone côtière du Brésil actuel. Cette région passa aux mains des Portugais en 1494 à la suite du traité de Tordesillas, arbitré par le pape Alexandre VI et signé par le Portugal et l'Espagne; cette entente fixait la « ligne de démarcation » entre l'Amérique portugaise et l'Amérique espagnole à 370 lieues à l'ouest des îles du Cap-Vert. Cet axe nord-sud, correspondant approximativement au méridien situé à 50° de longitude ouest, déterminait un domaine triangulaire de dimension assez considérable dans l'est de l'Amérique du Sud, dont l'exploitation était dorénavant réservée aux Portugais (fig. 5.3).

Un rapide coup d'œil à la carte politique de l'Amérique du Sud (fig. 5.4) suffit pour se rendre compte que l'entente de 1494 n'a pas empêché les Portugais d'étendre leur domaine colonial à l'extérieur du triangle qui leur avait été dévolu. Même si les frontières entre le Brésil et ses voisins (la Guyane française au nord et l'Uruguay au sud) rencontrent la côte à une longitude ouest d'environ 50°, ces limites s'incurvent avant de pénétrer profondément à l'intérieur du continent, de sorte que le Brésil comprend la quasi-totalité du bassin

amazonien et, dans le sud, une bonne partie du bassin des fleuves Paraná et Paraguay. En fait, la superficie de cet État est actuellement presque égale à celle de tous les autres pays réunis, et sa population représente près de la moitié de la population totale du continent. L'avancée considérable des Portugais vers l'ouest s'explique par divers facteurs, dont les voyages des missionnaires, en quête d'indigènes à convertir, et des explorateurs désireux de s'enrichir rapidement. Cependant, ce sont les *Paulistas* qui ont le plus contribué à l'expansion de l'Empire portugais; ces colons de São Paulo étaient constamment à la recherche d'esclaves Amérindiens pour leurs lucratives plantations.

Les Africains

Dans le partage territorial de l'Amérique du Sud, les Espagnols ont initialement été avantagés (fig. 5.3), tant du point de vue quantitatif que qualitatif. À l'est des Andes, il n'y avait aucune cité amérindienne prospère à conquérir ou à piller et il n'existait pas de cultures productives. En outre, la population amérindienne de l'est du continent, relativement peu nombreuse, ne constituait pas une main-d'œuvre appréciable. Les données indiquent en général que tout le territoire du Brésil actuel abritait au plus un million d'indigènes.

Quand les Portugais décidèrent finalement de développer leur colonie du Nouveau Monde, ils se tournèrent vers la même activité lucrative que leurs rivaux espagnols des Caraïbes, soit l'établissement de plantations de canne à sucre dont la production était destinée aux marchés européens. De plus, ils eurent recours à la même source de main-d'œuvre que les autres conquérants : ils importèrent des millions d'esclaves africains qu'ils installèrent dans la zone côtière tropicale du Brésil, au nord de Rio de Janeiro. Il n'est donc pas étonnant que la population noire de ce pays soit maintenant la plus importante du continent et qu'elle soit encore aujourd'hui largement concentrée dans les États brésiliens du nord-est, marqués par la pauvreté. La population de ce pays, qui totalise actuellement 163 millions d'habitants, compte 6 % (soit près de 10 millions) de Noirs et 39 % (soit 63 millions) de métis ayant des ancêtres africains, blancs et amérindiens. Les descendants d'Africains constituent donc le troisième groupe de souche étrangère en importance en Amérique du Sud (fig. 3.4 et 7.5).

Une longue période d'isolation

Malgré un héritage culturel commun (du moins en ce qui concerne les métis de souche à la fois européenne et amérindienne), l'appartenance à un même continent, une langue commune et des problèmes nationaux identiques, les pays issus des vice-royautés espagnoles d'Amérique du Sud ont longtemps eu très peu de contacts entre eux. Les distances et les barrières géomorphologiques ont renforcé leur **isolement**, et les

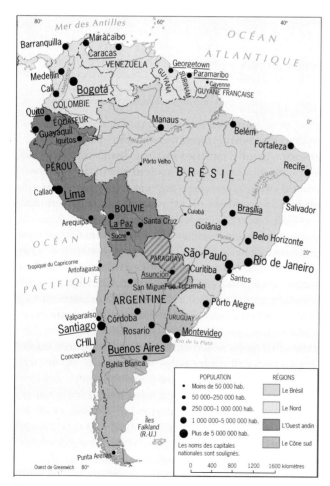

Figure 5.4   Les régions de l'Amérique du Sud.

plus grandes agglomérations sont encore aujourd'hui situées sur le littoral, principalement dans l'est et le nord (fig. I.9). Si on la compare aux autres ensembles géographiques, l'Amérique du Sud est « sous-peuplée » : non seulement sa population totale est faible pour un continent de cette étendue, mais la réserve de ressources à exploiter est considérable. Elle a attiré beaucoup moins d'immigrants que l'Amérique du Nord, en partie parce que la péninsule Ibérique n'était pas susceptible de fournir autant d'émigrants que l'Europe de l'Ouest ou l'Europe du Nord-Ouest, et que la politique coloniale espagnole freinait l'arrivée des Européens en général.

Les vice-royautés du Nouveau Monde ont avant tout été créées pour amasser des richesses et remplir les coffres de l'Espagne. Mis à part les activités lucratives, les Ibériques n'ont pas cherché à développer leur territoire américain. Les choses ont commencé à changer, et très lentement, seulement après que les Européens définitivement établis en Amérique espagnole et en Amérique portugaise, et qui y avaient des intérêts, se furent rebellés contre les autorités métropolitaines. Les valeurs, les attitudes sociales et la conjoncture économique sud-américaines étaient alors celles de la péninsule Ibérique du XVIIIe siècle; cet ensemble de traditions ne constituait évidemment pas la base idéale pour construire des États-nations modernes.

L'indépendance

Même durant la période des guerres d'indépendance, certains facteurs d'isolement ont continué de jouer un rôle. Les forces militaires espagnoles ont toujours été concentrées à Lima, ce qui explique que les territoires les plus éloignés de ce centre du pouvoir, soit l'Argentine et le Chili, aient été les premiers à acquérir leur indépendance face à l'Espagne (soit en 1816 et en 1818 respectivement). Dans le nord, Simón Bolívar prit la tête du mouvement souverainiste naissant et, en 1824, deux défaites militaires décisives mirent fin à la domination espagnole en Amérique du Sud. Il fallut donc à peine plus d'une décennie aux pays hispanophones pour conquérir leur liberté. Cette lutte commune ne mena cependant pas à l'unification : les trois anciennes vice-royautés furent plutôt scindées en pas moins de neuf pays.

Il est facile de comprendre les raisons de cette fragmentation. Les Andes formant une barrière entre l'Argentine et le Chili, et le désert d'Atacama séparant le Chili du Pérou, les distances par voie de terre semblent plus grandes qu'elles ne le sont en réalité. Ainsi, l'isolement des pays sud-américains s'est accru toujours davantage, et les disputes à propos des limites ont certainement rendu leur rapprochement encore plus difficile. Les tensions et même les guerres ont été nombreuses; des dizaines de litiges à propos de frontières ne sont d'ailleurs toujours pas réglés.

Le Brésil acquit son indépendance face au Portugal à peu près au moment où les colonies espagnoles luttaient pour mettre fin à la domination de la métropole hispanique. Cependant, les événements ne suivirent pas un cours identique dans les deux parties du continent. La colonie portugaise avait bien, elle aussi, été le théâtre de révoltes contre l'autorité métropolitaine, mais au début des années 1800, non seulement celle-ci ne déclina pas, mais le prince régent Jean VI transféra la capitale portugaise de Lisbonne à Rio de Janeiro, où il alla s'établir ! En fait, le Prince fuyait devant Napoléon Bonaparte qui tentait d'établir sa domination sur le Portugal, alors allié des Britanniques. En 1821, la menace napoléonienne étant disparue, le Portugal décida de redonner au Brésil son statut de colonie; cependant, le fils de Jean VI, resté en Amérique en qualité de régent, défia l'autorité de son père et mena une bataille victorieuse pour l'indépendance du Brésil, dont il devint le premier empereur sous le nom de Pierre Ier.

Les relations entre le Brésil indépendant et les nouvelles républiques hispanophones voisines ne différaient pas vraiment de celles que ces dernières entretenaient entre elles, les distances, les barrières naturelles et les disparités culturelles freinant la communication et la création de liens positifs. Le Brésil eut donc davantage d'échanges avec l'Europe qu'avec ses voisins sud-américains, qui adoptèrent d'ailleurs la même attitude. Ce n'est qu'au début des années 1990, comme nous l'avons déjà souligné, que les pays d'Amérique du Sud commencèrent à se rendre compte des avantages que chacun pourrait tirer d'une plus grande coopération.

La fragmentation culturelle

L'Amérique du Sud est un continent pluriethnique. En effet, des Amérindiens de cultures différentes, des descendants des Européens venus de la péninsule Ibérique et d'autres parties du continent, des descendants des Noirs arrachés à l'Afrique tropicale occidentale, des descendants des Asiatiques issus de l'Inde, du Japon et de l'Indonésie ont tous contribué à créer un kaléidoscope culturel et économique d'une variété quasi infinie. L'expression « Amérique latine » n'est donc pas tout à fait appropriée pour décrire cette mosaïque humaine du point de vue géographique. John Augelli, qui a introduit le concept d'intérieur-littoral appliqué à l'ensemble centraméricain, a tenté de définir une approche plus adéquate pour représenter les diverses sphères économiques et culturelles de l'Amérique du Sud. Sur la carte qu'il a conçue (fig. 5.5), le continent est divisé en cinq **aires culturelles**. Cette structure s'avère très utile à la condition de ne pas perdre de vue que certaines parties d'Amérique du Sud sont en train de changer sur le plan économique, et que les régions culturelles sont en fait des généralisations susceptibles de se modifier avec le temps.

L'aire tropicale des plantations

La première aire culturelle, soit l'aire *tropicale des plantations*, ressemble à bien des égards au littoral centraméricain. Elle comprend plusieurs zones séparées les unes des autres, dont la plus étendue longe la côte nord-est du Brésil. Les quatre autres sont situées dans le nord, le long du littoral atlantique et caraïbe.

La localisation, les sols et le climat tropical de cette aire étaient propices aux plantations, spécialement à celles de la canne à sucre. Comme les indigènes étaient relativement peu nombreux, des esclaves africains furent introduits sur le continent; leurs descendants forment aujourd'hui la majorité de la population et influencent fortement la culture. L'économie de plantation, d'abord florissante, s'est effondrée lorsque les cultures eurent épuisé les sols; l'esclavage fut aboli, et les ouvriers agricoles furent réduits à la pauvreté et à des activités de subsistance. Ces conditions socioéconomiques prévalent toujours

dans la majeure partie de l'aire tropicale des plantations (fig. 5.5).

L'aire commerciale à dominante européenne

La deuxième aire, qu'Augelli a appelée *aire commerciale à dominante européenne*, est peut-être celle à laquelle le qualificatif « latine » convient le mieux. Elle comprend la totalité de l'Uruguay et une bonne partie de l'Argentine, deux pays dont 85 % de la population est de souche européenne et qui sont profondément marqués par l'empreinte culturelle des Espagnols. Deux autres zones sont incluses dans cette aire, soit un large secteur du cœur du Brésil et le cœur du Chili. Le sud du Brésil appartient à la même zone tempérée de prairie que la Pampa argentine et l'Uruguay (fig. I.8); il joue un rôle important dans l'économie grâce à la production de maïs et à l'élevage. Le centre du Chili, où se trouvent certains des premiers établissements espagnols sur le continent, abrite encore aujourd'hui les Chiliens qui se disent d'ascendance purement européenne, soit environ le sixième de la population totale. La zone, qui bénéficie d'un climat de type méditerranéen (fig. I.7), se prête bien à l'élevage extensif des bovins et des ovins ainsi qu'à la polyculture. Elle est donc dans l'ensemble plus avancée économiquement que le reste du continent. L'économie de marché y prévaut sur les activités de subsistance, le niveau de vie et le taux d'alphabétisation sont plus élevés que dans les autres régions, les réseaux de transport sont plus adéquats; en fait, le développement global de cette zone est supérieur à celui de certaines parties de l'Europe.

L'aire de subsistance à dominante amérindienne

La troisième aire, nommée *aire de subsistance à dominante amérindienne*, s'étire le long de l'axe central des Andes depuis le sud de la Colombie jusque dans le nord du Chili et le nord-ouest de l'Argentine; elle correspond approximativement au territoire de l'ancien Empire inca. La structure socioéconomique féodale mise en place par les conquistadores y a survécu : les Amérindiens forment un groupe important de paysans sans terre, appelés *peones,* qui s'adonnent à des activités de subsistance ou travaillent dans les haciendas comme journaliers (ou sur des fermes plus petites, nommées *minifundios*). Ils vivent à l'écart de la culture espagnole, qui occupe une place prédominante dans la vie nationale de leurs pays respectifs. Cette aire comprend certaines des zones les plus pauvres du continent sud-américain, et les activités commerciales y sont presque entièrement contrôlées par les Blancs et les métis. Les héritiers amérindiens de l'Empire inca mènent en géné-

Figure 5.5   Aires culturelles de l'Amérique du Sud.

ral une vie précaire dans les hauteurs des Andes (à des altitudes atteignant 3800 m). La pauvreté des sols, l'approvisionnement variable en eau, les vents violents et le froid intense rendent la pratique de l'agriculture extrêmement difficile.

L'aire de transition à dominante métisse

L'*aire de transition à dominante métisse* entoure l'aire de subsistance à dominante amérindienne : elle s'étend sur les côtes et à l'intérieur du Pérou et de l'Équateur, sur la majeure partie de la Colombie et du Venezuela, et dans de vastes secteurs du Paraguay, de l'Argentine, du Chili et surtout du Brésil (ce qui inclut les zones en développement du bassin amazonien). La population est issue d'unions mixtes entre Européens et Amérindiens ou encore entre Européens et Africains, comme c'est le cas dans la zone côtière du Venezuela, de la Colombie et du nord-est du Brésil. La carte de la figure 5.5 indique que les Amérindiens et les métis sont majoritaires en Bolivie, au Pérou et en Équateur. Par exemple, dans ce dernier pays, ils forment 80 % de la population totale, alors que moins de 10 % des habitants sont considérés comme étant d'ascendance européenne. L'expression « aire de transition » se rapporte également à la situation économique; selon Augelli, il s'agit d'une zone « en général moins commerciale que l'aire à dominante européenne mais également moins centrée sur les activités de subsistance que celle à dominante amérindienne ».

L'aire indifférenciée

La cinquième aire est appelée *indifférenciée* à cause de la difficulté que présente sa classification. Une partie des peuples indigènes de l'intérieur du bassin amazonien sont restés presque totalement à l'écart des changements considérables qui se sont produits en Amérique du Sud depuis l'arrivée de Colomb. Même si l'isolement et la stagnation demeurent deux traits caractéristiques de cette sous-région, le développement actuel de l'Amazonie est en voie de modifier la situation. Le bassin supérieur de l'Amazone et le sud-ouest du Chili et de l'Argentine sont eux aussi peu peuplés et très peu avancés sur le plan économique; l'inaccessibilité de ces secteurs est certainement la principale cause de leur stagnation.

Cette description des cinq aires culturelles ne donne évidemment qu'une vue d'ensemble d'une réalité géographique fort complexe. Elle fait néanmoins ressortir la diversité démographique, culturelle et économique de l'Amérique du Sud, une caractéristique qui s'efface depuis peu devant la montée du mouvement de coopération internationale qui s'étend au continent tout entier.

L'intégration économique

La tendance isolationniste qui a si longtemps marqué les relations internationales en Amérique du Sud se résorbe au fur et à mesure que les États se rendent compte des avantages qu'ils peuvent tirer de la création de nouveaux partenariats. La répartition des ressources se prête à la **complémentarité** régionale, et l'établissement de régimes démocratiques rend enfin ce type de développement possible à l'échelle continentale. Le commerce présentant des avantages pour toutes les parties, il sert de catalyseur aux progrès de la coopération internationale dans toutes les sphères d'activité. Même si les disputes à propos des frontières se ravivent périodiquement, elles ne dégénèrent plus en querelles durables, comme l'ont prouvé le désamorçage du conflit armé ayant opposé l'Équateur et le Pérou en 1995, et le règlement pacifique, depuis 1990, de plus de 20 litiges portant sur la limite entre le Chili et l'Argentine. Des projets multinationaux de construction de routes, de voies ferrées et de pipelines, restés en plan pendant des années, progressent maintenant rapidement. Dans le sud du continent, cinq pays, autrefois séparés par des querelles, coopèrent aujourd'hui à la réalisation de l'*Hydrovía*, un système d'écluses fluviales qui rendra bientôt possible le transport par péniches sur l'immense bassin formé par le Paraná et le Paraguay. En outre, les capitaux circulent aujourd'hui librement entre les pays et les investissements étrangers affluent, particulièrement dans le domaine de l'agriculture. Ainsi, des fermiers brésiliens exploitent la majorité des cultures de soja du Paraguay et développent de vastes terres fertiles dans les régions de la Bolivie et de l'Uruguay contiguës au Brésil.

Dans le cadre du sommet des Amériques tenu à Miami en 1994, le président de l'Argentine, Carlos Menem, résuma ainsi l'attitude de la majorité des dirigeants politiques sud-américains : « Le libre-échange peut résoudre un grand nombre de problèmes qui freinent notre évolution depuis un siècle. » Pour garantir l'application de cette ligne de conduite par les institutions, les gouvernements nationaux s'efforcent de créer par divers moyens l'intégration économique du continent. En 1998, les républiques sud-américaines étaient d'ailleurs regroupées au sein de quatre grandes organisations commerciales :

- **Mercosur**   L'entrée en vigueur du Marché commun de l'Amérique du Sud, le 1er janvier 1995, a créé une zone de libre-échange et une union douanière entre le Brésil, l'Argentine, l'Uruguay et le Paraguay.
- **Communauté andine**   Créé en 1969, le Pacte andin a été relancé en 1996 sous le nom de Communauté andine. Celle-ci constitue une union douanière (tarifs douaniers uniformes sur les importations) regroupant, au début de 1997, le Venezuela, la Colombie, le Pérou, l'Équateur et la Bolivie.

- **Groupe des Trois (G-3)** Cet organisme a été créé par un accord de libre-échange entre le Mexique, le Venezuela et la Colombie, entré en vigueur le 1er janvier 1995; il a pour objectif l'abolition graduelle des tarifs douaniers à l'intérieur du territoire des États membres d'ici l'an 2005.

- **Alena** L'Accord de libre-échange nord-américain, entré en vigueur le 1er janvier 1994 entre les États-Unis, le Canada et le Mexique, tente de s'étendre à l'Amérique du Sud en incluant d'abord le Chili. Il s'est donné pour objectif l'abolition graduelle des tarifs douaniers à l'intérieur du territoire des États membres et l'expansion de la zone de libre-échange au plus tard en l'an 2010.

Ces organisations ne constituent en fait que des étapes intermédiaires dans la réalisation d'un projet de bien plus grande envergure, soit le projet de zone de libre-échange des Amériques, qui représenterait un marché de plus de 800 millions de consommateurs, s'étendant du littoral arctique de l'Alaska et du Canada jusqu'au Cap Horn dans la pointe australe du Chili. Cette zone de libre-échange serait de loin la plus vaste du monde et elle résulterait de la combinaison de 24 ententes multinationales (dont les quatre décrites ci-dessus). Les négociateurs devront sans doute surmonter d'énormes obstacles pour créer ce bloc commercial gigantesque mais, en 1998, ses architectes avaient bon espoir de voir le projet se réaliser comme prévu en 2005.

L'urbanisation

Comme cela se produit dans la majorité des pays en voie de développement, les habitants des républiques sud-américaines quittent la campagne pour aller s'installer dans les villes. Ce phénomène d'**urbanisation** s'est grandement intensifié depuis le milieu du siècle, si bien que le pourcentage de la population urbaine d'Amérique du Sud est aujourd'hui aussi élevé qu'en Europe ou aux États-Unis. En 1925, environ le tiers des Sud-Américains vivaient dans des villes, grandes ou petites, et en 1950 c'était à peine plus de 40 %. Mais en 1975 le taux d'urbanisation excédait 60 %, et il s'établit maintenant à 73 %. Ainsi, entre 1925 et 1950, environ 40 millions d'habitants migrèrent vers les villes, faisant passer le taux d'urbanisation de 33 % à 42 %; entre 1950 et 1975, plus de 125 millions de Sud-Américains allèrent s'entasser dans les zones métropolitaines déjà surpeuplées, ce qui représentait un flot de migrants *trois fois plus grand* que celui du quart de siècle précédent; enfin, quelque 110 millions de nouveaux citadins sont allés grossir les villes depuis 1975, ce qui a porté la population urbaine totale du continent à 241 millions d'habitants (73 %).

La population totale de l'Amérique du Sud, qui est de 330 millions d'habitants (soit 25 % de plus que celle des États-Unis), augmente plus rapidement dans les villes qu'ailleurs. On suppose généralement que c'est le contraire qui se produit, les familles paysannes des zones rurales ayant toujours compté plus d'enfants que n'en ont les couples installés dans des zones urbaines. Pourtant, sur l'ensemble du continent, depuis 1950, la population des villes a augmenté chaque année d'environ 5 % alors que le taux de croissance de la population rurale a été inférieur à 2 % par an. Ces données mettent en évidence l'importance de la migration des ruraux vers les zones urbaines, un autre aspect du phénomène d'urbanisation qui touche, partout dans le monde, les sociétés en voie de modernisation.

À l'échelle régionale, c'est dans le sud du continent que le taux d'urbanisation est le plus élevé. Actuellement, au moins 85 % de la population totale de l'Argentine, du Chili et de l'Uruguay réside dans des villes (ce pourcentage égale celui des pays européens les plus urbanisés). Le Brésil vient au deuxième rang avec un taux d'urbanisation de 77 % (soit 2 % de plus que celui des États-Unis), qui croît présentement au rythme fulgurant de 1 % par an. Dans ce cas, les pourcentages

Si on regarde en direction de la mer entre les tours qui se dressent sur le littoral de Rio de Janeiro, on aperçoit l'une des plus belles plages du monde; mais si on tourne son regard vers les terres, le luxe fait bientôt place à la misère. Les favelas de Rio sont de vastes quartiers extrêmement pauvres; toutefois, la photographie ci-dessus indique que leurs habitants peuvent espérer voir leur sort s'améliorer. Il y a dix ans, ce quartier était un immense bidonville composé de baraques de fortune. Celles-ci ont été en grande partie remplacées par des habitations plus permanentes; même si les installations sanitaires ne sont pas tout à fait adéquates, les constructions en brique sont électrifiées, percées de fenêtres et munies de portes. Certains habitants des favelas ont réussi, grâce à leur salaire, à se bâtir une maison de dimension raisonnable. Il ne reste qu'à espérer que l'augmentation des revenus de la majorité d'entre eux et la stabilité politique entraîneront la transformation des bidonvilles en banlieues.

« Nous avons parcouru à pied la distance entre la *plaza de Armas,* la grand-place la plus impressionnante de Lima, et la *plaza San Martín,* la seconde grand-place de la métropole. C'est depuis le niveau de la rue qu'on a le meilleur point de vue sur la plaza de Armas avec sa cathédrale datant du XVIIIe siècle, ses balcons en bois et ses portiques. Par contre, une vue panoramique semble nécessaire pour apprécier à sa juste valeur la plaza San Martín, mais il n'a pas été facile d'obtenir la permission de monter sur le toit d'un édifice; la situation politique était tendue et les militaires, armés, étaient omniprésents. Nous avons finalement pu admirer la plaza San Martín (du nom du personnage représenté par la statue équestre, à gauche sur la photo) depuis le toit d'un hôtel. De là, nous avons vu l'une des principales artères de Lima, l'*Avenida Nicolas de Pierola,* qui débouche sur la plaza (à l'arrière-plan, à gauche); dans cette cité d'Amérique latine, les grand-places et les boulevards se coupent souvent de cette façon. » (Source : recherche sur le terrain de H. J. de Blij)

ne permettent pas toujours de prendre conscience de la réalité : une augmentation de 1 % d'une population de 163 millions d'habitants signifie que 1 630 000 personnes additionnelles s'entassent chaque année dans les centres urbains déjà surpeuplés du Brésil.

La région qui vient au troisième rang quant à l'urbanisation s'étend le long de la mer des Antilles, dans le nord. Dans cette partie, où la proportion des citadins est de 73 %, c'est le Venezuela qui vient en tête avec un taux d'urbanisation de 84 %, puis la Colombie avec 68 %. Il n'est pas étonnant que les pays andins, à dominante amérindienne et orientés vers les activités de subsistance, forment la zone la moins urbanisée du continent. Le Pérou, fortement marqué par son héritage hispanique, occupe le premier rang dans la région : 70 % de sa population est concentrée dans des villes. Par ailleurs, l'Équateur, la Bolivie et le Paraguay (qui est actuellement en transition) traînent de l'arrière; le taux d'urbanisation dans ces trois États varie de 51 à 60 %. Six villes sud-américaines, soit São Paulo et Rio de Janeiro au Brésil, Buenos Aires en Argentine, Lima au Pérou, Bogotá en Colombie et Santiago au Chili, comptent parmi les mégalopoles du monde dont la population dépasse 5 millions d'habitants.

En Amérique du Sud, comme dans l'ensemble centraméricain, en Afrique et en Asie, les gens sont attirés par les villes et ils fuient les zones rurales pauvres. La **réforme agraire** ayant tardé à être appliquée, des dizaines de milliers de paysans quittent la campagne chaque année, car ils perdent espoir de voir leur niveau de vie s'améliorer un tant soit peu. Ils sont attirés par les villes, croyant pouvoir y trouver un emploi qui leur fournirait un salaire régulier. La possibilité de donner une bonne instruction à leurs enfants, de recevoir des soins médicaux plus adéquats, d'améliorer leur statut social et de jouir des plaisirs de la vie urbaine amène des foules de migrants à São Paulo, à Caracas et dans les autres centres. Les liaisons routières et ferroviaires s'améliorent sans cesse, de sorte que les villes sont plus accessibles et que les ruraux peuvent y faire des visites exploratoires. De plus, les chaînes de radio et de télévision installées dans les centres urbains incitent leur auditoire à se rendre là où les choses bougent.

Les migrations actuelles risquent néanmoins d'avoir des conséquences dramatiques. Les centres urbains des pays en voie de développement sont encerclés, quand ils ne sont pas envahis, par des bidonvilles sordides, et c'est souvent là que les immigrants ruraux trouvent un premier abri de fortune (qui bien souvent devient leur résidence permanente) sans aucune commodité ni même d'installations sanitaires. Bon nombre de nouveaux arrivants vont vivre chez des parents qui ont eu le temps de s'adapter mais dont le logement est en réalité trop exigu pour abriter une autre famille. En outre, le taux de chômage demeure élevé dans les villes : en bien des endroits, il touche plus de 25 % de la population active. Pour la main-d'œuvre non spécialisée, les emplois sont peu nombreux et ne rapportent que le salaire minimum. Tous ces facteurs ne freinent pas l'exode rural, et les gens continuent de s'entasser dans les bidonvilles déjà surpeuplés, ce qui fait augmenter le risque d'épidémies ou d'autres catastrophes. Les données indiquent que 50 % de la croissance démographique des villes de certains pays en voie de développement est due aux migrations intérieures; en Amérique du Sud, les populations urbaines les plus pauvres ont également des taux de natalité élevés.

Les régions de l'ensemble sud-américain

Dans les pages qui suivent, nous explorerons les pays d'Amérique du Sud et tenterons de dégager les principales caractéristiques de chaque région du continent. Il est en général possible de grouper les États sud-américains

LES PRINCIPALES VILLES D'AMÉRIQUE DU SUD	
Ville	**Population*** (en millions)
Asuncíon (Paraguay)	0,6
Belo Horizonte (Brésil)	4,2
Bogotá (Colombie)	6,0
Buenos Aires (Argentine)	11,2
Caracas (Venezuela)	3,1
Guayaquil (Équateur)	1,9
La Paz (Bolivie)	1,3
Lima (Pérou)	7,9
Manaus (Brésil)	1,3
Montevideo (Uruguay)	1,4
Quito (Équateur)	1,3
Rio de Janeiro (Brésil)	10,1
Santiago (Chili)	5,3
São Paulo (Brésil)	21,7

* Nombre approximatif d'habitants en 1997

en entités régionales (fig. 5.4), car plusieurs d'entre eux présentent des traits communs. Tout d'abord, le Brésil constitue à lui seul une région étant donné qu'il occupe la moitié du territoire du continent et qu'il abrite la moitié de sa population. Les deux pays du nord bordant la mer des Antilles, soit la Colombie et le Venezuela, appartiennent à une deuxième région, qui englobe les trois États voisins : le Guyana, le Surinam et la Guyane française. L'Équateur, le Pérou et la Bolivie, trois républiques occidentales, forment une troisième région en raison de leur héritage culturel amérindien, de leur géomorphologie andine et des caractéristiques de leurs populations actuelles. Enfin, dans le sud, l'Argentine, l'Uruguay et le Chili constituent une quatrième région puisqu'ils sont tous situés à une latitude moyenne et que ce sont les trois États les plus marqués par l'influence européenne; cette dernière région englobe également le Paraguay, un pays en transition situé entre les Andes à l'ouest et les trois républiques les plus au sud.

✦ Le Brésil : le géant de l'Amérique du Sud

Le Brésil est à tout point de vue le géant de l'Amérique du Sud. Il est tellement vaste qu'il a des frontières communes avec tous les autres États, à l'exception de l'Équateur et du Chili (fig. 5.4). Ses divers milieux naturels tropicaux et subtropicaux vont des forêts équatoriales du bassin amazonien aux zones de climat tempéré humide de l'extrême sud. Le Brésil occupe presque la moitié de la masse continentale sud-américaine et, à

l'échelle mondiale, seuls la Russie, le Canada, la Chine et les États-Unis ont une superficie supérieure à celle de cet État. Sa population, égale à près de la moitié de celle du continent, est la cinquième du globe en importance (après celles de la Chine, de l'Inde, des États-Unis et de l'Indonésie). L'économie brésilienne vient actuellement au neuvième rang à l'échelle mondiale, et son secteur industriel moderne se classe au dixième rang. Comme le pays continuera vraisemblablement de progresser vers la tête du classement, il devrait représenter une force sur l'échiquier mondial au cours du XXIᵉ siècle.

Portrait démographique

La population du Brésil, qui compte 163 millions d'habitants, est aussi diversifiée que celle des États-Unis. Comme cela s'est produit presque partout en Amérique, les peuples indigènes furent décimés à la suite de l'invasion des Européens (seulement 275 000 Amérindiens survivent dans les régions éloignées de l'intérieur de l'Amazonie). Un grand nombre d'Africains furent également amenés sur le continent, de sorte que la population du Brésil englobe actuellement environ 10 millions de Noirs. Il faut aussi noter que le métissage est depuis longtemps très répandu : près de 65 millions de Brésiliens sont des métis d'ascendance européenne, africaine et, dans une moindre mesure, amérindienne. Les autres, qui à 90 millions forment maintenant une faible majorité de 55 %, sont principalement de souche européenne : ils descendent d'immigrants venus du Portugal, d'Italie, d'Allemagne ou d'Europe de l'Est. La population s'est diversifiée encore davantage avec l'arrivée de Libanais et de Syriens et, depuis 1908, la croissance de la plus grande communauté japonaise hors du Japon. Cette dernière compte présentement plus d'un million de membres, concentrés dans l'État de São Paulo et appartenant à la classe aisée des immigrants, composée de fermiers, de professionnels, d'hommes d'affaires et de négociants (qui font du commerce avec le Japon).

La société brésilienne est l'une des plus avancées d'Amérique quant au règlement des dissensions ethniques. Les Noirs forment encore de toute évidence le groupe le plus démuni et, selon leurs dirigeants, ils n'ont pas cessé d'êtres victimes de discrimination; toutefois, le métissage a pris de telles proportions au Brésil qu'il s'est étendu à presque toutes les communautés, de sorte que les statistiques officielles à propos de la répartition entre « Noirs » et « Européens » sont peu significatives. Par ailleurs, il existe bel et bien une culture proprement brésilienne, qui s'exprime par l'appartenance à l'Église catholique (le Brésil abrite la plus grande communauté catholique du monde), l'usage du portugais, sous une forme modifiée, comme langue commune et une manière de vivre particulière. Celle-ci se caractérise notamment par l'emploi de couleurs vives, une

À Belém, non loin de la côte, les rues jadis élégantes de la cité coloniale construite à l'embouchure de l'Amazone sont maintenant dans un état de délabrement. Ce quartier aux passages pavés étroits, encastrés entre des façades carrelées et percées d'arches, témoigne de la période d'hégémonie hollandaise et portugaise. Les services qui y sont offerts couvrent un large éventail d'activités, des ateliers de menuiserie aux restaurants, et des pâtisseries aux boutiques de vêtements. Les trottoirs, défoncés, grouillent d'ouvriers et de gens en train de faire leurs courses ou en quête d'un emploi (certains sont de nouveaux arrivants, attirés par la perspective de trouver du travail dans la ville en croissance). La diversité de la population des villes tropicales d'Amérique du Sud, dont Belém n'est qu'un exemple, reflète les origines multiples des habitants de la région et du vaste arrière-pays, pour qui les métropoles constituent des pôles d'attraction.

musique distinctive, la montée d'un sentiment nationaliste et la fierté.

L'une des tendances les plus remarquables de l'évolution démographique du Brésil au cours du dernier quart de siècle est la baisse du taux de natalité (maintenant à un réconfortant 1,7 %). Les Brésiliennes, qui avaient en moyenne 4,4 enfants en 1980, n'en avaient plus en moyenne que 2,1 en 1995. Le plus étonnant, c'est que cette baisse du taux des naissances s'est produite sans l'adoption d'une politique gouvernementale de natalité et qu'elle va à l'encontre des directives de l'Église catholique, dont l'influence est cependant sur le déclin. Les démographes attribuent cette diminution à trois facteurs : le recours croissant à des méthodes contraceptives, l'influence négative sur la famille de la période de stagnation économique des années 1980 et du début des années 1990, et l'augmentation du nombre de foyers ayant accès à la télévision, qui contribue à remodeler les attitudes et les aspirations des Brésiliens.

Perspectives de développement

Le Brésil possède des ressources minérales considérables, qui comprennent de riches gisements de minerais de fer et d'aluminium, d'étain et de manganèse, de pétrole et de gaz (fig. 5.6). Sur le plan énergétique,

l'évolution récente inclut la construction de complexes hydroélectriques géants et le remplacement de l'essence par l'éthanol dérivé de la canne à sucre (carburol) : plus de la moitié des voitures emploient maintenant ce carburant au lieu du pétrole importé, dont le coût est élevé. En outre, le Brésil possède des sols fertiles qui permettent une production agricole considérable, ce qui fait du pays l'un des premiers producteurs et exportateurs de soja, de jus d'orange et de café. L'agriculture industrielle est en fait le secteur économique dont la croissance est la plus rapide, grâce notamment à la mécanisation et au développement de fermes pionnières dans les plaines fertiles du sud-ouest du Brésil.

Nous avons déjà souligné que le Brésil est actuellement la dixième puissance industrielle du monde. Cette tendance à la hausse de l'économie a été déclenchée, au début des années 1990, par l'abandon de la politique gouvernementale protectionniste dans le secteur industriel et l'ouverture du marché brésilien à la libre concurrence et aux investissements étrangers. Ces mesures récentes semblent efficaces puisque la productivité a augmenté de 30 % depuis 1990, alors que les fabricants brésiliens ont commencé à appliquer des normes internationales de qualité. La valeur des biens manufacturés a dépassé celle de la production agricole au milieu des années 1990, de sorte que le secteur industriel vient maintenant en tête des exportations nationales. Le commerce avec l'Argentine (le principal partenaire commercial actuel du Brésil), qui joue déjà un rôle de premier plan, devrait s'intensifier au moment de l'application intégrale du Mercosur.

En dépit de la situation économique favorable du Brésil, le développement global du pays au cours des trois dernières décennies a été marqué par une succession de hauts et de bas. Les récents accords de libre-échange signés par les pays sud-américains devraient aider le Brésil à maintenir un rythme de croissance plus stable, mais le pays devra également réduire les graves problèmes internes reliés aux inégalités sociales et régionales. Dans ce continent où le clivage entre nantis et démunis est le plus marqué au monde, c'est au Brésil que l'écart entre les revenus est le plus grand. Actuellement, 10 % de la population détient les deux tiers des terres et possède plus de la moitié de la richesse nationale. À l'autre extrémité de l'échelle économique, le taux de pauvreté a augmenté de 45 % depuis 1980. Ainsi, 20 % des Brésiliens vivent dans les conditions les plus misérables qui soient, et les mesures adoptées pour améliorer le logement, l'éducation et l'état de santé général dans ce secteur de la population sont nettement insuffisantes (plus de la moitié de la population totale du Brésil souffre de malnutrition chronique). Même si le développement régional fait des progrès remarquables, il est affligeant de constater que les profits qui en découlent reviennent à des individus déjà prospères et à des sociétés commerciales puissantes, ce qui ne fait qu'élargir le fossé déjà énorme entre le Brésil moderne et le reste du pays, où le mode de vie est demeuré traditionnel. Si aucune mesure n'est prise pour redistribuer plus équitablement les richesses du pays et démocratiser l'accès à l'avancement, l'essor du Brésil sera toujours davantage entravé par les conséquences néfastes d'un développement aussi inégal.

Les sous-régions du Brésil

La république fédérale du Brésil comprend 26 États et un district fédéral, Brasília (fig. 5.6). Comme aux États-Unis et pour des raisons similaires, les États les plus petits occupent le nord-est du pays alors que les plus vastes sont situés plutôt à l'ouest. L'État d'Amazonas, le plus étendu, a une superficie de 1,6 million de kilomètres carrés, soit l'équivalent du Québec, mais il abrite moins de 4 millions d'habitants. À l'autre extrémité de l'échelle, l'État de Rio de Janeiro, situé sur la côte sud-est, a une superficie de 44 000 km² et une population de plus de 15 millions d'habitants. Mais l'État de loin le plus peuplé est São Paulo, qui compte actuellement plus de 35 millions d'habitants et dont la croissance démographique est phénoménale.

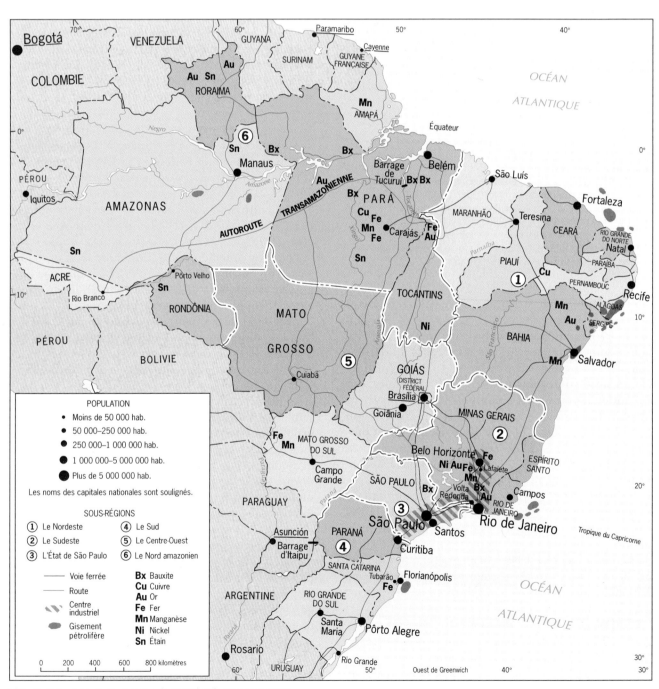

Figure 5.6 Les sous-régions du Brésil et leurs ressources.

L'UNE DES GRANDES VILLES D'AMÉRIQUE DU SUD

Rio de Janeiro

Surnommée « la Magnifique » en raison de la beauté renversante de son site, Rio de Janeiro est devenue la capitale du Brésil en 1763 et elle a rempli cette fonction pendant deux siècles, jusqu'à ce que les dirigeants fédéraux décident, en 1960, de déménager le siège du gouvernement à Brasília, dans l'arrière-pays. Mais déjà, à la fin des années 1950, São Paulo avait surpassé Rio et était devenue la principale ville du Brésil.

Malgré le déclin de son économie, Rio abrite encore une population de 10,1 millions d'habitants. Elle remplit toujours la fonction d'entrepôt et de plaque tournante du trafic aérien et demeure un important centre d'affaires international. Également ville touristique, Rio est la capitale culturelle du Brésil.

Hélas, l'image de Rio dans le monde est de plus en plus ternie par le fossé qui s'élargit sans cesse entre les nantis et les démunis. Cet effroyable état de fait constitue l'une des iniquités les plus criantes du globe. L'ancienne capitale est actuellement aux prises avec des problèmes de drogue et de violence ayant leur principale source dans l'existence de *favelas* sordides. Installées sur les collines entourant la ville, ces terribles bidonvilles continuent de croître à un rythme effarant.

Bien que le Brésil soit presque aussi vaste que les 48 États américains contigus, il ne présente pas les caractéristiques habituellement associées aux paysages d'Amérique latine. Ainsi, les Andes ne le traversent pas et il est essentiellement formé de plateaux et de collines (fig. 5.1). Même la région la plus basse, à savoir le bassin amazonien, qui occupe 60 % du territoire brésilien, n'est pas une plaine sur toute son étendue : de grands plateaux de faible altitude s'insèrent entre les affluents du grand fleuve. Dans le sud-est, le plateau du Brésil s'élève lentement vers l'est, en direction du littoral atlantique. Le long de la côte elle-même, l'escarpement abrupt qui marque la limite entre la zone de hauts plateaux et le littoral ne laisse à sa base qu'un espace habitable extrêmement étroit. La plaine côtière étant relativement exiguë, c'est une chance exceptionnelle pour le Brésil que de disposer de plusieurs très bons ports naturels. Faute d'un découpage net des régions naturelles, les six sous-régions définies ci-dessous ne possèdent pas de frontières généralement admises. Celles-ci ont été tracées à la figure 5.6 de manière à les faire coïncider avec les limites des États, pour faciliter l'identification des sous-régions.

Le Nordeste

Noyau initial et foyer culturel du Brésil, le Nordeste fut la première région où se développa l'économie de plantation. Celle-ci attira les Portugais qui, devenus planteurs, importèrent le plus grand groupe d'esclaves africains au pays pour travailler dans les champs de canne à sucre. Mais la zone de précipitations abondantes et régulières qui s'étire le long de la côte fait rapidement place, en direction de l'intérieur, à une zone de précipitations plus faibles et plus saisonnières; cela explique partiellement que la plus grande partie du Nordeste soit aujourd'hui une région surpeuplée et frappée par la pauvreté, dont les habitants souffrent de la faim et où sévissent périodiquement des sécheresses dévastatrices. En l'absence d'irrigation, les contraintes exercées sur les terres par les humains et les animaux détruisent la végétation naturelle, ce qui contribue à l'expansion des zones arides.

La canne à sucre demeure la culture la plus importante dans la zone côtière humide, et l'élevage est la principale activité dans la zone semi-aride de l'arrière-pays, appelée *sertão*. Le développement dépend de l'approvisionnement en eau et, lorsque l'agro-industrie ou le gouvernement investissent les fonds nécessaires, les terres ont un bon rendement.

Le Nordeste est aujourd'hui la région la plus contrastée du Brésil. L'architecture des villes de Recife et de Salvador porte encore la marque de l'ancienne période de prospérité, alors que des milliers de paysans désespérés quittent la campagne à cause de la détérioration des conditions de vie; ils vont continuellement grossir les bidonvilles qui encerclent ces deux cités, comme la majorité des centres urbains. Toutefois, même si les généralisations à propos du Brésil en pleine croissance s'appliquent bien peu au Nordeste, les projets d'agriculture sur terrains irrigués ne représentent pas la seule lueur d'espoir : la construction d'un vaste complexe pétrochimique, l'essor du tourisme et, tout particulièrement, l'industrie du vêtement en voie de développement dans l'État de Ceará permettent à la région d'envisager l'avenir avec un certain optimisme.

Le Sudeste

Le sud de l'État de Bahia est en quelque sorte une zone de transition. Le long de la côte, l'escarpement devient plus proéminent, le plateau s'élève et le terrain est plus accidenté; la moyenne annuelle des précipitations augmente et celles-ci sont plus saisonnières. Le Sudeste, avec ses grandes villes et ses fortes concentrations de population, est le noyau initial du Brésil moderne. Ce sont d'abord les gisements d'or qui attirèrent les colons, puis la découverte d'autres minerais contribua à accroître le flux d'immigrants (durant la ruée vers l'or, Rio a été le principal port d'exportation de ce métal); mais c'est en fin de compte le potentiel agricole de la région qui allait en assurer la stabilité et la croissance. Les besoins des villes minières firent grimper les prix des denrées alimentaires, ce qui stimula l'agriculture et amena de nombreux fermiers (accompagnés de leurs esclaves) à s'installer dans l'État de Minas Gerais. Plus tard, l'industrie pastorale devint le secteur économique le plus important, et l'on vit de grands troupeaux de bœufs paître dans des pâturages cultivés.

Après la Seconde Guerre mondiale, la région connut une autre période minière, fondée non plus sur l'exploitation de l'or ou des diamants, mais sur celle du minerai de fer dans les environs de Lafaiète et du minerai de manganèse et du calcaire, qui étaient expédiés au complexe sidérurgique de Volta Redonda (fig. 5.6). L'exploitation du minerai de fer constitue actuellement l'une des plus importantes activités économiques du Brésil, qui en est depuis 1990 l'un des principaux producteurs et exportateurs. Le Minas Gerais fournit 77 % de tout le minerai de fer extrait au Brésil et plus de 40 % de la production nationale d'acier. En s'appuyant sur cette base, l'industrie du Sudeste s'est rapidement diversifiée, d'abord avec l'ouverture du centre métallurgique de Belo Horizonte. Cette ville en croissance se trouve maintenant à l'extrémité septentrionale d'une zone manufacturière qui s'étend vers le sud-ouest, sur une distance de 500 km, jusqu'à l'agglomération métropolitaine de São Paulo, qui a connu au milieu des années 1990 une croissance égale à celle des régions les plus florissantes de l'Asie-Pacifique. Et le Minas Gerais, dont l'économie était comparable à celle du Chili, a accédé en 1994 au deuxième rang quant à la productivité industrielle, devançant ainsi l'État de Rio de Janeiro.

L'État de São Paulo

L'État de São Paulo occupe la première place dans le secteur industriel brésilien; longtemps considéré comme une partie de la sous-région du Sudeste, il affirme aujourd'hui son identité régionale propre en tant que premier moteur de la croissance du pays. Cette « centrale économique » fournit près de 50 % du PIB du Brésil, et plus de 60 % de l'activité manufacturière y est concentrée. Avec une économie plus importante dans son ensemble que celle de l'Argentine, l'État de São Paulo, en plein développement, a représenté un pôle d'attraction pour les migrants, en provenance principalement du Nordeste. Il n'est donc pas étonnant qu'il

L'UNE DES GRANDES VILLES D'AMÉRIQUE DU SUD

São Paulo

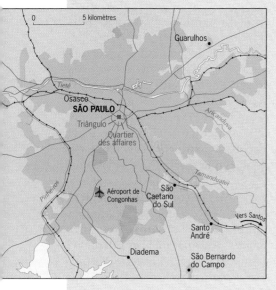

Située sur un plateau de l'intérieur à 50 km de son port sur l'Atlantique (Santos), São Paulo ne bénéficie pas à première vue d'une position relative très avantageuse. Pourtant, cette métropole est la troisième du monde par la taille de sa population qui a doublé depuis 1977 (passant de 11 millions à 22 millions d'habitants).

São Paulo, qui a connu un premier essor au XIXᵉ siècle grâce à l'exportation de café, se développe constamment depuis en tant que centre de l'industrie agroalimentaire (soja, sucre, jus d'orange et café) et manufacturière (elle fournit actuellement plus de la moitié des emplois dans le secteur industriel au Brésil); cette métropole est en outre devenue le principal centre commercial et financier du pays. Aujourd'hui, son imposant quartier des affaires, symbole même de l'Amérique du Sud urbaine, attire la majorité des investissements étrangers sur le continent.

La croissance fulgurante de la mégalopole a entraîné de graves problèmes de surpopulation, de pollution et d'encombrement. La pauvreté, d'une ampleur effarante, est néanmoins le problème le plus urgent, les bidonvilles de la périphérie, en expansion constante, resserrant leur étreinte sur la métropole en plein développement.

connaisse une croissance fulgurante et qu'il abrite actuellement près du quart de la population brésilienne.

La prospérité de l'État de São Paulo s'est établie sur la base des plantations de café (appelées *fazendas*) et, il n'y a pas plus d'une génération, cette denrée représentait au moins la moitié des exportations brésiliennes. Même si le pays est encore aujourd'hui le premier producteur de café au monde, cette denrée ne correspond plus qu'à 3 % des exportations nationales et elle n'arrive plus en tête du secteur agroalimentaire. Le café a été supplanté entre autres par le jus d'orange concentré : maintenant, la production annuelle de jus de l'État de São Paulo est supérieure au double de celle de la Floride, grâce notamment à l'absence de gel en hiver, à des usines ultramodernes et à la flotte de bateaux-citernes équipés spécialement pour l'exportation du concentré sur les marchés américains et dans plus de 50 autres pays, dont le Japon et la Russie. En outre, depuis 1990, le Brésil se classe au premier ou au second rang des pays producteurs de soja. Ce sont les secteurs du centre et de l'ouest de l'État de São Paulo qui ont le plus profité de l'expansion récente de l'agriculture, qui inclut la culture de la canne à sucre orientée vers la production de carburol, de même que les plantations de coton et d'hévéas (d'ici une dizaine d'années, le Brésil devrait devenir l'un des premiers producteurs agricoles au monde).

La puissance industrielle de l'État de São Paulo va de pair avec ses grandes réalisations dans le domaine agricole. Les revenus provenant de la culture du café ont constitué les capitaux requis, les gisements de minerai de fer du Minas Gerais ont fourni la matière première essentielle, les centrales hydroélectriques établies à proximité des pentes de l'escarpement côtier ont produit l'énergie, le port d'exportation de Santos a facilité l'accès à l'océan, et l'immigration d'Européens et de Japonais, de même que l'exode rural des Brésiliens, a contribué à l'accroissement de la main-d'œuvre spécialisée. La croissance du marché intérieur a mis en valeur la position relative de São Paulo, dont la suprématie a été encore renforcée par l'augmentation du commerce extérieur. Il s'ensuit que l'agglomération métropolitaine de São Paulo est actuellement le premier centre manufacturier du Brésil (et de l'Amérique du Sud), la principale industrie du pays, soit celle de l'automobile, étant concentrée dans les banlieues sud de la métropole. Comme les fabricants nationaux et étrangers continuent d'investir massivement dans ce secteur, l'industrie de l'automobile brésilienne est devenue l'une des plus importantes du monde; ainsi, le Brésil a devancé l'Italie, les anciennes républiques de l'Union soviétique et le Royaume-Uni.

Le Sud

La sous-région à l'extrême sud du Brésil comprend les États de Paraná, de Santa Catarina et de Rio Grande

Il semble qu'aucun pays ne soit à l'abri de la montée de mouvements sécessionnistes. Au Canada, c'est le Québec qui en a un; en Grande-Bretagne, c'est l'Écosse; en France, c'est la Corse; et en Espagne, ce sont les provinces basques et catalanes. Au Brésil, un mouvement souverainiste se développe actuellement dans les trois États de l'extrême sud, qui forment, comme l'indique la figure 5.6, la région du Sud et constituent la partie brésilienne de l'aire commerciale à dominante européenne (fig. 5.5). La région du Sud compte 22 millions d'habitants, sa superficie est égale à celle de la France et son économie est florissante. Une partie de sa population, qui se plaint d'être surtaxée et sous-représentée à Brasília, a donné naissance à un courant de sécession, dans l'espoir de rompre les liens de la région avec le Brésil mal administré. Les indépendantistes appellent le pays qu'ils désirent construire *République des Pampas;* sur la photo (prise en 1995), on voit un de leurs dirigeants, Irton Marx, exhibant le drapeau qu'il souhaite voir un jour flotter sur la nouvelle nation.

do Sul, et sa population totalise près de 25 millions d'habitants. L'afflux d'immigrants européens à la fin du XIXᵉ siècle a eu pour conséquence entre autres l'introduction de méthodes agricoles modernes dans plusieurs zones dont les terres fertiles se sont avérées très productives. Avec l'expansion des marchés des vastes centres urbains plus au nord, cette sous-région morne est devenue particulièrement prospère.

Le niveau de vie, comparable à celui des Européens, va de pair avec l'héritage qu'évoquent les paysages des villes et des campagnes, où l'allemand et l'italien sont encore en usage, en plus du portugais. Plusieurs groupes extrémistes ont épousé la cause de l'indépendance de la sous-région face au Brésil; les gouvernements des trois États interprètent l'essor de ce mouvement comme une protestation contre le fait que seulement 60 % environ des impôts fédéraux qu'ils paient leur reviennent. Un référendum tenu au milieu des années 1990 a montré qu'au moins un tiers de la population du Sud est favorable à la sécession.

Le développement économique du Sud ne repose pas uniquement sur l'agriculture. Le secteur manufacturier est également en croissance, spécialement dans les agglomérations de Pôrto Alegre et de Tubarão, où s'est implanté en 1983 le plus grand complexe sidérurgique de toute l'Amérique du Sud. Seul l'intérieur, faiblement peuplé, de la sous-région Sud traîne de l'arrière, en dépit de la construction du gigantesque barrage d'Itaipu dans l'ouest de l'État de Paraná.

Le Centre-Ouest

La sous-région du Centre-Ouest englobe les États de Goiás, de Mato Grosso et de Mato Grosso do Sul, de même que le district fédéral de Brasília (fig. 5.6). En déplaçant, en 1960, la capitale nationale à Brasília, au cœur d'une zone inexploitée, à 650 km de Rio de Janeiro, les dirigeants brésiliens ont voulu souligner le début d'une nouvelle ère de développement, de même que leur avancée vers l'ouest.

En dépit de la croissance subséquente de Brasília (fondée sur un site vierge, cette ville a aujourd'hui une population de 1,9 million d'habitants), ce n'est qu'au début des années 1990 que le morne Centre-Ouest fut intégré à l'économie du reste du Brésil. Ce qui a joué le rôle de catalyseur, c'est l'exploitation des vastes *cerrados*, c'est-à-dire des savanes fertiles qui couvrent le Centre-Ouest et en font l'une des zones agricoles pionnières les plus prometteuses du globe (plus de 80 % des sols arables restent encore à exploiter). La principale culture est le soja, et le rendement à l'hectare surpasse même celui des États-Unis. Actuellement, le rythme de croissance du Centre-Ouest est néanmoins freiné par de graves problèmes d'accessibilité qui sont en voie d'être résolus. Une liaison ferroviaire (le Ferronorte ou, dans le langage populaire, le « chemin de fer du soja »), dont la construction est financée par des investisseurs privés, reliera bientôt São Paulo et le port Santos à la capitale du Mato Grosso, Cuiabá, et peut-être, éventuellement, au bassin central de l'Amazone (fig. 5.6).

Le Nord amazonien

Formé de sept États, le Nord amazonien (fig. 5.6) est la sous-région la plus vaste et la plus éloignée du cœur du Brésil, et celle qui connaît la croissance la plus rapide; sa population a triplé depuis 1980 pour atteindre environ 15 millions d'habitants. En 1910, après la fin de la période florissante fondée sur l'exploitation du caoutchouc, la stagnation s'y est installée. Ce n'est qu'au cours des années 1980 que de nouvelles zones de développement sont apparues un peu partout dans les sept États. Le Nord amazonien est devenu depuis le lieu de la plus grande migration en territoire vierge à se produire dans le monde, 200 000 nouveaux colons s'y installant chaque année.

Deux projets de développement retiennent l'attention parce qu'ils illustrent parfaitement la transformation en cours. Le vaste projet aux nombreuses facettes de *Grande Carajás*, dans l'est de l'État de Pará, repose sur l'un des plus riches gisements de minerai de fer du globe, situé dans les collines de la serra dos Carajás (fig. 5.6). La réalisation de la première phase de cette entreprise gigantesque a rendu plusieurs villes prospères; Manaus, au nord-ouest de la serra dos Carajás, notamment, a connu une renaissance spectaculaire. Cependant, la vague de pionniers qui a déferlé sur le bassin central de l'Amazone a également suscité de nombreux problèmes, dont le plus tragique est certainement la situation critique dans laquelle se sont trouvés les Yanomanis, l'une des dernières tribus amérindiennes à avoir conservé un mode de vie apparenté à l'âge de pierre. À la suite de la découverte, en 1987, de gisements d'or dans leur territoire ancestral de l'État de Roraima, au nord de Manaus, des milliers de nouveaux arrivants revendiquèrent la propriété de terres, ce qui déclencha des affrontements violents. L'intervention du gouvernement fut trop tardive pour empêcher la destruction de l'habitat des Yanomanis.

Le second projet d'envergure, soit celui du *Polonoroeste*, se développe non loin de la frontière bolivienne, dans le corridor de l'autoroute, long de 2500 km, qui relie les villes de Cuiabá, Pôrto Velho et Rio Branco (fig. 5.6). L'État de Rondônia, où la principale activité économique est l'agriculture, a attiré de riches planteurs et éleveurs du Sud, des ouvriers agricoles des États de São Paulo et de Paraná mis au chômage par la mécanisation des exploitations de leur

La déforestation en cours dans l'État d'Amazonas marquera-t-elle la fin des forêts équatoriales ? Au Brésil, au milieu des années 1990, de 52 000 à 78 000 km² de forêt ont été brûlés ou détruits par les tronçonneuses chaque année. À mesure que des routes sont construites dans les zones de forêt équatoriale jusque-là isolées, des colons s'établissent et des mineurs creusent le sol; les cours d'eau deviennent pollués et encombrés de sédiments, ce qui cause des dommages irréversibles aux écosystèmes. La photo ci-dessus aurait cependant pu être prise ailleurs qu'au Brésil : le même processus est en cours en Afrique équatoriale et en Asie du Sud-Est, notamment dans l'île de Bornéo.

région, et des paysans de tous les coins du Brésil, qui pratiquaient jusque-là une agriculture de subsistance. Attirés par la possibilité d'acheter des terres à bas prix, les colons défrichent puis plantent généralement du maïs ou du riz, mais au bout de trois ans les pluies diluviennes ont déjà lessivé les éléments nutritifs du sol et accéléré le processus d'érosion. Sur ces terres devenues moins fertiles, les exploitants plantent des espèces fourragères avant de vendre leur lot à des éleveurs de bovins et d'aller défricher d'autres zones inexploitées, et le cycle se répète. La destruction des forêts amazoniennes qui s'ensuit représente plus de la moitié de la défo-

restation en zone tropicale et elle risque de provoquer une crise environnementale d'envergure planétaire (voir l'encadré à la page 166).

✦ Le Nord : l'Amérique du Sud antillaise

Un coup d'œil à la carte de la figure 5.5 permet de se rendre compte que les pays de la marge septentrionale du continent sud-américain ont d'autres traits communs que leur localisation sur le littoral : chacun renferme

---

LES GUYANES

À l'est du Venezuela et bordant le Brésil au nord, trois pays de la zone côtière septentrionale de l'Amérique du Sud (fig. 5.7) constituent en quelque sorte une anomalie de l'Amérique « latine » : ils ont été colonisés par des puissances d'Europe de l'Ouest et baptisés, à cette époque, Guyane britannique, Guyane hollandaise et Guyane française, d'où la dénomination « les Guyanes ». Deux de celles-ci ont obtenu leur indépendance : le voisin du Venezuela est devenu la république de Guyana, et la Guyane hollandaise, au centre, a pris le nom de république du Surinam. À l'extrême est, la Guyane française a actuellement le statut de département français d'outre-mer (DOM).

La population de ces trois pays ne dépasse pas le million : le Guyana compte 920 000 habitants, le Surinam, 445 000 et la Guyane, à peine 170 000. Leur géographie culturelle est typiquement antillaise : les communautés originaires de l'Asie du Sud-Est et de l'Afrique forment la majorité, alors que les Blancs ne constituent qu'une faible minorité. Au Guyana, les habitants de souche asiatique représentent un peu plus de la moitié de la population, les descendants des esclaves noirs et les mulâtres, 43 %, et les autres, notamment d'ascendance européenne, constituent de petites minorités. La composition ethnique du Surinam est encore plus complexe du fait que les conquérants européens ont réduit à l'esclavage non seulement des Indiens d'Asie (ce groupe forme maintenant 37 % de la population) et des Noirs (31 %), mais également des Indonésiens (15 %); enfin, 10 % de la population est composée de descendants d'esclaves africains (appelés « Noirs de la brousse ») qui, après s'être enfuis des plantations côtières, sont allés se réfugier dans les forêts de l'arrière-pays. La Guyane française est plus européanisée que les deux autres; environ les trois quarts de sa faible population parlent français et la majorité des habitants (66 %) sont des métis d'ascendance africaine, asiatique et européenne.

La Guyane française est en outre moins développée que les deux autres. Bien que pouvant compter sur une

petite industrie fondée sur la pêche des crevettes et sur l'exportation d'une certaine quantité de bois, elle dépend de la métropole pour son approvisionnement en denrées alimentaires. Quant au Surinam, il connut une période de croissance après la déclaration d'indépendance en 1975, mais la prospérité fit bientôt place à l'instabilité politique. Plus de 100 000 Surinamais émigrèrent aux Pays-Bas et, au milieu des années 1990, la stagnation de l'économie entraîna l'État au bord de la faillite. Le Surinam est néanmoins autosuffisant pour son approvisionnement en riz et il exporte même des surplus de cet aliment de base, de même que des bananes et des crevettes. Une bonne partie du revenu annuel provient généralement de l'exploitation de la bauxite dans les mines de l'intérieur du pays. Le Guyana, ancienne colonie britannique, a acquis son indépendance en 1966 alors que faisaient rage des conflits internes opposant essentiellement les Guyanais d'ascendance africaine à ceux de souche asiatique. Des tensions de cette nature continuent de déchirer le pays, dont les habitants vivent majoritairement dans de petits villages côtiers. Le revenu annuel du Guyana provient principalement de l'exploitation de la bauxite, des riches gisements d'or de l'ouest du pays et de la pêche des crevettes.

Les trois Guyanes connaissent présentement une grave crise environnementale. Les deux États indépendants manquant de capitaux, des sociétés établies dans les pays de l'Asie-Pacifique leur ont offert des sommes importantes pour obtenir le droit d'exploiter leur ressource naturelle la plus précieuse, soit les vastes forêts tropicales qui couvrent leur territoire au-delà de l'étroite bande côtière habitée. Des concessions ont déjà été accordées à ces compagnies, mais des groupes de défenseurs de l'environnement de tous les coins de la planète sont intervenus, sachant très bien que ces mêmes entreprises ont décimé des forêts similaires ailleurs sur le globe, provoquant ainsi la destruction par érosion de collines et de vallées sur tout le Sud-Est asiatique.

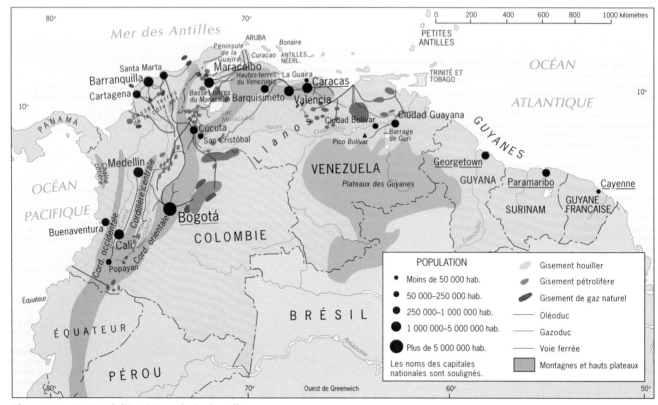

Figure 5.7 Le Nord : l'Amérique du Sud antillaise.

une zone tropicale de plantation dont l'origine remonte à l'époque de la colonisation européenne, d'où l'importation d'une main-d'œuvre noire et l'intégration subséquente de ce groupe d'ascendance africaine dans la population de l'Amérique du Sud. Aux millions d'ouvriers agricoles noirs sont venus s'ajouter des milliers de Sud-Asiatiques, qui ont également débarqué sur les rives septentrionales du continent en qualité de travailleurs contractuels. Chacun connaît ce modèle de développement : en l'absence d'une main-d'œuvre locale suffisante, les colons ont eu recours à l'esclavage et à l'embauche d'ouvriers liés à eux par contrat pour exploiter leurs plantations lucratives. Il existe néanmoins une différence entre les deux pays hispanophones, soit la Colombie et le Venezuela, et les trois Guyanes : dans les deux premiers, le centre de gravité démographique s'est déplacé très tôt vers l'intérieur, et l'économie, d'abord centrée sur les plantations, a pris une tout autre orientation lorsque celles-ci ont commencé à décliner; par contre, dans les Guyanes, la population est encore concentrée sur la côte et l'économie de plantation prédomine toujours (voir l'encadré « Les Guyanes »).

Comparativement aux trois autres pays côtiers, la Colombie et le Venezuela sont avantagés du fait qu'ils renferment de vastes espaces, des populations importantes et des milieux naturels variés et qu'ils possèdent un grand potentiel économique. En outre, une partie du territoire de la Colombie (surtout) et du Venezuela est située dans les Andes, de sorte que ces deux États exploitent des gisements pétrolifères qui comptent parmi les plus riches du globe.

Le Venezuela

Le Venezuela s'est développé essentiellement dans le nord et l'ouest, là où la cordillère du Venezuela forme le contrefort oriental du nord des Andes. La majorité des 23 millions de Vénézuéliens sont concentrés sur ces plateaux, notamment dans la capitale, Caracas, et son ancienne rivale, Valencia, dans le centre marchand et industriel en croissance de Barquisimeto et à San Cristóbal, près de la frontière de la Colombie.

La cordillère du Venezuela est entourée au nord-ouest par la dépression et le lac de Maracaïbo et, au sud et à l'est, par la vaste zone de savane, ou *llanos,* dans le bassin de l'Orénoque. En bordure de la mer des Antilles, les basses terres du lac de Maracaïbo, autrefois infestées de maladies et peu peuplées, sont aujourd'hui l'une des principales zones productrices de pétrole du globe. La majeure partie de cette ressource est extraite des réserves situées sous les eaux peu profondes du lac; celui-ci est, soit dit en passant, mal nommé, puisque c'est en réalité un golfe qui débouche sur la mer par un étroit goulet. La seconde ville du Venezuela, Maracaïbo, est le foyer de l'industrie pétrolière qui transforma l'économie du pays dans les années 1970. Après 1985, le Venezuela a cependant souffert de l'effondrement global du cours du pétrole :

« Depuis le Venezuela jusqu'au sud du Chili, le système montagneux andin crée dans l'ouest de l'Amérique du Sud des barrières à la circulation, et pas seulement en ce qui concerne le transport. Dans l'arrière-pays, l'isolation et la fragmentation créent également des problèmes politiques. C'est dans les montagnes de l'intérieur, loin des autorités, que les rebelles fomentent leurs révoltes; dans ces régions, la population amérindienne est presque coupée de tout contact avec les habitants de souche européenne établis sur la côte. Les efforts déployés pour relier l'intérieur à la côte ont abouti à des solutions remarquables. Au cours de notre voyage, nous avons pris, près de El Cojo, un téléphérique qui nous a amenés à Caracas, au-delà de la cordillère littorale qui s'élève à 900 m en cet endroit. En route, nous nous sommes arrêtés dans des villages pour laisser monter des gens accompagnés de chèvres et de poulets. Durant la descente vers la ville, nous avons eu du mal à voir Caracas à travers le smog âcre qui remplissait la vallée où la capitale est construite. » (Source : recherche sur le terrain de H. J. de Blij)

comme il avait emprunté de fortes sommes qu'il comptait rembourser grâce aux revenus tirés de la vente de pétrole, il connaît encore, comme le Mexique, des difficultés économiques reliées à l'importance de sa dette extérieure; ces difficultés furent amplifiées par la dévaluation de la monnaie nationale et la crise politique de 1994, qui provoquèrent une grave récession et une agitation sociale généralisée.

Les *llanos*, au sud de la cordillère, et les plateaux des Guyanes, dans le sud-est du pays, font partie des zones qui contribuent à maintenir l'image d'une Amérique du Sud « sous-peuplée » et « sous-développée ». Cependant, d'importantes réserves de pétrole ont récemment été découvertes dans les *llanos* et, bien qu'elles ne soient pas encore exploitées, les savanes et des *tierras templadas* (voir l'encadré « Les zones d'altitude » à la page 163) des plateaux des Guyanes ont un énorme potentiel en tant que zone agricole commerciale. L'intégration économique de l'intérieur au reste du pays a en outre été stimulée par la découverte de riches gisements de minerai de fer dans le flanc nord des plateaux des Guyanes, au sud-ouest de Ciudad Guayana. Une voie ferrée relie ce site à l'Orénoque et, de là, le minerai est expédié directement à l'étranger par bateau.

La Colombie

Une vaste zone de *llanos* occupe environ 60 % du territoire de la Colombie. La région du pays à l'est des Andes, qui comprend les bassins supérieurs des principaux affluents de l'Orénoque et de l'Amazone, se compose de savanes et de forêts tropicales. Comme elle est en majeure partie sous le contrôle de guérilléros, aucun secteur n'atteindra vraisemblablement à court terme un développement comparable à celui de la zone andine ou des basses terres bordant la mer des Antilles. Ces deux dernières régions abritent la majorité des Colombiens; c'est là que sont localisées les grandes villes et les aires les plus productives.

L'ouest de la Colombie, en grande partie montagneux, renferme quatre chaînes parallèles, orientées globalement nord-sud et séparées par des vallées. Au nord, les vallées qui sont encastrées entre les trois cordillères les plus élevées donnent sur les basses terres de la côte antillaise, où sont situés les trois grands ports colombiens : Barranquilla, Cartagena et Santa Marta.

La population colombienne, de 39 millions d'habitants, est divisée en plus d'une douzaine de groupes isolés, installés soit dans les plaines du littoral antillais, soit dans les vallées encastrées entre les chaînes andines, soit dans les hautes vallées au sein même des cordillères. La capitale, Bogotá, qui abrite 6 millions d'habitants, est située dans la vallée du Magdalena, le principal corridor routier de la Colombie. Elle constitue un important centre culturel hispanique, dont l'influence s'étend au-delà des frontières du pays. La Colombie méridionale, andine, abrite d'importantes populations indigènes, alors que le littoral caraïbe a conservé des marques de la période des plantations, durant laquelle les Africains furent introduits. La ville de Cali, dans la vallée du Cauca, est le foyer commercial d'une zone agricole où dominent la culture de la canne à sucre et du tabac, de même que l'élevage. Au nord de cette métropole se trouve Medellín; centre de l'industrie textile, cette ville joue un rôle important dans l'économie colombienne en raison principalement des plantations de café situées dans sa périphérie.

Depuis la baisse des ventes de café, les deux principaux produits d'exportation de la Colombie sont le pétrole et le charbon. Dans le nord, les gisements de la dépression vénézuélienne du lac de Maracaïbo s'étendent au-delà de la frontière (contestée) de la Colombie, qui exploite la portion située sur son territoire depuis des décennies. Les découvertes de réserves supplémentaires dans le nord-est et, surtout, dans la région de Cusiana laissent entrevoir la possibilité que la Colombie devienne l'un des principaux fournisseurs de pétrole du gigantesque marché américain. Enfin, la base de la péninsule septentrionale de la Guajira renferme les plus riches gisements de charbon de toute l'Amérique du Sud, ce qui devrait permettre à la

GÉOGRAPHIE DE LA COCAÏNE

Une quantité considérable de drogues illégales franchissent chaque année les frontières américaines; la cocaïne, qui est certainement celle dont l'usage est le plus répandu, provient en totalité d'Amérique du Sud, principalement de la Bolivie, du Pérou et de la Colombie (ces trois pays produisant les trois quarts de la cocaïne consommée dans le monde).

La première phase de la production de la cocaïne est l'extraction de la pâte de coca des feuilles de l'arbrisseau nommé coca, cultivé principalement sur le versant oriental des Andes et dans les basses terres tropicales adjacentes de la Bolivie et du Pérou, de même que dans la zone frontière occidentale du Brésil, en Amazonie. La productivité de ces zones a permis aux populations amérindiennes qui y vivent de faire de la culture du coca une activité des plus rentables. Celle-ci étant souvent pratiquée dans d'immenses plantations, elle attire dans la région un grand nombre de paysans qui s'adonnaient jusque-là à une agriculture de subsistance.

La seconde phase de la production de la cocaïne comprend le raffinage de la pâte de coca (contenant environ 40 % de cocaïne), qui est transformée en hydrochlorure de cocaïne (dont la teneur en cocaïne est de plus de 90 %). Cette opération requiert l'emploi de substances chimiques complexes et fait intervenir des processus nécessitant un contrôle rigoureux, d'où le besoin d'une main-d'œuvre spécialisée. Les centres ultramodernes de traitement étaient jusqu'à récemment concentrés dans le sud-est de la Colombie, mais au milieu des années 1990 le gouvernement de Bogotá mena des attaques contre les usines de raffinage de la coca et il captura ou tua plusieurs des chefs des cartels de Medellín et de Cali. De nouvelles associations de criminels prirent la relève en Bolivie et, surtout, au Pérou; elles font maintenant elles-mêmes le raffinage de la coca récoltée dans leur pays et se chargent de trouver des marchés.

La troisième opération, soit la distribution de la cocaïne sur les marchés américains, dépend d'un réseau efficace, mais clandestin, de transport. La préférence va à l'emploi de petits avions qui décollent de pistes aménagées près des centres de raffinage, dans des zones éloignées qui échappent au contrôle des autorités. Bien qu'il soit généralement admis que la Floride constitue le premier port d'entrée de cette substance illégale aux États-Unis, l'isthme centraméricain semble être devenu la principale route utilisée par les contrebandiers.

Colombie de devenir le troisième exportateur de ce produit (surtout vers l'Europe) au monde.

Les industries énergétiques en croissance de la Colombie offrent un bon potentiel, mais la présence de guérilléros rend nécessaire la surveillance des complexes de production et des pipelines par l'armée. Les organisations révolutionnaires, qui ont cessé de prôner une idéologie politique, sont devenues principalement des protecteurs et des partenaires des trafiquants de drogue, ce qui leur assure des revenus considérables (voir l'encadré « Géographie de la cocaïne »).

Le Venezuela et la Colombie sont tous deux caractérisés par la fragmentation de leur population, dont une bonne partie vit dans des communautés isolées, et par la faible densité de leur arrière-pays; en outre, le revenu extérieur de ces deux États dépend de l'exportation massive d'un petit nombre de produits. La majorité des Vénézuéliens et des Colombiens s'adonnent à une agriculture de subsistance ou travaillent dans des conditions sociales et économiques favorisant les inégalités, comme c'est le cas presque partout en Amérique latine.

✦ L'Ouest andin

La troisième région d'Amérique du Sud, l'Ouest andin, englobe le Pérou, l'Équateur et la Bolivie* (fig. 5.8). Ces trois pays abritent d'importantes populations indigènes, comme l'indique la carte des zones culturelles de la figure 5.5. Un peu plus de la moitié des Péruviens sont d'ascendance amérindienne; en Bolivie, 47 % de la population appartient à ce groupe et en Équateur, 40 %. Ces données sont cependant approximatives, car il est difficile de déterminer si elles incluent ou non les métis ayant des traits amérindiens marqués. Les trois États de la région présentent d'autres similarités : ils ont tous une économie à faible revenu, ils sont relativement peu productifs et, malheureusement, ils abritent tous de nombreux paysans sans terre qui vivent dans une pauvreté extrême.

Le Pérou

Par son étendue et sa population (25 millions d'habitants), le Pérou est la plus grande des trois républiques de l'Ouest andin. Nous divisons son territoire de 1,3 million de kilomètres carrés en trois sous-régions naturelles et culturelles : 1° la côte désertique à dominante européenne et métisse; 2° la cordillère des Andes, ou *Sierra*, à dominante amérindienne; 3° le piémont oriental et la plaine amazonienne adjacente, une zone

---

* Le Paraguay présente également de nombreux traits culturels caractéristiques de l'Ouest andin, mais sur le plan économique il se tourne de plus en plus vers le sud. Nous le considérons donc comme un État en transition et l'avons inclus dans la région Sud.

intérieure faiblement peuplée à dominante amérindienne et métisse (fig. 5.8). La position de Lima, la capitale, où est concentré près du tiers de la population totale du pays, reflète bien les divisions culturelles qui, encore aujourd'hui, caractérisent le Pérou : cette métropole est située dans la zone côtière périphérique et non dans une vallée des Andes, au centre de l'État.

Du point de vue économique, le site que les conquistadores ont choisi pour établir leur capitale s'est avéré judicieux, car la région côtière est devenue la zone commerciale la plus productive du pays. L'industrie de la pêche, qui tire parti du courant froid de Humboldt remontant le long du littoral, contribue pour une large part aux exportations nationales. L'agriculture pratiquée dans une quarantaine d'oasis irriguées fournit du coton, du sucre, du riz, des légumes, des fruits et du blé. Le coton et le sucre comptent parmi les principaux produits d'exportation du Pérou.

La *Sierra* occupe environ le tiers du territoire péruvien et elle abrite la majorité des communautés amérindiennes, dont la langue d'usage est le quechua. Mais en dépit de son étendue et de l'importance de sa population (soit près de la moitié des Péruviens), cette région a peu d'influence dans les affaires politiques du pays, et son apport à l'économie nationale est très limité sauf dans le secteur minier. L'agriculture de subsistance pratiquée dans les *tierras frías* comprend la culture de la pomme de terre, de l'orge et du maïs, alors que dans la *puna* les Amérindiens font paître des lamas, des alpagas, des bovins et des moutons (voir la définition des zones d'altitude à la page 163).

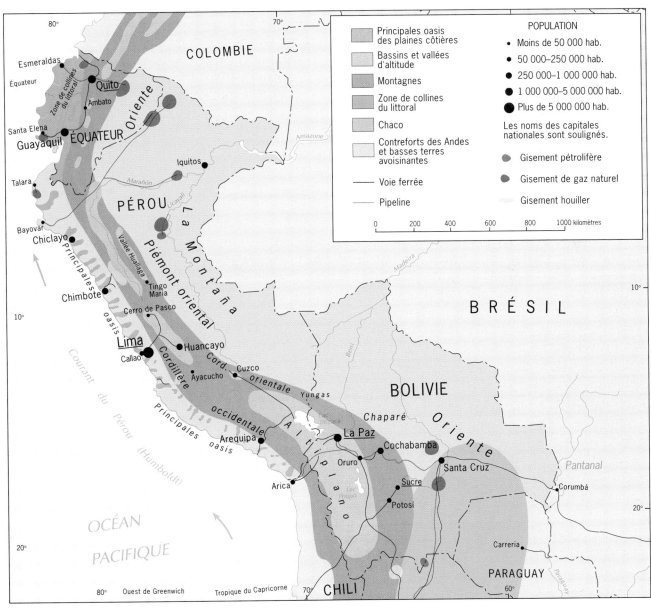

Figure 5.8 L'Ouest andin.

Le piémont oriental et le bassin amazonien forment *La montaña*, soit la plus isolée des trois sous-régions péruviennes, dont le centre est Iquitos. Cette ville, orientée vers l'est, est accessible aux navires océaniques qui doivent cependant remonter l'Amazone sur une distance de 3700 km pour l'atteindre. Des gisements pétrolifères ont été découverts à l'ouest d'Iquitos et, depuis 1977, le précieux liquide est transporté jusqu'au port de Bayovar sur le Pacifique au moyen d'un pipeline construit à travers les Andes.

Le Pérou sort actuellement de presque deux décennies d'instabilité causée par l'insurrection du Sentier Lumineux *(Sendero Luminoso)*, un mouvement terroriste maoïste. Ces guérilléros, qui ont misé sur l'extrême pauvreté des Amérindiens pour accroître leurs effectifs, avaient établi leur quartier général dans le centre des Andes. Au début des années 1990, ils quittèrent cette base dans les montagnes pour se répandre dans le pays et, à un moment, ils tentèrent même de s'emparer de Lima. Le gouvernement riposta finalement de manière violente et, en 1994, les guérilléros durent battre en retraite. Depuis, leurs chefs sont en déroute, ils ne contrôlent plus que quelques localités habitées par des inconditionnels et leur action se limite à quelques actes terroristes isolés. La menace de la révolution étant éliminée, les investisseurs et les touristes sont revenus en force au Pérou. En 1995, stimulée par la reprise des industries énergétique et minière et de l'industrie de la pêche, l'économie péruvienne était l'une de celles qui connaissaient le plus haut taux de croissance au monde.

« Le centre de la capitale péruvienne, Lima, est situé à l'intérieur des terres, à une dizaine de kilomètres du port de Callao, mais les frontières de ces deux agglomérations urbaines se sont rejointes. Notre arrivée à Callao nous a rappelé la pénurie de bons ports naturels le long du littoral de l'Amérique du Sud. Celui de Callao se trouve dans une zone à risque : en 1746, la ville fut détruite par un tremblement de terre suivi d'un tsunami (des vagues géantes engendrées par des secousses sismiques). Callao dispose aujourd'hui d'équipements adéquats et c'est le premier port de pêche, de commerce et d'exportation de pétrole du pays. Nous sommes montés sur le pont supérieur d'un navire pour prendre la photo ci-dessus, qui montre une partie de la flotte de pêche, de même que les réservoirs servant à entreposer le pétrole et le gaz. » (Source : recherche sur le terrain de H. J. de Blij)

L'UNE DES GRANDES VILLES D'AMÉRIQUE DU SUD

Lima

Lima (dont la population est de 7,9 millions d'habitants) se distingue en tant que ville primatiale même si le continent en compte plusieurs. Elle abrite 32 % des Péruviens, qui produisent 70 % du PIB du pays, paient 90 % des impôts et fournissent 98 % des capitaux privés investis dans l'économie nationale. Ne serait-ce que sur ce plan, Lima *est* le Pérou.

Le noyau initial de Lima était une oasis modeste au cœur d'une étroite zone désertique coincée entre les eaux froides du Pacifique et les hauteurs élancées des Andes. Non loin de ce foyer, les conquistadores découvrirent le meilleur havre naturel de la côte occidentale de l'Amérique du Sud, où ils établirent le port de Callao. Ils construisirent cependant leur ville à 11 km à l'intérieur des terres, sur un site où l'eau et les sols fertiles étaient plus abondants. Ils appelèrent cette agglomération Lima et en firent la capitale coloniale de l'ensemble de leurs territoires sur le continent.

Après la déclaration d'indépendance du Pérou, Lima continua d'être le principal centre du pays. Sa croissance démographique ne causa aucun problème grave avant la fin des années 1970, mais le fait que la population de la métropole ait doublé au cours des 20 dernières années (ce qui représente toutefois une augmentation absolue moins importante que l'explosion démographique qu'a connue São Paulo) a engendré des difficultés considérables. C'est dans les bidonvilles de la périphérie que la situation est la plus critique; cette zone abrite actuellement au moins le tiers de la population urbaine, ce qui est effarant même selon les critères sud-américains (voir la photo ci-dessus).

Il reste à voir si le Pérou saura maintenir un rythme de développement analogue au-delà de la courte période que durera la reprise économique.

L'Équateur

L'Équateur, le plus exigu des trois pays de l'Ouest andin, ne semble sur la carte qu'un coin du Pérou, mais en réalité les deux pays contrastent sur bien des plans. L'Équateur comprend une façade sur le Pacifique, une zone andine étroite (moins de 250 km de largeur) mais où les élévations ne sont pas pour autant de moindre altitude qu'ailleurs, et un piémont oriental, appelé *Oriente*, aussi faiblement peuplé et pas plus développé que celui du Pérou. Près de la moitié de la population de l'Équateur est concentrée dans les bassins et les vallées des Andes et, comme au Pérou, la zone la plus productive est la façade pacifique.

La façade pacifique de l'Équateur est formée de collines séparées par des zones de terres basses, dont la plus importante est située dans le sud entre les collines du littoral et les Andes. Le cœur de cette sous-région est Guayaquil, principale ville équatorienne et premier centre marchand du pays. La zone littorale de l'Équateur est beaucoup moins européanisée que celle du Pérou, les Blancs ne représentant que 10 % des 12 millions d'habitants. Le reste de la population se compose de 25 % d'Amérindiens, de 10 % de Noirs et de mulâtres et de 55 % de métis (dont un bon nombre ont une forte ascendance amérindienne).

La production de la zone côtière diffère de celle du Pérou. L'Équateur est l'un des principaux exportateurs de banane d'Amérique du Sud; il produit en outre du cacao, de même que du café dans les collines du littoral et les *tierras templadas* des Andes. Le pétrole, qu'on extrait massivement de la jungle de l'*Oriente* depuis 25 ans, vient au premier rang des exportations de l'Équateur.

L'Équateur n'est pas un pays pauvre dans son ensemble. Ces dernières années, la croissance a été vigoureuse dans les terres basses de la façade pacifique. Mais il en est autrement dans la cordillère des Andes, où les Amérindiens sont quatre à cinq fois plus nombreux que les Blancs ou les métis, lesquels sont principalement administrateurs ou propriétaires d'haciendas. En fait, les Andes équatoriennes ressemblent aux régions andines du Pérou et de la Bolivie. Située dans l'un des nombreux bassins d'altitude où est concentrée la population andine, Quito, la capitale de l'Équateur, est avant tout un centre administratif, car le potentiel de la région est trop faible pour en justifier le développement commercial ou industriel. Les Andes équatoriennes diffèrent des Andes péruviennes en ce sens qu'elles ne renferment apparemment pas de gisements importants de minerais. Donc, en dépit de la construction d'une voie ferrée reliant Quito à Guayaquil, l'arrière-pays demeure isolé et son économie stagnante.

La Bolivie

Vers le sud, les Andes s'élargissent à partir de l'Équateur pour atteindre un maximum d'environ 720 km en Bolivie. Les cordillères orientale et occidentale y culminent toutes deux à plus de 6000 m de hauteur. Entre ces deux grandes chaînes se trouve l'Altiplano proprement dit (voir fig. 5.8; rappelons qu'un *altiplano* est un bassin allongé en haute altitude). À cheval sur la frontière entre le Pérou et la Bolivie, le lac Titicaca, le plus élevé des grands lacs du globe, atteint une altitude absolue de 3700 m. C'est dans cette région que se trouve le centre de la Bolivie moderne, qui est aussi l'un des foyers de la civilisation inca et même des cultures préincas. La capitale de la Bolivie, La Paz, est également située dans l'Altiplano à une hauteur de 3570 m; c'est donc l'une des plus hautes villes du monde. N'était du lac Titicaca, l'Altiplano serait beaucoup moins habitable. En effet, cette grande masse d'eau adoucit le climat du plateau, situé juste sous la ligne des neiges. On cultive donc des céréales depuis des siècles dans le bassin du lac, à une altitude exceptionnelle de 3850 m. Cette zone abrite encore aujourd'hui une importante communauté de paysans indigènes qui pratiquent une agriculture de subsistance.

Les Amérindiens qui peuplaient la Bolivie à l'arrivée des Européens furent dépossédés de leurs terres, tout comme leurs semblables du Pérou et de l'Équateur. Cependant, la principale source de richesse des

Le long de la route panaméricaine au sud de Lima, les arbres sont épars et la végétation des collines est clairsemée. Une proportion sans cesse croissante de la population de la capitale en expansion vit dans les bidonvilles de la périphérie, qui constituent des zones à risque, comme toutes les aires d'extrême pauvreté des autres agglomérations qui connaissent un développement rapide. En 1992, une épidémie de choléra qui a pris naissance dans la région et s'est répandue à d'autres pays d'Amérique du Sud et d'Amérique centrale a tué 10 000 personnes.

Européens en Bolivie ne fut pas la propriété foncière mais l'exploitation des mines. De considérables gisements d'argent dans les environs de la ville de Potosi, dans la cordillère orientale, ont d'ailleurs rendu cette ville célèbre, et les gisements d'étain, parmi les plus importants du monde, ont fourni à la Bolivie la majeure partie de ses revenus d'exportation au siècle dernier. Aujourd'hui, le zinc est au premier rang des exportations de minerais, et l'agriculture commerciale est en expansion constante dans les savanes fertiles des basses terres du sud-est du pays.

L'histoire de la Bolivie a été marquée par de nombreuses périodes d'agitation. Mis à part les éternelles luttes intestines pour le pouvoir, le pays a perdu une large part de son territoire dans des guerres désastreuses avec ses voisins. La perte de loin la plus considérable a été celle du corridor vers le Pacifique aux mains des Chiliens, il y a plus d'un siècle, mais des négociations en cours pourraient permettre à la Bolivie d'en reprendre possession.

Malgré les voies ferrées qui la relient aux ports chiliens d'Arica et d'Antofagasta, la Bolivie est grandement désavantagée par sa position à l'intérieur des terres. Étant donné le caractère inhospitalier de la région de la cordillère occidentale et de l'Altiplano, à l'ouest, il n'aurait pas été surprenant que la Bolivie se tourne vers l'est et que sa partie orientale soit plus développée que celle du Pérou ou de l'Équateur. Mais comme nous l'avons déjà dit, en dépit des efforts de mise en valeur, les infrastructures déficientes limitent à quelques petites zones la croissance économique et démographique de cet arrière-pays. La population bolivienne (8 millions d'habitants) est dispersée sur le territoire, mais les concentrations les plus fortes se trouvent dans les bassins et les vallées de la cordillère orientale, où les conditions sont plus favorables à la pratique de l'agriculture que dans l'Altiplano dénudé, à l'ouest. Le développement régional de la Bolivie (au deuxième rang quant à la pauvreté en Amérique du Sud) est en outre freiné par le fait qu'une proportion renversante de sa population, soit 70 %, vit dans la pauvreté. La majorité des démunis sont des indigènes, dont les besoins n'ont commencé à être pris en compte qu'au milieu des années 1990, au moment où le gouvernement récemment élu a adopté des mesures visant à intégrer les cultures amérindiennes à l'ensemble de la société.

✦ Le Cône sud

La quatrième et dernière région d'Amérique du Sud comprend les quatre pays austraux, soit l'Argentine, le Chili, l'Uruguay et le Paraguay (fig. 5.9). À cause de sa forme, elle porte le nom de « Cône sud ». Comme nous l'avons déjà mentionné, le Marché commun de l'Amérique du Sud (Mercosur) est entré en vigueur le 1er janvier 1995, créant ainsi la seconde zone de libre-échange en importance en Amérique, après l'Alena (celui-ci devrait bientôt englober le Chili). Le Mercosur regroupait au milieu de 1997 l'Argentine, l'Uruguay, le Paraguay et le Brésil, auxquels devraient se joindre éventuellement le Chili et la Bolivie.

Les liens qui unissent les pays du Cône sud reposent sur le rôle que la région a joué en tant que centre de la zone commerciale à dominante européenne, qui s'étend au-delà de la frontière du Brésil et englobe une bonne partie du cœur de ce pays (fig. 5.5). Le Mercosur, qui perpétue ces liens, a de plus entraîné dans son orbite le Paraguay, jusque-là marginal. Même si ce dernier État est moins avancé que l'Ouest andin et que sa situation en est une de transition, ses voisins au sud et à l'est n'ont pas hésité à l'inviter à se joindre à eux au sein du Mercosur. Cela s'explique du fait que deux des plus grands barrages du globe, soit ceux d'Itaipu et de Yacyretá, ont été construits sur le Paraná, près de la frontière orientale du Paraguay, et que l'un des principaux projets du Mercosur est l'ouverture de la voie maritime Hydrovía, longue de 3450 km, qui permettra la circulation de péniches dans la quasi-totalité du bassin drainé par les fleuves Paraná et Paraguay. D'autres projets d'amélioration des infrastructures contribuent à resserrer les liens entre les pays du Cône sud; les constructions prévues comprennent notamment des routes qui traverseraient les Andes en surface et sous terre, un pont, qui serait le plus long du monde, reliant Buenos Aires à l'Uruguay, et des autoroutes ou voies ferrées totalisant des centaines de milliers de kilomètres.

L'Argentine

Avec sa superficie de 2,8 millions de kilomètres carrés et sa population de 36 millions d'habitants, l'Argentine est le plus grand État du Cône sud et le second du continent sud-américain après le Brésil. Ce pays offre tout un éventail de milieux naturels, et sa population est largement concentrée dans la sous-région de la Pampa (mot qui signifie « plaine »). La figure I.9 montre la densité de population dans la campagne et les villes de la Pampa, de même que le vide relatif des six autres sous-régions (fig. 5.9), soit le Chaco couvert de forêts sèches au nord-ouest, la cordillère des Andes à l'ouest (dont la ligne de crête marque la frontière avec le Chili), les plateaux arides de Patagonie au sud du río Colorado, et les zones intermédiaires de collines du Cuyo, de l'Entre Rios (sous-région appelée aussi Mésopotamie argentine parce qu'elle se trouve entre les fleuves Paraná et Uruguay) et du Nord.

La Pampa actuelle est la résultante de 150 ans de développement. Cette sous-région longtemps dormante a commencé à émerger durant la seconde moitié du XIXe siècle, au moment où les besoins en denrées alimentaires des pays européens industrialisés ont rendu très rentables la culture commerciale des céréales et l'élevage à grande échelle. C'est à cette époque

Les trois quarts de la population argentine étant concentrés dans la Pampa, qui ne représente que 20 % du territoire, la densité démographique du reste du pays est relativement faible. L'industrie pastorale domine dans presque toutes les autres sous-régions. Malgré la présence de deux avant-postes importants dans le piémont andin, soit San Miguel de Tucumán et Mendoza, reliés adéquatement par chemin de fer au reste du pays, l'activité en Argentine tient essentiellement dans un rayon de 560 km autour de Buenos Aires.

Les années 1980 furent particulièrement mouvementées en Argentine : des milliers de militants gauchistes furent portés « disparus »; la junte militaire qui avait instauré un régime répressif dut céder la place à un gouvernement plus démocratique après l'humiliante défaite dans le bref conflit avec la Grande-Bretagne au sujet des îles Falkland (la question non résolue de leur souveraineté pourrait provoquer un nouveau conflit); et une grave crise économique suivit le changement de régime. La situation de l'Argentine s'est nettement améliorée au cours des années 1990. En outre, la stabilité politique est revenue dans le pays, et les dirigeants argentins semblent bien décidés à éviter que des erreurs et des excès similaires à ceux qui ont été commis dans le passé récent ne se répètent. Compte tenu de

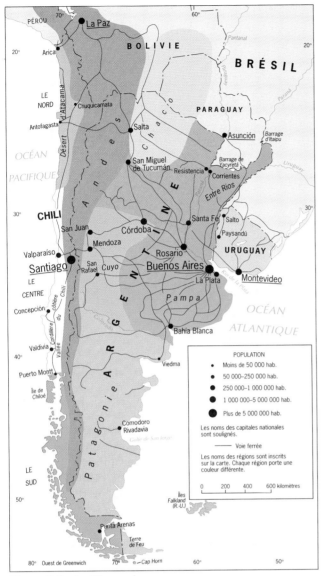

Figure 5.9 Le Cône sud.

« Qu'on y arrive par avion ou par bateau, le site de Buenos Aires ne produit pas une impression mémorable. La capitale est située sur le littoral occidental de l'estuaire du río de la Plata, non loin au sud du delta du Paraná. Quand on remonte le río de la Plata, ses rives basses et plates se rapprochent bientôt et on aperçoit un chapelet de petits villages et quelques usines; viennent ensuite les tours de Buenos Aires, qui semblent érigées directement dans les eaux troubles (le chenal menant à Buenos Aires doit être régulièrement dragué). On voit sur la photo que le paysage du quartier des affaires n'a rien d'impressionnant : compte tenu de la population, le développement en hauteur de Buenos Aires est relativement limité. Par contre, la métropole a une superficie considérable et son expansion ne rencontre aucun obstacle. Bien que son architecture ne soit pas remarquable, Buenos Aires a un caractère ibéro-italien et renferme quelques vestiges de l'époque coloniale. La volonté de conserver les monuments historiques ne semble pas avoir été très forte dans cette région. » (Source : recherche sur le terrain de H. J. de Blij)

que sont apparues les grandes haciendas exploitées par des métayers. Les liaisons ferroviaires irradiant depuis Buenos Aires, capitale en pleine croissance, ont été prolongées, entraînant la mise en valeur de toute la Pampa. Ainsi, au cours des décennies, des zones agricoles spécialisées se sont développées en divers endroits de cette sous-région. Actuellement, les exportations les plus profitables sont généralement les céréales, suivies des aliments pour le bétail, des huiles végétales et de la viande.

Le taux d'urbanisation de l'Argentine, soit *87 %*, se compare à celui des pays d'Europe de l'Ouest. Plus de 11 millions d'Argentins (32 % de la population) habitent dans la région métropolitaine de Buenos Aires, où est concentrée l'activité industrielle du pays. Dans les grandes villes argentines, une très large part des activités manufacturières sont reliées au traitement des denrées cultivées dans la Pampa et à la production de biens de consommation destinés aux marchés locaux.

L'UNE DES GRANDES VILLES D'AMÉRIQUE DU SUD

Buenos Aires

Buenos Aires est située sur les bords du vaste estuaire du río de la Plata. La ville moderne s'est développée grâce à la prospérité engendrée par les industries céréalières et pastorales de la Pampa voisine.

Avec ses 11,2 millions d'habitants, Buenos Aires est un exemple classique de ville primatiale. Près du tiers des Argentins y habitent, c'est la capitale nationale depuis 1880, et elle est sans contredit le cœur de l'activité économique du pays. Centre culturel de renommée mondiale, riche en monuments historiques, Buenos Aires possède aussi l'*Avenida 9 de Julio*, le boulevard le plus large du monde.

Depuis la restauration de la démocratie, la capitale argentine tente de retrouver son âge d'or, cette période durant laquelle son architecture et ses activités dans les domaines de la mode, de l'édition et des arts de la scène en faisaient l'une des plus brillantes cités du monde. De plus, elle est en train de devenir le principal centre de l'industrie cinématographique et télévisuelle hispanophone en Amérique.

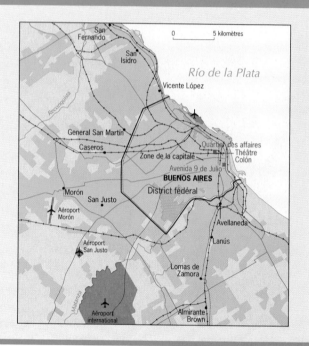

ses richesses naturelles variées et du rôle prometteur qu'elle est appelée à jouer dans le Mercosur, l'Argentine réussira peut-être enfin à mettre en place les éléments qui lui permettront d'atteindre son plein développement.

L'Uruguay

Contrairement à l'Argentine et au Chili, l'Uruguay est de faible étendue et densément peuplé. Cet ancien État tampon est devenu un pays agricole passablement prospère, une sorte de Pampa en miniature mais dont les sols et le relief sont moins propices au développement. Les cartes des figures I.7 et I.8 indiquent les similarités physiques des deux rives de l'estuaire du río de la Plata. Montevideo, capitale construite sur la côte, abrite près de 45 % des 3,2 millions d'habitants de l'Uruguay; depuis cette métropole, des routes et des voies ferrées rayonnent jusque dans les terres fertiles de l'intérieur. C'est dans les environs de Montevideo que se trouvent les principales zones agricoles du pays, qui produisent des fruits et des légumes destinés aux marchés urbains, de même que du blé et du fourrage. Dans le reste de l'Uruguay, c'est l'élevage extensif de bovins et d'ovins qui domine; celui-ci fournit de la viande, des matières textiles et du cuir, qui représentent une large part des exportations nationales.

L'Uruguay étant de faible étendue (sa superficie, 176 000 km², est inférieure à celle des trois Guyanes), il ne peut évidemment pas abriter une grande population. Par ailleurs, contrairement aux autres États, l'Uruguay a une densité de population relativement uni-

forme sur tout son territoire, jusqu'aux frontières du Brésil et de l'Argentine. Sa population est en outre plus européenne que celle de n'importe quel autre pays d'Amérique du Sud, y compris le Chili et l'Argentine; elle ne comprend aucune minorité ethnique importante, mais un grand nombre d'habitants d'ascendance européenne non hispanique. Dans un avenir prochain, compte tenu de l'évolution probable du Mercosur, l'Uruguay devrait pouvoir tirer parti de sa position géographique, entre la Pampa argentine au sud et les zones les plus dynamiques du Brésil au nord.

Le Paraguay

La carte de la figure 5.4 indique que le Paraguay est situé dans une zone de transition interrégionale. Bien que son PNB par habitant soit légèrement plus élevé que ceux du Pérou, de l'Équateur et de la Bolivie, il est plus proche de la moyenne de l'Ouest andin que de celle du Cône sud. La population du Paraguay ressemble elle aussi davantage à la population des pays de l'Ouest : 95 % des 5 millions d'habitants sont métis, et l'influence amérindienne très prononcée a mené à l'assimilation quasi totale des descendants d'Européens. Le Paraguay est peut-être l'État le plus bilingue du monde, la majorité de ses habitants parlant à la fois espagnol et guarani. Sur le plan du relief cependant, il n'a rien d'un pays andin : il est entièrement situé à l'est des cordillères, au centre du bassin drainé par les fleuves Paraguay et Paraná, de sorte que le seul accès à la mer se trouve au sud. L'amélioration des voies fluviales et l'intégration économique des pays du Cône sud dans le cadre du Mercosur ne peuvent que renforcer cette orientation du Paraguay vers le sud.

La position du Paraguay à l'intérieur des terres a freiné jusqu'à maintenant son essor économique. En effet, le potentiel agricole et pastoral du pays est très peu développé, surtout à cause de l'inefficacité des infrastructures, les produits destinés à l'exportation devant être transportés depuis Asunción, la capitale, jusqu'au port de Buenos Aires par les voies fluviales inadéquates du Paraná et du Paraguay. Le Paraguay exporte néanmoins du soja, du coton, du bois, du cuir et de la viande. Le Chaco, une zone au climat sec qui comprend la partie du pays située à l'ouest du Paraguay, est le domaine de l'élevage extensif, mais la production est de qualité inférieure à celle de l'Argentine. Une communauté agricole mennonite prospère au cœur du Chaco; elle pratique la culture d'arachides sur une grande échelle et fournit environ la moitié des produits laitiers de tout le pays. Des Brésiliens ont acheté une partie des terres fertiles de la zone frontière du nord-est, bornée par le Paraná, et ils en tirent de bons revenus en cultivant le soja. Les deux barrages ultra-modernes construits en aval devraient stimuler le développement de l'industrie (fig. 5.9).

Le Chili

La république du Chili s'étire, entre la ligne de crête des Andes et le littoral du Pacifique, sur une étroite bande de terres longue de 4000 km, dont la largeur moyenne est de 150 km et la largeur maximale, de 250 km. Le Chili est donc un pays allongé, une forme susceptible de créer des problèmes dans les domaines de la politique extérieure, de l'administration et de l'économie en général. Dans le cas du Chili, les Andes constituent une véritable barrière à toute intrusion venant de l'est, et la mer est une voie de communication orientée nord-sud. En outre, l'histoire prouve que le Chili est tout à fait capable de faire face à ses rivaux du nord (le Pérou et la Bolivie).

Le Chili comprend trois importantes sous-régions (fig. I.7 et 5.9). Environ 90 % des 15 millions d'habitants est concentré dans le centre du pays, là où se trouvent la capitale et principale ville, Santiago, et le port le plus important, Valparaíso. Le nord est en grande partie occupé par le désert d'Atacama, qui est plus vaste, plus sec et plus froid que le désert du Pérou. Dans le sud, le littoral échancré comporte de nombreux fjords, et une myriade d'îles longent la côte; le relief de cette sous-région est montagneux et le climat est frais et humide dans la zone côtière, mais froid et sec dans les Andes. Au sud de la latitude de l'île de Chiloé, il n'y a plus aucune voie de communication terrestre permanente et cette zone est presque déserte. Les trois sous-régions décrites ci-dessus correspondent à des aires culturelles distinctes (voir la carte de la figure 5.5) : le nord à dominante métisse, le centre commercial à dominante européenne et le sud indifférencié. Il existe en outre dans le nord des Andes chiliennes une petite zone d'activités de subsistance à dominante amérindienne, qui s'étend en Bolivie et en Argentine.

Des différences distinguent en outre le nord et le sud de la sous-région du centre, qui est également le cœur du pays. Le centre-nord est caractérisé par la division des terres en haciendas et un climat de type méditerranéen avec des étés secs; c'est une zone de culture (généralement irriguée) du blé, du maïs, de légumes, de la vigne et d'autres produits méditerranéens. L'élevage et la production de fourrage y sont encore importants, mais ils ont tendance à céder la place à des activités plus rentables, dont la culture de fruits destinés à l'exportation. Le centre-sud du Chili, où sont venus s'établir bon nombre de Chiliens du nord ainsi que des Européens (surtout des Allemands), reçoit des précipitations plus abondantes; l'élevage de bovins y prédomine, et les cultures traditionnelles sont là aussi remplacées graduellement par la production plus rentable de fruits, de légumes et de céréales, entre autres.

Jusqu'en 1990, le désert d'Atacama (dans le nord) fournissait la majeure partie du revenu extérieur du Chili. Cette zone renferme les plus vastes gisements de nitrates exploitables au monde, et ceux-ci ont longtemps constitué le pivot de l'économie nationale. Cependant, la découverte au début du siècle de méthodes de production de nitrates synthétiques a entraîné le déclin de cette industrie. Le cuivre est alors devenu le principal produit d'exportation, car le Chili possède également la plus grande réserve de cuivre du globe. Bien qu'il en existe de moins importants ailleurs, les principaux gisements se trouvent dans la marge orientale du désert d'Atacama, à proximité de la ville de Chuquicamata et non loin du port d'Antofagasta.

Le Chili connaît actuellement une période de croissance fulgurante qui va transformer son économie. Ce pays enregistre en effet, depuis 1990, la plus forte croissance de tous les pays d'Amérique. À la suite de l'éviction du gouvernement militaire répressif en 1989, le Chili a entrepris une réforme qui a amené une croissance constante, une diminution radicale des taux d'inflation et de chômage, une réduction de 25 % du taux de pauvreté et un afflux massif de capitaux étrangers. Grâce à ses nouvelles relations commerciales, le Chili a pu diversifier son économie, fondée sur l'exportation, et la développer tout en la réorientant. Le cuivre vient toujours en tête des exportations nationales, mais l'exploitation d'autres minerais (notamment l'or) a été entreprise. Dans le secteur agricole, la production de fruits et de légumes destinés à l'exportation a monté en flèche, car la saison de croissance des plantes du Chili coïncide avec la saison hivernale des pays riches de l'hémisphère Nord. La pêche aux fruits de mer et l'exploitation forestière, notamment la production de papier,

« Nous sommes restés au large de la ville la plus au sud du Chili, Punta Arenas, située en face de la Terre de Feu, en attendant que le vent tombe et que la mer se calme. En plein été, la température tournait autour de 10 ℃ seulement et la péninsule de Brunswick, à l'arrière-plan, paraissait morne et dénudée. Une fois à terre, nous avons constaté que le paysage culturel de Punta Arenas reflète à bien des égards l'importance régionale de la ville. Nous avons remarqué entre autres des navires de la marine, assignés à la surveillance de l'Antarctique, mouillant dans le port ; un monument proclamant l'hégémonie chilienne sur une vaste zone antarctique (que l'Argentine et les États-Unis réclament également en partie) ; et un institut voué à l'étude de la Patagonie. Ainsi, l'extrémité australe du Cône sud continue de faire l'objet de litiges. » (Source : recherche sur le terrain de H. J. de Blij)

comptent parmi les autres activités économiques primaires qui contribuent à l'augmentation des revenus d'exportations. Le secteur industriel est également en expansion : de nouvelles usines produisent un large éventail de biens, des substances chimiques de base jusqu'aux logiciels.

Grâce à l'internationalisation rapide de son économie, le Chili participe maintenant au commerce mondial. Le Japon, son principal partenaire commercial au début des années 1990, s'est montré particulièrement intéressé à établir des liens économiques. Cette initiative a valu au Chili le surnom de « dragon économique des Andes ». Cependant, constatant que l'intégration économique régionale est créatrice de croissance continue, le pays a réorienté son développement vers l'Amérique, acceptant l'invitation des États-Unis, du Canada et du Mexique à entrer dans l'Alena. Le Chili bénéficiera ainsi d'un accès privilégié à un très vaste marché, d'un afflux accru et durable de capitaux en provenance de ses nouveaux partenaires et d'un transfert de technologies qui accélérerait le développement des secteurs secondaire et tertiaire.

Le développement économique chilien que l'on cite en modèle aux autres pays d'Amérique latine n'est pas vraiment « exportable ». En effet, peu d'États d'Amérique latine pourront rassembler les ressources naturelles et humaines ainsi que les conditions favorables dont a bénéficié le Chili. Mais l'exemple de ce dernier les fait rêver et, pour améliorer leurs conditions de vie, les autres pays sont prêts à coopérer pour réaliser l'intégration économique de l'Amérique tout entière, au cours de la prochaine décennie.

QUESTIONS DE RÉVISION

1. Quels sont les traits caractéristiques de l'Amérique du Sud ?

2. Pourquoi les populations de l'Amérique du Sud sont-elles principalement concentrées dans les régions côtières ?

3. Pourquoi le taux d'urbanisation en Amérique du Sud est-il si élevé ?

4. Pourquoi dit-on que le sud du continent est plus développé que le nord ?

5. Pourquoi jusqu'à maintenant y a-t-il peu de contacts entre les pays d'Amérique du Sud ?

6. Comment le pluralisme culturel influence-t-il les relations à l'intérieur des pays d'Amérique du Sud ?

7. En quoi les Guyanes diffèrent-elles du reste du continent sud-américain ?

8. Comment la diversité physique du Brésil a-t-elle influé sur son développement ?

9. Quel rôle le gouvernement du Brésil a-t-il joué dans le développement économique et dans la protection des ressources du pays ?

Votre étude de la géographie de l'Afrique du Nord et de l'Asie du Sud-Ouest terminée, vous pourrez :

1 Comprendre pourquoi il est si difficile de circonscrire et de nommer cet ensemble géographique.

2 Montrer comment l'histoire de l'ensemble Afrique du Nord et Asie du Sud-Ouest a contribué au développement de plusieurs des grandes religions du monde.

3 Apprécier l'importance globale de l'Islam dans cet ensemble et en expliquer les manifestations régionales distinctives.

4 Mieux cerner l'industrie pétrolière de l'ensemble et expliquer comment l'exploitation de cette ressource a permis le développement des pays producteurs.

5 Décrire les principaux enjeux dans chacune des régions de l'ensemble et expliquer pourquoi tant de problèmes géopolitiques y voient le jour.

6 Positionner sur la carte les principales caractéristiques physiques, culturelles et économiques de cet ensemble géographique.

L'Afrique du Nord et l'Asie du Sud-Ouest : l'énergie de l'Islam

Du Maroc sur le littoral atlantique aux montagnes d'Afghanistan, et de la Corne de l'Afrique aux steppes de l'Asie centrale, s'étend un vaste ensemble géographique d'une grande diversité culturelle. Situé au carrefour de l'Europe, de l'Asie et de l'Afrique, il participe de chacune de ces entités et son influence, qui s'est étendue à la quasi-totalité du globe, s'y est exercée tout au long de l'histoire. L'Afrique du Nord et l'Asie du Sud-Ouest constituent l'un des berceaux de l'humanité. Les toutes premières civilisations ont vraisemblablement pris naissance dans la plaine de Mésopotamie, entre le Tigre et l'Euphrate (dans l'Irak actuel), et sur les rives du Nil égyptien. Les plantes domestiquées sur ces sols poussent maintenant un peu partout, de l'Amérique à l'Australie. Des centaines de millions de gens se conforment encore aujourd'hui aux enseignements des prophètes qui ont parcouru les chemins de cet ensemble géographique. Mais à la fin du XXᵉ siècle, le cœur de l'Afrique du Nord et de l'Asie du Sud-Ouest est déchiré par des conflits extrêmement violents, qui représentent une grande menace pour l'humanité.

Portrait de l'Afrique du Nord et de l'Asie du Sud-Ouest

Il serait tentant de qualifier l'Afrique du Nord et l'Asie du Sud-Ouest de « monde aride », car cet ensemble géographique comprend le vaste Sahara et le désert Arabique. Il est vrai qu'en règle générale l'eau y est rare et que les paysans luttent souvent pour extraire une maigre récolte du sol à peine humidifié, que les nomades accompagnés de leurs bêtes sillonnent les basses terres au milieu de tourbillons de poussière, et que les oasis constituent des îlots d'agriculture sédentaire et de commerce dans un océan d'aridité. Mais il ne faut pas oublier que cet ensemble comprend également le pays du Nil, ce fleuve dont dépend la vie des Égyptiens, de même que les terres fertiles de la façade méditerranéenne du Maroc, de l'Algérie et de la Tunisie. D'ailleurs, la majorité des habitants de l'Afrique du Nord et de l'Asie du Sud-Ouest vivent à proximité de sources d'eau (dans le delta du Nil, le long de la côte méditerranéenne au nord-ouest de l'Afrique, près des rives est et nord-est de la mer Méditerranée en Asie, dans le bassin du Tigre et de l'Euphrate, dans les vastes oasis des déserts et sur les versants des monts de l'Iran et du Turkestan, respectivement au sud et au nord-est de la mer Caspienne).

L'examen de la carte des zones climatiques du globe (fig. I.7) permet de se rendre compte qu'aussi bien les frontières de l'Afrique du Nord que celles de l'Asie du Sud-Ouest coïncident en bonne partie avec les limites de zones climatiques de type *B* (caractéristiques des déserts et des steppes). Ainsi, la frontière entre l'Afrique du Nord et l'Afrique subsaharienne suit de près la limite méridionale de la zone *BSh*, alors que les climats caractéristiques des déserts, des steppes et des montagnes prévalent en Asie du Sud-Ouest. Mis à part la façade méditerranéenne, l'ensemble Afrique du Nord — Asie du Sud-ouest ne bénéficie que de précipitations très faibles et très irrégulières; il y fait extrêmement chaud le jour et froid la nuit, et les vents violents qui y soufflent soulèvent des nuages de poussière. La couche de sol est mince et, sur les versants des montagnes, la végétation est très clairsemée. Cependant, ces conditions changent à proximité des sources d'eau, non seulement sur le littoral maritime et le long des cours d'eau, mais aussi dans les oasis et aux environs des *qanats,* ces galeries creusées à angle dans des couches rocheuses renfermant des poches d'eau, de manière que celle-ci soit drainée vers la surface. La carte de la répartition de la population (fig. I.9) montre bien à quel point les communautés humaines sont dispersées et isolées les unes des autres dans cette partie du monde; ce mode de peuplement a en fait été déterminé par des facteurs physiques.

Un monde arabe ?

L'expression « monde arabe » est fréquemment employée pour désigner l'Afrique du Nord et l'Asie du Sud-Ouest, mais elle implique une uniformité qui n'existe pas en réalité. Le qualificatif *arabe* s'applique, dans son sens le plus général, aux habitants de l'ensemble géographique qui parlent l'une ou l'autre forme dialectale de la langue sémitique du même nom, mais les ethnologues l'utilisent uniquement pour désigner certains groupes d'occupants de la péninsule Arabique, soit le « noyau arabe initial ». Dans tous les cas, ni les Turcs ni la majorité des Iraniens et des Israéliens ne sont considérés comme des Arabes. De plus, même si l'usage de l'arabe est répandu dans une vaste région couvrant l'Afrique du Nord, de la Mauritanie dans l'ouest jusqu'à la péninsule Arabique, et s'étendant vers l'est jusqu'en Syrie et en Irak, ce n'est pas la langue de la majorité dans de nombreux secteurs de l'ensemble Afrique du Nord — Asie du Sud-ouest.

PRINCIPALES CARACTÉRISTIQUES GÉOGRAPHIQUES DE L'AFRIQUE DU NORD ET DE L'ASIE DU SUD-OUEST

1. Cet ensemble géographique comprend plusieurs des foyers culturels de l'Antiquité et il est le berceau de civilisations qui comptent parmi les plus durables.
2. Plusieurs grandes religions, dont l'islam, le christianisme et le judaïsme, ont pris naissance en Asie du Sud-Ouest.
3. Les musulmans (adeptes de l'islam) sont majoritaires en Afrique du Nord et en Asie du Sud-Ouest, mais d'autres religions y sont également pratiquées. La foi islamique imprègne néanmoins la culture, depuis le Maroc dans l'ouest jusqu'en Afghanistan dans l'est.
4. Le monde arabe se situe en Afrique du Nord et en Asie du Sud-Ouest, mais cet ensemble géographique comprend des populations importantes qui ne sont pas de souche arabe.
5. La population de l'ensemble Afrique du Nord — Asie du Sud-Ouest est dispersée dans des noyaux isolés les uns des autres.
6. Étant donné la sécheresse et l'irrégularité des précipitations en Afrique du Nord et en Asie du Sud-Ouest, la population est surtout concentrée dans les zones où l'approvisionnement en eau est suffisant ou passable.
7. Le Croissant fertile, au carrefour de l'Arabie, de l'Europe et de l'Asie, forme le cœur de l'ensemble géographique.
8. L'Afrique du Nord et l'Asie du Sud-Ouest sont déchirées par des dissensions profondes et des conflits violents, dont de nombreux litiges territoriaux et des tensions aux frontières.
9. L'effondrement du régime soviétique et le réveil de l'islam au Turkestan ont récemment repoussé les frontières de l'ensemble géographique à l'intérieur de l'Asie centrale.
10. Le sous-sol de l'ensemble Afrique du Nord — Asie du Sud-Ouest renferme des réserves considérables de pétrole, apportant la prospérité aux pays qui en sont pourvus. Cependant, seule une petite minorité de la population totale a vu son niveau de vie amélioré grâce aux revenus tirés de cette ressource.

Ainsi, le turc appartient au groupe ouralo-altaïque plutôt qu'au groupe sémitique ou hamitique. Par ailleurs, le persan, langue de la majorité en Iran, appartient à la famille indo-européenne. D'autres langues, d'origines diverses, sont parlées par les Juifs d'Israël, les Touaregs du Sahara, les Berbères du nord-ouest de l'Afrique de même que par les peuples de la zone de transition comprise entre l'Afrique du Nord et l'Afrique subsaharienne.

Un monde musulman ?

L'ensemble formé de l'Afrique du Nord et de l'Asie du Sud-Ouest est fréquemment désigné par les expressions « monde musulman » et «Islam ». Durant les siècles qui suivirent la mort du prophète Mahomet (ou Mohammed) en 632, le monde musulman prit de l'expansion en Afrique, en Asie et en Europe. Les armées de l'Islam envahirent le sud de l'Europe, ses caravanes sillonnèrent les déserts et ses navigateurs visitèrent les côtes d'Asie et d'Afrique. Au cours de leurs déplacements, les musulmans propagèrent leur religion : en Afrique de l'Ouest, ils convertirent les classes dirigeantes des États de la savane; ils mirent en péril le bastion chrétien des hauts plateaux éthiopiens; ils pénétrèrent dans les déserts d'Asie centrale et poussèrent leur avance jusqu'en Inde et même dans les îles de l'extrémité sud-est de l'Asie. L'islam était présent dans les marchés, les bazars et les caravanes. Au besoin, ses adeptes l'imposèrent par la force de l'épée, et ils s'efforcèrent de convertir d'abord les dirigeants politiques des communautés qu'ils soumettaient. Aujourd'hui, la religion islamique compte plus d'un milliard de fidèles et elle s'est répandue bien au-delà des frontières de l'ensemble géographique qui fait l'objet du présent chapitre (fig. 6.1). Elle occupe la première place dans le nord du Nigéria, au Pakistan et en Indonésie; elle exerce une influence en Afrique; et elle domine toujours dans les vieux bastions islamiques d'Europe de l'Est, soit l'Albanie, le Kosovo et la Bosnie-Herzégovine. En outre, plus de 100 millions de musulmans vivent en Inde, à dominante hindoue, ce qui fait d'eux la minorité religieuse la plus importante du monde.

Par ailleurs, l'Afrique du Nord et l'Asie du Sud-Ouest comprennent des enclaves non musulmanes : la majorité des Israéliens sont juifs, de nombreux Libanais sont chrétiens, et l'Égypte compte encore aujourd'hui des communautés coptes (chrétiennes). La désignation « monde musulman » ne convient donc pas vraiment à cet ensemble géographique; d'une part, l'islam est pratiqué en maints endroits à l'extérieur de ses frontières et, d'autre part, il englobe des pays non musulmans.

Moyen-Orient ?

L'appellation « Moyen-Orient » remonte à l'époque où l'Europe était la première puissance mondiale, d'où l'habitude de situer les autres entités du globe en fonction de leur position par rapport à cet ensemble géographique. C'est cette même vision qui donna naissance aux expressions « Proche-Orient » et « Extrême-Orient ». Un coup d'œil à la littérature suffit pour se rendre compte que ces appellations ont servi au fil du temps à désigner des régions différentes, et que leur définition varie d'un auteur à un autre. Ainsi, certains considèrent les dénominations Proche-Orient et Moyen-Orient comme des quasi-synonymes, alors que d'autres incluent le Proche-Orient dans une région plus vaste qu'ils appellent Moyen-Orient. Néanmoins, la plupart considèrent que le Moyen-Orient comprend les pays arabes (Égypte, Soudan, Arabie Saoudite, Bahrein, Émirats Arabes Unis, Irak, Jordanie, Koweit, Liban, Oman, Qatar, Syrie, Yémen), les pays du monde turco-iranien (Turquie, Iran, Afghanistan), de même que la Libye et Israël. Mais dans tous les cas les pays du **Maghreb** sont exclus du Moyen-Orient, ce qui rend cette appellation impropre à désigner l'ensemble formé de l'Afrique du Nord et de l'Asie du Sud-Ouest.

Les foyers de civilisation

L'ensemble qui forme l'Afrique du Nord et l'Asie du Sud-Ouest occupe une position clé à la jonction de l'Afrique, berceau de l'humanité, et de l'Eurasie, creuset de grandes civilisations. Il y a un million d'années, les ancêtres des humains actuels quittèrent l'Afrique de l'Est pour se rendre en Afrique du Nord et en Arabie, d'où ils partirent pour aller peupler l'Asie d'une extrémité à l'autre. Il y a 100 000 ans, les *Homo sapiens* traversèrent l'Afrique du Nord et l'Asie du Sud-Ouest pour migrer en Europe, en Australie et, finalement, en Amérique. Il y a 10 000 ans, les communautés humaines établies dans le Croissant fertile entreprirent de domestiquer des plantes et des animaux, et elles découvrirent des méthodes d'irrigation des cultures; en prenant de l'expansion, ces communautés formèrent les premières villes qui, en se regroupant, allaient donner naissance aux premiers États. Il y a 1000 ans, les enseignements de Mahomet et le Coran enflammèrent et mobilisèrent les habitants de la région centrale, puis l'islam se répandit depuis l'Afrique du Nord jusqu'en Inde. Véritable poudrière où s'affrontent activismes politique et religieux, cette région du monde minée par les conflits et écrasée de misère mise aujourd'hui sur la puissance du pétrole alors que déferle la vague d'un renouveau fondamentaliste religieux.

C'est dans les vallées des grands fleuves, soit le Tigre et l'Euphrate dans l'Iran actuel et le Nil en Égypte, que se sont développés deux des premiers foyers de civilisation du monde : c'est là que sont apparus des innovations et des idées, des traits distinctifs et des techniques, des modes de vie et des paysages qui se sont ensuite répandus sur une bonne partie du globe (fig. 6.2). La Mésopotamie (du grec *mesos*, qui signifie « milieu », et *potamos*, qui signifie « fleuve ») était une zone aux sols alluviaux fertiles, bénéficiant de longues périodes d'ensoleillement et de réserves d'eau abondantes; c'est dans les vallées mésopotamiennes du Tigre et de l'Euphrate, entre le golfe Persique et les montagnes de la Turquie actuelle, qu'est née l'une des toutes premières civilisations. Le savoir-faire des Mésopotamiens en matière d'agriculture incluait la planification de la plantation et de la récolte, de même que la distribution des surplus de céréales et leur entreposage en vue de répondre aux besoins ultérieurs; ces connaissances se répandirent jusque dans des villages lointains. Cette vaste région qui bénéficiait du rayonnement de la Mésopotamie avait pour centre le Croissant fertile, où l'on pratiquait une agriculture avancée (on appelle **Croissant fertile** la région qui forme un grand arc de cercle allant du littoral méditerranéen jusqu'au golfe Persique).

L'irrigation, source de richesse et de pouvoir pour la Mésopotamie, a largement contribué à l'urbanisation de la région. Certaines des villes érigées dans le Croissant fertile ont prospéré : elles se sont étendues, ont développé leur périphérie et se sont diversifiées tant sur le plan social que fonctionnel. D'autres, par contre, ont périclité. Mais à quoi la réussite des premières est-elle due ? Selon la théorie des civilisations hydrauliques, les cités qui pratiquaient une agriculture irriguée et planifiée dans de grandes zones périphériques s'assuraient la suprématie sur les autres villes : le contrôle des denrées alimentaires leur servant d'arme, ces villes étaient florissantes. L'une de ces cités, Babylone, érigée sur les bords de l'Euphrate en 4100 av. J.-C., a prospéré pendant 4000 ans. Elle était alors la plus grande ville du monde avec son port achalandé, son centre fortifié, ses temples, ses tours et ses palais.

Le foyer de la civilisation mésopotamienne se trouvait entre celui de la vallée du Nil, à l'ouest, et celui de la vallée de l'Indus (dans le Pakistan actuel), à l'est. Selon certaines sources, la civilisation égyptienne serait la plus ancienne des trois; son centre était situé en amont (au sud) du delta du Nil et en aval (au nord) de la première série de cataractes (ou rapides) que franchit ce fleuve (fig. 6.2). Ce secteur de la vallée du Nil est entouré de déserts inhospitaliers et, contrairement à la Mésopotamie qui n'oppose aucun obstacle à la circulation, le Nil, ici, est en fait un site fortifié. L'ancienne société égyptienne a mis à profit la sécurité que lui procurait sa position relative pour se développer. Le Nil faisait office d'autoroute pour le commerce et les échanges en général, et il servait à irriguer les champs. Son régime cyclique de flux et de reflux était beaucoup plus prévisible que celui du système fluvial formé par le Tigre et l'Euphrate. Lorsque l'Égypte tomba aux mains de ses envahisseurs, soit vers 1700 av. J.-C., une civilisation urbaine très avancée s'y était développée. Les ar-

Figure 6.1 Les religions dans le monde.

tistes-ingénieurs de l'Égypte ancienne laissèrent un héritage magnifique constitué de monuments gigantesques en pierre, dont certains renfermaient les tombeaux de souverains célèbres qui avaient été ensevelis avec leurs richesses. Ce sont en partie ces sépultures qui permirent aux archéologues de reconstituer l'histoire de cet antique foyer de civilisation.

La vallée de l'Indus se trouve à l'est de la Mésopotamie, dont elle est séparée par plus de 1900 km de montagnes et de désert (fig. 6.2). La situation qui prévaut actuellement dans ce foyer oriental de civilisation l'exclut de l'ensemble géographique faisant l'objet du présent chapitre; cependant, dans les temps anciens, il était étroitement relié à la région du Tigre et de l'Euphrate. Les innovations issues de la Mésopotamie se sont en effet rapidement transmises à la vallée de l'Indus, dont les cités sont devenues des centres du pouvoir d'une civilisation dont l'influence s'étendait jusque dans le nord de l'Inde actuelle.

L'humanité bénéficie encore aujourd'hui des réalisations des anciens Mésopotamiens et Égyptiens. Ceux-ci furent les premiers à cultiver des céréales (blé, seigle, orge), des légumes (pois, haricots) et des fruits (raisins, pommes, pêches), et ils domestiquèrent des animaux, dont le cheval, le porc et le mouton. En plus d'inventer des techniques d'irrigation et d'agriculture de même que le calendrier, ils étaient très avancés en

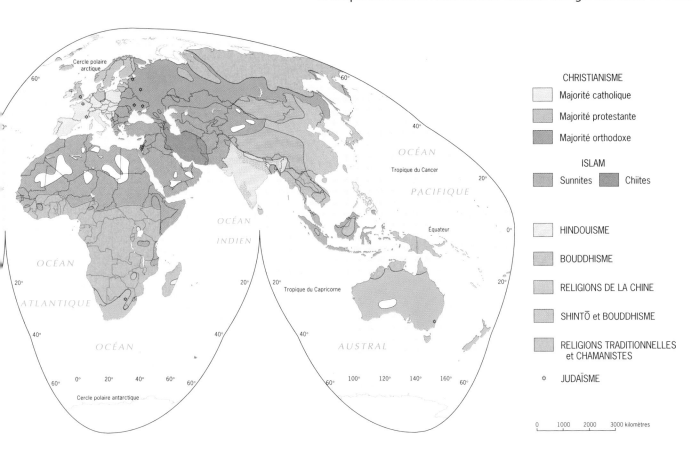

CHRISTIANISME
- Majorité catholique
- Majorité protestante
- Majorité orthodoxe

ISLAM
- Sunnites   Chiites

- HINDOUISME
- BOUDDHISME
- RELIGIONS DE LA CHINE
- SHINTŌ et BOUDDHISME
- RELIGIONS TRADITIONNELLES et CHAMANISTES
- ✡ JUDAÏSME

0   1000   2000   3000 kilomètres

mathématiques, en astronomie, dans l'art de gouverner, en ingénierie, en métallurgie et dans plusieurs autres domaines. Avec le temps, ces innovations furent adoptées puis modifiées par d'autres civilisations de l'Ancien Monde et, plus tard, du Nouveau Monde. L'Europe, en particulier, sut mettre à profit l'héritage de la Mésopotamie et de l'ancienne Égypte, qui allait constituer le fondement de la civilisation « occidentale ».

Déclin et chute

Bon nombre des premières cités des foyers de civilisation d'Afrique du Nord et d'Asie du Sud-Ouest sont aujourd'hui des sites archéologiques. Dans certains cas, des villes nouvelles ont été construites sur l'emplacement de plus anciennes.

Ce qui étonne au premier abord, c'est que beaucoup de ces centres urbains de l'Antiquité étaient situés dans des zones maintenant désertiques. Comme il est peu probable qu'ils aient été construits en plein désert, l'hypothèse voulant qu'il se soit produit des changements climatiques s'impose; si cette supposition était vérifiée, elle fournirait une explication susceptible de supplanter la théorie des civilisations hydrauliques.

Il est en effet possible que la suprématie de certaines des antiques cités du Croissant fertile soit attribuable à des avantages climatiques plutôt qu'au fait qu'elles aient été les seules à appliquer des techniques d'irrigation; il est également possible que des changements climatiques et le déplacement consécutif des zones environnementales, à la fin du retrait de la dernière glaciation du pléistocène, soient responsables de la décadence des anciennes civilisations. La surpopulation et la destruction de la végétation naturelle par les humains ont peut-être aussi contribué à cet effondrement. Des spécialistes de la géographie culturelle suggèrent en effet que les importantes innovations dans le domaine de la planification agricole et des techniques d'irrigation ne résultent pas de l'observation des phénomènes naturels, comme le débordement saisonnier des fleuves, mais de la nécessité pour les communautés riveraines de s'adapter aux conditions environnementales.

Il est facile d'imaginer ce qui s'est produit. Au moment où les zones périphériques commençaient à se dessécher, entraînant la destruction des récoltes, les habitants se regroupèrent dans les vallées fluviales déjà fortement peuplées, ce qui les amena à chercher intensivement des moyens d'accroître la productivité des sols qu'il était encore possible d'arroser. Mais la surpopulation et, peut-être, la réduction des précipitations dans le bassin d'alimentation des fleuves entraînèrent bientôt la décadence des centres eux-mêmes. Le désert s'étendit dans les villes abandonnées, le sable remplit les canaux d'irrigation, et les derniers champs se

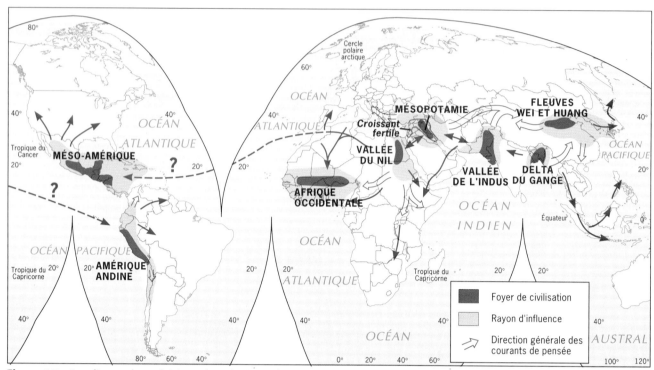

Figure 6.2 Localisation hypothétique des principaux foyers de civilisation et premières routes de diffusion des idées.

desséchèrent. Les habitants qui le purent migrèrent vers des régions réputées fertiles; ceux qui restèrent virent leur nombre décroître sans cesse et furent de plus en plus réduits à la pratique d'activités de subsistance.

Tandis que ces vieilles sociétés se désagrégeaient, d'autres naissaient ailleurs. Les Perses d'abord, puis les

Ces ruines sont les vestiges d'un aqueduc couvert qui transportait l'eau sur une grande distance à travers une zone de collines du nord-est de la Tunisie. En haut, à gauche, on peut voir une coupe transversale du « tuyau » qui surmontait la structure à colonnes, et la perspective de droite permet d'évaluer l'étendue du système. Les ingénieurs romains avaient donné à l'aqueduc une pente telle que l'eau pouvait être amenée dans les champs qui le bordaient tout le long de son parcours.

Grecs et ensuite les Romains imposèrent leur autorité sur les terres pauvres et les peuples dispersés de l'Afrique du Nord et de l'Asie du Sud-Ouest. Les ingénieurs romains transformèrent les terres du nord de l'Afrique en champs irrigués, dont la production abondante fut expédiée par bateau sur les côtes méditerranéennes de l'Empire de Rome. Des milliers d'habitants furent amenés dans les villes érigées par les conquérants, où ils furent réduits à l'esclavage. L'Égypte fut rapidement colonisée, tout comme le Croissant fertile. Par contre, la péninsule Arabique, qui se trouvait à l'écart de la route des conquérants, resta isolée; aucun foyer de civilisation, aucune grande ville ne s'y développa; les noyaux de peuplement arabes et les routes des nomades échappèrent donc à l'agitation générale.

L'entrée en scène de l'islam

Aujourd'hui, l'islam domine la géographie culturelle de l'Afrique du Nord et de l'Asie du Sud-Ouest. Toutefois, lors de son entrée en scène, d'autres religions existaient depuis longtemps : le zoroastrisme s'était développé sur le territoire de l'Iran actuel, alors que le judaïsme et, plus tard, le christianisme avaient émergé dans la région correspondant à l'Israël moderne. Mais les enseignements de Zarathoustra (anciennement appelé Zoroastre) ne firent pas d'adeptes en dehors de la Perse; le judaïsme succomba aux attaques des Babyloniens, puis des Romains; et le christianisme devint une religion étrangère lorsque sa capitale fut déplacée à Rome. Ainsi, jusqu'au VIIe siècle, aucune des religions ayant pris naissance ici ne parvint à rallier une majorité d'habitants.

Le prophète Mahomet

Vers le début du VIIe siècle, dans une région éloignée de la péninsule Arabique ayant échappé aux bouleversements causés par les invasions, se produisit un événement qui allait changer le cours de l'histoire et le sort de bien des gens un peu partout dans le monde. Dans la ville de La Mecque, située entre les montagnes du Hedjaz, à environ 70 km du littoral de la mer Rouge, Mahomet (571-632), un homme profondément religieux, commença en 613 à recevoir une série de révélations divines. Il était alors au début de la quarantaine et n'avait plus qu'une vingtaine d'années à vivre. Convaincu, après avoir éprouvé des doutes, qu'il avait été choisi comme prophète, il décida de consacrer sa vie à l'application des enseignements divins qui lui avaient été transmis. La société arabe était alors en proie au désordre, tant sur le plan social que culturel, mais Mahomet mit toute son énergie à répandre la parole d'Allah, et il amorça en peu de temps la transformation de la culture arabe. Cependant, il dut quitter La Mecque pour se réfugier à Médine, son influence croissante lui ayant valu des ennemis. La Mecque devint plus tard la capitale religieuse de l'islam.

Les préceptes de l'islam représentaient à bien des égards une version révisée et améliorée des croyances et traditions judaïques et chrétiennes. L'islam prône l'existence d'un dieu unique qui communique à l'occasion avec les humains par l'intermédiaire de prophètes, dont Moïse et Jésus. Tout ce qui relève du domaine terrestre est impur; seul Allah est pur. La volonté d'Allah, omnipotent et omniscient, ne souffre pas d'opposition. L'existence humaine sur terre n'est que transitoire, car tout se jouera le jour du jugement dernier.

L'islam constitua le facteur d'unification qui avait manqué jusque-là au monde arabe, auquel il donna un nouvel ensemble de valeurs, un nouveau mode de vie et un nouveau sentiment de dignité. L'islam prescrit l'observation de cinq règles fondamentales, appelées les cinq piliers : 1° la récitation de la profession de foi en un Allah; 2° les cinq prières quotidiennes; 3° le jeûne absolu, de l'aube au crépuscule, pendant un mois (Ramadan); 4° le paiement d'une taxe, en espèces ou en nature; 5° le pèlerinage à La Mecque. De nombreuses autres règles définissent les droits et obligations des musulmans relativement à presque toutes les sphères de la vie. Ainsi, la consommation de tabac et d'alcool est interdite, de même que le jeu. Bien que la polygamie soit tolérée, l'islam reconnaît les vertus de la monogamie. Les mosquées érigées dans les territoires arabes servent non seulement à la prière publique du vendredi, mais aussi à des rassemblements ayant pour but de resserrer les liens entre les membres de la communauté. Ainsi, La Mecque devint la capitale religieuse d'une collectivité divisée et grandement dispersée, qui n'avait jusque-là jamais eu de foyer national.

L'Empire arabo-islamique

La force de persuasion de Mahomet était telle que la société arabe se mobilisa du jour au lendemain. Le

ÉPANOUISSEMENT DE LA CIVILISATION MUSULMANE

En 711, les Maures, issus d'un métissage entre Berbères et Arabes, envahirent l'Espagne, qui passa sous leur domination avant la fin du VIIIe siècle, à l'exception du nord de la Castille et de la Catalogne. Ils unifièrent cette partie de la péninsule Ibérique et y imposèrent l'autorité de Bagdad, leurs réalisations ayant rapidement éclipsé l'œuvre des Romains. Ils nommèrent ce territoire, qui était la possession musulmane la plus occidentale, Al-Andalus et y construisirent entre autres des milliers de mosquées magnifiques, des châteaux, des écoles et des jardins. Les superbes structures érigées par les Maures survécurent à la reconquête de l'Espagne par les chrétiens : l'Alhambra de Grenade, la Giralda de Séville et la Grande Mosquée de Cordoue comptent parmi les trésors de l'architecture mondiale. Et tandis que la culture espagnole se transformait en une culture hispano-islamique, les musulmans modelaient leurs cités, du Turkestan au Maghreb, à l'image de Bagdad.

La mosquée (Mezquida) de Cordoue, transformée en cathédrale, fait partie de l'important héritage musulman de la province méridionale d'Andalousie, en Espagne.

prophète mourut en 632, mais la religion qu'il avait fondée et sa propre renommée se répandirent comme une traînée de poudre. Les armées arabes marchant sous la bannière de l'islam envahirent et conquirent tous les territoires qu'elles traversèrent, instruisant et convertissant leurs habitants par la même occasion. En l'an 700, l'islam avait étendu sa domination loin en Afrique du Nord, en Transcaucasie et sur une grande partie de l'Asie du Sud-Ouest (fig. 6.3). Au cours des siècles qui suivirent, elle se répandit en Europe du Sud et de l'Est, dans le **Turkestan** d'Asie centrale, en Afrique occidentale et orientale, en Asie du Sud et du Sud-Est, et l'islam fit même une percée en Chine en l'an 1000.

L'Empire arabe est au cœur du royaume religieux islamique. Sa capitale initiale, Médine, était située en Arabie, mais l'expansion de l'empire entraîna son déplacement, d'abord à Damas, puis à Bagdad. Entre-temps, l'islam continuait de se propager par l'intermédiaire des caravaniers, des pèlerins, des navigateurs, des érudits et des sultans. De plus, l'Empire arabe, qui s'était développé, prospérait. Dans les domaines de l'architecture, des mathématiques et des sciences, les Arabes avaient en fait devancé leurs contemporains européens. Ils avaient fondé des institutions d'enseignement supérieur dans plusieurs villes, dont Bagdad, Le Caire et Tolède (en Espagne). Les paysages uniques qu'ils avaient créés donnaient une apparence d'unité à leur vaste royaume (voir l'encadré « Épanouissement de la civilisation musulmane »). Les sociétés non arabes qui se trouvaient dans la trajectoire des conquérants islamiques furent non seulement islamisées, mais aussi partiellement arabisées. La religion qui suscita l'expansion de la culture arabe en forme encore aujourd'hui le cœur.

Comme nous l'avons déjà mentionné, les conquérants arabes furent arrêtés dans leur marche par les Européens, les Russes et d'autres peuples. La carte de la figure 6.4 montre l'étendue considérable des territoires d'Eurasie et d'Afrique islamisés à une période ou à une autre de leur histoire. La diffusion de l'islam se poursuit aujourd'hui principalement par relocalisation : des communautés musulmanes se sont développées un peu partout dans le monde, notamment à Vienne, à Singapour et au Cap en Afrique du Sud; en outre, le nombre d'adeptes croît continuellement aux États-Unis. L'islam, qui compte aujourd'hui un milliard de fidèles, constitue une puissance culturelle mondiale.

Fragmentation de l'islam

En dépit de sa vigueur et de son expansion, l'islam n'a pu éviter la formation de sectes en son sein. Le premier schisme, et celui qui devait avoir le plus de conséquences, se produisit immédiatement après la mort de Mahomet. Ceux qui allaient prendre le nom de musulmans chiites croyaient que seul un homme de la même lignée que le prophète pouvait le remplacer à la tête de l'islam, tandis que leurs opposants, qui allaient former le groupe des musulmans sunnites, affirmaient que tout compagnon dévoué de Mahomet était digne de lui succéder. Les sunnites rallièrent la majorité dès le début, et ils furent en grande partie responsables de l'expansion considérable de l'islam. Quant aux chiites, ils formèrent des minorités dispersées. Aujourd'hui,

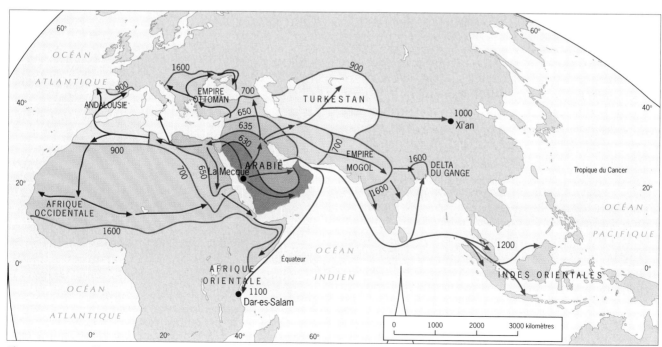

Figure 6.3   Diffusion de l'islam (630-1600).

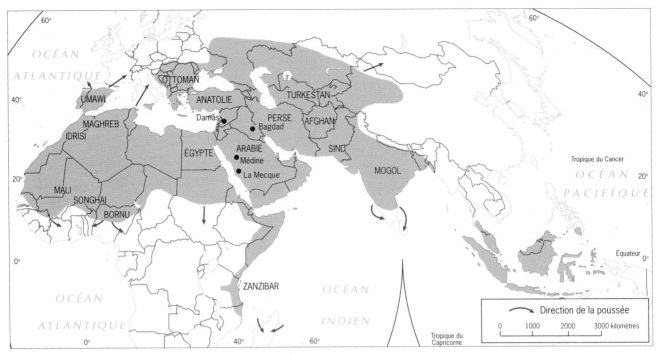

Figure 6.4　Régions ayant connu des gouvernements islamiques.

environ 85 % des musulmans sont d'obédience sunnite, mais les chiites exercent une influence disproportionnée compte tenu de leur nombre.

Au début du XVIᵉ siècle, la maison royale persane fit du chiisme la seule religion légale de son vaste empire. L'Iran est d'ailleurs encore aujourd'hui le principal bastion du chiisme, dont l'influence s'est considérablement accrue au cours des dernières décennies du XXᵉ siècle. Le dernier chah d'Iran tenta de laïciser le pays et de limiter le pouvoir des imams (chefs religieux chiites), mais cette politique mena à son renversement et à l'instauration d'une république islamique chiite. Peu de temps après, l'Irak, à dominante sunnite, déclarait la guerre à l'Iran. Les partis et communautés chiites des autres pays tirèrent une vigueur nouvelle de l'accession au pouvoir des chiites en Iran. De l'Arabie à l'extrémité nord-ouest de l'Afrique, les États à majorité sunnite se mirent à observer avec inquiétude le regain de ferveur religieuse de leurs minorités chiites. Le clivage entre les deux sectes n'est pas la seule division au sein de l'islam, mais il est certainement celle qui a le plus de conséquences sur le plan géographique.

Fondamentalisme

La renaissance du fondamentalisme religieux est l'une des causes des conflits qui déchirent l'Islam. En Iran, les imams s'opposèrent à la libéralisation et à la laïcisation entreprises par le chah et ils réussirent à remodeler la société conformément à la tradition fondamentaliste. L'ayatollah (religieux musulman chiite) Khomeiny remplaça le chah en 1979; les chefs religieux contrôlèrent dès lors l'ensemble des institutions de l'État et ils concentrèrent le pouvoir judiciaire entre leurs mains.

Le nouvel essor du fondamentalisme musulman ne toucha pas que l'Iran. Des militants sunnites aussi bien que chiites, depuis le Pakistan jusqu'en Algérie, forcèrent les gouvernements de leurs pays respectifs à bannir les livres « blasphématoires », à séparer les garçons des filles dans les écoles, à imposer le code vestimentaire traditionnel, à légitimer les partis politico-religieux et à prendre en compte les demandes des mollahs (docteurs en droit coranique).

En Algérie, le Front de libération nationale (FLN), qui avait annoncé qu'il transformerait le pays en une république islamique, remporta une victoire écrasante aux élections de 1991, ce à quoi l'armée réagit en annulant le scrutin et en confiant le pouvoir à un Haut Comité d'État. Plongée depuis dans une crise profonde, l'Algérie est le théâtre d'affrontements violents et de massacres qui ont détruit le tissu social, ruiné l'économie et provoqué la mort de dizaines de milliers de personnes.

Le Pakistan et, bien sûr, l'Iran sont officiellement des républiques islamiques. Au Soudan, l'armée a permis au Front national islamiste d'instaurer la loi musulmane et de purger le pays des « non-croyants ». Des groupes de militants islamistes s'opposent également au gouvernement en Égypte, en Jordanie, en Tunisie et même en Turquie. Le fossé qui se creuse entre musulmans modérés et fondamentalistes risque, tôt ou tard, de poser de graves problèmes.

Il ne faudrait cependant pas croire que le fondamentalisme et le militantisme religieux soient uniquement le fait des musulmans. Les sociétés chrétienne, judaïque, hindoue et bouddhique comptent aussi des éléments radicaux. Il reste néanmoins que le mouvement fondamentaliste connaît en Islam une intensité et une vigueur inégalées ailleurs.

L'islam et les autres religions

Deux grandes religions, plus anciennes que l'islam, sont également nées dans le Levant (soit la région qui entoure la Méditerranée depuis la Grèce orientale jusque dans le nord de l'Égypte). La montée de l'islamisme a entraîné la soumission de bon nombre de petites communautés juives, mais ce sont les chrétiens, et non les juifs, qui ont mené pendant des siècles des guerres saintes contre les armées musulmanes; ces croisades visaient à repousser les envahisseurs et à restaurer le christianisme dans les communautés tombées entre leurs mains. Les traces de ces campagnes sont encore visibles dans les paysages culturels de l'Afrique du Nord et de l'Asie du Sud-Ouest. Ainsi, des minorités chrétiennes habitent au Liban (environ un quart de la population), en Israël, en Syrie, en Égypte et en Jordanie. Au Liban, les relations tendues entre la minorité chrétienne, longtemps dominante, et la majorité musulmane, elle-même divisée en cinq sectes, ont nourri les conflits armés qui ont dévasté le pays au cours des années 1970 et 1980.

Mais le conflit le plus virulent de l'histoire moderne de l'ensemble Afrique du Nord — Asie du Sud-Ouest est celui qui a opposé l'État juif d'Israël à tous ses voisins musulmans. La création de ce pays en 1948, avec le soutien de l'ONU, a provoqué durant le demi-siècle qui a suivi des guerres entrecoupées de périodes de négociation. Ces conflits ont de plus entraîné des frictions entre les divers États islamiques de la région. Jérusalem, considérée comme une ville sainte par les juifs, les chrétiens et les musulmans, est au cœur de ces affrontements.

Conséquences des conquêtes ottomanes

L'ironie du sort a voulu que la dernière grande invasion musulmane de l'Europe entraîne l'occupation du cœur même de l'Islam par les Européens. Les Ottomans (du nom de Osman Ier, fondateur de la dynastie) entreprirent, depuis leur base sur le territoire de la Turquie actuelle, la conquête de Constantinople (aujourd'hui Istanbul), puis de l'Europe de l'Est. En peu de temps, les armées ottomanes avancèrent jusqu'aux portes de Vienne; elles pénétrèrent également en Perse, en Mésopotamie et dans le nord de l'Afrique (fig. 6.5). Sous le règne de Soliman le Magnifique, soit de 1522 à 1560,

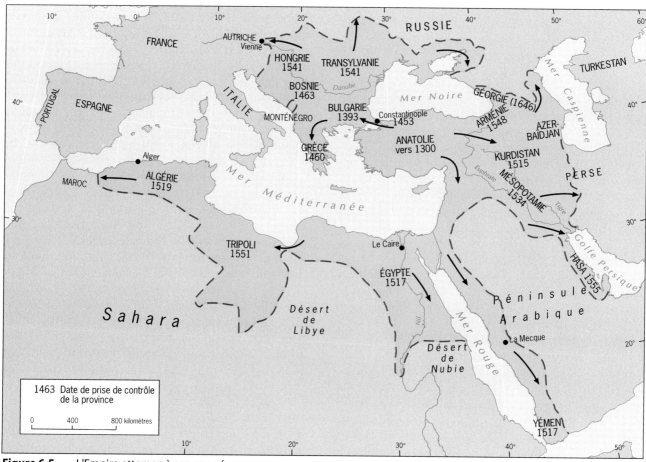

Figure 6.5   L'Empire ottoman à son apogée.

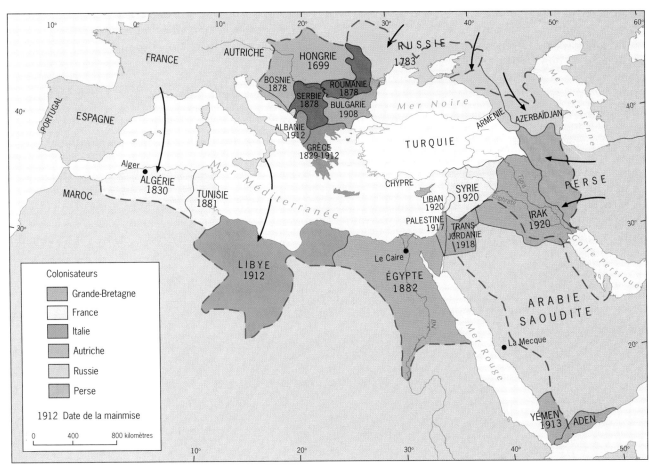

Figure 6.6 La colonisation des provinces ottomanes.

l'Empire ottoman devint la première puissance de tout l'ouest de l'Eurasie.

Avec le temps, l'Empire ottoman, qui survécut pendant plus de quatre siècles, perdit des territoires, d'abord aux mains des Hongrois, puis des Russes et enfin des Serbes. Après la Première Guerre mondiale, les puissances européennes s'emparèrent des provinces ottomanes restantes et en firent des colonies, qui allaient devenir les États de Syrie, d'Irak, du Liban et du Yémen. Les Français et les Britanniques établirent leur autorité sur de vastes territoires, et même les Italiens firent valoir leurs droits sur une partie de l'empire (fig. 6.6).

Les frontières établies par les puissances colonisatrices pour délimiter leurs possessions présentent de nombreux inconvénients. La carte de la figure I.9 montre que la population de l'ensemble Afrique du Nord — Asie du Sud-ouest, de près de 500 millions d'habitants, est fragmentée; elle est concentrée dans les vallées fluviales, les zones côtières et les oasis surpeuplées. De longs segments des frontières ont été tracés en droite ligne à travers des territoires inhabités; il semble que ces frontières politiques aient été délimitées en fonction de critères géométriques, sans qu'aucun facteur culturel ou environnemental ait été pris en compte.

Dans d'autres cas, notamment dans des zones désertiques, les limites ont été mal définies et elles n'ont pas été marquées sur le terrain. Lorsque les puissances européennes se retirèrent et que les colonies devinrent des États indépendants, ces frontières firent l'objet de litiges et même de conflits armés entre pays musulmans contigus.

Le pétrole : source de puissance et de conflits

Lorsqu'on visite les villes d'Afrique du Nord et d'Asie du Sud-Ouest, on entend partout le même refrain, que l'on s'adresse à des étudiants, à des commerçants, à des chauffeurs de taxis ou à d'autres voyageurs : « Laissez-nous en paix; tout ce que nous voulons, c'est pouvoir faire les choses conformément à nos traditions. Tous les problèmes qui nous divisent et nous opposent au reste du monde résultent de l'intervention des étrangers. Les pays les plus puissants du globe tirent profit de nos faiblesses et enveniment les querelles qui nous déchirent. Nous vous demandons de nous laisser tranquilles. »

Ce souhait aurait eu plus de chances d'être exaucé si deux événements récents n'avaient pas eu lieu, à savoir la création de l'État d'Israël et la découverte de réserves de pétrole comptant parmi les plus importantes du globe. Nous reviendrons sur la fondation d'Israël dans la section consacrée au Croissant fertile; dans ce qui suit, nous concentrons notre attention sur le principal produit d'exportation de l'ensemble géographique : le pétrole.

On dit souvent que le pétrole est la principale ressource de l'ensemble Afrique du Nord — Asie du Sud-ouest. Mais cela est faux : l'agriculture étant l'occupation de la vaste majorité des habitants, les ressources les plus précieuses sont l'eau et les sols arables. Le pétrole est effectivement une richesse, plus précisément une ressource énergétique, pour laquelle la demande mondiale est très forte. Le monde musulman existait néanmoins bien avant l'extraction du premier baril de

pétrole du sous-sol, et la vie de dizaines de millions de personnes n'a été qu'indirectement modifiée par l'entrée de revenus tirés de ce produit. L'Égypte possède peu de pétrole (quelques puits dans la péninsule du Sinaï), le Maroc n'en a presque pas et la Turquie dépend largement de l'importation pour son approvisionnement.

Localisation des réserves connues

Les réserves de pétrole (et de gaz naturel) de l'ensemble géographique sont réparties grosso modo dans trois zones (fig. 6.7). La plus productive s'étend autour du golfe Persique depuis le sud et le sud-est de la péninsule Arabique jusqu'en Iran vers le nord-ouest et, plus loin au nord, jusqu'en Irak, en Syrie et dans le sud-est de la Turquie. La deuxième se trouve en Afrique du Nord : elle s'étend vers l'est depuis le centre-nord de

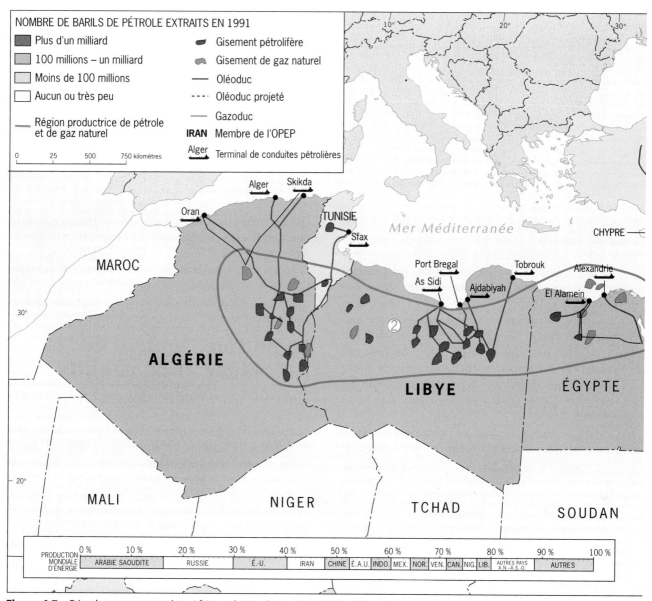

Figure 6.7　Pétrole et gaz naturel en Afrique du Nord et en Asie du Sud-Ouest.

l'Algérie jusqu'à la péninsule du Sinaï en Égypte, en passant par le nord de la Libye. La troisième zone, qui débute dans l'est de l'Azerbaïdjan, s'étire sous la mer Caspienne jusque dans le Turkménistan et le Kazakhstan, d'une part, et l'Ouzbékistan, le Tadjikistan et le Kirghizistan, d'autre part.

La prospection pétrolière se poursuit non seulement en Afrique du Nord et en Asie du Sud-Ouest, mais également dans de nombreuses autres régions du globe. La découverte de nouveaux gisements pourrait donc modifier l'estimation des réserves de pétrole de cet ensemble géographique. (Il est généralement admis que ce dernier renferme plus de 65 % des réserves mondiales actuellement connues.)

Pour ce qui est de la production, l'Arabie Saoudite a longtemps occupé le premier rang à l'échelle plané-

taire et elle est sans contredit le principal exportateur. Les deux pays qui la devancent pour la quantité produite, soit les États-Unis et la Russie, consomment la majeure partie de leur production, de sorte que leurs exportations respectives sont très limitées. En fait, les États-Unis occupent le premier rang parmi les pays importateurs de pétrole. La production pétrolière de l'Asie du Sud-Ouest et de l'Afrique du Nord a donc une importance considérable à l'échelle mondiale. La carte de la figure I.11 indique que les profits tirés de la vente de l'or noir ont permis à plusieurs pays de cet ensemble géographique d'être classés parmi les États à revenu moyen, tranche supérieure, ou même à revenu élevé. L'entrée de devises provenant de la vente de pétrole a également entraîné l'intégration des pays musulmans producteurs à l'économie mondiale, de sorte que tout

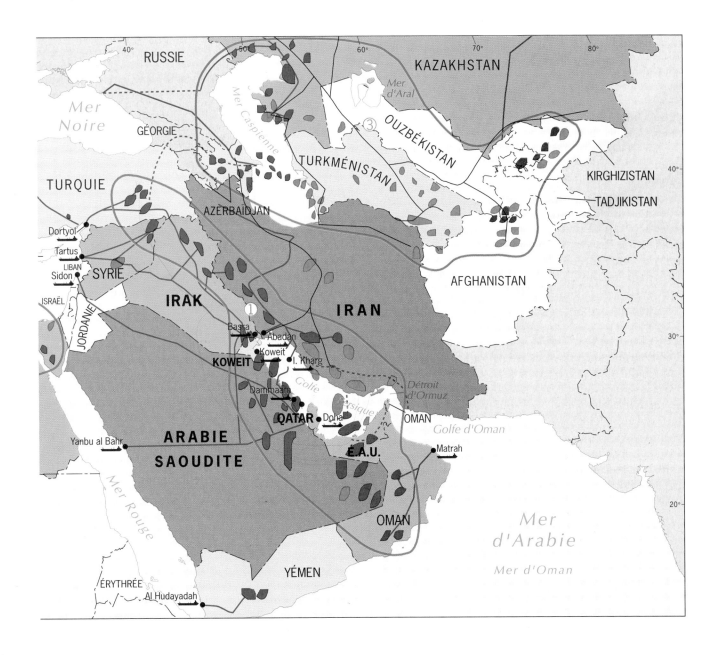

« Les effets de la prospérité associée à l'exportation de pétrole sont tout à fait évidents dans la célèbre anse de Dubaï, mais des éléments traditionnels se mêlent encore au paysage ultramoderne. Nous avons observé les vieux boutres, ces petits navires arabes à voiles triangulaires, dont la majorité sont maintenant équipés de moteurs. Ils jouent toujours le même rôle dans le commerce et la contrebande à l'intérieur de la région. » (Source : recherche sur le terrain de H. J. de Blij)

signe d'instabilité dans l'un de ces États risque de provoquer l'intervention de gouvernements étrangers.

Au moment où les puissances colonisatrices traçaient les frontières déterminant le partage de cet ensemble géographique entre elles, personne n'avait la moindre idée de la richesse que recelait le sous-sol. Quelques puits avaient bien été creusés — l'Iran extrayait un peu de pétrole depuis 1908 et l'Égypte, depuis 1913 —, mais les découvertes majeures n'eurent lieu que plus tard, après le départ des puissances colonisatrices dans certains cas. La Libye, l'Irak et le Koweit sont au nombre des États qui se sont rendu compte peu après l'obtention de leur indépendance qu'ils détenaient une richesse dont personne ne soupçonnait l'existence à l'époque de la chute de l'Empire ottoman. D'autres États ont cependant été moins fortunés (fig. 6.7), et quelques pays non producteurs possédaient et possèdent encore des réserves inexploitées. Dans la péninsule Arabique, les plus petits émirats et territoires sous l'autorité d'un cheik, qui sont aussi les plus faibles, craignent toujours que leurs puissants voisins ne cherchent à les annexer, comme cela s'est produit pour le Koweit, envahi par l'Irak en 1990. La distribution inégale des réserves de pétrole représente donc une source supplémentaire de division et de méfiance entre États musulmans voisins.

L'arrivée d'étrangers

Les pays renfermant de riches gisements pétrolifères disposaient d'une source d'énergie convoitée, mais non de l'équipement et de la main-d'œuvre spécialisée nécessaires à son exploitation. Ils devaient donc importer l'un et l'autre, ce qui impliquait le pire pour de nombreux musulmans traditionalistes, à savoir l'introduc-

tion de façons de faire occidentales, considérées comme vulgaires. Dans son ouvrage *The Middle East*, le géographe William Fisher affirme qu'il existait deux grandes forces culturelles antagonistes en Arabie Saoudite : l'islam et la Saudi Aramco (Arabian American Oil Company). Cependant, bien que les idées et le mode de vie de l'Occident aient connu une certaine diffusion, les sociétés musulmanes ont résisté à l'acculturation. Par exemple, vers le début des années 1990, la campagne menée en Arabie Saoudite par un groupe de femmes qui réclamaient le droit de conduire un véhicule automobile fut vite réprimée. De tels « excès », d'inspiration occidentale, n'ont pas leur place dans les pays musulmans.

Du point de vue géographique, on peut résumer de la façon suivante les conséquences qu'a eues la découverte de réserves pétrolières, de même que l'exploitation et la vente de cette ressource, pour les pays exportateurs de l'Afrique du Nord et de l'Asie du Sud-Ouest.

1. **Augmentation des revenus** Durant la période où le pétrole se vendait au prix fort sur le marché international, plusieurs États de l'Afrique du Nord et de l'Asie du Sud-Ouest comptaient parmi les économies à revenu élevé. Même lorsque le cours de cette ressource baissa, tous les pays exportateurs continuèrent de se classer dans la catégorie des économies à revenu intermédiaire, tranche supérieure (fig. I.11).

2. **Modernisation** Les revenus considérables tirés de la vente du pétrole ont transformé les paysages culturels partout en Afrique du Nord et en Asie du Sud-Ouest. Les ports et les capitales ont commencé à présenter au monde une façade moderne : des tours à bureaux aux parois de verre étincelantes dominent les mosquées; des autoroutes croisent les anciennes routes caravanières; des équipements portuaires à la fine pointe de la technologie ont été installés pour faciliter les activités commerciales reliées à l'exploitation du pétrole ou engendrées par celle-ci.

3. **Industrialisation** Les gouvernements les plus prévoyants des pays producteurs ont tenu compte du fait que les gisements pétrolifères finiraient un jour par s'épuiser. Ils ont donc investi une partie des revenus dans des industries qui seront encore productives lorsque l'ère du pétrole sera révolue. C'est ainsi que des industries pétrochimiques, des fabriques de produits de plastique et des usines de dessalement furent construites.

4. **Migrations internes** Les revenus tirés du pétrole ont permis aux gouvernements des pays exportateurs d'attirer chez eux des millions de travailleurs non spécialisés, en provenance de régions moins favorisées, en créant des emplois dans les zones d'exploitation, dans les ports et dans divers secteurs d'activité. Ainsi, un grand nombre de chiites ont migré

dans les pays de l'est de l'Arabie; des centaines de milliers de Palestiniens sont également employés comme journaliers. L'Arabie Saoudite, dont la population est de 20 millions d'habitants, compte 5 millions de travailleurs étrangers.

5. **Migrations intercontinentales** Une importante main-d'œuvre en provenance notamment du Pakistan, de l'Inde et du Sri Lanka, prête à accepter des emplois encore moins bien rémunérés que ceux du secteur pétrolier, est venue grossir le flux de travailleurs étrangers. Elle comble entre autres des postes de domestiques, de jardiniers et d'éboueurs.

6. **Disparités régionales** La prospérité associée à l'exploitation du pétrole a créé des disparités considérables entre régions productrices et non productrices. Ainsi, le paysage ultramoderne de la côte est de l'Arabie Saoudite contraste vivement avec celui des rives de la mer Rouge, à l'ouest, où domine le désert parsemé d'oasis et parcouru par des caravanes de chameaux, où les distances sont importantes, où le changement est lent à venir et où les agglomérations sont isolées. Ce clivage s'observe à divers degrés dans tous les pays exportateurs de pétrole.

7. **Investissements étrangers** Les gouvernements et les hommes d'affaires des États exportateurs ont investi à l'étranger une partie des revenus tirés du pétrole, ce qui a créé un réseau international liant ces pays à l'économie d'États étrangers et, en particulier, à celle de communautés arabes (et donc islamiques) en croissance à l'intérieur de ces États.

Après une période durant laquelle le prix élevé du pétrole a permis aux pays exportateurs (partout dans le monde) de tirer des revenus considérables de cette ressource, l'effondrement du cours de l'or noir a provoqué une crise durant les années 1980. Même l'Organisation des pays exportateurs de pétrole (**OPEP**), qui regroupait alors 12 pays, n'a pu faire en sorte, malgré sa puissance, que les États-membres retrouvent les avantages perdus. La carte de la figure 6.7 fait état d'un réseau d'oléoducs et de gazoducs qui ressemble fort à celui des liaisons ferroviaires commerciales qui reliaient l'intérieur aux côtes dans les anciennes colonies pourvues de riches gisements de minerais. Ce modèle de développement comporte des inconvénients pour les exportateurs, qu'il s'agisse de colonies ou d'États indépendants, car ce sont les marchés et non les exportateurs de matières premières qui contrôlent le commerce international. L'exploitation du pétrole a amené l'Afrique du Nord et l'Asie du Sud-Ouest à établir avec le reste du monde un réseau de contacts dont la création aurait paru inimaginable il y a un siècle. Ce changement a apporté puissance et prospérité à certains peuples d'Afrique du Nord et d'Asie du Sud-Ouest, alors

qu'il a mis certains autres en péril. La découverte du pétrole a donc été une arme à double tranchant.

Les régions d'Afrique du Nord et d'Asie du Sud-Ouest

Délimiter des régions dans le vaste ensemble géographique formé de l'Afrique du Nord et de l'Asie du Sud-Ouest n'est pas une tâche facile. Le peuplement est en effet très dispersé, et l'existence de zones de transition rend encore plus difficile la perception d'une structure régionale.

Nous avons déjà mentionné à plusieurs reprises que le découpage du monde en ensembles géographiques est constamment susceptible de changer. Au moment où Christophe Colomb s'embarquait pour le Nouveau Monde, toute la région balkanique de l'Europe de l'Est était sous la domination de l'Empire ottoman (musulman), et l'Islam projetait son ombre sur Vienne et Venise. Donc, l'ensemble géographique qui comprend maintenant l'Afrique du Nord et l'Asie du Sud-Ouest englobait également à cette époque l'Europe de l'Est. Il y a un peu plus d'un siècle, après que les Autrichiens et les Austro-Hongrois eurent repris aux Turcs le bassin supérieur du Danube, les musulmans régnaient encore sur la quasi-totalité de la Roumanie, de la Bulgarie, de la Serbie, de la Bosnie-Herzégovine, de l'Albanie et de la Grèce. Ce n'est qu'au cours des années 1920 que les Ottomans perdirent leurs dernières

LES PRINCIPALES VILLES D'AFRIQUE DU NORD ET D'ASIE DU SUD-OUEST	
Ville	**Population*** (en millions)
Alger (Algérie)	4,1
Almaty (Kazakhstan)	1,3
Bagdad (Irak)	4,8
Beyrouth (Liban)	2,1
Le Caire (Égypte)	10,2
Casablanca (Maroc)	3,5
Damas (Syrie)	2,2
Istanbul (Turquie)	8,6
Jérusalem (Israël)	0,6
Khartoum (Soudan)	2,7
Riyad (Arabie Saoudite)	2,9
Tachkent (Ouzbékistan)	2,4
Téhéran (Iran)	7,1
Tel Aviv (Israël)	2,0
Tunis (Tunisie)	2,2

* Nombre approximatif d'habitants des agglomérations urbaines en 1997

possessions en Europe, ce qui signifiait la disparition de la région islamique européenne. L'antagonisme entre la Grèce chrétienne et la Turquie musulmane, voisine, est cependant resté très vivace.

Durant sa période d'expansion, l'Islam essuya également quelques échecs en Asie. Les musulmans avaient avancé vers le nord, dans le corridor transcaucasien encadré par la mer Noire et la mer Caspienne, depuis la Perse jusqu'au versant nord du Caucase, et ils y avaient converti divers peuples, dont les Ingouches et les Tchétchènes. Mais les armées russes mirent un terme à la progression des musulmans en conquérant toute la marge de leur empire. Celui-ci s'était également étendu à l'est de la mer Caspienne. Une grande partie de l'Asie centrale était ainsi devenue une véritable mosaïque de communautés islamiques : les musulmans, qui sillonnaient en caravanes cette vaste région faiblement peuplée, s'étaient enracinés dans les oasis. Mais, encore une fois, les tsars de Russie avaient d'autres projets pour cette région, et les petits groupes dispersés de musulmans, sous l'autorité de cheiks ou de califes, furent incapables de résister aux armées de Moscou. Plus tard, lorsque les Soviétiques héritèrent de l'Empire russe, ils divisèrent l'Asie centrale en cinq colonies et tentèrent d'éradiquer l'islam en imposant l'athéisme, conformément à la position officielle du parti communiste.

Les conséquences des revers de l'Islam diffèrent selon les régions. En Europe de l'Est, les vieilles traditions chrétiennes ont tôt fait d'effacer les empreintes musulmanes, sauf en Albanie, au Kosovo et en Bosnie-Herzégovine, où il en reste des vestiges, de même qu'en Bulgarie, où une petite minorité turque a survécu. Mais en Transcaucasie et dans les cinq anciennes républiques soviétiques d'Asie centrale (soit la région que nous appelons Turkestan), les musulmans ont offert une résistance plus forte. Peu de temps après l'effondrement de l'Empire soviétique en 1991, l'islam a réaffirmé ses droits et la ferveur religieuse est réapparue dans cette ancienne zone frontière du royaume islamique. Il s'agit d'un exemple classique de renaissance culturelle.

Il a fallu revoir le découpage de l'ensemble géographique en régions de manière à inclure l'Asie centrale. Mais les changements concernent aussi la Transcaucasie, où l'ancienne république soviétique d'Azerbaïdjan est, depuis son accession à l'indépendance, le théâtre d'un militantisme islamiste intense. En fait, les frontières de cet ensemble ont toujours été instables; ce qui se produit au cours des années 1990 n'a donc rien d'exceptionnel.

La structure régionale

Nous divisons le vaste ensemble géographique formé de l'Afrique du Nord et de l'Asie du Sud-Ouest en sept régions (fig. 6.8). Les cartes des figures I.12 et 6.8 suggèrent en outre de regrouper, d'une part, les régions si-

tuées au sud de la droite reliant la pointe nord-est de la mer Méditerranée à l'extrémité septentrionale du golfe Persique et, d'autre part, celles qui se trouvent au nord de cette droite. Synonyme de contraste, de conflit et de transition, cette limite sépare non seulement les États arabes des États non arabes, mais aussi différentes sectes islamiques. Par ailleurs, une nation sans État occupe des territoires chevauchant la ligne de démarcation : ce sont les Kurdes, victimes de luttes intrarégionales.

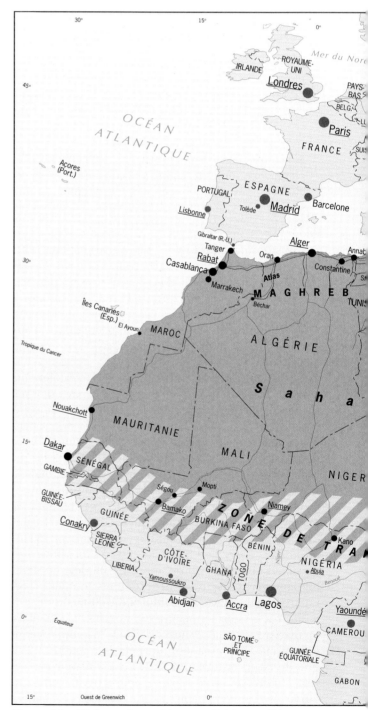

Figure 6.8 Régions géographiques et divisions politiques de l'Afrique du Nord et de l'Asie du Sud-Ouest.

Voici donc les sept régions de l'ensemble géographique Afrique du Nord et Asie du Sud-Ouest et les pays qui les composent.

1. **L'Égypte et le bassin inférieur du Nil :** l'Égypte et le nord du Soudan.

2. **Le Maghreb et ses voisins :** l'Algérie, la Tunisie, le Maroc, la Libye, le Tchad, le Niger, le Mali et la Mauritanie.

3. **La zone de transition africaine,** qui s'étend depuis le sud de la Mauritanie dans l'ouest jusqu'en Somalie dans l'est, doit être considérée comme une zone de transition à cause de l'interpénétration de ses composantes culturelles. En effet, les Africains d'origine y ont adopté la foi musulmane et la langue et les traditions arabes.

4. **Le Croissant fertile :** Israël, la Jordanie, le Liban, la Syrie et l'Irak.

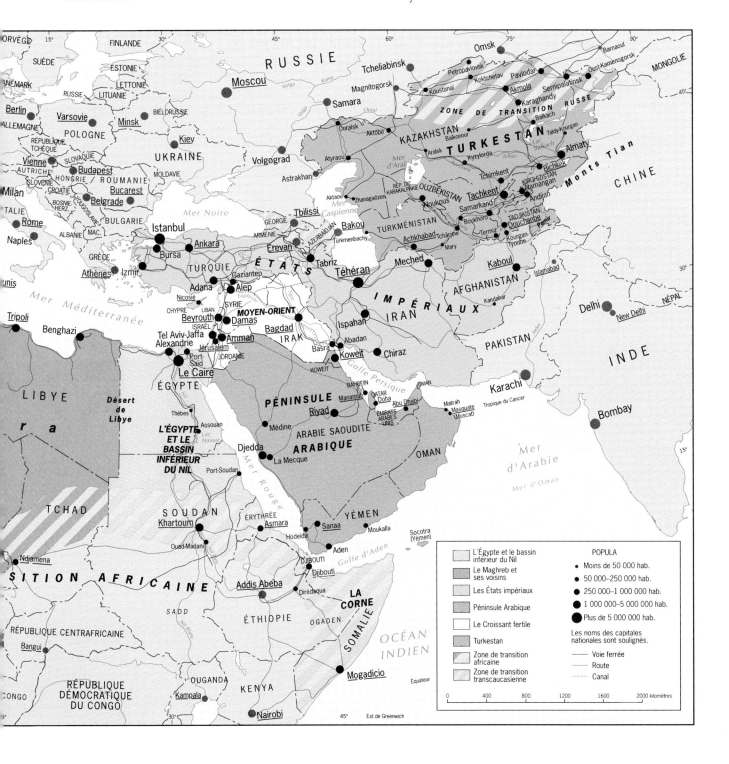

5. **La péninsule Arabique :** l'Arabie Saoudite, les Émirats Arabes Unis, le Koweit, le Bahrein, le Qatar, l'Oman et le Yémen.

6. **Les États impériaux :** la Turquie et l'Iran, autour desquels gravitent Chypre, l'Afghanistan et l'Azerbaïdjan.

7. **Le Turkestan :** le Kazakhstan, l'Ouzbékistan, le Turkménistan, le Kirghizistan et le Tadjikistan.

✦ L'Égypte et le bassin inférieur du Nil

L'Égypte se trouve au cœur d'un ensemble géographique qui s'étend longitudinalement sur plus de 9600 km et transversalement sur quelque 6400 km. Elle est située à l'extrémité nord du Nil et de la mer Rouge, elle occupe le nord-est de l'Afrique, elle fait face à la Turquie (au nord), à l'Arabie Saoudite (à l'est), et elle est contiguë à Israël, au Soudan musulman et à la Libye islamiste. Comprenant la péninsule du Sinaï (perdue aux mains d'Israël et recouvrée depuis peu), l'Égypte est donc le seul État africain à avoir une assise d'une grande importance stratégique en Asie (soit dans la zone côtière du golfe d'Aqaba. L'Égypte contrôle en outre le canal de Suez, lien vital entre les océans Indien et Atlantique, surtout pour l'Europe.

Le Nil

Hérodote, historien de la Grèce antique, qualifia l'Égypte de « don du Nil », mais ce pays doit aussi beaucoup à son site protégé. Les anciens Égyptiens mirent à profit la sécurité que leur procurait l'isolation de leur foyer culturel pour consolider la stabilité de la nation et progresser dans de nombreux domaines. Le paysage culturel de l'Égypte moderne garde l'empreinte des réalisations de l'Antiquité : des monuments en pierre et des pyramides gigantesques témoignent d'une civilisation florissante, vieille de 5000 ans.

Le Nil d'Égypte résulte de la réunion du Nil Blanc et du Nil Bleu; le premier a sa source dans des cours d'eau qui alimentent le lac Victoria en Afrique de l'Est et le second, dans le lac Tana, situé dans les hauts plateaux éthiopiens. Le Nil Blanc et le Nil Bleu confluent à Khartoum, capitale du Soudan actuel. En survolant le fleuve depuis cette ville jusqu'à la frontière de l'Égypte, on prend conscience de l'étroitesse et de la fragilité de ce ruban d'eau, accentuées par l'immensité du désert du Sahara. Pourtant, la vie de dizaines de millions de personnes dépend de ce mince cours d'eau.

Environ 95 % des 65 millions d'Égyptiens habitent à moins de 20 km du littoral du grand fleuve ou dans le delta de celui-ci (fig. 6.9). Cette concentration de la population, qui remonte aux débuts du peuplement, est due au fait que les crues saisonnières du Nil jouent un rôle important dans l'irrigation et la fertilisation des sols. Le fleuve, qui atteint son niveau le plus bas en avril et en mai, n'est plus alors qu'un filet d'eau serpentant dans le désert; durant l'été, le niveau monte graduellement et, en octobre, le fleuve inonde Le Caire, capitale de l'Égypte. L'écart entre les niveaux minimal et maximal peut atteindre 6 m.

Les anciens Égyptiens pratiquaient une culture de décrue en construisant des digues en terre servant à retenir l'eau, chargée de riches alluvions, lors des crues. Cette méthode millénaire fut utilisée jusqu'au XIXᵉ siècle, époque où la construction de barrages permanents rendit possible l'irrigation des terres égyptiennes. Ces barrages, munis d'écluses facilitant la navigation, permirent de maîtriser les inondations, d'augmenter la superficie des terres arables et de produire plus d'une récolte par an dans un même champ. Il ne fallut qu'un siècle pour que le système d'irrigation soit étendu à toutes les zones agricoles d'Égypte.

Le plus grand projet réalisé sur le Nil est le haut barrage d'Assouan; en exploitation depuis 1968, il

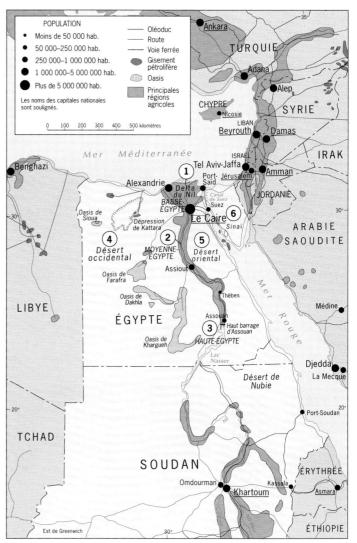

Figure 6.9 L'Égypte et le bassin inférieur du Nil.

Vu depuis le toit de l'un des plus hauts hôtels du centre du Caire, le paysage de la capitale évoque celui des villes méditerranéennes d'Europe. Mais l'impression est bien différente lorsqu'on se déplace en autobus dans la périphérie de la métropole. Dans ces secteurs, les rues asphaltées font place à des pistes poussiéreuses et les appartements, à des taudis, puis à des abris de fortune. La zone périphérique du Caire, où sécheresse et pauvreté dominent et où les détritus jonchent un peu partout le sol, n'a rien en commun avec le centre de la capitale où règnent l'élégance et le confort.

retient le lac Nasser. Celui-ci est l'un des plus grands lacs artificiels du monde (fig. 6.9), et sa construction a nécessité la relocalisation de 50 000 Soudanais. Le haut barrage d'Assouan a permis d'accroître de 50 % la superficie des terres irrigables et il fournit environ 40 % de l'électricité consommée en Égypte.

L'étroite oasis égyptienne, dont la largeur varie entre 5 km et 25 km, s'élargit au nord du Caire en un delta délimité à l'ouest par la grande ville d'Alexandrie et à l'est par Port-Saïd, donnant sur le canal de Suez. Le delta comprend un vaste secteur agricole, mais les problèmes s'y multiplient actuellement. L'utilisation de plus en plus grande de l'eau et du limon en amont du Nil prive le delta d'un approvisionnement indispensable. De plus, des phénomènes géologiques entraînent l'affaissement de cette zone de basse altitude; on craint

donc une invasion des eaux salées de la Méditerranée, ce qui endommagerait les sols arables.

Les millions de fellahs égyptiens, qui pratiquent encore aujourd'hui une agriculture de subsistance, luttent pour tirer un maigre revenu de la terre tout comme le faisaient leurs ancêtres il y a 5000 ans. Les paysages ruraux semblent avoir peu changé; les fellahs utilisent encore des outils anciens, et les habitations sont rudimentaires. La pauvreté, la maladie, un taux élevé de mortalité infantile et de faibles revenus sont autant de caractéristiques de la région. En dépit de la construction du haut barrage d'Assouan et de l'extension du système d'irrigation, la superficie de terres arables par habitant a constamment diminué en Égypte au cours des deux derniers siècles, car la croissance démographique, qui est de 2,3 % par an, annule les gains attribuables à l'augmentation de la productivité.

Suprématie régionale de l'Égypte

Malgré les problèmes décrits ci-dessus, l'Égypte est à bien des égards le pays le plus important et le plus puissant de l'ensemble Afrique du Nord — Asie du Sud-Ouest. Sur les plans spatial, culturel et idéologique, elle se trouve au centre du monde arabe. Même si sa population est sensiblement égale à celle de la Turquie ou de l'Iran, l'Égypte demeure le principal État arabe, ni les Turcs ni les Iraniens n'étant des Arabes. État séculaire, dont le gouvernement est en théorie élu démocratiquement, l'Égypte est bornée à l'est par Israël et à l'ouest par la Libye; elle contrôle le canal de Suez, d'une importance cruciale, et s'enorgueillit de sa capitale, Le Caire, la plus grande ville de l'ensemble géographique. Le rôle joué par l'Égypte dans le processus de paix israélo-palestinien et dans la guerre du Golfe contre l'Irak, en 1991, a suscité des critiques, et certains craignent que les institutions démocratiques ne soient pas assez fortes pour résister à cette opposition. Le gouvernement a parfois recours à l'intimidation pour contrer l'influence des Frères musulmans, ce qui a pour effet de stimuler le militantisme au sein de la minorité désireuse de transformer le pays en république islamique. Si l'ordre social en venait à être bouleversé comme il l'est déjà en Algérie, ce serait un véritable désastre.

Nous divisons l'Égypte en six sous-régions (fig. 6.9). La grande majorité des habitants vivent et travaillent en Basse-Égypte, au nord, et en Moyenne-Égypte (① et ② respectivement); ces deux sous-régions forment le cœur du pays, où se trouvent la capitale, Le Caire, et le premier port du pays, Alexandrie, qui est en outre la deuxième ville industrielle. La découverte de gisements pétrolifères additionnels dans la péninsule du Sinaï (sous-région ⑥) et dans le désert occidental (sous-région ④) a stimulé l'économie en assurant l'autosuffisance de l'Égypte et en lui permettant même d'exporter du pétrole. La culture du coton et l'industrie textile constituent la deuxième source de devises étrangères, alors que l'industrie touristique a été grandement affaiblie par les attaques menées contre des voyageurs par les terroristes, partout dans le pays. L'explosion démographique a accru l'écart entre l'offre et la demande de denrées alimentaires, ce qui a obligé l'Égypte à importer des céréales. De plus, cette dernière bénéficie de l'aide des États-Unis depuis de nombreuses années.

À la fin des années 1990, l'Égypte est dans une impasse en grande partie à cause des fondamentalistes religieux qui s'opposent entre autres à tout programme de planification des naissances. De plus, bien que les ententes avec Israël aient facilité l'obtention d'une aide internationale, elles ont aussi créé de graves dissensions.

✦ Le Maghreb et la Libye

L'ensemble des pays du nord-ouest de l'Afrique forment le Maghreb, dont le nom arabe, Djezirat-al-Maghrib, signifie « île du Couchant ». Cette désignation évoque le fait que la chaîne Atlas émerge à la façon d'une vaste île, entre la mer Méditerranée au nord et les basses terres sablonneuses du Sahara au sud.

Le Maghreb comprend : le Maroc, dernier royaume d'Afrique du Nord; l'Algérie, république séculaire aux prises avec des problèmes de nature politico-religieuse, comme nous l'avons mentionné précédemment; et la Tunisie, qui est le plus petit et le plus occidentalisé des trois États (fig. 6.10). La Libye, en bordure de la Méditerranée, entre la Tunisie et l'Égypte, ne ressemble à aucun autre État d'Afrique du Nord : il s'agit d'un pays désertique disposant de riches gisements pétrolifères et dont la population est concentrée en quasi-totalité dans les agglomérations longeant la côte.

Alors que l'Égypte est un don du Nil, le système montagneux de l'Atlas forme le noyau du Maghreb habité. Les précipitations que ces hautes chaînes tirent des masses d'air montantes suffisent à entretenir la vie dans les vallées, où les sols de bonne qualité ont permis le développement d'une agriculture productive. Le long de la côte méditerranéenne, depuis Alger jusqu'en Tunisie, la moyenne annuelle des précipitations est de plus de 750 mm, soit plus du triple de la moyenne enregistrée à Alexandrie, dans le delta égyptien. Même à 240 km du littoral, les versants de l'Atlas reçoivent plus de 250 mm de pluie par an. L'influence de la topographie est visible sur la carte de la répartition des précipitations dans le monde (fig. I.6) : les montagnes de l'Atlas cèdent la place au désert sans aucune transition.

Du point de vue structural, l'Atlas est une extension du système alpin, qui forme l'ossature montagneuse de l'Europe et comprend notamment les Alpes suisses et les Apennins, en Italie. Dans le nord-ouest de l'Afrique, ce système suit un axe SO-NE. Le Haut Atlas, qui débute au Maroc, s'élève jusqu'à 4000 m, alors que deux chaînes principales dominent l'Algérie : l'Atlas

« Dans la marge orientale du centre du Caire, nous avons vu ce qui nous a semblé être un ensemble de mosquées miniatures et de monuments funéraires raffinés. C'est dans ce cimetière, appelé la cité des morts, que furent enterrées les personnes riches ou illustres ayant autrefois vécu dans la capitale. Pourtant, ce secteur de la métropole nous a paru dévasté. Des squatters se sont installés dans les tombeaux les plus spacieux, de sorte que le cimetière abrite au moins un million de personnes. Les données démographiques sont en général imprécises : selon les chiffres officiels, la population du grand Caire était légèrement supérieure à 10 millions d'habitants en 1997, mais des observateurs bien informés estiment qu'elle totalisait en fait 16 millions d'habitants. » (Source : recherche sur le terrain de H. J. de Blij)

tellien au nord, face à la mer Méditerranée, et l'Atlas saharien au sud, qui donne sur le grand désert. Entre ces deux chaînons parallèles, formés de massifs et de collines, s'encastrent des bassins beaucoup plus secs que le versant nord de l'Atlas. Dans ces vallées, la barrière qu'oppose l'Atlas aux courants d'air marin se reflète dans la végétation steppique et dans l'utilisation des terres : l'agriculture cède la place au pastoralisme et le sol est couvert de basses herbes et de broussailles.

À l'époque coloniale, plus d'un million d'Européens, dont une majorité de Français, s'établirent en Afrique du Nord et plus particulièrement en Algérie. Ces immigrants contrôlèrent rapidement le secteur commercial, et les villes de la région connurent une nouvelle période de croissance. Casablanca, Alger et Tunis devinrent les foyers urbains de la colonie. Mais les Européens ne limitèrent pas leurs activités aux zones urbaines : reconnaissant le potentiel agricole des secteurs les plus fertiles, ils y établirent des fermes florissantes. Il n'est donc pas étonnant de retrouver dans cette zone des cultures de type méditerranéen : l'Algérie acquit rapidement une certaine notoriété pour ses vignobles, ses agrumes et ses dattes; la Tunisie devint le premier exportateur d'huile d'olive au monde; et les oranges du Maroc furent vendues sur les marchés européens.

Pétrole et émigration

L'évolution des États maghrébins depuis l'indépendance (il y a environ 40 ans) fut très inégale. Le Maroc

L'UNE DES GRANDES VILLES DE L'ENSEMBLE AFRIQUE DU NORD – ASIE DU SUD-OUEST

Le Caire

Depuis le toit de l'une des tours-hôtels du centre du Caire, on aperçoit au loin les grandes pyramides, ces monuments qui témoignent de l'ancienneté du peuplement de la région. Mais ce sont les Arabes qui choisirent, en l'an 969, le site de la ville actuelle comme centre de leur jeune empire. Le Caire devint alors, et demeura, la ville primatiale d'Égypte. Située à l'endroit où le Nil s'élargit en un vaste delta, elle abrite actuellement près du sixième de la population totale du pays.

Le Caire compte parmi les 20 agglomérations urbaines les plus grandes du monde et connaît, comme les autres villes des pays moins avancés, des problèmes considérables liés au surpeuplement, à l'insuffisance des équipements sanitaires, au délabrement des infrastructures et aux conditions déplorables de logement d'un très grand nombre d'habitants. Le Caire présente des inégalités sociales particulièrement criantes. Sur les berges du Nil, des tours luxueuses s'élèvent dans des quartiers de style parisien, remarquablement tenus, alors qu'à l'est des paysages urbains gris, poussiéreux et indifférenciés s'étendent à perte de vue. Non loin du centre, plus d'un million de squatters vivent dans la cité des morts, ce cimetière en extension continuelle (voir la photo à la page 218). En périphérie de la capitale, des millions de personnes survivent dans des bidonvilles surpeuplés, composés de huttes de terre et d'abris de fortune.

Le Caire est pourtant la principale ville d'Égypte et de la région, et la capitale culturelle du monde arabe; on y trouve des institutions d'enseignement supérieur, de splendides musées, des théâtres et des salles de concert répondant aux normes internationales, des mosquées magnifiques et des centres d'enseignement islamiques. Bien que Le Caire soit d'abord, depuis sa création, le siège du gouvernement ainsi qu'un centre administratif et religieux, elle est également un port fluvial, un centre industriel et commercial, et elle prend parfois l'allure d'un gigantesque bazar. Bref, Le Caire est le cœur du monde arabe, tant du point de vue historique que géographique.

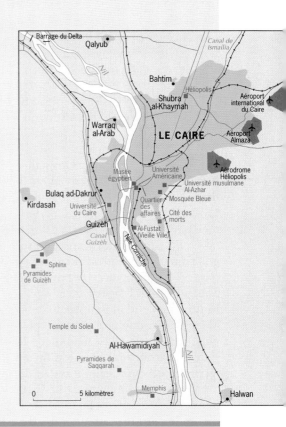

se trouva aux prises avec des conflits territoriaux, dont le partage du Sahara occidental, une ancienne possession espagnole. Des mouvements nationalistes sahariens, soutenus entre autres par l'Algérie et la Mauritanie, s'opposèrent farouchement à l'annexion de cette portion du désert par le Maroc. Il s'ensuivit des tensions entre cet État et ses voisins, mais à l'intérieur du pays le conflit eut un effet unificateur au moment même où le roi faisait face à un sentiment antimonarchique grandissant. En Algérie, l'exploitation du pétrole remplaça l'agriculture au premier rang des exportations et comme principale source de revenus. (Des pipelines relient les gisements de pétrole et de gaz naturel aux ports algériens et tunisiens, d'où ces produits sont expédiés vers l'Europe [fig. 6.10]). Pendant plus d'une décennie, les revenus de l'Algérie augmentèrent au même rythme que le prix du pétrole, mais la chute des cours et la baisse des réserves marquèrent le début d'une période de décroissance. La Tunisie connut elle aussi une vague de prospérité grâce à l'exploitation du pétrole, mais ses réserves s'épuisèrent encore plus rapidement que celles de l'Algérie, d'où la nécessité de trouver d'autres sources de revenus. Celles-ci étaient heureusement disponibles, la Tunisie n'ayant pas négligé son secteur agricole durant la période de crois-

sance de l'économie pétrolière : elle avait continué de produire entre autres des agrumes, des olives et de l'huile d'olive, des textiles et des articles de cuir.

Ce que les pays maghrébins exportèrent aussi en grand nombre, ce sont leurs habitants. Des centaines de milliers de Nord-Africains émigrèrent en Europe, et plus particulièrement en France, à la recherche d'un emploi qu'ils ne pouvaient obtenir chez eux. L'Espagne et l'Italie connurent également un afflux d'immigrants, cependant moins considérable; en 1997, au moins 2,5 millions d'Algériens, de Marocains et de Tunisiens résidaient en Europe.

Le paysage politique du Maghreb est en voie de transformation. L'Algérie et la Tunisie font face à la montée d'un mouvement islamique fondamentaliste, coïncidant avec la décroissance de leur économie et l'accroissement de la pauvreté et du sentiment de frustration. Le Maroc, dont l'influence conservatrice domine le monde des affaires arabe, a durement réprimé toute manifestation du courant fondamentaliste, mais le militantisme islamiste risque de tirer parti de la faiblesse de l'économie marocaine, dont les principales sources de revenus sont, en l'absence de pétrole, l'exportation de phosphates, de fertilisants et de fruits de type méditerranéen, de même que le tourisme.

Le désert côtier

Entre l'extrémité orientale de l'Atlas, en Tunisie, et le delta du Nil en Égypte, le Sahara s'étend jusqu'au littoral même de la Méditerranée. Cette portion du territoire, occupée par la Libye, compte seulement 5,6 millions d'habitants malgré sa vaste étendue (un peu plus grande que celle du Québec) et ses riches gisements de pétrole.

La Libye a une forme quasi rectangulaire, et les quatre coins du pays en constituent les secteurs les plus importants (fig. 6.10). Son potentiel agricole est limité à la Tripolitaine dans le nord-ouest, dont le centre est Tripoli, la capitale, et à la Cyrénaïque dans le nord-est, dont le principal foyer urbain est Benghazi. Entre ces deux agglomérations côtières, qui abritent 90 % des Libyens, s'étend le golfe de Syrte, profonde baie formée par la Méditerranée; la Libye a tenté, en vain, de faire valoir auprès des autres pays son droit à inclure ce golfe dans ses eaux territoriales. La partie sud-ouest du pays est occupée par le Fezzan montagneux et désertique, borné par l'Algérie et le Niger, alors que l'oasis de Koufra, faiblement peuplée, se trouve dans le sud-est. Malgré l'étendue considérable de son territoire et la taille réduite de sa population, la Libye tente de faire valoir ses droits sur la bande d'Aozou, qui fait partie du territoire de son voisin du sud, le Tchad (fig. 6.10).

Le général Mouammar Kadhafi, qui dirige le pays depuis 1969, employa les revenus tirés des riches gisements de pétrole pour atteindre deux buts : premièrement, améliorer les infrastructures et, deuxièmement, soutenir les groupes révolutionnaires arabo-islamistes des pays étrangers. La plus grande réussite dans la poursuite du premier objectif fut le projet de la Grande Rivière artificielle, un système de canalisations long de 950 km, destiné à transporter l'eau de la nappe phréatique du désert de Libye, au sud, jusqu'aux zones desséchées de la Tripolitaine et de la Cyrénaïque. Quant au soutien apporté aux groupes révolutionnaires, malgré les représailles armées et les embargos qui en résultèrent, il permit à la Libye d'exercer une influence disproportionnée compte tenu de la taille de sa population, pas même le dixième de celle de l'Égypte.

✦ La zone de transition africaine

L'islam s'est propagé par voie terrestre et maritime. Il s'est diffusé par-delà la mer Méditerranée et l'océan Indien, et s'est étendu à plusieurs zones côtières, depuis l'Afrique orientale jusqu'en Indonésie. En Afrique du Nord, l'islam se répandit au sud, au-delà du désert : il se propagea par la voie fluviale du Nil, puis par l'intermédiaire des caravanes sillonnant le Sahara, pour atteindre finalement les populations des steppes et des savanes subsahariennes. Les apôtres de l'islam convertirent des millions de personnes à la foi musulmane dans une large bande de terres traversant l'Afrique en son centre et connue aujourd'hui sous le nom de **Sahel** (de l'arabe *sāhil*, qui signifie « bordure » ou « rivage »). Nous verrons au chapitre suivant que la zone comprise entre le désert et la forêt fut l'un des foyers de la civilisation africaine et qu'elle comprend plusieurs États anciens et vastes. Les souverains de ces pays et leurs sujets ayant opté pour l'islam, les Africains de l'Ouest formèrent bientôt, dans le corridor traversant la savane, de longs convois se dirigeant vers l'est pour effectuer leur pèlerinage annuel à La Mecque.

Avec l'arrivée des puissances européennes, la carte politique de l'Afrique moderne commença à se dessiner.

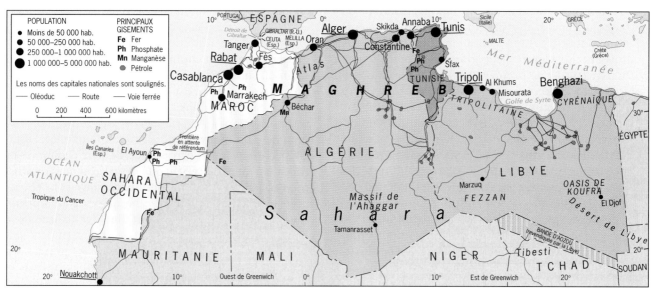

Figure 6.10   Le Maghreb et la Libye.

Du Sénégal au Soudan, musulmans et non-musulmans furent rassemblés dans des États dont ils n'avaient pas eux-mêmes tracé les frontières. Cela explique qu'une **zone de transition** se superpose au paysage culturel et à la mosaïque politique de la région (fig. I.12 et 6.8) : dans cette zone, les habitants sont d'origine ethnique africaine mais de culture arabe.

Un corridor où règne l'instabilité

La zone de transition africaine comprend essentiellement (mais non exclusivement) une partie ou la totalité des territoires du Sénégal, de la Mauritanie, du Mali, du Burkina Faso, du Niger, du Nigéria, du Tchad, du Soudan et des États de la Corne de l'Afrique : l'Éthiopie, l'Érythrée, le Djibouti et la Somalie. Pour ces pays, le fait de chevaucher deux ensembles géographiques n'est pas sans conséquences; en effet, du Sénégal, qui tente de se fusionner avec la Gambie, à la Somalie, sur le point d'être scindée en deux États (fig. 6.11), des conflits culturels font rage dans ce corridor.

Durant les années 1990, des tensions et des conflits armés ont déchiré le Nigéria, le Tchad, le Soudan et les pays de la Corne de l'Afrique. Le nord du Nigéria est musulman alors que le sud ne l'est pas. Cependant, des chrétiens originaires du sud se sont établis dans le nord où ils occupent des emplois dédaignés par les autochtones, et des affrontements intermittents ont causé la mort de milliers de Nigériens. Il existe également un profond clivage culturel au Tchad : les musulmans (45 % de la population) occupent le nord et le centre du pays, tandis que les non-musulmans sont concentrés dans le sud. La situation au Soudan est encore plus complexe. Ce pays, qui compte 30 millions d'habitants et occupe une zone géographique stratégique, est divisé entre le Nord musulman, regroupant environ 70 % des Soudanais, et le Sud, où domine une religion traditionnelle de type animiste; les habitants du Sud résistent depuis des décennies aux tentatives du Nord pour leur imposer son autorité. Ce conflit qui s'éternise a peut-être été le plus meurtrier de toutes les guerres intestines ayant déchiré l'Afrique depuis la fin de la période coloniale.

Les conflits culturels qui divisent les pays de la Corne de l'Afrique se sont étendus à certains moments au Soudan, provoquant l'une des migrations de réfugiés les plus importantes à s'être produites sur le territoire africain. Les hauts plateaux d'Éthiopie ont constitué pendant plusieurs siècles une forteresse naturelle pour un peuple chrétien, les Amharas, qui non seulement résistèrent à l'avance des musulmans mais arrachèrent au contrôle de ces derniers une large partie des basses terres encerclant leur foyer principal. Cet Empire éthiopien, ayant son centre à Addis Abeba, est à la source de la guerre qui éclata durant les années 1980. Depuis la sécession, en 1993, de l'Érythrée musulmane, qui borde la mer Rouge, l'Éthiopie est enfer-

mée dans les terres. Bien que les Amharas aient été forcés de partager le pouvoir, au sein du nouveau gouvernement éthiopien, avec les Oromos et d'autres ethnies, le principal problème auquel Addis Abeba doit faire face est la présence de millions de Somaliens musulmans en Éthiopie (fig. 6.11). En effet, même après la sécession de la totalité de l'Érythrée islamique, la population éthiopienne de 60 millions d'habitants est encore à 45 % musulmane. Les problèmes reliés à l'appartenance du pays à la zone de transition africaine sont donc loin d'être réglés.

S'il existe un autre trait distinctif de la zone de transition africaine, en dehors de la division culturelle, c'est bien sa situation environnementale catastrophique. Selon la carte de la figure I.7, cette région coïncide à peu près à la zone climatique steppique *(BSh)* qui s'étend du littoral atlantique à la Corne de l'Afrique. Il s'agit d'une zone caractérisée par des précipitations faibles et irrégulières, une désertification cyclique et la fragilité de la végétation, mais c'est également une région à dominante pastorale. Le bétail, en détruisant les restes de végétation et en ralentissant la repousse, accentue les effets de la sécheresse, ce qui vient aggraver les dommages causés à l'environnement par la surpopulation humaine. Lorsque les pâturages des steppes sont détruits par la sécheresse, les pasteurs nomades se déplacent vers le sud en amenant leurs bêtes, qu'ils font paître dans les champs des paysans sédentaires, d'où une source supplémentaire de conflits dans cette zone de transition fort agitée.

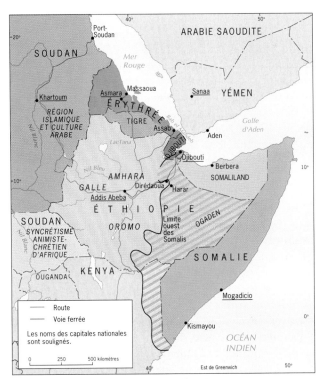

Figure 6.11 Zone de transition africaine – secteur est.

✦ Le Croissant fertile

Le Croissant fertile est borné au nord par la Turquie et à l'est par l'Iran, au-delà duquel se trouvent l'Afghanistan et le Turkestan. Enfin, la péninsule Arabique le borde au sud, alors qu'à l'ouest s'étendent la mer Méditerranée, l'Égypte et les autres pays d'Afrique du Nord. Cette région occupe donc une position clé, en plein cœur de l'ensemble formé de l'Afrique du Nord et de l'Asie du Sud-Ouest.

Le Croissant fertile comprend cinq pays (fig. 6.12) : l'Irak, le plus vaste et le plus peuplé, donne sur le golfe Persique; la Syrie, deuxième par sa superficie et sa population, borde la mer Méditerranée; la Jordanie, reliée à la mer Rouge par l'étroit golfe d'Aqaba; le Liban, dont l'existence en tant qu'État unifié a été remise en question; et, enfin, Israël, une nation juive au centre du monde musulman.

L'Irak

L'Irak occupe environ 60 % du territoire du Croissant fertile, et ses 22 millions d'habitants forment 40 % de la population totale de la région. L'Irak est en outre le pays du Croissant fertile le mieux pourvu en ressources naturelles : il renferme de riches gisements pétrolifères et de grandes étendues de terres agricoles irriguées. Par ailleurs, l'Irak est l'héritier des anciens pays et empires mésopotamiens qui prirent naissance dans la vallée du Tigre et de l'Euphrate, d'où la présence d'importants sites archéologiques sur son territoire.

Aujourd'hui, l'Irak a des frontières communes avec six autres États, et des conflits l'ont récemment opposé à la plupart d'entre eux. Au nord se trouve la Turquie, où les deux grands fleuves irakiens prennent leur source; à l'est s'étend l'Iran, que l'Irak a attaqué en 1980, déclenchant ainsi une guerre meurtrière qui allait durer huit ans; à l'extrémité nord-ouest du golfe Persique se trouve le Koweit, qui a été envahi par les armées irakiennes en 1990; au sud, c'est l'Arabie Saoudite, alliée des adversaires de l'Irak; enfin, à l'ouest, l'Irak est borné par la Jordanie et la Syrie.

La géographie régionale de l'Irak laisse entrevoir les sources d'antagonismes susceptibles de diviser le pays (fig. 6.12). Le cœur de l'Irak correspond à la région de la capitale, Bagdad, située sur le Tigre, au milieu des terres fertiles de la plaine du Tigre et de l'Euphrate. La majorité des habitants du centre sont des musulmans sunnites, et c'est ce groupe qui détient le pouvoir politique.

Cependant, sur les 22 millions d'Irakiens, environ 10 millions sont chiites, et cette importante minorité est concentrée dans le sud du pays, fortement peuplé. L'examen de la carte de la figure 6.12 permet de se rendre compte de l'importance de cette zone, où le Tigre et l'Euphrate confluent pour former l'estuaire Chatt al Arab, qui se jette dans le golfe Persique. Sur

ses quelque 80 derniers kilomètres, il marque la frontière entre l'Irak et l'Iran. Ce sont les revendications de l'Irak à propos d'un territoire situé du côté iranien qui furent à l'origine de la guerre opposant les deux pays au cours des années 1980.

Il est également à noter que la frontière entre l'Irak et le Koweit traverse une zone renfermant de riches gisements de pétrole, et que l'annexion du Koweit fournirait à l'Irak un nouvel accès au golfe Persique. Diverses justifications et la perspective de revenus substantiels amenèrent l'Irak à envahir le Koweit en 1991, déclenchant ainsi une guerre dévastatrice.

Aux deux grandes sous-régions que sont le cœur de l'Irak, centré sur Bagdad, et le sud à majorité chiite, s'en ajoute une troisième, située dans le nord. Elle est habitée principalement par des musulmans sunnites non arabes, qui forment la nation kurde (voir l'encadré « La création d'un Kurdistan indépendant ? »).

Les infrastructures et l'économie de l'Irak ont été détruites par la guerre du Golfe, mais le potentiel du pays avait déjà été gravement réduit par le conflit avec l'Iran, de même que par la mauvaise gestion, la corruption et l'inefficacité gouvernementales. L'Irak devrait, grâce à la vaste étendue de ses terres fertiles et aux revenus considérables tirés du pétrole, compter parmi les économies les plus florissantes de l'ensemble Afrique du Nord — Asie du Sud-ouest, mais des problèmes politiques en ont fait le théâtre de l'une des grandes tragédies mondiales.

La Syrie

Après l'islam et le pétrole, la question d'Israël est probablement celle qui suscite le plus de passions en Afrique du Nord et en Asie du Sud-Ouest. L'Irak, qui a déjà essayé de fabriquer des armes nucléaires dans le but de s'en servir pour menacer Israël, a même cherché à l'entraîner dans la guerre du Golfe en pointant des missiles dans sa direction. Mais cette tentative aurait eu plus de chances de réussir si l'Irak, comme la Syrie, bordait l'État juif. L'Irak est d'ailleurs le seul pays du Croissant fertile à ne pas avoir de frontière commune avec Israël.

La contiguïté d'Israël et de la Syrie coûta à cette dernière une partie de son territoire : elle perdit le plateau du Golan aux mains de l'État juif en 1967. Trente ans plus tard, les négociations visant à trouver un moyen de restituer une partie ou la totalité de ce secteur à la Syrie n'ont pas encore permis de surmonter les nombreux obstacles. Des colons juifs se sont établis sur le plateau du Golan et Israël s'oppose vigoureusement à leur expulsion, ce qui n'a rien d'étonnant dans une société démocratique où les électeurs peuvent répudier leurs représentants s'ils n'approuvent pas les politiques adoptées. De leur côté, les Syriens font face à un problème de continuité. La Syrie n'est pas un État démocratique, mais une république sous contrôle militaire, depuis 1963. En outre, bien que la population soit à

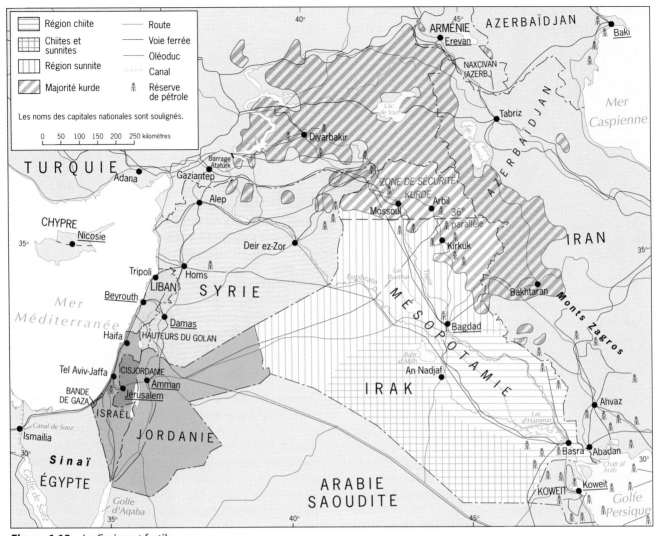

Figure 6.12 Le Croissant fertile.

75 % sunnite, la classe dirigeante est issue de la secte minoritaire alaouite, dont le foyer principal est situé dans le pays. Donc, même si une structure gouvernementale a été mise en place et que deux vice-présidents sont prêts à prendre la succession à la tête du pays, il n'est pas certain que leur arrivée assure une stabilité durable à la Syrie.

La Syrie comprend, comme le Liban et Israël, une frontière méditerranéenne où l'agriculture est praticable sans irrigation. L'arrière-pays, qui succède à cette zone côtière densément peuplée, est beaucoup plus vaste que celui des États voisins, mais les aires productives sont très dispersées. Damas, construite dans une oasis de la pointe sud-ouest du pays, est considérée comme la ville la plus ancienne du monde à avoir été habitée sans interruption. Capitale actuelle de la Syrie, elle compte plus de 2 millions d'habitants.

La ville principale de l'extrémité nord-ouest est Alep, centre de la zone de culture de coton et de céréales qui borde la Turquie. L'Oronte est la plus importante source d'eau pour l'irrigation de cette région de la Syrie mais, dans l'est, la zone vitale est la vallée de l'Euphrate. La découverte récente de pétrole dans les provinces orientales devrait accélérer leur développement, ce qui ne peut être que bénéfique pour le pays tout entier. La Syrie est autosuffisante pour ses besoins en céréales de base; elle tire des revenus importants de l'exportation de coton, mais le pétrole est sa première source de devises étrangères. Comme il existe encore en Syrie des terres cultivables non exploitées, l'expansion de l'agriculture contribuerait à l'unification du pays et resserrerait la structure spatiale des sous-régions actuellement isolées.

La Jordanie

Ce que nous venons de dire de la Syrie ne s'applique nullement à la Jordanie, royaume de 4,4 millions d'habitants situé en plein désert, à l'est d'Israël et au sud de la Syrie. La Jordanie est également issue du démantèlement de l'Empire ottoman et elle a souffert plus que

LA CRÉATION D'UN KURDISTAN INDÉPENDANT ?

Aucune carte politique de la région n'indique, au carrefour de la Turquie, de l'Irak et de l'Iran, le « pays des Kurdes ». Ces derniers forment une nation fragmentée d'environ 25 millions de personnes, dont la majorité, soit 12 millions, réside en Turquie, alors qu'environ 7 millions habitent en Iran et qu'un nombre moins important vit en Syrie, en Arménie et même en Azerbaïdjan (fig. 6.12).

Les Kurdes occupent depuis 3000 ans cette zone frontière isolée, composée de montagnes et de hauts plateaux. Ils forment une nation sans État et bon nombre rêvent de voir un jour leur terre natale fragmentée se transformer en un État-nation. Après la guerre du Golfe de 1991, l'ONU délimita une « zone de sécurité » dans le nord de l'Irak pour inciter les réfugiés kurdes à retourner sur leur territoire et les mettre à l'abri des représailles du gouvernement irakien. Il semble bien que, dans un proche avenir, les Kurdes devront se contenter de ce pis-aller, car la réalisation de leur rêve d'un Kurdistan indépendant est mis en veilleuse en raison notamment des intérêts en cause, le sous-sol du territoire étant particulièrement riche en pétrole.

tout autre pays arabe de la création de l'État d'Israël. Premièrement, Haifa, maintenant en territoire israélien, était le principal port d'exportation de la Jordanie, qui dépend aujourd'hui des ports du Liban, un pays instable, ou de la voie maritime peu pratique du golfe d'Aqaba, à l'extrême sud du pays. Deuxièmement, à l'époque où elle est devenue totalement indépendante, soit en 1946, la Jordanie ne comptait que 400 000 habitants, dont des nomades, des paysans, des villageois et un petit nombre de citadins. En 1948, lors du partage de la Palestine et de la création d'Israël, la Jordanie accueillit plus d'un demi-million de réfugiés arabes; puis elle dut prendre en charge un autre demi-million de Palestiniens qui, bien que vivant à l'ouest du Jourdain, furent intégrés au royaume jordanien. Le nombre total de réfugiés dépassait donc le double de la population initiale, de sorte que des tensions internes vinrent s'ajouter aux dissensions externes, sans parler de la difficulté économique pour une nation extrêmement pauvre de créer un État.

La Jordanie a néanmoins réussi à survivre avec l'aide des États-Unis, du Royaume-Uni et d'autres pays, mais elle fait toujours face à de graves problèmes. Bon nombre de Jordaniens n'ont pas de sentiment d'appartenance au pays; ils ne se considèrent pas vraiment comme des citoyens et n'apportent que très peu de soutien à la monarchie, par ailleurs soumise à une forte pression. Des groupes de mécontents menacent constamment d'entraîner la Jordanie dans un conflit contre Israël.

La guerre de 1967 fut désastreuse pour le pays, qui y perdit la Cisjordanie et son secteur de Jérusalem. Même là où existent de bonnes possibilités de développement, comme dans la vallée du Jourdain, les conflits politiques entravent le progrès. La pauvreté et les limites du pays sont manifestes à Amman, la capitale. Dépourvue de ressources pétrolières, ne disposant que d'une faible superficie de terres arables, privée d'unité et d'influence, submergée par l'afflux de réfugiés, la Jordanie présente un paysage plus sombre que la majorité des pays du Croissant fertile.

Le Liban

Situé sur la côte méditerranéenne au nord d'Israël, le Liban fait exception à la règle selon laquelle le Croissant fertile est une région entièrement musulmane : un quart des quelque 3,8 millions d'habitants sont de confession chrétienne. Ce pays, dont la superficie est inférieure au huitième de celle de la Jordanie et ne représente que la moitié de celle d'Israël, est traditionnellement commercial, soit depuis l'époque où les Phéniciens occupèrent le territoire dans l'Antiquité. Par ailleurs, le Liban doit importer de grandes quantités de blé (son aliment de base), car la culture intensive pratiquée dans l'étroite plaine côtière, bordée de montagnes, ne parvient pas en général à satisfaire les besoins de toute la population.

Le Liban a connu au cours du dernier quart de siècle une période d'instabilité. En 1975, il fut déchiré par une guerre civile opposant chrétiens et musulmans. Les causes de ce conflit sont nombreuses. Depuis plusieurs décennies, ces deux grandes communautés se partageaient le pouvoir politique, mais la situation ayant donné naissance à cette structure changea avec le temps. Durant les années 1930, la population comptait approximativement le même nombre de musulmans et de chrétiens; toutefois, au cours des années 1940, la croissance démographique des musulmans fut de beaucoup supérieure à celle des chrétiens, généralement plus urbanisés et plus riches (et dont une bonne proportion a récemment quitté le pays). Mécontents du système politique désuet (mis en place durant l'occupation française), les musulmans se rebellèrent à plusieurs reprises avant de déclencher la guerre civile qui allait s'étendre au pays tout entier. Après la guerre israélo-arabe de 1967, environ 300 000 Palestiniens se réfugièrent au Liban. Ces nouveaux arrivants, dont un bon nombre vivaient dans des camps où les conditions étaient sordides, n'acceptèrent jamais la position modérée adoptée par le Liban à l'égard d'Israël. Ainsi, dès le premier affrontement entre chrétiens et musulmans à Tripoli, dans le nord de la zone du littoral, les Palestiniens combattirent aux côtés des musulmans. Ces événements provoquèrent la ruine du Liban.

Beyrouth, capitale d'une grande beauté architecturale et souvent qualifiée de « Paris du Moyen-Orient », subit des dommages considérables alors que les milices chrétiennes, sunnites, chiites, druzes et palestiniennes, de même que les armées libanaises et syriennes, luttaient pour s'emparer du pouvoir. À la fin des années 1980, Beyrouth était presque entièrement détruite, et seulement 150 000 personnes (les plus pauvres parmi les 1,5 million d'habitants dénombrés vers la fin des années 1970) y vivaient encore, dans des conditions misérables. Depuis 1990, le conflit a perdu de son intensité. Même si la reconstruction de Beyrouth demandera beaucoup de temps, sa population atteint maintenant 2,1 millions d'habitants et elle continue de croître.

Tandis que le pouvoir des musulmans augmentait, les chrétiens se rassemblaient dans la partie du littoral comprise entre Beyrouth et Tripoli (fig. 6.12). Pendant ce temps, Israël avait pris le contrôle d'une zone de sécurité, dans le sud, et diverses factions musulmanes avaient occupé différents secteurs du pays, sur lesquels ils avaient établi leur autorité. En 1976, les Syriens tentèrent de rétablir la paix au Liban au moyen d'une présence militaire. Cependant, après avoir contribué à réduire la violence à Beyrouth en repoussant diverses factions rivales, ils se trouvèrent eux-mêmes mêlés au conflit.

Au milieu des années 1990, le Liban, épuisé, semblait enfin décidé à trouver une entente quelconque, mais de vieilles animosités y menaçaient toujours la paix. Bien que la reconstruction du pays se poursuive, l'avenir du Liban en tant qu'entité politique demeure incertain.

Israël

L'État d'Israël (fig. 6.8) est respectivement bordé au nord et au nord-est par le Liban et la Syrie, à l'est par la Jordanie et au sud-ouest par l'Égypte. Tous les voisins de l'État juif éprouvent encore du ressentiment à propos de la formation de ce pays au cœur du monde arabe. Depuis 1948, soit depuis la création d'un foyer national juif à la suite d'une décision de l'assemblée générale de l'ONU, le conflit israélo-arabe domine la scène politique du Croissant fertile.

La formation de l'État d'Israël est une conséquence indirecte de la chute de l'Empire ottoman. Sous le mandat britannique, les Juifs d'Europe furent soutenus dans leurs efforts pour créer un Foyer national juif dans le Croissant fertile, dans le cadre du sionisme. En 1946, les Britanniques proclamèrent l'indépendance du territoire situé à l'est du Jourdain, qui prit alors le nom de « Transjordanie » et qui correspond à la Jordanie actuelle. Peu après, l'ONU divisa le territoire situé à l'ouest du Jourdain : un peu plus de la moitié fut attribué aux Juifs, y compris, bien sûr, des terres habitées par des Arabes. En fait, les Juifs n'occupaient que 8 % de la Palestine, mais ils formaient plus du tiers de la population de la région.

La déclaration d'indépendance d'Israël par les Juifs, le 14 mai 1948, fut immédiatement suivie d'attaques menées par les États arabes voisins, qui s'opposaient au principe même de la formation de ce pays. Au cours du conflit qui en résulta, Israël réussit non seulement à maintenir ses positions, mais elle conquit des territoires d'une importance cruciale dans le centre et le nord, de même que dans le désert du Néguev au sud (fig. 6.13). À la fin de ce premier conflit israélo-arabe, soit en 1949, les Juifs contrôlaient 80 % du territoire à l'ouest du Jourdain qui constituait auparavant la Palestine. Comme l'indique la figure 6.13, Israël comprend actuellement les terres qui lui avaient été allouées par l'ONU, des espaces additionnels donnant sur l'Égypte et le Liban, de même que la Cisjordanie, à l'ouest du Jourdain. Au cours du conflit déclenché en 1948, des troupes en provenance de Transjordanie (le royaume arabe indépendant situé à l'est du Jourdain) envahirent la Cisjordanic, et le roi, après avoir officiellement annexé celle-ci en 1950, la renomma Jordanie.

Ce premier conflit marqua le début d'une série de guerres opposant Israël à ses voisins arabes. En 1967, à la suite d'une semaine d'affrontements, Israël remporta une victoire magistrale : il arracha le plateau du Golan à la Syrie, la Cisjordanie à la Jordanie et la péninsule du Sinaï, jusqu'au canal de Suez, à l'Égypte. En 1973, à l'issue d'un autre bref conflit, l'État hébreu se retira de la zone du canal de Suez et se retrancha derrière une

Les contrastes culturels sont omniprésents dans le paysage urbain de Jérusalem, où la tension sociale est palpable. De presque n'importe quel point de vue élevé, on aperçoit les édifices consacrés au culte et la Terre sainte, qui a une profonde signification pour les juifs, les chrétiens et les musulmans. Des synagogues, des églises et des mosquées, des cimetières entourés d'enceintes, des lieux de pèlerinage et des sites historiques s'y côtoient, comme le fait voir la photo ci-dessus. Dans une autre direction, c'est la vallée du Jourdain qu'on aperçoit au loin. Jérusalem chevauche la frontière entre Israël et la Cisjordanie. En en faisant sa capitale politique, le gouvernement de l'État hébreu manifesta sa domination sur la région : il n'était plus question que la ville sainte devienne une cité internationale. Jérusalem est depuis une capitale avancée, c'est-à-dire un avant-poste situé sur un territoire susceptible de faire l'objet de contestations.

Figure 6.13 Israël et le Croissant fertile.

2. **La zone de sécurité** Israël maintient des patrouilles dans la zone de sécurité qu'il a créée au Liban, immédiatement au nord de sa frontière, alors que les gouvernements arabes décrient l'existence de cette zone.

3. **Jérusalem** Ville sainte à la fois pour les juifs, les chrétiens et les musulmans, Jérusalem est tombée aux mains d'Israël au cours du conflit de 1967. Depuis, l'État hébreu en a fait sa capitale.

4. **La Cisjordanie** En 1977, seulement 5000 Juifs résidaient en Cisjordanie, alors qu'en 1996 ils étaient plus de 130 000, représentant alors 10 % de la population totale. Il en résulte un enchevêtrement apparemment inextricable de communautés juives et arabes (fig. 6.14).

5. **Les Palestiniens** Encore aujourd'hui, près d'un million de Palestiniens vivent sur le territoire de l'État initial d'Israël (voir l'encadré « Le dilemme palestinien »).

6. **Les perturbations provoquées par des groupes arabo-musulmans** Des partisans du Mouvement de la résistance islamique (Hamas) ou du Hezbollah ont tenté d'entraver le processus de paix par des actes de terrorisme et d'intimidation.

Grâce à une aide étrangère considérable (en provenance surtout des États-Unis), aux importants versements de fonds des Juifs vivant à l'étranger et aux efforts déployés par les colons, Israël compte parmi les économies à revenu élevé, alors qu'en comparaison ses voisins vivent dans la pauvreté. Son PNB par habitant est en fait 10 fois plus important que celui de la Jordanie, et 20 fois plus grand que celui de l'Égypte. Les nouveaux occupants ont élargi la zone irriguée, ils ont réussi à cultiver des terres desséchées en inventant des techniques qu'ils ont exportées partout dans le monde, ils importent du pétrole de l'Égypte depuis la normalisation des relations avec cet État, et ils exploitent une centrale sidérurgique à Tel Aviv pour des raisons stratégiques. La population israélienne est fortement urbanisée : un peu plus de 90 % des 6 millions d'habitants sont concentrés dans les villes, dont Tel Aviv, Jaffa, Haifa et Jérusalem. Le cœur du pays, qui englobe Tel Aviv, Haifa et la zone côtière comprise entre ces deux agglomérations, regroupe plus des trois quarts de la population; c'est de loin le centre le plus moderne de tous les pays non producteurs de pétrole de l'ensemble.

Au fur et à mesure que progresse le processus de paix israélo-palestinien, de nouveaux obstacles surgissent. L'un d'eux a trait aux besoins en eau de la région. Plus de 30 % de l'approvisionnement d'Israël dépend d'aquifères situés dans le sous-sol de la Cisjordanie; environ un cinquième de la quantité d'eau provenant de cette réserve est alloué aux 1,4 million de Palestiniens de Cisjordanie, une fraction plus petite est destinée aux

ligne de cessez-le-feu dans la péninsule du Sinaï; enfin, le traité de paix israélo-égyptien de 1979 permit à l'Égypte de récupérer la totalité du Sinaï.

Depuis, les États réussissent à maintenir une paix fragile. Au cours des années 1990, des progrès furent réalisés dans la résolution de problèmes qui influent grandement sur les relations entre Israël et ses voisins arabes, de même qu'entre Israël et les dirigeants palestiniens de la bande de Gaza et de Cisjordanie ayant été sous le contrôle de l'État hébreu. Les ententes signées avec l'Égypte et la Jordanie, en vue de normaliser les relations avec ces pays, représentent un grand pas sur la voie difficile de la paix. De même, la création de l'Autorité palestinienne devant gouverner Gaza et Jéricho (une ville de Cisjordanie, située à l'est de Jérusalem) constitue un progrès notable. Cependant, il reste plusieurs obstacles à surmonter pour rétablir la paix dans la région, notamment dans les secteurs suivants.

1. **Le plateau du Golan** Le climat politique en Israël même rend difficile, voire impossible, la restitution du plateau du Golan à la Syrie.

130 000 colons juifs de cette sous-région, et le reste sert à répondre aux besoins d'Israël même et, plus particulièrement, de Tel Aviv et de Jérusalem. La réalisation de la prochaine phase du transfert de territoires entre Israël et l'Autorité palestinienne fera passer sous la juridiction de cette dernière certaines des stations de pompage les plus importantes. Les Israéliens s'opposent à la modification des systèmes de captation des eaux et des modèles d'utilisation; ils exigent donc que les Palestiniens s'engagent à ne creuser aucun nouveau puits qui risquerait de faire dévier l'eau provenant d'aquifères ayant une importance cruciale pour l'État hébreu. Les sociétés modernes emploient des quantités d'eau considérables; ainsi, la consommation moyenne d'Israël est quatre fois plus grande que celle des Palestiniens. Ces derniers soutiennent qu'ils n'ont pas à tenir compte de cette énorme disproportion, ce à quoi les Israéliens répliquent qu'en l'absence d'un accord sur l'utilisation de l'eau, les chances pour les villes de Cisjordanie d'accéder à l'autonomie sont grandement réduites.

En définitive, l'avenir d'Israël dépend de la négociation d'une entente satisfaisante avec sa minorité palestinienne, de même que de la normalisation de ses rela-

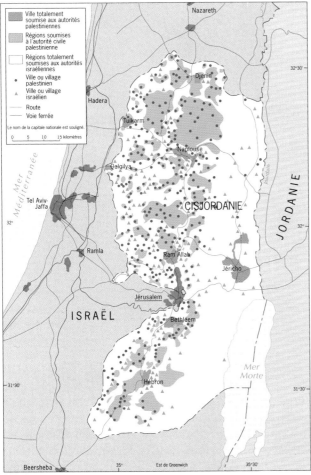

Figure 6.14 La Cisjordanie.

LE DILEMME PALESTINIEN

Depuis la création d'Israël en 1948, sous le mandat britannique, les Arabes dont la terre natale était la Palestine vivent dans des pays voisins où ils sont considérés comme des réfugiés. Beaucoup d'entre eux ont été intégrés à leur société islamique d'adoption, mais un grand nombre vit encore dans des camps. L'État d'Israël fête ses 50 ans en 1998, de sorte que la majorité des Palestiniens sont nés après le partage de la Palestine en deux États.

Les Palestiniens considèrent eux-mêmes qu'ils forment un peuple sans État (ce qui était également la situation des Juifs avant la création d'Israël), bien qu'ils soient actuellement majoritaires en Jordanie. Ils exigent que leurs doléances soient entendues et que des progrès soient accomplis dans la recherche d'une solution territoriale à leurs problèmes, qui réside dans la formation d'un État palestinien. Les premières étapes du processus de paix israélo-palestinien ont déjà été réalisées et les négociations se poursuivent.

Voici le nombre approximatif de Palestiniens résidant actuellement dans chacun des pays de l'ensemble géographique :

Israël et les Territoires occupés		3 275 000
Israël	975 000	
Cisjordanie	1 450 000	
Bande de Gaza	850 000	
Jordanie		2 300 000
Liban		450 000
Syrie		400 000
Arabie Saoudite		300 000
Irak		80 000
Égypte		65 000
Koweit		32 000
Libye		28 000
Autres États arabes		520 000
Total		7 450 000

---

tions avec les pays arabes modérés et laïcs. Situé au centre de l'ensemble Afrique du Nord — Asie du Sud-Ouest, l'État d'Israël est le foyer d'animosités dont l'origine remonte à 13 siècles. Aujourd'hui, à l'ère des armes nucléaires et des missiles à longue portée, les négociations prennent l'allure d'une course contre la montre.

✦ La péninsule Arabique

La définition de la région dite de la péninsule Arabique ne prête pas à discussion : située au sud de la Jordanie et de l'Irak et entièrement entourée d'eau, elle forme une véritable presqu'île. Elle regroupe des émirats et des territoires sous l'autorité de cheiks où, malgré la prospérité reliée à l'exploitation de pétrole, le mode de vie est demeuré traditionnel. La péninsule Arabique est en outre l'un des foyers de l'islam.

En tant que région, la péninsule Arabique est dominée du point de vue naturel par le désert et du point de vue politique par le royaume d'Arabie Saoudite (fig. 6.15). Étant donné sa superficie de 2 150 000 km², cet État est le plus vaste de l'ensemble géographique, après le Kazakhstan, le Soudan et l'Algérie. L'Arabie Saoudite partage la péninsule Arabique avec (en allant dans le sens des aiguilles d'une montre depuis l'extrémité septentrionale du golfe Persique) le Koweït, le Bahreïn, le Qatar, les Émirats Arabes Unis, le sultanat d'Oman et la jeune république du Yémen, créée en 1990 par la réunion du

Yémen du Nord et du Yémen du Sud. Ces six États de la marge orientale de la presqu'île totalisent 18 millions d'habitants; le Yémen, de loin le plus vaste, en compte à lui seul 14 millions. Par ailleurs, les frontières intérieures de la péninsule sont mal définies.

L'Arabie Saoudite

L'Arabie Saoudite elle-même n'a que 20 millions d'habitants malgré l'étendue de son territoire, mais un coup d'œil à la carte de la figure 6.7 suffit pour se rendre compte de l'importance de ce royaume : la péninsule Arabique renferme, à ce jour, les gisements de pétrole les plus considérables du globe. L'Arabie Saoudite occupe la majeure partie de cette presqu'île et, selon les données disponibles, environ le quart de toutes les

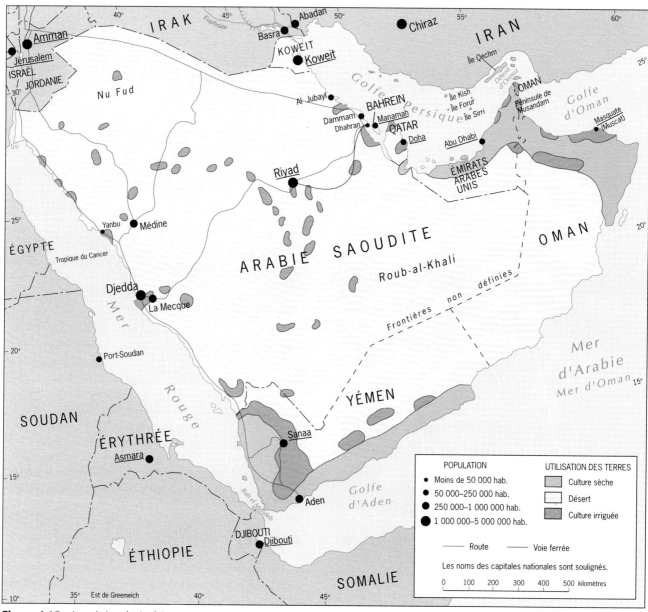

Figure 6.15 La péninsule Arabique.

réserves mondiales actuelles se trouvent sur son territoire, plus précisément dans la façade orientale du golfe Persique et dans le Roub-al-Khali, au sud.

La consolidation de l'Arabie Saoudite en tant qu'État-nation, au cours des années 1920, est due en bonne partie au talent d'organisateur du roi Ibn Séoud. À cette époque, la région n'était plus le foyer de l'islam ni le noyau du monde arabe. À part quelques établissements permanents disséminés le long de la côte et dans des oasis dispersées sur le territoire, peu d'éléments étaient susceptibles de contribuer à la stabilité du pays. La majeure partie du territoire est occupée par le désert, la moyenne annuelle des précipitations étant presque partout inférieure à 100 mm. Le relief s'élève généralement en allant de l'est vers l'ouest, de sorte que la mer Rouge est bordée par des montagnes qui atteignent une altitude de près de 3000 m. Les précipitations sont légèrement plus fortes dans la zone montagneuse, qui comprend des terres arables (le café constitue la principale culture commerciale), de même que des gisements d'or, d'argent et d'autres minerais. Les Saoudiens espèrent diversifier leurs exportations en ajoutant au pétrole provenant de l'est les minéraux extraits dans l'ouest.

La carte de la figure 6.15 indique que la majorité des activités économiques sont concentrées dans un large corridor traversant le centre du pays, depuis la ville champignon de Dhahran sur le littoral du golfe Persique jusqu'aux cités de La Mecque et de Médine, non loin du littoral de la mer Rouge, en passant par la capitale Riyad, à l'intérieur du pays. Un réseau de transport et de communication très efficace, qui compte parmi les plus modernes du monde, a été construit récemment. Cependant, dans les zones reculées que le progrès a oubliées, les Bédouins, des nomades, continuent d'emprunter les anciennes routes caravanières qui sillonnent le vaste désert. En effet, pendant des décennies, seules les familles royales d'Arabie Saoudite ont tiré profit de la richesse incroyable du pays.

Cependant, la situation se modifie graduellement. Le gouvernement investit des sommes considérables, en particulier dans l'agriculture, pour éviter que des États étrangers ne se livrent à un chantage agroalimentaire. (Les Saoudiens sont au fait de ce genre de pratique, ayant eux-mêmes recouru contre certains pays à une rupture d'approvisionnement en pétrole.) Ainsi, le forage de nombreux puits, un peu partout sur le territoire, a accru, jusqu'à créer des surplus, la quantité d'eau disponible pour les agriculteurs. Ces travaux ont néanmoins été très onéreux, car il a fallu pomper l'eau d'aquifères situés à une grande profondeur sous le désert et construire de gigantesques systèmes d'irrigation centraux. Malgré tous les efforts déployés, l'Arabie Saoudite doit se rendre à l'évidence : l'autosuffisance en matière agroalimentaire est impossible, car les réserves d'eau souterraines sont non renouvelables. Quant aux centrales de dessalement, elles approvisionnent les

« Le port de Matrah, dans le sultanat d'Oman, et la capitale Masquate sont encastrés entre le golfe d'Oman et des parois rocheuses; les eaux érodent l'étroite plaine côtière alors que les mouvements tectoniques causent des éboulis de rocs. Depuis la rive opposée de la baie, nous nous sommes rendu compte à quel point l'espace habitable de Matrah est limité; les chutes et les glissements de masses rocheuses représentent un danger important dans cette zone. Il nous a fallu environ cinq heures pour marcher de Matrah à Masquate; il faisait extrêmement chaud sous le soleil du désert, mais nous avons été fascinés par le paysage culturel. Bien que l'économie d'Oman repose elle aussi sur l'exploitation du pétrole, le pays n'a pas subi de transformations aussi considérables que le Koweit ou l'émirat de Dubaï. Les paysages urbains, notamment celui de Matrah, conservent leurs caractéristiques arabo-islamiques; la construction d'autoroutes, d'hôtels et de quartiers résidentiels modernes ne s'est pas faite aux dépens des vieilles structures de style traditionnel. La monarchie absolue d'Oman ouvre graduellement le royaume au monde extérieur, après une longue période d'isolation. » (Source : recherche sur le terrain de H. J. de Blij)

villes côtières et quelques agglomérations de l'arrière-pays, mais même un royaume tirant des revenus considérables de l'exploitation du pétrole ne peut supporter les coûts d'une agriculture dépendant de l'eau produite par ces usines. Le principal problème du pays réside toutefois dans le fait que la population saoudienne croît beaucoup plus rapidement (au taux actuel de 3,2 %, elle double tous les 22 ans) que la production de denrées alimentaires.

Les dirigeants saoudiens ont également mis en place des réformes dans le domaine du logement, des soins médicaux et de l'éducation et, depuis 1970, ils ont investi des centaines de milliards de dollars dans des programmes de développement national. Même si la baisse du prix du pétrole au cours des années 1980 a ralenti la marche des projets amorcés, les conditions de vie des habitants se sont en général améliorées. La ville de Al Jubayl, fondée récemment sur la côte du golfe Persique au nord de Dhahran, est un centre industriel incluant des usines pétrochimiques et métallurgiques à la fine pointe de la technologie. De même, Yanbu, située au nord de Djedda sur le littoral de la mer Rouge, est le point d'arrivée d'un oléoduc transarabien; cette ville constitue un nouvel avant-poste dans l'ouest du pays. Mais comme nous l'avons déjà mentionné, la majeure partie de l'Arabie Saoudite demeure traditionnelle, et les villages de l'arrière-pays ne semblent pas près d'accéder à l'ère du pétrole et de la modernisation.

Périphérie de la péninsule Arabique

Cinq des six États qui partagent la péninsule Arabique avec l'Arabie Saoudite donnent sur le golfe Persique ou sur le golfe d'Oman (fig. 6.15); ces cinq pays sont des monarchies de tradition islamique et ils tirent des revenus importants de l'exportation de pétrole. Leur population varie entre 0,5 et 2,8 millions d'habitants, et ils ont peu de puissance ou d'influence en dehors du cadre de l'OPEP. À part ces caractères communs, les cinq pays présentent une grande diversité. Le Koweit, à l'extrémité septentrionale du golfe Persique, ne laisse à l'Irak qu'un étroit corridor d'accès à la mer, et cette question n'a pas été résolue par la guerre du Golfe. Le Bahrein est un minuscule État insulaire dont les réserves de pétrole sont en voie d'épuisement. Sa population d'environ 630 000 habitants comprend 50 % de chiites et seulement 35 % de sunnites. Son voisin, le Qatar, occupe une presqu'île qui avance dans le golfe Persique; c'est un désert de pierres et de sable dont le peuplement a été rendu possible par l'exploitation du pétrole (dont les revenus diminuent) et du gaz (dont les revenus augmentent en proportion inverse). La fédération des Émirats Arabes Unis (ÉAU) regroupe sept émirats; elle est comprise entre le Qatar et Oman, et donne sur le golfe Persique. Les sept cheiks, monarques absolus au sein de leur propre émirat, forment le Conseil suprême des chefs. Les revenus provenant de l'exploitation pétrolière sont cependant très inégalement répartis entre les émirats puisque les réserves sont surtout concentrées dans deux d'entre eux, à savoir Abu Dhabi et Dubaï. Le sultanat d'Oman, qui occupe la pointe orientale de la péninsule Arabique, est également une monarchie absolue dont le principal centre, Masquate, est aussi la capitale. La carte de la figure 6.15 indique qu'Oman est divisé en deux parties : le vaste territoire situé dans l'est de la péninsule Arabique et, plus au nord, la péninsule de Musandam, de faible étendue mais d'une grande importance stratégique. Ce promontoire rocheux forme, en avançant dans le golfe Persique, le détroit d'Ormuz, dont la rive opposée est occupée par l'Iran. Les bateaux-citernes en provenance des autres États doivent ralentir pour emprunter ce canal resserré, de sorte qu'ils durent être escortés par des navires de guerre durant les périodes où les tensions politiques étaient à leur maximum. L'Iran tente de faire valoir ses droits sur plusieurs des petites îles situées à proximité du détroit et actuellement sous l'autorité des Émirats Arabes Unis, ce qui crée une source de dissensions.

Le sixième voisin de l'Arabie Saoudite, le Yémen, est à bien des égards le plus important et celui avec lequel les relations risquent d'être les plus difficiles. La superficie de ce pays, soit 527 968 km^2 (voir l'annexe A), n'est qu'une valeur estimée : la frontière entre l'Arabie Saoudite et le Yémen n'a jamais été entièrement définie. Vers le début des années 1990, après l'unification du Yémen du Sud et du Yémen du Nord, l'exploration pétrolière fut entreprise dans la zone frontière, prometteuse. L'Arabie Saoudite exigea immédiatement que les travaux soient suspendus jusqu'à ce que la limite entre les deux pays soit précisée. En fait, les relations entre les Saoudiens et les Yéménites n'ont jamais été très harmonieuses; elles se détériorèrent encore davantage lorsque le Yémen décida de se rallier à l'Irak au moment de la guerre du Golfe de 1991 et que l'Arabie Saoudite expulsa, en guise de représailles, environ un million de travailleurs étrangers yéménites.

La taille de la population du Yémen n'est pas non plus connue de façon précise : selon diverses sources, elle se situerait entre 13 et 16 millions, et près de la moitié des habitants seraient chiites. Sanaa, capitale de l'ex-Yémen du Nord, est devenue le siège du gouvernement du Yémen unifié, alors qu'Aden est le seul port important du pays. La création de cette république a fait du Yémen le seul État multipartiste, laïc et démocratique de la région, mais il est aussi de loin le plus pauvre, sa production pétrolière étant très limitée.

Le Yémen occupe une position stratégique dans la péninsule Arabique : entre ce pays et Djibouti, dans la Corne de l'Afrique, l'embouchure de la mer Rouge se rétrécit jusqu'à former le détroit de Bab el Mandeb, un autre point d'étranglement à la périphérie de la péninsule Arabique. Les sources immédiates d'instabilité se trouvent néanmoins sur terre et non sur mer. Le royaume d'Arabie Saoudite, en voie de modernisation, à majorité sunnite et renfermant de riches réserves de pétrole, contraste vivement avec le Yémen démocratique, largement chiite, agricole, pauvre et sous-développé. Ces disparités associées aux litiges territoriaux constituent des sources importantes de conflits.

◆ Les États impériaux

Au nord de la partie orientale de la mer Méditerranée, du Moyen-Orient et du golfe Persique s'étendent cinq États qui font le lien entre un présent agité et le passé impérial de grandes puissances. Ces cinq pays forment une région où, en dépit d'une majorité non arabe, la culture islamique domine. Deux d'entre eux, soit la Turquie et l'Iran, ont une histoire grandiose : leur situation actuelle n'en est qu'un pâle reflet. Les trois autres, à savoir l'Afghanistan, l'Azerbaïdjan et Chypre, ont été envahis par des puissances impériales étrangères (fig. 6.16).

Les disparités observées de part et d'autre de la limite entre le Croissant fertile et les États impériaux sont si nombreuses que cette frontière semble partager deux ensembles géographiques plutôt que deux régions. Cette impression est renforcée par la géographie physique de la zone limitrophe : les vastes étendues pierreuses et sablonneuses du désert cèdent la place à des montagnes et à des plateaux. D'autres langues remplacent l'arabe parlé du Maroc à Oman et de l'Arabie Saoudite à la Corne de l'Afrique; le nationalisme arabe qui a une influence déterminante sur la géographie politique depuis le Maghreb jusqu'au Croissant fertile n'existe pas de l'autre côté de la frontière. Par contre, l'empreinte prépondérante laissée par l'islam dans les paysages culturels des villes, villages et campagnes, de même que dans le mode de vie et la conception de la communauté et du monde, est là pour rester. Par ailleurs, la zone située au-delà des plateaux de la Turquie et des montagnes de l'Iran possède elle aussi ses déserts, ses oasis, ses caravanes et ses agglomérations regroupant la population. Ces États font donc bel et bien partie de l'ensemble géographique Afrique du Nord — Asie du Sud-ouest.

La Turquie

La Turquie, qui fut le centre du vaste Empire ottoman, pourrait étendre de nouveau son influence bien au-delà de ses frontières actuelles. Au VIᵉ siècle, une peuplade connue sous le nom de Turcs, et vivant dans les steppes et les forêts de Sibérie, créa un empire s'étendant de la Mongolie à la mer Noire. Les Turcs migrèrent ensuite dans le territoire correspondant au nord de l'Iran et à la Turquie modernes. Ainsi, le turc est devenu la langue commune d'un vaste domaine allant de l'ouest de la Chine au sud de la Bulgarie.

Au début du XXᵉ siècle, le pays correspondant à la Turquie actuelle occupait le centre de l'Empire ottoman, en voie d'effondrement, miné par la corruption et mûr pour la révolution et une restructuration. En 1920, Mustafa Kemal, qui allait recevoir le nom de père des Turcs (ou Atatürk), entreprit de renverser le sultanat et d'instaurer un État national turc.

Même si Mustafa Kemal déplaça la capitale de Constantinople (aujourd'hui Istanbul) à Ankara, donc vers l'est et le centre du pays, sa politique était orientée vers l'Occident et l'ouverture au monde. Il mit en place des réformes touchant presque toutes les sphères de la vie nationale. L'islam perdit son statut de religion officielle; l'éducation passa du contrôle des chefs religieux à celui du gouvernement; l'alphabet latin remplaça l'alphabet arabe; la loi islamique céda la place à un code occidental modifié; la monogamie fut instaurée et l'émancipation des femmes, amorcée. La Turquie se démarqua ainsi du reste du monde arabe et elle est depuis restée à l'écart des conflits opposant les autres États à dominante islamique.

La Turquie a un lourd passé de répression des minorités. Ainsi, en 1915-1916, elle chassa de son territoire les quelque 2 millions d'Arméniens qui y vivaient, massacrant au moins 600 000 d'entre eux.

L'UNE DES GRANDES VILLES DE L'ENSEMBLE AFRIQUE DU NORD – ASIE DU SUD-OUEST

Istanbul

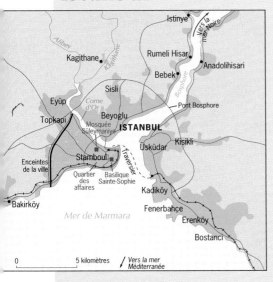

Istanbul, ville fabuleuse, s'étend sur les deux rives de la mer de Marmara et vers le nord, le long de l'étroit Bosphore, en direction de la mer Noire. Le noyau initial, Byzance, devint la capitale de l'Empire byzantin après avoir été rebaptisé Constantinople, nom que la cité conserva pendant plusieurs siècles. Renommée plus tard Istanbul, la ville fut la capitale de l'Empire ottoman puis celle de la république moderne de Turquie, jusqu'à ce que Mustafa Kemal déplace le siège du gouvernement à Ankara, en 1923.

Chevauchant l'Europe et l'Asie, entre la mer Noire et la mer Méditerranée, la ville fut construite sur les collines qui se dressent au-dessus d'une voie fluviale étroite et profonde, la fameuse Corne d'Or, qui se jette depuis l'ouest dans le Bosphore. Les trésors architecturaux d'Istanbul donnent à la cité, vue de la mer, une apparence presque surréaliste.

Bien que le siège du gouvernement ait été déplacé à Ankara, Istanbul demeure la capitale culturelle et financière de la Turquie. Les immeubles modernes, qui se disputent l'espace et les ouvertures sur la baie, forment un écran devant les panoramas qui faisaient autrefois partie du paysage culturel unique d'Istanbul. En périphérie, les bidonvilles se multiplient à tel point que, au rythme actuel, la population de la ville double tous les 13 ans; en 1995, elle avait atteint 8,5 millions d'habitants.

Étant donné que le développement d'Istanbul n'est régi par aucune planification, l'héritage de deux millénaires de civilisation que constituent les paysages culturels risque de disparaître.

Bon nombre d'exilés se réfugièrent en Russie où le régime communiste créa la république soviétique d'Arménie, aujourd'hui un État indépendant voisin. Persistant dans ce goût de la répression, la Turquie s'en prend maintenant à ses 12 millions de Kurdes (le cinquième de sa population), allant même jusqu'à interdire l'utilisation de la langue et la diffusion de la musique kurdes dans les endroits publics. Cette attitude restera-t-elle impunie ? Il y a lieu de croire qu'au contraire elle pourrait entraîner le rejet de la candidature de la Turquie à l'Union européenne, candidature à laquelle s'oppose d'ailleurs déjà la Grèce.

La Turquie est un pays montagneux, dont le relief est en général moyennement élevé et dont le milieu naturel présente une grande diversité, depuis les steppes associées au climat semi-aride jusqu'aux hautes montagnes (fig. I.7). Sur le plateau Anatolien, au climat sec, se trouvent de petits villages où les paysans pratiquent une culture de subsistance (principalement des céréales) et élèvent du bétail. Les plaines côtières, fertiles mais peu étendues, sont densément peuplées.

Les principaux produits d'exportation sont les textiles (fabriqués avec le coton cultivé localement) et les denrées agroalimentaires, bien que la Turquie possède elle aussi de riches gisements de minéraux et quelques réserves de pétrole dans le sud-est, que des barrages gigantesques soient en voie de construction sur le Tigre et l'Euphrate et qu'un petit secteur sidérurgique emploie les matières premières tirées du sous-sol national. La Turquie étant en général autosuffisante pour les produits de base, son avenir devrait normalement être prometteur.

Vers la fin des années 1990, la Turquie a cependant dû faire face à de graves problèmes, dont le plus sérieux est probablement la montée du fondamentalisme islamiste. Le Refah (Parti de la prospérité, islamiste), devenu la première force politique aux élections législatives de 1995, s'est engagé à annuler les effets du mouvement d'émancipation des femmes et, notamment, à réinstaurer la séparation des sexes dans les transports publics. Mais en janvier 1998, la Cour constitutionnelle de Turquie dissolvait le Refah et en confisquait tous les biens pour non-respect

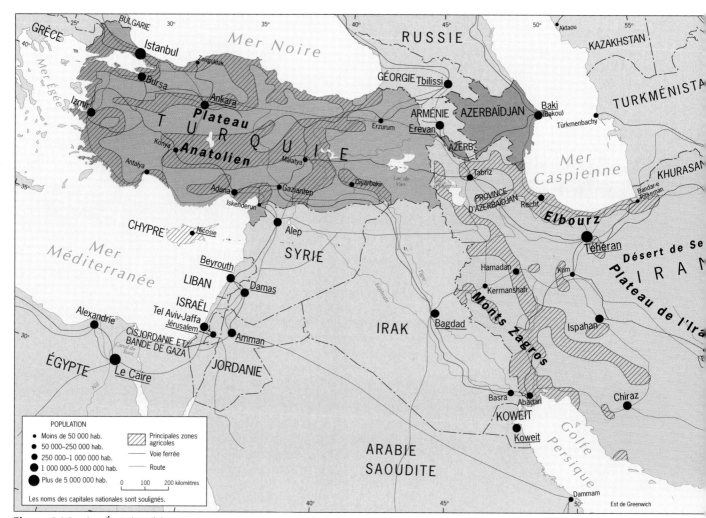

Figure 6.16   Les États impériaux.

du principe de laïcité de l'État. Certains craignent que cette décision ne renforce le courant islamiste et ne provoque des troubles semblables à ceux que connaît l'Algérie.

Comparativement aux troubles que pourrait susciter la prise de contrôle du pays par les islamistes, les autres difficultés que rencontre le gouvernement turc semblent mineures : la question du partage de Chypre (voir l'encadré « La question de Chypre »), les discussions avec l'Irak et la Syrie à propos de la construction de barrages et d'oléoducs, le litige avec la Syrie au sujet de la frontière dans la province de Hatay, et la querelle avec la Grèce portant sur la délimitation des eaux territoriales au large de la côte ouest. La position relative de la Turquie lui confère une importance disproportionnée par rapport à son étendue, à sa population, à son économie et à son tissu social. Ce pays est situé au carrefour de la turbulente Europe de l'Est et du monde musulman, entre la mer Noire et la mer Méditerranée, aux portes de la Transcaucasie et du Turkestan. Dans un monde où le sentiment national et culturel croît constamment, la Turquie se trouve à une étape décisive.

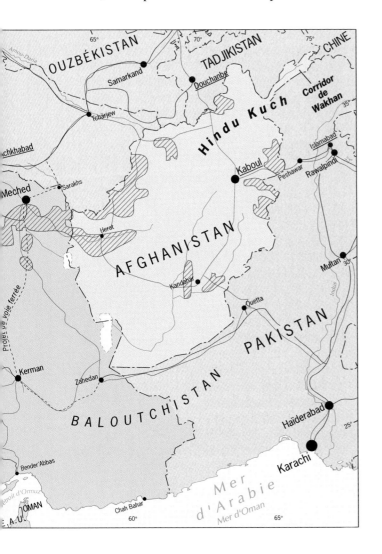

L'Iran

L'Iran, qui borde la Turquie à l'est, fut également le centre d'un empire. En 1971, le chah et sa famille célébrèrent avec un faste royal sans précédent le 2500e anniversaire de la création du premier royaume perse. Mais la révolution qui éclata avant la fin de la décennie permit aux chiites fondamentalistes de détrôner le chah : la monarchie céda la place à une république islamique et une effroyable vague de représailles s'abattit sur le pays.

L'Iran occupe lui aussi une position stratégique au sein de cet ensemble géographique agité (fig. 6.16). Il contrôle en effet la totalité du corridor menant de la mer Caspienne au golfe Persique. Il est borné à l'ouest par la Turquie et l'Irak, deux nations dont l'antagonisme par rapport à l'Iran remonte loin dans le passé. Au nord de l'Iran et à l'ouest de la mer Caspienne s'étendent l'Azerbaïdjan et l'Arménie, où s'affrontent, encore aujourd'hui, le christianisme et l'islamisme. L'Iran partage sa frontière orientale avec le Pakistan et l'Afghanistan, alors que le Turkménistan, très instable, borde la mer Caspienne à l'est.

L'Iran pénètre en maints endroits dans le territoire des États voisins, héritage de la période expansionniste du royaume. Par exemple, l'appellation « Azerbaïdjan » sert à désigner à la fois une province iranienne et une république indépendante (fig. 6.16), mais cette dernière ferait encore partie de l'Iran sans l'intervention de la Russie soviétique (voir l'encadré « L'Azerbaïdjan transfrontalier »). De même, il existe deux Baloutchistan, l'un iranien et l'autre pakistanais, la frontière entre les deux résultant d'un recul sous la poussée de la puissance coloniale britannique. La guerre irano-irakienne des années 1980 fut déclenchée par un litige territorial, l'Irak ayant accusé l'Iran d'avoir empiété sur son territoire à l'extrémité nord du golfe Persique.

L'Iran est un pays de montagnes et de déserts (fig. 6.16), dont le cœur est formé par le plateau de l'Iran, enserré entre des montagnes qui le dominent : le Zagros à l'ouest, le massif de l'Elbourz au nord, le long de la mer Caspienne, et les chaînes du Khurasan au nord-est, notamment. Le plateau de l'Iran est en fait une vaste plaine d'altitude, caractérisée par d'immenses étendues de terres salées, sablonneuses ou pierreuses. Les montagnes retiennent une partie de l'humidité de l'air, mais, partout ailleurs, seules les oasis brisent la monotonie du désert. C'est dans celles-ci que pendant des siècles les caravanes qui sillonnaient la région faisaient étape.

Dans l'ouest de l'Iran, ainsi que dans les États voisins du Pakistan et de l'Afghanistan, des peuplades parcourent encore avec leurs chameaux, leurs chèvres et d'autres bêtes des routes dont l'existence remonte presque au début du peuplement de cette partie du monde. Les déplacements des nomades respectent en général un cycle saisonnier ou annuel : ils reviennent chaque année dans les mêmes pâturages où ils plantent leurs

LA QUESTION DE CHYPRE

À l'extrémité nord-est de la mer Méditerranée (fig. 6.16), l'île de Chypre (770 000 habitants) est beaucoup plus proche de la Turquie et de la Syrie que de la Grèce. Habitée majoritairement par des Grecs depuis l'Antiquité, l'île tomba aux mains des Turcs en 1571 et demeura sous leur autorité jusqu'en 1878. Peu de temps après la chute de l'Empire ottoman, les Britanniques établirent leur domination sur Chypre. Au moment où ils décidèrent d'offrir l'indépendance à la majorité de leurs colonies, soit durant l'après-guerre, se posa le problème de l'île : la majorité grecque souhaitait l'union avec la Grèce, alors que, bien sûr, les 20 % de Cypriotes d'origine turque s'y opposaient.

En 1960, Chypre recouvra finalement son autonomie dans le cadre d'une entente constitutionnelle complexe permettant à la majorité d'exercer le pouvoir tout en garantissant les droits des minorités. En 1974, la guerre civile se déclara dans l'île et les forces armées turques intervinrent. Il en résulta une redistribution majeure de la population : le nord devint le domaine des Cypriotes turcs, tandis que le reste de l'île, soit la partie située au sud de la ligne de démarcation patrouillée par les soldats de l'ONU, fut dévolu à la majorité grecque. En 1983, la communauté turque proclama son autonomie en créant la République turque du nord de Chypre.

Actuellement, Chypre est partagée en deux États *de facto*, bien que la communauté internationale considère le gouvernement établi dans le sud comme le seul gouvernement légitime de l'île tout entière. Avec sa population de 600 000 habitants et une économie relativement prospère, fondée sur l'agriculture et le tourisme, la république (officielle) de Chypre se classe parmi les économies à revenu élevé. Par contre, la République turque du nord de Chypre est dépendante de l'aide de la Turquie; son PNB par habitant est inférieur à la moitié du chiffre donné à l'annexe A. Au lieu de s'atténuer avec le temps, le clivage entre le nord et le sud va en s'accentuant.

tentes auprès d'un même cours d'eau. En fait, le **nomadisme** est un mode de vie caractéristique de l'ensemble Afrique du Nord — Asie du Sud-ouest. Les nomades d'Iran et d'ailleurs ne sont pas des groupes errant sans but à travers des plaines sans fin; ils connaissent parfaitement leur territoire, et leur expérience leur permet de décider judicieusement s'il leur est plus favorable de s'attarder en un lieu ou de se remettre en route. Les nomades ne vivent pas uniquement de la maigre pitance qu'ils réussissent à tirer des terres qu'ils sillonnent; ils forment des communautés où existe une forme de division du travail : certains, versés dans des

métiers artisanaux, fabriquent des objets de cuir ou de métal qu'ils vendent ou échangent au hasard des rencontres; d'autres s'occupent de troupeaux; d'autres encore pratiquent diverses cultures lorsque le groupe s'arrête suffisamment longtemps en un lieu propice durant l'été. Quoi qu'il en soit, leur nombre diminue graduellement, et leur environnement se modifie : leurs territoires sont désormais traversés par des routes asphaltées, les frontières qui, jusqu'à tout récemment, n'existaient pas pour eux leur sont maintenant fermées, et les déserts grugent sans cesse les steppes.

Dans l'Antiquité, Persepolis (dans le sud de l'Iran) fut le foyer d'un puissant empire perse; cette cité royale dépendait de *qanats*, ces systèmes de canaux creusés dans le sol et servant à transporter l'eau des versants humides des montagnes jusqu'à des plaines désertiques situées à des milliers de kilomètres. Aujourd'hui, 57 % des 65 millions d'Iraniens vivent dans des villes. La

L'AZERBAÏDJAN TRANSFRONTALIER

Les frontières de l'Iran sont marquées par des étendues d'eau ou tracées à travers des zones désertiques (fig. 6.16), sauf à l'ouest et au nord-ouest. La zone frontière occidentale, bordant l'Irak et la Turquie, comprend le « Kurdistan iranien » (fig. 6.12), alors que le nord-ouest est occupé par la province iranienne d'Azerbaïdjan.

Les Azéris tant azerbaïdjanais qu'iraniens descendent d'une peuplade turque dont le territoire fut partagé entre les Empires russe et persan par un traité signé en 1828. C'est ainsi que les Azéris iraniens furent intégrés à la Perse, devenue plus tard l'Iran; quant à l'ancienne république soviétique d'Azerbaïdjan, elle obtint son indépendance en 1991 à la suite de l'effondrement de l'URSS. Lorsque les Azéris azerbaïdjanais mirent sur pied une campagne visant à forcer les Soviétiques à quitter leur territoire, les Azéris iraniens accoururent par milliers à la frontière pour apporter leur soutien et faire passer des armes en contrebande. Les deux populations n'ont donc pas oublié qu'elles appartiennent à une même souche.

La république indépendante d'Azerbaïdjan compte 7,5 millions d'habitants, alors que le nombre d'Azéris en Iran, mal connu, pourrait s'élever à 15 millions, dont 4 millions dans la zone frontière. Il s'agit donc d'une nation importante, et un mouvement irrédentiste pourrait se former, d'autant plus que l'Azerbaïdjan est, comme l'Iran, majoritairement chiite et que l'islamisme connaît un regain de vigueur soutenu depuis la chute du communisme. L'Iran risque donc de faire face à un problème inusité : les Azéris souhaiteront peut-être la création d'un Grand Azerbaïdjan avec autant d'intensité que les Kurdes, leurs voisins, désirent la fondation d'un Kurdistan autonome.

Une partie des réserves pétrolières de l'Iran sont situées sous les eaux peu profondes du golfe Persique. Un vaste réseau d'oléoducs facilite le transport du précieux liquide depuis les champs pétrolifères jusqu'aux ports d'exportation, d'où il est expédié par mer au moyen de pétroliers. Un examen attentif de la carte de l'extrémité nord du golfe Persique permet d'apercevoir, du côté iranien, un ensemble de petites îles qui servent de bases pour l'exportation. La plus importante, l'île de Kharg, est reliée au moyen de pipelines à l'Iran continental. Sur la photo, on aperçoit des pétroliers en haut, à droite, et un groupe de réservoirs à gauche.

capitale, Téhéran, se trouve dans le nord du pays, sur le versant sud de l'Elbourz. Métropole en pleine croissance, située au cœur de la zone centrale de l'Iran moderne, Téhéran dépend encore en partie de *qanats* identiques à ceux qui alimentaient en eau la cité de Persepolis, il y a 2000 ans. Ainsi, la capitale illustre bien les contradictions internes d'un État où les villes se sont modernisées alors que le reste du pays a peu changé, et où les *mollahs* ont entraîné les paysans dans une révolution qui devait aboutir au renversement d'une monarchie et à l'instauration d'une théocratie.

Le dernier chah d'Iran, Muhammad Rizā Pahlevi, qui rêvait d'être un jour reconnu comme le « père des Iraniens », avait bien tenté d'appliquer des politiques allant à l'encontre des traditions islamiques de la majorité. Mal lui en prit ! En 1979, il fut chassé du pouvoir, et l'ayatollah Khomeiny, chef religieux dirigeant depuis la France le mouvement révolutionnaire islamique, rentra en Iran. La République islamique fut proclamée à l'issue du référendum tenu la même année.

L'Iran possède une large part des réserves pétrolières de l'ensemble Afrique du Nord — Asie du Sud-ouest et tire environ 90 % de ses revenus de l'exploitation de cette ressource et d'industries dérivées. Les gisements sont situés dans la périphérie sud-ouest du pays, et la ville d'Abadan, non loin de l'extrémité septentrionale du golfe Persique, est devenue la « capitale pétrolière » du pays. Mais les revenus du pétrole ne suffisent pas à moderniser l'Iran en profondeur, car ce pays est vaste et très peuplé. Dans les villages, loin de la capitale polluée, ce sont encore les chefs religieux qui dirigent. Comme ailleurs dans le monde musulman, citadins, villageois et nomades demeurent prisonniers d'un réseau de production mercantile et d'un système de servage et d'endettement séculaire. Car la révolution n'a pas amélioré le sort de l'ensemble de la population. De plus, l'Iran a sacrifié en vain des centaines de milliers de jeunes hommes dans une guerre dévastatrice contre l'Irak (1980-1990), qui a vidé les coffres de l'État et sapé son énergie. À la fin du conflit, le pays était appauvri, affaibli et désorienté.

Au milieu des années 1990, l'Iran s'est de nouveau tourné vers l'extérieur. Toujours ouvertement fondamentalistes et fervents chiites, les Iraniens se rendent compte cependant que les décisions sur l'avenir de leur pays se prennent maintenant en Transcausasie, au Turkestan et en Afghanistan et que leur rivale séculaire, la Turquie, fait la promotion de sa conception de l'Islam et de l'État, y multipliant investissements et prêts bancaires. L'Iran doit donc réagir en resserrant ses liens avec les chiites des États voisins, en faisant valoir sa vision d'une république islamique, en structurant les mosquées et en rassemblant les fondamentalistes. Alors que les porte-parole iraniens se répandent dans les pays voisins, l'État achète de l'armement dans les anciennes républiques soviétiques et renoue avec Moscou. Car si la révolution a mis fin à la monarchie, elle n'a pas pour autant détruit les liens qui rattachent l'Iran à son passé impérial.

L'Afghanistan

L'Afghanistan, l'État le plus à l'est de la région, est un pays montagneux, enfermé dans les terres. Cet État tampon entre l'Empire des Indes et l'Empire tsariste fut créé d'un commun accord par les Britanniques et les Russes, qui se disputaient l'hégémonie de la région au XIXe siècle. Voilà qui explique le Wakhan, cet étroit corridor qui sépare au nord-est le Pakistan du Tadjikistan et relie l'Afghanistan à la Chine (fig. 6.16).

L'Afghanistan est flanqué par le Pakistan à l'est et au sud, par l'Iran à l'ouest et, depuis la chute de l'Union soviétique, par le Turkménistan, l'Ouzbékistan et le Tadjikistan au nord. Faut-il se surprendre qu'ainsi enclavé l'Afghanistan soit fragmenté sur les plans ethnique et culturel ? Sa population de 20 millions d'habitants ne comporte aucune majorité, la minorité la plus nombreuse étant les Pachtouns, dont la terre natale s'étend à l'est et au sud-est, le long de la frontière pakistanaise (où les Pachtouns portent le nom de Pathans). Les Tadjiks occupent dans le nord un territoire contigu au Tadjikistan, et les Ouzbeks, un secteur un peu plus à l'ouest. Les Turkmènes, les Hazaras et d'autres minorités moins nombreuses forment une mosaïque ethnique complexe, dans un pays également géomorphologiquement fragmenté. Ayant à peu près la superficie de la France, l'Afghanistan est formé d'un plateau désertique dans l'ouest et le sud, alors que les hautes chaînes de l'Hindu Kuch dominent dans le centre et le nord-est.

Il y a peu de facteurs unificateurs en Afghanistan et tant de sources de division. Même l'islamisme sunnite n'est pas une force de cohésion interculturelle. Profitant de cette faiblesse pour tenter de maintenir en Afghanistan un gouvernement fantoche, l'Union soviétique l'envahit donc en 1979. Des millions d'Afghans fuirent au Pakistan et en Iran, tandis que l'invasion soviétique réunissait en une résistance acharnée contre l'ennemi commun tous les rebelles afghans que les puissances occidentales armèrent. En 1989, les Soviétiques durent concéder la défaite et se retirer; en 1992, le gouvernement installé dans la capitale, Kaboul, s'effondra et fut remplacé par un conseil révolutionnaire représentatif d'une partie seulement des factions en présence. La situation revint alors à ce qu'elle était avant l'invasion soviétique, soit celle d'une société féodale dirigée à Kaboul par un gouvernement faible et inefficace. Puis, les vainqueurs étant incapables de s'entendre, la guerre civile déchira le pays, qui est contrôlé depuis 1996 par les *taliban*, un mouvement fondamentaliste d'étudiants en religion, d'ethnie pachtoune.

Aujourd'hui, l'Afghanistan est l'un des pays les plus faibles et les plus pauvres de l'ensemble géographique. Le taux d'urbanisation demeure sous les 20 %, le réseau de transport est embryonnaire, les activités agricoles et pastorales de subsistance sont le lot de la majorité, et l'intégration nationale est presque inexistante. Les principaux produits d'exportation sont les fruits, cultivés dans les plaines fertiles du nord adjacentes à l'Hindu Kuch, et les tapis. Quant aux puits des industries pétrolière et gazéifère naissantes du nord, les Soviétiques les ont bouchés avant de quitter le pays.

Situé au carrefour d'États islamiques puissants et à proximité de certains autres, l'Afghanistan a une position relative enviable. Voyant sa faiblesse, des pays voisins, qui y ont déjà des intérêts, pourraient être tentés d'intervenir, notamment dans les territoires ethniques transfrontaliers, sur lesquels les Soviétiques n'ont pu faire valoir leurs droits. Le Pakistan et le Tadjikistan pourraient par exemple tirer des avantages d'une redéfinition de leurs frontières respectives avec l'Afghanistan. L'Afghanistan sera-t-il un jour le Liban de la région ? L'avenir le dira.

✦ Le Turkestan

L'ancienne dénomination régionale « Turkestan », bannie en URSS comme en Chine communiste, est de nouveau usitée pour décrire le monde musulman. Des transformations considérables sont en cours dans les cinq anciennes républiques soviétiques d'Asie centrale, devenues indépendantes : l'islam connaît un regain alors qu'il se produit d'importants changements politiques et économiques. La configuration de la région n'est pas définitive, mais celle-ci devrait comprendre intégralement, ou presque, les cinq États suivants : 1° le Kazakhstan, d'une superficie supérieure à celle des quatre autres pays réunis, chevauchant une zone de transition ethnique comprise entre la Russie et le Turkestan ; 2° l'Ouzbékistan, le plus peuplé des cinq États, occupant le centre de la région; 3° le Turkménistan, assez vaste mais peu peuplé, donnant sur la mer Caspienne; 4° le Tadjikistan, dont la population a tendance à se répandre dans les États voisins d'Afghanistan et de Chine; 5° le Kirghizistan, qui comprend les majestueux monts Tian.

Le Turkestan actuel n'inclut pas tout le territoire qui était autrefois sous la domination des Ottomans. En effet, des peuples d'origine turque occupent tout le nord-ouest de la Chine (fig. 9.8) et la renaissance d'un Turkestan islamique risque de causer des tensions dans cette zone frontière. Le régime soviétique a longtemps réprimé l'islam dans le Turkestan, sans jamais parvenir à l'éradiquer, et une nouvelle vague d'islamisation s'étend à toute la région.

Le Kazakhstan

Le Kazakhstan est un pays de vastes déserts et de steppes, où les zones de peuplement isolées sont situées autour des sources d'eau, où le réseau de communication terrestre permanent est embryonnaire et où prévaut le pastoralisme nomade. Les communautés sédentaires les plus importantes, et notamment la capitale Almaty, se trouvent dans l'est, mieux arrosé.

Même si leur origine commune, une langue apparentée au turc et l'islamisme sunnite sont des facteurs d'unification pour les Kazakhs, le pays est loin de former une zone culturelle homogène, puisqu'il compte une centaine de minorités. Les Kazakhs, qui ne représentent que 40 % des 17 millions d'habitants que compte la république, sont eux-mêmes minoritaires;

les Russes, concentrés dans le nord, totalisent environ 38 %. Dans le sud, où vivent plusieurs autres minorités, les Kazakhs sont cependant majoritaires.

La mer d'Aral, qui chevauche la frontière entre le Kazakhstan et l'Ouzbékistan (fig. 6.17), fut le centre d'un vaste projet d'irrigation sous le régime soviétique : des millions d'hectares de désert furent transformés en terres productives. Cependant, tandis que les champs de coton prenaient de l'expansion, le système naturel de drainage vers la mer d'Aral était gravement perturbé et les pesticides polluaient les eaux souterraines; bref, une catastrophe écologique et humaine était en voie de se produire. Coupée de son bassin d'alimentation, la mer d'Aral se dessécha, et des maladies causées par la pollution chimique décimèrent la population de la région.

L'ouest du Kazakhstan renferme de riches gisements pétroliers et, selon certaines données, les réserves du bassin du Tenguiz, au nord-est de la mer

Figure 6.17 Le Turkestan.

La dénomination « mer d'Aral » est devenue synonyme de désastre écologique : une vaste étendue d'eau stable et poissonneuse a été détruite par le détournement de ses sources d'alimentation. Les planificateurs soviétiques voulaient créer une immense zone de culture du coton au cœur de l'Asie centrale, et ils ont réussi, mais à un coût écologique et humain (en matière de santé) énorme.

Caspienne, compteraient parmi les plus importantes du monde. Dans le Kazakhstan actuel, en pleine période de transition, les disparités politiques et culturelles composent un mélange explosif; des représailles contre les Russes ou un conflit interethnique sont donc toujours à craindre, sans parler de la possibilité de litiges territoriaux avec l'Ouzbékistan et le Turkménistan.

L'Ouzbékistan

L'Ouzbékistan possède toutes les caractéristiques propres au Turkestan : la monotonie des vastes étendues plates et désertiques et des steppes n'est brisée que par des oasis et de minces cours d'eau. Pour faire de ce pays le troisième producteur de coton au monde, les planificateurs soviétiques irriguèrent de grandes superficies de terres agricoles dans la zone désertique de la mer d'Aral et cela eut de lourdes conséquences. Les denrées agroalimentaires provenant de cette région présentent aujourd'hui des risques pour la santé, l'eau destinée à la consommation locale est polluée, le taux de mortalité infantile a grimpé en flèche et le taux de cancer est élevé.

L'Ouzbékistan, dont la capitale, Tachkent, est située aux portes du Kazakhstan, compte 24 millions d'habitants dont près de 75 % d'Ouzbeks. Ces derniers avaient maintenu l'Asie centrale sous leur autorité jusqu'à ce que les Soviétiques les soumettent et créent, en 1924, la république socialiste soviétique d'Ouzbékistan. Actuellement, les Russes forment 7 % de la population de l'État indépendant, alors que les Ouzbeks sont minoritaires dans la république autonome de Karakalpakie (fig. 6.17), qui pour l'instant fait partie de l'Ouzbékistan.

Les Ouzbeks forment en outre des minorités importantes dans les républiques voisines, et les relations avec ces dernières sont tendues en raison de la montée d'un mouvement irrédentiste en Ouzbékistan. Des frictions se produisent également entre la majorité et les minorités non ouzbeks à l'intérieur du pays, et le mouvement de ré-islamisation de la région prend de l'ampleur.

Le Turkménistan

La république du Turkménistan, en majeure partie désertique, occupe le sud-ouest de Turkestan. Sa population d'à peine 4,7 millions d'habitants, à 72 % turkmène et majoritairement musulmane, comprend néanmoins plusieurs autres ethnies, dont 9 % de Russes et 9 % d'Ouzbeks. Des tensions sociales existent donc également au Turkménistan.

Pour stabiliser la population et encourager la sédentarité, les Russes entreprirent durant les années 1950 la construction du canal Garagum, qui devait amener l'eau des montagnes de l'est jusqu'au cœur du désert. En 1996, ce système d'irrigation avait permis la pratique de l'agriculture (coton, maïs, légumes et fruits) sur plus d'un million d'hectares, mais le détournement des eaux de l'Amou-Daria (fig. 6.17) contribua largement à l'assèchement de la mer d'Aral.

Malgré le développement de l'agriculture, bon nombre de Turkmènes continuent de faire l'élevage d'astrakans, dont la fourrure est l'un des principaux produits d'exportation; au premier rang viennent le pétrole et le gaz, car le pays renferme d'immenses réserves. Le grand problème économique du Turkménistan reste néanmoins la difficulté d'expédier la production nationale sur les marchés étrangers : enclavé dans les terres, ce pays n'occupe pas une position relative avantageuse.

Le Tadjikistan

La géographie politique du sud-est du Turkestan, une zone montagneuse accidentée, est aussi complexe que celle de la Transcaucasie. Le Tadjikistan, fragmenté, forme avec le Kirghizistan et l'est de l'Ouzbékistan une véritable mosaïque, les territoires de ces trois États étant fortement imbriqués (fig. 6.17).

L'est du Tadjikistan est dominé par le gigantesque massif du Pamir. Ses hautes montagnes parsemées de glaciers immenses alimentent des fleuves, dont l'Amou-Daria qui sert à irriguer les zones désertiques des républiques voisines. Les deux pics les plus élevés du Pamir, qui s'élèvent à plus de 7000 m, dominent des paysages montagneux qui comptent parmi les plus spectaculaires du globe.

Les Tadjiks, d'origine perse et non turque, parlent un dialecte persan archaïque appartenant à la famille des langues indo-européennes; ils forment 62 % de la population totale de 6 millions d'habitants, mais la majeure partie de la nation tadjike vit dans l'État voisin d'Afghanistan. La population du Tadjikistan comprend, entre autres minorités, des Ouzbeks (24 %), concentrés dans l'ouest et le nord-ouest du pays, des Russes (une proportion de 7 %, en décroissance) et des Arméniens. La plupart des Tadjiks sont sunnites, et non chiites, malgré leurs affinités avec les Iraniens.

La capitale du Tadjikistan, Douchanbe, est située non loin de la frontière ouest du pays. Les planificateurs soviétiques ont construit de grands complexes industriels dans ce secteur, où ils ont introduit l'exploitation minière et l'agriculture irriguée; toutefois, la majorité des Tadjiks sont encore aujourd'hui paysans ou pasteurs. Après la déclaration d'indépendance, en 1991, les musulmans fondamentalistes se rebellèrent contre les communistes qui dirigeaient le pays et ils furent en position de force pendant presque toute l'année 1992. Cependant, les anciens dirigeants, soutenus par la Russie et les États voisins opposés à la création d'une république islamique, contre-attaquèrent; ils parvinrent à se maintenir au pouvoir, mais l'économie du Tadjikistan fut ruinée par cette guerre. En 1996, le pays était dirigé par un gouvernement élu, dont les efforts pour consolider les liens avec la Russie suscitèrent une vive opposition.

Le Kirghizistan

Les frontières du Kirghizistan ont été tracées selon des critères ethniques définis par les planificateurs soviétiques durant les années 1920, mais aujourd'hui les autochtones kirghiz, majoritairement sunnites, ne représentent que 50 % de la population de 4,6 millions d'habitants. La proportion de Russes est de plus de 20 %, et les Ouzbeks forment 13 % de la population totale.

La capitale, Bichkek, est située près de la frontière du Kazakhstan, sur le versant nord des monts Tian, qui traverse le centre du pays (fig. 6.17). Les liaisons routières et ferroviaires entre le nord du Kirghizistan et le Kazakhstan sont plus adéquates que ne l'est le réseau de transport interne du pays. Le pastoralisme demeure la principale source de revenus des habitants. Les Kirghiz élèvent des ovins et des bovins, dont des yaks qui vivent en haute altitude et fournissent du lait et de la viande. Les agriculteurs cultivent des céréales, des fruits et des légumes dans les plaines et les bassins bien arrosés du piémont.

La plupart des entreprises sont des usines de transformation et de conditionnement des produits textiles et agroalimentaires du pays. La situation économique générale est celle d'un État à faible revenu. Les principales sources de croissance sont les réserves de pétrole et de gaz, l'industrie textile et, éventuellement, le tourisme. À l'ère postsoviétique, le Kirghizistan est une entité isolée, fragmentée et économiquement pauvre où le sentiment national est peu développé.

L'avenir du Turkestan

Pendant plus de 100 ans, les tsars russes et les dictateurs soviétiques ont exercé un contrôle sévère sur les musulmans d'Asie centrale. Les Soviétiques ont entre autres tracé de nouvelles frontières dans le Turkestan du début du siècle, ils ont transformé l'économie de la région, collectivisé l'agriculture locale et ouvert de vastes zones de culture dans les déserts du Kazakhstan et de l'Ouzbékistan, dont l'équilibre écologique est très fragile. Durant les années 1980, leur désastreuse intervention militaire et politique en Afghanistan entraîna l'exil de millions d'Afghans.

La déclaration d'indépendance des républiques du Turkestan fut bien accueillie par plusieurs groupes de la population de la région : les membres des anciens soviets entrevoyaient la possibilité de prendre le pouvoir dans leurs républiques respectives; les communautés islamiques espéraient recouvrer leur droit de pratiquer et de propager leur religion; les minorités, longtemps réprimées, envisageaient des jours meilleurs; les intellectuels souhaitaient l'instauration de régimes démocratiques créateurs de liberté. Mais ces attentes n'étaient évidemment pas compatibles. Les Soviétiques avaient réprimé toute manifestation de rivalité intrarégionale et les disputes interethniques; eux partis, les anciens antagonismes refirent surface et des conflits armés éclatèrent. La fin du régime communiste provoqua un exode massif de communautés que les planificateurs soviétiques avaient cruellement relocalisées en Asie centrale. Tandis que des groupes entiers quittaient la région, d'autres y revenaient. Ainsi, des milliers d'Arméniens, dont la vie était menacée en Azerbaïdjan, trouvèrent refuge au Turkestan.

Pour bien comprendre ce que pourrait être l'évolution du Turkestan, il faut regarder au-delà de ses frontières. Le mot « turc » est intégré à plusieurs dénominations, dont le nom de la région (Turkestan) et le nom d'une république (Turkménistan); de plus, des langues apparentées au turc sont toujours en usage au Turkestan. À l'époque de prospérité et d'influence de l'Empire ottoman, la Turquie était le cœur de ce vaste domaine en expansion, et l'intérêt de ce pays pour l'Asie centrale connaît actuellement un regain. La Turquie sert notamment de guide à l'Asie du Sud-Ouest en ce sens qu'elle constitue, dans un ensemble majoritairement musulman, un État laïc, partisan de la séparation de la religion et du gouvernement (ou de la mosquée et de l'État). Le renouveau islamique dans la région préoccupe grandement la Turquie : si la ré-islamisation se fait selon le modèle turc, cet État pourrait recouvrer une certaine influence sur ce territoire d'où il a longtemps été exclu.

Les Turcs ne sont cependant pas les seuls à s'intéresser au Turkestan. L'Iran, dont la position relative est plus avantageuse, apporta un soutien considérable, fondé sur l'irrédentisme, aux Azerbaïdjanais qui se sont rebellés contre le régime soviétique en 1990. Les Iraniens sont en majorité partisans de l'islamisme fondamentaliste, et celui-ci est en progression au Turkestan. La plupart des Iraniens sont chiites, alors que les musulmans du Turkestan sont sunnites, mais le renouveau islamique de la prochaine décennie pourrait constituer pour ces derniers une occasion de changer d'obédience. Le dernier chah d'Iran rêvait d'établir un vaste empire politique; les dirigeants musulmans de la république islamique iranienne, eux, rêvent d'un empire religieux. Le Turkestan, immédiatement au nord, et la Transcaucasie présentent des possibilités d'expansion qui ne s'étaient jamais offertes au chah.

La république islamique du Pakistan pourrait également se manifester. Elle fut grandement touchée par l'invasion soviétique de l'Afghanistan, puisque plusieurs millions de personnes, dont un bon nombre de Tadjiks, vinrent s'y réfugier en traversant la frontière pakistano-afghane, entraînant une modification de la géographie politique de sa zone frontière nord-ouest. Le Pakistan a désormais comme voisin un État afghan affaibli et divisé, dont l'importante communauté tadjike a des affinités avec celle du Turkestan. Si la région connaissait une nouvelle période d'instabilité, le Pakistan, disposant de forces armées et même d'un arsenal nucléaire qui en font l'une des principales puissances régionales, pourrait être tenté, voire forcé, de s'imposer dans une région qui lui a longtemps infligé des revers.

Le cours des événements au Turkestan risque également d'avoir des répercussions en Inde. Ayant une minorité musulmane de près de 110 millions d'habitants, cet État observe avec une vive inquiétude le renouveau de l'islam, sans toutefois rester inactif. Les entrepreneurs indiens ont envahi les villes du Turkestan, où ils établissent des relations qui pourraient porter fruit sur les plans politique et économique.

L'évolution du Turkestan rappelle combien les parties du globe sont interreliées. Les Russes tentent de réorienter leur influence dans la région, tandis que des apôtres iraniens de l'islam, des banquiers turcs, des politiciens allemands, des économistes américains, des commerçants pakistanais et des gestionnaires indiens essaient de tirer leur épingle du jeu dans cette région longtemps coupée du monde. À la suite de ce repositionnement majeur, le monde musulman, dont l'influence est croissante, s'étendra du Maroc à l'Indonésie, et du Kazakhstan à la Somalie. On le voit, les ensembles géographiques et les régions sont loin d'être des entités statiques.

QUESTIONS DE RÉVISION

1. Pourquoi l'apport culturel des anciennes civilisations qui ont peuplé cet ensemble est-il encore considéré comme l'un des plus importants pour l'humanité ?

2. Dites quelle est la religion dominante de l'ensemble Afrique du Nord — Asie du Sud-Ouest et expliquez pourquoi.

3. Pourquoi appelle-t-on parfois cet ensemble « le monde arabe » ?

4. Quel rôle l'eau joue-t-elle dans la répartition de la population de cet ensemble géographique ?

5. Pourquoi le Croissant fertile est-il considéré comme la région clé de l'ensemble Afrique du Nord — Asie du Sud-Ouest ?

6. Pourquoi l'Asie du Sud-Ouest est-elle un lieu de disputes et de conflits ?

7. Quelle répercussion le démembrement de l'Union soviétique a-t-il eu sur la région du Turkestan ?

8. Quelles ont été pour l'ensemble géographique les principales conséquences de la découverte de vastes réserves pétrolières ?

Votre étude de la géographie de l'Afrique subsaharienne terminée, vous pourrez :

1 Comprendre les principales maladies endémiques d'Afrique et leurs répercussions sur la vie quotidienne.

2 Saisir l'importance de l'agriculture dans la vie économique des Africains, et les obstacles qu'oppose le milieu naturel aux éleveurs et aux cultivateurs.

3 Comprendre l'évolution des sociétés africaines indigènes à travers les époques coloniale et postcoloniale.

4 Expliquer le découpage territorial de l'Afrique moderne, héritage de l'époque coloniale qui s'est terminée récemment.

5 Comprendre les tendances culturelles et économiques ayant modelé les structures régionales de l'Afrique occidentale, équatoriale, orientale et australe.

6 Comprendre l'évolution de la situation politico-géographique en Afrique du Sud depuis l'époque de l'Apartheid, où la domination raciale fut intensifiée, jusqu'au virage du pays vers la démocratie.

7 Positionner sur la carte les principales caractéristiques physiques, culturelles et économiques de cet ensemble géographique.

L'Afrique subsaharienne : mémoire de l'humanité

Bien assise sur son socle précambrien, l'Afrique est un monde à part. Elle se trouve aujourd'hui au centre des masses continentales de la planète, une position relative qui pourrait bien un jour l'avantager. Des recherches archéologiques récentes ont par ailleurs montré que l'espèce humaine, ou *Homo sapiens*, a vu le jour en Afrique. Les humains qui se sont dispersés à la grandeur du globe sont donc tous de souche africaine.

Ainsi, l'Afrique fut pendant des millions d'années le théâtre d'une histoire extraordinaire : l'évolution de l'espèce humaine. Les premiers outils à avoir jamais été fabriqués furent inventés par des hominidés d'Afrique orientale, ancêtres de l'homme moderne. C'est aussi vraisemblablement en Afrique que résident les origines du langage humain, que se sont établies les premières communautés sédentaires et que s'est d'abord manifestée l'expression artistique.

À une époque plus récente, en Afrique du Nord, la vallée du Nil a vu naître l'une des civilisations les plus durables et les plus créatrices. Les innovations de ce foyer culturel se sont répandues à la grandeur du globe, y compris en Afrique subsaharienne. L'Égypte ancienne a joué en Afrique un rôle analogue à celui que la Grèce allait remplir, des milliers d'années plus tard, en Europe : elle a été une source de savoir et d'idées. Au moment de la création des premiers États d'Afrique occidentale, leurs dirigeants les ont dotés de systèmes politiques modelés sur celui de l'Égypte.

Il y a plus de 2000 ans, l'Afrique tout entière formait un seul ensemble géographique. Mais l'expansion de l'islam et du monde arabe, la colonisation de l'Afrique du Nord par les Européens et la désertification du Sahara ont divisé l'Afrique en deux : le Nord, qui appartient au monde arabe, fait maintenant partie du même ensemble géographique que l'Asie du Sud-Ouest, alors que le Sud, ou Afrique subsaharienne, en forme un à lui seul en raison des langues que l'on y parle, des modes de vie qui y prévalent et des paysages culturels qui lui sont propres.

Portrait de l'Afrique subsaharienne

Physiographie de l'Afrique

Avant de nous attarder à la géographie humaine de l'Afrique subsaharienne, faisons un survol de la géographie physique, très particulière, de l'Afrique. D'abord, aucune autre masse continentale n'est répartie aussi également de part et d'autre de l'équateur : entièrement située sous des latitudes tropicales et subtropicales, l'Afrique s'étend presque aussi loin au nord qu'au sud. Cette position explique en grande partie la nature de la végétation et des sols, le potentiel agricole et la distribution de la population.

En outre, la masse continentale africaine est très vaste : elle représente environ un cinquième de la superficie de toutes les terres émergées. La côte nord de la Tunisie se trouve à 7700 km de l'extrémité de l'Afrique du Sud, et la côte sénégalaise, à l'ouest, est à 7200 km de l'extrémité est de la Corne d'Afrique, en Somalie. Ces dimensions déterminent en partie le milieu naturel. Ainsi, presque toute l'Afrique est privée de l'humidité en provenance des océans, et de grands secteurs sont situés à des latitudes où les systèmes atmosphériques globaux créent un climat aride (fig. I.7). Le Sahara, dans le nord, et le Kalahari, dans le sud, font partie de la zone désertique qui ceint le globe. L'alimentation en eau est l'un des graves problèmes auxquels fait face l'Afrique, fréquemment dévastée par des sécheresses meurtrières.

Les montagnes

La géomorphologie de l'Afrique est unique; il suffit d'examiner une carte du relief pour s'en convaincre. Par exemple, chaque grande masse continentale com-

---

PRINCIPALES CARACTÉRISTIQUES GÉOGRAPHIQUES DE L'AFRIQUE SUBSAHARIENNE

1. Plateau sans ossature montagneuse linéaire, la masse continentale africaine est caractérisée par un ensemble de grands lacs, des précipitations irrégulières, des sols généralement pauvres et une végétation composée principalement de savanes et de steppes.

2. La présence de dizaines de nations et de centaines de groupes ethniques explique la richesse et la diversité culturelles de l'Afrique subsaharienne.

3. L'agriculture demeure le principal moyen de subsistance de la majorité des habitants de l'Afrique subsaharienne.

4. L'amélioration de l'alimentation, des conditions sanitaires et des soins de santé devrait constituer une priorité en Afrique subsaharienne, étant donné l'incidence élevée de nombreuses maladies et les déficiences nutritionnelles.

5. Dans l'ensemble, les frontières des États africains sont issues de la période coloniale, de sorte que plusieurs d'entre elles ont été tracées par des autorités peu au fait ou peu soucieuses de tenir compte de la géographie humaine et physique des entités délimitées.

6. L'Afrique subsaharienne recèle de grandes réserves de matières premières d'une importance cruciale pour les pays industrialisés, mais seule une faible proportion de sa population a accès aux produits et aux services disponibles sur le marché mondial.

7. Les modes d'exploitation des ressources naturelles et les réseaux routiers orientés vers l'exportation, mis en place à l'époque coloniale, caractérisent encore aujourd'hui la quasi-totalité de l'Afrique subsaharienne.

8. La concurrence que se sont livrée les grandes puissances durant la guerre froide a contribué à amplifier les conflits qui sévissaient alors dans plusieurs pays d'Afrique subsaharienne; les conséquences de ces affrontements risquent de se faire sentir pendant des générations.

9. Malgré les conditions de vie difficiles, en particulier sur le plan sanitaire, le taux de natalité en Afrique subsaharienne est le plus élevé du monde.

10. Plusieurs pays d'Afrique subsaharienne, depuis le Liberia jusqu'au Rwanda, connaissent d'importants bouleversements. Il n'est donc pas étonnant que cet ensemble géographique compte un plus grand nombre de réfugiés que tous les autres.

11. L'inefficacité de l'administration publique et le manque de leadership nuisent au développement économique de plusieurs pays d'Afrique subsaharienne.

prend au moins une ossature montagneuse, ou chaîne linéaire : les Andes en Amérique du Sud, les Rocheuses en Amérique du Nord, les Alpes en Europe, l'Himalaya en Asie. Mais l'Afrique, si vaste soit-elle, n'en a aucune; l'Atlas n'occupe qu'une étroite bande de terres à l'extrême nord, et les montagnes du Cap (Grand Karroo), à l'extrême sud, ne sont pas d'envergure continentale. Certes, l'Afrique a bien quelques hauts plateaux fortement érodés, comme ceux d'Éthiopie ou d'Afrique du Sud, et quelques volcans aux cimes enneigées, comme en Afrique orientale, mais pas de lon-

gues chaînes parallèles comme celles des Andes ou des Alpes.

Les lacs et les fossés d'effondrement

La carte physique (fig. 7.1) révèle une autre particularité de l'Afrique : une série de grands lacs, concentrés dans le centre-est. À l'exception du lac Victoria, tous ces lacs sont oblongs, depuis le lac Malawi au sud jusqu'au lac Turkana au nord. Comment expliquer la forme allongée et l'orientation nord-sud de ces masses d'eau ? Les lacs occupent une partie des fossés profonds creusés dans le

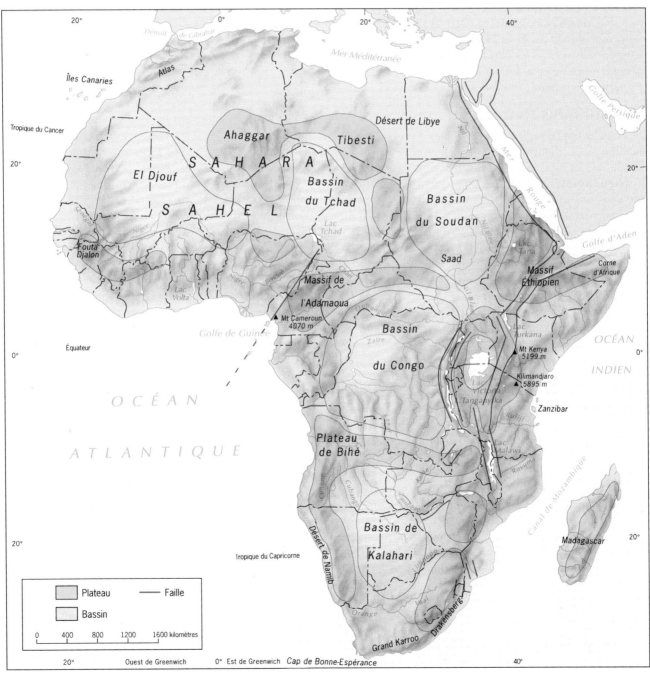

Figure 7.1 Physiographie de l'Afrique.

plateau d'Afrique orientale, qui s'étendent bien au-delà des lacs eux-mêmes. La faille située au nord-est du lac Turkana coupe le plateau éthiopien en deux, et le lit de la mer Rouge semble en être un prolongement vers le nord. De part et d'autre du lac Victoria, des lacs plus petits occupent des fossés semblables; le fossé situé à l'ouest retient le lac Tanganyika, alors que celui de l'est traverse de part en part le Kenya, la Tanzanie et le Malawi.

Ces crevasses portent le nom de fossés d'effondrement *(rift valleys)*, une appellation qui rappelle que ces failles linéaires très profondes résultent de l'effondrement ou de la compression de la partie de la croûte terrestre comprise entre deux immenses fractures parallèles. L'ensemble des fossés d'effondrement d'Afrique orientale s'étend sur plus de 9600 km, de l'extrémité nord de la mer Rouge jusqu'au Swaziland. Depuis le lac Turkana en allant vers le sud, la largeur de ces fossés varie en général entre 30 et 90 km, et leurs parois, tantôt abruptes, tantôt en gradins, sont nettement découpées.

Le cours des fleuves

Le système fluvial de l'Afrique est également exceptionnel (fig. 7.1). Il comprend quelques grands fleuves, dont le Nil et le Zaïre (ou Congo), qui comptent parmi les plus importants du globe. Le *Niger*, qui prend sa source dans les massifs du Fouta Djalon, à l'extrême ouest de l'Afrique, coule d'abord vers l'intérieur en direction du Sahara puis, après s'être étalé en un « delta intérieur » sur son cours moyen, il bifurque vers le sud-est, sort du désert et traverse la zone de plateaux du Nigéria où il dévale des chutes, pour finalement se jeter dans le golfe de Guinée en formant encore une fois un vaste delta. Le *Zaïre* prend le nom de Lualaba près de sa source, non loin de la frontière septentrionale de la Zambie; après avoir parcouru une certaine distance vers le nord-est, il se dirige vers le nord, puis vers l'ouest et le sud-ouest et, finalement, il va rejoindre l'Atlantique. Les cours supérieurs respectifs du Niger et du Zaïre traversent des régions que rien ne semble relier aux côtes où débouchent ces deux fleuves. Le *Zambèze*, qui prend sa source dans l'extrémité nord-ouest de la Zambie, non loin de l'Angola, a un cours semblable : il serpente d'abord vers le sud et, aux environs des marais de l'Okavango (un delta intérieur), il va vers le nord-est, puis le sud-est, et forme un delta marécageux à son embouchure au sud du lac Malawi. Quant au dernier grand fleuve, le célèbre *Nil* au cours capricieux, il se divise en plusieurs canaux dans les marais des Saad du Soudan méridional et, dans son cours moyen, il repart en sens inverse, coulant vers le sud avant de se diriger de nouveau vers la Méditerranée, où il se jette en formant le vaste delta égyptien.

Les plateaux et les escarpements

Toutes les masses continentales comprennent des zones de basses terres. Mais en Afrique, les plaines côtières sont rares et de faible étendue. En fait, à l'exception des côtes du Mozambique et de la Somalie, qui s'étirent le long de l'océan Indien, et des façades septentrionale et occidentale du continent, presque toute l'Afrique est à une altitude supérieure à 300 m, et au moins la moitié de son territoire s'élève à plus de 800 m. Même le bassin du Congo, qui forme une vaste zone tropicale de basses terres en Afrique équatoriale, se trouve à bien plus de 300 m au-dessus du niveau de la mer, alors que l'altitude du bassin de l'Amazone, de l'autre côté de l'Atlantique, est très faible.

Bien que l'Afrique forme un plateau sur presque toute son étendue, elle n'est ni entièrement plane ni dépourvue de discontinuités. En effet, les fleuves, qui érodent la surface de sa masse continentale depuis des millions d'années, y ont creusé d'importantes entailles. Par exemple, les chutes Victoria sur le Zambèze ont une largeur de 1600 m et une hauteur de plus de 90 m. Des volcans et d'autres massifs, y compris des reliefs résiduels (ayant résisté à l'érosion), dominent le paysage dans plusieurs régions. Le Sahara ne fait pas exception : les monts Hoggar (ou Ahaggar) et Tibesti culminent tous deux à environ 3000 m. En plusieurs endroits, le plateau s'est affaissé sous le poids des sédiments accumulés. Ainsi, dans le bassin du Congo, le fleuve a transporté du sable et des sédiments en aval pendant des dizaines de millions d'années, de sorte que les matériaux entraînés par l'érosion ont fini par remplir la cuvette d'un immense lac ayant les dimensions d'une mer intérieure. Aujourd'hui, la seule trace de l'existence de cet ancien lac est une épaisse couche de sédiments qui, en comprimant cette portion de la masse continentale africaine, a formé un immense bassin. Tout porte à croire que cette mer intérieure n'était pas unique : plus au sud, les sédiments accumulés dans la cuvette du Kalahari constituent maintenant le sable du désert; loin au nord, dans le Sahara, trois cuvettes similaires ont respectivement leur centre au Soudan, au Tchad et au Mali (le bassin El Djouf).

La masse continentale africaine formant un plateau, ses marges sont en grande partie escarpées. Cette caractéristique est particulièrement accentuée en Afrique australe, où le Grand Escarpement marque la limite du plateau sur des centaines de kilomètres; dans cette région, le relief s'abaisse à la verticale, en des dénivellations vertigineuses de plus de 1500 m, jusqu'à l'étroite plaine côtière formée de collines. Ce type de relief, que l'on rencontre de la République démocratique du Congo (ex-Zaïre) au Swaziland et dans plusieurs autres zones du littoral, existe également dans d'autres parties du globe — notamment dans la marge orientale du plateau du Brésil et en Inde, à la limite occidentale du plateau du Deccan —, mais nulle part ailleurs occupe-t-il une aussi grande proportion de la masse continentale qu'en Afrique.

Le milieu naturel

Le milieu naturel africain est en général caractérisé par des températures élevées, bien que la chaleur équatoriale soit tempérée par l'altitude sur les hauts plateaux d'Afrique orientale et de la Corne d'Afrique. L'aridité, nous l'avons déjà dit, est un autre trait dominant de la masse continentale africaine; une grande partie de l'Afrique australe a d'ailleurs souffert de graves sécheresses durant les années 1980 et 1990, de sorte que plusieurs pays ont dû accroître sensiblement leurs importations de céréales. La forte croissance démographique et la diminution de la production agricole risquent de causer d'énormes difficultés à ces États à faible revenu.

Le climat

En Afrique, les zones climatiques sont réparties de façon à peu près symétrique de part et d'autre de l'équateur (fig. I.7). Étant donné que cette ligne traverse la masse continentale approximativement en son centre, les systèmes atmosphériques qui déterminent les conditions climatiques sont en général similaires dans les deux moitiés. Ainsi, le climat chaud et pluvieux de la République démocratique du Congo cède petit à petit la place, tant vers le nord que vers le sud, à des climats où existe une saison hivernale sèche bien distincte. Donc, à l'extérieur de l'immense bassin du Congo, situé en zone équatoriale, les précipitations annuelles sont moins abondantes *et* moins régulières : la saison sèche s'allonge graduellement jusqu'à ce que des conditions désertiques prévalent. En comparant les cartes des figures I.7 et I.6, on remarque que la moyenne des précipitations annuelles diminue fortement entre la zone équatoriale, où elle atteint 2000 mm, et l'arrière-pays algérien dans le nord ou la côte namibienne dans le sud, où elle n'est plus que de 100 mm. On voit aussi que des conditions arides prévalent dans la Corne d'Afrique et dans certaines régions d'Afrique orientale.

La végétation

Comme dans les autres régions du globe où prévaut un climat équatorial humide, le bassin du Congo et une partie de l'Afrique occidentale comprennent d'importantes forêts tropicales. Mais celles-ci occupent une zone relativement restreinte (fig. I.8) et elles diminuent constamment à cause du déboisement et des contraintes imposées par le peuplement. Au-delà de cette zone, là où les précipitations diminuent graduellement pour laisser apparaître une saison sèche de plus en plus longue, les forêts tropicales cèdent la place à la savane arborée et à ses vastes étendues d'herbes hautes; ces zones de savane, où la végétation forme en certains endroits des parcs naturels, ont longtemps été le principal habitat des derniers grands troupeaux d'animaux sauvages de l'Afrique. En allant vers les pôles, la savane se change en steppe tropicale, plus aride; ces étendues d'herbes clairsemées résistent difficilement aux contraintes exercées par le bétail, d'où le risque d'extension du désert qui s'étend au-delà de la steppe. Un examen attentif de la carte de la figure I.7 permet de se rendre compte qu'au nord du Sahara et au sud du Kalahari le désert cède de nouveau la place à la steppe, puis aux régions côtières caractérisées par un climat subtropical de type méditerranéen et une végétation adaptée aux étés secs.

Les sols

Les sols tropicaux ne sont pas des plus fertiles. Aussi, même si l'Afrique comprend des secteurs où les sols sont de bonne qualité et où le taux d'humidité est suffisant, la situation globale n'est pas très propice à l'agriculture. Les sols des zones de forêt tropicale sont soumis à un lessivage excessif; si les forêts y sont florissantes, c'est qu'elles réussissent à se développer en employant les substances nutritives fournies par les éléments en décomposition de leur propre biomasse. Lorsque ces zones sont déboisées, les sols deviennent rapidement impropres à quelque culture que ce soit. Les sols de la savane ne conviennent pas non plus à l'agriculture intensive. Mais là où les conditions sont favorables, le rendement est très élevé; c'est le cas sur le plateau de l'Éthiopie, sur les pentes du Kilimandjaro où les sols sont d'origine volcanique, dans les zones plus humides de latitude élevée d'Afrique du Sud, dans certaines parties de la zone côtière d'Afrique occidentale et dans les massifs d'Afrique orientale. Toutefois, compte tenu de l'étendue de la masse continentale africaine, la superficie de ces zones fertiles est très limitée; en fait, l'Afrique subsaharienne ne comprend aucune région comparable aux vastes vallées alluviales de l'Inde ou de la Chine, dont l'abondante production de riz et de blé répond aux besoins alimentaires de centaines de millions d'êtres humains. En Afrique, où le maïs et le millet constituent la base de l'alimentation, le rendement à l'hectare de ces cultures céréalières est bien inférieur à celui des cultures asiatiques.

L'environnement, la population et la santé

La densité de population de l'Afrique subsaharienne est modeste comparativement à la situation dans le reste du globe. Comme le montre la carte I.9, ses quelques zones à forte densité sont concentrées au Nigéria en Afrique occidentale, autour du lac Victoria en Afrique orientale et dans quelques petits secteurs d'Afrique australe. Ce que cette carte ne révèle pas cependant, c'est que les peuples d'Afrique subsaharienne souffrent cruellement de la dégradation du tissu social à une grande échelle, que la famine menace encore aujourd'hui de petites zones et de grandes régions, que les déficiences nutritionnelles sont fréquentes, que le taux de mortalité infantile demeure élevé et l'espérance de vie, plus faible que partout ailleurs. Comment expliquer tous ces maux dont est affligée cette vaste partie de l'Afrique ?

La géographie physique de l'Afrique subsaharienne explique en partie cet état de fait. Les régions tropicales sont de véritables milieux de culture pour des organismes qui, tels les tiques, les moustiques, les puces et les vers, transmettent des infections. La majorité des Africains (plus de 70 % de la population totale) vivent dans des zones rurales et dépendent de l'eau des fleuves, des rivières ou de puits, susceptible d'être contaminée. Dans de vastes régions, le climat et la nature des sols limitent la gamme des cultures praticables localement, et les habitants n'ont généralement pas les revenus nécessaires pour acheter sur les marchés extérieurs la viande ou les aliments riches en protéines nécessaires à une alimentation équilibrée. La malnutrition affaiblit l'organisme et le rend plus vulnérable aux maladies; bon nombre d'Africains ont donc, leur vie durant, une santé médiocre. Par exemple, les enfants qui n'ont pas une alimentation suffisamment riche en protéines souffrent de syndromes de dénutrition infantile comme le kwashiorkor et le marasme; ces enfants peuvent survivre, mais leur résistance à ces maladies sera réduite lorsqu'ils seront plus âgés.

Les maladies tropicales

La *malaria,* ou paludisme, la maladie la plus meurtrière en Afrique, tue jusqu'à un million d'enfants par an. Son taux d'incidence est de nouveau à la hausse depuis quelques années, car les vecteurs (agents qui transmettent la maladie) et les humains ont respectivement développé une résistance aux pesticides et aux médicaments à l'aide desquels les spécialistes croyaient pouvoir l'éradiquer. Le moustique responsable de la transmission de la malaria se trouve en grand nombre dans toute l'Afrique tropicale. Ainsi, les Africains qui atteignent l'âge adulte sont susceptibles de souffrir de paludisme et d'en ressentir les effets débilitants.

Véhiculée notamment par la mouche tsé-tsé, la *maladie du sommeil,* également très grave, est aujourd'hui endémique dans presque toute l'Afrique tropicale. Cette maladie fait des ravages chez les humains et le bétail. Elle diminue l'espérance de vie des populations et cause aussi de graves problèmes de santé. La *fièvre jaune,* transmise par un moustique, est particulièrement dangereuse pour les nourrissons et les enfants, et des millions en sont atteints dans les zones rurales. À cette liste s'ajoute la *bilharziose* (ou schistosomiase), dont les symptômes comprennent des

LE SIDA EN AFRIQUE SUBSAHARIENNE

Des millions de personnes sont atteintes du sida (syndrome d'immunodéficience acquise) en Afrique. Dans certaines régions, la mortalité attribuable à cette maladie est telle que le taux de croissance démographique pourrait devenir négatif. Les porteurs du VIH (le virus du sida) ne présentent souvent pas de symptômes avant des années, de sorte que ne se sachant pas atteints, ces gens continuent à transmettre la maladie.

Les statistiques officielles ne révèlent pas l'ampleur actuelle de l'épidémie de sida dans cette partie du globe, mais, selon des enquêtes de l'Organisation mondiale de la santé (OMS) en Afrique subsaharienne, le nombre de personnes porteuses du VIH aurait atteint 20 millions en 1996.

L'aspect le plus alarmant demeure celui de la propagation du virus. Par exemple, à Blantyre-Limbe, la plus grande agglomération du Malawi, 2 % des femmes enceintes étaient porteuses du VIH en 1984, et ce taux avait grimpé à 22 % en 1990. Environ un tiers des enfants nés d'une mère ayant contracté le virus en sont eux-mêmes porteurs. De nombreux autres signes indiquent une progression rapide de la maladie partout en Afrique; en fait, la situation serait beaucoup plus grave que ne le révèlent les chiffres publiés par l'ONU. Selon plusieurs médecins d'Afrique, de 80 à 90 % des cas de sida ne seraient pas répertoriés. Si cette estimation est exacte, 1 Africain sur 23 serait porteur du VIH dans la zone de plus grande incidence, soit une bande qui traverse l'Afrique de l'océan Indien à l'Atlantique en passant par la République démocratique du Congo. Les centres urbains constituent de grands bassins d'infection, mais le virus se propage dans des corridors correspondant aux routes nationales et rurales, de sorte que les villageois ne sont pas plus à l'abri que les citadins.

hémorragies internes, une perte de vigueur et de fortes douleurs; cette maladie, non mortelle en soi, affecte actuellement 200 millions de personnes dans le monde, dont une majorité d'Africains. Les maladies infectieuses énumérées ci-dessus sont endémiques sur toute la masse continentale africaine, mais il en existe d'autres dont la propagation s'est limitée à des régions ou à des localités.

Au cours des années 1970, un autre fléau frappa l'Afrique : le sida. L'épidémie semble avoir pris naissance en Afrique équatoriale; au début des années 1990, elle avait atteint des proportions pandémiques (voir l'encadré « Le sida en Afrique subsaharienne »).

La pauvreté constitue un obstacle de taille à l'amélioration de l'état de santé de la population africaine; les pays à faible revenu, principalement en Afrique tropicale, n'ont pas les ressources nécessaires pour dispenser les soins médicaux requis, vacciner les enfants et éduquer les familles des zones rurales éloignées. C'est ce qui explique en partie que les maladies fassent encore autant de ravages dans les populations africaines.

La prédominance de l'agriculture

Une grande majorité d'Africains ont un mode de vie traditionnel : ils pratiquent l'agriculture de subsistance ou l'élevage, ou les deux. Pourtant, le milieu naturel africain est hostile à la culture et à l'élevage, car les sols tropicaux sont très peu fertiles et une grande partie de l'Afrique connaît de graves sécheresses.

Le long du littoral, plus particulièrement sur la côte est, et sur les rives des grands fleuves, certaines communautés vivent principalement de la pêche. Partout ailleurs, l'agriculture est l'activité dominante, les cultures les plus importantes étant les céréales dans les zones les plus sèches et les racines comestibles dans les régions plus humides. Pour avoir un aperçu de ce qu'était l'Afrique ancienne, il n'y a qu'à observer les méthodes de culture employées, la répartition du travail entre hommes et femmes, la valeur accordée au bétail et le prestige qu'en retirent les propriétaires. Le colonialisme n'a modifié qu'in-

directement les moyens d'assurer sa subsistance. Partout en Afrique, des dizaines de milliers de villages sont restés à l'écart de la sphère d'influence économique des envahisseurs venus d'Europe, de sorte que la manière de vivre de leurs habitants est restée à peu près inchangée.

La plupart des Africains qui font de l'élevage pratiquent également l'agriculture. L'Afrique subsaharienne compte deux grandes régions de pastoralisme. La première s'étend en Afrique occidentale, le long de la zone de transition entre la savane et la steppe, jusqu'au territoire où les Massaïs d'Afrique orientale font paître leurs bêtes; la seconde a son centre sur le plateau d'Afrique du Sud. En Afrique australe et orientale surtout, les bovins ne sont pas tant une source de nourriture qu'une mesure de la richesse de leur propriétaire et de son prestige au sein de la communauté. Cela explique que, dans ce coin du globe, les éleveurs de bovins cherchent davantage à acquérir le plus grand nombre de bêtes possible qu'à améliorer la qualité de leurs troupeaux. L'alimentation de base des habitants est composée de céréales — notamment le maïs, le millet, le sorgho et, en moindre quantité, le riz —, dont les zones de culture chevauchent celles d'élevage. La majorité des propriétaires de bovins sont probablement des fermiers sédentaires, quoique certains, comme les Massaïs, se déplacent selon des cycles plus ou moins réguliers, suivant les pluies et cherchant des pâturages pour leurs bêtes.

L'agriculture nomade, pratiquée dans les zones de forêt tropicale, demeure le principal moyen de subsistance de millions d'Africains. La photo montre un coin de la zone forestière d'Ituri où l'on a abattu les arbres et défriché la terre. Trois paysannes du village de Ngodi font pousser du manioc, des ignames et des bananes entre les souches et les troncs en décomposition. Le sol nourrira ces cultures pendant quelques années, puis le rendement diminuera. La terre sera alors laissée à l'abandon et un autre coin de forêt sera déboisé. En Afrique, ce sont les femmes qui s'occupent des cultures traditionnelles.

On fait aussi l'élevage des poulets presque partout en Afrique et des millions de chèvres paissent dans les forêts, la savane, la steppe et même le désert. Les chèvres semblent survivre partout et on imagine mal un village africain qui n'en posséderait pas quelques-unes. Là où les conditions s'y prêtent, ces bêtes, qui se multiplient rapidement, contribuent à l'érosion des sols en rasant la végétation des pâturages. Les chèvres sont donc utiles à leurs propriétaires, mais nuisibles au pays.

Depuis trente ans, de plus en plus d'Africains participent à l'économie du pays, après en avoir été exclus, durant la période coloniale. Depuis l'indépendance, nombre de paysans pratiquent des cultures commerciales sur leurs petits lots de terre et certains ont complètement abandonné l'agriculture de subsistance. Malgré cette évolution, l'Afrique a de plus en plus de difficulté à assurer ses besoins alimentaires. La productivité agricole est en effet en baisse partout. En Afrique subsaharienne, du milieu des années 1980 au milieu des années 1990, la production par habitant a diminué de plus de 10 %. En 1997, l'explosion démographique (100 millions de bouches de plus à nourrir qu'en 1987) annulait les effets de l'accroissement de la production agricole totale qui avait eu lieu (voir l'encadré « Une révolution verte en Afrique ? »).

Géographie historique de l'Afrique

L'Afrique est le berceau de l'humanité. Les recherches archéologiques ont permis de reconstituer l'histoire des 7 millions d'années d'évolution qui ont mené de l'australopithèque aux hominidés, et enfin, à l'*Homo sapiens*. Il est donc assez ironique que l'on sache si peu de choses sur l'Afrique subsaharienne durant la période allant de 5000 ans avant Jésus-Christ jusqu'au début de la colonisation européenne, il y a 500 ans. Cela s'explique en partie par le manque d'intérêt pour l'histoire de l'Afrique durant la période coloniale. Plusieurs traditions africaines ont alors été éradiquées, de nombreux objets ont été détruits, de fausses conceptions des cultures et des institutions africaines ont pris naissance et ont perduré. Ce vide historique est également attribuable à l'absence de documents écrits pour la quasi-totalité de l'Afrique subsaharienne jusqu'au XVIᵉ siècle et, pour une grande partie de celle-ci, jusqu'à une époque encore plus récente. Les données concernant la zone de savane immédiatement au sud du Sahara sont plus abondantes, car les peuples de cette région islamisée ont eu des contacts plus fréquents avec ceux d'Afrique du Nord.

Les historiens modernes, stimulés par l'intérêt manifeste des Africains, ont entrepris de reconstituer le passé de l'Afrique en s'appuyant sur de rares docu-

UNE RÉVOLUTION VERTE EN AFRIQUE ?

L'écart entre les besoins de la population mondiale et la production de denrées alimentaires a été réduit grâce à la **révolution verte,** programme visant à développer de nouvelles variétés de céréales donnant un meilleur rendement. Dans les pays où le riz ou le blé sont à la base de l'alimentation, cette révolution fait reculer le spectre de la famine. Mais en Afrique, seule une faible proportion de la population dépend de l'une ou l'autre de ces céréales pour sa subsistance, les aliments de base de la majorité étant le maïs, le sorgho et le millet. Dans les zones humides, les racines comestibles telles que l'igname et le manioc constituent avec les bananes plantains la majeure partie de l'alimentation. Les recherches menées dans le cadre de la révolution verte n'ont donné la priorité à aucune de ces cultures.

Cependant, il est permis d'espérer depuis peu, car des scientifiques tentent maintenant de créer des variétés de maïs et d'autres céréales plus résistantes aux maladies qui dévastent les récoltes. Ils cherchent aussi des moyens d'augmenter le rendement des grains sélectionnés. Au Nigéria, où une nouvelle variété de maïs, plus résistante et ayant un meilleur rendement, a été introduite, la quantité totale de denrées alimentaires produites a presque doublé depuis 1980, selon les données de l'ONU. La création de variétés plus résistantes de racines comestibles, dont l'igname et le manioc, a également contribué à cette amélioration.

Mais ces efforts ne suffisent pas à éliminer les déficiences nutritionnelles endémiques en Afrique. La production de denrées alimentaires a diminué de 1 % par année, alors que la population totale croissait de 3 %. Le manque de capitaux, l'inefficacité des méthodes agricoles, la pénurie d'équipements adéquats, l'épuisement des sols, la domination des hommes, l'apathie, des sécheresses dévastatrices répétées sont autant de facteurs qui contribuent au faible rendement des terres. À cela sont venus s'ajouter plusieurs longs conflits armés. La révolution verte devrait réduire l'écart entre les besoins alimentaires et la production de denrées en Afrique, mais la lutte pour l'autosuffisance est loin d'être terminée.

ments écrits et sur le folklore, la poésie, les objets d'art, les constructions et certaines autres sources.

Genèse de l'Afrique

À l'aube de l'ère coloniale, l'Afrique traversait une période de transition. Au cours des siècles précédents, le milieu naturel s'était modifié en Afrique occidentale, l'une des régions les plus développées sur les plans culturel et économique, et dans les environs de cette région. Pendant au moins 2000 ans, les Africains avaient innové et adopté des idées venues d'ailleurs. En Afrique occidentale, les villes avaient atteint des dimensions impressionnantes; en Afrique centrale et australe, les habitants migraient, s'adaptaient à leur nouvel environnement, se disputaient parfois la suprématie d'un territoire. Les Romains avaient pénétré jusque dans le sud du Soudan; les Africains du Nord faisaient du commerce avec ceux de l'Ouest; les voiliers arabes sillonnant la mer le long des côtes orientales transportaient des produits venus d'Asie, qu'ils échangeaient contre de l'or, du cuivre et un nombre relativement restreint d'esclaves.

Les débuts du commerce

En Afrique occidentale, les habitants de la forêt tropicale et ceux de la zone aride, au nord, ne produisaient pas le même type de biens et leurs besoins étaient différents. Par exemple, le sel est une denrée rare dans la zone forestière, où le taux élevé d'humidité empêche la formation de cette substance, alors que des réserves abondantes existent dans le désert et la steppe. Les habitants du désert vendaient donc du sel aux habitants de la forêt qui, en échange, leur expédiaient de l'ivoire, des épices et des aliments séchés. Les habitants de la savane, située entre ces deux zones, assumèrent le rôle lucratif d'intermédiaire dans ce commerce.

Les marchés où avaient lieu les échanges de produits connurent une croissance rapide, et de véritables cités virent le jour dans la savane d'Afrique occidentale. Tombouctou, ville aujourd'hui totalement isolée, était à l'époque un centre commercial florissant et un haut lieu du savoir; elle faisait partie des plus grandes villes du monde. De nos jours, d'autres villes anciennes de la savane, comme Kano dans le nord du Nigéria, sont encore d'importants centres commerciaux.

Les premiers États

Le foyer de civilisation de l'Afrique occidentale (fig. 6.2) a donné naissance à des États d'une grande puissance et d'une durabilité étonnante. Le Ghana est le plus vieil État connu; sa capitale était située au nord-ouest du pays côtier qui allait prendre son nom durant la période postcoloniale. L'ancien royaume ghanéen, qui englobait une partie du Mali et de la Mauritanie actuels de même que des territoires adjacents, a rassemblé divers peuples au sein d'un État stable pendant au moins un millénaire. Il fut détruit au XIe siècle après avoir opposé une résistance acharnée à ses envahisseurs.

Durant les siècles qui suivirent, le centre politico-administratif du foyer de civilisation de l'Afrique occidentale se déplaça sans cesse vers l'est : l'empire du Mali, qui avait son centre à Tombouctou et dans la vallée moyenne du Niger, établit sa domination sur l'ancien Ghana. Il s'effaça au profit du royaume songhaï, dont la capitale, Gao, aussi située sur le Niger, existe encore aujourd'hui. L'islamisation de l'Afrique occidentale pourrait expliquer ce déplacement vers l'est.

La savane d'Afrique occidentale a été pendant plusieurs siècles le théâtre d'une évolution culturelle, politique et économique remarquable. Cependant, d'autres régions d'Afrique ont aussi connu un développement considérable. Par exemple, le vaste royaume du Kongo, dont le centre se trouvait aux environs de l'embouchure du Zaïre, a prospéré pendant des siècles; en Afrique orientale, le commerce avec la Chine, l'Inde, l'Indonésie et le monde arabe a entraîné l'introduction de cultures, de coutumes et de biens en provenance de ces régions éloignées; des royaumes densément peuplés se sont également développés en Éthiopie et en Ouganda. Ainsi, bien que l'histoire de l'Afrique durant les siècles précédant l'arrivée des Européens soit encore très mal connue, il est clair que cette partie du monde n'était pas isolée et qu'elle avait au contraire de nombreux contacts avec les autres continents.

Les conséquences de l'occupation coloniale

Au XVe siècle, les Européens commencèrent à s'établir en Afrique subsaharienne et changèrent le cours de l'évolution des sociétés africaines indigènes en transformant profondément, et de façon irréversible, les caractéristiques culturelles, économiques, politiques et sociales du continent. L'arrivée des Européens sur le territoire se fit très graduellement. Les navires portugais, à la recherche d'une voie maritime vers l'Orient, réputé pour ses épices et ses richesses, tracèrent d'abord des routes maritimes le long de la côte ouest, pour finalement doubler le cap de Bonne-Espérance vers la fin du XVe siècle. Les autres pays européens ne tardèrent pas à envoyer eux aussi des navigateurs dans les eaux bordant l'Afrique, et en peu de temps un chapelet de comptoirs commerciaux et de forts apparut sur le littoral. L'Afrique occidentale étant la partie du continent la plus proche des colonies d'Amérique latine, c'est là que l'intervention des Européens fut d'abord la plus importante. Dans leurs comptoirs de la côte ouest, ces derniers commerçaient avec des intermédiaires africains qui leur procuraient des esclaves pour les plantations du Nouveau Monde, de même que de l'or, auparavant expédié vers le nord à travers le désert, des épices et de l'ivoire.

Les centres d'activité se déplacèrent rapidement des cités de la savane aux comptoirs étrangers de la façade atlantique : les sociétés de l'intérieur commencèrent à décliner, tandis que prospéraient celles du littoral. De petits États situés dans la zone forestière se développèrent au point de devenir de véritables puissances; ils accumulèrent d'importantes richesses en transportant et en vendant aux marchands établis sur la côte des esclaves capturés dans l'arrière-pays. Les États du Dahomey (l'actuel Bénin) et du Bénin (ancien

royaume situé sur le territoire actuel du Nigéria) na-
quirent de la traite des esclaves. Lorsqu'en Europe on
se leva pour critiquer sévèrement ce commerce, ceux
qui en tiraient puissance et richesse manifestèrent vigoureusement, sur les deux continents, leur opposition
à l'abolitionnisme.

Bien que l'esclavage ait existé en Afrique occidentale avant l'occupation coloniale, la capture et le commerce des esclaves introduits par les Européens étaient
effectivement une nouveauté. Dans la savane, les rois,
les chefs et les familles dominantes avaient bien quelques esclaves, mais leur sort n'avait rien à voir avec
celui que connaîtraient les captifs déportés outre-
Atlantique. En fait, la traite des esclaves était pratiquée
à grande échelle en Afrique orientale bien avant l'arrivée des Européens sur la côte ouest. En effet, des Africains de la côte est sillonnaient l'arrière-pays en quête
d'hommes et de femmes robustes, qu'ils emmenaient,
enchaînés, dans les marchés arabes du littoral (Zanzibar était l'un des plus célèbres); de là, entassés dans
des boutres, ces captifs étaient expédiés en Arabie, en
Perse ou en Inde. Cependant, lorsque la traite des esclaves se développa en Afrique occidentale, le nombre
de personnes capturées et vendues augmenta considérablement. Les Européens et les Arabes, aidés de collaborateurs africains, ratissèrent le continent, forçant
quelque 30 millions de personnes à quitter leur terre
natale à bord de négriers (fig. 7.2). Ils détruisirent ainsi
non seulement des familles et des villages, mais aussi
des civilisations entières; les victimes des spéculateurs,
du moins ceux qui survécurent, connurent des souffrances incommensurables.

En entraînant le déclin des États de l'arrière-pays
et la croissance des États situés dans les zones forestières du littoral, la présence des Européens sur la côte
ouest de l'Afrique provoqua la réorientation complète
des routes commerciales. Ces derniers, dont les demandes croissantes d'esclaves ravageaient la population de
l'intérieur, ne cherchaient cependant ni à pénétrer
profondément dans l'arrière-pays ni à créer des colonies. Pendant des siècles, les intermédiaires africains,
puissants et bien organisés, réussirent à garder leurs
distances par rapport à leurs concurrents européens.
Ainsi, bien que les Européens aient établi leurs premiers comptoirs sur la côte de l'Afrique occidentale dès
le XVᵉ siècle, ils ne se partagèrent cette partie du globe
que 400 ans plus tard, et plusieurs régions échappèrent à leur emprise jusqu'au début du XXᵉ siècle.

Le cap de Bonne-Espérance, à la pointe australe
de l'Afrique subsaharienne, est la seule région de cet
ensemble géographique à avoir été réellement envahie par les Européens dès leur arrivée. En effet, peu
après y avoir fondé un fort, qui constituait une escale
sur la route de leur empire des Indes orientales, les
Hollandais en explorèrent les environs, s'y établirent,
puis pénétrèrent encore davantage dans l'arrière-pays.
Ils emmenèrent au cap des milliers d'esclaves capturés
en Asie du Sud-Est, ce qui explique que les métis forment aujourd'hui la majorité de la population de la
ville du Cap. En 1806, les Britanniques s'emparèrent
de la colonie hollandaise et y firent venir des dizaines
de milliers de Sud-Asiatiques pour répondre aux besoins de main-d'œuvre dans les plantations. Ce furent
là les débuts de l'Afrique du Sud multiethnique.

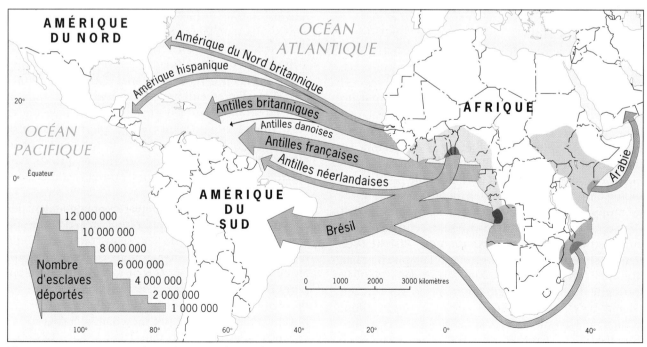

Figure 7.2 Le commerce des esclaves, nombre et destinations (1701-1810).

Ailleurs en Afrique subsaharienne, les établissements européens se limitèrent en général aux comptoirs commerciaux du littoral, dont l'influence était considérable. Aucune véritable tentative de pénétration dans l'arrière-pays ne fut effectuée. De petits groupes de voyageurs, de missionnaires, d'explorateurs et de commerçants avancèrent vers l'intérieur, mais nulle part ailleurs en Afrique subsaharienne les Blancs ne parvinrent-ils à établir une colonie comparable à celle de l'Afrique australe.

La colonisation

Durant la seconde moitié du XIXe siècle, après plus de quatre siècles de présence en Afrique, les puissances européennes tentèrent de faire valoir leurs droits sur la quasi-totalité du territoire. Les gouvernements et les souverains européens avaient déjà envoyé des explorateurs parcourir une partie de l'Afrique, mais ils donnaient dorénavant à leurs représentants la mission d'y étendre leurs sphères d'influence ou d'en créer d'autres. Or, le domaine des uns empêchant souvent l'expansion du domaine des autres, l'urgence de négociations entre les puissances rivales devenait évidente. Une conférence, durant laquelle furent posées les bases de la carte géopolitique de l'Afrique actuelle, eut donc lieu à Berlin à la fin de 1884 (voir l'encadré « Conférence de Berlin »).

La figure 7.3 illustre le résultat du congrès de Berlin. Les Français reçurent en partage la plus grande partie de l'Afrique occidentale, les Britanniques assirent leur domination en Afrique orientale et australe, le roi de Belgique acquit le vaste territoire du Congo, et les Allemands gardèrent leurs quatre colonies, soit une dans chaque région d'Afrique subsaharienne. Les Portugais conservèrent quant à eux un petit territoire en Afrique occidentale et deux grandes colonies en Afrique australe (voir la carte décrivant la situation en 1950).

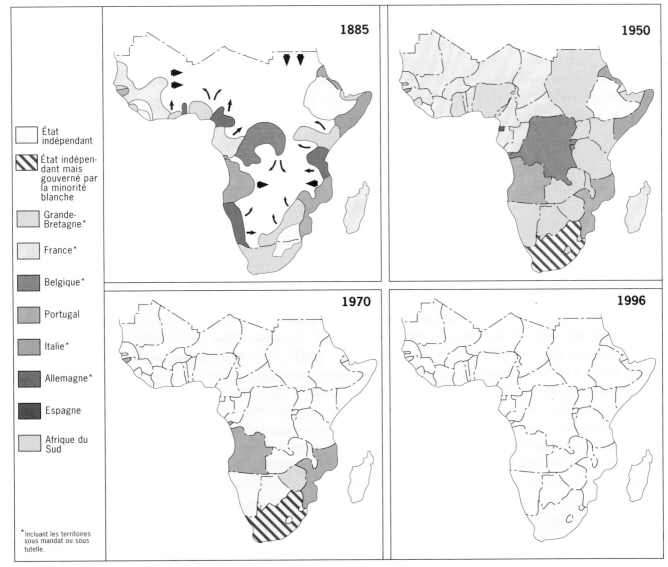

Figure 7.3   Colonisation et décolonisation, 1885-1996.

Vue du toit du plus haut édifice, situé place de la Liberté, Dakar ressemble fort à une ville de la Méditerranée française, avec ses toits en tuiles rouges, ses immeubles blanchis à la chaux et ses avenues bordées de palmiers. Capitale actuelle du Sénégal, Dakar fut le siège du gouvernement général de l'Afrique-Occidentale française durant la période coloniale.

Les puissances colonisatrices européennes avaient en commun le désir d'exploiter les ressources d'Afrique, mais la manière dont elles entendaient le faire différait. La Grande-Bretagne et la France étaient des démocraties, alors que le Portugal et l'Espagne étaient des dictatures. Les Britanniques instaurèrent un système d'*administration indirecte* dans la majeure partie de leur empire. Ils ne modifièrent pas les structures mises en place par les autorités indigènes, se contentant de faire de celles-ci les représentants de la couronne d'Angleterre. Cette façon de procéder était inconcevable pour les Portugais, qui établirent un contrôle direct et sévère dans leurs colonies. Les Français tentèrent de former, par assimilation culturelle, des élites ayant pour rôle de promouvoir dans les colonies les idéaux de la métropole. Quant aux Belges, ils transférèrent dans le Congo en expansion les divisions qui les opposaient dans leur pays : les compagnies minières, les administrateurs du gouvernement et l'Église catholique y défendirent leurs propres intérêts, qui entraient parfois en conflit.

Le colonialisme a transformé l'Afrique même s'il n'a duré que le demi-siècle suivant la conférence de Berlin. Par exemple, au Ghana, des combats opposaient encore les Britanniques et les Avanchis au début du XXe siècle. En 1957, ce pays avait recouvré son autonomie. Au tournant du XXIe siècle, la majeure partie de l'Afrique subsaharienne aura connu un demi-siècle d'indépendance; la période coloniale apparaît donc comme un intermède plutôt qu'un chapitre crucial dans l'histoire de l'Afrique moderne.

L'héritage colonial

Malgré sa brièveté, l'épisode colonial continuera probablement de marquer la carte de l'Afrique pendant des siècles. Les limites des États ont bien été remodifiées en quelques endroits mais, comme c'est généralement le cas en géographie politique, une fois établies, les frontières changent peu. Par ailleurs, comme la bonne circulation des matières premières, depuis les réserves situées dans l'arrière-pays jusqu'aux ports d'exportation, primait sur l'importance des communications internes à l'époque coloniale, les systèmes de transport entre les pays africains sont encore déficients aujourd'hui. Plusieurs villes d'Afrique subsaharienne ont été fondées par les puissances colonisatrices ou érigées par elles sur le site de petites villes ou de villages existants. Quelques États africains ont déplacé leur capitale, mais la structure urbaine héritée de l'époque coloniale est aussi solidement implantée que les frontières politiques.

Dans plusieurs pays, les élites jouissant de privilèges et de prestige durant la période coloniale ont con-

CONFÉRENCE DE BERLIN

En 1884, le chancelier de l'Empire allemand, Otto von Bismarck, accueillait à Berlin les représentants de 14 États dans le but d'organiser le partage politique de l'Afrique. Les principales puissances qui se disputaient à cette époque le territoire africain étaient : 1° la Grande-Bretagne, qui détenait des avant-postes sur les côtes d'Afrique occidentale, australe et orientale; 2° la France, dont les principales sphères d'activité se trouvaient dans le bassin fluvial du Sénégal et au nord du bassin du Zaïre; 3° le Portugal, qui désirait à l'époque étendre loin dans l'arrière-pays ses établissements côtiers de l'Angola et du Mozambique; 4° le roi des Belges, Léopold II, qui était en train d'acquérir un domaine personnel au Congo; 5° l'Empire allemand lui-même, qui exerçait son influence dans des régions où il pouvait contrecarrer les plans des autres puissances colonisatrices.

Au moment du congrès de Berlin, plus de 80 % de l'Afrique était encore sous l'autorité de régimes africains traditionnels, mais cela n'empêcha pas les puissances colonisatrices de tracer des frontières sur la totalité de la carte d'Afrique. Les limites alors définies eurent entre autres effets de diviser des peuples africains, de fragmenter des régions unifiées, de réunir des communautés ennemies, d'enclaver des territoires et d'obstruer des routes migratoires (fig. 7.3).

Ainsi, la conférence de Berlin « désorganisa » l'Afrique à bien des égards. Lorsque les Africains reconquirent leur indépendance, à partir de 1950, ils durent s'accommoder de la fragmentation territoriale dont ils avaient hérité et qu'ils ne pouvaient ni éliminer totalement ni adapter à leurs besoins.

servé un certain pouvoir; c'est ce qui explique en partie l'autoritarisme qui a sévi dans divers États africains après le départ des puissances étrangères (voir l'étude détaillée de chaque région), de même que la violence et les conflits armés qui ont déchiré d'autres États. Le renversement de gouvernements nationaux par des militaires est une conséquence indirecte de la décolonisation; les espoirs qu'entretenaient les démocrates lors de la lutte contre le colonialisme ont malheureusement souvent été anéantis. Certains pays d'Afrique ont réussi malgré la conjoncture défavorable à mettre en place un gouvernement élu; c'est le cas notamment de la Tanzanie, de la Zambie, de la Namibie et du Sénégal.

Signalons ici les effets qu'a eus la guerre froide (1945-1990) sur les États africains, bien qu'ils ne fassent pas partie de l'héritage colonial proprement dit. Dans trois pays, soit l'Éthiopie, la Somalie et l'Angola, des guerres civiles, peut-être inévitables, furent amplifiées par les rivalités entre grandes puissances; celles-ci fournirent des armes, des conseillers militaires et, dans le cas de l'Angola, des forces armées. Dans d'autres États, l'adhésion idéologique à des dogmes importés de l'étranger mena à des expériences politiques et sociales (comme les régimes marxistes unipartites et la collectivisation onéreuse des terres) qui allaient gravement nuire à l'Afrique. Aujourd'hui, ce sont les institutions financières étrangères qui tentent d'imposer leurs vues à l'Afrique criblée de dettes. La période de pauvreté qui a succédé à l'époque coloniale risque d'avoir des conséquences considérables pour les sociétés africaines.

La mosaïque culturelle

La période coloniale a entraîné la création d'États et de capitales; des langues étrangères sont devenues la langue commune de certains pays; des chemins de fer et des routes ont été construits. Les colonisateurs ont provoqué la migration de travailleurs vers les mines dont ils ont entrepris l'exploitation, alors même qu'ils empêchaient des courants migratoires séculaires. Malgré cela, le mode de vie de la majorité des habitants de l'Afrique subsaharienne n'a pas changé. Plus de 70 % de la population vit encore dans les centaines de milliers de petits villages de l'ensemble géographique. Les gens travaillent non loin de leur demeure et parlent l'une des quelque 1000 langues africaines. Les préoccupations des villageois se limitent à leur environnement immédiat et ont trait principalement à la subsistance, à la santé et à la sécurité. Ils craignent toujours d'être mêlés à un conflit déchirant un État voisin, comme cela est arrivé à des millions d'Éthiopiens, de Soudanais, de Libériens, de Rwandais, de Mozambicains et d'Angolais au cours de la dernière décennie seulement. Les ethnies les plus nombreuses d'Afrique forment des nations importantes, dont les Yoroubas du Bénin et du Nigéria, et les Zoulous d'Afrique australe,

alors que d'autres ethnies ne comptent que quelques milliers de membres. De tous les ensembles géographiques, l'Afrique subsaharienne est celui qui présente la mosaïque culturelle la plus complexe.

Les langues africaines

Comme nous l'avons déjà mentionné, la frontière nord de l'Afrique subsaharienne suit la bordure sud du Sahara, qui forme une vaste zone de transition, depuis le Sénégal à l'ouest jusqu'en Éthiopie à l'est. La carte de la figure 7.4 indique que les langues chamito-sémitiques (2), tel l'arabe, cèdent la place à des langues que nous regroupons dans la famille nigéro-congolaise (3). Franchir cette frontière linguistique constitue une leçon vivante de géographie : l'arabe, ayant cours du Maroc au Soudan, est soudainement remplacé par le haoussa, une langue parlée dans la marge du désert. Au-delà de l'aire haoussa, des dizaines de langues sont parlées dans un même pays, et des centaines dans une même région.

La **géographie linguistique** de l'Afrique est fascinante. Sur ce territoire équivalant au septième des terres habitées, le tiers de toutes les langues vivantes répertoriées est parlé par des groupes humains ne totalisant pas même le dixième de la population du globe. Cette caractéristique de l'Afrique subsaharienne contribue à la richesse de la mosaïque culturelle du continent, mais elle crée également des difficultés à

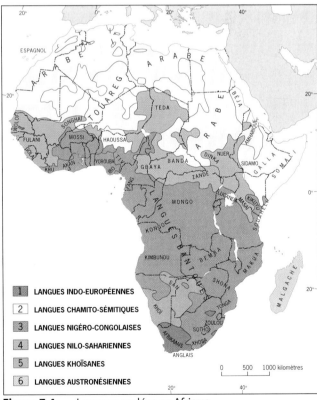

Figure 7.4   Langues parlées en Afrique.

l'époque moderne. En un sens, la carte de la figure 7.4 est trompeuse : les dimensions de l'aire associée à la famille nigéro-congolaise (3) peuvent laisser croire que la situation est beaucoup plus simple qu'elle ne l'est vraiment. En fait, plus de 250 langues sont usitées au Nigéria seulement, et les divers groupes linguistiques ne se comprennent pas entre eux; la langue d'instruction du pays est donc celle des colonisateurs, c'est-à-dire l'anglais.

On parle aussi en Afrique subsaharienne des langues n'appartenant pas à la famille nigéro-congolaise (certaines sont aussi éloignées de celle-ci que l'allemand peut l'être des langues slaves). Ainsi, des langues nilo-sahariennes (4) sont en usage dans le nord de la République démocratique du Congo et le sud du Soudan. La famille khoïsane (5), caractéristique du sud-ouest du continent, regroupe les plus anciennes langues africaines encore en usage, alors que l'afrikaans (1) utilisé au Cap est un parler néerlandais employé par les Sud-Africains d'origine européenne. Quant à l'île de Madagascar, elle ne fait pas partie à proprement parler de la géographie linguistique de l'Afrique subsaharienne. En effet, ayant d'abord été peuplée par des immigrants du Sud-Est asiatique, l'île est le domaine d'un groupe de langues austronésiennes (6).

L'Afrique et la religion

Une carte de la répartition des religions traditionnelles africaines serait tout aussi complexe que celle des aires linguistiques, car les sociétés africaines honoraient à leur façon leurs dieux et leurs ancêtres bien avant l'introduction des religions universelles.

La première grande vague de conversion à atteindre l'Afrique subsaharienne fut celle de l'islam, et la carte de la figure 6.1 montre l'envergure du phénomène. Soulignons qu'en Afrique les frontières entre les domaines islamique et non islamique suivent de près les limites de certaines aires linguistiques; d'ailleurs, à la figure 7.4, on distingue très nettement les deux ensembles géographiques africains. Les apôtres de l'islam traversèrent le désert pour aller convertir les dirigeants des États de la savane, puis ils descendirent vers le sud en longeant le littoral de l'océan Indien, jusque dans le territoire du Kenya et de la Tanzanie actuels.

Mais ce courant d'islamisation fut freiné par la colonisation de l'Afrique subsaharienne et la propagation des religions chrétiennes qui en résulta. Les missionnaires se déployèrent dans tout l'ensemble géographique, convertissant au christianisme nombre de villageois. Alors que le nord du Nigéria était musulman, le sud du pays fut rapidement christianisé. La même chose se produisit au Soudan et au Tchad, où la situation n'a pas changé depuis.

L'influence de l'islam fut beaucoup plus envahissante que celle du christianisme. De la Mauritanie à la Somalie, où la quasi-totalité de la population a été isla-

misée, la religion règle tous les aspects de la vie de ses adeptes, tandis que les millions de chrétiens de l'Afrique subsaharienne ont pu amalgamer des croyances traditionnelles à la doctrine chrétienne. Cette distinction fondamentale entre le dogmatisme islamique et la tolérance des chrétiens-animistes est à la base de différences régionales présentes dans tous les pays africains où les deux religions comptent un nombre substantiel d'adeptes.

Nations et ethnies

Étant donné la complexité de la carte ethnolinguistique de l'Afrique et la façon dont les frontières politiques ont été délimitées à la conférence de Berlin, il n'est pas étonnant que seulement quelques petits pays soient considérés comme des États-nations. Le Lesotho et le Swaziland sont peut-être du nombre, mais ils sont minuscules. Par contre, tous les pays ayant une superficie importante sont pluriethniques.

Il ne faut pourtant pas se méprendre : la population de l'Afrique comprend de très grandes nations de même qu'un nombre considérable de petits groupes ethniques. Ne possédant pas leur « propre » pays, ces grandes nations africaines ne sont pas aussi connues que les Japonais ou les Français, par exemple, mais elles ont appris à vivre en harmonie avec leurs voisins à l'intérieur d'un État, ce qui est en soi une réalisation importante, comme le rappelle la situation en ex-Yougoslavie.

La population du Nigéria comprend trois des plus grandes nations d'Afrique : les Haoussas-Foulanis (30 millions) dans le nord, les Yoroubas (22 millions) dans le sud-ouest, et les Ibos (20 millions) dans le sud-est. Chacune d'elles pourrait former le noyau d'un État-

Le Nigéria est un pays multiethnique : le nord est majoritairement musulman et le sud, chrétien. La durabilité de cet État unifié est l'une des réussites de l'Afrique. À Kano, une importante ville du nord du Nigéria, les mosquées attirent un grand nombre de fidèles à l'heure de la prière publique du vendredi.

nation, mais le Nigéria a résisté à la dislocation malgré une guerre civile. Ce dernier comprend néanmoins trois centres principaux, et le gouvernement, contesté, a longtemps été dominé par les militaires. Au Kenya, les puissants Kikouyous sont plus de 6 millions ; dans l'Afrique du Sud multiculturelle, les 8,5 millions de Zoulous forment la nation la plus nombreuse; au Zimbabwé, les Shonas sont eux aussi environ 8 millions. En Éthiopie, les Gallas (ou Oromos), au nombre de 25 millions, représentent environ 40 % de la population totale, alors que leurs compatriotes, les Amharas-Tigréens, sont environ 20 millions.

En comparant les chiffres ci-dessus à ceux des pays européens (voir l'annexe A), on s'aperçoit que plusieurs nations africaines comptent plus de membres que des États comme la Grèce, le Portugal et la Suède. L'expression « tribu » ne convient donc pas pour désigner ces nations (bon nombre d'anthropologues s'opposent en fait à l'emploi de ce terme pour désigner quelque population que ce soit, peu importe sa taille ou son statut). Mais celles-ci sont insérées dans une mosaïque formée de nombreux petits peuples et groupes, dont plusieurs comptent au plus un millier de membres. En République démocratique du Congo, où la population totalisait près de 47 millions d'habitants en 1997, aucun peuple n'est majoritaire; cet État compte quatre grandes nations et plus de 200 ethnies moins importantes.

Depuis la fin de la période coloniale, diverses régions de l'Afrique ont été ravagées par des conflits ethniques dans lesquels des puissances étrangères ont joué un rôle. Au Liberia, les manifestations violentes qui s'éternisent ont débuté par un soulèvement contre la communauté américano-libérienne, qui a monopolisé le pouvoir pendant 150 ans, en fait, jusqu'à l'intervention militaire armée de 1980. Au Soudan, les provinces du sud, que le découpage de l'Afrique par les puissances colonisatrices a unies au nord musulman, n'ont pas cessé depuis de combattre les islamistes. Au Mozambique, l'intervention de l'Afrique du Sud a envenimé une lutte pour le pouvoir qui a fini par dégénérer en conflit ethnique. En Angola, des troupes cubaines, sous l'égide des communistes, combattirent aux côtés de l'une des factions opposées dans un conflit ethnique de la période postcoloniale, alors que l'Afrique du Sud soutenait l'autre faction. Au Rwanda et au Burundi, le fossé séparant les Hutus et les Tutsis, ennemis de longue date, s'élargit durant la période de domination belge, alors même que les possibilités d'une réorganisation spatiale furent limitées par le tracé d'une frontière politique venue essentiellement récompenser les Belges pour leur intervention contre les Allemands durant la Première Guerre mondiale.

Tous les conflits ethniques ne découlent évidemment pas de l'héritage colonial ou de l'intervention de puissances étrangères. Ainsi, les événements effroyables en Ouganda, en République centrafricaine et au Bur-kina Faso, notamment, furent déclenchés par des facteurs indigènes. Aujourd'hui, avec moins de 10 % de la population mondiale, l'Afrique subsaharienne compte 40 % de tous les **réfugiés** de la planète. Ces chiffres donnent une idée de l'ampleur des problèmes qui minent l'Afrique.

Les régions de l'Afrique subsaharienne

À première vue, l'Afrique forme un bloc tellement compact qu'il semble impossible de justifier tout découpage en régions en s'appuyant sur des critères contemporains. Aucune baie, aucune mer ne forme de grandes presqu'îles en pénétrant dans la masse continentale comme c'est le cas en Europe. Il n'existe pas de grandes îles (à l'exception de Madagascar) susceptibles de créer un contraste évident comme en Amérique centrale. L'Afrique ne se rétrécit pas vers le sud jusqu'à former une péninsule comme le fait l'Amérique du Sud, et elle n'est pas divisée par une longue barrière montagneuse analogue aux Andes ou à l'Himalaya. Étant donné la fragmentation héritée de l'époque coloniale et l'ampleur de la diversité culturelle, peut-on découper l'Afrique en régions ?

À l'aide des cartes de la distribution des zones bioclimatiques, de la mosaïque ethnique, des paysages culturels, de la localisation des foyers de civilisation et des structures coloniales, on peut certainement définir les quatre régions suivantes (fig. 7.5).

1. **L'Afrique occidentale** comprend les pays situés le long de la côte ouest et dans la marge du Sahara, depuis le Sénégal et la Mauritanie dans l'ouest jusqu'au Nigéria et au Niger dans l'est, de même qu'une partie du Tchad.

2. **L'Afrique équatoriale**, dont le centre est la vaste République démocratique du Congo, comprend en outre le Congo, le Gabon, le Cameroun et la République centrafricaine, de même qu'une partie du Tchad et le sud du Soudan.

3. **L'Afrique orientale** chevauche elle aussi l'équateur, mais le climat y est tempéré par l'altitude. Elle comprend le Kenya et la Tanzanie, deux États côtiers, ainsi que l'Ouganda, le Rwanda et le Burundi, qui sont enclavés, et les hauts plateaux d'Éthiopie.

4. **L'Afrique australe** s'étend de la frontière méridionale de la République démocratique du Congo et de la Tanzanie jusqu'à l'extrémité sud de la masse continentale. Dix pays la composent, dont l'Angola, le Zimbabwé et, le géant de la région, l'Afrique du Sud.

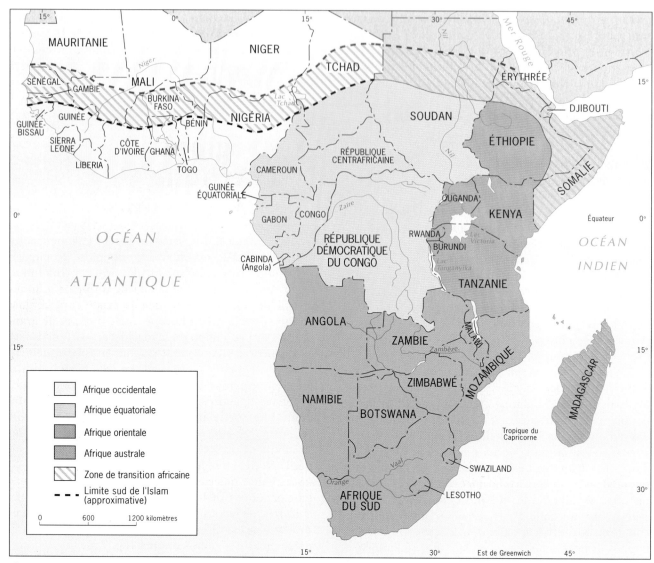

Figure 7.5 Régions de l'Afrique subsaharienne.

L'île de *Madagascar*, située dans l'océan Indien au large des côtes du Mozambique, ne peut être incluse ni dans l'Afrique orientale ni dans l'Afrique australe pour des raisons géographiques que nous verrons plus loin.

Trois des quatre régions de l'Afrique subsaharienne sont dominées sur un plan ou un autre par un État géant. En Afrique occidentale, le Nigéria vient en tête vu sa population de plus de 100 millions d'habitants; en Afrique équatoriale, la proéminence de la République démocratique du Congo tient à l'étendue de son territoire, dont la superficie est supérieure à celle de tous les autres pays de la région réunis; en Afrique australe, l'Afrique du Sud domine par sa puissance économique et son influence.

✦ L'Afrique occidentale

L'Afrique occidentale s'étend vers le sud depuis la marge du Sahara jusqu'au golfe de Guinée, et vers l'est depuis la côte du Sénégal jusqu'au lac Tchad (fig. 7.6). Elle occupe la majeure partie de la masse continentale en saillie. Globalement, cette région se définit sur le plan politique comme l'ensemble des États situés au sud du Maroc, de l'Algérie et de la Libye, de même qu'à l'ouest du Tchad (parfois inclus) et du Cameroun. L'Afrique occidentale est parfois elle-même divisée en deux grandes sous-régions : d'une part, les États très vastes, s'étendant dans le sud du Sahara (le Tchad pouvant être inclus dans cette sous-région), qui sont en majeure partie le domaine de la steppe et du désert; d'autre part, les petits États côtiers, mieux arrosés.

Outre la Guinée-Bissau, ou ex-Guinée portugaise, et le Liberia, indépendant depuis longtemps, l'Afrique occidentale comprend quatre États anciennement sous protectorat britannique, soit le Nigéria, le Ghana, la Sierra Leone et la Gambie, de même que neuf anciennes colonies françaises. Les premiers sont séparés les uns des autres, alors que les dernières sont contiguës.

LES PRINCIPALES VILLES DE L'AFRIQUE SUBSAHARIENNE

Ville	Population* (en millions)
Abidjan (Côte d'Ivoire)	3,2
Accra (Ghana)	1,9
Addis Abeba (Éthiopie)	2,4
Dakar (Sénégal)	2,2
Dar-es-Salam (Tanzanie)	1,6
Durban (Afrique du Sud)	1,2
Hararé (Zimbabwé)	1,2
Ibadan (Nigéria)	1,6
Johannesburg (Afrique du Sud)	2,0
Kinshasa (République démocratique du Congo)	4,7
Lagos (Nigéria)	11,9
Le Cap (Afrique du Sud)	2,9
Lusaka (Zambie)	1,5
Mombasa (Kenya)	0,5
Nairobi (Kenya)	2,4

* Nombre approximatif d'habitants des agglomérations urbaines en 1997

Les frontières politiques ayant été tracées depuis la côte vers l'intérieur, le territoire de l'Afrique occidentale, entre la Mauritanie et le Nigéria, est partagé en de petits États orientés vers la mer et dont les limites sont plus ou moins parallèles (fig. 7.6). Les échanges entre les pays d'Afrique occidentale, plus particulièrement entre les anciens territoires sous protectorat britannique et les anciennes colonies françaises, sont peu nombreux. Par exemple, la valeur des échanges commerciaux du Nigéria avec le Ghana, presque son voisin, est 100 fois moins élevée que celle de ses échanges avec la Grande-Bretagne. En fait, il n'existe pas d'interdépendance économique entre les pays d'Afrique occidentale, dont les revenus proviennent en grande partie de la vente de leurs produits sur les marchés internationaux.

Pourquoi alors faire de l'Afrique occidentale une région ? Premièrement, parce que cette partie de l'Afrique subsaharienne présente un dynamisme culturel et un passé remarquables. L'intermède colonial n'a pas eu raison de cette vitalité des Africains de l'Ouest dont témoignait la création des anciens États et empires de la savane et des cités de la forêt. Depuis le Sénégal jusqu'au pays des Ibos, dans le sud-est du Nigéria, la

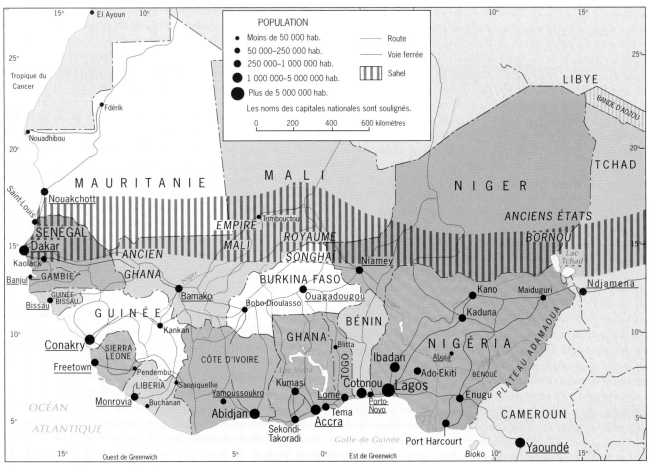

Figure 7.6 Afrique occidentale.

vigueur et l'esprit d'entreprise des peuples de cette région sont sans cesse attestés par la sculpture, la musique et la danse. Deuxièmement, l'Afrique occidentale comprend un ensemble de zones bioclimatiques, plus ou moins parallèles à l'équateur (fig. I.6 à I.8), qui jouent un rôle dans le développement de la région tout entière. La carte de l'Afrique occidentale indique qu'à l'intérieur de chaque zone le système de routes et de voies ferrées reliant les États est très déficient, car aucune ligne ferroviaire n'a été construite sur la côte ou à l'intérieur de manière à établir des liaisons est-ouest entre ces pays. Les communications interzones sont nettement meilleures et des échanges commerciaux ont effectivement lieu entre le nord et le sud de la région, notamment la vente sur les marchés des États côtiers de la viande provenant du bétail des savanes du nord. Troisièmement, l'Afrique occidentale fut rapidement et profondément marquée par le colonialisme, qui l'a entièrement transformée, entre autres par l'introduction du commerce maritime et la traite des esclaves. Les effets, qui se sont fait sentir jusqu'au cœur du Sahara, sont à l'origine de la réorientation de toute la région et donc de la création de la mosaïque actuelle d'États.

Malgré les pertes résultant du commerce des esclaves, l'Afrique occidentale est aujourd'hui la région d'Afrique subsaharienne la plus peuplée (fig. I.9). Des chiffres officiels douteux estiment la population du Nigéria à quelque 110 millions d'habitants, ce qui en fait le pays le plus populeux d'Afrique; le Ghana, avec ses 19 millions d'habitants, se classe lui aussi parmi les premiers. Pour des raisons évidentes, la population est concentrée dans le sud de la région. La Mauritanie, le Mali et le Niger, en bonne partie situés dans la steppe aride du Sahel et le désert du Sahara, n'ont pas les ressources nécessaires pour subvenir aux besoins de populations comparables à celles du Nigéria, du Ghana ou de la Côte d'Ivoire.

Les peuples du littoral furent très influencés par les innovations des puissances colonisatrices. Ils tirèrent d'abord une certaine prospérité de leur rôle d'intermédiaires commerciaux dans les comptoirs établis sur les côtes. Par la suite, ils furent témoins des modifications associées à la période coloniale; ils adoptèrent de nouvelles façons de faire, particulièrement dans les domaines de l'éducation, de la religion, de l'urbanisation, de l'agriculture, de la politique et de la santé. Par contre, les peuples de l'arrière-pays restèrent attachés à une autre époque de l'histoire africaine. Éloignés du centre des activités coloniales, ils s'en tinrent à l'écart, mais beaucoup furent entraînés dans l'orbite des pays islamiques. Leur mode de vie changea donc très peu. N'oublions pas cependant que les frontières géopolitiques n'ont pas été tracées pour tenir compte de telles différences. Le Nigéria et le Ghana ont tous deux des populations formées de groupes appartenant à l'arrière-

L'UNE DES GRANDES VILLES DE L'AFRIQUE SUBSAHARIENNE

Lagos

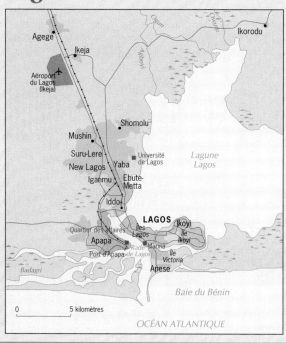

En Afrique subsaharienne, le taux d'urbanisation n'est que de 27 %. La ville de Lagos, ancienne capitale de la fédération du Nigéria, constitue toutefois une exception en raison de sa croissance incontrôlée. En effet, véritable Calcutta de l'Afrique, cette ville, qui est à la fois le port principal et le plus important centre industriel du pays, compte maintenant 12 millions d'habitants. Lagos fut autrefois un village de pêcheurs yorubas, un comptoir portugais de traite des esclaves et le siège de l'administration britannique coloniale. Depuis la fin des années 1970, le cœur de Lagos, qui se trouve sur l'île du même nom, se développe principalement vers le nord, du côté ouest de la lagune.

Le port et la zone industrielle d'Apapa sont dominés par des tours modernes construites en bordure de la marina. Depuis le sommet de l'une d'elles, on aperçoit une enfilade de toitures en tôle rouillée qui s'étirent comme à l'infini. Au-delà de ces îlots de maisons en béton ou en terre séchée séparés par des rues étroites s'étendent les bidonvilles où s'entassent les plus démunis.

Lagos est l'une des cités les plus polluées et les plus congestionnées de la planète. C'est une ville où règnent l'anarchie et l'incurie.

pays et de peuples côtiers, et ces États font face à des problèmes politiques reliés à l'énorme clivage entre le nord et le sud.

Le Nigéria : pierre angulaire de l'Afrique occidentale

Lorsqu'il devint totalement indépendant, en 1960, le Nigéria fut doté d'une structure politique de type fédératif. La fédération du Nigéria comprenait alors deux régions dans le sud et une troisième dans le nord, chacune correspondant à l'un de ses trois principaux peuples. Autour du noyau yorouba s'étend la région de l'Ouest. Dans les temps anciens, les Yoroubas vivaient dans des villes fortifiées, entourées d'enceintes, à proximité desquelles ils pratiquaient une agriculture intensive. La période coloniale stimula le commerce dans la zone côtière. L'introduction de cultures commerciales permit la mise en place de mesures pour contrer l'empiétement par les peuples installés au nord. La première capitale de la fédération du Nigéria, Lagos, se développa autour du port du même nom, situé sur la côte méridionale de la région. La nouvelle capitale, Abuja, occupe une position plus centrale (fig. 7.7).

La région dite de l'Est, limitée au nord par la rivière Bénoué, est le bastion de la nation ibo, qui compte actuellement quelque 20 millions de membres. La découverte de riches réserves de pétrole sous le delta du Niger transforma l'économie du pays tout entier. La troisième région de la fédération du Nigéria, soit la région du Nord, était la plus vaste et la plus peuplée; d'ailleurs, les Haoussas-Foulanis forment toujours la nation la plus importante du pays.

La fédération du Nigéria eut une courte existence. En 1967, la région de l'Est tenta de se séparer du reste du pays pour former une entité politique indépendante qui aurait porté le nom de Biafra, mais cette entreprise prit fin après trois ans d'une guerre civile meurtrière. En 1983, le renversement du gouvernement par des militaires marqua le début d'une série de dictatures sous lesquelles les dirigeants se sont enrichis, alors que le pays s'appauvrissait. L'exploitation des réserves de pétrole du delta du Niger amena une brève période de prospérité, que l'inefficacité de l'administration, la corruption, le manque de planification et (plus tard) la baisse du prix du pétrole effacèrent rapidement.

En 1995, un conflit désastreux, à propos de droits territoriaux et de dommages environnementaux, opposa le régime militaire du Nigéria et les Ogonis, une nation établie dans des secteurs riches en pétrole du delta du Niger. Malgré des appels à la clémence provenant de tous les coins du monde, neuf chefs ogonis furent exécutés. Après avoir emprisonné le président Abiola, vainqueur des premières élections pluralistes, le Nigéria devint le nouveau paria du continent, succédant ainsi à l'Afrique du Sud du temps de l'apartheid.

« Le voyage en train de Dakar à Saint-Louis, dans le nord, que nous avions fait en 1960 avait été agréable et instructif. Presque 20 ans plus tard, avant même le départ, il était évident que l'infrastructure ferroviaire du Sénégal s'était dégradée. Les wagons étaient mal entretenus et la voie ferrée elle-même ne semblait pas en très bon état. Une suite de retards transforma un trajet de quelques heures en une aventure d'une journée. » (Source : recherche sur le terrain de H. J. de Blij)

La société nigériane est toujours déchirée par des conflits religieux qui menacent l'unité de l'État et risquent d'avoir de graves conséquences, ce pays comptant environ un cinquième de la population totale de l'Afrique subsaharienne.

La côte et l'arrière-pays

Si l'on inclut le Tchad et le Cap-Vert (ce pays insulaire ne figure pas sur la carte de la figure 7.6), l'Afrique occidentale est composée de 17 États. Quatre d'entre eux, faiblement peuplés malgré leur vaste étendue, sont enclavés. Ce sont le Mali, le Burkina Faso, le Niger et le Tchad. La quasi-totalité de leur territoire est située dans des zones steppiques ou désertiques (fig. I.7), et leur population est concentrée dans la steppe et le long du fleuve Niger (fig. I.9).

Les États côtiers eux-mêmes n'échappent pas totalement à la prééminence du désert en Afrique occidentale. La Mauritanie est presque entièrement située dans une zone désertique; le Sénégal compte parmi les pays du Sahel (fig. 7.7); et le nord du Nigéria, du Bénin, du Togo et du Ghana comprennent des zones steppiques. La perte de pâturages causée par la désertification est une préoccupation constante pour les éleveurs.

Bien que tous les États d'Afrique occidentale soient soumis aux mêmes effets bioclimatiques, ils n'en ont pas moins des caractéristiques régionales. Ainsi le Bénin, voisin du Nigéria, resserre graduellement ses liens culturels et économiques avec l'État brésilien de Bahia, où des descendants d'esclaves assurent la survivance de leur culture d'origine dans cette partie d'Amérique du Sud. Le Ghana, anciennement nommé Côte-de-l'Or, fut le premier pays d'Afrique occidentale à obtenir son indépendance, en 1957; il bénéficiait alors d'une économie solide, fondée sur l'exportation de cacao. La carte du Ghana fait état de deux projets grandioses de l'ère postcoloniale : le port artificiel de Tema, qui devait desservir une grande partie de l'intérieur de l'Afrique occidentale, et le barrage d'Akosombo sur la Volta, formant le lac Volta. Malheureusement, ni l'une ni l'autre de ces entreprises n'a donné les résultats escomptés, et l'économie du Ghana s'est effondrée. Au milieu des années 1990, l'instauration d'un gouvernement démocratique stable (en remplacement d'un régime militaire) a permis au pays d'amorcer une remontée.

La Côte d'Ivoire a mis à profit trois décennies de stabilité politique, sous un régime cependant autocratique, pour réaliser des progrès économiques qui la classent maintenant parmi les pays à revenu moyen, tranche inférieure. Les liens que la Côte d'Ivoire maintenait avec la France ont contribué à sa prospérité, fondée essentiellement sur les exportations de cacao et de café. La capitale, Abidjan, reflétait le niveau de bien-être relativement élevé des habitants. Mais le premier président de l'État indépendant, nommé à vie, planifia le transfert de la capitale dans sa ville natale, Yamoussoukro, en 1983; il y engloutit des dizaines de millions de dollars dans la construction de la basilique Notre-Dame-de-la-Paix, une réplique de Saint-Pierre de Rome. La consécration de ce temple, en 1990, coïncida avec la baisse de l'économie et la détérioration des conditions sociales. Au milieu des années 1990, la Côte d'Ivoire avait réintégré la classe des pays à faible revenu (fig. I.10).

Une grande partie des problèmes de la Côte d'Ivoire vient de son voisin, le Liberia. En 1990, la dictature militaire libérienne prit fin dans le chaos d'une guerre civile ruineuse, au cours de laquelle s'étaient affrontés plusieurs groupes ethniques. Les plantations de caoutchouc et les mines de fer avaient cessé de fonctionner, et, fuyant les combats, 300 000 Libériens se réfugièrent en Côte d'Ivoire, tandis que 700 000 autres demandaient asile à la Guinée et à la Sierra Leone. Environ 230 000 personnes, soit près de 10 % de la population du Liberia, périrent dans cette guerre qui déstabilisa les trois États voisins.

Comparée à celle de ses voisins, la situation du Sénégal semble plutôt favorable. Sa capitale, Dakar, était autrefois le siège du gouvernement général de la vaste Afrique-Occidentale française. Il y a près de 40 ans, le Sénégal s'est doté d'un gouvernement démocratique. Bien qu'un projet d'unification avec la Gambie (Sénégambie) ait dû être abandonné et qu'un mouvement indépendantiste soit présent dans le nord, l'avenir de la démocratie n'est pas menacé. Les problèmes sénégalais sont de nature environnementale : la gravité de la sécheresse qui a sévi durant les années 1970 a fait de la désignation « Sahel » un synonyme de désastre. L'éco-

nomie fondamentalement agricole demeure donc fragile, les seules autres sources importantes de revenus étant l'exploitation de mines de phosphate et la pêche. Cependant, les données de l'annexe A indiquent que le Sénégal a le PNB par habitant le plus élevé de la région depuis la baisse considérable qu'a subie l'économie de la Côte d'Ivoire. Le pays continue néanmoins à souffrir de sécheresses locales, de la chute du prix de ses principaux produits d'exportation et d'une croissance démographique élevée : une situation commune à de nombreux pays d'Afrique.

Les marchés périodiques

La grande majorité des habitants d'Afrique occidentale ne produisent pas de biens d'exportation; ils tirent plutôt leur subsistance de l'agriculture et de l'élevage et, le cas échéant, de la vente de leurs produits dans les petits marchés locaux, situés dans les villages. Ces **marchés périodiques** ne sont pas ouverts tous les jours, mais à intervalles réguliers, de sorte que les différents villages d'une même région attirent à tour de rôle vendeurs et acheteurs qui y viennent à pied, à bicyclette ou à dos d'animal. Dans la majeure partie de l'Afrique occidentale, un même marché fonctionne, en règle générale, tous les quatre jours.

Les marchés périodiques forment ainsi un réseau de lieux d'échanges interdépendants, qui dessert les zones rurales où l'infrastructure routière est déficiente ou inexistante. La nature des biens échangés dépend évidemment de la localisation. Dans la savane, ce sont le sorgho, le millet et le beurre de karité (fabriqué avec l'huile extraite des graines de karité) qui se retrouvent en plus grande quantité, alors que dans la zone forestière, au sud, les ignames, le manioc, le maïs et l'huile de palme forment le gros des échanges. Les marchés de villages desservent essentiellement des populations qui ont généralement tout juste de quoi vivre.

◆ L'Afrique équatoriale

La frontière séparant l'Afrique équatoriale de l'Afrique occidentale longe la ligne de faîte du massif de l'Adamaoua, puis passe au centre d'une zone steppique du Tchad. Cette région géographique occupe les basses terres de la zone équatoriale africaine; elle comprend la République démocratique du Congo, le Congo, la République centrafricaine, le Gabon, le Cameroun, la Guinée Équatoriale, ainsi que le sud du Tchad et du Soudan (fig. 7.7).

La République démocratique du Congo (ex-Zaïre)

Vaste pays de l'Afrique équatoriale, la République démocratique du Congo renferme un large éventail de ressources; elle présente le plus grand potentiel de développement et les principales villes de la région s'y trouvent. Cependant, le manque d'unité nationale, la corruption de ses dirigeants, un long régime autocratique (celui du président Mobutu), des problèmes d'infrastructure et la chute du prix de ses principaux produits d'exportation l'ont empêchée jusqu'à maintenant de tirer profit de ces avantages.

Avec 47 millions d'habitants, la République démocratique du Congo est relativement peu peuplée compte tenu de sa superficie. Sa région centrale s'étend autour de la capitale, Kinshasa, et le long de l'étroit corridor qui relie celle-ci au port de Matadi, au fond de l'estuaire du Zaïre, non loin de la côte atlantique. Cependant, le centre économique de la République démocratique du Congo a longtemps été la région urbaine de Lubumbashi, dans la pointe sud-est, où se trouve l'essentiel des précieuses réserves de minerais, en particulier le cuivre. Le système fluvial de la République démocratique

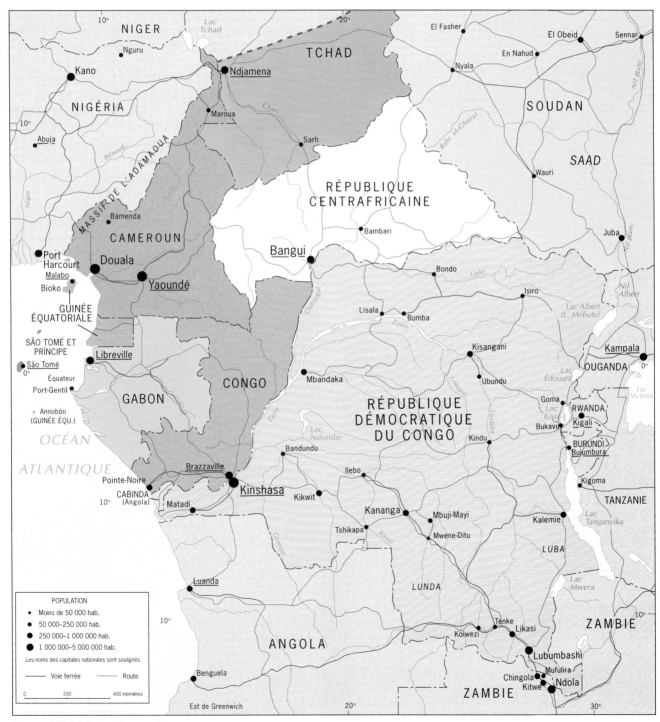

Figure 7.7 Afrique équatoriale.

du Congo devrait en principe constituer un réseau de transport naturel, mais de nombreux rapides font obstacle à la circulation, et plusieurs transbordements sont nécessaires. En temps normal, il est plus facile d'exporter des produits via l'Angola que directement à partir de la République démocratique du Congo, où les communications internes sont fréquemment interrompues ou retardées, le centre du pays étant occupé par un vaste bassin couvert de forêts qui demeure un obstacle de taille, même lorsque des équipements modernes sont disponibles. Depuis la déclaration d'indépendance, les infrastructures de la République démocratique du Congo se sont détériorées : les liaisons ferroviaires sont hors de service, les ponts se sont écroulés, la majorité des routes sont devenues impraticables, et des bandes de gangsters armés exigent un « péage » des voyageurs qui s'aventurent sur les rares tronçons encore ouverts.

La République démocratique du Congo partage ses frontières avec 10 États (l'enclave de Cabinda incluse), ce qui ne fait qu'accentuer l'importance virtuelle de ce pays au sein de la région et à l'échelle de l'Afrique. En accueillant des réfugiés et en autorisant le trafic d'armes, il a joué un rôle dans la guerre civile qui a ravagé l'Angola. Quand des conflits ethniques ont éclaté au Burundi et, plus récemment, au Rwanda, des centaines de milliers de personnes sont allées trouver refuge en République démocratique du Congo. Si ce pays réussissait à accéder à la stabilité politique, il pourrait servir d'assise à toute la région.

Mais la situation actuelle de la République démocratique du Congo compte au nombre des tragédies africaines. Les spécialistes le citent souvent en exemple pour montrer que d'importantes réserves de matières premières diversifiées et un bon potentiel économique ne suffisent pas à assurer la croissance d'un État. En réalité, en l'absence de forces centripètes, même un gouvernement stable et démocratique ferait face à d'énormes problèmes dans un vaste pays abritant plus de 200 groupes culturels et ne disposant pas d'un système de transport adéquat. Jusqu'à maintenant, les dirigeants congolais se sont davantage préoccupés de défendre leurs propres intérêts que d'assurer la prospérité de l'État. En sera-t-il autrement du nouveau gouvernement autoproclamé de Laurent-Désiré Kabila qui, en prenant le pouvoir en mai 1997, redonna au pays son nom d'avant la période zaïroise du président Mobutu ?

Les pays des basses terres

Seulement deux des huit pays d'Afrique équatoriale sont enclavés : la République centrafricaine, l'un des États les moins développés du continent, et le Tchad, dont la zone forestière, au sud, est incluse dans la région. Le sud du Soudan, apparenté à l'Afrique équatoriale sur les plans morphologique et culturel, forme avec le nord une entité politique, ce qui lui procure une ouverture sur la mer Rouge. Quant au Congo, au Gabon, à la Guinée Équatoriale et au Cameroun, ils ont comme la République démocratique du Congo une façade sur l'Atlantique.

Le Congo est situé immédiatement à l'ouest du fleuve Zaïre, qui marque une partie de la frontière avec la République démocratique du Congo. Cet État ne dispose que de faibles réserves de matières premières, mais il jouit par contre d'une position relative avantageuse. Brazzaville, capitale du Congo indépendant, fut également la capitale de l'Afrique-Équatoriale française, dont le principal port était Pointe-Noire. Celui-ci a permis au Congo de jouer le rôle de lieu de transit, ce qui représentait une source importante de revenus pour un pays ayant malheureusement peu de produits à exporter. La conjoncture est plus favorable pour le Gabon, immédiatement à l'ouest du Congo. Cet État, dont l'économie est en voie de diversification, dispose de réserves de pétrole, de manganèse, d'uranium et de minerai de fer, et son industrie forestière est productive, bien que très dommageable pour l'environnement. Par ailleurs, son secteur agricole est faible et son système de transport a nécessité des investissements considérables (même si sa superficie ne représente que le neuvième de celle de la République démocratique du Congo). Grâce principalement à ses exportations de pétrole et bois, le Gabon est le premier pays de la région à se classer parmi les économies à revenu moyen, tranche supérieure (fig. I.10). Toutefois, il y a lieu de se demander si cette prospérité fondée sur un nombre restreint de produits pourra durer.

La découverte de pétrole a également amélioré la situation économique du Cameroun, même si ce pays ne dispose pas de réserves aussi importantes que son voisin le Gabon. Lorsque les gisements ont commencé à s'épuiser et que le prix du pétrole a baissé, durant les années 1980, le Cameroun, dont l'économie déclinait, a pu s'appuyer sur son secteur agricole prospère, ce que ne pouvait faire le Nigéria. En effet, il comprend des zones forestières dans le sud et de grandes étendues de savane dans le nord; l'est et l'ouest présentent également des contrastes attribuables à l'altitude, au relief et à la proximité de la côte. Le Cameroun est donc autosuffisant sur le plan alimentaire et il exporte du café, du cacao, du coton et de l'huile de palme. Les revenus tirés des exportations de bois ont également contribué à atténuer la crise. L'ouest du Cameroun, où se trouvent la capitale Yaoundé et le port de Douala, est le moteur économique du pays.

Dans l'ensemble, l'Afrique équatoriale est encore une région très pauvre. Mais les États francophones de la côte, du moins, pourraient connaître un avenir meilleur.

✦ L'Afrique orientale

À l'est de l'ensemble des Grands Lacs marquant une partie de la frontière est de la République démocratique du Congo, à savoir le lac Mobutu (anciennement lac Albert) et les lacs Édouard, Kivu et Tanganyika, le paysage africain change radicalement. Le relief s'élève depuis le bassin du Zaïre jusqu'au plateau d'Afrique orientale; dans cette région, dont le lac Victoria forme le cœur, la forêt tropicale cède la place à la savane et de hauts volcans dominent le plateau fragmenté par les fossés d'effondrement. Au nord, les sommets les plus élevés atteignent plus de 3300 m et les failles, de nature tectonique ou érosive, sont si profondes que cette partie d'Afrique était autrefois appelée Abyssinie.

Outre les hautes terres d'Éthiopie, l'Afrique orientale comprend cinq pays : la Tanzanie, le Kenya, l'Ouganda, le Rwanda et le Burundi. C'est dans cette région que les Bantous, qui forment la grande majorité de la population, rencontrèrent des peuples nilotiques venus du nord, dont les Massaïs. Une société hiérarchisée se développa dans les collines du Rwanda et du Burundi : les Tutsis, éleveurs de bovins, dominaient dans leurs royaumes les paysans Hutus. La côte fut par ailleurs le théâtre d'événements historiques : l'arrivée de l'islam, la visite de la flotte de la dynastie chinoise Ming, la quête pour le pouvoir des Ottomans, le commerce des esclaves pratiqué par les arabes, la rivalité entre puissances colonisatrices européennes. C'est également sur la côte que s'est d'abord répandue la langue des échanges en Afrique orientale : le souahéli.

Le Kenya

Même s'il n'est ni l'État le plus vaste ni le plus peuplé d'Afrique orientale, le Kenya a joué un rôle déterminant dans la région depuis 50 ans. Il comprend le port le plus achalandé d'Afrique orientale, Mombasa, de même que la plus grande ville, Nairobi, sa capitale. Durant les années 1950, les Kikouyous furent les initiateurs d'une rébellion anticoloniale qui allait hâter le départ des Britanniques.

Après l'indépendance, le Kenya opta pour le capitalisme et adopta le modèle occidental de développement. Ne disposant pas d'importantes réserves de minerais, le pays dépendait de ses exportations de café et de thé, de même que de son industrie touristique, qui misait sur un ensemble de parcs nationaux magnifiques (fig. 7.8). Le tourisme devint la principale source de devises étrangères et le Kenya se mit à prospérer, ce qui sembla confirmer qu'il avait fait un choix judicieux en s'engageant dans la voie du capitalisme.

Hélas, de graves problèmes allaient bientôt surgir. Le Kenya ayant le taux de croissance démographique le plus élevé du monde, les contraintes exercées sur les terres arables et aux abords des réserves fauniques augmentèrent continuellement durant les

Le quartier des affaires de Nairobi est l'un des plus modernes d'Afrique tropicale; cette ville tranche nettement avec le reste du pays dont elle est la capitale. Malgré l'apparente prospérité de son centre-ville, Nairobi n'a pu échapper aux conséquences d'une urbanisation rapide : les bidonvilles qui se sont formés en périphérie sont parmi les plus misérables d'Afrique.

années 1980. Les dommages causés par le braconnage atteignirent des proportions alarmantes et le nombre de visiteurs commença à décliner. La corruption au sein du gouvernement engloutit des sommes importantes, qui auraient dû être investies dans le pays. Les principes démocratiques furent fréquemment violés, et les relations avec les alliés occidentaux se tendirent. L'épidémie de sida qui se déclara alors vint aggraver la situation de ce pays, qui, au début des années 1970, semblait pourtant promis à une période de prospérité économique.

Actuellement, l'avenir du Kenya est incertain. Les Kikouyous, qui forment 22 % de la population totale de 30 millions d'habitants, sont aujourd'hui en position de force en raison de facteurs géographiques, historiques et politiques. Mais le Kenya compte d'autres grandes nations (fig. 7.8) ainsi que plusieurs groupes ethniques moins importants. Les Luhyas, les Luos, les Kalandjins et les Kambas réunis représentent environ 50 % de la population; d'autres ethnies, dont les Massaïs, les Turkanas, les Borans et les Gallas, sont concentrées dans les marges frontalières du pays. L'avenir du Kenya dépend de sa capacité à instaurer un gouvernement démocratique et à mettre fin à la corruption.

La Tanzanie

La Tanzanie (issue de la réunion du Tanganyika et de Zanzibar) est un État à dominante agricole. C'est le plus peuplé (31 millions d'habitants) et le plus vaste des pays d'Afrique orientale; sa superficie est en effet supérieure à celle des quatre autres États réunis.

On a souvent dit de la Tanzanie qu'elle est dépourvue de centre, car ses agglomérations et ses zones de production sont dispersées, principalement sur la côte

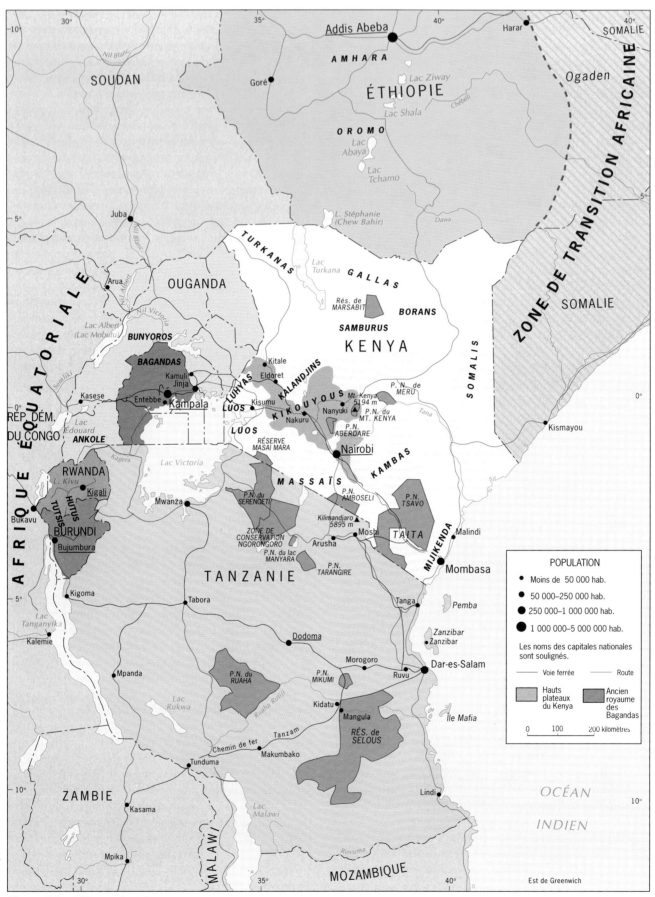

Figure 7.8 Afrique orientale.

L'UNE DES GRANDES VILLES DE L'AFRIQUE SUBSAHARIENNE

Nairobi

Nairobi est essentiellement un vestige de l'époque coloniale. En effet, il n'y avait pas d'établissement africain en cet endroit lorsque le chemin de fer que construisaient les Britanniques depuis Mombasa jusqu'au lac Victoria l'atteignit en 1899. Il y avait toutefois un élément capital : un cours d'eau, que les Massaïs appelaient *Enkare Nairobi*, ce qui signifie « eau froide ».

Les Britanniques firent de Nairobi le siège de l'administration coloniale. La ville doit encore aujourd'hui sa prééminence à son statut de capitale nationale et à sa position relative. Son climat modéré, son centre-ville moderne, ses nombreuses attractions, dont le parc national de Nairobi

à ses portes, et son aéroport à la fine pointe de la technologie en font une destination touristique de choix. Cependant, ces dernières années, la destruction de la faune, des problèmes de sécurité et la situation politique ont provoqué le déclin de cette industrie.

Nairobi demeure le premier centre commercial et industriel du Kenya, de même que le siège des principales institutions d'enseignement. L'explosion démographique (2,4 millions d'habitants) a toutefois créé des problèmes majeurs, et le centre-ville moderne contraste violemment avec les bidonvilles où vivent misérablement entassés les nouveaux arrivants en quête d'une vie meilleure.

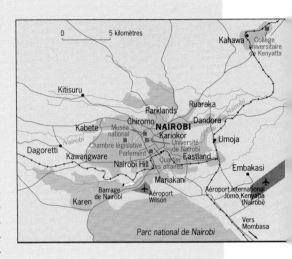

est où se trouve l'ancienne capitale Dar-es-Salam, sur les rives du lac Victoria dans le nord-ouest, le long du lac Tanganyika dans l'extrême ouest et à proximité du lac Malawi dans le sud-ouest. Cet aménagement contraste vivement avec celui du Kenya, pourvu d'une zone centrale bien délimitée, située dans les hauts plateaux et dont le cœur est la capitale, Nairobi. La Tanzanie est en outre habitée par une centaine d'ethnies, mais aucune n'est assez importante en nombre pour revendiquer la suprématie. Environ un tiers de la population totale, dont une majorité dans la zone côtière, adhère à l'islam.

Contrairement au Kenya, la Tanzanie opta, après la déclaration d'indépendance, pour un modèle socialiste de développement, incluant un vaste programme de collectivisation des terres, qui fut appliqué sans planification adéquate. Le pays demanda l'aide de la Chine communiste pour construire le Tanzam, une ligne ferroviaire reliant la Zambie au port de Dar-es-Salam. L'infrastructure touristique, déjà limitée, ne fit pas l'objet d'un programme d'entretien, ce qui permit au Kenya d'accaparer le marché dans ce secteur.

À la fin des années 1980, la Tanzanie s'est orientée vers une économie de marché. La capitale fut déplacée de Dar-es-Salam à Dodoma, une ville de l'intérieur (fig. 7.8), mais le pays était encore à la fin des années 1990 l'un des plus pauvres du monde (voir l'annexe A).

L'Ouganda

À l'arrivée des Britanniques en Ouganda, durant la seconde moitié du XIXᵉ siècle, ce pays comprenait l'entité politique africaine la plus importante de la région : le royaume des Bagandas (région en brun de la

figure 7.8). D'une grande stabilité, ce royaume donnait sur la rive nord du lac Victoria et était doté d'une imposante capitale, Kampala. Les Britanniques choisirent comme siège de l'administration Entebbe, un centre riverain situé à proximité (ce qui contribua à conforter le statut du royaume), et ils entreprirent de jeter les bases de leur protectorat d'Ouganda selon le principe de l'administration indirecte. Les Bagandas établirent leur domination sur les autres peuples et, lorsque les Britanniques se retirèrent du pays, ils dotèrent l'État indépendant d'un système fédéral complexe destiné à perpétuer leur suprématie.

Même si l'Ouganda est enclavé et que son accès à la mer est en territoire kenyan, ses perspectives économiques semblaient plutôt prometteuses lors de la déclaration d'indépendance, en 1962. Le pays était le principal producteur de café du Commonwealth britannique. Il exportait une quantité importante de coton, de thé, de sucre et d'autres denrées agroalimentaires. Ses gisements de cuivre du sud-ouest étaient en exploitation et un secteur commercial dynamique se développait grâce à quelque 75 000 immigrants d'origine asiatique. Mais le pays sombra dans le désastre politique, car la domination des Bagandas avait nourri le ressentiment, et, en 1971, un mouvement révolutionnaire porta au pouvoir Idi Amin Dada, un dictateur sanguinaire. Ce dernier expulsa les Ougandais d'origine asiatique, massacra ses opposants et détruisit l'économie. Il fut renversé en 1979 à la suite d'un coup d'État soutenu par la Tanzanie, mais l'Ouganda était en ruines. Le pays mit beaucoup de temps à redresser son économie, et les dépenses élevées engendrées par l'effroyable épidémie de sida ne firent rien pour arranger les choses. Il est à se demander si l'Ouganda se remettra jamais de cette série de catastrophes.

Le Rwanda et le Burundi

Situés au sud-ouest de l'Ouganda, dans ce qui semble être le prolongement vers le nord-ouest du territoire de la Tanzanie (fig. 7.8), le Rwanda et le Burundi composaient avec le Tanganyika l'ancienne Afrique-Orientale allemande. Mais les armées basées dans l'ex-Congo belge envahirent la colonie et repoussèrent les Allemands, ce qui permit à la Belgique de réclamer le territoire des deux pays à l'issue de la Première Guerre mondiale. Celui-ci, densément peuplé, a fourni une main-d'œuvre abondante aux exploitants des mines du Congo belge.

À l'échelle de l'Afrique, le Rwanda (8 millions d'habitants) et le Burundi (7 millions d'habitants) ne sont pas des petits pays du point de vue démographique. Leur population se répartit en trois groupes. Le premier, soit la minorité tutsi, a occupé dans le passé une position dominante : les Tutsis possédaient des terres et du bétail, et ils ont fondé des royaumes pour affermir leur pouvoir. Les Hutus, qui constituent le deuxième groupe, ont toujours été des paysans, et bon nombre travaillaient sur les terres des Tutsis. Bien que formant de 85 à 90 % de la population totale, ils n'ont jamais dominé la scène politique. Le troisième groupe, les Twas (une branche des Pygmées), qui ont été décimés par les guerres civiles, ne représentent plus que 1 à 2 % de la population.

À environ 16 km de Meru, une ville kenyane, le paysage est marqué par une forte érosion. Les paysans du coin savent que l'agriculture pratiquée sur des terrains ayant une aussi forte pente provoque le ravinement du sol, mais ils ne voient pas ce qu'ils pourraient faire d'autre. Il vaut mieux pour eux exploiter ces terres pendant un an ou deux que de n'avoir rien à récolter.

Depuis le départ des Belges, Tutsis et Hutus se sont opposés dans des luttes pour le pouvoir, tant au Rwanda qu'au Burundi; les carnages qui en ont résulté dépassent en horreur tous les massacres dont le continent a été témoin, y compris au Liberia et au Soudan. En 1994, quelque 500 000 Rwandais, dont une majorité de Tutsis, furent tués au cours d'un soulèvement déclenché par les militaires Hutus et dirigé non seulement contre les Tutsis, mais également contre les Hutus « modérés » ou considérés comme des « collaborateurs ». Plus de 2 millions de personnes se réfugièrent en République démocratique du Congo et en Tanzanie, où elles furent entassées dans des camps de fortune et où bon nombre succombèrent à des maladies. Comme cela se produit souvent, cette guerre civile n'avait pas comme origine l'hostilité interethnique mais le clivage entre deux groupes sociaux.

Les hauts plateaux d'Éthiopie

La zone de hauts plateaux de l'Éthiopie (fig. 7.8) comprend la capitale Addis Abeba, le lac Tana (la source du Nil Bleu) et le foyer des Amharas, qui formait le cœur de l'empire. Résistant aux pressions colonisatrices, ce dernier ne perdit son indépendance que pendant une courte période au cours des années 1930 et 1940. Par la suite, l'Éthiopie, dont les montagnes servirent de refuge puis de forteresse aux chrétiens coptes, devint elle-même colonisatrice. Venues des hauts plateaux, les armées coptes conquirent la majeure partie du domaine arabe de la Corne d'Afrique, y compris le territoire de l'Érythrée actuelle et la région d'Ogaden, habitée par des peuplades somaliennes. Du point de vue géographique, les territoires conquis font partie de ce que nous avons appelé la zone de transition africaine (fig. 6.11).

Des critères tant physiographiques que culturels justifient l'inclusion des hauts plateaux éthiopiens dans l'Afrique orientale. Cependant, comme l'Éthiopie n'a pas été colonisée et qu'elle avait facilement accès à la mer Rouge, aucun système routier efficace n'a été construit pour relier ses hauts plateaux à Mombasa et à l'ancien territoire britannique d'Afrique orientale. Toutefois, depuis que l'Érythrée est devenue un État indépendant, l'Éthiopie est enclavée; de plus, son débouché naturel, le port de Djibouti, se trouve en territoire étranger. L'Éthiopie pourrait donc se réorienter vers le sud. La présence de la Somalie islamique le long de la frontière éthiopienne et kenyane pourrait aussi contribuer à accélérer l'intégration de l'Éthiopie à l'Afrique orientale.

◆ L'Afrique australe

L'Afrique australe (fig. 7.9) englobe tous les pays situés au sud de la République démocratique du Congo et de la Tanzanie. Cette région s'étend donc de l'Angola au Mozambique (qui donnent respectivement sur l'Atlantique et l'océan Indien), et jusqu'à l'extrémité australe

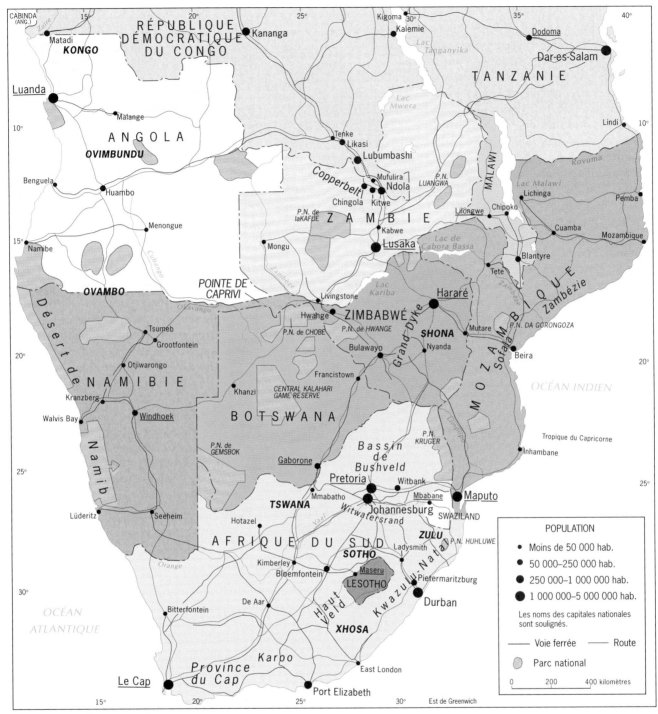

Figure 7.9 Afrique australe.

de l'Afrique du Sud. L'Afrique australe comprend six pays enclavés, dont la Zambie et le Malawi qui marquent partiellement la frontière nord de la région. La Zambie est presque divisée en deux par un prolongement de la République démocratique du Congo, et le Malawi pénètre profondément dans le territoire du Mozambique. En Afrique australe comme ailleurs, le découpage du continent par les puissances colonisatrices a créé de nombreux handicaps.

L'Afrique australe constitue une région tant par sa physiographie que par sa géographie humaine. Elle est presque entièrement composée de plateaux, et le Grand Escarpement domine nettement le paysage. Les deux principaux systèmes fluviaux sont le Zambèze et celui formé par l'Orange et le Vaal.

La géographie sociale, économique et politique de l'Afrique australe justifie également qu'on la considère comme une région. La Zambie, enclavée, s'est toujours tournée vers le sud pour avoir accès à la mer et pour s'approvisionner en électricité et en combustible. Les ports du Mozambique sont utilisés à la fois par le Malawi, le Zimbabwé et l'Afrique du Sud.

L'Afrique australe est la région africaine la plus riche en matières premières. Une vaste zone de gisements s'étend au centre de la région; elle comprend la réserve de cuivre de la Zambie, traverse le Grand Dyke au Zimbabwé de même que le bassin du Bushveld et le Witwatersrand en Afrique du Sud, pour aboutir aux terrains aurifères et aux mines de diamants des provinces de l'État libre d'Orange et du Cap, au cœur de l'Afrique du Sud (fig. 7.9 et 7.11). On extrait de cette zone une énorme quantité de minerais très variés, notamment du cuivre en Zambie, du chrome et de l'amiante au Zimbabwé, de l'or, du chrome, des diamants, du platine, du charbon et du fer en Afrique du Sud.

La richesse des réserves de minerais de l'Afrique australe n'a d'égale que sa diversité agricole. Des vignobles couvrent les pentes des montagnes du Cap, et des plantations de thé s'étendent sur les versants ouest des escarpements du Zimbabwé. Les différents types de climat permettent la culture des pommes, des agrumes, des bananes et des ananas, pour ne nommer que celles-là. La principale culture vivrière des paysans d'Afrique australe est le maïs. Sur les terres herbeuses du Haut Veld, on élève des dizaines de millions de moutons.

Malgré des richesses et un potentiel énormes, la croissance des pays d'Afrique australe est très limitée; seule l'Afrique du Sud a un PNB par habitant qui la classe parmi les pays à revenu moyen (fig. I.11). Les guerres civiles, l'instabilité politique, une administration déficiente, la corruption et les problèmes environnementaux sont autant de facteurs qui ont freiné son développement économique. À la fin des années 1990, la résolution de nombreux conflits et le redressement de l'Afrique du Sud font espérer que la région deviendra enfin florissante, ce qui permettrait peut-être à l'ensemble géographique tout entier de sortir du marasme économique et social.

Les États du Nord

Les quatre pays qui occupent le nord de la région, soit l'Angola, la Zambie, le Malawi et le Mozambique, font face à de nombreux problèmes. Ancienne possession portugaise, l'Angola (12 millions d'habitants) a une réserve de matières premières et un potentiel agricole qui en font l'un des pays d'Afrique les mieux pourvus en ressources naturelles. Florissant au moment de son accession à l'indépendance, ce pays fut ravagé par une guerre civile que l'intervention de puissances étrangères envenima. En effet, le gouvernement, établi dans le nord où se trouvait la majorité de ses partisans, avait choisi la voie du communisme. Lorsqu'un courant de révolte, soutenu à l'époque par l'Afrique du Sud, commença à se manifester dans le sud, les dirigeants ango-

lais demandèrent l'aide de Moscou. L'arrivée de milliers de soldats cubains dans la capitale, Luanda, aviva la guerre civile mais empêcha l'éclatement de l'État.

Ce conflit armé ruina l'économie angolaise. Les fermes furent laissées à l'abandon, les champs minés, les chemins de fer détruits, les ports endommagés, et les pertes de vie, considérables même chez les civils. Tirant ses revenus de la vente du pétrole de l'enclave angolaise de Cabinda, au-delà du fleuve Zaïre (fig. 7.9), le gouvernement poursuivit la guerre.

Après plusieurs échecs, la médiation de l'ONU parvint à mettre un terme à la guerre civile et, à la fin des années 1990, l'Angola semblait prêt au redressement. Cependant, ses infrastructures ayant été détruites, il lui faudra des décennies pour réparer les dommages et commencer à mettre son potentiel en valeur.

Le Mozambique (19 millions d'habitants), qui donne sur l'océan Indien, a connu un sort encore moins enviable. Également ancienne possession portugaise, ce pays aux ressources moindres que celles de l'Angola a aussi opté pour le marxisme. Avant son indépendance, le Mozambique tirait la plus grande part de ses revenus de plantations d'anacardiers (noix de cajou) et de cocotiers, ainsi que de sa position relative avantageuse. L'emplacement de Beira en fait le meilleur port d'exportation pour le Zimbabwé et le sud du Malawi; de plus la capitale mozambicaine, Maputo, est le port le plus proche du gigantesque centre minier et industriel du Witwatersrand, en Afrique du Sud. Durant une période plus prospère, de grandes quantités de biens transitaient par ces deux ports et, avec la construction d'une centrale électrique à Cabora Bassa, sur le Zambèze, les perspectives d'avenir du Mozambique étaient plutôt bonnes. Mais la suite se révéla désastreuse : l'économie de l'État s'effondra à cause de l'inefficacité de l'administration gouvernementale; un mouvement de révolte, soutenu pendant un certain temps par des instances sud-africaines, détruisit l'ordre social; et des famines s'abattirent sur le pays. L'effet conjugué de ces événements plongea le Mozambique dans le chaos. Plus d'un million de Mozambicains se réfugièrent au Malawi, la centrale électrique de Cabora Bassa fut endommagée, le port de Beira cessa ses activités et le port de Maputo cessa d'être un lieu de transit.

Vers la fin des années 1990, le Mozambique avait recouvré une certaine stabilité. Le gouvernement abandonnait son orientation marxiste, le courant révolutionnaire périclitait, les réfugiés retournaient dans leur pays, et les nouveaux dirigeants d'Afrique du Sud offraient à l'État une aide en matière agricole et technique au lieu de fournir des armes aux insurgés. Mais il faudra tout de même au pays quelques générations pour se sortir de la pauvreté.

Les trois États enclavés compris entre l'Angola et le Mozambique faisaient partie de l'Empire britannique; ce sont la Zambie (9,6 millions d'habitants), le

Malawi (10,3 millions d'habitants) et le Zimbabwé. Les deux premiers sont moins développés que le troisième, même si la Zambie recèle une zone riche en gisements de cuivre. La baisse des prix des minerais sur le marché mondial de même que les difficultés et les coûts associés au transport de ceux-ci sur une longue distance ont largement contribué à la chute de l'économie zambienne. Quant au Malawi, son économie repose essentiellement sur l'agriculture; les principales cultures incluent le thé, le coton, le tabac et les arachides. Cette caractéristique a préservé l'économie malawienne des fluctuations du marché et a fourni de l'emploi à une

Madagascar : un État à part

Quatrième île du globe en superficie, Madagascar est un morceau de l'Afrique qui s'est détaché de la masse continentale il y a 160 millions d'années. Son peuplement date du début de notre ère, et les premiers habitants venaient de l'Asie du Sud-Est. Des communautés malaises se sont développées sur les hauts plateaux de l'intérieur. C'est là que prit naissance le puissant empire des Mérinas, dont la langue, le malgache, est la langue officielle du pays (fig. 7.4).

Les immigrants malais et indonésiens introduisirent des Africains dans l'île, c'est-à-dire des femmes qui devaient les épouser, de même que des esclaves. C'est ainsi que s'est formée la composante africaine de cette population de 16 millions d'habitants. En tout, près de 20 groupes ethniques cohabitent à Madagascar, les plus nombreux étant les Mérinas (4 millions) et les Betsimisarakas (2 millions). Les Portugais, les Britanniques et les Français envahirent l'île au XVe siècle, mais comme les Mérinas formaient déjà une société bien organisée, ils opposèrent une forte résistance et Madagascar ne devint colonie française qu'à la fin du XIXe siècle.

Pour des raisons historiques, la principale culture vivrière de l'île est le riz, et non le maïs. Malgré de bons gisements de minerais, l'économie de Madagascar est faible, car sa croissance démographique est forte et ses infrastructures déficientes.

À cause de l'isolement prolongé de l'île, l'évolution y a suivi un cours différent au point que Madagascar constitue un ensemble zoogéographique distinct. Ainsi, l'île abrite des primates et diverses espèces d'oiseaux, d'amphibiens et de reptiles qu'on ne retrouve nulle part ailleurs. Cependant, l'habitat de cette faune unique, soit la forêt tropicale, est graduellement détruit par la pratique de la culture sur brûlis. La totalité de Madagascar devrait faire l'objet d'un projet de conservation, mais les fonds disponibles sont limités et les besoins sont énormes. La malnutrition et la pauvreté, qui mettent en danger la vie de familles et de villages entiers, exercent des contraintes considérables.

Antananarivo, la capitale et la ville primatiale du pays, est pauvre. Elle n'attire pas beaucoup de migrants. Son architecture et son atmosphère portent l'empreinte asiatique et africaine des premiers habitants.

Au taux de croissance actuel, la population de Madagascar double tous les 22 ans, ce qui l'apparente davantage à l'Afrique qu'à l'Asie du Sud-Est.

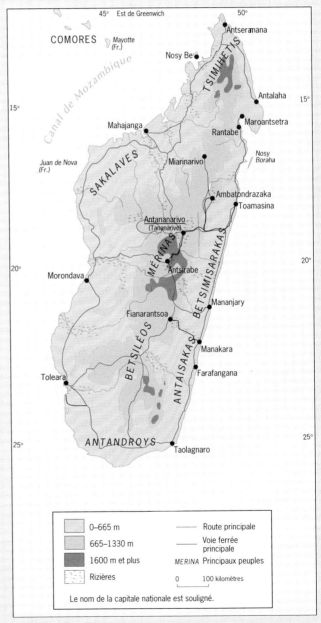

Figure 7.10   Madagascar.

proportion importante de la population active. Néanmoins, la majorité de la main-d'œuvre du Malawi travaille encore dans les mines des pays voisins.

Les États du Sud

Les six pays situés dans l'extrémité sud de la masse continentale forment une sous-région de l'Afrique australe : ce sont le Zimbabwé, la Namibie, le Botswana, le Swaziland, le Lesotho et la république d'Afrique du Sud. Quatre de ces États sont enclavés (fig. 7.9). Le Botswana occupe le cœur du désert du Kalahari et une partie de la steppe environnante; la population de cet État, dont la superficie est à peu près égale à celle de la France, n'est que de 1,6 million d'habitants. Le Lesotho (2,1 millions d'habitants) est enclavé dans le territoire de l'Afrique du Sud; quant au Swaziland (1 million d'habitants), terre natale des Swazis, il partage la majeure partie de sa frontière avec l'Afrique du Sud. Le Botswana, le Lesotho et le Swaziland dépendent largement du revenu des travailleurs employés dans les mines, les usines et les fermes d'Afrique du Sud.

Le second État en importance, après l'Afrique du Sud, est le Zimbabwé (12 millions d'habitants), enclavé mais bien pourvu en ressources minières et agricoles. Ce pays, dont le nom fut emprunté à un ensemble de ruines en pierre qui s'y trouve, est formé d'une série de hauts plateaux encastrés entre les fleuves Zambèze au nord et Limpopo au sud, et entre le désert à l'ouest et le Grand Escarpement à l'est. Le cœur du Zimbabwé est constitué de la région du Grand Dyke, qui s'étend vers le sud-ouest depuis la capitale, Hararé, jusqu'à la seconde ville en importance, Bulawayo. Le cuivre, l'amiante et le chrome (dont le Zimbabwé est l'un des principaux fournisseurs mondiaux) forment une bonne part des exportations de minerais. Le pays produit également du tabac, du thé, du sucre et, l'aliment de base, le maïs. Même si l'indépendance a été précédée d'une âpre lutte armée, bon nombre de Blancs, encouragés par le gouvernement, ont continué d'exploiter leur ferme après la prise du pouvoir par la majorité. La politique agraire a suscité des tensions par la suite, mais l'économie du Zimbabwé, contrairement à celle de tant d'autres pays, n'a pas été détruite durant la période de transition.

Les compromis consentis dans le domaine politique, son économie diversifiée et sa non-intervention dans les conflits déchirant les pays voisins ont été profitables au Zimbabwé. Cependant, à partir de 1983, le pays dut faire face à la pire sécheresse de son histoire. Une part considérable du bétail périt, de nombreuses fermes furent abandonnées, et, inévitablement, les tensions sociales et politiques montèrent.

Vers la fin des années 1990, la situation environnementale s'était améliorée, mais les conséquences de la sécheresse se feront encore sentir pendant de nombreuses années. Par ailleurs, la corruption au sein du gouvernement, qui en 1996 détenait le pouvoir depuis 16 ans, avait empiré au point de compromettre les perspectives d'avenir du pays. Ainsi, la modernisation des infrastructures était freinée par le versement obligatoire de pots-de-vin et par l'obstruction systématique du pouvoir législatif à toute initiative privée susceptible de nuire aux intérêts personnels d'un membre du gouvernement.

La pointe occidentale du Zimbabwé touche à la pointe de Caprivi, située au nord-est de la Namibie (anciennement Sud-Ouest africain), dernier État de la région à avoir accédé à l'indépendance. À la conférence de Berlin, la Namibie se vit attribuer ce corridor, qui lui assurait l'accès au Zambèze. Après la Première Guerre mondiale, lorsque l'ex-Union sud-africaine établit son autorité sur la colonie, la bande de Caprivi prit une grande importance stratégique. Durant les années 1980, la rumeur voulait que cette zone servît entre autres à l'essai de missiles nucléaires. Cependant, la Namibie obtint son indépendance en 1990, et l'Afrique du Sud abandonna officiellement son programme d'essais nucléaires. Le dernier vestige de la présence sud-africaine sur le territoire namibien disparut en 1994 lorsque le port de Walvis Bay, une enclave de l'Afrique du Sud, fut remis à la Namibie.

La désignation Namibie, fort appropriée, est dérivée du nom d'un désert, le Namib. La population de ce vaste État, dont la superficie est à peu près égale à la moitié du Québec, n'est que de 1,6 million d'habitants et elle est surtout concentrée dans la zone frontière septentrionale, plus humide. La capitale, Windhoek, est néanmoins au centre du pays, car les principales zones économiques, soit les mines de la région de Tsumeb et les fermes d'élevage de la steppe méridionale, sont éloignées du nord où dominent les activités de subsistance.

Cependant, comme la majorité des électeurs vivent dans le nord, le pays subira probablement des changements structurels. Des intérêts étrangers détiennent encore les principales sources de richesse du pays et la Namibie doit importer des denrées alimentaires pour suppléer à la faiblesse de la productivité locale. La longue marche vers une véritable autonomie ne fait donc que commencer pour cet État.

L'Afrique du Sud

La république d'Afrique du Sud, qui depuis de nombreuses années retient l'attention mondiale, est aujourd'hui une lueur d'espoir pour l'Afrique et pour la planète entière.

Après avoir longtemps soutenu une politique raciale sordide (l'apartheid et l'une de ses conséquences, la politique de « développement séparé »), l'Afrique du Sud a fini par s'amender. Le pays s'est donné un nouveau drapeau, un nouvel hymne national, un nouveau gouvernement, et presque toutes les parties autrefois séparées unissent maintenant leurs efforts dans la restructuration. C'est là un événement majeur du XXᵉ siècle. À la fin des années 1990, l'Afrique du Sud était prête à assumer le rôle qu'elle aurait dû remplir depuis longtemps : celui de moteur économique de la région, voire d'une partie du continent.

L'Afrique du Sud s'étend de la zone subtropicale, au climat chaud, jusqu'aux eaux glaciales de l'Antarctique. Sa superficie de plus de 1,2 million de kilomètres carrés et sa population hétérogène de 45 millions d'habitants en font le géant de l'Afrique australe. C'est dans ce pays que se trouvent les plus importantes réserves de minerais de la région, la plus grande partie des terres fertiles, les plus grandes villes, les meilleurs ports, la majorité des usines les plus productives et le réseau de transport le plus développé. La Zambie et le Zimbabwé utilisent les ports sud-africains pour exporter leurs minerais; une part importante de la main-d'œuvre du Malawi (dans le nord de la région) et du Lesotho (enclavé) travaille dans les mines, les usines et les champs d'Afrique du Sud.

Géographie historique

La position relative de l'Afrique du Sud influe grandement sur sa géographie humaine. Des peuples en provenance du nord ont migré par voie terrestre jusque dans la pointe sud de la masse continentale. Les navigateurs européens, débarqués sur la côte, ont revendiqué le droit d'occuper le site du Cap qu'ils considéraient comme l'un des endroits les plus stratégiques du globe, au point de rencontre de l'Atlantique et de l'océan Indien. Dès 1652, les Hollandais commencèrent à faire venir des Sud-Asiatiques qu'ils employaient comme domestiques ou travailleurs agricoles. Environ 150 ans plus tard, Le Cap comptait déjà un grand nombre de métis, dont les descendants forment la portion de la population sud-africaine qualifiée de *Coloured*. Les Britanniques, qui supplantèrent les Hollandais, contribuèrent eux aussi à modifier la composition démographique. En faisant venir de leur colonie d'Asie du Sud des dizaines de milliers de contractuels, ils fournirent la main-d'œuvre des plantations de canne à sucre de la province du Natal.

Après l'annexion de la région du Cap par les Britanniques, les Hollandais migrèrent vers l'intérieur de l'Afrique australe et fondèrent des républiques dans le Haut Veld pour faire valoir leurs droits sur ce territoire. La découverte de diamants et d'or dans ce secteur poussa les Britanniques à nier les prétentions des *Boers* (nom d'abord donné aux descendants des colons hollandais, puis aux émigrés allemands, scandinaves et français). Sortis victorieux de la guerre dite des Boers (1899-1902), les Britanniques prirent le contrôle de l'économie et de la politique en Afrique du Sud. Les Boers réussirent néanmoins à obtenir des concessions qui leur assuraient une large part du pouvoir, et c'est

ce qui leur permit d'établir par la suite leur hégémonie. Ils prirent alors le nom d'*Afrikaners* (mot hollandais pour Africains) et entreprirent de mettre en application la politique dite d'**apartheid**.

Il ne faut cependant pas oublier que les Européens et les Asiatiques débarquaient sur un territoire déjà occupé par des populations africaines. Ainsi, lorsque les Européens sont arrivés au Cap, des nations bantoues avaient entrepris de repousser les Bochimans (parlant le khoï) et les Hottentots (dont la langue est le san) vers le sud et le sud-est, habités par les Xhosas. Au-delà, dans le Natal (fig. 7.9), les Zoulous étendaient rapidement leur empire. D'autres ethnies, comme les Tswanas, ont survécu dans le Haut Veld en raison de leur nombre. Actuellement, la proportion entre Africains et non-Africains est environ de 7 pour 2 (tableau 7.1).

Géographie sociale

Malgré les migrations, les mariages interethniques, les déplacements de travailleurs vers les mines, les fermes et les usines, et le phénomène d'urbanisation, le régionalisme caractérise la mosaïque humaine de l'Afrique du Sud. Les Zoulous sont encore fortement concentrés dans la province du Natal, les Xhosas sont regroupés en majorité dans la province du Cap-Est, et les Tswanas occupent toujours leurs terres ancestrales le long de la frontière avec le Botswana. Quant au Cap, il est encore aujourd'hui le principal habitat de la population métisse, alors que Durban est la ville dont le paysage est le plus marqué par l'influence indienne.

Durant l'apartheid (ségrégation raciale), la persistance du régionalisme a incité le gouvernement dominé

Tableau 7.1 Portrait démographique de l'Afrique du Sud.

Composants de la population	Nombre approximatif en 1997 (en millions)
Nations africaines	**35,0**
Zoulous	8,5
Xhosas	7,0
Sothos (du Nord et du Sud)	6,3
Tswanas	3,3
Autres (6)	9,9
Européens	**5,1**
Afrikaners	2,9
Anglophones	1,9
Autres	0,3
Métis	**3,5**
Afro-Européens	3,2
Malais	0,3
Sud-Asiatiques	**1,1**
Hindous	0,8
Musulmans	0,3
Total	**44,7**

par les Afrikaners à renforcer ses politiques et à instaurer, à partir de 1949, un programme global dit de *développement séparé*. Entre 1960 et 1980, pas moins de 3,5 millions de Noirs africains furent relocalisés dans des secteurs désignés par le gouvernement. Sous le régime du développement séparé, près de 80 % du territoire sud-africain fut déclaré « zone blanche », alors que 15 % seulement était réservé aux Africains.

Malgré toute la misère et les bouleversements qu'elle provoqua, cette politique ne réussit pas à endiguer le courant d'urbanisation. Des millions de migrants illégaux créèrent de vastes bidonvilles en périphérie des villes sud-africaines. La législation de l'apartheid autorisa finalement la création de villes exclusivement noires, telles que Soweto en banlieue de Johannesburg, auxquelles certains services étaient dispensés. Mais les habitants des bidonvilles illégaux n'étaient protégés par aucune loi, et le gouvernement ne renonça pas à leur éradication. Des bouteurs rasaient d'un seul coup des zones complètes, et les habitants étaient forcés de monter à bord de camions qui les ramenaient dans les secteurs qui leur avaient été attribués.

Malgré tout, le nombre d'habitants des villes noires et de squatters ne cessait de croître, et ces villes en vinrent à former le centre du mouvement d'opposition à l'apartheid. Des soulèvements armés et des grèves paralysantes obligèrent finalement le gouvernement à accorder au Congrès national africain (ANC : *African National Congress*) le statut de parti d'opposition. En février 1990, le dernier président afrikaner, F. W. De Klerk, initia un processus de négociation visant à assurer la passation du pouvoir que détenaient les Blancs à un gouvernement élu au suffrage universel. En avril 1994, Nelson Mandela, petit-fils d'un chef xhosa, devint le premier président d'un gouvernement dominé par l'ANC, dont le siège est Le Cap.

La restructuration politique

Frederick De Klerk dirigeait la minorité blanche et Nelson Mandela, la majorité noire. Cependant, les Zoulous, qui forment la principale nation d'Afrique du Sud demandaient à être pris en considération. Leur chef, Mogosuthu Gatsha Buthelezi, était à la tête de l'Inkhata, un mouvement politique dont la faction radicale avait mené une campagne ayant provoqué la mort de milliers de personnes. Dans la province du Natal, Buthelezi et ses partisans affirmaient que les Zoulous se sépareraient de l'Afrique du Sud si la nouvelle constitution ne répondait pas à leurs exigences.

Pour que les résultats de l'élection puissent satisfaire à la fois les exigences de la majorité et des minorités, la carte électorale de l'Afrique du Sud fut redessinée, et le pays fut divisé en neuf provinces (fig. 7.11 et 7.12). En 1994, l'ANC remporta la majorité dans sept provinces, c'est-à-dire partout sauf dans le Kwazulu-Natal et le Cap occidental, mais il n'obtint pas la majorité de

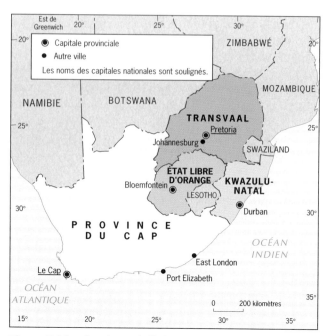

Figure 7.11 Provinces de l'Afrique du Sud avant 1994.

70 % qui lui aurait permis de gouverner sans tenir compte de l'opposition. La coopération de toutes les parties en cause en Afrique du Sud pour mettre fin à quatre décennies d'oppression et d'administration inefficace montre qu'on peut parvenir à ses fins par des voies pacifiques.

La difficile transition de l'Afrique du Sud vers la normalité et la stabilité n'est cependant pas terminée. Le chef des Zoulous, Mogosuthu Buthelezi, a accepté d'occuper un poste dans l'administration dirigée par Nelson Mandela, mais il existe encore

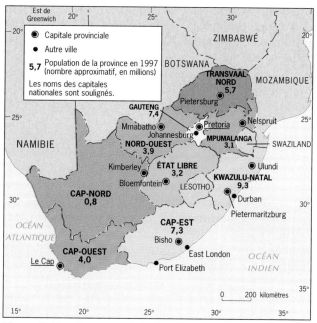

Figure 7.12 Provinces de l'Afrique du Sud après 1994.

des tensions entre le gouvernement central et le Kwa-zulu-Natal. En 1995, Buthalezi a de nouveau brandi la menace de sécession. Quant aux Blancs conservateurs, majoritairement propriétaires de vastes exploitations agricoles, accepteront-ils de bonne grâce les réformes prévues dans le secteur agraire ? L'avenir le dira.

La géographie économique

Les plus graves problèmes auxquels fait face la nouvelle Afrique du Sud sont économiques. Au XXe siècle, la richesse minière en charbon et en minerai de fer se révéla supérieure à ce qu'on avait cru à l'époque où Johannesburg devenait la capitale mondiale de l'or. Une importante industrie sidérurgique fut donc créée et l'exportation de quantités d'autres minéraux rapporta des revenus si considérables qu'une industrie métallurgique florissante vit le jour en Afrique du Sud même.

Avec la prospérité économique, les villes se sont développées. De ville minière qu'elle était, Johannesburg est devenue un centre industriel et financier. Et tandis que le cœur du pays se transformait en une mégalopole, des villes côtières comme Durban et Le Cap connaissaient elles aussi une expansion remarquable.

Le survol de la région de Witwatersrand, au sud de Johannesburg, permet de se rendre compte de l'envergure des opérations minières qui s'y déroulent. L'exploitation de ces gisements a débuté il y a plus de 100 ans. Les terrils, composés de roches pulvérisées, sont une conséquence indirecte de l'extraction de l'or. Ils ont la dimension de banlieues et sont encerclés de murailles qui dominent les quartiers résidentiels environnants. La quantité de roche extraite du sous-sol de la région est telle que la subsidence cause d'importants tremblements de terre.

L'UNE DES GRANDES VILLES DE L'AFRIQUE SUBSAHARIENNE

Johannesburg

Johannesburg constitue le cœur de la seule conurbation en formation en Afrique subsaharienne. Fondée pour accueillir les mineurs à la suite de la découverte de gisements d'or dans le Witwatersrand, cette ville est rapidement devenue le centre d'une mégalopole de près de 7 millions d'habitants, qui s'étend de Pretoria dans le nord à Vereeniging dans le sud, et de Springs dans l'est à Krugersdorp dans l'ouest. La métropole de Johannesburg elle-même, avec ses 2 millions d'habitants, était en 1997 la seconde ville du pays en importance, après Le Cap.

Le paysage urbain de Johannesburg est le plus impressionnant de toute l'Afrique. Sa forêt de gratte-ciel témoigne de la richesse engendrée par l'activité minière au cours du siècle dernier. En général, les Blancs se sont installés dans le nord de la ville et les Noirs, dans le sud. Ainsi, la banlieue noire de Soweto s'est développée dans le sud, alors que Houghton et d'autres vastes banlieues huppées, autrefois exclusivement réservées aux Blancs, s'étendent dans le nord.

La ville de Johannesburg est située à 1760 m au-dessus du niveau de la mer. Son atmosphère raréfiée est polluée par le smog que produisent les automobiles, les usines, les particules qui s'échappent des terrils et les nombreux feux utilisés pour la cuisine par les habitants des banlieues et des bidonvilles qui encerclent la métropole.

Née de l'exploitation des mines d'or, Johannesburg est devenue le centre d'un vaste complexe industriel, commercial et financier qui porte aujourd'hui le nom de Gauteng.

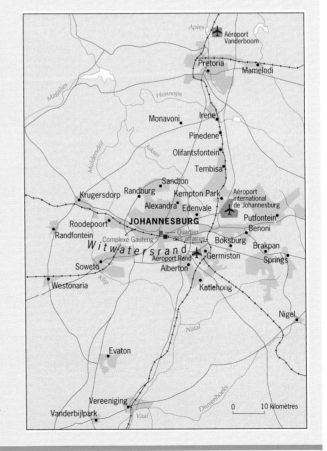

La vue aérienne de ce gigantesque complexe ferroviaire rappelle que la quasi-totalité de l'Afrique a été transformée en une vaste réserve de matières premières, transportées de l'intérieur vers les ports pour être expédiées vers l'Europe et les autres continents. Ce complexe est situé à proximité de Witbank, dans le Rand oriental. Une fois chargés, ces trains transporteront le minerai depuis le plateau jusqu'à Durban ou Maputo. L'exploitation minière en Afrique du Sud a à tout le moins doté le pays d'un réseau de transport interrégional efficace.

L'apartheid a assombri les perspectives d'avenir et mis en évidence les faiblesses de l'économie. Le gouvernement dirigé par les Afrikaners a englouti des sommes considérables dans sa politique de « développement séparé », qui ne tenait pas compte de certains principes fondamentaux en géographie économique. Les sanctions internationales visant à mettre fin à l'apartheid ont provoqué un ralentissement de l'économie, que l'agitation des travailleurs et la baisse des prix n'ont fait qu'aggraver.

En 1997, l'économie de l'Afrique du Sud reposait encore largement sur les exportations de métaux et de minéraux. Le chômage, la pénurie de logements et les tensions liées à la propriété des terres formaient un mélange explosif susceptible de déstabiliser la société sud-africaine.

Selon les indicateurs de développement courants, l'Afrique du Sud se classe parmi les économies à revenu moyen, tranche supérieure, mais les moyennes calculées donnent une image déformée d'un pays où les contrastes entre le centre et la périphérie sont frappants. Avec ses grandes villes, ses complexes industriels, ses fermes mécanisées et ses immenses fermes d'élevage, l'Afrique du Sud ressemble aux États à revenu élevé, comme le Canada et l'Australie. Mais à l'extérieur de la principale zone centrale (dont le cœur est Johannesburg), des centres secondaires et des corridors qui les relient, les conditions qui y prévalent s'apparentent à celles des zones rurales de la Zambie ou du Zimbabwé. Les divers groupes que présente le tableau 7.1 sont séparés par des écarts énormes selon divers indicateurs tels que l'espérance de vie, la mortalité infantile, la santé globale, la nutrition et la scolarisation. L'Afrique du Sud est souvent décrite comme un microcosme : sa diversité culturelle et son éventail de conditions de vie en font un miroir de la population mondiale. Si l'évolution actuelle se poursuit, le paria de l'époque de l'apartheid pourrait servir de guide dans la construction d'un monde meilleur.

QUESTIONS DE RÉVISION

1. Quels problèmes la géographie physique de l'Afrique présente-t-elle pour l'agriculture ?
2. Pourquoi la majorité des Africains dépendent-ils encore de l'agriculture pour gagner leur vie ?
3. Pourquoi les maladies continuent-elles de s'abattre sur l'Afrique ?
4. Quels problèmes la Conférence de Berlin a-t-elle causés au continent africain ?
5. Pourquoi la population toujours grandissante de l'Afrique a-t-elle un accès si restreint au marché mondial ?
6. Qu'est-ce qui empêche l'Afrique d'utiliser efficacement ses ressources ?
7. Pourquoi, en dépit de la mauvaise qualité des terres agricoles, la population africaine continue-t-elle de croître ?
8. Par quelles mesures a-t-on réussi à mettre fin à l'Apartheid ?
9. Pourquoi considère-t-on l'Afrique du Sud comme l'une des républiques les plus prometteuses ?

CHAPITRE 8

Votre étude de la géographie de l'Asie du Sud terminée, vous pourrez :

1 Décrire le relief du sous-continent indien et expliquer le phénomène de la mousson.

2 Résumer les grands moments de l'histoire de l'Inde et, plus particulièrement, la dramatique transition du colonialisme à l'indépendance.

3 Comprendre le potentiel de développement du Pakistan de même que les problèmes politiques internes et externes qui freinent ce développement et risquent à tout moment de déclencher un conflit majeur.

4 Comprendre la structure politique fédérale unique de l'Inde et la mosaïque culturelle qui la sous-tend.

5 Évaluer l'importance de la crise démographique à laquelle l'Asie du Sud et, plus particulièrement, l'Inde font face.

6 Résumer dans ses grandes lignes l'évolution économique de l'Inde et ses effets sur l'agriculture, le secteur manufacturier et l'urbanisation.

7 Expliquer les conditions de vie, particulièrement misérables, au Bangladesh et les minces possibilités d'améliorations prochaines.

8 Comprendre les facteurs qui pourraient contribuer au développement du Sri Lanka et décrire le conflit interethnique qui en freine l'essor.

9 Positionner sur la carte les principales caractéristiques physiques, culturelles et économiques de cet ensemble géographique.

L'Asie du Sud : résurgence du régionalisme

De la péninsule Ibérique à la Corée en passant par l'Arabie et la Malaysia, la masse continentale eurasiatique s'étire en de nombreuses presqu'îles, dont la plus importante est sans aucun doute l'immense triangle que forme l'Inde en pénétrant profondément dans l'océan Indien. Ce vaste pays, marqué par la diversité et l'agitation, constitue un véritable sous-continent.

État le plus peuplé du monde après la Chine, l'Inde forme le cœur de l'Asie du Sud. Sa population, qui excédera le milliard avant la fin du siècle, lui assure une place prépondérante dans un ensemble géographique pourtant composé de géants : le Bangladesh, à l'est, compte 125 millions d'habitants et le Pakistan, à l'ouest, 140 millions. Seuls le Népal, situé dans la région montagneuse du nord, et le Sri Lanka, un pays insulaire du sud, ont des populations relativement modestes d'environ 20 millions d'habitants.

Ces grands groupes humains peuplent un ensemble géographique aux limites naturelles relativement bien définies. Au nord, l'Asie du Sud est séparée du reste de la masse continentale par la plus haute chaîne montagneuse du globe, l'Himalaya, dont les prolongements s'étirent à la fois vers l'est et l'ouest. À l'est, des montagnes et des forêts denses délimitent la frontière entre l'Asie du Sud et l'Asie du Sud-Est. L'ouest comporte quelques cols, mais aucun cependant n'est facilement praticable. C'est de ce côté, au-delà des déserts et à travers les défilés que sont venues les influences qui ont à maintes reprises accentué la complexité de la société sud-asiatique. La diversité linguistique de l'Asie du Sud actuelle évoque la tour de Babel, son découpage selon des critères religieux l'apparente à Jérusalem et sa situation politique rappelle celle du Liban. Les conflits qui déchirent l'Inde ne se sont toutefois pas étendus au-delà de ses frontières et, étonnamment, un seul changement politique majeur s'est produit au cours du dernier demi-siècle, soit depuis la fin de la période coloniale. Mais on peut se demander combien de temps encore pourra durer cette stabilité institutionnelle.

Portrait de l'Asie du Sud

Délimitée au nord par des montagnes, à l'est par des forêts et au sud par des côtes, l'Asie du Sud est aussi clairement définie sur le plan culturel, comme on le voit sur les cartes de la distribution spatiale des religions et des langues (fig. 6.1 et 8.4). En fait, il n'y a que dans l'ouest que les limites physiques et culturelles prêtent à discussion.

L'Asie du Sud, telle que nous la définissons, comprend cinq régions : 1° l'Inde; 2° le Pakistan à l'ouest; 3° le Bangladesh à l'est; 4° les îles du Sud, englobant le Sri Lanka et les Maldives; 5° les montagnes du Nord, s'étendant du Cachemire au Bhoutan en passant par le Népal. La région la plus vaste, l'Inde, se divise elle-même en sous-régions, comme nous le verrons plus loin.

On peut s'étonner de voir le Pakistan inclus dans l'Asie du Sud plutôt que dans l'ensemble formé de l'Afrique du Nord et de l'Asie du Sud-Ouest, à dominante islamique. En effet, la limite politique indo-pakistanaise constitue une frontière culturelle très marquée : le Pakistan est une république islamique, alors que l'Inde est un État séculier où prévalent l'hindouisme et les modes de vie qui lui sont associés. Selon ce seul critère, le Pakistan ne fait pas partie de l'Asie du Sud. Toutefois, d'autres considérations font pencher la balance en faveur de son inclusion : la parenté ethnique entre le Pakistan et l'Inde est plus importante que celle qui existe entre le Pakistan et l'Iran ou l'Afghanistan; les migrations vers l'Inde et la diffusion des idées ont emprunté le chemin du Pakistan; durant la période coloniale, ce pays faisait partie de l'Empire britannique des Indes, et l'anglais a encore le statut de langue officielle dans les deux pays. Par ailleurs, on compte environ 110 millions de musulmans en Inde et 100 millions au Bangladesh, de sorte que la population islamique du Pakistan est inférieure à celle du reste de l'Asie du Sud. Les disparités culturelles entre l'est et l'ouest ne justi-

PRINCIPALES CARACTÉRISTIQUES GÉOGRAPHIQUES DE L'ASIE DU SUD

1. L'ensemble sud-asiatique est nettement délimité par la géographie physique : il s'étend du versant sud de l'Himalaya aux États insulaires du Sri Lanka et des Maldives.

2. Les bassins hydrographiques du Brahmapoutre, du Gange et de l'Indus sont d'une importance vitale pour des centaines de millions de Sud-Asiatiques. La mousson d'été constitue un élément crucial de l'environnement.

3. L'Inde est le deuxième État du monde quant à la population et, si le taux de croissance actuel se maintient, il sera le premier en l'an 2025.

4. Aucun autre ensemble géographique ne fait face à des problèmes démographiques aussi considérables et urgents que ceux que connaît l'Asie du Sud.

5. Tous les pays sud-asiatiques se classent parmi les économies à faible revenu. Ils font tous face à une pénurie de denrées alimentaires et l'incidence des déficiences nutritionnelles est partout élevée.

6. Le secteur agricole sud-asiatique est en général peu productif; le taux de rendement est moins élevé que dans d'autres parties de l'Asie.

7. La grande majorité des Sud-Asiatiques habitent dans des villages et pratiquent une agriculture de subsistance.

8. L'Asie du Sud est caractérisée par le régionalisme culturel. L'hindouisme domine en Inde, le Pakistan est une république islamique, tandis que le bouddhisme est la religion de la majorité au Sri Lanka.

9. La majeure partie des frontières géopolitiques de l'ensemble sud-asiatique sont issues de la période coloniale, mais des changements importants ont été apportés après le départ des Britanniques.

10. L'Inde est l'État fédéral le plus grand et le plus complexe du monde.

fieraient donc pas un découpage différent de l'ensemble géographique, et le Pakistan forme bel et bien le flanc occidental de l'Asie du Sud.

Les régions naturelles

Avant d'étudier la géographie culturelle de la complexe et fascinante Asie du Sud, examinons-en le milieu naturel unique au monde. Cet ensemble géographique présente une grande diversité : pics enneigés, versants recouverts de forêts, vastes déserts, larges bassins fluviaux, hauts plateaux et côtes spectaculaires. L'Himalaya, née de la collision de deux grandes plaques tectoniques, est couverte de glaciers qui alimentent en fondant les grands fleuves qui coulent à ses pieds. Les conditions atmosphériques générales font de l'Asie du Sud une zone d'ouragans et de moussons.

Si l'on considère le relief, trois régions se distinguent clairement en Asie du Sud : la zone montagneuse du Nord, les plateaux du sud de la péninsule et, entre les deux, une zone de plaines alluviales. À cette struc-

ture se superpose un gradient de précipitations orienté est-ouest, depuis le Bangladesh humide jusqu'à l'ouest aride du Pakistan occidental (fig. I.6 et I.7), seule la côte très pluvieuse de Malabar (en Inde) fait exception (fig. 8.1).

La zone montagneuse du Nord

La zone montagneuse du Nord s'étend des chaînes de l'Hindu Kuch et du Karakoroum dans le nord-ouest aux monts du Bhoutan et de l'État indien de l'Arunachal Pradesh dans l'est, en passant par l'Himalaya

Figure 8.1   Relief de l'Asie du Sud.

au centre, qui comprend le plus haut sommet du monde, l'Everest, situé au Népal. Les versants des montagnes, arides et dénudés à l'ouest, dans la zone de la frontière pakistano-afghane, sont verdoyants et parsemés d'arbres au Cachemire, puis recouverts de forêts dans les basses terres népalaises, et d'une végétation encore plus dense dans l'Arunachal Pradesh. Entre les montagnes et les plaines **alluviales**, la zone de transition est formée de collines et de nombreuses vallées profondément érodées que traversent des torrents glaciaires.

Les plaines alluviales

Les plaines alluviales s'étendent vers l'est depuis la basse vallée de l'Indus dans la province pakistanaise du Sind

LA MOUSSON SUD-ASIATIQUE, SOURCE DE VIE

À proximité de l'océan, lorsque le soleil réchauffe le sol, l'air à sa surface s'élève et des masses d'air marin viennent remplir le vide ainsi créé. Si le soleil réchauffe une masse continentale tout entière, il se forme un vaste système de basse pression qui provoque le déplacement de masses d'air considérables depuis les océans vers l'intérieur des terres. Un tel système met des mois à se former et, une fois développé, il reste en place pendant des mois. Ainsi, pendant la **mousson d'été** en Asie du Sud, il peut pleuvoir pendant 60 jours ou plus. La campagne reverdit; les rizières se remplissent d'eau; la poussière accumulée durant la saison sèche s'en va; la région tout entière renaît.

Le phénomène de la mousson ne se produit qu'aux endroits où un ensemble donné de conditions topographiques et atmosphériques sont réunies. Le schéma de la figure 8.2 illustre la façon dont ce phénomène se déroule en Asie du Sud. Pendant des mois, une cellule de basse pression se forme au-dessus du nord de l'Inde. En juin, le creux barométrique est assez important pour aspirer vers l'intérieur des terres les masses d'air chaud localisées au-dessus d'une vaste portion de l'océan Indien,

qui se trouve en zone tropicale. Une partie de cet air chargé d'humidité est arrêté par les Ghâtes occidentales ①, le long desquels il s'élève tout en se refroidissant, provoquant de grandes quantités de précipitations. D'autres masses d'air marin, arrivant du golfe du Bengale, sont entraînées par le mouvement de convection ayant lieu au-dessus du nord-est de l'Inde et du Bangladesh ②. Une zone de plus en plus étendue, incluant la totalité de la plaine du Gange, est alors arrosée par une pluie qui semble ne jamais vouloir prendre fin. Les masses d'air océanique sont arrêtées par la barrière montagneuse de l'Himalaya, et les pluies ne peuvent se dissiper ③. L'air se déplace ensuite vers l'ouest et il finit par perdre son humidité en cheminant vers le Pakistan ④.

Au bout de plusieurs semaines, les dépressions s'affaiblissent et se raréfient, les pluies déclinent et, enfin, les vents secs recommencent à souffler : c'est le début de la saison sèche ou mousson d'hiver. Depuis quelques années, les saisons ont semblé plus irrégulières et, en 1987, la mousson d'été n'a pas apporté toute la quantité de pluie attendue. En ce sens, la vie en Inde est soumise aux caprices de la météo.

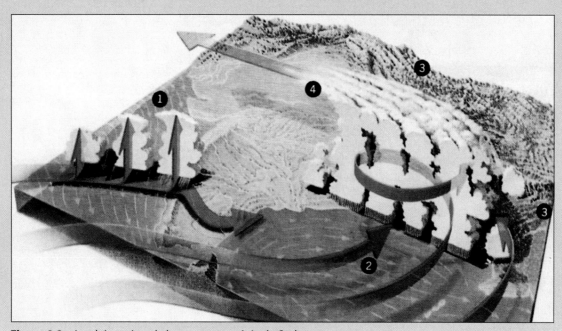

Figure 8.2 Le phénomène de la mousson en Asie du Sud.

jusqu'à l'immense delta commun du Gange et du Brahmapoutre au Bangladesh, en passant par la vaste plaine gangétique dans le nord-est de l'Inde (fig. 8.1). Dans l'ouest, la vallée de l'Indus s'élève en direction du Tibet, puis ce fleuve traverse le Cachemire et s'incurve vers le sud avant de recevoir ses principaux affluents, dans le Punjab (« la terre des cinq rivières »).

Les plateaux du Sud

Les plateaux sont la forme dominante dans la péninsule indienne. Une grande partie de celle-ci est d'ailleurs occupée par le plateau du Deccan, formé de vastes coulées de basalte qui se sont produites au moment où l'Inde s'est séparée de l'Afrique, à l'époque du fractionnement du Gondwana. Le Deccan (ou « sud ») est incliné vers l'est; sa partie occidentale étant plus élevée, les principaux fleuves se jettent dans le golfe du Bengale. Au nord du Deccan s'étendent entre autres les plateaux du Malva et du Chota Nagpur, le premier dans l'ouest et le second dans l'est (fig. 8.1). Les Ghâtes (ou « marches d'escalier »), situés entre les hauts plateaux et l'étroite plaine côtière, constituent également une région géomorphologique importante de la péninsule indienne. Les masses d'air océanique qui se déplacent vers le sous-continent à l'époque de la mousson d'été arrosent abondamment le secteur occidental de cet escarpement qui abrite certaines des zones agricoles les plus fertiles de l'Inde et une grande partie de la population du sud de la péninsule. (Voir p. 278 l'encadré « La mousson sud-asiatique, source de vie ».)

Histoire du peuplement

Entre les montagnes du Nord et les hauts plateaux du Sud s'étendent les larges vallées populeuses du Brahmapoutre, du Gange et de l'Indus. Il existe de nombreuses preuves que cette dernière vallée a été le berceau de la plus vieille civilisation d'Asie du Sud (voir ci-dessous l'encadré « L'Inde »), contemporaine de

L'INDE

La dénomination *Inde* vient du nom sanskrit *sindhu* donné à l'ancienne civilisation de la vallée de l'Indus. Dans leurs descriptions de la région, les Grecs ont transformé *sindhu* en *sinthos*, qui est devenu *sindus* en latin. L'altération de *sindus* a par la suite donné *indus,* qui signifie « rivière » et a d'abord été employé pour désigner le cœur du Pakistan actuel. L'appellation dérivée *Inde* a ensuite été donnée à l'ensemble des bassins fluviaux s'étendant de l'Indus dans l'ouest au cours inférieur du Brahmapoutre dans l'est, de même qu'aux populations qu'ils abritaient.

l'antique Mésopotamie, avec laquelle elle avait des échanges. Malheureusement, une grande partie des vestiges de la civilisation de l'Indus reposent sous le niveau actuel de la nappe phréatique de la vallée; l'étude des sites archéologiques accessibles a néanmoins démontré que la culture indusienne était passablement avancée et qu'elle avait donné naissance à de grandes villes dotées d'une organisation complexe. Tout comme en Mésopotamie et dans la vallée du Nil, des techniques d'irrigation avaient été développées et la civilisation de l'Indus reposait sur l'agriculture pratiquée dans les terres irriguées de la vallée (fig. 8.3).

Développement des bassins fluviaux

La civilisation de l'Indus a joué en Inde un rôle analogue à celui qu'a rempli en Afrique le foyer antique du bas Nil : les idées et les innovations issues de la vallée de l'Indus se sont répandues vers l'est et le sud dans les diverses communautés et sociétés qui cohabitaient dans la péninsule (fig. 6.2). Toutefois, comparativement à la civilisation égyptienne en Afrique, la culture indusienne a connu une période de diffusion beaucoup plus longue et elle a contribué dans une bien plus large mesure à la cohésion du monde indien. Lorsque la civilisation de l'Indus et, par le fait même, les deux grandes villes Harappa et Mohenjo-Daro commencèrent à décliner, il y a environ 4000 ans, plusieurs peuples indiens avaient déjà subi l'influence indusienne.

À peu près à la même époque, une autre force entra en jeu : à partir du milieu du IIe millénaire avant

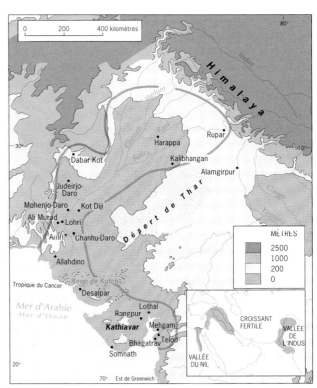

Figure 8.3 La civilisation de la vallée de l'Indus.

notre ère, environ, les *Aryens* (des peuples parlant des langues indo-européennes) pénétrèrent graduellement dans la vallée de l'Indus en passant par l'Iran; ils adoptèrent plusieurs innovations des Indusiens et repoussèrent les limites de leurs établissements vers l'est jusque dans la plaine du Gange, où ils créèrent leur propre civilisation urbaine. En avançant encore plus loin vers le sud, ils soumirent et assimilèrent les tribus qui habitaient la péninsule. Le *sanskrit,* parlé par les conquérants, évolua en de nombreuses variantes qui font partie de la mosaïque linguistique de l'Inde moderne (fig. 8.4).

Durant les siècles qui suivirent l'invasion aryenne, la civilisation indienne connut une période de croissance et de progrès. Une certaine organisation régionale commença à apparaître dans l'ensemble informe des tribus isolées dans des villages. Des villes se développèrent, les arts et l'artisanat se mirent à prospérer, et les échanges commerciaux avec l'Asie du Sud-Ouest s'accrûrent. Mais l'un des événements les plus déterminants est certainement la création de l'*hindouisme;* cette religion, issue des croyances et des pratiques importées en Inde par les Aryens, donna naissance à un style de vie entièrement nouveau. Ainsi, les prêtres, très influents, élaborèrent une **stratification sociale** qu'ils contrôlaient et administraient. Les brahmanes formaient en effet la première *caste* d'une hiérarchie complexe et bureaucratique dans laquelle chacun avait sa place, qu'il fut soldat, artiste, marchand, paysan... Mais il ne faudrait pas croire pour autant que la paix régnait en Inde il y a quelque 3000 ans. Des royaumes belliqueux et expansionnistes s'étaient formés et les rivalités et luttes pour le pouvoir étaient nombreuses.

C'est dans l'un de ces royaumes du nord-est de l'Inde qu'est né le prince Siddharta Gautama, mieux connu sous le nom de Bouddha. Après avoir vécu de la même manière que la majorité des jeunes gens de sa tribu à peu près jusqu'à l'âge de vingt-neuf ans, il quitta soudainement le palais royal pour aller sur les chemins en quête de la Vérité. Il reçut finalement l'Éveil après avoir longuement médité, et il se mit à prêcher le renoncement et le respect de toute forme de vie, deux principes à la base de la doctrine qu'il a élaborée. En parcourant les routes de l'Inde, Siddharta attira de nombreux adeptes, mais, de son vivant, ses enseignements eurent peu d'influence sur les sociétés à dominante hindoue. Il fallut qu'un souverain puissant fasse du bouddhisme la religion officielle de son royaume pour qu'il acquière de l'importance.

Mais entre-temps, d'autres envahisseurs venus du nord et du nord-ouest avaient semé l'agitation en Asie du Sud. Les Perses d'abord avaient pénétré dans la vallée de l'Indus, suivis des Grecs sous le commandement d'Alexandre le Grand; ces derniers avaient avancé jusque dans le cœur même de l'Inde, soit la plaine du Gange, vers la fin du IVe siècle avant notre ère.

Le sud péninsulaire

Pendant que ces événements bouleversaient le nord de l'Inde, le Sud demeurait dans un isolement relatif en raison de la distance qui le séparait des foyers d'innovation culturelle; cette situation freina la diffusion des idées mais garda la population à l'abri des conflits. Bien avant l'apparition des civilisations de l'Indus et du Gange, le sud de la péninsule était déjà habité par des peuples dont les origines sont mal connues. Ils auraient été apparentés, d'après leurs caractéristiques physiques, à des indigènes d'Afrique ou d'Australie, et parlaient des langues n'appartenant pas, contrairement à celles en usage dans le Nord, à la famille indo-européenne. En fait, le sud de la péninsule forme une sous-région distincte de l'Inde (fig. 8.4), habitée majoritairement par des peuples *dravidiens* qui parlent des langues apparentées entre elles. Malgré les mélanges de populations entre le Nord et le Sud, la pointe de la péninsule a conservé un caractère distinct. Les quatre principales langues dravidiennes, soit le tamoul, le télougou, le kanara et le malayalam, ont toutes une littérature riche et ancienne. Les deux premières sont parlées par près du cinquième des 967 millions d'habitants de l'Inde moderne.

L'Empire maurya d'Asoka

Le premier véritable empire indien fut édifié par la dynastie des Maurya, qui instaura la stabilité et la paix sur un vaste territoire couvrant tout le nord de l'Inde

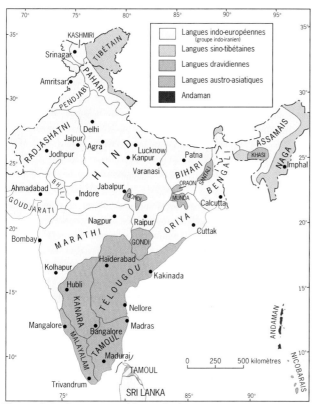

Figure 8.4 Langues parlées en Inde.

et s'étendant vers le sud jusqu'à la ville actuelle de Bangalore. Le plus grand des souverains maurya fut certainement Asoka, qui régna une bonne partie du IIIe siècle avant notre ère. Cet empereur contribua largement à propager le bouddhisme, peu connu à l'époque, d'abord à l'échelle régionale puis dans la totalité du royaume.

Asoka envoya des missionnaires prêcher les enseignements de Bouddha à des peuples éloignés; c'est ainsi que le bouddhisme devint la principale religion du Sri Lanka et qu'il se répandit jusqu'en Asie du Sud-Est. Ironiquement, cette religion continua de se développer dans ces contrées lointaines tandis qu'elle se mit à décliner sur le territoire même de l'Inde.

L'Empire maurya fut l'entité politique et culturelle la plus remarquable de l'Inde de cette époque, et sa chute, vers la fin du IIe siècle avant notre ère, entraîna la fragmentation de l'Inde en de multiples royaumes.

L'influence de l'islam

Venus de la Perse à l'ouest et de l'Afghanistan au nord-ouest, les envahisseurs musulmans déferlèrent sur le sous-continent indien, vers la fin du Xe siècle. Directement dans la trajectoire de ce raz-de-marée irrépressible, la grande majorité des habitants de la vallée de l'Indus fut convertie à l'islam. Les musulmans envahirent ensuite le Punjab, où les deux tiers de la population auraient adopté la religion islamique, puis ils poursuivirent leur marche vers l'est jusque dans la plaine du Gange, où leurs efforts de conversion donnèrent des résultats plus mitigés. Entre-temps, d'autres musulmans étaient arrivés par voie maritime dans le delta du Gange et avaient islamisé la quasi-totalité de la population occupant le territoire du Bangladesh actuel.

Vers le début du XIVe siècle, un puissant sultanat, ayant comme capitale Delhi, avait établi son autorité sur un domaine encore plus grand que celui de l'Empire maurya. Plus tard, l'Empire moghol s'appropria le plus vaste territoire de l'ensemble géographique à avoir été intégré dans une unique entité politique avant le début de la période coloniale. L'islam offrait à bon nombre d'hindous des basses castes la possibilité d'échapper à une hiérarchie socio-religieuse rigide dans laquelle ils n'avait aucune chance de s'élever.

Cependant, l'islam ne put maintenir indéfiniment sa domination sur le vaste territoire sud-asiatique. Moins de 15 % de la population de l'Inde actuelle est musulmane : la cohabitation n'allait pas de soi entre les pacifistes hindous et les bouillants islamistes.

L'intrusion européenne

À partir du XVIe siècle, une autre composante fit son apparition dans l'Asie du Sud agitée, où il n'existait aucune unité religieuse, politique ou linguistique. Les puissances européennes, à la recherche de matières premières, de marchés et de sphères d'influence, trouvèrent un terrain favorable dans ce pays où s'affrontaient musulmans et hindous : ils tirèrent profit des rivalités, des jalousies et des antagonismes qui opposaient les gouvernements locaux. Les marchands britanniques prirent le contrôle du commerce avec l'Europe, puis du commerce maritime entre l'Inde et l'Asie du Sud-Est.

En fait, la Compagnie britannique des Indes orientales s'occupa de l'administration coloniale dans le sous-continent pendant près de trois siècles. Elle fut abolie en 1857, incapable de faire face de façon efficace aux fortes tensions créées par l'occidentalisation croissante de l'Inde. Le pays devint alors officiellement une colonie britannique et conserva ce statut jusqu'en 1947, année où prit fin le *British Raj* (ou régime britannique).

La transformation issue du colonialisme

Les quatre siècles de présence européenne en Asie du Sud modifièrent grandement l'orientation culturelle, économique et politique de cet ensemble géographique. Certes, les Britanniques introduisirent des éléments positifs dans la vie des Indiens, mais le colonialisme eut de graves conséquences. Il existe une différence notable entre ce qui s'est produit en Asie du Sud et en Afrique subsaharienne. Lorsque les Européens débarquèrent en Inde, de nombreuses industries s'étaient déjà développées dans le pays, principalement dans les secteurs métallurgique et textile, et les marchands indiens jouaient un rôle prépondérant dans le commerce florissant avec l'Asie du Sud-Est et du Sud-Ouest. En monopolisant les échanges commerciaux, les Britanniques transformèrent complètement l'économie de l'Inde.

Ainsi, le pays cessa de produire des biens manufacturés; il commença à exporter des matières premières et à importer des produits finis, évidemment fabriqués en Europe. Même si la quantité totale des échanges s'accrut énormément durant la période coloniale, la transformation du commerce de l'Inde entraîna une détérioration considérable des conditions de vie des habitants.

Comme les Maurya et les Moghols avant eux, les Britanniques échouèrent dans leur tentative d'unifier le sous-continent indien et de réduire les divisions culturelles et politiques internes. Tenue de respecter des traités signés par la Compagnie des Indes avec des centaines d'entités politiques, la couronne britannique découpa le sous-continent en plus de 600 territoires « souverains », placés sous le contrôle d'administrateurs britanniques. Dans l'ensemble, cet amalgame presque chaotique de la structure administrative coloniale moderne et du féodalisme traditionnel reflétait les disparités régionales et locales de l'Inde, et il contribua, à certains points de vue, à les accentuer.

Bon nombre d'Indiens choisirent la fuite en réaction au partage de l'empire britannique des Indes. Il en résulta l'un des déplacements de population les plus considérables de l'histoire de l'humanité. La photo illustre l'arrivée en gare d'Amritsar (la plus proche de la frontière indo-pakistanaise) de deux contingents de réfugiés hindous ayant fui l'ancienne province du Pakistan-Occidental.

La période coloniale eut néanmoins des effets bénéfiques pour l'Inde. Le pays fut doté de l'un des meilleurs réseaux ferroviaires et routiers jamais construits dans les colonies. Des ingénieurs britanniques conçurent un système de canaux d'irrigation qui permit d'accroître de millions d'hectares la superficie des terres cultivées. Les établissements qui existaient déjà à l'arrivée des marchands britanniques devinrent de grandes villes et des ports fort achalandés. Ainsi Bombay, Calcutta et Madras sont encore aujourd'hui parmi les principaux centres urbains de l'Inde, et leur paysage porte manifestement l'empreinte du colonialisme. Les Britanniques fondèrent également des industries modernes dans le sous-continent, quoique sur une très petite échelle. Dans le domaine de l'éducation, ils s'efforcèrent de combiner leur propre culture et les traditions indiennes; l'occidentalisation de l'élite du pays se fit notamment par l'envoi en Angleterre de nombreux étudiants indiens. Les Britanniques introduisirent en outre la médecine moderne en Inde; ils tentèrent de plus de mettre fin à des pratiques culturelles telles que le sati (immolation rituelle d'une veuve sur le bûcher funéraire de son mari), la suppression des nouveau-nés de sexe féminin et le mariage d'enfants, et ils essayèrent d'éliminer le système de castes. Ce programme était évidemment trop ambitieux pour être mené à bien en quelques générations; toutefois, après l'indépendance, l'Inde poursuivit dans certains domaines le travail entrepris par les Britanniques.

Partage de l'empire des Indes

Dès les années 1930, les militants islamistes commencèrent à promouvoir l'idée de la création d'un Pakistan

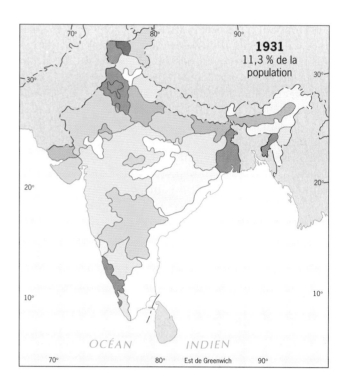

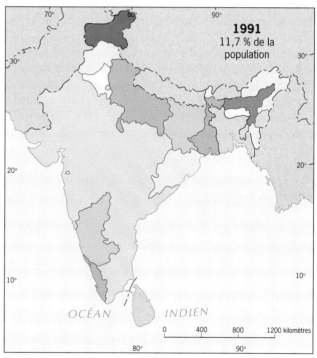

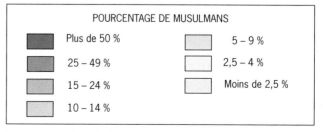

Figure 8.5 Population musulmane de l'Inde, par État (1931-1991).

autonome : ils affirmaient que les musulmans habitant l'empire des Indes formaient une nation distincte de celle des hindous et que cela justifiait la fondation d'un État indépendant formé des provinces du Punjab, du Cachemire, du Sind et du Baloutchistan, de même que d'une partie de l'Afghanistan. Les musulmans étaient effectivement majoritaires dans les provinces de l'ouest et de l'est de l'empire des Indes, mais d'autres groupes islamistes étaient dispersés sur le reste du territoire (fig. 8.5). Il était donc impossible de tracer une frontière qui aurait donné naissance à un Pakistan islamique et une Inde hindoue sans que cette ligne de démarcation traverse des régions où les deux communautés étaient imbriquées : ce projet ne pouvait se réaliser sans entraîner la relocalisation de millions de personnes.

Par ailleurs, le Punjab abritait des millions de Sikhs dont les dirigeants étaient farouchement opposés aux musulmans, et le projet de frontière allait forcer ces deux groupes à cohabiter. Avant même la déclaration d'indépendance, les dirigeants sikhs appelèrent à la révolte, et des émeutes se produisirent; personne cependant n'aurait pu prévoir les massacres horribles et les migrations massives qui suivirent la création des deux États autonomes du Pakistan et de l'Inde. En fait, le partage causa des souffrances humaines d'une ampleur inimaginable.

Malgré le flux considérable de réfugiés qui traversèrent la frontière indo-pakistanaise, des dizaines de millions de musulmans habitaient encore en Inde après les premières migrations massives (fig. 8.5). Actuellement, la minorité musulmane de l'Inde est presque aussi importante que la population musulmane du Pakistan, car elle a plus que triplé depuis la fin des années 1940, ce qui en fait la minorité la plus nombreuse du monde. Ce groupe ne peut donc être considéré comme un simple vestige de l'époque où l'islam dominait l'Asie du Sud; il constitue une force avec laquelle l'Inde devra compter encore davantage dans l'avenir.

Les régions de l'Asie du Sud

✦ Le Pakistan : un nouveau défi

Si l'Égypte est un don du Nil, le Pakistan doit beaucoup à l'Indus. Ce grand fleuve et son principal affluent, la Sutlej, sont essentiels à la vie dans les vallées qui forment le cœur de ce pays populeux (fig. 8.6).

Le Pakistan (dont le nom officiel est République islamique du Pakistan) n'est pas très vaste si on le compare aux autres pays d'Asie : sa superficie est en effet comparable à la moitié de celle du Québec. Mais avec ses 137

LES PRINCIPALES VILLES D'ASIE DU SUD	
Ville	**Population*** (en millions)
Ahmadabad (Inde)	3,9
Bangalore (Inde)	5,2
Bénarès (ou Varanasi) (Inde)	1,2
Bombay (Inde)	16,6
Calcutta (Inde)	12,2
Colombo (Sri Lanka)	0,8
Dhaka (Bangladesh)	9,0
Delhi et New Delhi (Inde)	10,8
Haïderabad (Inde)	6,0
Karachi (Pakistan)	11,0
Katmandou (Népal)	0,5
Lahore (Pakistan)	5,7
Madras (Inde)	6,3

* Nombre approximatif d'habitants des agglomérations urbaines en 1997

millions d'habitants, il se range parmi les dix pays les plus populeux du globe; de plus, il est le deuxième pays musulman au monde, après l'Indonésie. Cette dernière a néanmoins une influence limitée, alors que le Pakistan joue un rôle déterminant dans le regain de ferveur que connaît l'islam à l'échelle planétaire.

Dans l'extrême nord du Pakistan, les frontières forment une structure complexe et quelques territoires font l'objet de contestations. L'Inde, la Chine, le Pakistan et l'ex-Union soviétique se sont disputé le contrôle de zones montagneuses situées le long de la frontière nord, mais le principal litige, portant sur les régions du Jammu et du Cachemire, oppose le Pakistan et l'Inde (voir l'encadré « La question du Cachemire » p. 285).

Au moment de la création du Pakistan indépendant, lors du partage de l'empire des Indes en 1947, la capitale du pays était Karachi, une ville de la côte méridionale, située non loin de la limite ouest du delta de l'Indus. Mais de cet emplacement calme le nouvel État déplaça sa capitale à Islamabad, dans un secteur agité de l'intérieur, signifiant ainsi clairement sa volonté de faire valoir ses droits sur sa zone frontière septentrionale.

En 1947, les régions du Pakistan avaient peu de choses en commun à part la religion islamique et leur opposition à l'Inde hindoue. Les gouvernements pakistanais successifs, tant civils que militaires, cherchèrent du côté de l'islam le facteur d'unité qui n'existait ni dans le passé ni dans la géographie du pays, et ce faisant ils créèrent l'un des États les plus théocratiques du monde.

En dépit de l'islamisation de la société pakistanaise pluraliste, les régions du pays sont demeurées très in-

Figure 8.6 Le Pakistan.

fluentes. L'ourdou est l'une des deux langues officielles, avec l'anglais qui est la langue véhiculaire de l'élite, mais plusieurs autres langues sont parlées par des groupes importants habitant diverses régions. Quant au mode de vie, il varie du nomadisme dans le Baloutchistan au pastoralisme dans les montagnes du nord, en passant par l'agriculture irriguée dans le Punjab. Nous examinerons plus en détail les sous-régions du Pakistan dans les paragraphes suivants.

Les sous-régions

Le Pakistan comprend quatre sous-régions fort disparates : le Punjab au cœur du pays, le Sind donnant sur la mer d'Oman, le Baloutchistan désertique et le Nord montagneux.

Le Punjab

Le Punjab, qui forme le cœur du Pakistan, était également le foyer national des musulmans. La frontière tra-

LA QUESTION DU CACHEMIRE

La région montagneuse du Cachemire fait l'objet de litiges depuis le partage de l'empire des Indes. Le conflit entre l'Inde et le Pakistan s'est concentré principalement dans la zone sud-ouest qui forme l'État indien de Jammu-et-Cachemire (fig. 8.6).

Au moment de la création du Pakistan, en 1947, l'État princier du Cachemire comptait environ 5 millions d'habitants, dont près de 50 % dans la « vallée du Cachemire », où se trouvait la capitale Srinagar, et 45 % dans le Jammu, le reste de la population étant dispersée dans les montagnes. La population de la vallée du Cachemire, qui occupe un bassin intra-himalayen, est presque entièrement musulmane, tandis que la majorité des habitants du Jammu sont hindous.

Le fait que les dirigeants de l'État souverain du Cachemire étaient hindous alors que la population était à 75 % musulmane posa un grave problème en 1947 : l'intégration au Pakistan coupait l'élite de l'Inde hindoue, mais le rattachement à l'Inde risquait de provoquer la colère de la majorité des habitants. Le maharaja décida donc de faire du Cachemire un État indépendant. Mais après la séparation du Pakistan et de l'Inde, les musulmans du Cachemire se révoltèrent contre les autorités hindoues. L'Inde ayant porté secours au maharaja et le Pakistan ayant envahi le Cachemire pour soutenir les musulmans, après plus d'une année de combats, l'ONU imposa une ligne de cessez-le-feu : la partie indienne, qui comprend la vallée du Cachemire, dont Srinagar, devint l'État du Jammu-et-Cachemire (voir la carte insérée en cartouche dans la figure 8.6).

Des raisons multiples, dont des divergences religieuses, expliquent que deux pays qui auraient avantage à vivre en paix se querellent à propos d'une région montagneuse éloignée. Le Pakistan craint avant tout de voir le haut bassin de l'Indus et ses affluents, qui prennent naissance dans le Cachemire, tomber sous la domination de l'Inde, car celle-ci contrôlerait alors des sources d'eau indispensables à l'irrigation du pays.

Vers la fin des années 1980, une nouvelle crise éclata au Cachemire. Le soulèvement de groupes islamistes prônant l'indépendance atteignit un paroxysme de violence en 1988. Entre 1990 et 1995, près de 10 000 personnes trouvèrent la mort dans les combats intermittents qui continuent de ternir l'image de cette région aux paysages magnifiques. Les souvenirs qu'ont laissés les trois guerres indo-pakistanaises ne favorisent certainement pas la recherche de compromis.

délimité par l'Indus et son affluent le Sutlej compte quelque 80 millions d'habitants. La langue de la majorité est le punjabi et l'agriculture intensive du blé constitue la principale source de revenus.

Les trois principales villes du Punjab sont Lahore, Faisalabad et Multan. Haut lieu de la culture islamique, Lahore, qui date du début du XIe siècle, est située à la frontière indo-pakistanaise et compte environ 6 millions d'habitants. Amputée de sa partie orientale lors du partage de 1947, la ville tient aujourd'hui dans le Pakistan moderne un rôle qui assure sa croissance.

Le Sind

Immédiatement au sud du Punjab se trouve le Sind, dont le cœur comprend deux grandes villes : Karachi, capitale de la province et ville portuaire en proie au chaos, et Haïderabad, située à l'entrée du delta de l'Indus. Le Sind présente trois principaux types de paysages (fig. 8.6) : des collines rocheuses dans l'ouest, le désert dans l'est et, entre les deux, la vallée alluviale de l'Indus. De vastes systèmes d'irrigation furent construits dans la vallée durant la période coloniale, et les efforts déployés pour améliorer la qualité des semences firent du Sind le principal fournisseur de blé et de riz du Pakistan. La province est en outre l'une des premières régions productrices de coton au monde, d'où la création d'importantes industries textiles dans les villes.

Un flot d'immigrants venus de l'Inde se sont installés dans le Sind lors du partage de 1947 et durant les années suivantes. Les relations entre les nouveaux arrivants et les habitants de longue date n'ont pas toujours été très cordiales, principalement dans les secteurs pauvres de Karachi, où le taux de criminalité est très élevé. La ville a connu une explosion démographique qui s'est prolongée au-delà de l'afflux initial de réfugiés, et ses infrastructures n'ont pas résisté à l'ajout de millions

Centre historique et religieux important, Lahore recèle des trésors architecturaux. Parmi ses mosquées les plus impressionnantes figure celle de Badshahi ; la cour, entourée d'une enceinte, accueille plus d'un demi-million de fidèles durant les jours saints. Les jours chauds d'été, des marquises de coton protègent les pèlerins du soleil.

cée au moment du partage de l'empire des Indes divisa celui-ci en deux, ce qui explique qu'un État indien porte le même nom que la province pakistanaise qui regroupe presque 60 % de la population du pays. Le triangle

d'habitants à la population initiale; l'ordre social a été bouleversé, l'application des lois devenant une tâche impossible pour les responsables.

Le Baloutchistan

Quand on quitte Karachi, ou une autre ville du Sind, pour se diriger vers l'ouest, on se demande en entrant dans les déserts pierreux et sablonneux du Baloutchistan si on ne vient pas de changer de pays. Cette province, dont la population est clairsemée, pourrait jouer dans l'avenir un rôle important dans l'économie nationale. Des études géologiques indiquent en effet la présence d'importantes réserves de minerais, et des gisements de pétrole et de gaz y ont été découverts.

La province frontière du Nord-Ouest

Qualifiée à juste titre de *province frontière du Nord-Ouest*, la quatrième sous-région du Pakistan donne sur l'Afghanistan, pays dévasté par des conflits armés et en proie à la désorganisation politique; elle a connu la montée de mouvements autonomistes locaux, l'afflux massif de réfugiés et la désintégration de son tissu social. Dominé par des chaînes de montagnes, le Nord-Ouest comprend des bassins d'entremont et des cols stratégiques. La plus célèbre de ces passes est certainement celle de Khaïber, qui constitue la grande voie de passage vers l'Afghanistan. C'est par là que sont arrivés les Turcs qui ont envahi la haute vallée de l'Indus, et plus tard les Moghols l'ont traversée pour pénétrer en Inde; au cours des dernières décennies, des millions d'immigrants las de la guerre l'ont empruntée pour trouver refuge au Pakistan.

La province frontière du Nord-Ouest est la sous-région la moins urbanisée du Pakistan après le Baloutchistan; sa plus grande ville, Peshawar (la capitale), est située dans une vallée alluviale fertile où se succèdent les champs de blé et de maïs. Cependant, le nombre considérable de réfugiés, qui a dépassé 4 millions durant les années 1980, a causé d'énormes difficultés, auxquelles l'aide de l'ONU n'a apporté qu'une solution partielle.

Avant même l'arrivée massive de réfugiés, la population de la sous-région comprenait une forte proportion de Pachtouns (appelés Pathans au Pakistan), encouragés à une époque par les dirigeants pachtouns d'Afghanistan à réclamer une plus grande autonomie, et même l'indépendance. Le Pakistan s'efforça de contrer ce courant en tentant d'intégrer davantage la province au reste du pays par la construction de routes, la mise en place de programmes d'aide économique et des améliorations dans le domaine de l'éducation. Les relations entre les deux États voisins et le rôle que le Pakistan pourrait éventuellement jouer en Afghanistan sont d'une importance cruciale pour cette partie de l'Asie.

Les sources de revenus

Malgré son étendue et son influence régionale croissante, le Pakistan se classe toujours parmi les économies à faible revenu. Vers la fin des années 1990, le taux d'urbanisation dépasse à peine 30 %; l'accroissement démographique atteint par ailleurs 2,9 % et à ce rythme la population doublera tous les 24 ans. La très grande majorité des Pakistanais pratique encore une agriculture de subsistance et l'espérance de vie des nouveau-nés est d'à peine 61 ans. Le taux d'analphabétisme dans la tranche des plus de 15 ans est de 65 %.

Le Pakistan a toutefois accompli des progrès notables sur le plan économique depuis sa création en tant qu'État indépendant il y a 50 ans. La superficie des terres irriguées a été largement accrue, une réforme agraire a été entreprise, et l'industrie textile a fourni des revenus importants. En dépit de réserves de minerais très limitées, le secteur manufacturier s'est développé; une aciérie a notamment été construite à Port Qasim, non loin de Karachi.

Sur les marchés mondiaux, le Pakistan vend des cotonnades, des tapis et des tapisseries, des produits en cuir et du riz. Que le pays ait été en mesure d'exporter cette denrée alimentaire durant les années 1990, en dépit de la taille de sa population toujours croissante, indique l'ampleur des progrès réalisés grâce à la révolution verte (voir l'encadré p. 248) et au programme national de développement de l'agriculture. Le Pakistan est aussi devenu récemment le premier producteur d'héroïne de toute l'Asie du Sud et du Sud-Ouest; il fournit de l'opium et du haschisch aux réseaux internationaux de trafiquants en dépit des efforts déployés par le gouvernement pour éradiquer la culture du pavot. Par ailleurs, l'économie nationale a connu un taux de croissance annuel de 5 à 6 % au cours des dernières années, et les chiffres de l'annexe A indiquent que le PNB par habitant du Pakistan est le plus élevé de toute l'Asie du Sud continentale. Si la croissance démographique de ce pays diminuait, ses perspectives d'avenir s'amélioreraient grandement.

L'influence croissante du Pakistan

Le fait qu'un pays soit sous-développé ne l'empêche pas de devenir une puissance dont il faille tenir compte sur le plan international. Au moment de sa création en 1947, l'État indépendant du Pakistan était un pays faible, désorganisé et divisé. Un demi-siècle plus tard, il est devenu une puissance militaire disposant d'un arsenal nucléaire.

Lors du partage de l'empire des Indes, le Bangladesh et le Pakistan actuels formaient un unique État indépendant, mais la sécession du Bangladesh n'a pas vraiment représenté une perte, car ce pays était, et il est toujours, encore plus pauvre que le Pakistan selon presque tous les indicateurs économiques. Les relations indo-pakistanaises sont demeurées tendues depuis que l'Inde a soutenu le Bangladesh en voie de séparation. Les motifs de discorde entre les deux États sont d'ailleurs nombreux en dehors de la question du Cachemire. En effet, l'Inde est restée une démocratie, alors que le Pakistan a été une dictature militaire; la situation des minorités musulmanes indiennes a fréquemment soulevé la colère des Pakistanais; l'Inde entretenait des relations étroites avec l'Union soviétique, qui représentait au contraire une menace aux yeux du gouvernement d'Islamabad.

La méfiance mutuelle a entraîné l'escalade des enjeux militaires et les deux États possèdent des armes nucléaires. En cette fin de siècle, le Pakistan, en plus d'avoir comme voisin l'Afghanistan en voie de désagrégation, se trouve aux premières loges du théâtre où se déroule l'un des changements géopolitiques, économiques et idéologiques les plus marquants du XXᵉ siècle : le Turkestan.

✦ L'Inde : une fédération cinquantenaire

L'Inde occupe près des trois quarts du vaste territoire triangulaire de l'Asie du Sud. Elle est, selon l'expression consacrée, « la plus grande démocratie du monde », mais aussi la fédération la plus populeuse. L'Inde compte en effet presque autant d'habitants que l'Afrique et l'Asie du Sud-Ouest réunies, qui comprennent pourtant 74 pays. Si le taux de croissance démographique actuel se maintient, la population de l'Inde dépassera celle des deux ensembles géographiques réunis, et même celle de la Chine, au cours du XXIᵉ siècle. Et si l'État indien demeure dans ses limites actuelles, il deviendra le plus populeux de tous les pays du globe.

La stabilité de l'Inde en tant qu'État unifié est l'un des miracles géopolitiques du XXᵉ siècle. Cette mosaïque culturelle est marquée par une diversité et des contrastes ethniques, religieux, linguistiques et économiques considérables. La période coloniale britannique a établi les bases de l'unité du pays : une capitale unique, un système de transport interrégional, une langue véhiculaire, une fonction publique. Regroupant plusieurs nations, l'Inde opta, lors de la proclamation d'indépendance en 1947, pour un **régime fédéral** susceptible de procurer aux régions et aux ethnies une certaine autonomie et de leur permettre de conserver leur identité propre, les mêmes conditions s'appliquant à toute entité qui se joindrait ultérieurement. Contrairement à ce qui s'est produit en Afrique, et notamment au Nigéria, où les régimes fédéraux fonctionnèrent mal et furent rapidement remplacés par des dictatures militaires, l'Inde est encore démocratique, après 50 ans, et elle a conservé sa structure fédérale.

Il ne faut pas croire pour autant qu'il n'existe aucune *force de dislocation* en Inde. Des litiges territoriaux, des conflits aux frontières, des guerres civiles et des affrontements internationaux (notamment avec l'État voisin du Sri Lanka, récemment) ont ébranlé de façon intermittente la stabilité du pays et ont même mis son unité en jeu à certains moments. Malgré tout, l'Inde a réussi là où tant d'autres anciennes colonies ont échoué.

L'organisation politique

La carte géopolitique de l'Inde (fig. 8.7) indique que cette fédération est composée de 25 États et de 7 Territoires de l'Union. Le district fédéral de Delhi, qui comprend la capitale New Delhi, est le seul Territoire dont la population excède sensiblement le million d'habitants, les six autres étant peu étendus et faiblement peuplés.

La superficie et la population de plusieurs États indiens dépassent largement celles de nombreux pays et nations du monde. Les États les plus étendus se trouvent dans la vaste péninsule pointant vers le sud (fig. 8.7). L'Uttar Pradesh (159 millions d'habitants[*]) et le Bihar (98 millions), qui occupent une grande partie du bassin du Gange, forment le cœur de l'Inde moderne (voir l'encadré « Le Gange : fleuve sacré, source de réconfort et de maladie », p. 289). Avec ses 90 millions d'habitants, le Maharashtra, dont la capitale est la grande ville portuaire de Bombay, est plus peuplé que la majorité des pays du globe. Le Bengale-Occidental, contigu au Bangladesh, compte 78 millions de résidants, dont 12,2 millions habitent dans la capitale, Calcutta.

Ces chiffres sont renversants, mais la situation démographique est à peu près analogue dans la pointe du triangle. L'Inde du Sud comprend quatre États liés par leur passé et par l'appartenance de leur langue officielle au groupe dravidien. L'Andhra Pradesh (76 millions d'habitants) et le Tamil Nadu (62 millions) donnent sur le golfe du Bengale, entourant la mégalopole de Madras, située sur la côte, presque sur la frontière entre les deux États. Le Karnataka (50 millions d'habitants) et le Kerala (31 millions), bordés par la mer d'Oman, sont fréquemment en désaccord avec le gouvernement fédéral de New Delhi; ces deux États ont depuis longtemps le plus haut taux d'alphabétisation et la plus faible croissance démographique. « C'est une question de géographie », comme nous l'expliquait un enseignant de la ville de Cochin, au Kerala : « Nous sommes aussi loin qu'on puisse l'être de la capitale, et cela nous permet d'établir nos propres politiques. »

Les États les moins étendus se trouvent principalement dans le nord-est de l'Inde, de l'autre côté du Bangladesh, et dans le nord-ouest, en direction du Cachemire. Au nord de Delhi, l'Inde s'encastre entre la Chine

---

[*] Toutes les données démographiques concernant les États indiens sont les valeurs estimées pour 1997, obtenues par extrapolation à l'aide des chiffres fournis par le dernier recensement utilisable, tenu en 1991.

et le Pakistan; de la plaine du Gange aux collines puis aux montagnes des contreforts de l'Himalaya, les paysages naturels et culturels changent. Dans l'État du Himachal Pradesh, des forêts couvrent les pentes, et le relief réduit et compartimente l'espace habitable; seulement 5,7 millions de personnes habitent cet État, dont bon nombre dans de petits villages, relativement isolés. Avant l'indépendance et l'unification politique de l'Inde, le gouvernement colonial appelait la région les « États des collines ».

Le découpage est encore plus complexe dans l'extrême nord-est, au-delà de l'étroit corridor séparant le Bhoutan et le Bangladesh. Le principal État, Assam, célèbre pour ses plantations de thé, joue un rôle important dans l'économie de l'Inde en raison de sa production de pétrole et de gaz, qui représente 40 % de la consommation nationale. Assam a acquis le statut d'État en 1972, soit après que le Bangladesh se fut séparé du Pakistan. La grande majorité des 25 millions de résidants vivent dans la vallée du Brahmapoutre,

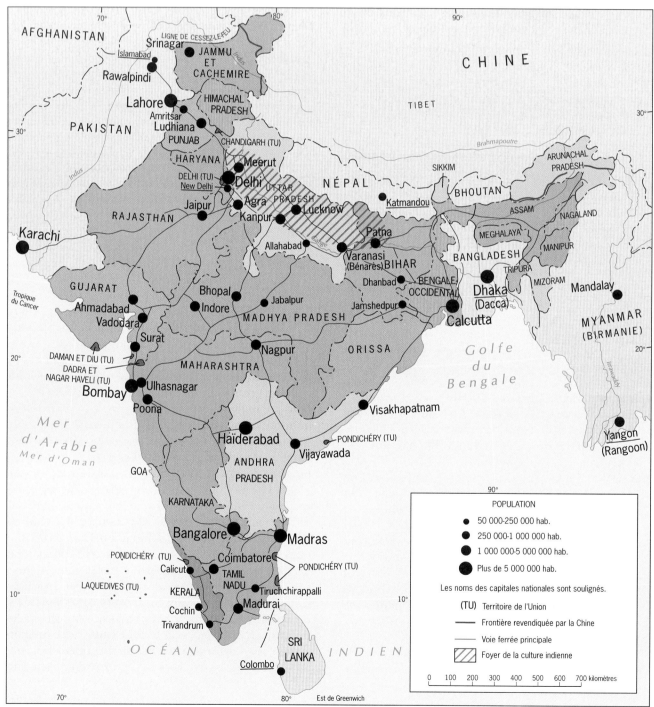

Figure 8.7 Les États de l'Inde moderne.

LE GANGE : FLEUVE SACRÉ, SOURCE DE RÉCONFORT ET DE MALADIE

À Bénarès (ou Varanasi), l'une des sept villes sacrées des hindous, des gens se baignent dans le Gange, boivent de son eau et prient en s'y tenant debout, alors que les égouts de la ville se déversent non loin d'eux, dans le même fleuve, et que des cadavres d'humains et d'animaux, partiellement incinérés, passent au large.

Selon la tradition, les eaux du fleuve sacré sont pures et aucun déchet humain ne peut les polluer. Par conséquent, il suffit à un croyant d'effleurer les eaux du fleuve pour être lavé de ses péchés. Dans les villes sacrées, des milliers de gens empruntent les dizaines de larges escaliers en pierre (ou *ghâtes*) bordant les rives du Gange pour descendre dans le fleuve. Nombre d'entre eux sont des pèlerins qui croient au pouvoir de guérison et de purification de ses eaux.

Néanmoins, quels que soient les critères utilisés, le Gange est l'un des cours d'eau les plus pollués du globe. Des milliers de personnes contractent la dysenterie ou d'autres maladies en s'y baignant, et plusieurs en meurent. Un projet de construction d'usines de traitement des eaux usées, étalé sur dix ans, fut entrepris en 1986. Cependant, bon nombre d'hindous, convaincus de la pureté intrinsèque du fleuve, n'appuyaient pas cette ini-

tiative coûteuse. Selon eux, la maladie physique a bien peu d'importance en comparaison du réconfort que procure une seule goutte de l'eau du Gange.

Dans la ville sacrée de Bénarès, des millions de pèlerins empruntent chaque année les escaliers en pierre bordant les rives du Gange pour aller se purifier dans le fleuve.

en amont du Bangladesh. L'afflux dans l'Assam d'immigrés illégaux en provenance de ce pays a à certains moments créé des tensions entre l'Inde et son voisin musulman.

Dans la vallée du Brahmapoutre, l'Assam ressemble fort à l'Inde de la plaine du Gange. Mais au-delà de cet État, les choses changent, et cela dans toutes les directions. Au nord, l'Arunachal Pradesh, qui n'abrite qu'un million d'habitants, est situé dans les contreforts de l'Himalaya. À l'est, dans le Nagaland (1,6 million d'habitants), le Manipur (2,1 millions) et le Mizoram (845 000 habitants), se trouvent les pentes boisées et modelées en terrasses qui séparent l'Inde du Myanmar (ou Birmanie). Cette région abrite de nombreux groupes ethniques, dont au moins une douzaine dans le Nagaland seulement, et les soulèvements contre le gouvernement fédéral sont fréquents. Enfin, au sud s'étendent les États de Meghalaya (2,1 millions d'habitants) et de Tripura (3,3 millions), formés de collines encore boisées, qui bordent les plaines inondables du Bangladesh, très populeuses. Dans cette région du nord-est, aux prises avec des populations rebelles et une explosion démographique, l'Inde fait face à d'énormes défis.

La carte changeante de l'Inde

La carte actuelle des États et des Territoires de l'Union indienne (fig. 8.7) n'est pas identique à celle qui fut tracée lors du partage de 1947, et elle sera encore sûre-

ment modifiée dans l'avenir. Après l'indépendance, le gouvernement était aux prises avec des centaines d'États princiers dont les droits avaient été protégés par l'administration coloniale. Ces royaumes furent graduellement intégrés aux États et Territoires et, en 1972, la classe privilégiée des souverains avait disparu.

Un peu plus tard, le gouvernement indien redécoupa le pays selon des critères linguistiques (fig. 8.4). L'hindi, parlé par plus du tiers de la population, était la langue officielle de la fédération, mais la Constitution reconnaissait 13 autres langues, dont les quatre du groupe dravidien en usage dans le sud du pays. L'anglais, il fallait s'y attendre, demeura la langue véhiculaire, c'est-à-dire la langue du gouvernement, de l'administration et des affaires; mais il devint aussi la principale langue des échanges commerciaux dans l'Inde en voie d'urbanisation et la langue commune dans les milieux universitaires. La connaissance de l'anglais était la clé donnant accès aux meilleurs emplois, à la réussite financière et à l'avancement.

Le redécoupage de la carte de l'Inde visant à tenir compte des principales aires linguistiques déplut à bon nombre de communautés, dont les Sikhs. La religion sikhe, qui rejette les aspects négatifs de l'hindouisme *et* de l'islam, avait fait des millions d'adeptes dans le Punjab et les environs. Bon nombre d'entre eux, qui avaient appuyé l'administration coloniale et s'étaient ainsi mérité le respect et la confiance des Britanniques, avaient conservé une grande influence sur les affaires indiennes bien que ne formant que 2 % de la population totale.

Après l'indépendance, les Sikhs obtinrent le redécoupage de l'État du Punjab de manière à y être majoritaires, mais une minorité militante se mit à réclamer la création d'un État sikh indépendant, qui prendrait le nom de Kalistan. Depuis le milieu des années 1980, leur revendication a donné lieu à de nombreux affrontements meurtriers, et les relations entre Sikhs et non-Sikhs demeurent tendues. Des épisodes de violence continuent de perturber la vie des habitants du Punjab, par ailleurs relativement prospères.

Les disparités ethniques, culturelles et régionales constituent donc une source de difficultés importantes pour l'Union indienne. Il est à noter qu'à la fin des années 1990, les musulmans forment environ 11,7 % de la population totale de l'Inde, comparativement à 9,9 % immédiatement après le partage. Par ailleurs, la minorité musulmane est parmi les composantes de la population du pays qui connaissent les plus haut taux de croissance et d'urbanisation. Près de la moitié de la population de Bombay, la plus grande ville de l'Union, est musulmane.

Les forces de dislocation : Inde ou Hindoustan ?

La diversité culturelle de l'Inde n'a pas d'égale dans le monde. La très grande hétérogénéité du pays engendre des forces de dislocation importantes, mais nous verrons qu'il existe également en Inde des facteurs de cohésion puissants.

La stratification sociale en castes, caractéristique de l'hindouisme, compte parmi les forces de dislocation et elle joue encore un rôle important à la grandeur du pays. Selon la doctrine hindoue, les castes sont des classes sociales fixes, l'appartenance à l'une ou l'autre étant fondée sur l'origine ancestrale, les liens de parenté et l'occupation. Le **système de castes** serait issu de distinctions anciennes entre prêtres et guerriers, marchands et paysans, artisans et domestiques; son origine est également parfois attribuée à des distinctions raciales, car le mot caste en sanskrit signifie « couleur ». Au fil des siècles, ce système hiérarchique s'est complexifié au point où il a existé en Inde plusieurs milliers de castes, certaines ne regroupant que quelques centaines de membres et d'autres, des millions. Ainsi, autant dans les villes que dans les villages, les communautés étaient séparées en castes, depuis les prêtres et les princes appartenant à la première caste jusqu'aux individus hors caste : les intouchables.

Selon la doctrine hindoue, la naissance d'une personne dans une caste donnée est déterminée par ses actions dans une vie antérieure. Il ne convenait donc pas de modifier cette assignation en permettant le passage à une caste supérieure (ou même les contacts entre castes). Les membres d'une caste donnée ne pouvaient ainsi occuper qu'une catégorie donnée d'emplois, ils devaient porter un certain type de vêtements, et ils étaient tenus de prier selon la manière prescrite et dans des lieux déterminés. Ils ne pouvaient, pas plus que leurs enfants d'ailleurs, manger, jouer, ou marcher en compagnie de personnes appartenant à une caste supérieure à la leur. Les intouchables, hors caste, étaient méprisés; ils étaient les plus démunis dans ce système social rigide. Bien que les Britanniques aient mis fin aux pires excès engendrés par cette structure hiérarchique et que les premiers dirigeants de l'Inde indépendante (dont le grand chef spirituel Mohandas, dit le Mahatma, Gandhi, l'un des initiateurs du mouvement autonomiste, de même que Jawaharlal Nehru, premier ministre de l'Union indienne au moment de sa formation) se soient efforcés de la transformer, il n'a évidemment pas été possible de faire disparaître en quelques décennies la conscience de classe qui imprégnait la société depuis des siècles. Dans l'Inde traditionnelle, le système de castes avait été une source de stabilité et de continuité; dans l'Inde moderne, il représente un lourd héritage pour plusieurs et une source de difficultés.

Des spécialistes de la géographie culturelle estiment qu'environ 15 % de tous les Indiens sont considérés comme intouchables et que 40 % appartiennent aux basses castes et 18 % aux hautes castes (le système de castes des hindous ne s'étendant pas au reste de la population). Les efforts déployés par les gouvernements successifs pour venir en aide aux intouchables et aux individus des castes inférieures ont donné de meilleurs résultats dans les villes que dans les campagnes. Ainsi, en milieu urbain, des places sont réservées aux intouchables dans les écoles; tant dans la fonction publique fédérale que dans celle des États, un pourcentage fixe des emplois leur revient; enfin, ils occupent un nombre déterminé de sièges aux parlements de l'Union et des États. Ces progrès sont attribuables en grande partie à l'action du Mahatma Gandhi.

Le système de castes constitue encore aujourd'hui une puissante force de dislocation. Gandhi lui-même fut assassiné, quelques mois seulement après la déclaration d'indépendance, par un fanatique hindou outré de l'intérêt qu'il avait manifesté pour le sort réservé aux intouchables dans la société indienne.

La radicalisation de l'hindouisme et l'intrusion du nationalisme hindou dans la sphère politique nationale apparaissent actuellement comme une double menace pour l'unité de l'Inde. Les partis politiques nationalistes hindous ont polarisé l'électorat dans les États et à l'échelle du pays; par exemple, dans le Marahashtra, des dirigeants politiques hindous radicaux ont obtenu que le nom de la grande ville internationale de Bombay soit remplacé par un ancien toponyme hindou : Mumbai.

Les forces de cohésion

Quels liens ont donc permis à l'Inde de demeurer unifiée malgré de si nombreuses forces de dissolution ? Le principal facteur de cohésion est sans l'ombre d'un doute le pouvoir culturel de l'hindouisme, ses livres et ses fleuves sacrés, et son influence générale sur la vie des Indiens. Pour la très grande majorité d'entre eux, la religion est un mode de vie autant qu'une croyance et sa diffusion à la grandeur du pays (en dépit de l'existence de minorités musulmane, sikhe et chrétienne) constitue une force d'unité nationale qui fait contrepoids aux divisions régionales. Les ingrédients clés de l'hindouisme sont depuis longtemps la civilité et l'introspection, malgré quelques épisodes de radicalisme. Le spectre du fanatisme hindou menace donc de détruire ce lien puissant.

Les institutions démocratiques de l'Inde constituent une seconde force de cohésion. Dans ce pays populeux, présentant une immense diversité culturelle, le recours à des institutions démocratiques est un droit que chaque citoyen acquiert à la naissance, et cela depuis l'indépendance. La stabilité de ces institutions, qui ont conservé leur liberté même si elles n'ont pas toujours été exemptes de turbulence et de corruption, est un autre facteur déterminant d'unité.

En outre, le réseau de transport de l'Inde est nettement supérieur à celui de bien d'autres pays en voie de développement; la circulation constante des personnes, des idées et des biens a contribué à créer des liens entre les États disparates. Avant l'indépendance, l'opposition à la domination britannique, largement partagée, constituait une force de cohésion importante. Depuis l'indépendance, le maintien de l'Union est devenu un objectif commun, grâce notamment à la planification nationale.

La capacité d'adaptation au changement et la souplesse par rapport aux demandes régionales et locales ont également constitué des forces de cohésion. Des frontières ont été redessinées; des entités politiques internes ont été créées, déplacées ou transformées; la réaction aux demandes d'autonomie accrue a consisté en un mélange d'affirmation de l'autorité fédérale et de réelle négociation. Les Indiens ont accompli en Asie du Sud ce que les Européens n'ont pas réussi à faire en Yougoslavie, et leur succès est lui-même une force de cohésion.

Il est impossible d'examiner les facteurs d'unité de l'Inde sans parler des qualités de chef de ses dirigeants. Le charisme de Gandhi, de Nehru et de leurs successeurs a joué un rôle important dans l'unification du pays. Pendant plusieurs années, le leadership fut assumé par les membres d'une même famille : la fille de Nehru, Indira Gandhi, prit le pouvoir à deux moments cruciaux de l'histoire de l'Inde, soit en 1966 et en 1980, alors que l'autorité fédérale s'était affaiblie; son fils, Rajiv Gandhi, qui allait être assassiné lui aussi, devint premier ministre en 1984. Mais à la fin des années 1990, la question vitale du leadership se pose à nouveau pour l'Inde.

La croissance de la population

La population des sept pays d'Asie du Sud totalise près de 1,3 milliard d'habitants, soit plus du cinquième de l'humanité. L'Inde, qui compte à elle seule 967 millions d'habitants, est d'ailleurs en voie de dépasser la Chine sur le plan de la population. L'explosion démographique risquant de freiner le développement du pays, les gouvernements de l'Union indienne et des États ont voté des lois et mis en place des programmes visant à réduire cette croissance. Mais en dépit des effets positifs de ces initiatives, la population de l'Inde, à la fin des années 1990, augmentait toujours à un taux annuel de 1,9 %, alors que le taux de croissance était de 2,1 % pour l'ensemble de l'Asie du Sud.

Nous avons déjà décrit les conséquences pour l'Inde d'une croissance démographique qui fait doubler la population en 36 ans : les progrès réalisés dans le domaine économique sont annulés par l'augmentation des besoins, et le spectre de la famine resurgit périodiquement. Les données de l'annexe A indiquent d'ailleurs qu'à l'exception des minuscules îles Maldives, c'est le Sri Lanka qui a le plus faible taux de croissance démographique en Asie du Sud, et c'est lui également qui a le PNB par habitant le plus élevé.

Le défi démographique

La **transition démographique** d'une population ayant des taux élevés de natalité et de mortalité comporte généralement deux phases; il s'installe ensuite un régime d'équilibre où ces taux se stabilisent à des niveaux faibles (fig. 8.8). Au XIXᵉ siècle, l'Inde avait encore des taux de natalité et de mortalité élevés; dans ce cas, la population ne croît ni ne décline, mais elle est loin d'être stable. Durant la dernière décennie de la période coloniale, le pays est entré dans la première phase de transition : le taux de natalité est demeuré élevé, tandis que le taux de mortalité diminuait en raison notamment de l'amélioration des conditions d'hygiène

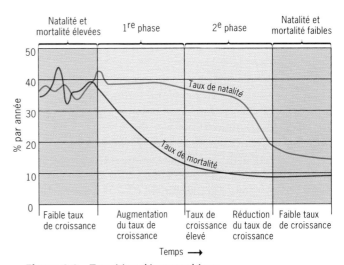

Figure 8.8 Transition démographique.

« En nous dirigeant vers le monument dédié à Gandhi, nous avons observé une scène très significative : des étudiants d'université assistaient à un cours d'histoire donné directement au pied d'une statue de Nehru, l'un des principaux acteurs dans la lutte pour l'indépendance et premier ministre de l'Union indienne au moment de sa création. Dans un pays comme l'Inde, qui se distingue par son immense diversité culturelle, le souvenir de dirigeants remarquables contribue à la formation du sentiment national. Le professeur expliquait que l'idéal de Gandhi et l'habileté de Nehru faisaient aujourd'hui cruellement défaut en Inde. » (Source : recherche sur le terrain de H. J. de Blij)

(l'usage du savon s'était répandu), des services de santé et des réseaux de distribution de denrées alimentaires.

Vers le début des années 1970, le taux annuel de croissance de la population de l'Inde avait grimpé à 2,22 % (fig. 8.9). Le pays serait-il entré depuis dans la seconde phase de transition durant laquelle le taux de mortalité se stabilise et le taux de natalité fléchit sensiblement ? Les chiffres laissent croire que c'est le cas : le taux annuel de croissance a baissé à 2,11 % durant les années 1980 et les projections pour les années 1990 indiquent une autre diminution à 1,88 % (fig. 8.9).

Cependant, même avec un taux annuel de croissance de 1,88 %, la population de l'Inde aura encore augmenté de 170 millions d'habitants au cours de la dernière décennie du siècle. Et même si l'Inde est effectivement entrée dans la deuxième phase de transition démographique, les effets ne seront pas manifestes avant quelque temps. Si la population du pays doublait ne serait-ce qu'une fois avant que son taux de croissance ne se stabilise, l'Inde compterait alors un astronomique 2 milliards d'habitants.

L'urbanisation

Les familles des villes sont en général moins nombreuses que celles des zones rurales. Les motifs qui poussent les couples de la campagne à avoir beaucoup d'en-

fants n'existent pas dans les agglomérations urbaines où, de plus, l'espace disponible est réduit. L'urbanisation est donc un des facteurs qui contribuent à la diminution du taux de natalité d'une population.

L'Inde n'est pas encore très urbanisée, mais il faut faire la part des choses. Le taux d'urbanisation n'était que de 26 % en 1997; toutefois, ce pourcentage représente 250 millions de citadins, soit presque la totalité de la population des États-Unis.

En outre, le taux d'urbanisation de l'Inde est en hausse : chaque année, des centaines de millions d'Indiens migrent vers les villes déjà surpeuplées, augmentant ainsi le nombre de citadins d'environ 5 %, le double du taux de croissance totale de l'Inde. L'attraction des villes, commune à tous les pays du globe, ne suffit pas à expliquer ce phénomène. En réalité, beaucoup de paysans sont forcés de quitter leur village à cause des conditions de vie misérables qui y prévalent; une fois installé à Calcutta, à Madras ou à Bombay, ils aident parents et amis à venir les rejoindre dans un bidonville le plus souvent créé par des gens provenant tous de la même région, qui ont apporté avec eux leur langue et leurs coutumes et qui se rassemblent pour atténuer le stress du déracinement.

Ces migrations internes sont en partie responsables des disparités sociales frappantes qui caractérisent les agglomérations urbaines de l'Inde. Les baraques des squatters, dépourvues de tout équipement sanitaire, s'entassent jusqu'au pied des tours d'habitation et des logements modernes. Des centaines de milliers de sans-abri errent dans les rues et dorment dans les parcs, sous les ponts et sur les trottoirs. Plus la surpopulation s'aggrave, plus les tensions sociales augmentent. Les troubles semblent toujours sur le point d'éclater; les émeutes, souvent provoquées par de jeunes chômeurs déracinés, sont maintenant fréquentes dans les villes indiennes.

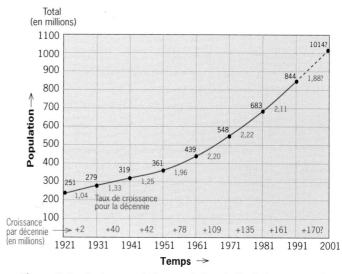

Figure 8.9 Croissance de la population de l'Inde (1921–2001).

L'UNE DES GRANDES VILLES DE L'ASIE DU SUD

Bombay

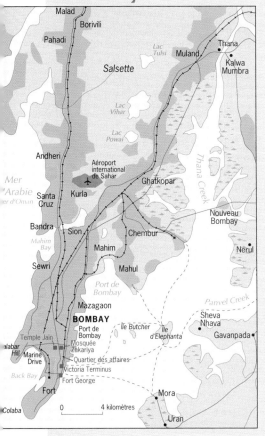

Les occupants des sept petites îles à l'entrée de la baie avaient donné à l'emplacement de la ville le nom d'une déesse locale : Mumbai. Ce sont les Britanniques qui ont imposé la dénomination de Bombay. Mais récemment, les dirigeants d'un parti nationaliste hindou, à la tête du gouvernement de l'État de Maharashtra dont Bombay est la capitale, ont voté une loi redonnant à la ville son ancien nom.

L'architecture de style gothico-victorien du centre-ville est un héritage de la période coloniale britannique. Les mausolées, les mosquées, les temples et les églises témoignent de l'influence considérable de la religion dans cette société multiculturelle. Dans les rues, les enseignes présentent une variété étonnante d'alphabets et de langues; des autobus à impériale, grinçants, tentent de se frayer un chemin entre les chars à bœufs et les charrettes à bras. Des gens d'affaires, des prêtres, des femmes enveloppées dans des saris, des mendiants, des fonctionnaires, des sans-abri composent la foule bigarrée qui s'entasse sur les trottoirs et envahit la chaussée.

Le quartier du fort, où ont été conservés de nombreux monuments et trésors architecturaux, forme encore le cœur de la ville. L'avenue Netaji Subhash (ou *Marine Drive*) mène au quartier *Malabar Hill*, situé de l'autre côté de la *Back Bay*. Au nord, se trouvent les vastes quartiers musulmans ou sikhs, de même que les enclaves d'autres groupes ethniques ou culturels. Au-delà s'étendent des bidonvilles qui comptent parmi les plus importants du monde et où règne une misère extrême.

L'ouverture du canal de Suez, en 1869, fit de Bombay le port indien le plus proche de l'Europe. Aujourd'hui, avec ses 16,6 millions d'habitants, Bombay est la plus grande ville de l'Inde, et le Maharashtra est non seulement le moteur économique du pays, mais aussi l'État le plus avancé dans presque tous les domaines. Les dirigeants locaux souhaitent la création d'une « zone de l'océan Indien » (à l'instar de la zone Asie-Pacifique) dont Bombay serait le principal pôle.

Le phénomène d'urbanisation de l'Inde moderne remonte à la période coloniale, alors que les Britanniques avaient établi des comptoirs commerciaux et des ports fortifiés à Calcutta, à Bombay et à Madras. Ainsi, Madras fut fortifiée dès 1640; Bombay (1664) était avantagée parce qu'elle possédait le port de l'Inde le plus proche de la Grande-Bretagne; Calcutta (1690) se trouvait à proximité de la plus grande concentration de population en Inde et de la zone la plus productive, à laquelle elle était reliée par les nombreux chenaux du delta du Gange. Ce réseau de transport naturel faisait de Calcutta l'emplacement idéal pour le siège de l'administration coloniale. En 1912 cependant, étant donné les soulèvements fréquents dans le Bengale, les Britanniques déplacèrent la capitale coloniale dans une zone plus calme de l'intérieur, soit à New Delhi, construite juste à côté de l'ancienne capitale moghole, Delhi.

La figure 8.7 montre la distribution des principaux centres urbains de l'Inde. À l'exception de Delhi et New Delhi, les grandes villes sont situées sur la côte : Calcutta dans l'est, Madras dans le sud et Bombay dans l'ouest. Mais l'intérieur s'est aussi considérablement urbanisé, surtout dans le cœur du pays. Le réseau de transport terrestre et maritime reliant les villes est encore inadéquat (particulièrement le réseau routier), mais l'Inde urbaine est en voie de formation.

Géographie économique

Les difficultés associées à la croissance économique et au développement surpassent celles que l'Inde a dû surmonter pour assurer sa stabilité politique et son unification. Les grandes usines et l'équipement motorisé introduits par les puissances colonisatrices ont détruit en grande partie les fondements du secteur industriel indigène et ont exclu les Indiens du commerce extérieur. Les Européens n'ont pas tenté de trouver des solutions aux problèmes engendrés par l'explosion démographique qu'ils ont indirectement provoquée en améliorant les conditions d'hygiène et les soins de santé. Malgré un meilleur réseau de transport terrestre et maritime et un meilleur système de distribution des denrées alimentaires, les sécheresses fréquentes ont continué de détruire les récoltes et de causer des pénuries de nourriture dans diverses localités et régions. Aujourd'hui, près de la moitié des 967 millions d'Indiens connaissent une misère extrême, et rien ne

« Les villes surpeuplées de l'Inde offrent des contrastes sociaux saisissants. Même à Bombay, pourtant la métropole la plus prospère, des centaines de millions de personnes vivent dans des abris de fortune, à l'ombre des tours d'habitation modernes (photo du haut). En quelques secondes, nous avons été encerclés par de nombreux mendiants de tout âge, en quête de la moindre obole. Cette scène était en un sens plus bouleversante du fait qu'elle se passait à Bombay, une agglomération relativement aisée, plutôt qu'à Calcutta ou à Madras, dont une rue modeste et sale est représentée sur la photo du bas. Nous y avons vu une illustration des problèmes urbains qui touchent toutes les villes de l'Inde sans exception. » (Source : recherche sur le terrain de H. J. de Blij)

permet de croire que leurs conditions de vie s'amélioreront dans un proche avenir. En dépit du faible PNB par habitant, qui ne dépasse pas 290 $US, l'économie globale de l'Inde est colossale en raison de la taille incroyable de sa population; selon les dernières données disponibles, elle vient au sixième rang à l'échelle mondiale.

L'agriculture

Le sous-développement de l'Inde est particulièrement manifeste dans le secteur agricole. Les paysans continuent d'employer des méthodes traditionnelles, de sorte que le rendement à l'hectare demeure faible pour presque toutes les cultures. En outre, le transport des denrées alimentaires est difficile à cause de la déficience du système routier en zone rurale. En 1995, seulement 41 % des 600 000 villages indiens étaient accessibles aux véhicules motorisés, qui, dans l'ensemble du pays, sont encore aujourd'hui moins nombreux que les charrettes tirées par des animaux.

La croissance démographique entraîne évidemment la réduction de la superficie de terre arable par habitant. En Inde, la densité actuelle est de 500 individus/km², alors qu'elle est de 1200 individus/km², soit plus du double, au Bangladesh. Cette comparaison est cependant boiteuse étant donné le faible rendement des terres en Inde. Plus des deux tiers de la population active du pays dépend directement de l'agriculture pour sa survie. Or, la majorité des paysans sont pauvres et n'ont donc pas les moyens d'acheter l'équipement et les engrais qui leur permettraient d'améliorer le rendement de leur terre. Les régions où des progrès notables ont été réalisés en matière de modernisation de l'agriculture (comme dans la zone de culture du blé du Punjab) ne constituent que des îlots dans un monde agraire globalement stagnant.

Cette situation perdure en grande partie parce que, au début des années 1990, moins de 5 % des agriculteurs de l'Inde monopolisaient encore environ 25 % de toutes les terres cultivées. Autre facteur de stagnation, la fragmentation des terres arables découlant des traditions successorales locales fait obstacle à la création de coopératives agricoles, à la mécanisation, à l'irrigation en commun des terres et à d'autres mesures progressistes.

Il est intéressant de comparer la carte de la distribution des zones de culture et des systèmes d'approvisionnement en eau en Inde (fig. 8.10) et celle de la répartition des moyennes annuelles des précipitations dans le monde (fig. I.6). Dans le nord-ouest relativement aride, notamment au Punjab et dans les régions avoisinantes du bassin supérieur du Gange, la principale culture céréalière est le blé. Dans cette zone, la production annuelle a augmenté substantiellement grâce à l'emploi de variétés de semences à haut rendement créées dans le cadre de la révolution verte, un programme international de recherche qui a joué un rôle déterminant dans la résolution des crises alimentaires des années 1960. Les récoltes « miraculeuses » ont entraîné l'augmentation de la superficie des terres cultivées, la construction de systèmes d'irrigation et l'emploi de plus grandes quantités d'engrais (une arme à deux tranchants, car le coût des engrais est élevé et les récoltes « miraculeuses » sont largement dépendantes de leur usage).

L'UNE DES GRANDES VILLES DE L'ASIE DU SUD

Calcutta

L'effroyable réputation de Calcutta remonte à l'époque coloniale, alors que les tristement célèbres épidémies de peste, de malaria et d'autres maladies faisaient un nombre incalculable de victimes.

La ville est située sur la Hooghly, à 130 km de l'embouchure de celle-ci; bien que ce site soit à proximité d'une zone marécageuse malsaine, il est d'une grande importance stratégique pour le commerce et la défense. Calcutta est entrée dans son âge d'or lorsque les Britanniques en ont fait la capitale de leur colonie, en 1772.

Le XXᵉ siècle a par contre été une période catastrophique pour la ville. En 1912, les Britanniques déplacèrent la capitale de l'empire des Indes à Delhi. Le partage de 1947 donna naissance au Pakistan-Occidental (l'actuel Pakistan) et au Pakistan-Oriental (l'actuel Bangladesh), amputant ainsi la ville d'une grande partie de son arrière-pays et y amenant un flot considérable de réfugiés. Le secteur indien de Calcutta s'étant développé en l'absence quasi totale de planification, l'arrivée soudaine de millions de personnes y créa des conditions de vie inimaginables.

Calcutta compte aujourd'hui 12 millions de résidants, dont pas moins de 500 000 « habitants des trottoirs ». Derrière le centre-ville prospère s'étend la métropole vraisemblablement la plus malade du monde.

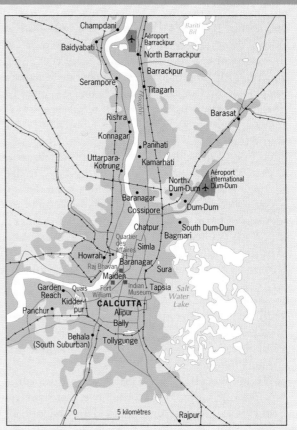

L'UNE DES GRANDES VILLES DE L'ASIE DU SUD

Delhi et New Delhi

Lorsque le gouvernement colonial britannique décida de déplacer son siège de Calcutta à Delhi et de construire une nouvelle capitale adjacente à la vieille ville, les conditions environnementales étaient bien différentes de celles qui prévalent aujourd'hui. Les Britanniques choisirent comme site de New Delhi une colline située sur la rive droite de la Yamuna, l'un des affluents du Gange; cet emplacement contrastait agréablement avec le milieu chaud et humide de Calcutta. En 1912, Delhi n'était pas une très grande ville; la pollution atmosphérique était presque inexistante et le ciel était clair.

En 1947, les dirigeants indiens décidèrent de maintenir le siège du gouvernement à New Delhi. Les raisons qui firent de l'agglomération la capitale de puissances successives expliquent également sa croissance actuelle : Delhi bénéficie d'une position relative stratégique. La topographie de la région crée un étroit corridor que traversent toutes les liaisons terrestres entre le nord-ouest de l'Inde et la plaine du Gange, et Delhi se trouve précisément à l'entrée de ce passage.

Autrefois, Delhi était une petite ville traditionnelle et homogène. Aujourd'hui, Delhi et New Delhi forment une unique mégalopole géante, multiculturelle et multifonctionnelle, dont la population atteint près de 11 millions d'habitants.

Dans l'est, plus humide, et particulièrement dans les zones inondées durant la mousson d'été (fig. 8.10), c'est la culture du riz qui domine. Environ le quart de toutes les terres agricoles de l'Inde sont utilisées pour la culture de cette céréale, pratiquée surtout dans l'Assam, le Bengale-Occidental, le Bihar, l'Orissa et l'est de l'Uttar Pradesh, de même que sur la côte de Malabar et le bas plateau du Konkan bordant la mer d'Oman. Ces régions reçoivent plus de 1000 mm de pluie par an et l'irrigation pourvoit à l'approvisionnement additionnel en eau si nécessaire.

La superficie totale des zones de culture du riz est plus élevée en Inde que dans tout autre pays, mais le rendement à l'hectare est l'un des plus bas en dépit de l'introduction de semences améliorées. L'écart entre les besoins et la production a néanmoins diminué, au point qu'à la fin des années 1980 l'Inde a *exporté* du riz en Afrique dans le cadre d'un programme international d'aide aux réfugiés. La situation demeure toutefois précaire. En examinant la carte de la distribution de la population (fig. I.9), on constate qu'en Inde les zones de culture du riz chevauchent en bonne partie les régions les plus peuplées, de sorte qu'il suffirait que les récoltes soient mauvaises une année seulement pour que le spectre de la famine resurgisse.

La carte de la figure 8.10 est une image simplifiée de la mosaïque agricole de l'Inde : elle n'indique que les principales cultures pratiquées dans chacune des régions agricoles du pays. Par exemple, il est évident que le blé n'est pas cultivé sur toute la surface du Cachemire montagneux, mais c'est cette culture qui domine dans les zones agricoles de la région. De même, le riz est la culture dominante dans les régions colorées en vert pâle, bien que d'autres cultures y soient également pratiquées.

L'agriculture pratiquée en Inde est dans l'ensemble la moins productive de toute l'Asie. La planification déficiente, l'équipement inadéquat, le manque de capitaux et les contraintes naturelles expliquent que le rendement demeure relativement faible.

Le contraste est frappant entre les paysages agricoles qu'offrent les rizières de l'État de Goa (dans le centre de la côte indienne de la mer d'Oman) respectivement durant la mousson d'hiver et la mousson d'été.

Les activités de subsistance demeurent le lot de dizaines de millions de villageois indiens qui n'ont pas les moyens d'acheter les engrais ou les nouvelles semences de blé ou de riz qui leur permettraient d'améliorer le rendement de leurs terres. Le nombre de paysans sans terre qui n'ont d'autre choix que de louer des lots est vraisemblablement de 170 millions. Vu cette situation persistante, l'Inde a peu de chances de satisfaire bientôt ses besoins alimentaires. Même si le rendement des cultures de blé et de riz a augmenté un peu plus vite que le taux de croissance démographique grâce à la révolution verte, le risque de famine sera présent tant que la population de l'Inde continuera de monter en flèche.

L'industrialisation

Le développement de l'Inde doit s'appuyer sur l'agriculture. Environ les deux tiers de la population active travaillent en effet dans le secteur agricole, qui fournit la majorité des revenus d'imposition perçus par l'État et plusieurs des principaux produits d'exportation, dont les cotonnades, le thé, les fruits et les légumes, les produits en jute et en cuir. Les capitaux que le gouvernement dépense dans les autres secteurs économiques viennent donc en bonne part de l'agriculture. Vu les besoins alimentaires croissants, il n'est pas étonnant que l'Inde investisse des sommes énormes dans ce secteur.

En 1947, seulement 2 % de la population active travaillait dans le secteur industriel, et les usines étaient concentrées dans les grandes villes : Calcutta, Bombay et Madras, en ordre décroissant d'importance. La géographie actuelle du secteur manufacturier montre que rien n'a changé et que l'industrialisation se poursuit lentement depuis l'indépendance (fig. 8.11). Calcutta est devenue le centre de la région industrielle orientale, où dominent les fabriques de produits en jute.

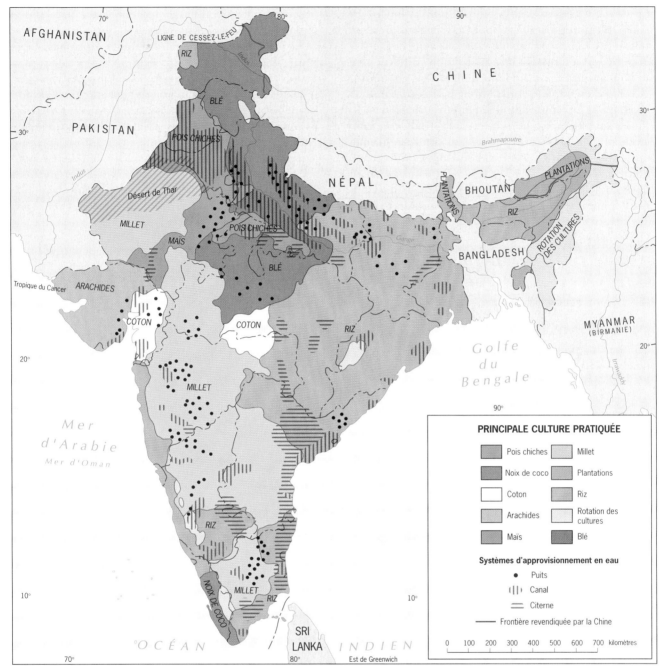

Figure 8.10 Zones agricoles de l'Inde.

Par ailleurs, la région industrielle occidentale compte deux principales zones : l'une a comme centre Bombay et l'autre, Ahmadabad. Chevauchant essentiellement les États du Maharashtra et du Gujarat, cette région se spécialise aujourd'hui dans les secteurs de l'ingénierie, de l'agroalimentaire, des produits chimiques et surtout des cotonnades. (Déjà au temps des Britanniques, les textiles étaient l'une des rares industries rentables.) L'essor de ce secteur est en grande partie attribuable à la disponibilité sur place de fibres de coton peu coûteuses, à l'abondance de main-d'œuvre bon marché ainsi qu'à l'approvisionnement en énergie

assuré par les centrales hydroélectriques des Ghâtes occidentaux. Aujourd'hui, le volume des exportations de biens manufacturés de l'Inde dépasse celui du Royaume-Uni.

Enfin, la région industrielle méridionale, dont le centre est Madras, est essentiellement composée de deux corridors urbains linéaires. Les spécialités sont l'industrie textile et les activités d'ingénierie légère. Dans les années 1990, la production de prêt-à-porter a augmenté dans toutes les régions industrielles de l'Inde, grâce au succès de l'industrie des cotonnades. Actuellement, les vêtements viennent au second rang des ex-

Figure 8.11 L'industrialisation en Inde.

portations quant à la valeur, après les pierres précieuses et les bijoux, également un secteur en expansion.

L'Inde est assez bien pourvue en matières premières, malgré des déséquilibres et une inefficacité encore manifeste. Des gisements de charbon de qualité supérieure sont exploités dans la région de Chota-Nagpur, mais cette réserve est limitée. Par contre, les gisements de qualité inférieure situés ailleurs dans le pays constituent de grandes réserves, de sorte que la production totale permet à l'Inde de se classer parmi les dix premiers pays producteurs. L'absence de riches gisements de pétrole (de petites quantités sont produites dans les États d'Assam, du Gujarat et du Punjab, de même qu'au

large de Bombay) oblige l'Inde à dépenser des sommes importantes pour son approvisionnement annuel en énergie. Il a ainsi fallu investir dans la construction de centrales hydroélectriques et, plus particulièrement, de barrages multifonctionnels qui servent non seulement à la production d'énergie, mais aussi à l'irrigation et au contrôle des inondations. Par ailleurs, les gisements de minerais de fer de l'État du Bihar (au nord-ouest de Calcutta) et du Karnataka (au centre du Deccan) pourraient compter parmi les plus riches du globe. Jamshedpur, à l'ouest de Calcutta, dans la région industrielle orientale, est devenu le principal centre sidérurgique du pays. Pourtant l'Inde exporte encore une

La ville de Marmagão, à l'arrière-plan, est de taille modeste et ses équipements le sont encore davantage. Par contre, le port est doté d'installations gigantesques servant à décharger le minerai de fer des trains venant de l'arrière-pays et des barges sillonnant la côte, de même qu'à charger sans délai les cargos océaniques. Le navire de fort tonnage, à l'extrême droite, provient du Japon. Marmagão est située à environ 40 km au sud de Panaji, la capitale du Goa, qui est devenu depuis sa création en 1987 l'un des États les plus avancés de l'Inde selon divers indicateurs économiques.

partie de son minerai de fer dans les pays industrialisés à revenu élevé, particulièrement au Japon. Cette pratique enracinée dans les États à faible revenu, dont le besoin en devises est considérable, semble difficile à enrayer.

L'est et l'ouest de l'Inde

L'Inde est généralement divisée en deux parties, le Nord et le Sud. Le Nord forme le cœur du pays, le Sud est un appendice à dominante dravidienne; l'hindi est la langue véhiculaire dans le Nord, alors que les habitants du Sud préfèrent l'anglais; le Nord est trépidant, le Sud, plutôt calme.

Mais on peut aussi diviser l'Inde selon une ligne nord-sud, moins évidente mais peut-être plus révélatrice. Ainsi, si on trace, sur la carte de la figure 8.11, une droite allant de Lucknow, sur les rives du Gange, à Madurai, dans l'extrême sud de la péninsule, on obtient deux régions contrastées sur le plan économique. L'Ouest montre des signes de progrès : les activités économiques qui s'y sont développées rappellent celles qui ont permis à des pays de la zone Asie-Pacifique, comme la Thaïlande et l'Indonésie, de sortir du marasme. Par contre, l'Est évoque plutôt des pays donnant sur le golfe du Bengale et ayant un avenir moins prometteur, à savoir le Bangladesh et le Myanmar (Birmanie).

La caractérisation de l'Ouest et de l'Est comporte bien sûr des exceptions, comme dans toutes les divisions régionales. En fait, la carte de la figure 8.11 semble indiquer que l'Est participe dans une large mesure

à la force industrielle de l'Inde, sans toutefois révéler la rentabilité des industries qui s'y trouvent. Il est vrai que l'Inde orientale renferme de riches réserves de minerai de fer et de charbon, mais les industries lourdes construites par l'Union au cours des années 1950 sont maintenant désuètes, non concurrentielles, et déclinantes. Ainsi, l'arrière-pays de Calcutta comprend actuellement la « zone de la rouille » *(Rustbelt)* de l'Inde. Plusieurs industries continuent leurs activités avec l'aide de l'État, mais les coûts sont élevés. Les industries traditionnelles, comme celles du tapis et des cotonnades, emploient encore une main-d'œuvre composée d'enfants pour maintenir leur rentabilité. L'État du Bihar illustre bien la stagnation qui touche l'est de l'Inde : selon divers indicateurs, c'est le plus pauvre des 25 États.

Par contre, avec Bombay pour moteur, l'État occidental de Maharashtra vient en tête à bien des égards. Nombre de petites industries privées produisant parapluies, jouets, tissus, antennes paraboliques, etc. y ont été mises sur pied. De l'autre côté de la mer d'Oman, des centaines de milliers de travailleurs de l'Inde occidentale œuvrent dans les pays pétroliers de la péninsule Arabique et envoient la majeure partie de leurs gains à leurs familles restées dans les États occidentaux, du Punjab au Kerala. D'autres utilisent les capitaux gagnés à l'étranger pour créer en Inde des entreprises de services. Contrairement à l'Est qui est orienté vers l'intérieur, l'Ouest, orienté vers l'extérieur, a établi des liens avec d'autres pays. Les plages du Goa, ce minuscule État au sud du Maharashtra, jouissent d'une position stratégique pour accueillir les touristes européens. Ces derniers qui avaient l'habitude des Maldives ou des Seychelles vont maintenant sur la côte du Goa depuis que des stations touristiques s'y sont multipliées. La réussite économique du Maharashtra s'est également étendue à l'État voisin du Gujarat et même au Rajasthan, plus au nord et enclavé, qui connaît selon les normes indiennes un début de croissance économique.

Le développement a cependant causé des problèmes politiques, car l'État du Maharashtra est aussi le bastion d'un mouvement nationaliste hindou puissant dont les dirigeants, opposés à toute intervention étrangère, bloquent parfois la réalisation de grands projets. Ce clivage entre les intérêts étrangers et les traditions régionales n'existe évidemment pas seulement en Inde, mais la montée du fondamentalisme hindou a créé un climat d'incertitude préoccupant pour les investisseurs, qui considèrent toujours l'Inde comme un « pays à haut risque ».

La division de l'Inde en régions orientale et occidentale fait ressortir un contraste croissant et l'avance marquée de l'Ouest. Les observateurs espèrent que la réussite du Maharashtra aura un effet bénéfique sur les États situés au nord et au sud le long de la mer d'Oman, et éventuellement sur ceux qui se trouvent à l'est. Mais cela ne pourra se produire que si le pays arrive à maîtriser l'explosion démographique actuelle.

✦ Le Bangladesh : persistance de la pauvreté

Sur la carte de l'Asie du Sud, le Bangladesh semble n'être qu'un État quelconque de l'Inde, car ce pays occupe le delta commun du Gange et du Brahmapoutre et est entouré par l'Inde du côté du continent (fig. 8.12). Le Bangladesh est néanmoins devenu un État autonome en 1971, à la suite d'une brève guerre déclenchée par un mouvement de révolte contre l'ex-Pakistan-Occidental. Ce pays, dont la superficie est à peu près le double de celle du Nouveau-Brunswick, est parmi les plus pauvres et les moins avancés du monde. Sa population de 125 millions d'habitants double en moins de 30 ans.

Le territoire du Bangladesh se trouve tout juste au-dessus du niveau de la mer, et la plaine du delta commun du Gange et du Brahmapoutre est un véritable labyrinthe de chenaux (fig. 8.12). Ce n'est que dans l'est et le sud-est que les basses terres cèdent la place à des collines et à des montagnes. Les sols alluviaux du delta sont très fertiles, de sorte que la moindre parcelle de terre est cultivée : les cultures de subsistance sont le riz et le blé, et les cultures commerciales sont le jute et le thé. Les débordements annuels des fleuves fertilisent naturellement les terres en y déposant du limon; en bordure de la mer, cette matière forme en s'accumulant de nouvelles îles. Les paysans s'y installent et les cultivent alors même qu'elles sont encore en voie de construction. En fait, la pression démographique rend ces migrations nécessaires.

Les risques naturels

Au printemps 1991, le Bangladesh fut dévasté par l'une des nombreuses catastrophes naturelles qui s'abattent périodiquement sur ce pays. Remontant vers le nord dans le golfe du Bengale suivant une trajectoire courbe, un cyclone souleva une muraille d'eau d'une hauteur de près de 6 m, qui déferla sur les îles et les basses terres du delta et détruisit la quasi-totalité de la ville portuaire de Chittagong, dans le sud-est du pays. La houle pénétra loin à l'intérieur des terres, dans les chenaux sinueux du delta du Gange et du Brahmapoutre, semant la mort (environ 150 000 victimes selon les estimations) et la désolation jusque dans des zones éloignées du littoral du golfe du Bengale. Lorsque la mer se retira en emportant des milliers de cadavres et de carcasses qu'elle rejeta ensuite sur les plages, on put constater l'ampleur incroyable de la catastrophe, par ailleurs nullement la pire de celles que connaît régulièrement le Bangladesh. En effet, c'est dans ce pays que se sont produits huit des dix désastres naturels les plus dévastateurs du XXe siècle.

Pourquoi les risques naturels sont-ils si élevés au Bangladesh ? Dans sa partie nord, le golfe du Bengale a la forme d'un entonnoir inversé. Des cyclones se développent fréquemment dans ce milieu où des masses d'air humide sont localisées au-dessus d'une vaste étendue d'eau chaude (c'est le contraire du côté de la mer d'Oman où l'air est sec et les côtes désertiques). Une fois formés dans le golfe du Bengale, les cyclones se déplacent souvent vers le nord en suivant une trajectoire qui s'incurve vers la droite. Les masses d'eau soulevées par la tempête ayant de moins en moins de place pour s'étaler au fur et à mesure que le golfe rétrécit, la houle déferle périodiquement sur le delta, emportant avec elle habitants, animaux et récoltes. Lorsque les vents faiblissent, le reflux fait d'autres dommages, les chenaux habituellement calmes du delta se transformant en torrents tumultueux.

Contrairement aux Hollandais qui sont prospères, les Bangladais n'ont pas les moyens de combattre leur ennemi naturel. Les services d'avertissement en cas d'inondation ou de cyclone sont déficients, et les plans d'évacuation et les routes sont inadéquats. Un projet de construction d'abris en béton montés sur pilotis, où les villageois pourraient se réfugier en cas de tempête, à défaut de pouvoir s'enfuir, a été entrepris au cours des dernières années. Cependant, seul un nombre restreint de personnes a été épargné grâce à ces abris lors du cyclone de 1991 : même ce type de projet était trop coûteux pour le Bangladesh.

Stabilité et subsistance

Le PNB par habitant, de 220 $US, et le taux d'urbanisation, qui n'atteignait que 17 % vers la fin des années 1990, reflètent bien la situation économique du Bangladesh. L'agriculture de subsistance est l'activité dominante, et la densité de 1200 individus par km² de terre cultivée est l'une des plus élevées au monde. Il y a cependant des signes d'espoir : l'emploi de semences améliorées a réduit l'écart entre les besoins alimentaires et la production, et l'extension des cultures de blé accroît la diversité, ce qui devrait réduire les risques de pénurie. Mais le régime alimentaire des Bangladais comporte bien des carences et l'état nutritionnel de la population est globalement inacceptable.

Il y a aussi une lueur d'espoir sur le plan politique : en dépit de quelques accrochages en période électorale et de litiges territoriaux en suspens avec l'Inde, le Bangladesh a connu une stabilité relative au cours de la dernière décennie. Le climat politique a une importance cruciale pour la survie du pays, car les États ayant une fragile économie de subsistance souffrent beaucoup plus que les autres lorsque les tensions intercommunautaires provoquent leur dislocation. (En Afrique australe, le Mozambique, encore plus pauvre que le

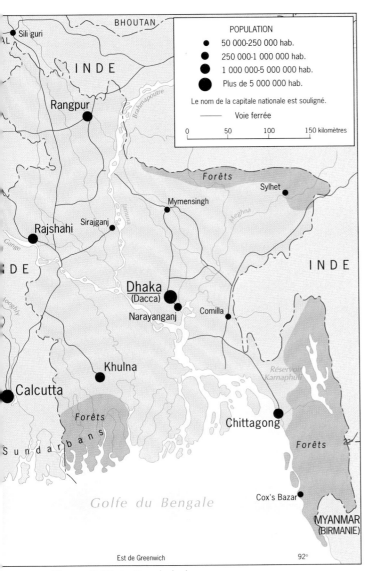

Figure 8.12 Le Bangladesh.

Dhaka à une ville éloignée doit s'attendre à avancer à pas de tortue sur des routes encombrées et à perdre un temps incalculable en franchissant les cours d'eau à bord de traversiers. Une grande partie du pays n'est d'ailleurs accessible que par bateau, et des milliers d'embarcations sillonnent les voies d'eau.

L'État indien du Bengale-Occidental et le Bangladesh (qui signifie « pays du Bengale ») présentent des similitudes sur les plans physique et humain. Le Bengale-Occidental occupe lui aussi une partie du delta du Gange et sa population est majoritairement bengali comme celle du Bangladesh. Lors du partage de 1947, le tracé de la frontière s'est fait en fonction de critères religieux, plus de 80 % des Bangladais étant musulmans. Le clivage culturel entre l'Inde et ses voisins est cependant moins prononcé dans l'est qu'il ne l'est dans l'ouest, avec le Pakistan : plus de 15 % des habitants du Bangladesh sont hindous et le Bengale-Occidental abrite une importante minorité musulmane.

Les problèmes liés à la croissance démographique sont encore plus criants au Bangladesh qu'en Inde. Un enfant né au Bangladesh consomme au cours de son existence seulement 3 % de la quantité totale de produits (nourriture, énergie, minerais et autres ressources naturelles) consommés par un enfant né aux États-Unis, si les deux vivent le même nombre d'années. Autrement dit, la consommation d'un seul enfant américain est équivalente à celle de 33 enfants bangladais. Au Bangladesh, survivre est la seule industrie importante; tout le reste est du domaine du luxe.

✦ Les îles du sud de l'Asie

La pointe de la péninsule indienne est entourée d'îles : la plus grande, à l'est, forme avec des plus petites le Sri Lanka, alors qu'à l'ouest l'archipel des Maldives est composé de 1200 îles coralliennes.

Sri Lanka : une guerre qui s'éternise

Le Sri Lanka (le Ceylan jusqu'en 1972) est une île compacte en forme de poire, à 35 km de l'Inde, dont elle est séparée par le détroit de Palk (fig. 8.13). Quatrième État sud-asiatique issu de l'empire des Indes, ce pays a accédé à l'indépendance en 1948. Depuis, il a connu de graves problèmes politiques et économiques, certains analogues à ceux de l'Inde et du Pakistan, et d'autres de nature bien différente.

La majorité des Sri Lankais ne sont pas d'origine dravidienne, mais aryenne. À partir du Ve siècle avant notre ère, des habitants des vallées du Gange et de l'Indus migrèrent vers le sud jusqu'à dans l'île de Ceylan, où ils introduisirent le bouddhisme. Leurs descendants forment actuellement 70 % des 19 millions d'habitants du Sri Lanka. Ils ont conservé la religion bouddhique et parlent le cinghalais, une langue indo-européenne.

Bangladesh, fournit un bon exemple.) Malgré tout, la situation du Bangladesh demeure précaire. Ses infrastructures ont été gravement endommagées durant la guerre d'indépendance de 1971 et le réseau de communication n'a toujours pas été réparé. La corruption au sein du gouvernement et les soulèvements périodiques dans le sud-est montagneux, couvert de forêts, sont au nombre des problèmes auxquels le Bangladesh devra tenter de trouver des solutions au cours des années à venir.

La capitale, Dhaka (Dacca), située au centre du pays, et le port dévasté de Chittagong sont les seuls centres urbains importants, le pays étant en très grande partie rural. Le système de transport reflète lui aussi le piètre état de l'économie bangladaise : aucun pont routier n'enjambe le Gange où que ce soit dans le pays, et il n'existe qu'un seul pont ferroviaire permettant de traverser le fleuve. Aucun pont non plus au-dessus du Brahmapoutre. Le voyageur qui désire se rendre de

Par ailleurs, la minorité d'origine dravidienne (18 % de la population) parle le tamoul, déclaré langue officielle en 1978. Mais le gouvernement sri lankais, en maintenant les Tamouls à l'écart des affaires publiques, a provoqué un soulèvement armé dans le nord et donné naissance à un mouvement séparatiste.

L'île du Sri Lanka est en partie montagneuse. Les hautes terres du sud culminent à plus de 2500 m, et leurs versants abrupts et couverts de forêts sont encerclés au nord par des plaines, prolongées par la péninsule de Jaffna, également de faible altitude. Les cours d'eau de la zone montagneuse alimentent les rizières en eau, la culture dominante étant le riz et non le blé.

Les plantations établies par les Britanniques existent toujours et produisent des noix de coco dans les plaines, du caoutchouc en altitude moyenne et le célèbre thé sri lankais dans les hautes terres. La riziculture n'est pas très productive, et le pays doit importer du riz pour répondre aux besoins croissants de sa population.

Colombo, la capitale, est le seul centre quelque peu industrialisé, mais sa modernisation a été freinée par la guerre civile avec les Tamouls. Au milieu des années 1990, la possibilité d'une résolution du conflit amena la reprise des investissements, mais la recrudescence des affrontements y mit vite fin. Une importante minorité tamoule est établie dans le district de Pettah, où est située Colombo, et la capitale

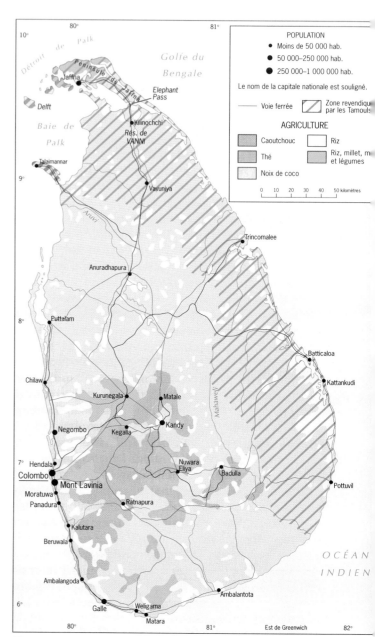

Figure 8.13 Le Sri Lanka.

« La longue guerre civile déclenchée par le mouvement autonomiste tamoul a ravagé l'économie sri lankaise. La chose est manifeste dans la capitale, Colombo, qui a vu s'évanouir industrie touristique et investissements étrangers. Durant les années 1990, la perspective d'une résolution prochaine du conflit a permis la reprise de la construction. Des investisseurs en provenance de Singapour ont entrepris l'érection de deux tours qui dominent le paysage de la capitale, en espérant que l'économie dévastée du pays connaisse un nouvel essor. Mais la capture par les forces gouvernementales du bastion tamoul de Jaffna n'a pas contribué à réduire les tensions à Colombo, et tous les secteurs de la ville ont des postes de contrôle militaire.

connaît fréquemment des épisodes de violence. L'industrie touristique, autrefois une importante source de revenus, a été anéantie.

Un État tamoul indépendant ?

La situation au Sri Lanka est d'autant plus tragique que les troubles qui déchirent le pays auraient facilement pu être évités par l'application d'une politique plus éclairée. Les Tamouls établis dans le nord et l'est de l'île décriaient depuis longtemps l'inégalité des chances entre les deux communautés en matière d'éducation, d'emploi, de propriété foncière, de langue et de représentation politique. Mais le gouvernement dominé par les Cinghalais ayant fait la sourde oreille, les tensions ont dégénéré en soulèvement armé. Les Tamouls ont réussi à prendre le contrôle de la péninsule de Jaffna et de la région avoisinante; ils demandent la création d'un État indépendant, qui porterait le nom d'*Eelam* et comprendrait la partie du Sri Lanka marquée par des hachures sur la carte de la figure 8.13.

Les Maldives : une colonie cinghalaise ?

Imaginez un pays composé de 1200 îles minuscules, d'une superficie inférieure à 300 km² et d'une altitude maximale à peine supérieure à 2 m, situées à plus de 650 km de la masse continentale la plus proche, dans une région où les cyclones sont fréquents. Ajoutez à cela une population de 280 000 habitants et vous venez de décrire la république des Maldives, l'entité politique la plus au sud de l'ensemble sud-asiatique (fig. 8.1).

Dans la capitale, Malé, les immeubles ont remplacé les palmeraies. Les habitants des Maldives parlent une langue dérivée d'une forme ancienne du cinghalais, ce qui indiquerait que les premiers occupants venaient du Ceylan. Mais bien que les Cinghalais du Sri Lanka soient bouddhistes, les Maldiviens sont musulmans. En 1968, peu après l'indépendance, le sultanat des Maldives devint une république. Le mécontentement des habitants des îles éloignées de Malé, qui se disent désavantagés comparativement aux résidants de la capitale, plus prospère, provoqua des escarmouches.

La principale industrie des Maldives est le tourisme bien que la pêche demeure une activité importante. Cependant, si le climat de la planète se réchauffait au point d'entraîner une hausse du niveau des mers, le pays tout entier disparaîtrait sous les eaux.

✦ Les montagnes du Nord

Rappelons-le, l'Asie du Sud est l'un des ensembles géographiques dont les frontières naturelles et culturelles sont les plus marquées. Les montagnes qui séparent l'Inde de la Chine forment une muraille encore infranchissable à l'ère des autoroutes. C'est grâce aux glaciers de ces montagnes que sont alimentés les grands fleuves indispensables aux dizaines de millions d'habitants des vallées et des plaines environnantes. Il n'est donc pas étonnant qu'au fil des siècles le contrôle des zones où les fleuves prennent leurs sources ait été à l'origine de multiples conflits, et que ces affrontements aient marqué la carte politique de l'Asie du Sud.

Un ensemble d'États enclavés se partagent la région montagneuse du Nord, depuis l'Afghanistan et l'État indien du Jammu-et-Cachemire dans l'ouest jusqu'au Népal et au Bhoutan dans l'est. Les frontières de ces entités isolées et vulnérables résultent de nombreuses interactions complexes. Les problèmes récents de l'Afghanistan et la disparition du Sikkim en tant qu'État indépendant ont mis en évidence cette vulnérabilité. Encastré entre le Népal et le Bhoutan, le Sikkim fut intégré à l'Inde en 1975 et est maintenant l'un des 25 État indiens. Les royaumes du Népal et du Bhoutan ont par contre réussi à conserver leur indépendance.

Le Népal

Situé immédiatement au nord-est du cœur de l'Inde, le Népal a une superficie égale au double de celle du Nouveau-Brunswick et une population de 24 millions d'habitants. Ce pays comprend trois zones géographiques (fig. 8.14) : le Teraï, dans le sud subtropical, formé de terres marécageuses très fertiles; le « Moyen pays » avec ses vallées profondes arrosées par des cours d'eau au débit rapide; et la spectaculaire chaîne de l'Himalaya, dans le nord, qui comprend le point culminant du globe, l'Everest. Katmandou, la capitale, occupe une vallée du Moyen pays, dans le centre-est du Népal.

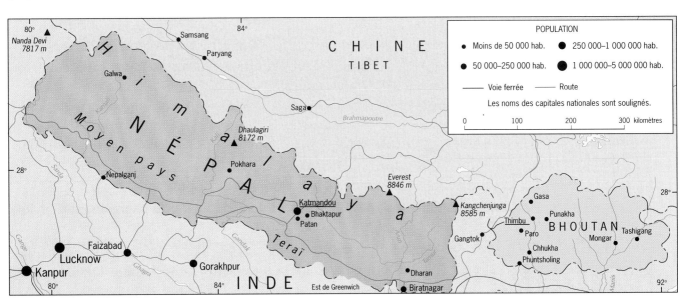

Figure 8.14 Les États himalayens.

Le Népal a une économie faible, mais de grandes richesses culturelles. La population a des origines diverses, dont l'Inde, le Tibet et l'Asie centrale. Environ 90 % des Népalais sont hindous, mais leur religion est une combinaison d'hindouisme et de bouddhisme. Des milliers de temples et de pagodes ornent les paysages culturels, et plus particulièrement celui de la vallée de Katmandou, au cœur du pays. Bien qu'une dizaine de langues soient en usage au Népal, 90 % des habitants parlent le népali, une langue apparentée à l'hindi.

La pression démographique a forcé les paysans pratiquant une agriculture de subsistance à migrer dans les zones sauvages d'altitude plus élevée, car c'est là que se trouvent encore, sur les versants abrupts, des terres cultivables d'une superficie suffisante et du bois pour pourvoir aux besoins en énergie. En effet, depuis le début des années 1960, plus du tiers des forêts alpines du Népal ont été abattues, ce qui a mené à l'abandon des terres, car les pluies torrentielles de la mousson d'été accélèrent le processus d'érosion dans les zones déboisées. La déforestation augmente en outre les risques d'inondation dans les basses vallées populeuses du Gange et du Brahmapoutre. La population dépendant à 95 % de l'agriculture de subsistance (riz, maïs, blé et millet), le Népal connaît une grave crise environnementale.

Le Népal est l'un des pays les moins avancés : son PNB par habitant de 160 $US est le plus bas de tous les États d'Asie du Sud. Le pays manque d'unité et son réseau de communication est déficient. La zone de basses terres tropicales du Teraï, dans le sud, n'a rien en commun avec le Moyen pays. Enclavé, cloisonné, en déclin sur le plan économique et fragmenté sur le plan culturel, le Népal a plus de handicaps que d'atouts.

Le Bhoutan

Le royaume du Bhoutan (fig. 8.14) ne compte que 880 000 habitants, dont 35 000 seulement dans la capitale, Thimbu. Plus du quart des Bhoutanais sont d'origine népalaise; le bouddhisme est la religion officielle bien que la majorité de la population soit hindoue.

Le Bhoutan est demeuré une entité politique autonome à l'époque de l'empire des Indes. Actuellement, il est indépendant en matière de politique intérieure, mais une entente avec l'Inde l'oblige à consulter cette dernière en ce qui a trait aux affaires étrangères. Le Bhoutan a survécu à cause de son éloignement et de son autosuffisance alimentaire, mais les visiteurs ont le sentiment très net que dans ce royaume le temps s'est arrêté.

La carte de la figure I.10 montre que l'Asie du Sud est le seul ensemble géographique dont tous les pays ont une économie à faible revenu. En outre, l'Asie du Sud contribue dans une très large mesure à l'explosion démographique planétaire en cours. Islamistes et infidèles s'y côtoient et des nations ennemies voisines disposent d'armes nucléaires. Les pays industrialisés ne peuvent donc ignorer les questions et les problèmes de ce monde péninsulaire qui s'étend au-delà de la barrière himalayenne.

QUESTIONS DE RÉVISION

1. Quels éléments morphologiques marquent les frontières de l'Asie du Sud ?

2. Pourquoi les fleuves et le phénomène de la mousson ont-ils une importance vitale pour les Sud-Asiatiques ?

3. Comment l'Inde pourrait-elle devenir le pays le plus populeux du globe vers l'an 2010 ?

4. Pourquoi l'Asie du Sud connaît-elle des problèmes démographiques plus graves que ceux auxquels font face les autres ensembles géographiques ?

5. Comment l'Inde peut-elle souffrir de pénurie alimentaire alors même qu'elle exporte des produits agricoles ?

6. Pourquoi le secteur agricole de l'Inde est-il moins productif que celui des autres ensembles géographiques d'Asie ?

7. Quel est le principal moyen de subsistance de la majorité de la population sud-asiatique ?

8. Quelles sont les principales religions en Asie du Sud et dans quelles aires chacune est-elle dominante ?

9. En quoi l'héritage de la période coloniale européenne a-t-il consisté en Asie du Sud ?

10. Pourquoi l'Inde est-elle considérée comme « la plus grande démocratie du monde » et l'État le plus complexe ?

CHAPITRE 9

Votre étude de l'Asie de l'Est terminée, vous pourrez :

1 Apprécier l'importance croissante de la Chine dans le monde.

2 Donner un aperçu de la culture chinoise traditionnelle et comprendre les bouleversements auxquels ses adhérents ont eu à faire face au cours des 150 dernières années.

3 Décrire l'organisation spatiale des principales régions chinoises, particulièrement celles de la Chine proprement dite.

4 Décrire les conséquences de la modernisation du Japon, du début de l'ère Meiji (1868) à la fin du XXᵉ siècle.

5 Décrire l'organisation régionale de l'économie japonaise et les ressources sur lesquelles elle s'appuie.

6 Décrire les principales composantes géographiques et l'organisation spatiale de la Corée du Sud et de Taiwan.

7 Comprendre le contexte et les buts du programme de modernisation ayant cours en Chine et, en vous fondant sur ce que vous saurez de son cadre spatial, suivre et évaluer son évolution future.

8 Comprendre les difficultés qu'éprouve la Chine à concilier ses objectifs économiques et politiques.

9 Situer les principaux éléments des paysages naturel, culturel et économique de l'Asie de l'Est sur une carte muette.

L'Asie de l'Est : un monde de titans

L'Asie de l'Est est différente des autres ensembles géographiques. La Chine, le pays le plus peuplé du monde, en constitue le cœur, tandis que sa périphérie est formée du Japon, l'une des grandes puissances économiques mondiales. Le long des côtes tout autant que dans les péninsules et les îles, un miracle économique a transformé villes et campagnes. L'arrière-pays englobe les montagnes les plus élevées de la planète et les déserts les plus vastes. Cet ensemble géographique est un véritable entrepôt de matières premières et ses bassins fluviaux produisent suffisamment de denrées alimentaires pour nourrir plus d'un milliard de personnes.

Portrait de l'Asie de l'Est

L'Asie de l'Est comprend six entités politiques : la Chine, la Mongolie, la Corée du Nord, la Corée du Sud, le Japon et Taiwan. Nous employons l'expression « entité politique » et non « État », car la distinction est importante dans cet ensemble géographique en mutation. Taiwan, à laquelle le gouvernement de l'île a donné le nom officiel de « République de Chine », fonctionne comme un État, mais est considérée par la Chine continentale (dont la désignation officielle est « République populaire de Chine ») comme une province temporairement rebelle. La Corée du Nord n'est pas membre des Nations Unies et la réunification de la péninsule coréenne pourrait éventuellement avoir lieu. Une septième entité politique est-asiatique, à savoir Hong Kong (en chinois, *Xianggang*), a été rétrocédée à la

Chine le 1er juillet 1997, et une huitième entité, Macao, devrait l'être à la fin de 1999.

Caractérisée entre autres par la diversité de ses milieux naturels, l'Asie de l'Est, telle que nous la défi-

PRINCIPALES CARACTÉRISTIQUES GÉOGRAPHIQUES DE L'ASIE DE L'EST

1. L'Asie de l'Est, l'ensemble géographique le plus peuplé du monde, comprend également l'État le plus peuplé du globe.

2. L'Asie de l'Est est la principale zone de croissance de la partie occidentale de l'aire pacifique, laquelle s'étend de l'est de l'Australie dans le sud au Japon dans le nord.

3. Le triangle Jacota (Japon, Corée, Taiwan) est à l'avant-garde du développement de l'aire pacifique; son essor porte à croire que d'autres parties de l'Asie de l'Est et du Sud-Est pourraient éventuellement connaître une croissance analogue.

4. L'Asie de l'Est est le principal pôle de croissance de l'Asie-Pacifique, zone d'ailleurs dominante du développement de l'aire pacifique. (L'aire pacifique est cette bordure discontinue qui enserre l'océan Pacifique, du Chili au Canada et de la Russie à la Nouvelle-Zélande.)

5. Les changements politiques et économiques sont en voie de transformer les paysages culturels est-asiatiques, de la zone frontière islamique de l'ouest de la Chine jusqu'aux villes taiwanaises florissantes.

6. Une grande partie de l'Asie de l'Est connaît une accentuation marquée des disparités régionales.

7. L'Asie de l'Est garde l'empreinte de l'expansion coloniale du Japon.

8. La concentration de la population chinoise dans la partie orientale du continent reflète l'importance historique et géographique des bassins inférieurs des grands fleuves.

9. Les frontières géopolitiques de l'Asie de l'Est sont susceptibles de changer, notamment dans l'archipel des Kouriles dont le Japon revendique certaines îles, dans la Corée divisée, à Taiwan qui réclame son indépendance, dans le territoire de Hong Kong rendu depuis peu aux Chinois, et au Tibet qu'a annexé la Chine.

10. La Chine, dont la puissance économique et militaire est en croissance, pourrait s'élever au rang de superpuissance si elle réussit à endiguer des forces de dislocation analogues à celles qui ont causé l'éclatement de l'ex-Union soviétique.

nissons, est située entre l'immense territoire de la Fédération russe, au nord, et les pays densément peuplés de l'Asie du Sud et du Sud-Est. Elle s'étend des vastes déserts d'Asie centrale jusqu'aux îles du Japon et de Taiwan dans le Pacifique.

L'Asie de l'Est est aussi le pivot de la zone Asie-Pacifique. Du Japon à Taiwan et de la Corée du Sud à Hong Kong, toute la façade pacifique est en transformation. Des gratte-ciel dominent la ville de Haikou, capitale de la province insulaire de Hainan, autrefois plongée dans le marasme. De luxueuses voitures de fabrication européenne ou américaine sillonnent les rues de Dalian, le long du morne port qui dessert le nord-est de la Chine. Un véritable bataillon de grues est à l'œuvre dans la vaste zone industrielle en construction de Pudong, dont dépend l'intégration de Shanghai à l'économie florissante de la zone Asie-Pacifique. Des millions de gens quittent leurs fermes et leurs villages pour aller chercher de l'emploi dans les centres urbains où de tels projets sont en voie de réalisation.

Longtemps la seule économie à revenu élevé de l'Asie en stagnation, le Japon a joué un rôle de premier plan dans le développement de la partie est-asiatique de l'aire pacifique. Avant même que cette dénomination ne soit usitée, le Japon s'était doté d'une économie superpuissante et avait créé des liens commerciaux avec de nombreux pays du globe. Alors que la Chine poursuivait sa politique d'isolationnisme et que la Corée du Sud tentait d'effacer les séquelles de sa terrible guerre contre les communistes (1950-1953), le Japon construisait dans l'est du continent eurasiatique une société à caractère unique. N'eût été de l'essor de la zone Asie-Pacifique qui réduisit les disparités avec ses voisins est-asiatiques, le Japon aurait pu être considéré comme un ensemble géographique distinct. Mais aujourd'hui, le matériel électronique et les voitures de fabrication coréenne font concurrence aux produits japonais sur les marchés internationaux. L'économie de Taiwan est florissante. La province de Guangdong dans le sud-est de la Chine est un moteur économique, et l'une de ses grandes villes, Shenzhen, compte parmi les centres urbains du monde qui connaissent la plus forte croissance. Les investissements consentis par le Japon à d'autres pays de la zone Asie-Pacifique ont contribué à réduire les contrastes régionaux et à consolider les liens entre Tokyo et l'Asie de l'Est continentale. En bref, le Japon est redevenu partie intégrante de cet ensemble géographique.

En dépit du développement fulgurant de l'économie nippone durant la seconde moitié du XXe siècle, la Chine demeure le géant de l'Asie de l'Est. Elle est l'une des plus anciennes civilisations du monde à avoir survécu jusqu'à aujourd'hui et elle était déjà un important foyer culturel à l'époque où le Japon constituait encore une zone frontière isolée, habitée par les Aïnus. Des migrations ont eu lieu de la Chine vers les îles en passant par la péninsule coréenne. Les philosophies, les religions et les traditions culturelles chinoises, en matière notamment d'aménagement urbain et d'architecture, se sont répandues en Corée et au Japon, de même que dans diverses localités situées en périphérie du cœur de l'empire. Au cours du dernier millénaire, la Chine a connu des périodes d'expansion et de conquête impériale suivies de périodes d'anarchie durant lesquelles le pouvoir central n'arrivait plus à maintenir son autorité sur l'ensemble du territoire. Les puissances coloniales européennes ont profité de ces phases de déclin pour se partager le territoire chinois. Ainsi, la Russie et le Japon ont à certains moments étendu leurs propres empires à l'intérieur des frontières chinoises, mais la Chine a toujours réussi à se redresser et il se pourrait qu'elle étende prochainement sa sphère d'influence à un vaste domaine.

Une position relative déterminante

La Chine éternelle

Parce qu'ils situent la Chine au bout du monde par rapport à eux-mêmes, les Occidentaux ont tendance à chercher l'origine des États dans les civilisations de Mésopotamie ou d'Asie du Sud-Ouest en général. Pourtant,

l'histoire de la civilisation chinoise est bien antérieure, puisqu'elle remonte à au moins 4000 ans. La Chine avait réussi à élaborer une civilisation en tous points originale, à l'organisation sociale évoluée, dotée de traditions et de valeurs solides, où se sont développées des philosophies raffinées. Contrairement à la civilisation mésopotamienne, c'était une société fermée, confiante en sa puissance, en sa continuité et en sa supériorité absolue.

L'isolation et la fermeture font partie de la tradition chinoise, et il est permis de croire que la position relative de la Chine et la physiographie de l'Asie y sont pour quelque chose. Il suffit de consulter une carte de l'Asie de l'Est (fig. 9.1) pour comprendre. Au nord de la Chine s'étendent les chaînes de montagnes accidentées de la Russie orientale et le vaste désert de Gobi. Au nord-ouest, soit au-delà du Xinjiang, les montagnes cèdent la place aux immenses steppes sèches du Kazakhstan, alors qu'à l'ouest et au sud-ouest s'élèvent les célèbres chaînes montagneuses aux cimes enneigées des monts Tian (ou T'ien-chan) et du Pamir qui forment une muraille de quelques milliers de mètres de hauteur. Au sud, depuis l'annexion du Tibet (ou Xizang), l'Empire chinois est bordé par l'incomparable Himalaya, qui marque en outre la frontière entre les ensembles géographiques est-asiatique et sud-asiatique. La Chine est également séparée de l'Asie du Sud-

Figure 9.1 Physiographie de l'Asie de l'Est.

Est par des reliefs élevés. Sur la carte physique, la Chine ressemble à une forteresse entourée de montagnes, de déserts et de forêts.

Les distances contribuent aussi à l'isolation. Jusqu'à tout récemment, la Chine était éloignée de toute source d'industrialisation moderne ou de changement. Même s'il est vrai, comme le disent les Chinois, que le pays est lui-même un foyer d'innovation, son apport au monde extérieur a été très limité. Des échanges ont effectivement eu lieu avec la Corée, le Japon, Taïwan et certaines régions de l'Asie du Sud-Est, et des Chinois ont émigré dans des pays voisins, mais l'influence globale de la Chine a été bien moindre que celle des Arabes, par exemple, qui, se disséminant, ont exporté leurs connaissances, leur religion et leur système politique en de nombreux endroits, depuis la Méditerranée européenne jusqu'au Bangladesh et de l'Afrique occidentale à l'Indonésie. Puis, lorsque l'Europe est devenue le principal foyer d'innovation, la Chine en était plus éloignée, par voie de terre ou de mer, que presque toutes les autres parties du monde.

Malgré la modernisation des réseaux de communication, la Chine est toujours éloignée du reste du monde. Le trajet en train de Pékin à Moscou, la capitale de l'État eurasien voisin, est un monotone voyage de plusieurs jours. Il n'existe pratiquement pas de liaison terrestre directe entre la Chine et l'Inde, et les communications avec l'Asie du Sud-Est demeurent limitées malgré les améliorations en cours.

Les changements les plus importants dans la position relative et les relations internationales de la Chine ont eu lieu dans la zone Asie-Pacifique, mais tous les obstacles politiques n'ont pas été levés. L'alliance avec la Corée du Nord, elle aussi communiste, s'est affaiblie, ce pays ne voyant pas d'un bon œil les réformes économiques amorcées en Chine. Par contre, les échanges se sont intensifiés avec la Corée du Sud après une longue période de froid entre les deux États, et les entrepreneurs et investisseurs japonais ont fait une immense percée en territoire chinois. Pour la première fois de son histoire, la Chine se trouve à proximité d'un centre mondial d'innovation technologique et d'une puissance financière, et elle a décidé de s'ouvrir aux initiatives et aux idées japonaises.

Le Japon insulaire

Les revirements de situation qu'a connus le Japon au cours du siècle dernier font ressortir combien la position relative d'un pays influe sur son développement. En effet, à l'écart du monde, le Japon avait pu soumettre et consolider ses premières colonies en Asie de l'Est (Ryukyu, Taïwan, Corée), tandis que se modifiait l'ordre mondial. Cependant, à la fin de la Seconde Guerre mondiale, la situation globale avait radicalement changé. Les États-Unis, qui lui faisaient face de l'autre côté de l'océan, étaient devenus la puissance la plus

prospère et la plus importante du globe. Le Pacifique était maintenant la voie d'accès aux plus riches marchés de la planète. Vaincu et dévasté, mais ayant forcé les puissances européennes à réduire leur présence dans le Pacifique, le Japon allait miser sur sa **position relative** par rapport aux foyers économiques et politiques mondiaux pour se refaire.

Géographie historique de l'Asie de l'Est

Évolution de l'État chinois

La géographie historique de l'Asie de l'Est est dominée par l'évolution de l'État chinois. Cet État fascinant a commencé à se développer il y a des millénaires dans l'est de l'immense territoire, au relief diversifié, qu'il occupe actuellement. L'histoire de ce pays suit les changements de *dynasties,* qui ont marqué de leur empreinte particulière la culture et la carte géopolitique de l'empire en formation (fig. 9.2).

La plus ancienne dynastie relativement connue est celle des Shang, dont le règne a débuté il y a près de 4000 ans. Le nord de la Chine est alors devenu le

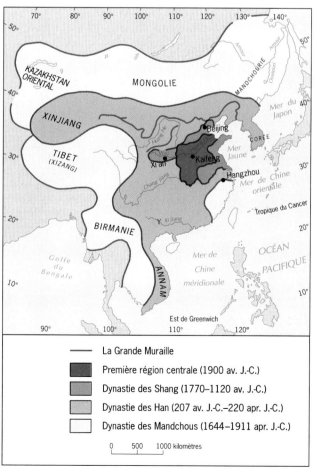

Figure 9.2 Formation de l'Empire chinois.

principal centre de développement de l'Asie de l'Est, et il le demeura pendant plus d'un millénaire. Les Shang ont été renversés par les Zhou, qui ont régné d'environ 1120 à 221 avant notre ère, et ont construit les premiers tronçons de la Grande Muraille pour se défendre contre d'éventuels envahisseurs venant du nord.

La Chine des Han

La fondation de la dynastie Han (207 av. J.-C. à 220 apr. J.-C.) a marqué le début d'une période cruciale de l'histoire de la Chine. Les souverains Han ont réalisé l'unité de l'empire, dont ils ont en outre assuré la stabilité. Ils ont élargi la sphère d'influence de la Chine à la Corée, à l'ancienne Mandchourie, à la Mongolie, au Xinjiang et jusqu'à Annam (le centre du Viêt-nam actuel) en Asie du Sud-Est. Ce faisant, ils ont établi leur autorité sur les nomades qui sillonnaient les montagnes, les steppes et les déserts environnants, et ont ainsi pris le contrôle de la route de la Soie qui traversait le Xinjiang et reliait Xi'an à Rome.

La dynastie Han fut marquée par l'expansion considérable de la Chine (fig. 9.2), qui accrut fortement sa puissance militaire. L'ancien ordre féodal prit fin et le système de propriété terrienne fut transformé pour permettre la propriété individuelle des terres. La route de la Soie était une source de prospérité et des progrès notables furent réalisés en arts, en architecture et en sciences. Plusieurs normes sociales durables furent établies à l'époque des Han, et encore aujourd'hui les habitants de la Chine proprement dite se désignent eux-mêmes par le nom de *Haren*, c'est-à-dire « hommes de Han ».

La Chine des Han fut en quelque sorte l'Empire romain de l'Asie de l'Est et, comme sa contrepartie européenne, après une période de grandeur, elle connut le déclin et la chute. La dynastie des Tang qui lui succéda régna de 618 à 907. Elle initia une nouvelle ère de stabilité en mettant fin aux troubles qui avaient provoqué l'effondrement de la dynastie Han.

Dynasties chinoises et étrangères

Vers la fin de la dynastie des Tang, la Chine était redevenue une grande nation. La dynastie Song, fondée en 960, allait régner jusqu'en 1279. Sous sa domination, la Chine fut à bien des égards l'État le plus avancé du monde. Elle englobait plusieurs villes de plus d'un million d'habitants; le papier-monnaie y avait cours; de nombreuses écoles furent ouvertes; le commerce prit un essor considérable; les arts prospérèrent; le confucianisme, dérivé de la doctrine du philosophe Confucius et servant de guide aux Chinois depuis plusieurs siècles, fut modernisé et ses enseignements furent diffusés massivement grâce à l'imprimerie.

La conquête de la Chine par les Mongols mit fin à la dynastie Song. Les envahisseurs cependant ne régnèrent sur la totalité de l'empire que de 1279 à 1368. C'est la dynastie Ming (1368-1644) qui réunifia et con-

solida la Chine, depuis la Grande Muraille dans le nord jusqu'à Annam dans le sud, et de la Corée dans le nord-est à la Birmanie dans le sud-ouest. Ces souverains transférèrent la capitale à Pékin (ou Beijing) et instaurèrent une tradition de gouvernement autocratique, caractérisé par la concentration du pouvoir et un contrôle rigoureux des provinces. La stabilité assurée par ce régime sévère permit des progrès dans de nombreuses sphères. Ainsi, la culture chinoise s'enrichit de grandes réalisations architecturales, artistiques, littéraires, de même que d'innovations dans le domaine de l'éducation. C'est sous les Ming que la civilisation chinoise a atteint son apogée.

En 1644, profitant d'une demande d'assistance des Ming désireux de soumettre des insurgés, les Mandchous venus du nord-est, au-delà de la Grande Muraille, s'emparèrent du pouvoir. Ils fondèrent la dynastie mandchoue des Qing (1644-1911), qui fut la dernière grande dynastie. Une fois de plus, la Chine allait être gouvernée par des envahisseurs.

Durant cette période, la population chinoise passa d'environ 150 millions d'habitants à 450 millions, à cause de la croissance naturelle mais aussi de l'intégration des peuples de Mongolie, du Turkestan, du Tibet et de l'Indochine. Les Mandchous étaient au pouvoir lorsque les puissances européennes et les armées japonaises pénétrèrent en Chine. L'anarchie s'instaura, et le dernier empereur Qing, un garçon de 12 ans enfermé dans le palais impérial de la Cité interdite où régnait la corruption, fut forcé d'abdiquer en 1911. Une tradition vieille de 4000 ans prenait fin et l'ancien empire allait connaître un siècle tumultueux.

Les débuts du Japon

Avant l'arrivée des ancêtres des Japonais actuels, venus d'Asie, les quatre plus grandes îles du Japon avaient été peuplées par les Aïnus, un peuple d'origine caucasienne. Les derniers vestiges de cette ancienne civilisation sont aujourd'hui presque disparus.

Au XVIe siècle, une culture proprement nationale, fondée sur le shintoïsme, s'est développée au Japon; cette religion polythéiste prônait le culte des ancêtres et l'exaltation de l'empereur, considéré comme un personnage divin, infaillible et omnipotent. Progressivement, le chef militaire du pays, ou *shogun*, en vint à détenir un pouvoir absolu, l'empereur étant relégué au rôle de grand prêtre. Des centaines de temples et de jardins magnifiques furent aménagés dans la capitale, Kyoto. Les Japonais créèrent une société unique possédant une architecture, un style vestimentaire, des festivals, un théâtre, une musique et de nombreux autres modes d'expression artistique originaux. Les industries artisanales employant des matières premières indigènes se multiplièrent.

Néanmoins, au milieu du XIXe siècle, le Japon ne semblait pas promu à un rôle de premier plan en Asie.

LES PRINCIPALES VILLES D'ASIE DE L'EST	
Ville	**Population*** (en millions)
Canton (Guangzhou, Chine)	4,4
Chongqing (Chine)	3,8
Hong Kong (Xianggang, Chine)	5,6
Nankin (Nanjing, Chine)	3,2
Osaka (Japon)	10,6
Pékin (Beijing, Chine)	13,3
Pusan (Corée du Sud)	4,2
Séoul (Corée du Sud)	12,0
Shanghai (Chine)	16,2
Shenzhen (Chine)	3,3
Taipei (Taiwan)	3,7
Tianjin (Chine)	11,6
Tokyo (Japon)	27,3
Wuhan (Chine)	4,7
Xi'an (Chine)	3,6

* Nombre approximatif d'habitants des agglomérationss urbaines en 1997

Fermée au monde extérieur, la société nippone était alors stagnante et fortement attachée à ses traditions. Vers la fin du XVIᵉ siècle, en effet, l'empereur, qui craignait les velléités de conquête des puissances coloniales, avait ordonné l'expulsion de tous les commerçants et missionnaires étrangers. Au début du XVIIᵉ siècle, le shogun avait donc entrepris une campagne d'élimination du christianisme qui devait donner lieu à des affrontements sanglants, et les relations avec les pays étrangers avaient été réduites au minimum. Le Japon était alors entré dans la longue période d'isolationnisme qui allait durer près de 300 ans.

Cependant, cette politique d'isolement devint impraticable, car les Japonais ne furent bientôt plus en mesure de résister aux pressions pour l'ouverture de relations commerciales qu'exerçaient sur eux les Occidentaux munis d'armement moderne. Vers la fin des années 1860, alors même que les réformistes étaient sur le point de renverser le régime traditionnel, il devint évident que la période d'isolationnisme du Japon achevait.

Les régions de l'Asie de l'Est

L'Asie de l'Est illustre bien le caractère changeant de la géographie régionale. Notre découpage en régions de cette partie du monde tient compte de la conjoncture actuelle et de l'évolution probable de la structure géopolitique, qui n'est nullement statique (fig. 9.3).

À la fin du XXᵉ siècle, l'Asie de l'Est se divise selon nous en cinq régions géographiques :

1. **La Chine proprement dite**
   La plupart des cartes de la géographie humaine de la Chine (distribution de la population, centres urbains, réseaux routier et ferroviaire, agriculture) montrent que la concentration du peuplement et des activités se trouve dans la partie orientale du pays, c'est-à-dire dans ce qu'il est depuis longtemps convenu d'appeler la Chine proprement dite (fig. 9.3).

2. **Le Tibet (ou Xizang)**
   Les montagnes culminantes et les hauts plateaux du Tibet, qui forment l'une des régions les plus désertes du monde, contrastent vivement avec la Chine proprement dite, très populeuse.

3. **Le Xinjiang**
   Les vastes vallées et les piémonts désertiques du Xinjiang constituent la troisième région de l'Asie de l'Est selon des critères relevant autant de la géographie physique que de la géographie humaine. C'est dans ce secteur que la Chine entre en contact avec l'Asie centrale islamique, soit au Kazakhstan, au Kirghizistan et au Tadjikistan. Le Xinjiang représente donc une zone frontière entre l'Asie de la côte pacifique et l'Asie centrale.

4. **La Mongolie**
   La quatrième région de l'Asie de l'Est est constituée par l'État désertique de Mongolie. Nous verrons que ce pays forme une zone tampon entre la Chine et la Russie. Avec ses 3 millions d'habitants sur un territoire de la taille de celui du Québec, la Mongolie contraste fortement avec la Chine densément peuplée, qui la borde au sud.

5. **Le triangle Jacota**
   Le Japon forme le cœur de la cinquième région, qui comprend également la Corée du Sud et Taiwan. Le triangle Jacota a été la première manifestation à l'échelle régionale de l'émergence de la zone Asie-Pacifique, dont le développement devrait s'étendre à d'autres parties de l'ensemble géographique. Cette zone pourrait éventuellement englober la Corée du Nord, si la réunification des deux Corée a lieu, de même qu'un secteur contigu du littoral chinois sur le Pacifique.

✦ La Chine proprement dite

Pour nombre d'observateurs, l'effondrement de l'Union soviétique a marqué la fin du dernier grand empire. Fruit de l'impérialisme russe, le vaste domaine colonial sur lequel les révolutionnaires communistes firent main basse en prenant le pouvoir à Moscou est aujourd'hui

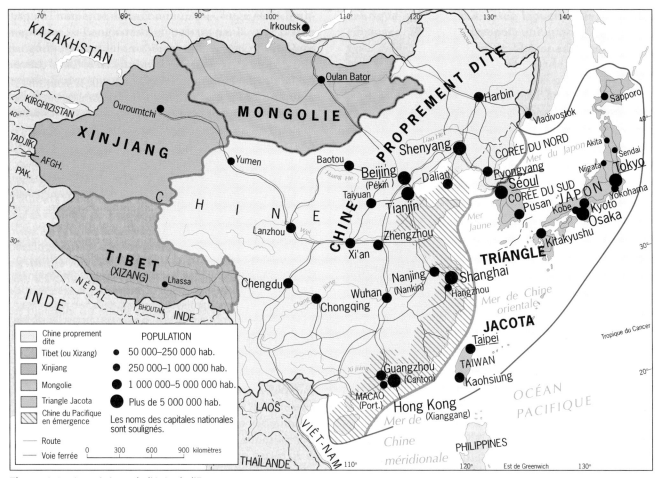

Figure 9.3 Les régions de l'Asie de l'Est.

fragmenté en États indépendants. Certains spécialistes l'affirment : l'ère impériale est terminée. Du point de vue géographique cependant, cette conclusion est prématurée, car un empire beaucoup plus peuplé que ne l'a jamais été celui de la Russie domine présentement l'est de l'Asie. Cet empire constitue un ensemble où démocratie et élections multipartites sont inexistantes. Il est le siège d'une puissance qui contrôle des territoires formant de véritables colonies bien qu'ils n'en aient pas le statut. Il abrite de nombreuses minorités défavorisées. Il revendique des territoires situés à l'extérieur de ses frontières, et son régime politique représente une menace pour ses voisins. Le seul empire à avoir duré jusqu'à la fin du XXᵉ siècle est la Chine.

Toutefois, ce pays n'a pas réussi à s'isoler totalement du courant de changement politique et économique qui balaie la planète. Les transformations qui ont bouleversé la partie occidentale de l'aire pacifique ont eu des répercussions en Chine, et les changements en cours au Turkestan pourraient faire de même (voir le chapitre 6). En 1989, le cœur même de l'État chinois était ébranlé par de vastes manifestations prodémocratiques déclenchées par des étudiants. Réprimées dans le sang, lors du massacre de la place

Tianan men, dans le centre de Pékin (ou Beijing), ces protestations ont rappelé au monde la terrible situation des droits de la personne en Chine et créé pour ce pays de nombreuses difficultés sur le plan des relations internationales.

Un monde plein de contradictions

La Chine est néanmoins en train de se transformer radicalement, car avides du développement qu'apporte l'économie de marché et souhaitant assurer au pays une position avantageuse dans l'aire pacifique, ses dirigeants se sont ouverts aux sociétés capitalistes étrangères. Ces communistes autoritaires tiennent cependant à maintenir un contrôle politique strict de manière à éviter une agitation analogue à celles qui ont présidé à l'effondrement de l'Empire britannique ou de l'ex-Union soviétique.

Au milieu des années 1990, le taux de croissance de l'économie chinoise atteignait 9 % tandis que des zones de la côte pacifique connaissaient un développement fulgurant. La construction de gratte-ciel et d'usines modernes transformait les paysages urbains, mais à l'écart de la nouvelle politique économique, le vaste arrière-pays chinois restait relativement inchangé.

L'avant-poste chinois le plus austral dans la zone Pacifique est l'île de Hainan, où la croissance économique a entraîné des changements spectaculaires. La capitale provinciale, Haikou, a l'allure d'un gigantesque chantier de construction. Les multiples panneaux installés en périphérie annoncent les transformations à venir : des villages entiers seront rasés et des fermes disparaîtront pour faire place à des tours d'habitation. Le panneau que montre la photo a été fixé au-dessus d'une épicerie déjà modernisée, située sur une artère principale.

Tôt ou tard cependant, la Chine devra concilier ses orientations politique et économique. L'idéologie communiste s'opposera alors au dynamisme capitaliste, et le pays devra résoudre les problèmes sociaux engendrés par la répartition inégale des revenus et les disparités régionales. Pour l'instant, si les communistes réformistes réussissent à maintenir l'unité du pays, s'ils arrivent à s'opposer aux changements politiques tout en dirigeant la transformation de l'économie, la Chine deviendra vraisemblablement une superpuissance mondiale.

Le Pacifique occuperait ainsi le centre de l'arène mondiale, comme l'Atlantique l'avait fait au siècle dernier. Le long du littoral, de part et d'autre du Pacifique, les États-Unis et la Chine maintiendront des relations commerciales tout en se faisant concurrence. Le XIXᵉ siècle a été témoin de la création des empires coloniaux européens planétaires; le XXᵉ siècle a vu la tentative de domination du monde menée par l'Allemagne nazie et l'accession de l'Union soviétique au rang des superpuissances mondiales. Le XXIᵉ siècle verra-t-il l'ascension de la Chine ? Vraisemblablement, si le dernier des empires survit.

La perspective chinoise

La civilisation chinoise est beaucoup plus ancienne que celle de la Grèce ou de Rome, et l'empire de Chine a continué de s'affirmer longtemps après la chute des empires grec et romain. La tradition enseigne aux Chinois que la Chine est éternelle, qu'elle a été, est et sera toujours le centre du monde civilisé. Voilà quelque chose dont il faut se souvenir. En effet, une culture vieille de 4000 ans ne peut changer du jour au lendemain, non plus que sa perception de la réalité. De savoir qu'au début des années 1970 ce pays de près d'un milliard d'habitants ne comptait que quelques *dizaines* d'étrangers permet également de comprendre cette conviction profonde des dirigeants communistes selon laquelle les affaires internes de la Chine ne concernent qu'elle. On s'explique alors mieux la lamentable situation des droits de la personne dans ce pays et la répression d'événements comme ceux de la place Tianan men. Mais, même en Chine, les choses changent. Ainsi, l'État communiste a ouvert ses portes aux touristes et aux gens d'affaires, aux enseignants et aux investisseurs et permis à des milliers de jeunes Chinois d'aller étudier en Occident.

Étendue et milieu naturel

La superficie totale de la Chine (9,56 millions km²) est inférieure à celle du Canada (9,96 millions km²), mais supérieure à celle des États-Unis (9,36 millions km²). La figure 9.4 permet de comparer les formes et les positions respectives de la Chine et des États-Unis. Il est à noter que le territoire chinois pénètre profondément dans la zone tropicale et s'étend au nord-est jusqu'à des latitudes canadiennes. À ces hauteurs, le climat chinois est cependant beaucoup plus rigoureux qu'au Canada sous les mêmes latitudes. En fait, de vastes secteurs de la Chine ont un environnement hostile que la nature compense par de grands fleuves aux immenses bassins fertiles qui prennent naissance dans les hautes montagnes, à l'ouest.

Les distances sont comparables en Chine et en Amérique du Nord; même si la république chinoise ne

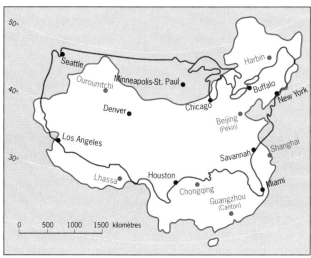

Figure 9.4 Comparaison de la Chine et des États-Unis.

dispose pas encore d'un réseau de transport moderne, la situation s'améliore et une autoroute relie depuis peu le port de Tianjin à la capitale, Pékin.

Des décennies agitées

Convaincue de sa supériorité du fait du raffinement de sa culture et de la continuité de l'État, la Chine a même résisté au colonialisme qui a balayé l'Asie de l'Est. Ainsi, longtemps après que l'Inde eut succombé au mercantilisme et à l'impérialisme économique, l'ordre établi prévalait encore en Chine. Cet état de fait confirmait la vision des Chinois habitués à dominer en Asie de l'Est et rompus depuis des siècles à repousser l'envahisseur.

La lutte contre la drogue

L'isolationnisme plein d'assurance de la Chine fut ébranlé au XIXe siècle lorsque s'affirma la suprématie de la nouvelle Europe. En effet, les exigences des marchands anglais et la présence croissante de la Grande-Bretagne en Chine furent source de conflits. Ainsi, au début du siècle dernier, lorsque l'empereur voulut empêcher ce pays d'importer l'opium qui menaçait de détruire l'essence même de la culture chinoise, un conflit armé éclata.

À l'issue de la première guerre de l'Opium (1839-1842), le souverain chinois dut accorder des baux et des concessions aux marchands étrangers (fig. 9.5). Hong Kong fut cédée aux Britanniques et cinq ports, dont

Figure 9.5 Zones d'influence étrangère en Chine et pertes territoriales.

« Nous sommes entrés dans la Cité interdite par la porte donnant sur la place Tianan men. Il y a moins d'un siècle, ce palais de la dynastie Qing était à ce point interdit que tout intrus était immédiatement mis à mort. Aujourd'hui, les Chinois viennent en masse le visiter. Entourée d'une muraille et située au centre de Pékin, la vaste Cité impériale abritait aussi une imposante collection d'œuvres techniques et artistiques, dont une partie est restée sur les lieux. Néanmoins, ce qui nous a le plus fascinés, c'est l'atmosphère, imprégnée des événements qui se sont produits dans ces monuments d'une facture exquise, incarnant la perfection de la culture chinoise. Nous avons aussi pensé aux millions de paysans qui, malgré leur misère, devaient payer le tribut ayant servi à la construction de ces merveilles. » (Source : recherche sur le terrain de H. J. de Blij)

Canton et Shanghai, durent être ouverts au commerce extérieur. Après la seconde guerre de l'Opium (1857), la culture du pavot fut légalisée en Chine, et la société continua de se désagréger. Le fléau que représentait l'abus de cette drogue ne fut jugulé qu'au XXᵉ siècle, lorsque la Chine reprit la gouverne de ses affaires.

L'émergence de la Chine nouvelle

Graduellement, l'opposition à la présence occidentale en Chine s'organisa et, vers le début du XXᵉ siècle, le mouvement de révolte contre toute intervention étrangère était considérable. Des bandes de rebelles parcouraient villes et campagnes et s'en prenaient aux étrangers et aux Chinois ayant adopté les coutumes occidentales. La révolte des Boxers, déclenchée en 1900 par une secte religieuse, finit par un bain de sang. Simultanément, un mouvement révolutionnaire directement dirigé contre les Mandchous faisait de plus en plus d'adeptes. En 1911, les garnisons de l'empereur furent attaquées partout sur le territoire chinois et, quelques mois plus tard, c'était la fin de la dynastie Qing, au pouvoir depuis 267 ans.

La fin de l'ère mandchoue et la proclamation d'une république n'améliorèrent pas réellement la situation du pays. À la fin de la Première Guerre mondiale, la Chine était encore grandement divisée. L'anarchie ré-

gnait en Mandchourie, et de petits royaumes proclamaient leur indépendance un peu partout dans le centre du territoire. C'est à cette époque que se sont constitués les principaux groupes qui allaient lutter plus tard pour le pouvoir suprême.

Tandis que Sun Yat-sen tentait de former un gouvernement nationaliste viable à Canton, des intellectuels, dont faisait partie Mao Zedong, fondaient le parti communiste chinois à Shanghai. Nationalistes et communistes s'unirent d'abord et les Occidentaux durent quitter le territoire chinois en 1927. En 1928, les nationalistes, ayant à leur tête Jiang Jieshi (mieux connu en Occident sous le nom de Chiang Kai-shek), établirent le siège du gouvernement à Nankin (en chinois, *Nanjing*), et s'employèrent à éliminer systématiquement les communistes. Pendant un certain temps, il sembla que le mouvement communiste chinois allait être écrasé. Mao Zedong lui-même n'échappa au massacre que parce qu'il se trouvait en zone rurale éloignée au moment de la purge.

Une lutte à trois

La Longue Marche En 1933, alors que les armées nationalistes se préparaient à encercler le dernier bastion communiste du sud-est de la Chine, les dirigeants révolutionnaires décidèrent de fuir avec leurs troupes. En 1934, près de 100 000 personnes rassemblées aux environs de Ruijin entreprirent une marche vers l'ouest, ralliant de nouveaux adeptes chemin faisant. Mais tous n'arrivèrent pas à Yanan dans la province de Shaanxi, une région montagneuse de l'intérieur. En effet, les attaques incessantes des nationalistes firent plus de 75 000 morts. Au bout de la Longue Marche (nom donné à cet itinéraire de 10 000 km), il ne restait plus que 20 000 communistes fidèles (fig. 9.5).

Les Japonais Au moment où le gouvernement de Nankin se lançait à la poursuite des communistes, les étrangers passèrent également à l'attaque. Une guerre de grande envergure opposant le Japon à la Chine éclata en 1937. Les communistes et les nationalistes chinois firent front commun pendant un certain temps, mais recommencèrent bientôt à s'affronter tout en tentant de repousser les Japonais. Ces derniers, en poursuivant et en combattant les armées de Chiang Kai-shek, permirent aux communistes de rassembler leurs forces et de gagner du prestige dans l'ouest de la Chine.

Émergence de la Chine communiste Après la défaite du Japon aux mains des Alliés en 1945, la guerre civile reprit de plus belle en Chine. En 1948, il était évident que les troupes bien organisées de Mao Zedong allaient l'emporter sur celles de Chiang Kai-shek. Vers la fin de 1949, les dirigeants de la faction nationaliste rassemblèrent les trésors et les richesses de la Chine et s'enfuirent à Taiwan. Ils prirent le contrôle de l'île et proclamèrent leur propre république chinoise. Pendant ce temps, à Pékin, Mao Zedong annonçait, le 1ᵉʳ octobre 1949, la création de la République populaire de Chine devant la foule rassemblée à la Porte de la Paix céleste, sur la place Tianan men.

Géographie humaine de la Chine

Un demi-siècle de régime communiste a complètement transformé la Chine. Selon certains spécialistes, l'année 1949 a marqué le début d'une nouvelle dynastie pas très différente des précédentes, c'est-à-dire un régime autocratique dans lequel le pouvoir est concentré au sommet. En ce sens, Mao Zedong aurait simplement revêtu les attributs des empereurs; seule la succession fondée sur le lignage aurait disparu, des « camarades » communistes accédant tour à tour au pouvoir.

S'il est vrai que de vieilles traditions ont survécu, la société chinoise a été profondément remaniée sur bien des plans. Les anciennes dynasties, bienveillantes ou non,

avaient dirigé un pays où, en dépit de la splendeur, de la puissance et de la richesse culturelle de l'État, les conditions de vie des paysans sans terre et des serfs atteignaient souvent un degré de misère inimaginable. Les inondations, les famines et les maladies décimaient la population de régions entières sans que personne intervienne. Les seigneurs locaux avaient le pouvoir d'opprimer leurs sujets en toute impunité et ne s'en privaient pas. Les enfants et les jeunes filles faisaient l'objet de sinistres marchandages. Bien que dictatorial, le régime communiste entreprit d'améliorer la situation sur plusieurs plans à la fois en mobilisant tous les individus. On déposséda les riches propriétaires de leurs terres et des fermes collectives furent créées. Des milliers de personnes construisirent à la main barrages et digues. Certaines mesures permirent à des millions de gens d'échapper à la famine, et les conditions d'hygiène de même que les soins de santé s'améliorèrent. Le travail des enfants fut réduit.

Bien que rappelant par son omnipotence l'absolutisme des dynasties les plus durables, le long règne de Mao Zedong (1949-1976) a laissé une Chine bien diffé-

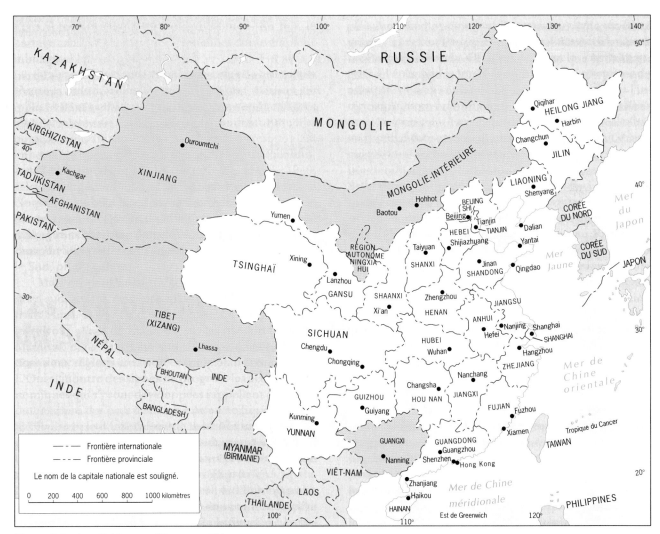

Figure 9.6   Les divisions politiques en Chine.

rente de l'ancienne. Cependant, l'adhésion stricte de Mao Zedong à la doctrine communiste a été néfaste dans plusieurs sphères. Ainsi, le programme d'industrialisation a légué au pays quantité d'entreprises publiques inefficaces, coûteuses et non concurrentielles, et le refus d'une politique de contrôle des naissances a mené à l'explosion démographique.

La structure politique

Avant d'examiner la géographie humaine de la Chine moderne, il est bon de prendre connaissance de la structure politique et administrative du pays (fig. 9.6). La Chine est divisée en 22 provinces. Elle comprend cinq régions autonomes et trois municipalités autonomes, qui sont Pékin, la capitale, Tanjin, la ville portuaire voisine, et Shanghai, la plus grande métropole chinoise. Les cinq régions autonomes ont été créées vers la fin des années 1940 pour tenir compte des minorités non han qu'elles abritaient. Mais les migrations aidant, les Han sont aujourd'hui plus nombreux dans certaines régions que les groupes minoritaires.

Comme dans tous les pays vastes, certaines régions ont un rôle national plus important. C'est le cas de la province du Hebei qui encercle pratiquement Pékin et occupe une grande partie du cœur de la Chine, de même que celui de la province du Shaanxi dont la capitale est la grande cité antique de Xi'an. Il en est ainsi également de la province du Guangdong, dans le sud-est, dont la capitale Canton (ou Guangzhou) connaît un développement économique remarquable (fig. 9.6).

Plusieurs provinces chinoises abritent un plus grand nombre d'habitants que bien des États indépendants. Selon des extrapolations fondées sur le recensement de 1990, le Sichuan, la province la plus peuplée, aurait plus de 114 millions d'habitants, alors que le Shandong et le Henan, dans la Grande Plaine du Nord, en compterait chacun 90 millions. Par contre, le Tibet abrite moins de 2,3 millions d'habitants.

Le problème démographique

Mao Zedong, qui croyait qu'une population à forte croissance était l'unique atout des pays communistes pauvres, avait toujours refusé d'instaurer la limitation des naissances. Après sa mort, un programme intensif de contrôle des naissances fut mis en place. Les familles reçurent l'ordre de n'avoir qu'un enfant et furent pénalisées si elles passaient outre (pertes d'avantages fiscaux, restriction de l'accès à l'éducation pour les enfants, difficultés de logement). Au début des années 1970, le taux annuel de natalité était d'environ 3 %; au milieu des années 1980, il était descendu à 1,2 %.

Généralement acceptée, cette politique (strictement appliquée par les membres du Parti dans les

« À notre arrivée (le 17 juin 1981) à Chengdu, la capitale du Sichuan, la campagne faisant la promotion de l'enfant unique battait son plein. Une immense affiche portait un message aux connotations menaçantes : « Vous feriez mieux de n'avoir qu'un enfant ! » Le texte, écrit en chinois et traduit en anglais, même si très peu d'habitants de Chengdu parlent cette dernière langue, visait probablement à promouvoir non seulement le contrôle des naissances mais aussi la modernisation. » (Source : recherche sur le terrain de H. J. de Blij)

villes, les villages et les campagnes) n'a pas eu que de bons effets. Le nombre d'avortements, souvent pratiqués au cours du troisième trimestre de la grossesse sous la pression d'instances du Parti, grimpa en flèche. L'infanticide de nouveau-nés de sexe féminin augmenta également, car bien des familles préféraient que leur unique enfant soit un garçon. Quant à ceux qui acceptaient de cacher chez eux le deuxième ou troisième enfant de parents, ils s'exposaient, lorsque démasqués, à voir leur maison incendiée par les membres du Parti. Ces abus furent dénoncés et devant les protestations véhémentes des pays étrangers, la politique de l'enfant unique a été assouplie vers la fin des années 1980. Ainsi, un certain nombre de familles de paysans et de pêcheurs ont été autorisées à avoir un second enfant pour répondre à leur besoin de main-d'œuvre et, dans les milieux ruraux, les parents d'un premier enfant de sexe féminin peuvent demander la permission d'avoir un deuxième enfant. La plupart des groupes minoritaires ethniques ont par ailleurs été exemptés de cette politique.

Les planificateurs chinois s'étaient fixé pour objectif de limiter la population du pays à 1,2 milliard d'habitants en l'an 2000, mais il semble qu'elle atteindra en fait 1,3 milliard. Si l'on considère que ce *100 millions* de personnes supplémentaires aura besoin d'être logé, éduqué, soigné et, éventuellement, employé, la croissance économique fulgurante de la Chine semble moins impressionnante.

Les minorités

Comme l'illustre la carte des aires ethnolinguistiques (fig. 9.7), la Chine est encore de nos jours un empire, car le gouvernement chinois maintient sous son autorité les peuples de territoires, qui sont des colonies de fait. Mais remettons les choses en contexte. Cette carte ne donne *pas* la répartition de la majorité; elle indique la localisation des minorités. Par exemple, elle permet de constater que la communauté mongole de Chine est concentrée le long de la frontière sud-orientale de la Mongolie, dans la région autonome de Mongolie-Intérieure (fig. 9.6); elle ne montre pas que ce sont les Han qui forment maintenant la majorité dans cette région.

La carte 9.7 donne néanmoins un sens à l'expression *Chine proprement dite*. Comme on le voit, c'est le foyer national des Han, de langue mandarine : elle correspond aux aires colorées en beige et en orange pâle. Les Han sont majoritaires dans tout le territoire allant de l'extrême nord-est à la frontière du Viêt-nam, et du littoral pacifique à la limite du Xinjiang. En comparant les cartes des aires ethnolinguistiques et de la répartition de la population (fig. 9.8), on constate que les minorités ne représentent qu'un faible pourcentage de la population totale de la Chine, et que les communautés les plus nombreuses et les plus denses sont composées de Han.

Les Tibétains, dont le nombre est inférieur à 3 millions, occupent toute la région colonisée du Tibet (Xizang). Les minorités thaïe, vietnamienne et coréenne occupent elles aussi des secteurs situés à la limite du domaine des Han. Ces derniers forment en Chine une majorité numériquement beaucoup plus forte que celle des Russes dans l'ex-Union soviétique. Par contre, les minorités chinoises occupent proportionnellement une partie plus importante du territoire de la Chine. Les dynasties Ming et Qing ont légué aux Han un véritable empire.

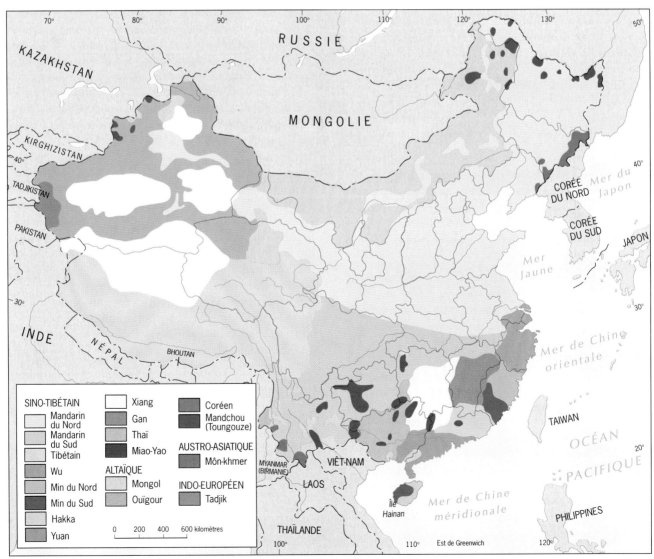

Figure 9.7 Carte des aires ethnolinguistiques en Chine.

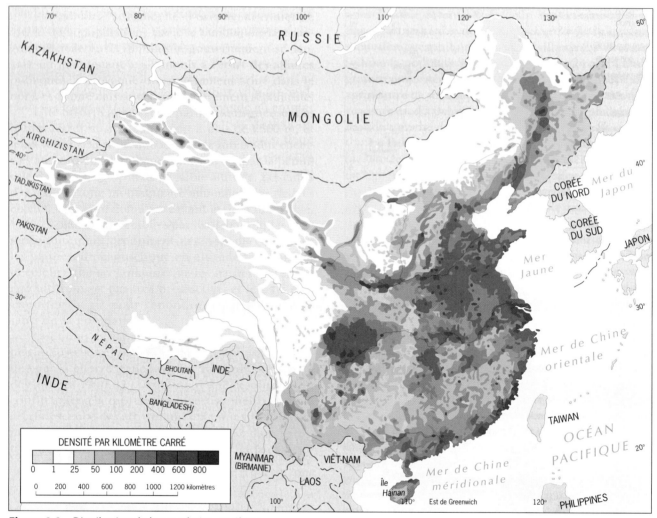

Figure 9.8 Distribution de la population en Chine.

Peuples et sous-régions de la Chine proprement dite

La carte de la distribution de la population (fig. 9.8) indique qu'il existe encore une relation entre le milieu naturel et le peuplement. Nous avons souligné le fait que dans les pays industrialisés les habitants ne sont plus dépendants de ce que la terre a à leur offrir; ils se regroupent dans les villes et là où les possibilités économiques sont intéressantes, d'où le dépeuplement de zones rurales autrefois densément peuplées. La Chine n'a pas atteint cette phase de développement. En effet, plus de 70 % des habitants vivent encore à la campagne, de ce que la terre leur procure. La carte de la distribution de la population reflète donc la fertilité des bassins fluviaux, des basses terres et des plaines.

La carte indique également que dans certaines zones les humains ont réussi à surmonter les contraintes imposées par le milieu naturel. L'industrialisation du nord-est, l'irrigation des terres en Mongolie-Intérieure et le forage de puits de pétrole dans le Xinjiang ont permis à des millions de Han de la Chine proprement dite de migrer dans ces zones frontières, où ils dépassent maintenant en nombre les minorités indigènes.

Par ailleurs, en comparant les cartes des figures 9.1 et 9.8, on se rend compte qu'il y a toujours un lien étroit entre la physiographie et la démographie chinoises. On constate ainsi sur la carte de la distribution de la population que les zones où la densité humaine est la plus élevée suivent des cours d'eau importants. Par exemple, dans le nord-est, une aire de forte densité démographique correspond aux bassins du Liao He et du Songhua jiang. La zone rouge la plus à l'ouest, vaste et quasi circulaire, correspond au bassin du Sichuan, traversé par le cours supérieur du Chang jiang. En fait, plus des trois quarts des 1,3 milliard d'habitants de la Chine sont regroupés dans quatre grands bassins :

1. les bassins du Liao He et du Songhua jiang, ou plaine du Nord-Est;

2. le bassin inférieur du Huang He (ou fleuve Jaune), ou Grande Plaine du Nord;

3. les bassins inférieur et supérieur du Chang jiang (ou Yangzi jiang), également connu sous le nom de fleuve Bleu;

4. les bassins du Xi jiang (fleuve de l'Ouest) et du Zhu jiang (en français, rivière des Perles).

La plaine du Nord-Est

La plaine du Nord-Est forme le cœur du nord-est de la Chine. Cette région, aujourd'hui en déclin, fut successivement foyer ancestral des Mandchous, champ de bataille où envahisseurs japonais et russes s'affrontèrent, colonie japonaise et noyau du développement industriel communiste. Le Nord-Est englobe trois provinces (fig. 9.6) : le Liaoning dans le sud, donnant sur le Huang He, le Jilin dans le centre et le Heilong jiang.

Le voyageur qui se dirige vers le nord, en partant de la côte, peut observer les effets de la rigueur du climat et de la pauvreté des sols. Les terres agricoles semblent perdues dans une véritable forêt de cheminées. La région du Nord-Est est de toute évidence à dominante industrielle, et ses paysages évoquent sous certains aspects les zones industrielles de l'ex-Europe de l'Est communiste.

Du début des années 1950 à la fin des années 1970, le secteur manufacturier du Nord-Est a connu une croissance fulgurante attribuable essentiellement à la richesse des réserves minérales de même qu'à la présence de gisements de pétrole (fig. 9.9). De quelques millions seulement durant les années 1940, la population de la

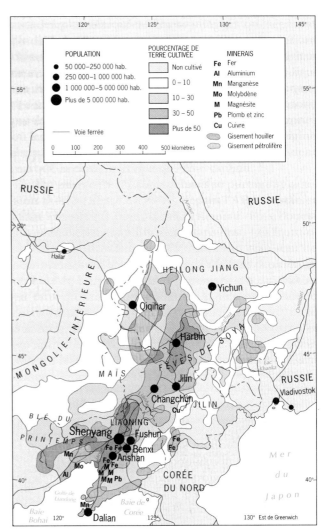

Figure 9.9 Le Nord-Est de la Chine.

« Lors de notre première expédition dans la région autonome de Guangxi, qui abrite une importante minorité zhuang, nous avons constaté que le sol y était plus dégradé que partout ailleurs au pays. Un processus de désertification attribuable, semble-t-il, à l'utilisation abusive du sol et à l'abandon d'un plan de cultures en terrasses, était en cours dans plusieurs zones. Selon un collègue chinois, les politiques de contrôle des naissances et d'utilisation des terres sont plus relâchées dans les régions autonomes. » (Source : recherche sur le terrain de H. J. de Blij)

région est maintenant passée à plus de 100 millions d'habitants.

Le gouvernement communiste, qui avait fait du développement industriel du Nord-Est l'une de ses priorités, a incité les Han à migrer dans la région en construisant des appartements, des écoles, des hôpitaux, des centres de loisirs et même des centres d'accueil pour les personnes âgées. Cette politique a donné pendant un certain temps les résultats escomptés : durant les années 1970, le Nord-Est produisait le quart de tous les biens manufacturés dans le pays.

Les années 1980 ont marqué le début de la restructuration économique. Inefficaces et désuètes, les entreprises d'État, qui avaient joué un rôle crucial dans le développement industriel de la Chine, n'ont pas su se réorienter vers une économie de marché en se privatisant et en se restructurant. La contribution du Nord-Est à la production industrielle nationale est ainsi tombée à 12 %, alors que les usines du Sud-Est, depuis Shanghai jusqu'à Canton, connaissent une croissance constante.

La Grande Plaine du Nord

Le voyageur qui emprunte la nouvelle autoroute reliant le port de Tanjin à la capitale Pékin, ou qui prend le train assurant la liaison entre Pékin et Anyang, dans le sud, voit défiler un paysage naturel et culturel dépourvu de relief. Des villages portant l'empreinte du programme de collectivisation mis en place au début de la période communiste se succèdent à intervalles réguliers, au point qu'on pourrait croire que le territoire a été aménagé selon un plan géométrique. Des canaux creusés avec soin irradient dans toutes les directions et des rangées d'arbres marquent les limites des champs et des fermes. Le ciel est clair durant la saison d'été humide alors que les champs de blé couvrent la campagne à perte de vue, mais l'air est saturé de poussière pendant presque tout le reste de l'année. Le sol, un mélange fertile d'alluvions et de lœss (des dépôts de très fines particules de limon ou de poussière, d'origine glaciaire, transportées par le vent), est si léger que la moindre brise soulève un nuage de particules. Vers le début du printemps, la poussière forme une sorte de brouillard et se dépose partout. Lorsque ce phénomène se combine à la pollution urbaine, les conditions atmosphériques sont des plus malsaines.

Il y a à tout cela une explication géographique. Ainsi, le caractère géométrique de l'aménagement du territoire résulte de l'absence de relief et de l'homogénéité du sol, de même que du souci d'établir les villages de manière que les paysans puissent parcourir la distance aller-retour, de l'un à l'autre, à l'intérieur d'une même journée. Les canaux font partie d'un énorme système d'irrigation destiné à contrôler les crues du Huang He, et les rangées d'arbres ont été plantées pour faire obstacle au vent. Bien que le blé soit la principale culture dans la Grande Plaine du Nord, les paysans y font également pousser du millet, du sorgho et, sur des surfaces de plus en plus grandes, du soya, du coton destiné aux usines de textiles, du tabac (les Chinois sont de grands fumeurs), et des fruits et des légumes qui seront vendus sur les marchés urbains.

La Grande Plaine du Nord est l'une des zones agricoles les plus populeuses du globe, avec une densité supérieure à 400 hab./km² sur la majeure partie du territoire, et deux fois plus élevée en quelques endroits (fig. 9.8). Les principales interventions du gouvernement de Pékin dans cette région ne visent pas à redistribuer les terres mais à augmenter le rendement des fermes en améliorant la fertilisation, les systèmes d'irrigation et la gestion de la main-d'œuvre. La construction d'une série de barrages sur le Huang He a réduit quelque peu les risques d'inondation, mais l'irrégularité des précipitations et les sécheresses causent encore de graves problèmes dans les zones non irriguées. Par ailleurs, même dans des conditions climatiques favorables, la Grande Plaine du Nord n'est jamais parvenue à créer des surplus alimentaires substantiels, et bien que le spectre de la famine ne soit plus aussi présent aujourd'hui, le problème alimentaire n'y est pas pour autant réglé.

La Grande Plaine du Nord abrite aussi la capitale du pays et d'autres grandes villes, un vaste complexe industriel et plusieurs ports, dont Tianjin, l'un des plus importants du pays (fig. 9.10). Située à moins de deux heures de route de Pékin, cette ville de 11 millions d'habitants, la troisième métropole de la Chine, renferme l'un des plus grands complexes industriels.

Pékin n'est pas industriellement développée comme Tianjin. C'est avant tout un centre politique, culturel et universitaire. Le gouvernement communiste en a cependant grandement élargi la zone urbaine, laquelle n'est pas intégrée administrativement à la province du Hebei, mais constitue une municipalité autonome. Ainsi étendue de 50 km vers le nord, jusqu'à la Grande Muraille, l'agglomération de Pékin englobe maintenant des centaines de milliers de paysans et se classe au septième rang des métropoles du monde avec ses 13,3 millions d'habitants.

Mongolie-Intérieure

Créée pour protéger les droits des quelque 5 millions de Mongols vivant à l'extérieur de l'État de Mongolie, la Mongolie-Intérieure a depuis lors accueilli de tels contingents de Han qu'elle compte aujourd'hui quatre fois plus de Han que de Mongols. La capitale de la région autonome, Huhhot, a été éclipsée au profit de Baotou située sur le Huang He, qui irrigue un chapelet de fermes sur son passage dans cette zone aride en marge des déserts de Gobi et d'Ordos. La découverte récente de gisements de minerais a contribué au développement industriel de Baotou, et l'élevage de bétail est également un secteur en expansion.

Les bassins du Chang jiang

Alors que la Grande Plaine du Nord est une région contiguë, à vocation à la fois agricole, urbaine et industrielle, englobant le cœur de la Chine, le Chang jiang (ou Yangzi jiang ou Yang-tseu-kiang ou fleuve Bleu) et ses affluents coulent à travers des vallées importantes sur leurs cours supérieur, moyen et inférieur. Tandis que le Huang He est peu profond et que ses eaux troubles transportent d'importantes quantités de lœss (d'où le qualificatif de « Jaune » qui le désigne de même que la mer où il se jette), le Chang jiang est la principale voie navigable de la Chine (fig. 9.10). Les navires océaniques peuvent le remonter sur une distance de 1000 km, jusqu'à la conurbation de Wuhan (que forment les villes de Wuchang, Hankou et Hanyang), en passant par Nankin. Plusieurs affluents du Chang jiang sont également navigables et l'ensemble des voies fluviales en opération dans le bassin de drainage du grand fleuve totalisent plus de 30 000 km. Le Chang jiang est donc une composante majeure du réseau de communication de la Chine. Avec ses affluents, il dessert, pour le

Figure 9.10　La Chine proprement dite.

transport des marchandises, une vaste zone incluant la quasi-totalité du centre de la Chine et une grande partie du nord et du sud. S'il est vrai que la Grande Plaine du Nord constitue le cœur du pays, le bassin inférieur du Chang jiang en est le centre sous bien des aspects.

À l'époque lointaine où le bassin du Chang jiang commençait à se développer et où la culture du riz et du blé y fit son apparition, un canal fut construit pour relier cette fertile zone agricole au foyer de la Chine ancienne, situé dans le nord. Avec ses 1600 km, cette

voie d'eau artificielle était la plus longue du monde, mais elle s'est dégradée au cours du XIXᵉ siècle. Connue sous le nom de *Grand Canal*, elle fut draguée et reconstruite alors que l'est de la Chine était sous le contrôle des nationalistes. À partir de 1949, les communistes ont poursuivi la restauration du canal dont une grande partie a été rouverte à la circulation des chalands, ce qui a contribué à augmenter la large flotte de vaisseaux qui assurent le transport interrégional des denrées le long de la côte orientale (fig. 9.10).

L'UNE DES GRANDES VILLES DE L'ASIE DE L'EST

Pékin (Beijing)

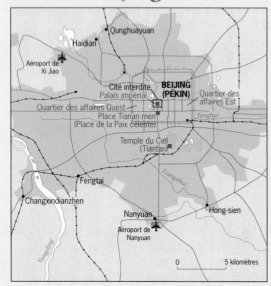

La capitale de la Chine, Pékin (13,3 millions d'habitants) occupe le sommet septentrional de la Grande Plaine du Nord. Située à un peu plus de 160 km du port de Tianjin qui donne sur le golfe du Bohai, l'agglomération urbaine de Pékin s'étend jusque dans les collines et les montagnes qui bordent la Plaine du Nord et forment une barrière défensive autrefois consolidée par la construction de la Grande Muraille.

Pékin a accédé au statut de capitale sous la dynastie mongole des Yuan. Par la suite, la capitale nationale fut parfois déplacée vers le sud, mais le gouvernement est toujours revenu à Pékin, et c'est précisément ce que les communistes ont fait en 1949.

Les trésors architecturaux de Pékin, depuis la Cité interdite des empereurs mandchous jusqu'au temple du Ciel datant du XVe siècle, font de la capitale un musée en plein air et le foyer culturel de la Chine. Mais depuis la mise en œuvre de nouvelles politiques économiques, Pékin se transforme. Une véritable forêt de gratte-ciel domine aujourd'hui le paysage urbain traditionnel, les rues ont été élargies et une autoroute périphérique est en construction. C'est le début d'une nouvelle ère pour cette capitale historique.

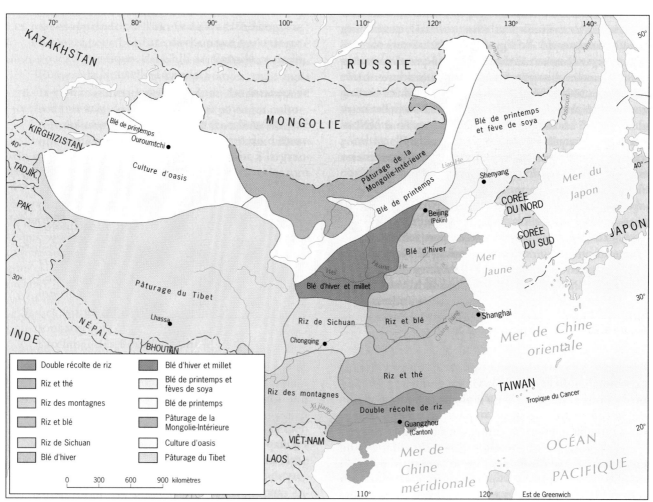

Figure 9.11 Les régions agricoles de la Chine.

Le bassin inférieur du Chang jiang est une zone de culture du riz et du blé (fig. 9.11), ce qui renforce sa position stratégique au centre de la Chine proprement dite, entre le nord et le sud. La ville de Shanghai se trouve à l'entrée de cette région productive, sur un petit affluent du fleuve Bleu, le Huangpu (voir la carte insérée en cartouche dans la figure 9.10). Son arrière-pays immédiat abrite une population de plus de 50 millions d'habitants, dont les deux tiers environ sont des paysans qui produisent des denrées alimentaires, de même que des fibres de soie et de coton destinées aux industries textiles établies en ville.

Une multitude de bateaux, grands et petits, sillonnent le Chang jiang. Bon nombre font partie de trains de six chalands ou plus tirés par un seul remorqueur. Ici on économise le carburant; le temps est moins précieux. Dans son cours moyen, en amont de Yichang, le fleuve Bleu se fraye un chemin à travers une série de vallées étroites et de gorges. C'est là que le barrage de Gezhouba contrôle les inondations et produit de l'électricité. Par ailleurs, les planificateurs chinois ont entrepris la construction du barrage des Trois Gorges, le plus grand projet d'ingénierie de ce type au monde. Le segment de la vallée du Chang jiang connu sous le nom des Trois Gorges (fig. 9.10) est formé d'une suite de canyons majestueux qui inspirent les peintres et les poètes chinois depuis des siècles. Le nouveau barrage, d'une hauteur de plus de 180 m, submergera des falaises spectaculaires, détruira des habitats naturels et obligera la relocalisation d'au moins un million de personnes. Le projet fait l'objet de débats animés depuis des années; les écologistes chinois s'opposent toujours à sa réalisation tandis que les scientifiques s'efforcent de recueillir un maximum de spécimens géologiques et botaniques avant l'inondation du site. En 1998, rien ne semblait pouvoir arrêter la construction du barrage qui servira à produire l'électricité dont a besoin une vaste partie de la Chine centrale.

Les bassins du Xi jiang et du Zhu jiang

Le Zhu jiang (en français, rivière des Perles) porte dans son cours supérieur le nom de Xi jiang (« fleuve de l'Ouest »). La carte de la distribution de la population (fig. 9.8) indique que ce fleuve et son bassin n'ont pas l'importance du Huang He ou du Chang jiang. Le relief y est beaucoup plus élevé, la superficie des terres arables bien moins grande et l'approvisionnement en eau problématique, surtout dans les zones de l'intérieur. Par contre, le climat subtropical permet deux récoltes annuelles de riz. De plus, contrairement aux Huang He et au Chang jiang qui ont leur source dans les montagnes du centre du Tibet, le Zhu jiang est un fleuve relativement court qui sort du plateau du Yunnan. Son bassin abrite néanmoins de grandes villes dans la zone

L'UNE DES GRANDES VILLES DE L'ASIE DE L'EST

Shanghai

La ville de Shanghai est située sur le Huangpu à 27 km de son confluent avec le Chang jiang. Ce sont les Britanniques qui, par le traité de Nankin, ont forcé l'ouverture de ce port aux étrangers et posé les bases de son développement. Aujourd'hui, les grues sont partout au travail : Shanghai est un vaste chantier où l'on s'affaire entre autres à construire le futur « Centre financier mondial », une tour à bureaux haute de 450 m qui sera l'édifice le plus élevé du monde.

Shanghai est l'une des villes côtières ayant bénéficié de la politique d'encouragement à l'investissement étranger. Le gouvernement a lui-même investi des sommes énormes pour faire de la métropole l'un des dragons de la zone Pacifique, et le développement de Pudong, entrepris en 1990 sur la rive orientale du Huangpu, est probablement sans égal en Asie de l'Est. La croissance actuelle de cet immense centre industriel est comparable à celle de Shenzhen, et les Chinois prévoient que Pudong surpassera éventuellement Hong Kong.

Entre-temps, les bouteurs des démolisseurs rasent des quartiers complets, effaçant implacablement le passé de Shanghai. Forcés de partir, les anciens habitants sont relocalisés loin du centre, tandis qu'au même moment des flots de migrants en provenance de l'arrière-pays viennent chercher un emploi à Shanghai. Près de 3 millions de Chinois ont ainsi gagné la métropole lorsque le projet du développement de Pudong a été annoncé. Environ 1 million ont effectivement trouvé du travail. Avec ses 16,2 millions d'habitants, Shanghai demeure la plus grande ville de la Chine, et devrait bientôt se classer au cinquième rang mondial. Aura-t-elle alors troqué son âme contre une place à la Bourse ?

Sur la rive droite du Huangpu, un immense secteur de la ville de Shanghai a été rasé pour faire place à la zone industrielle de Pudong qui devrait, selon les planificateurs chinois, supplanter Hong Kong et Shenzhen. Les panneaux publicitaires et les structures en construction abondent dans le paysage urbain de ce centre qui transformera bientôt la carte industrielle de l'est de la Chine.

de l'embouchure : Canton, la capitale de la province du Guangdong, et Hong Kong dans l'estuaire.

Le sud de la Chine, dont le Xinjiang constitue l'une des principales voies de transport, est une sous-région importante et pas seulement pour son agriculture. C'est le berceau de la Chine moderne, l'endroit où se développe le secteur chinois de la zone Asie-Pacifique. Comme le montre la carte de la figure 9.12, où se trouvent indiqués les principaux centres industriels de la Chine, aucune région n'est plus éloignée des sources d'énergie et de matières premières que le sud.

Le développement continu de la Chine proprement dite

La Chine dispose de sources d'énergie largement disséminées dans l'est et le nord du pays (fig. 9.12) et d'autres réserves de carburant devraient vraisemblablement être découvertes, au large des côtes, dans la plateforme continentale. Un réseau de pipelines relie les gisements pétrolifères du Nord-Est au complexe industriel de Pékin et Tianjin, et d'autres pipelines sont en

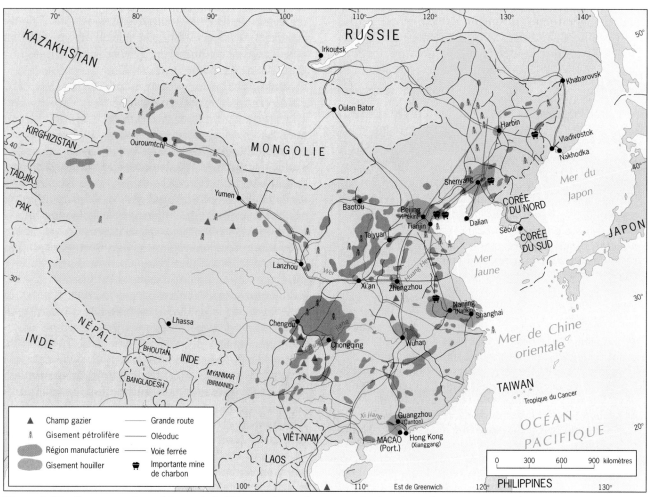

Figure 9.12 Ressources énergétiques de la Chine et réseau de communication de surface.

construction dans le Xinjiang. Contrairement au Japon, la Chine possède d'abondantes sources d'énergie sur son propre territoire.

Le réseau ferroviaire chinois (fig. 9.12) est déficient. Sun Yat-sen avait voulu construire un réseau ferroviaire pour relier les régions éloignées de Chine, mais le projet était resté en plan faute de capitaux et de stabilité politique. En fait, une bonne partie du réseau de chemin de fer chinois, notamment dans le Nord-Est, a été conçu et construit sous la direction d'ingénieurs japonais, puis russes. Aucune planification nationale n'existait dans ce domaine avant l'arrivée au pouvoir des communistes; il fallut attendre les années 1950 pour que les premiers ponts ferroviaires enjambent le Chang jiang, à Wuhan et à Chongqing. L'installation de lignes à deux voies est en cours, mais les besoins sans cesse croissants du pays mettent le système à rude épreuve. La Chine ne possédant pas encore de réseau autoroutier, le transport des marchandises se fait par rail. La circulation routière est lente et pénible, car les routes sont encombrées de véhicules de tous genres, depuis les bicyclettes et les charrettes tirées par des chevaux jusqu'aux automobiles et aux autobus. L'expansion et l'amélioration du réseau ferroviaire font donc partie des priorités dans ce pays en développement où les distances sont importantes, les ressources, grandement disséminées et où la population est nombreuse.

Nous avons établi précédemment qu'à bien des égards la Chine proprement dite est la région prédominante de l'Asie de l'Est et que le Tibet, le Xinjiang, la Mongolie et le triangle Jacota en forment en quelque sorte la périphérie. Comme le développement de la zone Asie-Pacifique est en train de faire émerger sur le littoral même de la Chine proprement dite une nouvelle région géographique, nous verrons d'abord cette région avant de passer à la périphérie.

✦ La Chine du Pacifique : une région en émergence

Plusieurs des considérations géographiques concernant la Chine continentale (le faible taux d'urbanisation, l'inefficacité des entreprises administrées par l'État, l'isolement des zones rurales, la pauvreté endémique des villages éloignés) ne s'appliquent plus au secteur compris entre Dalian, au nord-est, et l'île de Hainan, au large de la côte méridionale de la Chine. En effet, bien qu'inégaux et chaotiques, les changements dont cette zone est présentement le théâtre pourraient mener à la création d'une économie de style japonais dans la région. La chose n'est pas pour demain, bien sûr, mais il y a lieu de croire que cette Chine sur le Pacifique pourrait un jour constituer une extension du triangle Jacota. Le contraste entre certains secteurs de cette zone

et l'arrière-pays est en effet aussi frappant que celui qu'offrent la Corée du Sud et la Corée du Nord.

Les réformes des communistes

Il y a 50 ans, à l'aube de l'arrivée des communistes au pouvoir, rien ne laissait prévoir qu'une partie de la Chine connaîtrait un tel essor. La guerre avait dévasté le pays, l'économie était en ruine, et la famine menaçait la population en forte croissance. Les nationalistes avaient fui la Chine continentale pour Taiwan.

Durant les années 1950, le régime communiste, sorti victorieux de la guerre civile, entreprit d'importants projets de reconstruction et de restructuration en s'appuyant sur le modèle soviétique. Il procéda à l'expropriation d'une partie des terres et à la collectivisation des fermes. L'application de programmes radicaux, à l'intérieur desquels les hommes et les femmes étaient assignés à des « équipes de production » différentes, a détruit un grand nombre de familles. On avait fait reculer la famine au prix d'une profonde dégradation du tissu social. Les industries chinoises avaient elles aussi été collectivisées, et le Nord-Est était devenu un vaste complexe industriel, propriété de l'État.

Considérant que l'Union soviétique avait manqué de rigueur dans l'application des principes communistes, le président de la Chine populaire, Mao Zedong, expulsa du pays les conseillers soviétiques. Par la suite, il orchestra une campagne prônant le retour à l'orthodoxie communiste : la *Révolution culturelle prolétarienne*. C'est ainsi que débuta en 1966 une autre période de désordre dont les habitants des provinces rurales firent les frais comme cela s'était souvent produit dans la Chine impériale. On croit aujourd'hui que la Révolution culturelle a entraîné la mort de 20 millions de Chinois. Au milieu des années 1970, personne n'aurait pu prédire que, 20 ans plus tard, la Chine s'éloignerait du dogme communiste au point de se réorienter vers une économie de marché, et que ses principales villes auraient leur propre Bourse.

En 1976, après la mort de Mao Zedong, Deng Xiaoping, à la tête de modérés, prit le pouvoir et amorça le virage vers un régime politique communiste contrôlant une économie de type capitaliste. Il favorisa également l'importation en Chine de la science et de la technologie occidentales et permit à des dizaines de milliers d'étudiants chinois d'aller chercher à l'étranger les compétences dont le pays avait besoin.

Un monde contradictoire

En prenant le pouvoir en 1979, Deng Xiaoping et ses alliés devaient tenter de concilier l'irréconciliable. Comment en effet faire coexister un régime politique communiste et une économie de marché sans que l'ouverture économique entraîne la montée d'un mouvement en faveur de la démocratisation des institutions politiques ?

Deng Xiaoping croyait qu'il fallait pour cela isoler des zones économiques expérimentales du reste du pays. Ainsi, il prévut de n'appliquer d'abord les nouvelles politiques économiques que dans les avant-postes de la façade pacifique, sans effectuer de changements profonds dans le reste de la Chine. C'est ainsi que naquit le système complexe des zones économiques spéciales, destiné à attirer technologies et investissements étrangers, et à transformer la géographie économique de la Chine orientale (fig. 9.13).

Les sociétés susceptibles d'investir dans les zones économiques spéciales se sont vu offrir d'importants avantages : taxes peu élevées, élargissement des lois régissant les importations et les exportations, simplification de la location à bail de terrains, permission de signer des contrats avec les ouvriers. Ainsi, il est permis de vendre les biens fabriqués dans les zones économiques à l'étranger et, à certaines conditions, en Chine même. Les sociétés étrangères peuvent aussi rapatrier les profits réalisés en territoire chinois.

Les zones économiques

Le gouvernement chinois a créé cinq zones économiques spéciales (ZÉS) :

1. *Shenzhen,* à proximité de Hong Kong;
2. *Zhuhai,* dans l'estuaire du Zhu jiang, en aval de Canton et juste en amont de la colonie portugaise de Macao, dont la rétrocession à la Chine est prévue pour 1999;
3. *Shantou,* vis-à-vis la pointe méridionale de l'île de Taiwan;
4. *Xiamen,* également sur le détroit de Taiwan;
5. *Hainan,* la province chinoise la plus au sud, séparée du Viêt-nam par le golfe de Tonkin.

Trois des cinq zones économiques spéciales sont situées dans la province du Guangdong, principal centre d'activité de la Chine, dans la partie occidentale de l'aire pacifique (fig. 9.13). La dernière en date est Hainan, où la libre entreprise est aussi florissante que le trafic de contrebande. En réalité, quatre des cinq zones spéciales n'ont pas immédiatement donné les résultats qu'avait escomptés Deng Xiaoping. Seule Shenzhen a rapidement connu un essor spectaculaire en raison de sa localisation à proximité de la frontière perméable avec Hong Kong.

Shenzhen et Hong Kong

La province du Guangdong (71 millions d'habitants) est au cœur du développement du secteur chinois de la zone Asie-Pacifique (fig. 9.13). Elle s'étire en un demi-cercle autour de l'immense mégalopole en formation à partir de Hong Kong (qui a officiellement repris son

Figure 9.13 Les nouvelles zones économiques de la Chine.

nom chinois de *Xianggang* au moment de la rétrocession de la colonie à la Chine, en 1997); de Shenzhen, le pivot de la réforme économique amorcée par Deng Xiaoping; de Macao, une colonie portugaise devant également être rétrocédée à la Chine sous peu; et de Zhuhai, la zone économique spéciale voisine de Macao. Ces quatre noyaux économiques sont regroupés autour de l'estuaire du Zhu jiang, qui a servi autrefois d'accès déguisé à l'économie chinoise mais qui en est aujourd'hui le grand portail. Une fois qu'elle aura englobé Canton, la capitale de la province située à environ 125 km, cette conurbation totalisera plus de 20 millions d'habitants. Avant l'inauguration en 1995 d'une autoroute à six voies construite par un important homme d'affaires de l'ancienne colonie britannique, la congestion était telle qu'il fallait 24 heures pour faire le trajet depuis les usines cantonaises jusqu'au port de Hong Kong. L'aller ne prend désormais plus que deux heures, et les zones entourant les voies d'accès connaissent déjà un développement fulgurant.

La région n'aurait jamais connu un tel essor sans la montée spectaculaire de Hong Kong, dont la réussite économique est remarquable : elle est le **dragon** par excellence de la partie ouest de l'aire pacifique. C'est dans le sud de la Chine, sur la rive gauche de l'estuaire du Zhu jiang, sur un territoire d'à peine 1000 km², fragmenté, montagneux et exposé au soleil des tropiques, que 6 millions de personnes (dont 97 % d'ascendance chinoise) ont créé une économie qui surpasse celle d'une centaine d'États.

Le territoire de Hong Kong comprend trois parties. L'île de Hong Kong, d'une superficie de 82 km², en est une. D'autres îles, notamment Lantau, site d'un nouvel aéroport à la fine pointe de la technologie, bordent la partie continentale de Hong Kong, composée de la péninsule de Kowloon et des Nouveaux Territoires (fig. 9.14). La capitale, Victoria, située dans l'île de Hong Kong, domine un port important, l'un des plus achalandés du monde. Comme ces dénominations l'indiquent, Hong Kong fut longtemps une colonie britannique. La Chine a cédé à perpétuité les îles et la péninsule de Kowloon à la Grande-Bretagne en 1841 et en 1860 respectivement, alors que les Nouveaux Territoires ont fait l'objet d'un bail de 99 ans en 1898. Ce dernier venait à échéance en 1997, et le Royaume-Uni et la Chine ont convenu que le pouvoir sur les trois composantes de la dépendance serait transféré de Londres à Pékin le 1er juillet 1997. L'incertitude quant à l'avenir semble être le lot des dragons de l'Asie de l'Est.

Vu son excellent port en eau profonde, Hong Kong a longtemps été le principal *entrepôt* de la partie du lit-

« En 1996, la rive orientale de l'estuaire du Zhu jiang retenait l'attention mondiale en raison du transfert de Hong Kong par le Royaume-Uni à la Chine, prévu pour 1997. Mais des événements importants étaient aussi en cours sur l'autre rive. Depuis un point culminant de Macao (rétrocession portugaise à la Chine en 1999), nous avons pu constater le développement remarquable d'une autre zone économique spéciale : Zhuhai. » (Source : recherche sur le terrain de H. J. de Blij)

toral pacifique comprise entre Shanghai et Singapour, en Asie du Sud-Est. Les communistes chinois auraient pu reprendre ce territoire à la Grande-Bretagne, puisque son approvisionnement en eau et en denrées alimentaires dépendait d'eux. Si les communistes ne bougèrent pas, c'est probablement que durant la période d'isolationnisme et de restructuration qui suivit leur arrivée au pouvoir, Hong Kong leur servit en quelque sorte de lien avec l'Occident.

Au début de la deuxième moitié du siècle, une importante industrie textile et de petites industries légères se sont développées en quelques années à Hong Kong. Le coût de fabrication des produits étant très peu élevé, on les écoulait rapidement sur les marchés mondiaux. On utilisa les devises tirées de ces exportations pour créer des usines produisant toute une gamme de biens de consommation, dont du matériel et des appareils électriques. Vu l'afflux continuel d'immigrants, le coût de la main-d'œuvre resta bas et, par le fait même, celui des produits aussi.

L'éventail des biens fabriqués aujourd'hui à Hong Kong ne cesse de s'élargir. L'île est devenue l'un des principaux centres commerciaux du monde, et sa Bourse est diversifiée et stable. L'essor de la Chine ne lui a pas nui, mais la crise financière de 1997 (voir l'encadré « La zone Asie-Pacifique : une région en émergence ») l'a profondément ébranlée : elle a perdu 40 % de sa valeur au cours des derniers mois de l'année. Au début de 1998, Hong Kong était le dernier des dragons asiatiques qui pouvait lutter pour maintenir la parité de sa monnaie avec le dollar américain.

Pendant la durée du mandat britannique, 75 % des investissements étrangers en Chine provenaient des

Figure 9.14 Hong Kong (Xianggang) et Shenzhen.

habitants de Hong Kong. Environ 25 % de tout le commerce extérieur de la Chine transitait par Hong Kong, y compris les échanges avec Taiwan. Cela explique que la Chine se soit engagée à maintenir pendant 50 ans, à partir de la rétrocession de la colonie, le mode de fonctionnement capitaliste de Hong Kong. Cette condition de l'accord n'a pas empêché bon nombre d'habitants prospères de l'île d'émigrer. Au début des années 1990, 60 000 personnes quittaient Hong Kong annuellement. Vivant désormais à Singapour, au Canada, en Australie, au Royaume-Uni ou aux États-Unis, ces émigrés ont cependant conservé des liens avec l'ancienne colonie.

Située tout près de la frontière entre la Chine et l'ancienne colonie de Hong Kong (fig. 9.14), Shenzhen est devenue le synonyme de la réforme économique entreprise par la Chine et de son développement dans la zone Asie-Pacifique. En 1980, cette ville n'était qu'un village paisible dont les 20 000 habitants vivaient essentiellement de la pêche et de l'élevage de canards. En 1996, l'agglomération de Shenzhen comptait de 3 millions d'habitants, ayant probablement enregistré le plus haut taux de croissance du monde. Ceux qui la visitent ont du mal à se croire en Chine : la Bourse est très animée, les hôtels sont étincelants, les boutiques de luxe et les restaurants haut de gamme foisonnent. Tout dans la ville porte l'empreinte de sociétés étrangères, depuis les logos jusqu'au voitures luxueuses.

La position relative de Shenzhen explique en partie qu'elle soit la plus florissante des cinq zones économiques spéciales. La proximité de Hong Kong, ce véritable dragon de la zone Asie-Pacifique, à une époque où les frontières commençaient à s'ouvrir, la facilité d'accès à des ports, la disponibilité d'une main-d'œuvre encore moins coûteuse que celle de l'ancienne colonie, et les avantages accordés aux sociétés étrangères dans le cadre de la nouvelle politique économique de la Chine sont autant de facteurs qui ont contribué à la croissance fulgurante de Shenzhen. Plusieurs firmes de Hong Kong ont investi d'énormes sommes à Shenzhen, et le Japon, Taiwan, Singapour, de même que les États-Unis ont fourni une bonne partie du reste des capitaux. En outre, des Chinois prospères vivant en Asie du Sud-Est ont saisi l'occasion de réinvestir dans des entreprises de leur pays d'origine. En bref, il a suffi de quelques années pour que Shenzhen devienne un centre commercial et industriel gigantesque, comptant des centaines de gratte-ciel, de nombreuses usines, un réseau de transport entièrement neuf et une zone périphérique florissante. Depuis la création de cette zone économique spéciale en 1980, les exportations ont augmenté de 70 %; au milieu des années 1990, Shenzhen contribuait dans une proportion de 15 % au commerce extérieur de la Chine tout entière.

Avec le retour à la Chine de Hong Kong, Shenzhen est entrée dans une nouvelle ère. Le coût de sa main-d'œuvre a augmenté au point d'être plus élevé qu'à Canton. La spéculation immobilière débridée a entraîné une réduction sensible du rendement des investissements. La corruption et le crime organisé sont beaucoup plus répandus qu'ils ne l'étaient à Hong Kong. Enfin, la Chine remet en question les privilèges accordés à Shenzhen et aux autres zones économiques spéciales, car ils sont en partie responsables de l'ampleur des disparités régionales. Mais cet aveu cache peut-être une autre inquiétude. En effet, les vieux dirigeants dogmatiques sont en droit de s'interroger sur ce qu'il adviendrait du contrôle de Pékin si cette florissante conurbation de l'estuaire du Zhu jiang et toute la province du Guangdong continuaient à se développer à ce rythme...

Villes ouvertes et zones côtières

La réforme entreprise par la Chine communiste ne s'est pas limitée aux cinq zones économiques spéciales. Pour susciter des investissements et stimuler le commerce sur tout le littoral du pays, Pékin a ouvert 14 villes côtières aux capitaux étrangers (fig. 9.13). Comme la croissance de la plupart de ces 14 ports était très limitée, le programme a été modifié en vue de concentrer les efforts sur quatre d'entre eux : Dalian, Tianjin, Canton et Shanghai, ce dernier ayant reçu une aide plus massive que les autres.

La réforme économique, offrant des avantages moindres cependant, a également ouvert six régions côtières aux investissements étrangers. Ces régions in-

Nathan Road est la principale avenue de Kowloon et l'une des artères commerciales les plus luxueuses de Hong Kong; le prix des terrains y est très élevé et la circulation piétonnière, extrêmement dense. La construction d'une mosquée occupant la totalité d'un îlot de ce secteur où l'espace est très en demande est donc surprenante; c'est là un signe de la puissance de diffusion de l'islam partout dans le monde. De grandes affiches installées sur Nathan Road invitent les passants à visiter la mosquée, dont l'existence dépend de capitaux en provenance d'Arabie Saoudite, et à s'informer sur la religion islamique.

cluent quelques deltas et péninsules (fig. 9.13), et il est clair que le régime chinois souhaite ouvrir tout le littoral pacifique à l'économie de marché. Si les projets en cours sont couronnés de succès, il en résultera la création d'une nouvelle région géographique. Cependant, de toutes les zones, villes et régions ouvertes aux investissements étrangers, seule la zone économique spéciale de Shenzhen a connu un essor remarquable, bien que Haikou, la capitale de la province du Hainan, de même que Shanghai et Tianjin-Pékin aient fait des progrès spectaculaires. À la fin des années 1990, les indicateurs de croissance économique démontrent que la nouvelle politique économique a eu dans l'ensemble des résultats bénéfiques.

La Chine urbaine

Dans notre étude des sous-régions de la Chine, nous avons souligné le caractère rural de la société chinoise et le fait que la majorité de la population vit dans des villages ou hameaux. Attardons-nous maintenant aux villes, anciennes ou récentes, qui laissent entrevoir ce que sera la Chine de demain, car le pays se transformera éventuellement en une société urbaine, comme cela s'est produit au Japon et en Europe de l'Ouest.

La population urbaine de la Chine croît à un rythme plus rapide que l'ensemble de la population du pays. En 1997, environ 350 millions d'habitants vivaient dans des villes, soit à peine 28 % de la population totale. Malgré cela, le nombre de citadins chinois est supérieur de 50 millions à la population totale du Canada et des États-Unis réunis. Les villes chinoises sont surpeuplées, congestionnées, polluées et compactes, et les paysages urbains sont souvent mornes. Ces agglomérations ressemblent à bien des égards aux centres urbains de l'Angleterre du début de la révolution industrielle.

Mais c'est dans les villes que la Chine nouvelle est en train de naître. Le paysage de Pékin appartient à l'âge postsoviétique avec ses immeubles modernes qui dominent les constructions anciennes. La façade de Shanghai, datant de l'époque coloniale, est encadrée de gratte-ciel, et tout le secteur côtier de la ville est en voie de reconstruction. Canton ne compte pas encore de banlieues de style américain, mais les effets du nouvel ordre économique sont manifestes en périphérie. Les villes plus à l'ouest, dont Xi'an, Chengdu et Kunming, commencent à se transformer. Malgré les efforts du gouvernement pour contrer l'exode vers les villes qu'entraînent inévitablement les réformes économiques, la Chine s'urbanisera comme l'a fait l'Europe il y a deux cents ans.

La figure 9.10 indique que la plupart des grandes villes chinoises ont (comme les villes indiennes) un centre unique, qu'elles sont très dispersées et qu'elles entretiennent des liens avec leur vaste périphérie.

Compte tenu de la taille de la population du pays, Pékin, Shanghai et Canton ne sont pas très populeuses. La population du Japon n'atteint que le dixième de celle de la Chine, mais Tokyo est presque deux fois plus populeuse que la plus grande ville de Chine. Des centres urbains de la République populaire sont cependant en voie de devenir de véritables mégalopoles; c'est le cas notamment de Wuhan situé sur le Chang jiang et de la conurbation de Shenzhen-Canton-Zhuhai (qui englobera éventuellement Hong Kong et Macao) dans l'estuaire du Zhu jiang. L'urbanisation est un signe de développement et la figure 9.10 indique les zones en ébullition. La façade pacifique est déjà beaucoup plus urbanisée que le reste de la Chine, ce qui démontre une fois de plus que l'essor de cette zone accroît les disparités régionales.

✦ Le Tibet

Les cartes physique et climatique de l'Asie de l'Est indiquent que le milieu naturel tibétain est caractérisé par des conditions rigoureuses. Cette colonie chinoise occupe un vaste territoire peu peuplé. Deux sous-régions retiennent l'attention du point de vue de la géographique humaine. La première est le foyer culturel de la communauté tibétaine, qui se trouve entre l'Himalaya au sud et le Grand Himalaya au nord. Cette sous-région englobe des vallées situées à moins de 2100 m d'altitude où le climat relativement doux permet la pratique de l'agriculture. Les principales agglomérations du Tibet, dont la capitale Lhassa, située à un carrefour routier, s'y trouvent. La seconde sous-région présentant un certain intérêt est le bassin du Qaidan, au nord, habité traditionnellement par des pasteurs nomades. L'exploration pétrolière a récemment permis la découverte de gisements importants, dont l'exploitation est en cours.

Le Tibet a dû reconnaître la suzeraineté de la dynastie chinoise des Qing en 1720 (fig. 9.2), mais il a recouvré son indépendance vers la fin du XIXe siècle. La société tibétaine était organisée autour des monastères fortifiés des moines bouddhistes, qui prêtaient allégeance au chef suprême de l'État, le dalaï-lama. En 1959, ce dernier fut forcé de s'exiler en Inde et les monastères furent fermés. Les Chinois détruisirent une grande partie du patrimoine culturel du Tibet et s'emparèrent de ses trésors religieux et artistiques. Depuis son annexion à la Chine, en 1965, le Tibet est une région autonome de Chine appelée Xizang. Malgré son étendue, elle abrite à peine plus de 2 millions d'habitants.

L'observateur neutre qui visite le Tibet occupé par la Chine peut s'attendre à trouver cette expérience déprimante. L'architecture tibétaine traditionnelle est belle et expressive, mais les Chinois ont souvent défiguré les temples et monastères bouddhiques en construisant juste en face les habitations laides et grises où ils se logent. En juxtaposant des éléments chinois marqués par la banalité aux trésors de la civilisation tibétaine, l'occupant nourrit le ressentiment, ce qui constitue un comportement anachronique dans un monde dit postcolonial. Sous le règne de Mao Zedong, les Chinois considéraient officiellement le Tibet comme une zone tampon entre la Chine et l'Inde, un État allié de l'ex-URSS. Mais l'effondrement de l'Empire soviétique n'a pas assoupli la politique chinoise au Tibet.

✦ Le Xinjiang

La région autonome du Xinjiang est la plus grande division administrative chinoise : elle occupe plus du sixième du territoire de la république et donne asile à plusieurs communautés ethniques (fig. 9.7). Depuis 1949, les Chinois se sont efforcés de développer la zone agricole peu fertile du bassin du Tarim, dans le sud-ouest du Xinjiang (fig. 9.1). La production actuelle de coton et de blé prouve la réussite du projet. Dans l'extrême nord, le bassin de la Dzoungarie, un lieu traditionnel de passage, est traversé par des routes stratégiques orientées est-ouest (fig. 9.1), et d'importants gisements pétroliers y ont été découverts récemment. Des pipelines relient maintenant ce secteur à Yumen et Lanzhou, dans l'est, où se trouvent des raffineries.

La population du Xinjiang comprend aujourd'hui plus d'un tiers de Han en raison de la détermination du gouvernement chinois à intégrer cette région éloignée à la structure nationale. La majorité des habitants du Xinjiang sont des musulmans d'origine ouïgour, kazakhe ou kirghize, ayant des affinités culturelles avec les communautés transfrontalières des cinq républiques indépendantes du Turkestan (fig. 6.17). Les Ouïgours forment la minorité la plus nombreuse, soit un peu moins de 50 % de la population totale de la région.

L'importance stratégique du Xinjiang est attribuable au développement sur son territoire du programme spatial national et à la présence des champs de tirs nucléaires chinois. En outre, les conséquences de la transformation en cours du Turkestan (voir le chapitre 6) se font déjà sentir dans cette région frontière éloignée de la Chine : les mouvements d'indépendance et de réislamisation longtemps réprimés commencent à se manifester de nouveau.

✦ La Mongolie

La Mongolie est un vaste État enclavé et isolé, borné au sud par les régions chinoises de Mongolie-Intérieure et du Xinjiang, et au nord par la région frontière orientale de la Russie (fig. 9.3). Avec ses 2,3 millions d'habitants disséminés sur un territoire de la même taille que celui du Québec, la Mongolie est un pays pratiquement vide, à dominante steppique et désertique, situé entre deux des États les plus puissants du monde. Elle a des liens historiques avec la Russie, l'ex-Union soviétique et la Chine. Elle a fait partie du grand Empire mongol, d'où sont parties les hordes de cavaliers qui ont envahi le cœur du domaine slave il y a sept cents ans. Les Mongols ont également envahi la Chine, où ils ont fondé la dynastie éphémère des Yuan (1279-1368). Puis la dynastie Qing a plus tard soumis la Mongolie, qui a fait partie de l'Empire chinois de la fin du XVIIᵉ siècle à 1911.

Profitant de l'anarchie provoquée par la révolution chinoise, les Mongols recouvrèrent leur indépendance, en 1911. À cette époque, l'État indépendant de Mongolie formait la Mongolie-Extérieure, qui, sous la protection de l'Union soviétique, devint, au début des années 1920, une république populaire modelée sur celle de l'empire communiste. En dépit des liens historiques et ethniques et des affinités culturelles qui rattachent la Mongolie à la Chine, ce sont les Soviétiques qui ont dirigé le développement de ce pays au cours des sept dernières décennies.

La capitale mongole, Oulan Bator, également la plus grande ville du pays, est située à proximité du lac Baïkal, et la Chine qui s'étend au-delà du rébarbatif désert de Gobi semble fort éloignée. La Mongolie est aujourd'hui un pays enclavé et isolé, un **État tampon** vulnérable encastré entre des voisins plus vastes, plus populeux et plus puissants. La majorité des habitants se déplacent encore à dos de cheval et vivent du pastoralisme. Cependant, le sous-sol de la Mongolie recèle de précieux minéraux. Dans le nord, seul un étroit corridor appartenant à la Russie sépare le pays du lac Baïkal. La Mongolie échappera-t-elle au sort qu'ont connu les autres États tampons comme le Tibet et l'Afghanistan ?

✦ Le triangle Jacota

Le **triangle Jacota** est formé du Japon, de la Corée du Sud (susceptible d'être éventuellement réunifiée à la Corée du Nord) et de Taiwan (fig. 9.15). C'est une région de l'Asie de l'Est tournée vers l'avenir, dont la société a été transformée par le développement économique de la zone Asie-Pacifique. Elle se démarque par ses grandes villes, ses industries de pointe qui consomment des quantités énormes de matières premières, le volume considérable de ses exportations, son rôle sur la scène internationale, ses surplus commerciaux et sa croissance rapide. Mais c'est également une région vulnérable, aux prises avec des problèmes sociaux et l'incertitude politique.

Le Japon

Lorsqu'on évalue les chances de la Chine d'accéder au rang de superpuissance, il est bon de se rappeler ce qui s'est produit au Japon au cours du XIXᵉ siècle. En

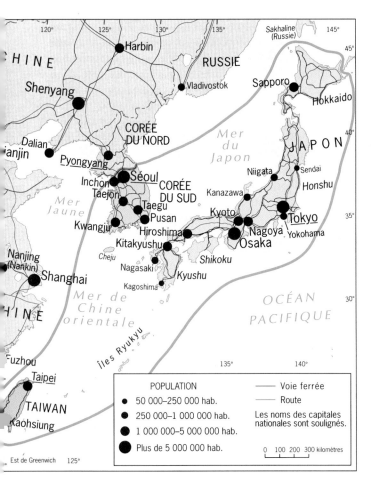

Figure 9.15 Le triangle Jacota.

1868, un groupe de réformistes, qui s'étaient donné pour mission de moderniser la société nippone, évincèrent du pouvoir les dirigeants conservateurs et firent du Japon une puissance militaire et économique, avant la fin du siècle.

Durant la Seconde Guerre mondiale, le Japon étendit son empire bien au-delà de ce qu'avaient prévu les architectes de la réforme de 1868. Au début de décembre 1941, il avait déjà conquis une bonne partie de la Chine proprement dite, la totalité de l'Indochine française au sud, et la plupart des petites îles du Pacifique Ouest.

L'expansionnisme japonais cessa quelques années plus tard lorsque les Américains mirent fin à la guerre en larguant des bombes atomiques sur Hiroshima et Nagasaki. En 1945, le Japon était en ruine, mais il se redressa si bien durant la seconde moitié du XXᵉ siècle qu'il est devenu une superpuissance économique. C'est aujourd'hui un géant de l'industrie, qui marque le pas dans le domaine technologique. Sa société est hautement urbanisée, son influence politique est considérable. Bref, le Japon est devenu une nation prospère à la croissance continue. Des voitures japonaises sillonnent les rues du monde entier; les appareils photo et les pellicules de fabrication nippone sont vendus dans

toutes les boutiques spécialisées; des instruments d'optique manufacturés au Japon sont utilisés dans tous les laboratoires du globe. Des micro-ondes aux magnétoscopes, des navires océaniques aux caméscopes, les produits nippons inondent les marchés mondiaux.

La brève aventure coloniale du Japon a contribué à poser les bases du développement économique de diverses autres régions de la partie occidentale de l'aire pacifique. Les Japonais ont exploité sans vergogne les ressources naturelles et humaines de la Corée et de Formose (l'actuelle Taiwan), mais ils y ont également instauré un nouvel ordre économique. Les infrastructures mises en place ont facilité la période de transition économique de l'après-guerre et, en peu de temps, la Corée et Taiwan ont toutes deux fait leur entrée sur les marchés mondiaux.

Les contraintes spatiales

En étudiant la géographie économique de l'Europe, nous avons vu que la Grande-Bretagne, en dépit de sa faible étendue, avait été le foyer d'une révolution industrielle qui lui avait donné une importante longueur d'avance et des avantages sur les pays continentaux, où une transformation analogue ne s'était produite que quelques décennies plus tard.

Après avoir pris le contrôle du Japon en 1868 (début de l'ère Meiji ou « gouvernement éclairé »), les réformistes, qui percevaient de nombreuses similitudes entre leur pays et la Grande-Bretagne sur le plan géographique, eurent donc recours à des conseillers britanniques pour moderniser la société et l'économie nippones. C'est ainsi que la Grande-Bretagne contribua de façon importante à la transformation du Japon et le paysage culturel en porte encore l'empreinte aujourd'hui; par exemple, les Japonais conduisent à gauche, comme les Anglais. Il ne fait aucun doute d'ailleurs qu'à la fin du XIXᵉ siècle, l'idée d'un Empire japonais est née tout naturellement de l'exemple britannique.

Cependant, les archipels britannique et japonais, situés à l'une et l'autre extrémité de la masse continentale eurasiatique, diffèrent considérablement sous divers aspects. Le Japon a une plus grande superficie totale. Il compte trois grandes îles en plus de celle de Honshu, à savoir Hokkaido au nord et Shikoku et Kyushu au sud, de même que de nombreuses îles plus petites et des îlots. Une grande partie du territoire est occupée par des montagnes de formation récente, aux pentes abruptes, où les risques de séisme sont élevés et les volcans nombreux. La Grande-Bretagne a un relief d'altitude moyenne plus faible, de formation plus ancienne, où il ne se produit ni séisme ni activité volcanique. Par ailleurs, si les Britanniques ont pu conserver leur hégémonie pendant un siècle, c'est que leur pays était beaucoup mieux pourvu en matières premières utiles à l'industrie (fer et charbon) que ne l'était le Japon.

Le Japon est un État moderne, mais en visitant Kyoto, on peut encore se faire une idée de ce qu'était le pays avant que la capitale ne soit déplacée à Tokyo. Les temples magnifiques, les jardins paisibles et les arches gracieuses qui surplombent les rues achalandées témoignent des traditions et de l'esthétique japonaises. Durant la Seconde Guerre mondiale, les bombardements ont détruit de nombreuses villes, mais les stratèges américains ont épargné l'ancienne capitale nippone, autrefois puissante et depuis toujours un haut lieu du culte. Le patrimoine culturel de Kyoto continue ainsi de relier le Japon moderne à l'époque où les shoguns et les prêtres shintoïstes ont construit ces trésors architecturaux que sont les châteaux et les temples. La photo montre l'un des 1600 temples de Kyoto. L'entrée comporte une grille en bois au dessin élaboré, flanquée de deux lions et pourvue d'une grosse cloche en bronze que les visiteurs font sonner pour annoncer leur arrivée aux dieux.

La topographie montagneuse du Japon a toujours été une source de difficultés. Toutes les grandes villes japonaises, sauf Kyoto, l'ancienne capitale du pays, sont perchées sur le littoral et la majorité se sont développées en partie sur des terrains gagnés sur la mer. Ainsi, le port de Kobe est semé d'îles artificielles qui ont été conçues pour faciliter l'accostage de navires de fort tonnage. Des deux côtés de la baie de Tokyo, des raffineries et des usines ont été construites sur de grands sites artificiels dont la création a repoussé le littoral vers le large. Avec ses 125 millions d'habitants, dont 77 % vivent dans des centres urbains, le Japon utilise de façon intensive tout son espace habitable, et l'étend dans la mesure du possible.

Les zones agricoles du Japon sont relativement exiguës et fragmentées sur le plan régional, et l'étalement urbain a rejoint une bonne partie des terres cul-

tivables. La plaine du Kanto englobant Tokyo, la plaine de Nobi entourant Nagoya et le district de Kinki comprenant Osaka sont trois grandes zones agricoles sur lesquelles le développement urbain exerce une pression constante. Les trois plaines font partie du cœur du pays, cloisonné, bien défini (délimité par un trait rouge sur la figure 9.17) et siège du centre industriel.

La puissance économique du Japon depuis cinquante ans, son homogénéité ethnique exceptionnelle étant donné la taille de la population, son caractère insulaire et son uniformité culturelle semblent désigner ce pays comme un ensemble géographique à part entière plutôt que comme une région de l'Asie de l'Est. Mais le littoral occidental du Pacifique se transforme rapidement et l'évolution récente du Japon et de ses voisins a érodé les bases du caractère unique de cet État. Depuis le début des années 1990, le moteur économique nippon a eu des ratés tandis que les économies voisines connaissaient encore une croissance fulgurante (jusqu'en 1997); en outre, la société japonaise a été bouleversée par des actes terroristes sans précédent, et ses relations étrangères ont été assombries par les querelles portant sur les atrocités dont les Japonais se seraient rendus coupables en Chine et en Corée durant la dernière guerre. Le Japon a été à l'avant-garde du développement de l'Asie-Pacifique, mais il ne se distingue plus autant de ses voisins.

L'Empire colonial japonais

Pour construire un Japon capable de concurrencer des adversaires puissants dans un monde en mutation, les architectes de l'ère Meiji firent l'inventaire des atouts et des faiblesses du pays. Du point de vue physique, il y avait peu d'atouts. Les îles de Hokkaido et de Honshu renfermaient des gisements de charbon à proximité des côtes, et le littoral de la mer Intérieure pouvait accueillir de nombreuses industries (fig. 9.16). Par contre, comme les réserves de minerai de fer du Japon étaient très limitées, il fallait importer cette matière première de l'étranger.

Le Japon disposait cependant d'une main-d'œuvre expérimentée et compétente dans le domaine manufacturier. Se refusant à tout apport de capitaux étrangers, les planificateurs japonais développèrent plutôt le secteur industriel en frappant les paysans d'impôts supplémentaires.

La tradition militaire comptait également au nombre des atouts du Japon. Tandis que s'effectuait la transformation économique du pays, les forces armées étaient modernisées. Dès 1879, soit à peine une décennie après le début de l'ère Meiji, le Japon était en mesure de faire valoir ses droits sur les îles Ryukyu dans le Pacifique. Ce fut le début de l'Empire colonial japonais.

En prenant le contrôle de ses premières colonies importantes en Asie de l'Est, soit Taiwan et la Corée, le Japon résolut son problème d'approvisionnement en

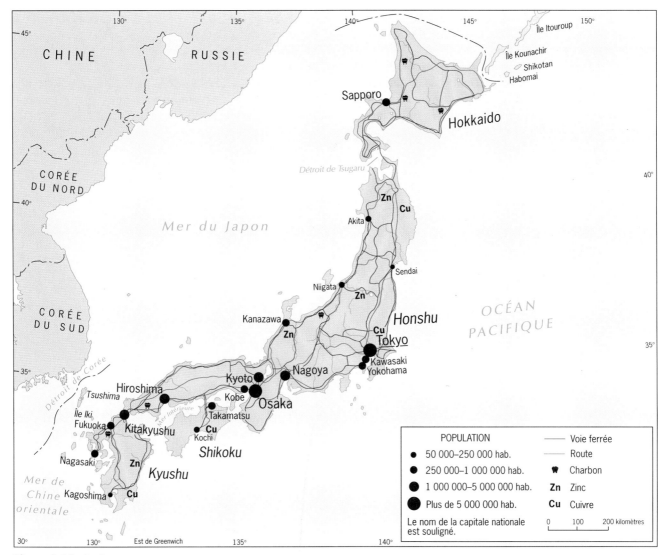

Figure 9.16 Le Japon.

matières premières et gagna un immense bassin de main-d'œuvre. Bientôt, les colonies fournissaient aux usines japonaises du charbon et du minerai de fer de bonne qualité, de même que certaines autres ressources.

L'organisation spatiale du Japon

Imaginez une population de 125 millions d'habitants entassée sur un territoire de la taille de l'Italie (qui en compte 57). Songez que ce territoire est en majeure partie montagneux, fréquemment secoué par des séismes et des éruptions volcaniques, que ses surfaces cultivables sont limitées, que son sous-sol ne renferme que peu de charbon et de matières premières et pas du tout de pétrole et vous comprendrez combien le fait que le Japon ne soit pas aujourd'hui un pays sous-développé dépendant de l'aide internationale tient du miracle.

C'est grâce à leur capacité d'organisation et de production, à leur souci de qualité et à la force de leur volonté tendue vers des buts communs que les Japonais ont réussi à compenser leur peu de surface habita-ble (18 % du territoire seulement), le surpeuplement des villes et un rendement agricole souvent médiocre. Avant même le début de l'ère Meiji, alors que sa population atteignait déjà les 30 millions d'habitants, le Japon possédait une organisation laissant peu de place à l'improvisation. Selon les historiens, Edo, qui allait être rebaptisée Tokyo et devenir la capitale du Japon moderne, était vraisemblablement alors le plus grand centre urbain du monde. Les Japonais étaient donc familiarisés avec la vie urbaine; ils avaient l'expérience de la production de biens manufacturés, et ils aimaient que l'ordre règne dans la société et l'économie.

La carte de la répartition des ressources, des centres urbains et des réseaux routier et ferroviaire du Japon (fig. 9.17) montre que l'économie japonaise ressemble à celle de diverses autres parties du monde où les échanges ont largement influencé l'organisation spatiale. Ainsi, la taille des agglomérations varie depuis les métropoles jusqu'aux hameaux minuscules, des réseaux ferroviaire et routier denses relient les différentes localités, et des zones agricoles productives se sont développées à proximité des centres urbains et entre les villes.

Cette carte révèle aussi un trait particulier au Japon : son orientation vers l'extérieur et sa dépendance des marchés internationaux. En effet, toutes ses régions principales et secondaires sont situées le long des côtes. Parmi les villes d'au moins un million d'habitants,

seule Kyoto se trouve dans l'arrière-pays (fig. 9.16). Il est vrai que son développement industriel, qui repose sur des industries légères de petite taille, est moins important que celui de la conurbation Tokyo-Yokohama-Osaka-Kobe ou de Nagoya. Mais le caractère traditionnel de la ville a été délibérément conservé et l'implantation de grandes industries n'y a pas été encouragée. Avec ses temples anciens, ses jardins magnifiques, ses

Figure 9.17 Répartition des ressources, des centres urbains et des réseaux routier et ferroviaire du Japon.

petits ateliers et ses entreprises familiales, Kyoto sert de lien avec le Japon de l'ère prémoderne.

Les principales régions économiques

La plaine du Kanto, la principale région urbaine et industrielle du Japon, comprend une zone agricole très productive et abrite environ le tiers de la population du pays. Elle a pour centre la conurbation de Tokyo-Yokohama-Kawasaki et bénéficie d'importants avantages naturels : le port de Yokohama facilement accessible, un climat relativement doux et humide, et une position centrale dans le pays.

La conurbation de Tokyo-Yokohama-Kawasaki renferme le plus grand complexe manufacturier du Japon (plus de 20 % de la production annuelle nationale). Les matières premières doivent cependant être importées de l'étranger. Par exemple, Tokyo, l'un des principaux producteurs d'acier du Japon, fait venir du minerai de fer des Philippines, de la Malaysia, d'Australie, de l'Inde et même d'Afrique; le charbon est en grande partie importé d'Australie et d'Amérique du Nord, et le pétrole provient d'Arabie Saoudite et d'Indonésie. De plus, la capitale dépend entièrement de fournisseurs étrangers pour son approvisionnement en denrées alimentaires et en matières premières, et des marchés extérieurs pour l'écoulement de sa vaste gamme de biens manufacturés, allant des jouets et des instruments d'optique de précision jusqu'aux navires océaniques de fort tonnage.

La seconde région économique faisant partie du cœur du Japon est le triangle Osaka-Kobe-Kyoto, également connu sous le nom de district de Kinki. Située à l'extrémité orientale de la mer Intérieure, Osaka a joué un rôle de premier plan dans le commerce avec la Chine et l'exploitation de la Mandchourie; Kobe est encore aujourd'hui l'un des ports japonais les plus achalandés, tant à cause du trafic sur la mer Intérieure elle-même qu'à cause du commerce extérieur. Quant à Kyoto, son secteur industriel est composé principalement de petites entreprises familiales.

Entre les deux principales régions du cœur du Japon, soit la plaine du Kanto et le district de Kinki, se trouve la plaine de Nobi. Son centre est la métropole industrielle de Nagoya (fig. 9.17), qui occupe le premier rang dans le secteur textile japonais. À l'embouchure occidentale de la mer Intérieure, Kitakyushu, une conurbation de cinq villes du nord de l'île de Kyushu, constitue la quatrième plus importante région industrielle du Japon et sa première région économique. La position relative de ce centre présente des avantages évidents : aucune autre métropole japonaise n'est mieux située pour faire du commerce maritime avec la Corée et la Chine.

La carte de la figure 9.17 fait ressortir la diversité des industries japonaises, dont un bon nombre destinent leur production aux marchés locaux, non

Depuis le deuxième étage de la tour de Tokyo (la contrepartie japonaise de la tour Eiffel), on aperçoit une partie de la vaste capitale avec, en arrière-plan, la baie de Tokyo, au fond de laquelle sont tapies des forces destructrices. Trois plaques tectoniques entrent en effet en contact à cet endroit et leur collision a déjà provoqué des séismes dévastateurs et des *tsunamis* (raz de marée d'origine sismique). Parce que plus peuplée, la capitale est aujourd'hui beaucoup plus vulnérable qu'en 1923, alors qu'un tremblement de terre suivi d'un incendie gigantesque et d'un effroyable *tsunami* avait tué 140 000 personnes.

négligeables. Par ailleurs, la carte n'indique pas les milliers d'usines installées dans d'autres centres urbains, notamment sur l'île d'Hokkaido au climat rigoureux.

Comme le montre la carte de l'organisation régionale du Japon, le cœur du pays englobe quatre régions principales, toutes aussi importantes, puisqu'elles comprennent dans une certaine mesure les mêmes éléments. Chacune possède des centres sidérurgiques, un grand port et une vaste zone agricole productive, située dans la région même ou à proximité. La carte n'indique pas cependant les relations commerciales que chacune a développé avec l'étranger pour assurer son approvisionnement en matières premières et écouler sa production. Ces liens avec l'extérieur sont parfois plus forts que les liens interrégionaux. Seules les réserves de charbon de l'île de Kyushu, d'ailleurs aujourd'hui épuisées, ont influé sur le choix et la localisation d'industries lourdes dans cette région. L'organisation régionale japonaise ne repose donc pas sur les réserves de matières premières, et en cela le Japon n'est pas unique : tous les pays où les échanges extérieurs occupent une place importante doivent plus ou moins adapter leur développement spatial et fonctionnel pour tenir compte des liens avec l'étranger les plus susceptibles de contribuer à leur croissance. Cependant, ce principe s'applique probablement davantage au Japon qu'à tout autre pays.

DANS L'ATTENTE DU *BIG ONE*

La ville de Tokyo est située dans une zone à haut risque sur le plan géologique, soit à la rencontre de trois plaques tectoniques instables (fig. 9.18). Environ tous les 70 ans, depuis près de 350 ans, la région est sporadiquement secouée par des séismes de haute intensité. Aujourd'hui, Tokyo est un centre de finances et de commerce international où sont concentrées tant de richesses et de capacités de production qu'un tremblement de terre de l'ampleur de celui de 1923 serait une catastrophe mondiale. Or, Tokyo est beaucoup plus vulnérable aujourd'hui qu'elle ne l'était en 1923. Bon nombre des tours les plus anciennes ne répondent pas aux normes de sécurité qui ont permis récemment aux entrepreneurs d'ériger des gratte-ciel de 50 étages ou plus. En outre, les 30 millions d'habitants de la plaine du Kanto sont concentrés sur les 4 % du territoire du Japon où les risques naturels sont les plus élevés. Pour rassembler les sommes énormes nécessaires à la reconstruction advenant un séisme majeur, les Japonais devraient vendre une bonne partie de leurs avoirs fonciers disséminés sur tout le globe, ce qui pourrait provoquer une crise financière mondiale.

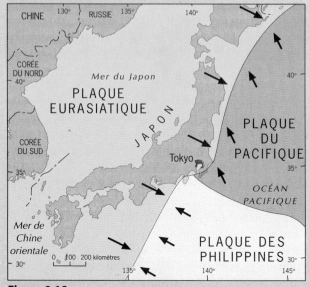

Figure 9.18

Production et prix des denrées alimentaires

La modernisation du Japon est si spectaculaire que ses progrès en agriculture ont tendance à passer inaperçus. Les planificateurs japonais, aussi soucieux de réduire l'écart entre les besoins et la production de denrées alimentaires que de développer le secteur industriel, ont créé des réseaux de centres de recherche destinés à promouvoir la mécanisation, le développement de semences de qualité supérieure et l'emploi d'engrais, de même qu'à informer les agriculteurs sur les moyens d'accroître le rendement de leur ferme. Mais ce programme efficace ne peut aplanir les difficultés inhérentes à la topographie du pays. En effet, la superficie totale des terres arables est tout simplement insuffisante : le Japon compte 2380 hab./km² de terre cultivée, soit la plus forte **densité** du globe.

Pour inciter les fermiers à rester sur leurs terres, le gouvernement japonais maintient artificiellement le prix des denrées alimentaires à un niveau élevé. Plus de 90 % des terres arables sont réservées à des cultures vivrières et des champs où poussent des légumes entourent toutes les villes. Au début des années 1990, le riz importé des États-Unis n'aurait coûté que le *sixième* du prix du riz cultivé localement, mais le gouvernement se refusait à ouvrir son marché aux producteurs étrangers.

L'industrie de la pêche japonaise est la plus importante du monde : elle réalise le septième des prises mondiales et fournit aux marchés locaux la seconde denrée alimentaire après le riz. La majeure partie des prises qu'effectuent les flottes de pêche japonaises proviennent des eaux situées à au plus quelques dizaines de kilomètres des côtes du Japon. La zone où les courants chauds du Kuro Chivo et du Tsushima rencontrent les masses d'eaux plus fraîches du large est très riche en sardines, harengs, thons et maquereaux dans la partie la plus tempérée, et en morues, flétans et saumons dans la partie la plus froide. Environ 4000 villages de pêcheurs s'égrènent le long des côtes du Japon et des dizaines de milliers de petits bateaux sillonnent les eaux territoriales à la recherche de poissons.

L'avenir du Japon

À la fin du XXᵉ siècle, le Japon demeure le géant économique de la partie occidentale de l'aire pacifique. Sa production a envahi tous les marchés du monde, ses investissements sont planétaires, mais des difficultés existent. La concurrence d'autres pays de la zone Asie-Pacifique, plus particulièrement de la Corée du Sud et de Taiwan, a entraîné une réduction des exportations japonaises, tout comme l'arrivée sur le marché des produits nippons avait réduit les ventes des produits, plus coûteux, des pays occidentaux. Les capitaux qu'a investis le Japon à l'étranger ont perdu une grande partie de leur valeur et la dépendance pétrolière de ce pays énergivore le rend vulnérable à toute pénurie ou hausse des prix de l'énergie.

Le potentiel du Japon demeure cependant énorme. En effet, n'était du litige sur les Kouriles du Sud, le Japon serait particulièrement bien situé pour exploiter ce véritable entrepôt de matières premières qu'est

L'UNE DES GRANDES VILLES DE L'ASIE DE L'EST

Tokyo

Il est fréquent qu'une agglomération urbaine porte le nom de la ville qui en forme le cœur. C'est le cas de Tokyo, qui compte actuellement 27,3 millions d'habitants. Même l'appellation de la conurbation Tokyo-Yokohama-Kawasaki ne donne pas une idée juste de l'agglomérat de villes dont est constituée la plus grande mégalopole du monde, qui, du fond de la baie de Tokyo, continue de s'étendre tant à l'horizontale qu'à la verticale.

Le long de la baie de Tokyo, certains quartiers ont été aménagés selon un modèle rectangulaire, mais en s'étalant dans les collines et les vallées environnantes, la capitale a fini par englober un vaste réseau de rues étroites et sinueuses où la circulation est cauchemardesque. Par contre, le réseau de voies ferrées et de lignes de métro est particulièrement efficace, quoique les voyageurs doivent s'habituer au *shirioshi* qui les pousse aux heures de pointe pour permettre la fermeture des portières.

Le Palais impérial, entouré de fossés et de jardins, occupe le centre de la capitale. Les structures construites directement en face sont peu élevées par respect de la hiérarchie, mais dans les quartiers plus éloignés la hauteur des gratte-ciel donne l'impression de faire fi des séismes. À proximité des jardins du Palais, de grands magasins et des boutiques de luxe bordent l'avenue de Ginza, l'une des artères les plus célèbres du monde. Au loin se dresse la tour de Tokyo qui rappelle la tour Eiffel. Conçue pour tester un acier léger de fabrication japonaise, cette structure sert aussi à transmettre les signaux de télévision et de radio, à détecter les secousses sismiques, à mesurer la pollution atmosphérique et à attirer les touristes.

Tokyo est un modèle de modernité, où les temples bouddhiques et shintoïstes, les ponts historiques et les jardins paisibles ajoutent néanmoins une note de beauté traditionnelle.

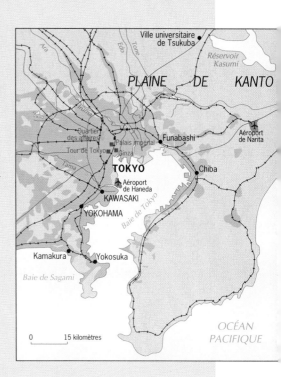

---

l'Extrême-Orient russe (voir l'encadré « Une conséquence de la dernière guerre »). Cette position relative du Japon faciliterait aussi l'exportation des technologies japonaises en Chine, un vaste marché en forte expansion.

Il faut toutefois replacer toutes ces considérations dans le contexte des changements sociaux et culturels qui transforment présentement le Japon. La population nippone de 125 millions d'habitants est vieillissante, et l'augmentation du nombre de personnes âgées entraîne une croissance des coûts des services dispensés par l'État, notamment dans les domaines de la santé et des régimes de rentes. Par ailleurs, les jeunes acceptent moins facilement que leurs parents et leurs grands-parents de vivre dans des conditions difficiles. En effet, malgré la prospérité du Japon, les habitations sont en général petites, surpeuplées, peu solides et parfois dépourvues des commodités considérées comme indispensables dans d'autres pays développés. Le mécontentement commence également à se manifester dans les lieux de travail et les écoles. À l'aube du XXIᵉ siècle, le Japon vit donc une période d'incertitude qu'accentue la crise financière dont furent victimes la plupart des pays d'Asie, à partir de 1997 (voir l'encadré « La zone Asie-Pacifique : une région en émergence », p. 27).

Malgré des signes de faiblesse, le Japon demeure pour les pays de la zone Asie-Pacifique un modèle économique et social et un rival à surpasser. En effet, les Taiwanais étant en moyenne moins bien rémunérés que les Japonais, mais mieux que les Sud-Coréens, les produits du Japon subissent la concurrence des produits moins coûteux des deux autres pays du triangle Jacota. De plus, des États comme la Chine, la Malaysia et la Thaïlande exportent aussi des biens manufacturés à des prix encore plus bas. Le Japon se trouve donc à un

UNE CONSÉQUENCE DE LA DERNIÈRE GUERRE

Le Japon et l'Union soviétique n'ont pas signé de traité mettant fin à la Seconde Guerre mondiale en raison du litige sur les îles Kouriles du Sud. Ces îles, que les Japonais ont perdues durant la guerre et qu'ils appellent leur « territoire du Nord », demeurent pour eux le symbole de leur défaite. Cinquante ans plus tard, toutes les tentatives de règlement ont échoué. Or, la délimitation des eaux territoriales est telle que la frontière russe se trouve à moins de 5 km des terres émergées du Japon. L'importance stratégique des Kouriles du Sud surpasse donc largement leur valeur économique.

tournant, alors que s'accentue la concurrence de ses voisins de la zone Asie-Pacifique, plus au sud.

La Corée

La Corée occupe une péninsule de la masse continentale asiatique qui s'avance dans la mer du Japon (fig. 9.19). En grande partie montagneuse, elle abrite une population de 70 millions d'habitants. Aussi loin que remonte son histoire, la Corée a fait l'objet de luttes entre ses puissants voisins. Elle fut ainsi une dépendance de la Chine et une colonie japonaise. À la fin de la Seconde Guerre mondiale, les forces armées russes et américaines eurent pour mission d'y désarmer les Japonais, les premières au nord du 38ᵉ parallèle et les secondes au sud. La réunification de la Corée ne put se faire par la suite, car la Corée du Nord fut alors englobée dans la sphère idéologique communiste, et une forme extrême de dictature, de type soviétique, y fut instaurée. Pour sa part, la Corée du Sud s'intégra à la marge capitaliste de l'Asie de l'Est et reçut une aide massive des États-Unis. Une fois de plus, le destin des Coréens avait été tracé par des puissances étrangères.

En 1950, la tentative de réunification de la péninsule entreprise par la Corée du Nord a déclenché la guerre de Corée (1950-1953), qui a ruiné le pays. La ligne de cessez-le-feu délimitée en 1953 (fig. 9.19) est devenue une frontière *de facto*, fortement militarisée. Depuis, les contacts sont rompus entre les deux Corée, la nouvelle frontière ayant divisé non seulement les deux économies mais aussi les familles.

La Corée du Nord est donc une sous-région de la région dominée par la Chine. Elle répond en effet davantage aux critères définissant la Chine proprement dite qu'à ceux délimitant la zone Asie-Pacifique où elle est située. En fait, ce pays, qui n'exporte pas à l'étranger, ne participe pas aux conférences économiques internationales et dont les étudiants ne vont pas étudier en Occident, rappelle la Chine de l'ère isolationniste du régime maoïste. Les rares voyageurs à y avoir pénétré sont étonnés par les contrastes entre les deux moitiés du pays : Pyongyang, la capitale du Nord, est une ville d'aspect très sévère, alors que Séoul, la capitale du Sud, surpeuplée et chaotique, est en pleine effervescence économique; les entreprises d'État du Nord sont désuètes, alors que les usines du Sud sont modernes; les zones rurales du Nord sont archaïques, alors qu'une agriculture intensive de plus en plus mécanisée s'est développée dans le Sud.

En cinquante ans, la situation politique a fait évoluer les deux parties de la péninsule dans des directions opposées. La Corée du Nord dispose de riches gisements de charbon et de minerai de fer dont auraient besoin les Japonais, et ses centrales hydroélectriques pourraient fournir à la Corée du Sud une partie de son électricité, mais le pays limite son commerce extérieur à quelques échanges avec la Chine et l'Union soviétique. De son côté, la Corée du Sud traite avec des partenaires commerciaux comme les États-Unis, le Japon et l'Europe de l'Ouest.

Au début de l'après-guerre, rien ne semblait désigner la Corée du Sud comme une future puissance économique de l'aire pacifique et, en fait, du monde. Plus de 70 % de la main-d'œuvre travaillait alors dans un secteur agricole inefficace, et le pays était en proie à la stagnation. Mais l'aide internationale massive, d'abord américaine puis japonaise, combinée à la restructuration de l'agriculture et au soutien des industries, déficitaires ou non, a provoqué un revirement spectaculaire. Les grands domaines féodaux ont été morcelés en fermes familiales de 3 hectares chacune et un programme d'importation massive d'engrais a été mis sur pied. Le rendement s'est accru au point de répondre à la demande locale et, certaines années, des surplus ont même été enregistrés.

Le programme d'industrialisation s'appuyait sur les réserves de matières premières limitées du pays, le vaste

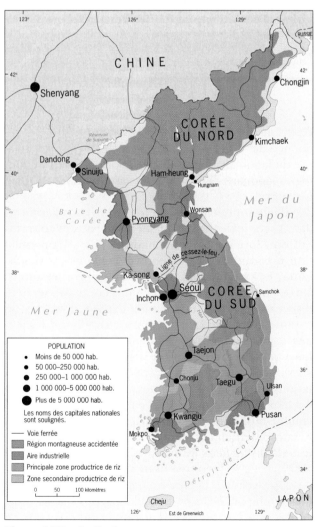

Figure 9.19 La Corée.

Située dans l'extrémité sud-orientale de la péninsule coréenne, Pusan est le premier port de Corée du Sud. C'est un centre industriel et commercial, et le cœur d'une vaste zone agricole. L'arrivée par avion ou bateau dans cette ville ferait une intéressante leçon de géographie sur les problèmes d'expansion d'un centre urbain situé à la limite d'une chaîne de montagnes. À Pusan (fig. 9.19), qui commence à s'étaler sur des versants, dans des vallées étroites et dans la zone portuaire, sur des terrains gagnés sur la mer, certaines rues du centre-ville se terminent par des escaliers.

bassin de main-d'œuvre compétente, les marchés étrangers facilement accessibles (principalement les États-Unis) et l'aide internationale continue. En dépit de périodes d'instabilité politique et d'agitation sociale, les gouvernements successifs de la Corée du Sud ont réussi à maintenir un taux de croissance économique élevé. Vers la fin des années 1980, le pays se classait parmi les 10 premières puissances commerciales du monde. Pour y arriver, le gouvernement a dû emprunter des sommes considérables à l'étranger et contrôler les banques et les grandes industries. Le développement de la Corée du Sud est donc attribuable à un **capitalisme d'État**, plutôt qu'à un capitalisme fondé sur la libre entreprise, mais les résultats sont impressionnants : la Corée du Sud est devenue le premier fabricant de navires au monde; son industrie automobile a connu une croissance rapide et ses industries sidérurgiques et chimi-

ques se sont développées considérablement. Cependant, les petites industries de pointe, qui font la force des autres dragons de la zone Asie-Pacifique, ont bénéficié de moins de soutien. L'avenir de la Corée du Sud est donc incertain.

Depuis les années 1970, la Corée du Sud a connu de longues périodes de prospérité, et la carte de la figure 9.19 reflète sa réussite économique. Au 11e rang des métropoles du monde, Séoul est une capitale de 12 millions d'habitants et le cœur d'un immense complexe industriel situé en bordure de la mer Jaune, dans la partie la plus étroite de la péninsule. À la fin de la guerre de Corée, des centaines de milliers de paysans ont migré dans la région de Séoul et dans celle de Pusan, le cœur du second centre industriel le plus important, situé sur le détroit de Tsushima vis-à-vis l'extrémité occidentale de l'île de Honshu. Aujourd'hui, seulement 25 % de la population du pays vit dans des zones rurales. Soutenu par l'État, le développement économique et urbain se poursuit. Ainsi, il y a à peine 25 ans, la ville de Ulsan, située sur la côte à 60 km au nord de Pusan, était un port de pêche de 50 000 habitants; aujourd'hui, c'est un centre portuaire de plus de 700 000 habitants, dont près de la moitié appartiennent à des familles d'ouvriers travaillant dans les usines d'automobiles de Hyundai ou les chantiers navals de la région. Le troisième centre industriel, dont le cœur est la ville de Kwangju, située à proximité de l'extrémité sud-ouest de la péninsule (fig. 9.19), n'est pas encore aussi développé que Séoul ou Pusan, mais sa position relative avantageuse devrait contribuer à sa croissance.

Du fait de sa réussite économique, la Corée du Sud fait l'objet de pressions de la part de ses concurrents et de ses alliés capitalistes. Les tissus de fabrication sud-coréenne, peu coûteux, ont fait mal à l'industrie textile du Japon, de sorte que les manufacturiers japonais ont réclamé l'application de mesures protectionnistes. Il en est de même dans le secteur de l'automobile, les fabricants japonais et américains ayant voulu restreindre chez eux l'importation des économiques voitures sud-coréennes. Les Coréens ont alors diversifié leur production et continué à gravir la pyramide au sommet de laquelle se trouve le Japon.

Mais au début de 1998, la Corée du Sud a été profondément atteinte par la crise économique et financière qui a secoué la majorité des pays asiatiques. La situation était grave au point de nécessiter l'intervention de la Banque mondiale. La Corée a ainsi obtenu une aide de plusieurs milliards de dollars, conditionnelle à la mise en œuvre de réformes fiscales, administratives et politiques urgentes.

Taiwan

Taiwan, la troisième composante du triangle Jacota, a également connu un remarquable essor économique.

L'UNE DES GRANDES VILLES DE L'ASIE DE L'EST

Séoul

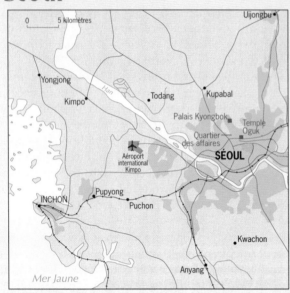

Séoul occupe, sur le fleuve Han, un site qui conviendrait tout à fait à la capitale d'une Corée réunifiée. C'est un rôle que cette ville a d'ailleurs rempli de la fin du XIVe siècle jusqu'au début du XXe siècle quand la guerre est venue changer le cours de son histoire. Séoul est actuellement la capitale de la Corée du Sud et compte aujourd'hui 12 millions d'habitants. Elle est située dans l'extrémité nord-ouest du pays, non loin de la zone démilitarisée où passe la ligne de cessez-le-feu séparant le Nord du Sud. Celle-ci traverse l'embouchure du Han, privant ainsi la Corée du Sud d'une importante voie fluviale, d'où l'achalandage du port maritime de Inchon.

La croissance anarchique de Séoul est à l'image du développement désordonné de l'économie sud-coréenne dans son ensemble. Le centre de la capitale occupe un bassin entouré de collines culminant à 330 m et la ville s'est étalée dans toutes les directions. En plus d'être le siège du gouvernement, Séoul est le premier centre industriel du pays. Elle exporte en grande quantité des tissus, des vêtements, des chaussures et, de plus en plus, du matériel électrique et électronique.

Cette île faisait partie de la Chine depuis des siècles, comme d'ailleurs les minuscules îles de Kinmen et de Matsu et l'archipel de Penghu, lorsque le Japon l'a occupée en 1895. Cette invasion a marqué le début d'un siècle d'agitation, à la suite duquel Taiwan est devenue un moteur économique mais aussi une entité politique problématique.

Alors que la Chine continentale était dévastée par un conflit, Taiwan est demeurée sous la domination du Japon. Elle ne fut rendue à la Chine qu'en 1945, à la suite de la défaite japonaise. En 1940, après la victoire des communistes chinois, elle servit de refuge aux nationalistes de Chiang Kai-shek, qui la déclara siège du seul gouvernement légitime de Chine. La République de Chine nationaliste devint alors l'unique voix de la Chine sur la scène internationale, et le gouvernement de Taiwan occupa le siège de l'État chinois aux Nations Unies, fondées depuis peu.

Entre-temps, installés à Pékin, les communistes gouvernaient le vaste territoire de la Chine continentale, auquel ils donnèrent le nom de République populaire de Chine. C'est à ce moment qu'est né le problème des deux Chine avec lequel doit composer encore aujourd'hui la communauté internationale. Lorsque la République populaire de Chine fut admise à l'ONU, elle acquit aussi le statut de gouvernement légitime de la Chine, auparavant dévolu à Taiwan (qui perdit alors son siège). Actuellement, l'influence de la République populaire croît rapidement et les successeurs du gouvernement nationaliste de Taiwan, qui ont réussi à conjuguer réussite économique et démocratie, vivent dans l'incertitude.

Taiwan n'est pas une très grande île (fig. 9.20). Elle est en fait plus petite que la Suisse, mais beaucoup plus peuplée. Ses 22 millions d'habitants sont en majorité concentrés dans une zone en arc de cercle le long des côtes occidentale et septentrionale. La moitié orientale de l'île est occupée par les monts Chungyang, qui culminent à plus de 3000 m et dont les versants abrupts sont couverts de forêts denses. Dans la partie occidentale, le relief élevé fait place à des collines qui viennent mourir dans la plaine côtière du détroit de Formose. Les cours d'eau qui descendent des montagnes irriguent les rizières, et la production agricole a plus que doublé depuis 1950, malgré l'exode vers les villes de centaines de milliers de paysans en quête de travail dans les industries florissantes.

Les principaux centres du corridor urbain et industriel de la plaine occidentale de l'île sont la capitale Taipei, située dans l'extrémité septentrionale, et la ville de Kaohsiung, en forte croissance, dans l'extrême sud. Keelung (ou Jilong), le port commercial de Taipei, d'abord destiné par les Japonais à l'exportation du charbon extrait dans le secteur, sert maintenant à l'importation de matières premières. Taiwan importe de la fibre de coton pour les usines de textiles, de la bauxite d'Indonésie pour la fabrication de l'aluminium, du pétrole de Brunei et du minerai de fer d'Afrique. Le pays comprend une industrie sidérurgique en croissance, des centrales nucléaires, des chantiers navals, une importante industrie chimique et un réseau de transport moderne. Mais les exportations de Taiwan sont de plus en plus tournées vers les produits relevant de technologies de pointe : micro-ordinateurs, matériel de communication et instruments électroniques de précision. Le pays abrite une importante communauté de chercheurs, et des sociétés étrangères participent aux projets de recherche et développement menés notamment au centre de recherche de Hsinchu, mis sur pied avec l'aide du gouvernement.

À la fin des années 1990, avec une population représentant moins du cinquantième de celle de la Chine continentale, Taiwan devançait néanmoins son voisin gigantesque dans le domaine commercial. D'ailleurs, malgré le conflit qui les oppose depuis plus d'un demi-siècle, les Taiwanais et les Chinois du continent demeurent unis par des liens étroits et une proportion substantielle des échanges commerciaux de Taiwan se font avec la République populaire de Chine. À partir des années 1940, le statut de colonie britannique de Hong Kong a facilité le commerce. En effet, en faisant transiter les exportations par ce territoire, on pouvait les considérer comme faisant l'objet d'un commerce indirect. La rétrocession de Hong Kong à la Chine en 1997 a

créé de ce point de vue un problème pour les deux partenaires commerciaux.

La Chine et Taiwan tentent toutes deux de s'adapter à l'ère nouvelle en ayant recours à un principe analogue à celui d'extraterritorialité : elles ont délimité des « zones économiques spéciales » où les lois en vigueur dans l'ensemble des deux États ne s'appliquent pas. Deux villes retiennent l'attention : Xiamen, sur la côte de la Chine continentale et, juste en face, de l'autre côté du détroit de Formose, Kaohsiung sur la côte de Taiwan.

L'émergence de Taiwan en tant que dragon de la zone Asie-Pacifique est à certains égards plus spectaculaire encore que celle du Japon. Il est vrai que l'île a reçu une aide massive des pays occidentaux, mais elle a réussi à rembourser sa dette plus rapidement que prévu. Actuellement, le revenu annuel moyen des habitants dépasse largement les 10 000 $US. Il est en effet supérieur à celui de plusieurs pays européens. La balance commerciale de Taiwan lui a permis d'accumuler des surplus de dizaines de milliards de dollars que l'État consacre au développement local et à l'investissement à l'étranger. C'est ainsi que la Chine nationaliste a été le principal bailleur de fonds pour la reconstruction du Viêt-nam.

Le principal problème de Taiwan n'est pas économique; il est avant tout politique. Les hauts dirigeants taiwanais ont beau clamer que l'élection au suffrage universel du président, en mars 1996, était le premier vote démocratique à avoir lieu dans l'histoire cinq fois séculaire de l'État chinois, la communauté internationale ne reconnaît toujours pas Taiwan en tant qu'État indépendant. Par ailleurs, une portion substantielle de l'électorat continue de s'opposer à toute mesure visant à promouvoir la souveraineté de l'île. La République de Chine nationaliste a tenu bon face aux communistes durant les années 1960 et 1970, mais son allié de longue date, les États-Unis, s'est engagé officiellement à soutenir le concept d'une Chine unique, celle-ci étant la République populaire de Chine, véritable géant communiste.

La conjoncture politique de Taiwan est très limitée au moment même où la perspective économique continue d'être prometteuse. La Chine communiste a clairement affirmé que toute proclamation d'indépendance, fondée sur le résultat prévisible d'un référendum, l'amènerait à intervenir immédiatement. Mais en pratique, un conflit dans la zone Asie-Pacifique serait désastreux pour les deux parties, quelle qu'en soit l'issue. L'avenir de Taiwan est donc en suspens : l'île demeure une province éloignée dont les habitants aspirent à la reconnaissance nationale et un quasi-État qui entretient des relations avec l'étranger; son existence même met à l'épreuve la capacité de la Chine à faire des compromis pour s'adapter à la réalité changeante.

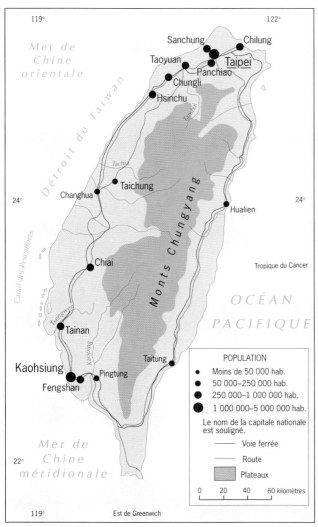

Figure 9.20 Taiwan.

QUESTIONS DE RÉVISION

1. Décrivez la place qu'occupe la Chine dans le monde relativement à la taille de sa population et à la superficie de son territoire.

2. Pourquoi la civilisation chinoise est-elle aussi durable ?

3. Quel rôle la géographie physique du Japon a-t-elle joué dans le développement du pays ?

4. Pourquoi la région de Pékin est-elle le foyer culturel de la Chine ?

5. Quel rôle les puissances étrangères ont-elles joué dans le développement de l'Asie de l'Est ?

6. Quel type de relations la Chine entretient-elle avec la Russie ?

7. Pourquoi la partie occidentale de la Chine est-elle encore relativement ouverte et déserte ?

8. Pourquoi la culture traditionnelle de l'Asie de l'Est est-elle en voie de transformation ?

9. Quelle est l'importance de l'agriculture dans la société chinoise ?

CHAPITRE 10

Votre étude de la géographie de l'Asie du Sud-Est terminée, vous pourrez :

1 Décrire la répartition de la population de la région continentale et de la région insulaire.

2 Apprécier la fragmentation culturelle de cet ensemble géographique et la complexe mosaïque culturelle qui en a résulté.

3 Reconnaître combien cette partie du monde garde l'empreinte du colonialisme européen.

4 Positionner sur une carte les principales caractéristiques physiques, culturelles et économiques de cet ensemble géographique.

L'Asie du Sud-Est, au milieu des géants

Formée de péninsules et d'îles, l'Asie du Sud-Est est limitée au nord-ouest par l'Inde et au nord-est par la Chine. À l'ouest, les côtes sont baignées par l'océan Indien, et vers l'est s'étend l'immense océan Pacifique. De toutes parts, ces terres ont été prises d'assaut. De l'Inde sont venus des marchands, de la Chine, des colons. Par l'océan Indien sont arrivés des commerçants arabes et des colonisateurs européens. Par l'océan Pacifique, enfin, sont venus les Américains. L'Asie du Sud-Est a donc été le théâtre d'innombrables luttes de pouvoir que se sont livrées des envahisseurs provenant de tous les coins du monde.

Du point de vue géographique, l'Asie du Sud-Est ressemble à l'Europe de l'Est à bien des égards : c'est une mosaïque de petits pays en périphérie de l'un des plus vastes États du monde, elle présente de grandes diversités culturelles, et sa carte a elle aussi subi des modifications récentes. En 1965, Singapour s'est séparé de la Fédération de la Malaysia pour devenir une ville-État moderne. Plus récemment, la réunification du Viêt-nam a fait disparaître une frontière. Et pendant que le monde avait les yeux tournés vers la Yougoslavie mise à feu et à sang, l'Asie du Sud-Est était déchirée par un conflit ethnique et culturel qui allait faire des milliers de victimes et de réfugiés.

Portrait de l'Asie du Sud-Est

La carte politique de l'Asie du Sud-Est (fig. 10.1) étant compliquée, examinons-la attentivement. Pour s'en faire une image plus précise, suivons la côte continentale d'ouest en est. L'État le plus à l'ouest est le Myanmar (appelé Birmanie jusqu'en 1989, un nom qui est d'ailleurs encore souvent utilisé). C'est le seul pays de l'Asie du Sud-Est qui touche à la fois à l'Inde et à la Chine. Le Myanmar occupe l'isthme de la péninsule malaise, tout comme la Thaïlande qui est située au cœur de la région *continentale*. Le sud de la péninsule fait partie de la Malaysia, à l'exception de Singapour, tout au bout de la pointe. Face au golfe de Thaïlande se trouve le Cambodge. En progressant quelque peu vers l'est, on atteint le Viêt-nam, une longue bande de terre qui s'étend jusqu'à la frontière de la Chine en bordant le Laos, enfermé dans les terres, isolé. Restent les îles constituant l'Asie du Sud-Est *insulaire* : les Philippines au nord, l'Indonésie au sud et, entre les deux, la partie insulaire de la Malaysia, située sur l'île de Bornéo, laquelle se trouve en grande partie en Indonésie. Enfin, il y a le Brunei, le pays le moins peuplé de l'Asie du Sud-Est, mais dont on aurait tort de sous-estimer l'importance dans la région.

Bien que l'Indonésie soit de loin le pays le plus peuplé, il n'y a pas d'État dominant en Asie du Sud-Est : pas de Brésil, de Chine ou d'Inde. Le paysage se compose de chaînes de montagnes, de plateaux improductifs, de côtes inhospitalières, de vastes îles, mais aussi de vallées et de deltas fertiles, de terrasses formées de sols volcaniques riches, et de plaines fertiles abondamment arrosées par la pluie (fig. 10.2). L'Asie du Sud-Est présente les plus vastes étendues de forêt tropicale du monde. Parmi la faune et la flore qui y ont survécu se trouvent des espèces en voie d'extinction telles que le rhinocéros et l'un de nos plus proches parents, l'orang-

outan. Des centaines de volcans, dont beaucoup sont en activité, dominent le paysage, se dressant même souvent directement sur la côte.

Ici, aucun groupe indigène ne s'est développé plus que les autres. Des nombreuses cultures qui peuplent les bassins fluviaux, les plaines du continent et les îles au large a fleuri une mosaïque de sociétés très différentes sur les plans de la langue, de la religion, des arts et de la cuisine, entre autres. Toutefois, aucune d'entre elles n'a réussi à établir sa suprématie sur les autres. Ce sont les colonisateurs européens qui, souvent en montant les États les uns contre les autres, ont créé des empires factices. Les Européens divisaient pour mieux régner. La carte moderne de l'Asie du Sud-Est reflète cet état de fait. Seule la Thaïlande a survécu

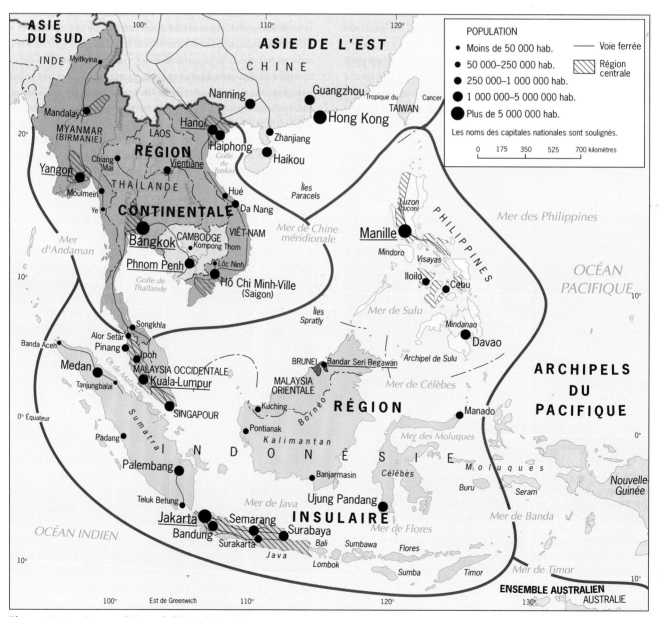

Figure 10.1   Carte politique de l'Asie du Sud-Est.

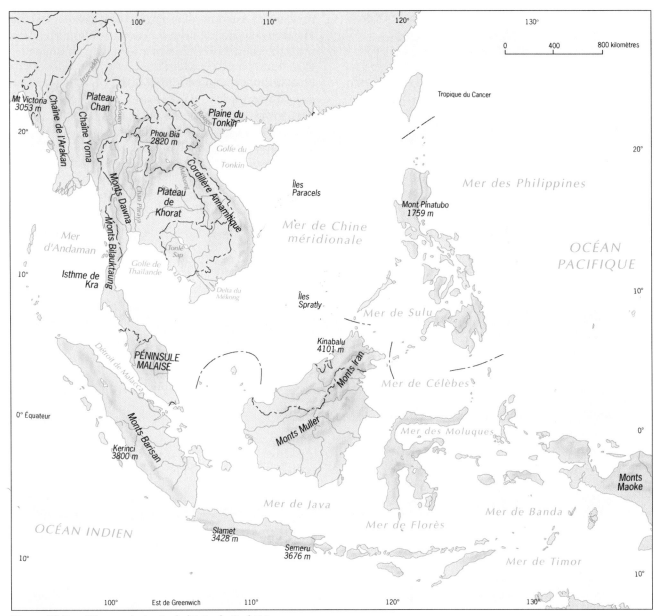

Figure 10.2   Géomorphologie de l'Asie du Sud-Est.

à l'ère coloniale en tant qu'État indépendant. Pratique **zone tampon** entre les Français à l'est et les Britanniques à l'ouest, le pays a dû supporter que ces puissances rivales grignotent son territoire de part et d'autre.

Évidemment, les Européens ont réussi là où les forces locales auraient échoué : ils ont formé des États multiculturels relativement vastes rassemblant des gens et des sociétés très différents. N'eût été de la colonisation, il est peu probable que les 13 000 îles de l'Indonésie constitueraient aujourd'hui un pays dont la population est la quatrième en importance dans le monde. Les neuf sultanats malais n'auraient pas été unis, pas plus que les habitants du nord de l'île de Bornéo de l'autre côté de la mer de Chine méridionale. Que ce soit un bien ou un mal, l'intrusion coloniale a consolidé quelques noyaux culturels et de nombreux États minuscules en neuf pays (le dixième, Singapour, est le seul cas de sécession postcoloniale).

Géographie de la population

Comparés aux données démographiques impressionnantes des régions habitables de l'Asie du Sud et de la Chine, les chiffres concernant le nombre et la densité de population des pays de l'Asie du Sud-Est, à l'exception de l'Indonésie, semblent modestes. Encore une fois, on peut facilement établir des comparaisons avec l'Europe. Trois pays — la Thaïlande, les Philippines et le Viêt-nam — comptent chacun de 60 à 80 millions d'habitants. Le Laos, un pays assez grand (comparable au Royaume-Uni) n'avait que 5,1 millions d'habitants

---

PRINCIPALES CARACTÉRISTIQUES GÉOGRAPHIQUES DE L'ASIE DU SUD-EST

1. L'Asie du Sud-Est est fragmentée en de nombreuses îles et péninsules.

2. Comme l'Europe de l'Est, l'Asie du Sud-Est a toujours subi de fortes pressions de l'extérieur, ce qui est caractéristique des régions tampons.

3. L'Asie du Sud-Est présente une grande fragmentation culturelle, tant sur les plans ethnique que linguistique ou religieux.

4. De fortes influences extérieures (asiatiques et non asiatiques) continuent de marquer le paysage culturel de l'Asie du Sud-Est.

5. Les traditions politico-géographiques entraînent souvent la balkanisation, l'instabilité et des conflits en Asie du Sud-Est.

6. La population de l'Asie du Sud-Est a une forte tendance à se regrouper, même dans les campagnes.

7. Si on la compare à celle des régions avoisinantes, la densité de la population en Asie du Sud-Est continentale demeure relativement faible.

8. Pendant une grande partie du XX⁰ siècle, la région insulaire a connu une rapide croissance démographique, notamment aux Philippines.

9. Les communications intrarégionales en Asie du Sud-Est demeurent déficientes. Les liaisons externes sont généralement plus efficaces que les liens internes.

---

tude, il y a les régions plus hautes, où le paysage se transforme en savane, où les sols rougeâtres sont lessivés et moins fertiles, et où la population est très clairsemée. Dans les îles de l'Indonésie et des Philippines, l'Asie du Sud-Est présente des conditions qu'on ne trouve pas du tout en Chine ou en Inde — sols volcaniques bien arrosés, offrant une végétation naturelle luxuriante et capables de supporter une agriculture intensive. On a d'ailleurs aménagé de vastes étendues de ces sols en terrasses pour y faire des rizières convenablement irriguées.

Le territoire et les gens

Il est intéressant de noter que plus de la moitié des 500 millions d'habitants de l'Asie du Sud-Est (275 millions, soit 55 %) vivent dans les îles de l'Indonésie et des Philippines, les sept autres pays du domaine se partagent le 45 % restant.

Compte tenu de la densité de population si élevée dans les régions avoisinantes, comment se fait-il que l'Asie du Sud-Est n'ait pas été submergée par l'immigration ? En fait, l'Asie du Sud-Est a bien reçu sa part d'immigrants, mais les arrivées par voie de terre ont été relativement limitées. Premièrement, les obstacles physiques constituent un élément dissuasif. Au chapitre 8, nous avons mentionné l'effet de barrière des montagnes densément boisées le long de la frontière entre le nord-est de l'Inde et le nord-ouest du Myanmar (Birmanie). De plus, le Tibet (Xizang), qui se trouve au

Les sols volcaniques bien arrosés et l'emplacement quasi équatorial de l'île indonésienne de Bali permettent de tirer chaque année jusqu'à trois récoltes de la même rizière. Avec plus de 3 millions de personnes sur une île de seulement 5561 km², les cultivateurs de l'endroit doivent sans cesse augmenter leurs récoltes, puisque la croissance de la population sur l'île demeure près de la moyenne nationale de l'Indonésie, soit 1,6 %. En conséquence, le paysage rural et agricole de Bali est unique, car la plus grande partie de l'île est maintenant aménagée en terrasses et irriguée à l'aide de systèmes élaborés.

---

en 1997. Le Cambodge, beaucoup plus grand que la Grèce, en comptait 11,2 millions.

Comme on peut le voir à l'annexe A, les densités de population ne sont pas particulièrement élevées en Asie du Sud-Est, sauf en ce qui concerne la ville-État de Singapour. Lorsque le climat politique est stable, plusieurs pays de l'Asie du Sud-Est sont en mesure d'exporter de grandes quantités de riz. La Thaïlande et, depuis quelques années, le Viêt-nam font maintenant partie des principaux exportateurs de cette denrée à la base des mets asiatiques.

En observant la distribution de la population, on remarque des similitudes et des différences dans les habitudes de vie en Asie du Sud-Est et celles de ses énormes voisins. En effet, tout comme en Extrême-Orient et en Asie du Sud, la population est regroupée autour des grands bassins ou des deltas des principaux fleuves. En ces endroits, les densités de population sont élevées et la campagne est découpée en rizières à perte de vue. Tout comme en Chine, de nombreux villages minuscules, notamment dans les deltas des fleuves Rouge et Mékong au Viêt-nam, parsèment le paysage. Mais entre ces bassins alluvionnaires situés à basse alti-

nord du Myanmar, n'a rien d'accueillant, et le plateau du Yunnan, au nord-est du Myanmar et au nord du Laos, est très accidenté. Il est plus facile de passer par l'est, entre le sud-est de la Chine et le nord du Viêt-nam, et ce fut donc une voie de migration et de contact. Comme on le voit sur la carte ethnolinguistique de la Chine (fig. 9.7), il y a aussi eu migration de l'Asie du Sud-Est vers la Chine dans cette région.

Deuxièmement, comme l'illustre la carte de la répartition de la population dans le monde (fig. I.9), les régions à potentiel agricole de l'Asie du Sud-Est sont séparées par de grandes étendues de terre moins productive, lesquelles sont aussi traversées par des zones de haut relief qui gênent les déplacements. La carte de l'Asie du Sud-Est révèle donc plusieurs zones assez rapprochées dont les terres sont potentiellement

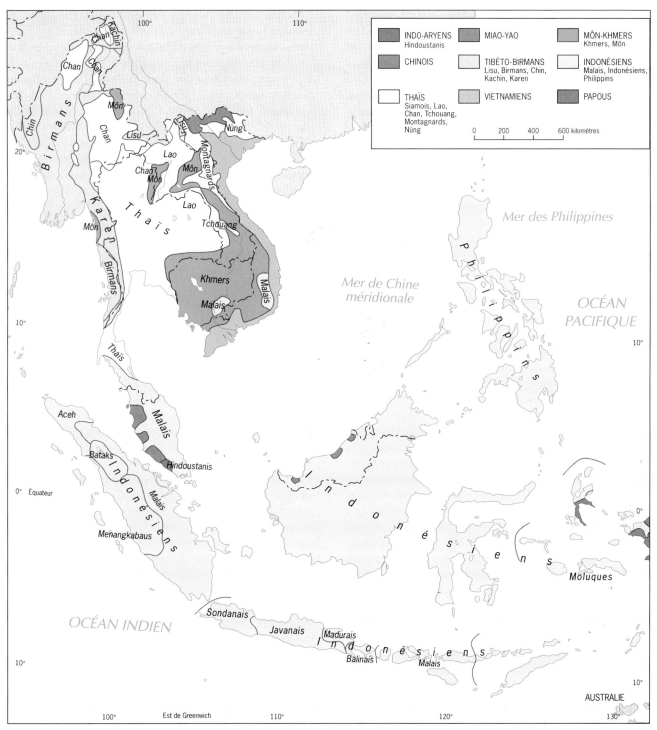

Figure 10.3 Mosaïque ethnique de l'Asie du Sud-Est.

productives, mais peu de corridors par lesquels les immigrants pourraient y accéder.

Comme nous l'avons déjà mentionné, les gens qui ont immigré en Asie du Sud-Est au cours du dernier millénaire sont arrivés, pour la plupart, par voie d'eau et non par voie de terre. Et ce n'est pas seulement vrai pour les Arabes et les Européens; ce l'est aussi pour les Chinois, juste à côté. Il faut dire que la plupart des immigrants chinois n'étaient pas des cultivateurs à la recherche de terres, mais plutôt des marchands et des travailleurs espérant faire de bonnes affaires dans les villes. Les « quartiers chinois » sont d'ailleurs assez importants dans la plupart des villes de l'Asie du Sud-Est, spécialement les villes côtières.

La mosaïque ethnique

Les peuples de l'Asie du Sud-Est ont une origine commune, tout comme les Européens (Caucasiens). Cela n'a toutefois pas empêché l'émergence ici et là de groupes ethniques ou culturels. La figure 10.3 présente une distribution généralisée des groupes ethnolinguistiques en Asie du Sud-Est. Il faut cependant garder à l'esprit que cette représentation est une généralisation : à l'échelle de cette carte, de nombreux petits groupes ne peuvent être représentés.

Sur la figure 10.3, on voit la coïncidence approximative entre les principaux groupes ethniques et la carte politique actuelle. Les Birmans dominent le Myanmar (ou Birmanie); les Thaïs occupent l'État qu'on appelait anciennement le Siam (Thaïlande); les Khmers vivent au Cambodge et débordent vers le nord, dans le Laos; et les Vietnamiens habitent la longue bande de terre donnant sur la mer de Chine méridionale.

Du point de vue territorial, la population de loin la plus importante est constituée de gens qu'on a regroupés, à la figure 10.3, sous le nom d'Indonésiens. Ce sont les habitants du grand archipel qui s'étend de Sumatra, à l'ouest de la péninsule malaise, jusqu'aux Moluques à l'est, et des petites îles de la Sonde au sud jusqu'aux Philippines au nord. Collectivement, tous ces peuples — les Philippins, les Malais et les Indonésiens (fig. 10.3) — sont connus en tant qu'Indonésiens mais ils ont été divisés par l'histoire et la politique. On remarque aussi, sur la carte, que l'Indonésie en tant que telle recueille les Javanais, les Sondanais, les Balinais et d'autres grands groupes, ainsi que des centaines de petits groupes que l'on n'a pu représenter. Aux Philippines, également, l'insularité et les contrastes entre les modes de vie se reflètent dans la mosaïque culturelle.

Les Malais font aussi partie de ce mélange indonésien d'ethnies et de cultures. Ceux-ci, que l'on trouve principalement dans la péninsule malaise, constituent une minorité dans d'autres régions. Comme la plupart des Indonésiens, les Malais sont musulmans, mais l'islam est un ferment beaucoup plus puissant dans la société malaise que dans la culture indonésienne.

La figure 10.3 rappelle aussi que l'Asie du Sud-Est, comme l'Europe de l'Est, compte de nombreuses minorités ethniques. Un regroupement de Sud-Asiatiques (les Hindoustanis) occupe le sud-ouest de la péninsule malaise. On trouve aussi des communautés hindoues de descendance indienne dans de nombreuses autres régions de la péninsule, mais elles forment ici la majorité. À proximité de là, le long de la côte ouest de la péninsule malaise, les Chinois, généralement urbains, sont fermiers et villageois tout autant que citadins. Dans la partie nord de la région, les minorités partagent le territoire que les Birmans, les Thaïlandais et les Vietnamiens dominent en nombre. Ces minorités, comme on peut le voir en comparant les figures 10.1 et 10.3, ont tendance à s'installer dans la lointaine périphérie. Dans ces zones, les forêts sont souvent denses et impénétrables. Les gens y sont isolés des autorités et quelque peu oubliés par l'État national. C'est là qu'à plusieurs reprises, des conflits ethniques se sont ravivés, lorsque la majorité venue des grands centres a tenté de contrôler la zone frontalière. Pendant la guerre du Viêtnam, les Montagnards étaient plutôt sympathiques à la cause des Américains en raison de leur hostilité de longue date envers les Vietnamiens des plaines, qui dominaient. Aujourd'hui, les Chan et les Karen au Myanmar sont en conflit avec le régime établi dans la région centrale.

L'évolution de la carte politique

Les principaux colonisateurs à s'affronter en Asie du Sud-Est furent les Hollandais, les Français, les Britanniques et les Espagnols, ces derniers ayant été remplacés par les Américains dans leur château fort, les Philippines. Les Japonais eurent également des visées colonialistes en Asie du Sud-Est, mais elles ne durèrent que le temps de la Seconde Guerre mondiale.

Les Hollandais se taillèrent la part du lion : ils obtinrent le contrôle du vaste archipel qu'on appelle aujourd'hui l'Indonésie (anciennement les Indes néerlandaises). La France s'établit dans la partie est du continent, dominant tout le territoire à l'est de la Thaïlande et au sud de la Chine. Les Britanniques, quant à eux, conquirent la péninsule malaise, la partie nord de l'île de Bornéo et la Birmanie. D'autres colonisateurs prirent aussi pied dans la région, mais cela ne dura pas longtemps. Seul le Portugal sut garder le contrôle de la moitié est de l'île de Timor (en Indonésie) même après que les Hollandais eurent été évincés.

La figure 10.4 montre la répartition des colonies à la fin du XIXᵉ siècle, avant que les États-Unis ne contrôlent les Philippines. Rappelons que la Thaïlande, bien qu'elle ait survécu en tant qu'État indépendant, a perdu des territoires aux mains des Britanniques en

Malaisie et en Birmanie, et aux mains des Français au Cambodge et au Laos.

L'héritage colonial

Comme elles l'avaient fait en Afrique et ailleurs, les puissances colonisatrices divisèrent leurs territoires en unités administratives. Dans certains cas, ces entités politiques devinrent des États indépendants par la suite. La France,

une des principales puissances colonisatrices de la région continentale, divisa son empire sud-est asiatique en cinq parties, desquelles allaient émerger les trois États d'Indochine : le Viêt-nam, le Cambodge et le Laos.

Les Britanniques gouvernaient deux grandes entités en Asie du Sud-Est (la Birmanie et la Malaysia), en plus d'une grande partie du nord de l'île de Bornéo et de bon nombre de petites îles dans la mer de Chine

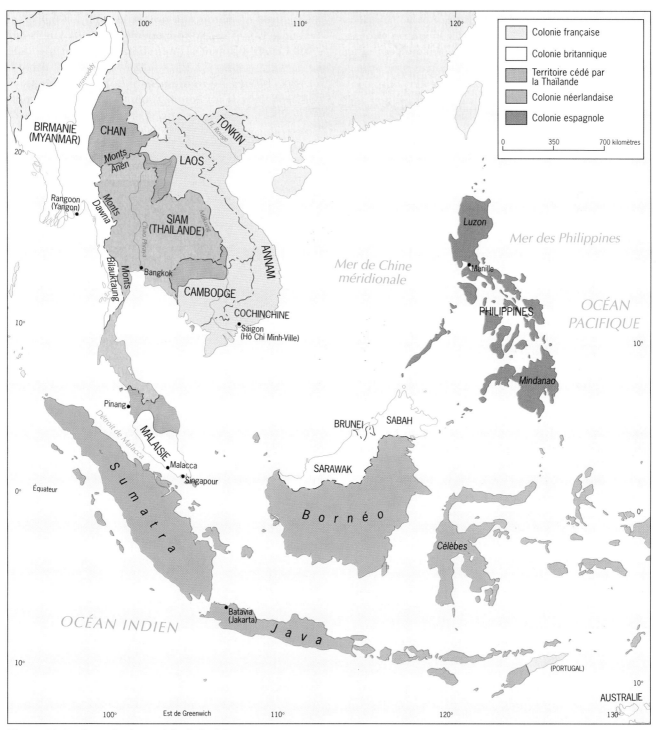

Figure 10.4   Les colonies en Asie du Sud-Est.

méridionale. En 1948, la Birmanie acquit le statut de république autonome.

La Fédération de la Malaysia fut créée en 1963 par l'union politique de la Malaisie continentale (qui avait acquis son indépendance depuis peu), de Singapour et des anciennes colonies britanniques se trouvant sur l'île de Bornéo, Sarawak et Sabah. Toutefois, Singapour proclama son indépendance en 1965, et les parties restantes de la fédération furent restructurées par la suite pour devenir la Malaysia.

Lorsque les Hollandais se rendirent maîtres des « îles aux épices » par l'entremise de leur Compagnie des Indes orientales, ils firent de Java (Jawa), l'île la plus peuplée et la plus productive, leur centre administratif. À partir de Batavia, la capitale (aujourd'hui Jakarta), la compagnie élargit sa sphère d'influence à Sumatra (Sumatera), à sa partie de l'île de Bornéo (Kalimantan), à Célèbes (Sulawesi) et aux petites îles des Indes orientales. Le colonialisme hollandais ouvrait ainsi la voie à la création de l'État le plus grand et le plus peuplé de l'Asie du Sud-Est (il compte aujourd'hui plus de 200 millions d'habitants).

Sous la tutelle coloniale (longtemps espagnole), les Philippines vécurent une expérience unique, car les Espagnols répandaient leur foi catholique avec zèle chez une population en majorité malaise. À l'issue de la guerre hispano-américaine de 1898, les États-Unis remplacèrent l'Espagne à Manille jusqu'en 1946, année où fut proclamée l'indépendance de la République des Philippines.

Aujourd'hui, tous les États du Sud-Est asiatique ont accédé à l'indépendance, mais la culture reste empreinte de siècles de colonialisme. Cette influence est perceptible dans le paysage urbain, le système d'éducation, la fonction publique et d'innombrables autres secteurs.

L'héritage culturel et géographique

Les Français, qui ont gouverné et exploité une partie importante de l'Asie du Sud-Est, ont appelé leur empire *Indochine*. Ce nom pourrait aussi bien désigner tout le reste de la région, puisqu'il évoque les deux pays asiatiques qui l'ont le plus influencée depuis 2000 ans. En effet, l'expansion périodique de l'empire chinois ainsi que l'arrivée d'un grand nombre de colons chinois (voir l'encadré « Les Chinois d'outre-mer ») ont introduit dans la région certaines coutumes du nord. Quant aux Indiens, ils sont arrivés de l'ouest par la mer : à la faveur du commerce qui attirait les marchands sur les côtes, ils ont peuplé les rives de la péninsule malaise, de la basse plaine du fleuve Mékong et des îles de Java, de Bali et de Bornéo.

Les immigrants du sous-continent indien importèrent leurs croyances : d'abord l'hindouisme et le bouddhisme, puis l'islam. La religion musulmane fut aussi propagée par le nombre grandissant de marchands arabes qui immigraient, si bien que l'islam devint la religion dominante en Indonésie. De nos jours, près de 90 % des Indonésiens sont musulmans.

L'agglomération urbaine de Bangkok comporte un quartier chinois grand et prospère. Plus de 12 % des 62 millions de Thaïlandais sont d'origine chinoise, mais ils sont bien intégrés dans la société locale, et les mariages mixtes sont chose courante. Cela n'empêche toutefois pas le *Chinatown* de se démarquer des autres parties de la grande ville multiculturelle : dans ce quartier tumultueux et débordant d'énergie, nul ne peut oublier le succès commercial des Chinois en Asie du Sud-Est.

Cependant, au Myanmar, en Thaïlande et au Cambodge, le bouddhisme a conservé sa suprématie et, encore aujourd'hui, la grande majorité des habitants de ces trois pays le pratiquent. En Malaysia, où règne la diversité culturelle, les Malais sont musulmans (Malais y est d'ailleurs synonyme de musulman), presque tous les Chinois sont bouddhistes, et la plupart des Malaysiens de descendance indienne continuent de suivre les traditions hindoues. Bien que l'Asie du Sud-Est ait manifestement une culture qui lui est propre, la plupart des signes extérieurs de cette culture révèlent des influences étrangères. Par exemple, le temple principal d'Angkor Vat, construit au Cambodge au cours du XIIe siècle, témoigne de l'architecture indienne de cette époque.

Dans *Indochine*, le préfixe *Indo* renvoie donc à l'héritage de l'Asie du Sud : la présence hindoue, l'importance de la religion bouddhique (amenée du Sri Lanka [Ceylan] par ses marins) et à l'influence de l'Inde en architecture, en art (spécialement la sculpture), en littérature ainsi que dans les structures sociales.

Le rôle des Chinois en Asie du Sud-Est a également été important. En effet, comme les empereurs chinois y convoitaient des territoires, leurs armées ont envahi la région. De plus, à cause des bouleversements sociaux et politiques en Chine, des millions de Chinois ont émigré vers le sud. Des marchands, des pèlerins, des marins, des pêcheurs, etc., sont donc arrivés par bateau de la Chine du Sud-Est et ont établi des colonies sur les côtes sud-est asiatiques. À la longue, ces colonies ont attiré d'autres immigrants chinois, ce qui n'a

LES CHINOIS D'OUTRE-MER

Les Chinois immigrent en Asie du Sud-Est depuis 2000 ans, mais les plus grands mouvements se sont produits au cours des six derniers siècles (fig. 10.5). Vers 1940, les gouvernements des colonies, de même que la Thaïlande, limitèrent l'immigration chinoise, les dirigeants et les autochtones craignant l'« expansionnisme » du peuple chinois. Malgré cela, et sans compter les mariages mixtes, le nombre de Chinois en Asie du Sud-Est atteint probablement 30 millions aujourd'hui. La diaspora chinoise est extrêmement riche compte tenu de sa taille : dominant de larges parts des secteurs commerciaux et manufacturiers de certains pays, les Chinois d'outre-mer ont maintenant les moyens d'investir dans le pays de leurs ancêtres, et bon nombre d'entre eux le font.

fait qu'accroître l'influence chinoise en Asie du Sud-Est (fig. 10.5). On ne s'étonne donc pas que les relations entre les colons chinois et les habitants de plus longue date de l'Asie du Sud-Est aient souvent été tendues, parfois même violentes. Les Chinois sont présents dans l'Asie du Sud-Est depuis longtemps, et ils continuent d'y affluer. La plupart d'entre eux ont su préserver leur culture et leur langue.

Au départ, les Chinois ont profité de l'arrivée des Européens en Asie du Sud-Est, qui stimulaient les industries, l'agriculture et le commerce; ils ont tiré avantage d'occasions qu'ils n'avaient pas chez eux et ils se sont montrés astucieux en affaires. Cependant, leur habileté dans les secteurs industriels et bancaires leur a valu beaucoup d'hostilité.

À Singapour, les Chinois constituent aujourd'hui 78 % de la population de 3,1 millions, alors qu'ils n'en représentaient que 35 % en 1965. En Indonésie, ils sont plus de 6 millions, ce qui équivaut à 3 % de la population totale. En Thaïlande, une minorité chinoise d'environ 12 % domine le secteur du commerce.

La seconde partie du nom Indo*chine* évoque une variété d'influences. Les caractéristiques de la race mongoloïde extrême-orientale se sont répandues vers le sud, se mêlant à celles de la souche malaise et faisant transition entre les habitants aux traits chinois du nord et ceux arborant les caractéristiques malaises (peau plus foncée, notamment) dans l'extrême est indonésien. En outre, l'influence culturelle des Chinois (habillement, arts plastiques, types de maisons et de bateaux, etc.) est présente partout en Asie du Sud-Est.

Les frontières

En général mieux définies que celles de l'Afrique, les frontières politiques de l'Asie du Sud-Est continentale traversent en grande partie des régions isolées, relativement peu peuplées et pas complètement intégrées dans les aires coloniales établies par les Européens. Même après l'indépendance, ces zones ont conservé les traits caractéristiques des régions frontalières. C'est là que les quelques guerres ethniques persistantes de la région ont pris racine et que se développent les activités révolutionnaires et les entreprises illicites — par exemple, la récolte du pavot d'opium dans le fameux « Triangle d'or », qui se pratique à la convergence des frontières du Myanmar, du Laos et de la Thaïlande.

Bien que les frontières de l'Asie du Sud-Est aient été établies pendant l'ère coloniale, elles ont continué par la suite d'influencer le cours des événements. Prenons, par exemple, le détroit de Johore (voir la figure 10.8), frontière physique séparant l'île principale de Singapour du reste de la péninsule malaise. Cette frontière, qui est également politique, a facilité, peut-être même déterminé, la sécession de Singapour de l'État de la Malaysia. En effet, n'eût été de cette frontière délimitant Singapour de façon incontestable, la Malaysia aurait pu tenter d'empêcher le processus de séparation. Tout au moins, des considérations territoriales auraient sans doute ralenti le déroulement des événements.

Les régions de l'Asie du Sud-Est

L'Asie du Sud-Est est constituée d'une partie continentale et d'une partie insulaire; cependant, pour des

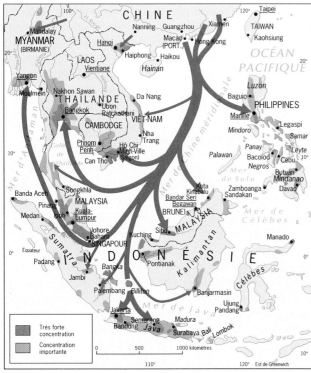

Figure 10.5 Les Chinois en Asie du Sud-Est.

raisons géomorphologiques, historiques et culturelles, il faut inclure dans la région insulaire la partie sud de la péninsule malaise, soit la zone appartenant à la Malaysia (voir les figures I.12 et 10.1). Utilisant la carte politique comme guide, on voit donc que les régions de l'Asie du Sud-Est comprennent les pays suivants :

- *La région continentale* : le Viêt-nam, le Cambodge, le Laos, la Thaïlande et le Myanmar (Birmanie).
- *La région insulaire* : la Malaysia, Singapour, l'Indonésie, le Brunei et les Philippines.

Mentionnons toutefois que les limites de l'Asie du Sud-Est excluent la partie indonésienne de la Nouvelle-Guinée, qui fait partie de l'ensemble Pacifique.

✦ L'Asie du Sud-Est continentale

Deux puissances colonisatrices, postées de part et d'autre de la Thaïlande, ont modelé la géographie historique moderne de cette région multiculturelle et multiethnique où domine le bouddhisme. On trouve plusieurs grandes villes en Asie du Sud-Est continentale, bien que cette région soit l'une des moins urbanisées du monde. Voyons tout cela de plus près, en commençant par l'est.

Le Viêt-nam, pays longitudinal

En 1975, à la fin de la guerre d'Indochine, la population du Viêt-nam était inférieure à *la moitié* de ce qu'elle est maintenant. En 1997, le pays comptait près de 80 millions de Vietnamiens, dont plus de 60 % avaient moins de 21 ans. Pour la grande majorité d'entre eux, la terrible guerre des années 1960-1970 fait donc partie de l'histoire, pas de l'expérience. Ce qui les préoccupe le plus aujourd'hui est de sortir de deux

LES PRINCIPALES VILLES D'ASIE DU SUD-EST	
Ville	**Population*** (en millions)
Bangkok (Thaïlande)	10,1
Hanoi (Viêt-nam)	2,9
Hô Chi Minh-Ville ou Saigon (Viêt-nam)	7,9
Jakarta (Indonésie)	12,8
Kuala-Lumpur (Malaysia)	1,8
Manille (Philippines)	10,1
Phnom Penh (Cambodge)	1,5
Singapour (Singapour)	3,1
Vientiane (Laos)	0,6
Yangon (Myanmar)	4,2

* Nombre approximatif d'habitants des agglomérations urbaines en 1997

décennies d'isolement, de rétablir des liens à l'échelle mondiale et de participer à la prospérité économique de la zone Asie-Pacifique. En 1995, les États-Unis ont normalisé leurs relations avec Hanoi, en y établissant une ambassade et en autorisant, après tant d'années, les échanges interdits à la suite du conflit.

En empruntant la route très achalandée du port de Haiphong (au nord) jusqu'à Hanoi, la capitale, ou en remontant le fleuve jusqu'à la métropole du sud, connue officiellement sous le nom de Hô Chi Minh-Ville (mais appelée Saigon par presque tous ses habitants), on ne peut oublier les conséquences culturelles de la forme allongée du Viêt-nam (fig. 10.6). En effet, tel que les colons français l'ont délimité, le Viêt-nam est une bande de terre d'une largeur moyenne inférieure à 240 km qui s'étend sur 2000 km, de la frontière chinoise au nord jusqu'à la pointe du delta du Mékong au sud. Beaucoup plus petite que la Californie, cette bande côtière était la terre des Vietnamiens (fig. 10.3). S'apercevant que la colonie n'était pas homogène, les Français divisèrent le Viêt-nam en trois : 1° au nord, le Tonkin, région du delta du fleuve Rouge centrée sur Hanoi; 2° au sud, la Cochinchine, région du delta du Mékong centrée sur Saigon; 3° au centre, Annam, région centrée sur l'ancienne ville de Hué (fig. 10.4).

La forme longitudinale du Viêt-nam n'a pas facilité les choses pour les Français et a été déterminante durant la période postcoloniale. Très étroit au centre, le pays s'élargit vers le nord d'une part et vers le sud d'autre part (fig. 10.6); en fait, le Tonkin et la Cochinchine sont totalement différents. Entre 1960 et 1970, ce qui devait arriver arriva : la guerre éclata entre les non-communistes du sud, soutenus par les États-Unis, et les communistes du nord. Ce conflit sanglant et vain en apparence eut d'énormes répercussions aux États-Unis. Quand le gouvernement de Saigon tomba en 1975, les troupes américaines furent évacuées, comme l'avaient été celles de la France 20 ans plus tôt, après la défaite de Diên Biên Phu.

Le Viêt-nam aujourd'hui

Après la guerre, le Viêt-nam se rapprocha des Soviétiques plutôt que des communistes chinois tout à côté. En 1976, au moment de l'unification du pays, un nouveau conflit éclata, cette fois au sujet de la frontière chinoise. La vie des minorités chinoises au Viêt-nam devint alors beaucoup plus pénible. Un grand nombre de Chinois prirent part à l'exode tragique des *boat people* (dont la moitié périrent en mer). La grande majorité des survivants aboutit aux États-Unis, et Washington décréta un sévère embargo contre le Viêt-nam. Mais comme le Viêt-nam produit suffisamment de riz pour nourrir sa population et en exporter, il a survécu à ce boycott.

Toutefois, le problème des infrastructures était criant. Le Viêt-nam ne pouvait pas faire grand-chose pour entretenir ce qui en restait, encore moins penser à en développer de nouvelles. En 1996, les ponts à sens unique, un palliatif, ralentissaient encore la circulation sur la route déjà congestionnée entre la capitale, Hanoi, et le port de Haiphong (dans le meilleur des cas, il faut compter quatre heures pour faire ce voyage de 100 km) (fig. 10.6). Des édifices délabrés, des routes défoncées, des trottoirs en morceaux, de même que des services publics et des lignes téléphoniques déficientes handicapent la capitale, où les premiers signes de la modernisation commencent à peine à apparaître. Avec ses 2,9 millions d'habitants, Hanoi est le cœur de la région du Tonkin (section nord du Viêt-nam), située dans le bassin du fleuve Rouge; elle se trouve également au centre d'une plaine agricole. L'irrigation des rizières s'y fait encore à l'aide de seaux. Sur les routes, ce sont des humains ou des animaux attelés à des charrettes qui assurent le transport des marchandises. En fait, à part les attentes des gens, peu de choses ont changé dans la région.

Le centre névralgique de la section sud, Saigon-Cholon (nom officiel : Hô Chi Minh-Ville), est bien plus avancé que la capitale. Près de 8 millions de personnes habitent cette agglomération urbaine au bord du fleuve Saigon. Cela représente environ 10 % de la population totale du pays — et une part beaucoup plus grande des gens les plus instruits et les plus compétents. Saigon-Cholon (Cholon est le quartier chinois de la ville qui retrouve maintenant sa vigueur d'avant-guerre) est en train de changer rapidement : des tours construites par des investisseurs étrangers dominent le paysage urbain qui rappelle encore l'ère coloniale, des hôtels modernes ouvrent leurs portes et on élabore les plans d'un grand quartier à vocation économique, juste en aval du port. Saigon a deux avantages sur Hanoi : les navires de haute mer peuvent l'atteindre, et elle se trouve au nord plutôt qu'au milieu du delta du fleuve Mékong, qui fait partie de son arrière-pays. Les rues de la ville sont engorgées de bicyclettes, de vélomoteurs, de charrettes à bras, d'autobus, de taxis et même de quelques automobiles privées; les produits de consommation sont offerts en abondance, et l'activité commerciale est florissante. Saigon a, elle aussi, d'importants problèmes d'infrastructures, mais elle se remet maintenant de plusieurs décennies d'abandon. Elle a cependant grand besoin d'un pont sur la rivière Saigon qui relierait la rive gauche, pas plus développée qu'un village, à la rive droite, où se trouvent le centre-ville et la plus grande partie de la ville.

Au nord comme au sud, la sensation d'éloignement et d'isolement est envahissante. Pour les gens du nord, Saigon et le sud représentent encore les divisions qui ont déchiré le pays durant la guerre. Pour les

Figure 10.6 Le Viêt-nam.

L'UNE DES GRANDES VILLES DU SUD-EST ASIATIQUE

Saigon

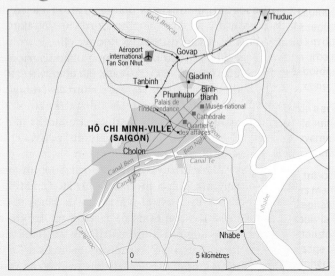

Son nom officiel est maintenant Hô Chi Minh-Ville, mais ses habitants l'appellent toujours Saigon. D'ailleurs, dans cette ville sise sur le fleuve Saigon, rares sont les édifices qui n'exhibent pas une affiche où figure ce nom. Bien que plusieurs fois plus grande que Hanoi, la capitale, Saigon est une ville qui se ressent de décennies de négligence. Les infrastructures fonctionnent mal et les services publics sont peu fiables.

Le principal avantage de Saigon est que les navires de haute mer peuvent y accéder en remontant le fleuve sinueux, ce qui représente un voyage de trois heures. Aujourd'hui, la ville (qui compte 7,9 millions d'habitants) reprend vie : sa silhouette se transforme, des édifices modernes dominant maintenant ceux de l'époque coloniale. Un grand quartier à vocation économique se développe dans le sud de la ville. On y construit des usines : c'est le début de l'ère de l'Asie-Pacifique.

gens du sud, les bureaucrates venus du nord qui contrôlent une grande partie de Saigon empêchent la ruée vers la modernisation. Ce sentiment d'hostilité est renforcé par la distance tant réelle que fonctionnelle entre Saigon et Hanoi. Imaginez un pays où le voyage de la capitale à la métropole peut représenter jusqu'à une semaine de route !

« Après un voyage de quatre heures ponctué de plusieurs arrêts depuis la côte, nous sommes arrivés à Hanoi, la capitale du Viêt-nam. Après l'agitation et le dynamisme de Saigon, nous avons eu l'impression qu'ici le temps s'était arrêté. Au centre de la ville, peu de traces de la nouvelle économie : pas de grands édifices neufs comme à Saigon, aucun signe de modernisation. Avec sa mauvaise situation géographique, ses faibles liens de surface avec ce qui est au-delà de son arrière-pays immédiat, sa taille inférieure à la moitié de celle de Saigon et le dogmatisme de son administration communiste, Hanoi traîne de la patte, tandis que Saigon avance à grandes foulées. » (Source : recherche sur le terrain de H. J. de Blij)

Hanoi, à l'instar de Beijing, a choisi de conserver son système politique communiste tout en optant pour l'économie de marché. Même si cette ère de changement est encore jeune, on peut déjà distinguer les ingrédients d'une nouvelle division dans cet État affaibli. Le nord demeurera le centre du communisme dogmatique ; le sud deviendra le centre de la transformation économique. L'harmonie entre ces deux régions est donc peu probable — et ce problème n'est pas nouveau dans le royaume étroit à deux centres, deux fleuves et deux grandes villes qu'est le Viêt-nam.

Le Cambodge, pays compact

Le Cambodge possède l'un des plus grands trésors de l'hindouisme : la ville d'Angkor, capitale de l'ancien empire khmer, et le complexe de temples connu sous le nom d'Angkor Vat. Lorsque les Français prirent le contrôle de cette région durant les années 1860, Angkor était en ruines, saccagée par l'invasion des armées vietnamiennes et thaïlandaises. Les Français créèrent un protectorat, commencèrent la restauration des temples, établirent les frontières permanentes du Cambodge et y rétablirent la monarchie.

D'un point de vue géographique, le Cambodge bénéficie de plusieurs avantages, notamment de sa forme compacte. Les États compacts ont en effet un maximum de territoire à l'intérieur d'un minimum de frontières et n'ont ni péninsule, ni île, ni autre extension territoriale. Le Cambodge jouit, de surcroît, d'une forte homogénéité ethnique et culturelle : 90 % de ses habitants sont des Khmers, 5 % sont des Vietnamiens et 5 % sont des Chinois.

Le centre de Hô Chi Minh-Ville (Saigon) se transforme. D'inspiration française, l'hôtel de ville orné de tuiles rouges, qui domine la rue Dong Khoi, artère principale du quartier des affaires, a maintenant comme toile de fond une tour controversée, construite par des Australiens. En effet, plusieurs considèrent que cette construction gâche la vue au niveau de la rue. Quoi qu'il en soit, cette tour n'est qu'un édifice parmi les douzaines d'autres qui s'élèvent un peu partout dans le centre-ville (et nombre de vieux édifices sont en rénovation). Saigon est la dernière des villes asiatiques de la zone Asie-Pacifique à voir sa silhouette changée par les nouvelles réalités économiques.

Comme on le voit à la figure 10.6, le plus grand fleuve de l'Asie du Sud-Est, le Mékong, atteint le Cambodge depuis le Laos et le traverse du nord au sud, décrivant un vaste coude avant de couler vers le sud du Viêt-nam. Phnom Penh (1,5 million d'habitants), capitale actuelle du Cambodge, se trouve à l'extrémité de ce coude, sur la rive ouest du fleuve. L'ancienne capitale, Angkor, est située au nord-ouest, pas très loin de Tonlé Sap, un important lac qui se déverse dans le Mékong.

Le Cambodge a été le grand perdant de la guerre du Viêt-nam. Le conflit s'y est d'abord répandu par les zones de sa frontière orientale. En 1970, le gouvernement militaire détrôna le dernier roi, puis, en 1975, les Khmers rouges renversèrent le gouvernement en place et s'engagèrent ensuite dans la voie de la terreur et de la destruction, leur but étant de faire du *Kampuchea* (c'est ainsi qu'ils appelaient le Cambodge) une société rurale. Pour réaliser cet objectif, ils massacrèrent deux millions de Cambodgiens (sur un total de huit millions), et un flot de réfugiés émigra en Thaïlande.

Il fut un temps où, autosuffisant, le Cambodge pouvait exporter de la nourriture. Aujourd'hui, il doit en importer. Son économie repose avant tout sur l'agriculture, et la plupart des Cambodgiens cultivent du riz et des fèves pour assurer leur subsistance. Sa population, considérablement réduite par la guerre, dépassait de nouveau 7 millions vers 1990 (elle atteint 11,2 millions aujourd'hui). Mais le Cambodge demeure un pays à l'avenir incertain, à cause de la présence à

l'intérieur de ses frontières de puissants adversaires qui comptent parmi eux des groupes armés.

Le Laos, pays enclavé

Le Laos se trouve au nord du Cambodge. C'est le seul pays sud-est asiatique qui n'a aucun accès à la mer (fig. 10.6). Enfermé dans les terres et isolé, le Laos a peu changé au cours des 60 ans d'administration coloniale française (de 1893 à 1953). Il est devenu indépendant par la suite, en même temps que d'autres régions gouvernées par les Français. Toutefois, sa monarchie, pourtant bien implantée, tomba peu de temps après sous le poids des rivalités entre les traditionnalistes et les communistes, et le vieil ordre établi s'écroula.

Le Laos n'a pas moins de cinq voisins, dont le colosse est-asiatique qu'est la Chine. Une grande partie de sa limite ouest est déterminée par le fleuve Mékong, et sa frontière vulnérable avec le Viêt-nam à l'est se trouve en terrain montagneux. Avec seulement 5,1 millions d'habitants (environ la moitié d'entre eux d'ethnie lao, liée aux Thaïs de la Thaïlande), le Laos est entouré de pays beaucoup plus puissants que lui. Il n'a pas de voies ferrées, à peine quelques kilomètres de routes pavées, et est très peu industrialisé. Urbanisé à seulement 19 % (la capitale, Vientiane, compte environ 600 000 habitants), le Laos demeure l'entité la plus pauvre et la plus vulnérable de la région.

La Thaïlande, pays en saillie

Quand on compare les pays de la région continentale, la Thaïlande arrive première dans presque tous les domaines. Son PNB par habitant est plus élevé que ceux du Viêt-nam, du Cambodge, du Laos et du Myanmar réunis. C'est le seul pays de cette région à avoir participé activement au développement économique de l'Asie-Pacifique. Sa capitale, Bangkok, est de loin le plus grand centre urbain de la région et l'une des métropoles les plus en vue au monde. Sa population, d'environ 62 millions en 1997, croît au rythme le plus lent de toute l'Asie du Sud-Est si l'on exclut la ville-État de Singapour. Au cours des dernières décennies, seules l'instabilité et l'incertitude politiques ont ralenti sa croissance économique. La Thaïlande est un royaume, mais sa monarchie est constitutionnelle; ses efforts pour atteindre la stabilité démocratique sont contrecarrés par la corruption et parfois même par de violents affrontements.

La Thaïlande est l'exemple typique d'un État en saillie. De son cœur relativement compact, où se trouvent la région centrale, la capitale et les principales zones potentiellement productives, un corridor de 1000 km, large de moins de 35 km par endroits, s'étire vers le sud jusqu'à la frontière de la Malaysia (fig. 10.7). La frontière qui définit cette saillie fait toute la longueur de la péninsule malaise jusqu'à l'isthme de Kra,

Le paysage culturel de la Thaïlande est l'un des plus caractéristiques du monde. Des pagodes, des stûpas et divers autres lieux de culte bouddhiques ornent villes et campagnes. Des flèches recouvertes d'or se dressent au-dessus des toits, enjolivent les villes, petites et grandes, qui autrement seraient grises et sans attrait. L'architecture bouddhique a influencé l'architecture des édifices publics, si bien que nombre de commerces et même de gratte-ciel sont embellis par quelque chose qui s'approche d'un style national. L'exemple le plus impressionnant de ce genre est sans doute le magnifique ensemble architectural qui se trouve à l'intérieur des murs du Grand Palais à Bangkok (la capitale), dont on voit une partie ici. Mais si l'on monte sur le toit de n'importe quel haut édifice du centre-ville, on voit des centaines de ces élégants monuments se détacher du paysage urbain, moderne et traditionnel.

là où s'achève le Myanmar et où la Thaïlande baigne à la fois dans la mer d'Andaman (un bras de l'océan Indien) et dans le golfe de Thaïlande. Dans tout le pays, aucun endroit n'est plus éloigné de la capitale que l'extrémité sud de cette mince saillie.

Comme l'indique la figure 10.1, la Thaïlande occupe le cœur de la région continentale de l'Asie du Sud-Est. Elle n'a pas de delta comme celui du fleuve Rouge, du Mékong ou de l'Irrawaddy, mais sa plaine centrale est irriguée par plusieurs cours d'eau, qui prennent leur source dans les régions montagneuses du nord et sur le plateau de Khorat dans l'est. L'un de ces cours d'eau, le Chao Phraya, est à la Thaïlande ce que le Rhin est à l'Allemagne. En effet, de son embouchure jusqu'à Nakhon Sawan, ce fleuve ressemble à une autoroute. Des trains de chalands, chargés de riz, descendent vers la côte tandis que des transbordeurs vont vers l'amont et que des cargos transportent de l'étain et du tungstène (dont la Thaïlande est l'un des plus grands producteurs mondiaux). Bangkok s'étale sur les deux rives du Chao Phraya, qui s'écoule enserré de part et d'autre par des amas de gratte-ciel, de pagodes, de manufactures, de hangars à bateaux, de quais de transbordement, d'hôtels luxueux et d'habitations modestes. Sur la rive droite du fleuve, dans la partie ouest de Bangkok, on trouve des quartiers où les *klongs* (canaux) et des bateaux constituent, encore aujourd'hui, le seul système de transport. D'ailleurs, Bangkok est toujours connue comme la Venise de l'Asie, bien qu'on ait renfloué et pavé un grand nombre de *klongs* pour en faire des chaussées.

Le succès économique de la Thaïlande est attribuable à un certain nombre de facteurs, parmi lesquels l'emplacement et l'environnement naturel jouent un rôle important. La région centrale du pays, située à l'extrémité du golfe de Thaïlande, a accès à la mer de Chine méridionale et, par le fait même, à l'océan Pacifique. Le golfe lui-même a longtemps été un site riche en poissons et il est devenu, depuis peu, une source de pétrole (la principale raffinerie se trouve dans la zone portuaire de Laem Chabang, qui se développe très rapidement). Mais ce qui explique la croissance économique de la Thaïlande, c'est l'exploitation d'une main-d'œuvre à bon marché qui travaille, dans des conditions souvent misérables, à la production de biens vendus à bas prix à l'étranger. Cette main-d'œuvre a attiré d'importants investisseurs étrangers, ce qui, en retour, a stimulé les entreprises du secteur des services. Aujourd'hui, les conditions de travail et les salaires s'améliorent, et la Thaïlande a pris part à la forte croissance économique de l'Asie-Pacifique, se rapprochant ainsi de ce que l'on appelle les dragons. D'ailleurs, la zone portuaire et industrielle de Laem Chabang est tapissée de vastes terrains qui regorgent de voitures « japonaises » fabriquées en Thaïlande et destinées à l'exportation vers l'Amérique du Nord. On agrandit les usines, on en construit de nouvelles, et le paysage économique reflète la confiance des Thaïlandais en l'avenir de leur pays[*].

Le paysage de la Thaïlande, tant naturel que culturel, attire des millions de visiteurs chaque année. La magnifique architecture bouddhique (l'ancien nom, *Siam*, mot chinois signifiant jaune d'or, renvoyait aux

---

[*] En 1997, cette confiance a été mise à rude épreuve alors que la monnaie nationale subissait une dévaluation de quelque 40 % et que la Bourse de Bangkok chutait tout autant. Comme en Corée du Sud et en Indonésie, cette crise financière a provoqué l'intervention du Fonds monétaire international. Au début de 1998, il était encore trop tôt pour saisir toutes les conséquences de la crise asiatique de 1997 (voir l'encadré à la page 27). On peut du moins s'attendre à un ralentissement du rythme de croissance de l'économie thaïlandaise.

temples recouverts d'or que l'on voit partout) ainsi que les côtes et plages tropicales de ce pays font de la Thaïlande une destination de choix pour les touristes, de l'Allemagne au Japon. L'un des lieux de villégiature les plus renommés du monde est l'île de Phuket, sur la lointaine côte sud-ouest, près de l'extrémité de la saillie devenant la péninsule malaise.

Le tourisme, principale source de devises étrangères en Thaïlande, a cependant un côté peu reluisant. En effet, l'attitude laxiste des Thaïlandais face au commerce sexuel a transformé le tourisme en véritable industrie du sexe. Les « *sex tours* » sont d'ailleurs ouvertement publicisés sur des marchés étrangers tels que le Japon, où cette façon de « voir le monde » compte de nombreux adeptes. La pandémie du SIDA qui frappa la Thaïlande dans les années 1980 ne changea rien à la situation. Au début des années 1990, le problème avait atteint, selon le géographe Peter Gould, les proportions d'une catastrophe susceptible de rivaliser avec l'hécatombe attribuable aux Khmers rouges au Cambodge.

Bien que la prostitution soit officiellement illégale en Thaïlande, les bars-bordels y sont une institution. Les mœurs changent, mais elles changent lentement, peut-être trop lentement.

Le Myanmar, pays étendu

Le Myanmar (anciennement la Birmanie) n'a de commun avec la Thaïlande que sa forme en saillie. Ce pays, longtemps opprimé par l'un des régimes militaires les plus corrompus, figure parmi les plus pauvres de la planète. Le temps semble s'y être arrêté depuis des siècles. En effet, tandis que l'avion, le train et la route desservent la saillie péninsulaire de la Thaïlande, pas même un chemin de fer toute saison ne mène à l'extrémité sud du pays. La comparaison s'applique aussi aux centres névralgiques des deux pays. En Thaïlande, des voies de navigation achalandées convergent vers la côte thaïlandaise. Au Myanmar, le delta de l'Irrawaddy rappelle davantage le Bangladesh.

La morphologie territoriale du Myanmar s'est complexifiée quand son noyau central a été déplacé sous le régime colonial. En effet, avant cette époque, le centre de la Birmanie embryonnaire se trouvait dans la *zone* dite *sèche*, entre la chaîne de l'Arakan et le plateau Chan (fig. 10.2); son centre urbain était la ville de Mandalay (voir la carte-atlas à l'annexe C), qui avait l'avantage d'être centrale tout en étant relativement proche des hautes terres non birmanes qui l'entourent. Mais les Britanniques, en développant le potentiel agricole du delta de l'Irrawaddy, firent de la ville de Rangoon (aujourd'hui Yangon) le pivot de la colonie. Ces deux régions centrales (l'ancienne et la nouvelle) sont liées par la voie navigable de l'Irrawaddy, mais le centre névralgique s'est déplacé vers le sud.

Le cœur du Myanmar est bordé à l'ouest, au nord et à l'est par une chaîne de montagnes en forme de fer à cheval, où vivaient les 11 ethnies minoritaires avant l'occupation des Britanniques. Les frontières que ces derniers établirent allaient entraîner l'intégration de ces peuples dans les terres appartenant aux Birmans,

Figure 10.7 La Thaïlande.

L'UNE DES GRANDES VILLES DU SUD-EST ASIATIQUE

Bangkok

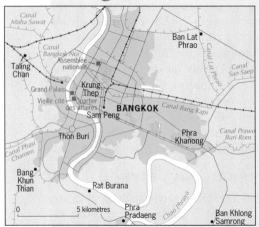

Bangkok, la plus grande ville de l'Asie du Sud-Est continentale, s'étend de part et d'autre du fleuve Chao Phraya et compte 10,1 millions d'habitants. C'est une agglomération urbaine sans centre, où le réseau de canaux constitue le moyen le plus facile de se déplacer et où tout gravite autour de la plus achalandée de ces voies navigables, le Chao Phraya. Sur les rives de ce fleuve se dressent de plus en plus de tours à bureaux, d'hôtels luxueux et de condominiums ultramodernes. Bon nombre de ces nouvelles constructions reflètent le goût des Thaïlandais pour les dômes, les colonnes et les fenêtres à petits carreaux. Le panorama urbain est unique en Asie.

Au Grand Palais, un mur blanc crénelé, long de près de 2 km, renferme des édifices royaux, religieux et publics : une cité plaquée or dans une ville embellie de portails, de monstres, de dragons et de statues finement ciselés.

Bangkok grouille d'activités commerciales intenses. Mais cette ville décentralisée connaît aussi de nombreux problèmes environnementaux, allant de l'affaissement des sols à l'une des pires pollutions de l'air au monde. Cela ne l'empêche pas toutefois de continuer à prospérer en investissant dans l'Asie-Pacifique. Aujourd'hui, toute l'Asie du Sud-Est continentale bat au rythme trépidant de Bangkok.

---

qui, aujourd'hui au nombre de 46,5 millions, représentent environ les deux tiers de la population.

Comme on le voit à la figure 10.3, les peuples de la périphérie occupent une partie importante de l'État. Les Chan du nord-est et de l'extrême nord, qui sont de la même souche que leurs voisins thaïs, représentent environ 9 % de la population. Les Karen (7 %), qui occupent la partie birmane de l'isthme, ont manifesté le désir de créer un territoire autonome dans ce qui deviendrait la Fédération du Myanmar. Quoique la puissante armée ait fait subir à ce peuple une série de revers, les forces centrifuges donnent toujours du fil à retordre au gouvernement central.

C'est le seul véritable problème du Myanmar, puisque son potentiel économique est de beaucoup supérieur à celui du Bangladesh, son voisin de l'ouest, et à celui de plusieurs autres pays de sa région. En effet, le Myanmar est autosuffisant et pourrait exporter des quantités importantes de riz et une variété d'autres produits que la diversité des sols et des milieux lui permet de récolter. Par ailleurs, les hautes terres recèlent de l'étain et d'autres métaux. Aujourd'hui, le Myanmar exploite les forêts intérieures à une vitesse alarmante, et le teck figure maintenant au premier rang de ses exportations licites, le pays étant aussi le plus grand producteur mondial de pavots d'opium et d'autres produits destinés au marché de la drogue. Pendant un certain temps, le gouvernement de Yangon a tenté de réprimer ce commerce, mais les conflits permanents avec les populations périphériques l'ont fait se tourner vers des problèmes jugés plus pressants.

Pendant des décennies, les politiques de répression d'un régime militaire brutal ont eu pour résultat d'entretenir l'agitation au pays, ce qui explique que le

L'un des temples bouddhiques les plus impressionnants de toute l'Asie du Sud-Est est la pagode dorée de Shwedogon, au cœur de Yangon, la capitale du Myanmar. Son dôme doré (ou *chedi*), l'un des plus beaux du continent, est aussi l'un des plus importants sur le plan religieux, car il renferme huit cheveux du Bouddha. Il a fallu de grandes quantités d'or pour construire et conserver cette pagode; les dirigeants locaux ont d'ailleurs souvent donné aux moines leur poids en or, parfois davantage. Aujourd'hui, la pagode de Shwedogon vers laquelle se pressent chaque année des millions de fidèles est l'une des pierres angulaires du bouddhisme. Elle devient aussi une attraction touristique, tandis que le Myanmar s'ouvre lentement au monde extérieur et recommence à accueillir des visiteurs étrangers.

Myanmar fasse maintenant partie des États les plus pauvres de la planète.

Des cinq pays de l'Asie du Sud-Est continentale, celui qui est en tête à presque tous les égards est aussi le seul à n'avoir jamais été colonisé. En effet, alors que la Thaïlande perdait du territoire et des sujets aux mains des colonisateurs voisins, le cœur du royaume a survécu et s'est modernisé à sa façon, tant politiquement qu'économiquement.

✦ L'Asie du Sud-Est insulaire

Cinq des dix États qui composent l'Asie du Sud-Est se trouvent dans les péninsules et les îles de la périphérie sud et est (fig. 10.1). Peu de régions dans le monde regroupent des pays si différents. La Malaysia, ancienne colonie britannique, est formée de deux régions principales séparées par des centaines de kilomètres de la mer de Chine méridionale. L'État le plus au sud, l'Indonésie, s'étend sur des milliers d'îles, de Sumatra à l'ouest à la Nouvelle-Guinée à l'est. Au nord de l'archipel indonésien se trouvent les Philippines, territoire ayant jadis été colonie américaine. Ces trois États, parmi les plus fragmentés au monde, ont dû surmonter les obstacles inhérents à ce genre de division politico-territoriale. La région insulaire de l'Asie du Sud-Est comprend aussi une ville-État et un sultanat. Ces deux entités indépendantes sont petites mais importantes. La ville-État, Singapour, faisait auparavant partie de la Malaysia. Le sultanat de Brunei, sur l'île de Bornéo, est un territoire musulman riche en pétrole qui semble provenir directement du golfe Persique. En fait, peu de régions du monde sont plus variées ou intéressantes sur le plan géographique que l'Asie du Sud-Est insulaire.

La Malaysia, pays à la fois continental et insulaire

La Malaysia est le résultat de l'union artificielle par laquelle des colonisateurs ont fondu en un seul État deux régions plutôt différentes : l'extrémité sud de la péninsule malaise (ou Malaisie) et la partie nord de l'île de Bornéo. Ces régions sont connues respectivement sous les noms de Malaysia occidentale et de Malaysia orientale (fig. 10.1).

Le nom *Malaysia* est entré en usage en 1963, lorsque la Fédération de la Malaysia, sur la péninsule malaise, s'est élargie pour inclure les régions de Sarawak et de Sabah sur l'île de Bornéo. Quand on utilise le nom *Malaisie*, on fait référence à la partie péninsulaire de la fédération, alors que le nom *Malaysia* désigne le pays dans son ensemble.

Les Malais de la péninsule, traditionnellement ruraux, ont déplacé les communautés aborigènes plus anciennes qui s'y trouvaient, si bien qu'ils forment

aujourd'hui 57 % de la population de 21 millions d'habitants du pays. Ils possèdent une forte identité culturelle, exprimée par l'adhésion à l'islam, l'usage d'une langue commune, ainsi qu'un sens territorial résultant de leurs origines malayiennes et de l'opinion qu'ils partagent sur les intrus chinois, indiens, européens et autres.

Bien que les Chinois forment aujourd'hui près du tiers de la population malaysienne, ils sont encore victimes de discrimination, cette fois de la part des

Les imposants édifices qui découpent la silhouette des villes ont toujours symbolisé le pouvoir économique et le prestige national. Au début du XXᵉ siècle, les plus hauts édifices du monde et les villes aux silhouettes les plus impressionnantes étaient synonymes de la puissance économique des États-Unis. Aujourd'hui, d'autres pays rivalisent dans cette ruée vers les hauteurs. Ainsi, ces tours jumelles construites à Kuala-Lumpur, capitale actuelle de la Malaysia, étaient en 1996 les plus hautes du monde. Propriété de la société pétrolière nationale de la Malaysia, les tours Petronas, dont les 450 m reflètent la forte croissance économique du pays, seront bientôt déclassées par un édifice encore plus haut qu'on érigera à Shanghai. Et Kuala-Lumpur cessera d'être la capitale de la Malaysia. On est en effet à construire Putrajaya, une nouvelle capitale ultramoderne à environ 40 km au sud. On projette aussi d'y bâtir un nouvel aéroport ainsi qu'un immense barrage. Certains géographes économiques estiment que de tels mégaprojets sont risqués dans des pays dont la croissance économique n'est peut-être qu'éphémère.

Malais, fortement majoritaires. Quant aux hindous (plus de 9 % de la population), ils constituent toujours une minorité importante. Comme les Chinois, ils se regroupent sur le flanc ouest de la péninsule (fig. 10.3).

Pendant la période coloniale, les Britanniques se préoccupèrent principalement de la péninsule malaise où ils établirent une économie florissante. Le centre économique s'est développé du côté ouest de la péninsule, où sont concentrés la capitale (Kuala-Lumpur), les réseaux de transport de surface les plus efficaces, les plantations et la plupart des mines (fig. 10.1). Le détroit de Malacca est devenu l'une des voies navigables les plus fréquentées et les plus stratégiques du monde, et Singapour, à l'extrémité sud de la péninsule, un joyau très prisé (Singapour s'est séparé de la Fédération de la Malaysia en 1965).

À partir de 1980, la Malaysia a connu une croissance économique rapide et elle est devenue l'une des puissances économiques de la zone Asie-Pacifique. Attirés par l'abondance d'une main-d'œuvre compétente et à bon marché, des industriels étrangers ont établi des centaines d'usines au pays. Le caoutchouc, l'huile de palme et l'étain figurent encore parmi les principales exportations de la Malaysia, mais les produits électroniques y ont aussi fait leur apparition. Un avantage de la fusion avec la Malaysia orientale a été la production très lucrative de bois d'œuvre et de pétrole dans cette région. À Kuala-Lumpur, le paysage urbain de l'époque coloniale a depuis longtemps cédé la place aux symboles de l'économie moderne; en 1996, la ville a acquis les plus hauts édifices du monde (les tours jumelles Petronas [voir la photo, p. 17), qui se découpent sur une ligne d'horizon dont le profil rappelle plus que jamais celui de Singapour. Sur le plan du PNB par habitant, la Malaysia se classe troisième, après le Brunei, pays pétrolier, et Singapour, ville-État moderne, et bien loin devant la Thaïlande[*].

La Malaysia a su tirer profit d'un leadership fort et stable (quoique autoritaire), de la tutelle coloniale, de ses ressources naturelles variées et de sa population aux compétences diverses (les habiletés des Malaysiens complètent souvent celles des Chinois). Mais le défi de composer avec une diversité ethnique et culturelle que la fragmentation territoriale accentue demeure délicat.

Singapour

L'année 1965 marque un tournant décisif en Asie du Sud-Est : Singapour, joyau des colonisateurs britanniques dans la région, s'est séparé de la Fédération malaysienne pour devenir un État souverain, bien que minuscule (fig. 10.8). Grâce à son emplacement stratégique, à ses ressources humaines et à un gouvernement

Singapour est un pays multiculturel où l'on peut voir des centaines de temples représentant de nombreuses religions et confessions. La cathédrale Saint Andrew reflète la richesse des institutions religieuses de l'endroit : son terrain spacieux occupe l'un des espaces les plus coûteux de la ville, entre le centre commercial et le quartier des hôtels. En plus des églises chrétiennes, Singapour compte plusieurs mosquées, entre autres la magnifique mosquée Sultan dans le quartier musulman, de nombreux temples hindous dans Little India et ailleurs dans la ville (dont le temple de Chettiar, le plus raffiné), plusieurs centres bouddhiques et temples chinois. Le gouvernement autoritaire de Singapour fait tout ce qu'il peut pour assurer la coexistence des différentes religions et la liberté de culte, dans un pays où des croyances contradictoires se côtoient souvent de très près.

ferme, Singapour a surmonté son manque d'espace et l'absence de matières premières pour devenir l'un des dragons de l'Asie-Pacifique.

Comme la superficie de Singapour n'est que de 600 km², l'espace est hors de prix, et cela est une préoccupation constante pour le gouvernement. Le seul avantage territorial de Singapour par rapport à Hong Kong est que son petit territoire est moins fragmenté (il y a seulement quelques petites îles en plus de l'île prin-

---

[*] Comme en Thaïlande et dans les autres pays asiatiques en émergence, on peut s'attendre à ce que la fin du siècle marque une pause dans la croissance économique de la Malaysia.

cipale, qui est compacte). Avec une population de 3,1 millions d'habitants et une économie en croissance, Singapour devait développer des industries axées sur les technologies de pointe afin d'occuper le moins d'espace possible. Ce fut fait avec succès, comme en témoigne la jungle de gratte-ciel de la zone urbaine. On ne trouve pas de taudis à Singapour; il y a bien quelques rues délabrées dans le vieux quartier chinois, mais on les conserve ainsi par nostalgie du passé. En fait, ce que Singapour a de plus impressionnant, c'est sa nouveauté, sa modernité et l'ordre qui règne dans la vie quotidienne.

Comme l'indique la carte (voir l'encadré de la figure 10.8), Singapour est situé là où le détroit de Malacca (menant à l'Inde, vers l'ouest) s'ouvre sur la mer de Chine méridionale et les eaux de l'Indonésie. Développé sous l'empire britannique, le port a été inclus dans la Fédération malaysienne, lors de l'indépendance en 1963. Toutefois, la ville de Singapour s'est séparée de la Malaysia deux ans plus tard pour devenir une ville-État. Aucune réunification, fusion ou annexion n'est en vue.

Grâce à son emplacement, le vieux port de Singapour est et était, même avant l'indépendance, l'un des plus achalandés du monde (d'après le nombre de bateaux accueillis). Il a prospéré en tant qu'entrepôt entre la péninsule malaise, l'Asie du Sud-Est, le Japon et les autres puissances en émergence dans la zone Asie-Pacifique et au-delà. Le pétrole brut de l'Asie du Sud-Ouest est encore déchargé et raffiné à Singapour, pour ensuite être expédié dans divers pays de l'Asie. Le caoutchouc brut provenant de la péninsule adjacente et de l'île indonésienne de Sumatra est expédié au Japon, aux États-Unis, en Chine et dans d'autres pays. Du bois d'œuvre de la Malaysia, ainsi que du riz, des épices et d'autres denrées alimentaires sont traités et redirigés via Singapour. En revanche, des automobiles, de la machinerie et de l'équipement sont importés en Asie du Sud-Est par Singapour.

Mais tout cela, c'est de la vieille histoire. En effet, les dirigeants de Singapour veulent maintenant réorienter l'économie de la ville-État vers les technologies de pointe. À Singapour, le gouvernement exerce un contrôle très serré tant sur les affaires que sur les différents aspects de la vie quotidienne. (Certains journaux et magazines ont été bannis pour avoir critiqué le gouvernement, et des amendes sont prévues pour ceux qui, par exemple, mangent dans le métro ou omettent de tirer la chasse d'eau dans les toilettes publiques.) Son succès sur tous les plans après la sécession a fait taire les critiques : entre 1965 et 1993, le PNB par habitant de Singapour a plus que décuplé (pour excéder 19 000 $US). Celui de la Malaysia voisine atteignait alors 3160 $US. Mentionnons entre autres choses que Singapour est devenu (et est demeuré pendant de nombreuses années) le plus grand producteur mondial de lecteurs de disquettes pour ordinateurs.

Néanmoins, en 1995, seulement 8 % de la population avait fait des études universitaires. Ainsi, alors que le gouvernement réduisait les subventions aux usines utilisant des techniques traditionnelles et que les salaires augmentaient, les entreprises œuvrant dans les industries de pointe envisagèrent de déménager tout près, en Malaysia ou en Thaïlande. Cela freina la croissance économique de Singapour et força le gouvernement à trouver des moyens de lancer une reprise.

Singapour continue de bâtir sur ses succès. Un deuxième pont traversant le détroit de Johore vers la Malaysia a dû être construit en raison de l'incroyable augmentation du trafic de camions entre les deux pays. Des zones marécageuses ont été comblées et aménagées, ajoutant ainsi plus de 4 % de territoire à l'île surpeuplée, et on devrait relier le groupe d'îles de Jurong qui se trouve au sud-ouest (fig. 10.8). Comment expliquer l'incroyable croissance de cet État ? Contrairement aux autres pays

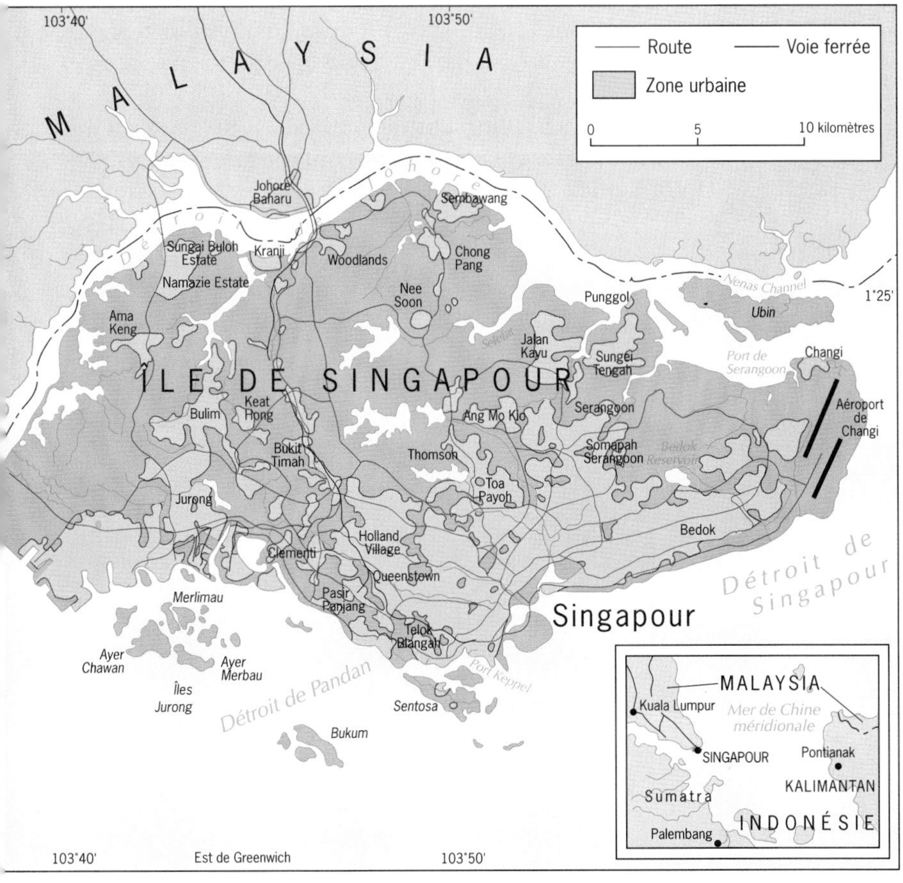

Figure 10.8 Singapour.

de l'Asie du Sud-Est, il n'y a pas de corruption à Singapour. Beaucoup d'entreprises s'y sont donc établies pour faire des affaires avec les pays environnants. Néanmoins, Singapour est le plus petit des dragons de l'Asie-Pacifique, et il doit faire face à une concurrence mondiale grandissante. Mais à long terme, son emplacement, qui lui a permis de s'enrichir rapidement, pourrait bien être son meilleur gage de survie, voire de prospérité.

L'archipel indonésien

L'Indonésie est l'État-archipel le plus étendu du monde. Répartie sur plus de 13 000 îles, la population indonésienne de plus de 200 millions de personnes vit séparée et regroupée — séparée par l'eau et regroupée sur des îles, grandes et petites.

La carte de l'Indonésie mérite qu'on s'y arrête (fig. 10.9). Sur le plan territorial, cinq grandes îles dominent l'archipel. L'une d'entre elles, la Nouvelle-Guinée, dans l'est, ne fait pas partie de la sphère culturelle indonésienne, bien que sa moitié ouest appartienne à l'Indonésie. Les quatre autres grandes îles, appelées les Grandes îles de la Sonde, sont : Java, la plus petite, la plus peuplée et la plus importante; Sumatra dans l'ouest, séparée de la Malaysia par le détroit de Malacca; Kalimantan (la partie indonésienne du mini-continent grand et compact qu'est Bornéo); et les Célèbes à l'est, distendue, en forme de fer à cheval. Les Petites îles de la Sonde s'étendent vers l'est à partir de Java. Elles incluent Bali et, près de l'extrémité est, le Timor. Les îles Moluques forment une autre chaîne d'îles importante en Indonésie, entre les Célèbes et la Nouvelle-Guinée. La mer centrale de l'Indonésie est la mer de Java.

Comme on le voit sur la carte, l'Indonésie ne contrôle pas tout l'archipel. En effet, en plus du territoire appartenant à la Malaysia orientale sur l'île de Bornéo, il y a aussi le Brunei (voir l'encadré « Le Brunei, pays riche et fragmenté »). De plus, la situation reste tendue dans le Timor oriental, l'ancienne colonie portugaise dans les Petites îles de la Sonde, où la prise de pouvoir militaire par l'Indonésie en 1976 s'est heurtée à une résistance armée.

L'Indonésie est une création des colonisateurs hollandais qui établirent leurs quartiers à Java et firent de Batavia (aujourd'hui Jakarta) leur capitale. Et Java est demeurée le cœur de l'Indonésie. Avec environ 120 millions d'habitants, c'est l'un des endroits les plus densément peuplés du monde et l'un des plus productifs sur le plan agricole. Dans le port de Jakarta sont ancrés des centaines de bateaux et de navires, attendant des postes d'amarrage; ce port est en effet l'un des plus achalandés de la zone Asie-Pacifique. Évidemment, dans toute la ville et ses environs, les manifestations de la croissance économique de la zone Asie-Pacifique sont observables. L'Indonésie offre aux entreprises étrangères une abondante main-d'œuvre à bon marché. Les salaires qu'acceptent les Indonésiens équivalent en effet au tiers de ceux des travailleurs malaysiens ou thaïlandais, et ils sont même inférieurs à ceux qu'on verse en Chine. (En 1995, le taux en vigueur dans les usines de textile de la région de Jakarta était de 30 cents l'heure; loin de là, à Sumatra, un travailleur d'usine peut gagner seulement 1 $ par jour.) Qu'est-ce qui empêche l'Indonésie de devenir une puissance économique de l'Asie-Pacifique ? L'incertitude politique joue peut-être un rôle, mais les vrais coupables sont plus évidemment la corruption endémique, le favoritisme et l'obstruc-

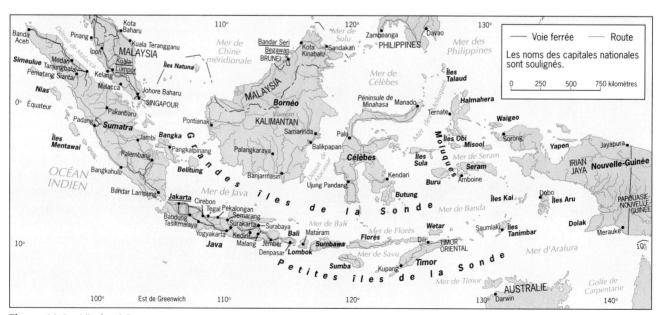

Figure 10.9 L'Indonésie.

LE BRUNEI, PAYS RICHE ET FRAGMENTÉ

Le Brunei constitue une exception en Asie du Sud-Est : c'est un sultanat islamique exportateur de pétrole loin du golfe Persique. Vestige d'un royaume islamique qui jadis fut beaucoup plus vaste, le Brunei, ancien protectorat britannique, est situé sur la côte nord de Bornéo, coincé entre les États malaysiens de Sarawak et de Sabah (voir la figure 10.1). Ne comptant que 310 000 habitants, il semble minuscule à côté des autres entités politiques de l'Asie du Sud-Est.

Aujourd'hui, le Brunei est l'un des principaux producteurs de pétrole du Commonwealth britannique, et son niveau de vie est l'un des plus élevés de l'Asie du Sud-Est. Dans la capitale, Bandar Seri Begawan, les signes de prospérité sont apparents : tours d'habitation, centres commerciaux et hôtels modernes poussent comme des champignons.

Le territoire du Brunei n'est pas seulement très petit, il est aussi fragmenté. En effet, une étroite bande de terre malaysienne sépare la région occidentale, où se trouve la capitale, de la minuscule portion orientale.

tion bureaucratique. Le système gouvernemental de l'Indonésie est un mélange de théorie démocratique et de réalité autocratique.

En Indonésie, sur le plan de la population, de l'urbanisation (31 % du pays seulement), des communications ou de la productivité, rien ne se compare à Java. En tant que groupe culturel, les Javanais constituent environ 60 % de la population totale. Sumatra, dont le territoire est beaucoup plus grand que celui de Java, se classe au deuxième rang dans l'archipel avec ses 42 millions d'habitants; elle est également deuxième sur le plan économique, avec de grandes plantations d'hévéas dans ses plaines de l'est. Le Kalimantan, partie indonésienne de l'île de Bornéo, est grand mais ne compte que 11 millions d'habitants, concentrés dans les villes et villages côtiers. Enfin, les Célèbes, à l'est de Bornéo, totalise environ 14 millions d'habitants.

L'unité dans la diversité

Que l'Indonésie, malgré son incroyable diversité, ait subsisté en tant qu'État unifié tient du miracle politico-géographique, dont l'Inde postcoloniale est un autre exemple. De grandes étendues d'eau et de hautes montagnes ont contribué à perpétuer les différences culturelles, et des forces politiques décentralisatrices puissantes ont plus d'une fois failli provoquer la rupture. Mais l'intégration nationale de l'Indonésie semble s'être renforcée, comme en témoigne la devise du pays — *L'unité dans la diversité*. C'est probablement grâce au développement basé sur les ressources considérables de l'archipel que le nationalisme indonésien a survécu malgré ses 300 groupes ethniques distincts, les 250 langues parlées sur le territoire et l'incroyable diversité des religions. Ces richesses incluent d'immenses réserves de pétrole, de grandes plantations d'hévéas et de palmiers à huile (l'environnement de Sumatra est le même que celui de la péninsule malaise), de vastes forêts fournissant du bois de charpente, d'importants dépôts d'étain et des sols qui produisent thé, café et autres cultures commerciales. Cependant, la population déjà impressionnante de l'Indonésie continue de croître à

L'UNE DES GRANDES VILLES DU SUD-EST ASIATIQUE

Jakarta

Aucune ville de l'Asie du Sud-Est n'est plus pauvre que Jakarta, la capitale de l'Indonésie. Mais même ici, la croissance économique a laissé des traces : sur les toits de tôle rouillée se dressent de plus en plus d'antennes métalliques et paraboliques.

La population de Jakarta est représentative de celle de l'Indonésie tout entière, et les dômes islamiques argentés dominent le paysage urbain aux côtés des églises chrétiennes et des temples hindous. Victime de sa position enviable sur la côte nord-ouest de l'île la plus peuplée de l'Indonésie, Jakarta grossit à un rythme infernal. La population y est si dense — nul ne sait exactement combien de personnes y ont débarqué, mais le chiffre officiel est 12,8 millions — que la majorité des citadins vivent dans des conditions difficiles, les services publics étant inexistants ou inadéquats. Le coût social de la croissance économique est élevé, mais les Jakartans semblent prêts à tout.

Des habitations de la mosaïque urbaine de Jakarta, celles-ci sont loin d'être les pires. Bien qu'habitant des quartiers déshérités, les propriétaires de ces maisons ont la chance de se trouver près de leur lieu de travail. La voie navigable, qui mène à la rivière, sert d'égout, et les gens y lavent encore leurs vêtements; toutefois, ces maisons ne sont pas dépourvues de services publics. Elles sont électrifiées, et l'antenne parabolique qui surplombe les toits prouve que ces Javanais, sans vivre dans le luxe, sont en contact avec le monde extérieur.

un rythme tel qu'elle double tous les 43 ans. Et cela est inquiétant à long terme, car déjà le pays doit importer considérablement de riz et de blé pour nourrir sa population.

Ce que l'Indonésie a accompli prouve qu'elle a surmonté les difficultés inhérentes à sa complexité culturelle grandissante. On y trouve des douzaines de cultures aborigènes différentes; pratiquement chaque communauté vivant sur les côtes a ses propres racines et traditions. Et la majorité, constituée d'Indonésiens qui cultivent du riz, inclut non seulement les nombreux Javanais — qui ont leur propre identité culturelle et ne

sont, pour la plupart, musulmans que de nom —, mais aussi les Sondanais (15 % de la population indonésienne), les Madurais (5 %) et d'autres. Peut-être le meilleur exemple de cette mosaïque culturelle se trouve-t-il dans le chapelet d'îles qui s'étend vers l'est, de Java à Timor (fig. 10.9) : les producteurs de riz de Bali adhèrent à une version modifiée de l'hindouisme, ce qui donne à l'île une atmosphère culturelle unique; la population de Lombok est majoritairement musulmane, avec quelques hindous balinais; Sumbawa est une communauté musulmane; Flores est majoritairement catholique romaine. Dans l'ouest de l'île de Timor, les groupes protestants dominent; dans l'est, ancien fief des Portugais, c'est le catholicisme romain qui prévaut. Néanmoins, l'Indonésie est le plus grand pays musulman du monde : en tout, 87 % de sa population adhère à l'islam, et dans les villes les flèches d'argent des mosquées se dressent au-dessus du paysage urbain. Mais l'islam n'est pas un problème comme en Malaysia, où l'observance est généralement plus stricte et où les minorités craignent l'islamisation à mesure que grandit la puissance malaysienne.

L'Indonésie, jadis l'une des colonies les plus opprimées du monde, se trouve maintenant dans une situation délicate : elle devient à son tour une puissance colonisatrice. Non seulement le conflit à propos du Timor oriental a attiré l'attention du monde entier, mais le contrôle qu'exerce l'Indonésie sur la Nouvelle-Guinée occidentale (Irian Jaya) suscite également des inquiétudes. Et il se peut fort bien que l'Indonésie en vienne à regretter cette acquisition, puisqu'il risque de s'y produire d'amers conflits.

Les Philippines, pays fragmenté

Au nord de l'Indonésie, au sud de Taïwan et à l'est du Viêt-nam, de l'autre côté de la mer de Chine mé-

---

L'UNE DES GRANDES VILLES DU SUD-EST ASIATIQUE

Manille

Manille, la capitale des Philippines, s'étale à l'embouchure du Pasig, fleuve qui mène à l'un des meilleurs ports naturels d'Asie. À moins de 1000 km, juste de l'autre côté de la mer de Chine méridionale, se trouve Hong Kong.

Le quartier des affaires de Manille se dresse sur la rive nord du Pasig. Bien que comportant un centre commercial bien délimité, plusieurs avenues jalonnées de boutiques de luxe et d'édifices modernes, il n'a pas la silhouette typique des centres grouillants d'activités de la zone Asie-Pacifique.

Aujourd'hui, 10,1 millions de personnes habitent la région métropolitaine de Manille.

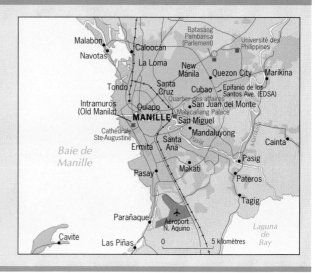

ridionale, se trouve un archipel de plus de 7000 îles (seulement 460 d'entre elles environ font plus de 2 km²) habité par plus de 70 millions de personnes. Les Philippines, nommées ainsi en l'honneur d'un roi d'Espagne du XVIᵉ siècle, ont été une colonie espagnole pendant plus de trois siècles. Le pays est ensuite passé sous la tutelle américaine et y est demeuré pendant 48 ans, c'est-à-dire jusqu'à l'indépendance en 1946.

Les îles habitées peuvent être étudiées en trois groupes :

1° Luzon, la plus grande de toutes, et Mindoro au nord;

2° le groupe des Visayas au centre;

3° Mindanao, la deuxième en superficie, au sud (fig. 10.10).

Au sud-ouest de Mindanao se trouve un petit groupe d'îles, l'archipel de Sulu, qui cause aux Philippines un gros problème : une insurrection des musulmans a semé l'agitation dans cette région, la plus proche de l'Indonésie.

La plupart des généralisations que nous avons pu faire sur l'Indonésie ne pourraient s'appliquer aux Philippines sans réserves, compte tenu de la situation géographique du pays par rapport au courant dominant des changements à l'œuvre dans cette partie du monde. Les îles, habitées par des gens dont les ancêtres étaient des Malais de souche indonésienne, connurent comme une grande partie de l'Asie du Sud-Est une première période d'influence hindoue, plus forte dans le sud et dans le sud-ouest et allant en diminuant vers le nord. Par la suite, il y eut une invasion chinoise, plus fortement ressentie sur la grande île de Luzon, dans la partie nord de l'archipel des Philippines. Toujours à cause de leur emplacement loin à l'est de la masse continentale et au nord des îles indonésiennes, les Philippines ne furent touchées par l'islam que plus tard et les quelques têtes de pont des musulmans du sud furent rapidement submergées par l'invasion espagnole du XIVᵉ siècle. Aujourd'hui, bien que voisins de l'Indonésie (le plus grand État musulman du monde), les Philippins sont catholiques romains à 84 %, protestants à 10 % et musulmans à 5 % seulement.

Du creuset où se sont amalgamées des caractéristiques mongoloïdes, malaises, arabes, chinoises, japonaises, espagnoles et américaines, une culture typiquement philippine a émergé. Bien qu'hétérogène, cette culture est unique en Asie du Sud-Est à bien des égards. Près de 90 langues malaises, plus ou moins répandues, sont parlées par 71 millions de Philippins; la langue principale est le visayan, et plus de 50 % de la population connaît les rudiments de l'anglais.

La population des Philippines est concentrée à proximité des bonnes terres cultivables des plaines. Les trois zones les plus densément peuplées sont : 1° les parties nord-ouest et centre-sud de Luzon, 2° l'extension sud-est de Luzon, 3° les îles de la mer des Visayas, entre Luzon et Mindanao (fig. I.9). Donnant sur la mer de Chine méridionale, Manille-Quezon, la capitale sise sur l'île de Luzon, compte 10,1 millions d'habitants, près du septième de la population du pays. Malgré le fort taux de croissance démographique (2,1 % à la fin des années 1990), le pays est autosuffisant en riz et autres produits de

Figure 10.10 Les Philippines.

Les Philippines sont un bastion du catholicisme romain au milieu d'un coin du monde dominé par le bouddhisme et l'islam. Concentrée sur l'île de Mindanao, le plus loin possible de la capitale et du cœur du pays, et dans l'archipel de Sulu, à l'extrémité sud, la minorité musulmane, qui représente environ 5 % de la population (plus de 3,5 millions de personnes), a organisé des soulèvements contre Manille. Des endroits comme Zamboanga et Basilan, dont on voit ici le port, sont semés de mosquées et contrastent fortement avec les îles majoritairement chrétiennes au nord.

base. Tirant profit de la qualité de ses sols alluviaux et volcaniques ainsi que de l'humidité tropicale, les Philippines sont maintenant un exportateur net de produits agricoles.

On fait peu de cas des Philippines dans les discussions portant sur les stratégies de développement de l'Asie-Pacifique, et pourtant le pays pourrait profiter de la croissance économique en cours dans cette région. Au lieu de cela, l'économie des Philippines continue d'être dominée par l'agriculture, le chômage demeure élevé, et le pays a grand besoin d'une nouvelle réforme agraire et d'une restructuration sociale.

Dans les années à venir, les États sud-est asiatiques subiront de plus en plus les contrecoups de l'accession de leur géante voisine, la Chine, au rang de puissance mondiale. Déjà, le Viêt-nam a goûté à la colère de la Chine pour avoir, de sa propre initiative, effectué des forages pétroliers dans la mer de Chine méridionale, tandis que les Philippines ont vu s'ériger des constructions chinoises sur des îles pourtant sous leur juridiction maritime.

QUESTIONS DE RÉVISION

1. Comment expliquer la fragmentation qui caractérise la culture et la géographie physique de l'ensemble Asie du Sud-Est ?

2. En quoi l'Europe de l'Est et l'Asie du Sud-Est se ressemblent-elles ?

3. Décrivez comment les influences étrangères sont encore perceptibles dans cette région du monde.

4. Expliquez pourquoi l'Asie du Sud-Est est un lieu d'instabilité politique et de conflits.

5. Pourquoi l'Asie du Sud-Est connaît-elle par endroits de telles densités de population ?

6. Pourquoi les communications avec l'extérieur sont-elles incroyablement supérieures aux communications interrégionales en Asie du Sud-Est ?

7. Pourquoi est-il difficile de délimiter les frontières de l'Asie du Sud-Est ?

CHAPITRE 11

Votre étude de la géographie de l'ensemble australien terminée, vous pourrez :

1 Comprendre la géographie politique de l'Australie, et plus particulièrement les raisons qui expliquent le succès du fédéralisme.

2 Comprendre l'évolution récente de l'Australie, principalement en ce qui concerne la géographie économique du pays.

3 Décrire la répartition de la population et expliquer pourquoi la question de l'immigration préoccupe tant les Australiens.

4 Comprendre les principaux aspects de l'organisation spatiale de la Nouvelle-Zélande.

5 Positionner sur la carte les principales caractéristiques physiques, culturelles et économiques de l'ensemble australien.

L'ensemble australien, à l'heure des dilemmes

Entièrement compris dans l'hémisphère Sud, dénué de tout lien terrestre, unique en son genre, l'ensemble géographique australien est aussi la partie du monde la moins peuplée. Le mot austral, qui signifie « sud », renvoie à juste titre à cet emplacement si éloigné des sources de son héritage culturel dominant, mais si près de ses nouveaux partenaires économiques de l'Asie-Pacifique.

Deux pays forment cet ensemble géographique unique : l'Australie, qui domine à tous les égards, et la Nouvelle-Zélande, au relief plus varié. Entre les deux, il y a la mer de Tasman. Vers l'ouest s'étend l'océan Indien, à l'est, le Pacifique, et au sud, les eaux glaciales de l'océan Austral.

Posté aux portes de l'Asie si dense et si présente, l'ensemble australien est aujourd'hui à la croisée des chemins. À l'intérieur, les Maoris polynésiens de la Nouvelle-Zélande et les communautés aborigènes de l'Australie revendiquent le relèvement de leurs conditions de vie. D'énormes quantités de matières premières prennent chaque jour le chemin des marchés de l'Asie-Pacifique. Des hordes de touristes asiatiques se portent régulièrement à l'assaut des hôtels et des centres de vacances du Queensland, lequel rappelle la plage Waikiki d'Honolulu. Christchurch, en Nouvelle-Zélande, accueille des avions entiers de Japonais qui viennent s'y marier dans leur langue et à meilleur compte que chez eux. Oui, les temps changent dans cette partie du monde, et l'on peut se demander ce qui, à long terme, attend ces îles lointaines...

Les régions de l'ensemble australien

✦ L'Australie

Géographiquement, l'Australie se trouve dans le sud de l'aire pacifique, mais ses liens d'exportation la rattachent à la zone Asie-Pacifique, au nord. En effet, dotée d'une économie essentiellement primaire et agricole, ce pays joue le rôle de mine à ciel ouvert pour ses voisins du nord qui viennent y puiser les matières premières nécessaires à leurs industries de transformation. Bien que l'Australie n'ait pas connu le type de croissance économique accélérée de ses voisins de l'Asie-Pacifique, elle jouit cependant encore d'une économie à revenu élevé et on y trouve peu de pauvreté (figure I.11). En 1995, ce pays se classait vingt-deuxième au monde quant au PNB par habitant.

Pendant la majeure partie du XXᵉ siècle, l'Australie, avec ses milieux naturels diversifiés, ses paysages magnifiques, ses grands espaces et ses possibilités presque infinies, semblait invulnérable. Géographiquement hors de portée, elle échappa, durant la Seconde Guerre mondiale, aux visées expansionnistes de l'Empire japonais. Mais les temps changent. Aujourd'hui, le Japon est son principal partenaire commercial, et des dizaines de milliers d'enfants australiens apprennent le japonais à l'école. À Sydney, la plus grande ville australienne, un habitant sur huit a un ancêtre asiatique, et le quart de la population australienne est d'origine asiatique. L'Australie commence à s'intégrer au monde de l'Asie et à se faire aux réalités du multiculturalisme.

Une Australie périphérique

L'Australie est un grand bloc continental, mais sa population est fortement concentrée sur la côte est et sud-est, qui donne en majeure partie sur l'océan Pacifique (appelé mer de Tasman entre l'Australie et la Nouvelle-Zélande). Comme le montre la figure 11.1, cette région en forme de croissant s'étend du nord de la ville de Brisbane jusqu'aux abords d'Adélaïde. Elle comprend Canberra, la capitale, ainsi que Sydney et Melbourne, les deux villes les plus populeuses. À l'extrémité sud-ouest du pays, on trouve une autre forte concentration de population, centrée sur Perth et son avant-port, Fremantle.

L'intérieur ou *Outback*

Pour mieux comprendre l'évolution du développement littoral de l'Australie, il est utile de revoir la carte des climats du monde (fig. I.7). On constate que la majeure partie de l'intérieur australien est soit désertique *(BWh),* soit steppique *(BSh/BSk).* Cette région inhospitalière renferme toutefois de nombreux gisements de précieux minerais. Les concentrations de populations décrites plus haut coïncident d'assez près avec la zone de climat tempéré humide, représenté sur la carte par les lettres *Cfa/Cfb,* qui s'étend entre la crête de la cordillère australienne (fig. 11.2) et la côte est, depuis les environs du tropique du Capricorne jusqu'en Tasmanie au sud. Dans la région d'Adélaïde et de l'extrémité sud-ouest (ce qui inclut Perth), le climat est de type méditerranéen et les étés sont secs *(Csa/Csb).* Enfin, dans l'extrême nord du pays, on trouve des conditions de savane, un climat tropical tantôt humide, tantôt sec, et une petite bande, le long de la péninsule du Cap York, où soufflent les moussons.

En Australie, les zones les plus hospitalières sont d'étroites bandes de terre donnant sur l'océan Pacifique ou l'océan Austral. À vrai dire, l'Australie est un littoral semé de villes, petites et grandes, de fermes et de versants boisés, adossé à un vaste désert intérieur que les Australiens appellent *Outback.* Sur les flancs ouest de la cordillère australienne se trouvent les im-

---

PRINCIPALES CARACTÉRISTIQUES GÉOGRAPHIQUES DE L'ENSEMBLE AUSTRALIEN

1. L'Australie et la Nouvelle-Zélande forment un ensemble géographique en raison de leurs dimensions territoriales, de leur emplacement et de leur paysage culturel dominant.

2. Bien que l'Australie et la Nouvelle-Zélande forment un seul ensemble géographique, ce sont deux pays différents sur le plan de la géographie physique. En effet, le relief de la Nouvelle-Zélande est montagneux, tandis que celui de l'Australie, dont l'intérieur est vaste et sec, est plutôt plat.

3. L'Australie et la Nouvelle-Zélande ont toutes deux connu un développement littoral — l'Australie à cause de son aridité, la Nouvelle-Zélande à cause de son relief.

4. En plus d'être établies surtout sur la côte, les populations de l'Australie et de la Nouvelle-Zélande sont fortement concentrées dans les centres urbains.

5. La géographie humaine de l'ensemble australien est en train de changer — en Australie à cause des activistes aborigènes et de l'immigration venant de l'Asie, et en Nouvelle-Zélande à cause des activistes maoris et de l'immigration en provenance des îles du Pacifique.

6. L'économie de l'Australie et de la Nouvelle-Zélande repose principalement sur l'exportation de produits d'élevage (en Australie, on compte également sur la production de blé et sur les mines).

7. L'Australie et la Nouvelle-Zélande sont avant tout des fournisseurs de matières premières. C'est là le rôle qu'ils jouent principalement dans l'économie de l'ouest de l'aire pacifique.

---

menses prairies dont le développement est à l'origine de l'activité commerciale en Australie. C'est là que paît encore l'un des plus grands troupeaux ovins sur terre (plus de 160 millions de moutons, plus de 20 % de toute la laine vendue dans le monde). Au nord et à l'est de ces prairies, à la limite de l'Australie habitée, le climat est plus humide, et on élève plutôt des bovins qui se comptent par millions. On y pratique d'ailleurs l'élevage depuis près de deux siècles.

Les aborigènes australiens sont arrivés sur ce continent il y a environ 50 000 ou 60 000 ans. Ils ont ensuite traversé le détroit de Bass vers la Tasmanie. La mosaïque des cultures indigènes était donc bien établie avant que le capitaine Arthur Phillip n'entre, en 1788, dans ce que l'on appelle aujourd'hui le port de Sydney pour poser les bases de l'Australie moderne. L'européanisation de l'Australie sonna le glas des sociétés aborigènes. Les premières affectées furent celles qui se trouvaient sur le chemin des colonisateurs britanniques, c'est-à-dire sur les côtes, où des colonies pénitentiaires et des villes autonomes furent établies. La distance protégea toutefois les communautés aborigènes de l'intérieur nord plus longtemps qu'ailleurs; par contre, en Tasmanie, les indigènes furent exterminés en quelques décennies.

Les principaux établissements côtiers devinrent le centre de sept colonies très différentes, chacune ayant son arrière-pays, et vers 1861, on délimita l'Australie en traçant les frontières rectilignes qu'on lui connaît aujourd'hui (fig. 11.1). Sydney devint le centre de la

Nouvelle-Galles du Sud, Melbourne, sa rivale, fut rattachée à l'État de Victoria. Adélaïde devint le cœur de l'Australie-Méridionale, et Perth, celui de l'Australie-Occidentale. Brisbane constitua le noyau du Queensland et, en Tasmanie, la ville de Hobart devint le siège du gouvernement. Le Territoire du Nord, qui abritait les plus importants groupes de survivants aborigènes, avait comme ville principale Darwin. Malgré leur héritage culturel commun, les colonies australiennes ne s'entendaient pas plus entre elles qu'avec Londres sur les politiques coloniales, les questions économiques et politiques. Le processus de formation d'une nation

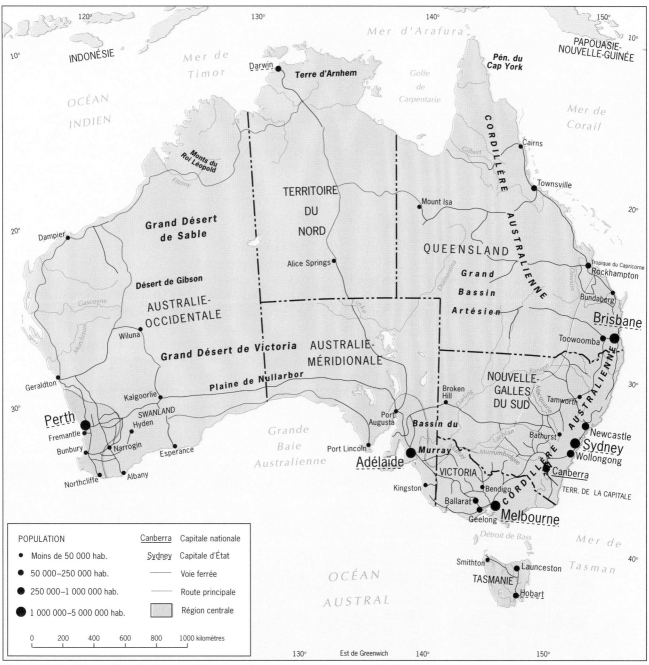

Figure 11.1 L'Australie : divisions politiques, capitales et voies de communication.

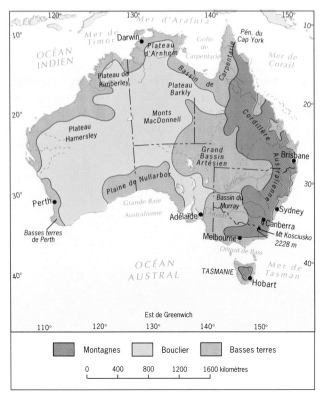

Figure 11.2   Reliefs de l'Australie.

australienne durant la dernière partie du XIXᵉ siècle fut donc long et ardu.

Un État fédéral

L'idée d'association ou de **fédération** n'est pas neuve. Elle remonte aux anciens Grecs et Romains, et les Canadiens et les Américains la connaissent bien. La fédération australienne, ou Commonwealth d'Australie, vit le jour le 1ᵉʳ janvier 1901. Elle regroupe six États et deux territoires fédéraux (tableau 11.1 et fig. 11.1) dont les points de vue, les économies et les objectifs diffèrent. Ces États, qui s'égrènent le long du littoral, sont également séparés par de grandes distances.

Pour établir la capitale de ce regroupement, on choisit un site à mi-chemin entre Sydney et Melbourne, qui convoitaient toutes deux le titre. La construction de Canberra, ville créée de toutes pièces à cet effet, commença en 1913 et s'acheva en 1927. Symbole du fédéralisme australien, seule grande ville à l'intérieur des terres, Canberra compte 342 000 habitants, soit moins du dixième de la population de Sydney.

Au cœur d'une culture urbaine

En ce siècle de fédéralisme, les Australiens ont développé une culture urbaine. En effet, bien qu'ils idéalisent les vastes espaces intérieurs du pays et qu'ils en célèbrent l'immensité, pas moins de 85 % des Australiens vivent dans les villes. La carte montre que l'organisation spatiale ressemble en quelque sorte à celle du Japon : les grandes villes, les complexes manufacturiers et la majorité des zones agricoles se trouvent le long de la côte. Au Japon, cette situation s'explique par un relief montagneux; en Australie, par le climat aride de l'intérieur. Mais là s'arrête la ressemblance. Le territoire de l'Australie est 20 fois plus grand que celui du Japon, et la population du Japon est 7 fois supérieure à celle de l'Australie. Les villes portuaires japonaises sont construites pour recevoir des matières premières et exporter des produits finis, alors que les villes australiennes acheminent les produits agricoles et miniers de l'intérieur vers les marchés étrangers et importent des produits manufacturés outre-mer. Les distances en Australie étant beaucoup plus importantes qu'au Japon, l'interaction entre les régions est beaucoup plus limitée. Au Japon, pays plus petit et mieux organisé, des autoroutes, des tunnels et des ponts permettent de traverser le pays très rapidement et efficacement. En Australie, le transport terrestre de Sydney à Perth, ou de Darwin à Adélaïde, prend énormément de temps. Rien en Australie, donc, ne se compare au rythme de vie ultrarapide du Japon.

Malgré son immensité et sa jeunesse, l'Australie a développé une identité culturelle remarquable qui se

Tableau 11.1   États et territoires australiens (1997).

État	Superficie (en milliers de km²)	Population* (en millions)	Capitale	Population* (en millions)
Australie-Méridionale	983,9	1,5	Adélaïde	1,1
Australie-Occidentale	2525,3	1,8	Perth	1,3
Nouvelle-Galles du Sud	801,5	6,2	Sydney	3,6
Queensland	1727,1	3,1	Brisbane	1,5
Tasmanie	67,9	0,5	Hobart	0,2
Victoria	227,6	4,7	Melbourne	3,2
Territoire				
Territoire de la Capitale	2,3	0,3	Canberra	0,3
Territoire du Nord	1346,2	0,2	Darwin	0,1

* Nombre approximatif d'habitants des agglomérations urbaines en 1997

La grande route qui relie Alice Springs et Yulara traverse le cœur du grand désert intérieur de l'Australie (sur toutes les cartes climatiques, c'est le parfait exemple des conditions *BW* (Köppen-Geiger). Mais, contrairement à ce qu'on pourrait croire, la terre de ce désert n'est pas complètement sableuse et stérile. En effet, la végétation s'y est adaptée, et ce coin de pays a l'air d'une campagne steppique, et parfois mieux. Néanmoins, d'un point de vue météorologique, c'est un véritable désert, qui ne reçoit que de 10 à 20 cm de pluie par année, la plupart du temps sous forme d'averses brutales. L'eau s'écoule alors rapidement, faisant déborder les ruisseaux, habituellement à sec, et se perd en grande partie en évaporation. Certains des sites les plus vénérés d'Australie (Uluru ou Ayers Rock et les monts Olga) sont à proximité de Yulara.

reflète d'un bout à l'autre du pays dans des paysages urbains et ruraux. La ville de Sydney, que l'on compare souvent à New York, est située dans un superbe estuaire; son quartier des affaires, compact mais imposant, domine un port grouillant d'activités. Vaste métropole tentaculaire, dont la banlieue étendue est dotée de nombreux centres périphériques, Sydney est un mé-

lange de fougue urbaine moderne et de réserve toute britannique. Melbourne, le Boston australien, s'enorgueillit du raffinement de son architecture et de la vitalité de sa culture. Brisbane, la capitale du Queensland, se trouve sur la Gold Coast, tout près des récifs de la Grande Barrière. C'est une ville de plages et de grands complexes touristiques. Quant à Perth, séparée de sa plus proche voisine australienne par les deux tiers du continent, coupée de l'Asie du Sud-Est et de l'Afrique par des milliers de kilomètres d'océan, c'est l'une des villes les plus isolées du monde.

Mais chacune de ces villes — tout comme les capitales de l'Australie-Méridionale (Adélaïde), de la Tasmanie (Hobart) et, à un moindre degré, du Territoire du Nord (Darwin) — est typiquement australienne. La vie y est bien ordonnée, et les gens ne sont pas pressés. Les rues sont propres, les taudis et les graffitis, rares. Selon des critères américains et même européens, les crimes violents, bien qu'en augmentation, ne sont pas monnaie courante. Les normes relatives au transport en commun, aux établissements scolaires et aux services de santé sont élevées. De grands parcs, des villes en bordure de la mer et du soleil en abondance rendent la vie urbaine plus facile en Australie que presque partout ailleurs. Cette situation quasi idyllique serait responsable de la nonchalance australienne. Mais les privilèges et le niveau de vie australiens sont, à l'heure actuelle, sérieusement menacés. En effet, la géographie culturelle du pays a évolué comme celle d'une colonie européenne, paisible et prospère dans son isolement. Aujourd'hui cependant, l'économie s'est transformée, et l'Australie doit se redéfinir comme un important

L'UNE DES GRANDES VILLES DE L'ENSEMBLE AUSTRALIEN

Sydney

Parce qu'elle est établie sur le site de l'un des meilleurs ports naturels du monde et qu'elle fut efficacement dotée de liens routiers et ferroviaires, Sydney est rapidement devenue la plus grande ville d'Australie et le cœur d'une région en pleine croissance. Le développement industriel et le pouvoir politique aidant, son influence n'a cessé de croître. Avec ses 3,6 millions d'habitants, Sydney compte aujourd'hui près du cinquième de la population totale du pays.

Sydney est l'une des grandes villes du monde où il fait bon vivre. Son système de transport en commun efficace, ses remarquables infrastructures culturelles

(dont son célèbre opéra), ses nombreux parcs et installations récréatives en font une ville attrayante pour les touristes (asiatiques pour la plupart) qui y affluent. En se faisant l'hôte des Jeux olympiques de l'an 2000, la ville a vu à accroître sa renommée mondiale.

Si l'Australie n'est plus isolée de l'Asie, c'est en grande partie grâce à Sydney, aujourd'hui ville multiculturelle. Ainsi, plus de la moitié des 80 000 résidents de la banlieue de Cabramatta sont d'origine étrangère, vietnamienne surtout. Pour l'instant, le chômage, en cet endroit, dépasse 25 %, l'usage de drogues y est répandu et la criminalité est très élevée.

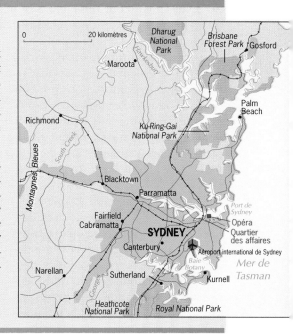

Le quartier des affaires de Sydney, dont l'impressionnante silhouette est saisissante sous presque tous les angles, se trouve du côté sud de l'immense port. Prise de l'est, cette photo montre en entier le quartier des affaires, incluant la tour d'observation (à gauche) et les hôtels près des quais de traversiers (à droite). Bien que le centre-ville de Sydney domine toujours la vaste région urbaine (dont la population est de 3,6 millions, soit le cinquième de toute la population australienne), des quartiers financiers secondaires, formés de petits groupes de tours, émergent un peu partout, comme dans bien d'autres villes d'Occident. Directement de l'autre côté du port, l'un de ces centres s'est développé en réponse aux difficultés de transport entre les deux rives.

maillon de la chaîne australo-asiatique, pour devenir un partenaire des pays du Pacifique.

Géographie économique

Durant la Seconde Guerre mondiale, l'éloignement géographique de l'Australie l'a protégée de l'envahissement par les Japonais. Par contre, la vie dans ce coin du monde était chère, vu les coûts de transport des produits importés de Grande-Bretagne (et, plus tard, des États-Unis). Pour remédier à ce problème, les entrepreneurs locaux ont donc industrialisé les villes en développement et leurs banlieues, créant ainsi des industries de substitution aux importations.

Quand les coûts de transport se sont mis à diminuer et que les importations ont connu une baisse de prix, les industriels australiens ont réclamé des mesures protectionnistes aux gouvernements. Résultats : mineurs et fermiers australiens ont dû payer plus cher et les produits fabriqués dans leurs villes et les importations.

Par la suite, les industries protégées par le gouvernement se dotèrent de puissants syndicats qui favorisèrent le protectionnisme. Lorsque les prix des produits agricoles se mirent à fluctuer à cause de la concurrence sur les marchés internationaux et que l'on dut importer du pétrole à prix fort, l'économie s'est mise à décliner alors que s'accroissaient la dette nationale, l'inflation et le chômage. En 1995, seulement 18 % des revenus d'exportation de l'Australie provenaient de produits de haute technologie comme ceux qui avaient assuré le succès retentissant des dragons asiatiques.

L'abondance des ressources agricoles

L'Australie possède des richesses dont rêvent certains autres pays de l'Asie-Pacifique. Sur le plan de l'agriculture, la première entreprise commerciale a été l'élevage de moutons, mais la technologie de la réfrigération a permis aux producteurs de bœuf de l'Australie de pénétrer les marchés internationaux. La laine, la viande et le blé ont longtemps été les trois principales sources de revenus de l'Australie; la figure 11.3 montre les grandes prairies de l'est, du nord et de l'ouest où se trouvent d'immenses troupeaux. La zone de culture commerciale du blé forme un vaste croissant qui part du nord-est de la Nouvelle-Galles du Sud, passe dans les États de Victoria et de l'Australie-Méridionale, et couvre une grande région de l'arrière-pays de Perth. Gardons à l'esprit l'échelle de cette carte : le territoire de l'Australie est à peine plus petit que celui occupé par les 48 États contigus des États-Unis ! La culture commerciale du blé en Australie est donc une grande entreprise. Comme on pourrait le déduire en observant la carte des climats, la canne à sucre, une culture tropicale, pousse le long de la majeure partie de la côte chaude et humide du Queensland, et les cultures méditerranéennes (incluant le raisin destiné à la production des vins australiens) sont regroupées dans les arrière-pays d'Adélaïde et de Perth. La polyculture est concentrée dans le bassin du fleuve Murray et de ses affluents, où l'irrigation permet de cultiver le riz, le raisin et les agrumes. Et, comme partout ailleurs dans le monde, l'industrie laitière s'est développée près des grandes zones urbaines. L'Australie bénéficie donc d'environnements très diversifiés, qui permettent une grande variété de cultures.

Les richesses naturelles

Les ressources minières de l'Australie sont également diversifiées (fig. 11.3). La découverte d'importantes quantités d'or dans l'État de Victoria et en Nouvelle-Galles du Sud créa en 1851 une ruée vers l'or qui dura 10 ans et marqua le début d'une nouvelle ère économique. Au milieu de cette décennie, 40 % de la production aurifère mondiale provenait d'Australie. Puis, de prospection en prospection, on découvrit d'autres minéraux. Et cela se poursuit aujourd'hui. On a même trouvé du pétrole et du gaz naturel, tant à l'intérieur qu'au large, dans le détroit de Bass, entre la Tasmanie et le continent, et au large de la côte nord-ouest de l'Australie-Occidentale (fig. 11.3). Il y a des mines de charbon à de nombreux endroits, notamment dans l'est près de Sydney et de Brisbane, mais aussi en Australie-Occidentale et même en Tasmanie. Avant la chute des prix de ce minerai, l'exportation du charbon était très rentable. Les grands gisements de minerais, métalliques et non métalliques, abondent — qu'on pense aux complexes de Broken Hill et de Mount Isa, à l'abondance de nickel à Kalgoorlie et à Kambalda, au cuivre de

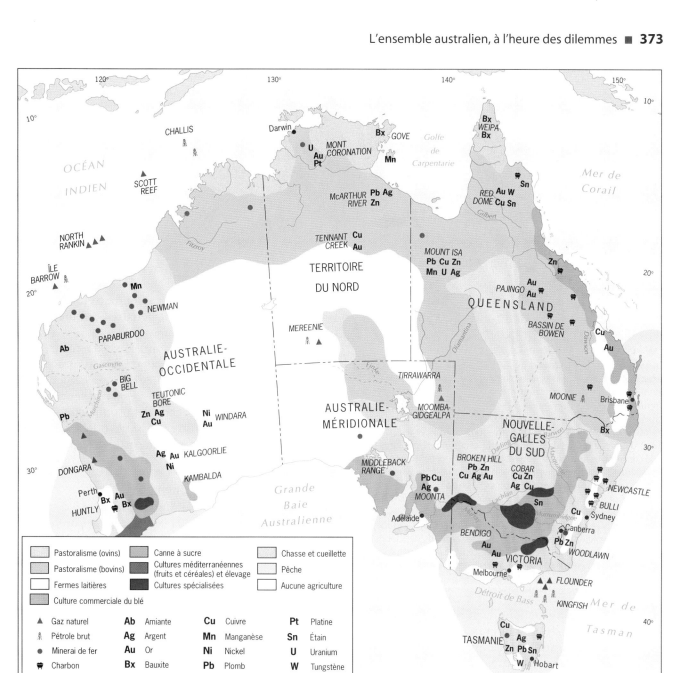

Figure 11.3 Ressources agricoles et minières de l'Australie.

Tasmanie, au tungstène et à la bauxite de la région nord du Queensland, ou encore à l'amiante en Australie-Occidentale. La carte de la figure 11.3 indique aussi la vaste répartition du minerai de fer (les points rouges), l'une des matières premières dont le Japon est le principal acheteur ces dernières années. À la fin des années 1990, le Japon achetait plus du tiers de toutes les exportations minières du pays.

Les limites de la production australienne

La production manufacturière en Australie est avant tout orientée vers les marchés locaux. Il ne faut donc pas s'attendre à voir des automobiles, de l'équipement électronique ou des appareils photo de fabrication australienne concurrencer les produits des dragons de l'Asie-Pacifique sur les marchés internationaux. Du moins, pas encore. La production australienne est assez diversifiée : on fabrique de la machinerie et de l'équipement à partir des productions locales d'acier, ainsi que des textiles, des produits chimiques, du papier et bien d'autres choses. Ces industries sont regroupées près de leurs marchés, c'est-à-dire dans les grandes zones urbaines et aux alentours. Le marché intérieur de l'Australie n'est pas grand; cependant, malgré le déclin des revenus réels, il demeure relativement riche et attrayant pour les producteurs étrangers. Les boutiques

Darwin, sur la côte du Territoire du Nord, est la plus petite capitale régionale de l'Australie et aussi la plus isolée. Bien que multiculturelle et multiethnique, la communauté n'est pas le reflet de la société du Territoire du Nord, car seulement 3 % environ de ses 100 000 habitants sont de descendance aborigène. Darwin est bien davantage un poste avancé sur la mer de Timor que franchissent ces temps-ci des Chinois et des gens du Sud-Est asiatique désireux d'immigrer. La ville compte une importante communauté malaise et elle s'enorgueillit de sa mosquée, de son temple bouddhique, de sa synagogue et de ses églises chrétiennes. Avec son superbe port naturel à proximité de la zone Asie-Pacifique, Darwin pourrait jouer un rôle économique important en Australie à l'avenir, si les réclamations territoriales péremptoires des aborigènes de l'arrière-pays ne font pas obstacle à l'exploitation de mines et à d'autres types de développement. Presque tous les édifices que l'on voit ici ont été construits après l'ouragan meurtrier de 1974 qui avait presque entièrement détruit la ville.

australiennes regorgent donc de produits du Japon, de la Corée du Sud, de Taïwan et de Hong Kong. C'est qu'en dépit des mesures protectionnistes depuis longtemps mises en place, l'Australie produit toujours peu de matières premières qui pourraient être transformées sur place. L'économie australienne continue donc de tenir davantage d'un État en développement que d'un pays complètement industrialisé.

L'avenir de l'Australie

Pendant deux siècles, l'Australie a été un avant-poste de la colonisation européenne sur le Pacifique. Aujourd'hui, à l'aube de son troisième siècle, c'est une ère nouvelle qui commence pour ce pays, dont les liens avec l'Europe s'affaiblissent tandis que se fortifient ceux qu'il entretient avec l'Asie (voir l'encadré « République d'Australie ? »).

À première vue, l'Australie et ses voisins du nord de l'Asie-Pacifique semblent présenter une complémentarité géographique : le Japon et les dragons ont besoin de l'excédent de denrées, de métaux et de minerais dont l'Australie dispose et, inversement, l'Australie

a besoin des produits manufacturés en Asie à bon marché. Mais ce n'est pas si simple. En effet, l'Australie maintient toujours des barrières tarifaires contre les biens importés, et les pays asiatiques de l'Asie-Pacifique font de même en ce qui a trait à l'importation d'aliments préparés et de produits miniers transformés. Ce faisant, ils découragent l'Australie de raffiner ses matières premières dont elle pourrait alors tirer plus de profits. De plus, les dragons de l'Asie s'intéressent davantage au potentiel de grands marchés (comme l'Indonésie, avec ses 205 millions d'habitants) qu'à celui de l'Australie, et les investisseurs asiatiques apprécient la main-d'œuvre peu coûteuse de l'Asie de l'Est et du Sud-Est. De toute façon, il est difficile pour l'Australie d'ouvrir son marché et de réduire ses tarifs protectionnistes si ses partenaires commerciaux asiatiques n'en font pas autant.

Les États-Unis ont aussi donné du fil à retordre aux producteurs de blé de l'Australie. En effet, grâce aux subventions que leur versait leur gouvernement, les producteurs américains ont longtemps pu vendre leur blé à des prix inférieurs à ceux des producteurs australiens. Cette situation illustre les risques inhérents à une économie qui repose en grande partie sur les exportations agricoles.

Les droits des aborigènes

À la fin des années 1990, l'Australie fait face à des défis nouveaux : ses quelque 300 000 aborigènes ont gagné du pouvoir et peuvent désormais, en vertu du *Native Title bill*, intenter une action pour recouvrer juridiction sur leurs terres ancestrales. Les individus capables de prouver qu'on leur a dérobé leurs terres ont droit à

RÉPUBLIQUE D'AUSTRALIE ?

Dans les années 1990, les Australiens ont dû décider s'ils devaient ou non rompre les liens qui les unissaient à la Couronne britannique et faire de leur pays une république. Tandis que l'économie australienne se détériorait, les politiciens perdaient un temps précieux à discuter de cette question dont l'issue n'aurait, de l'avis de plusieurs, que peu de conséquences pour la nation. Pourtant, certains milieux s'en inquiétaient, et les gouvernements des États insistèrent pour que la décision soit prise État par État par voie de référendum. En Australie-Occidentale, où l'opinion semblait favoriser la monarchie, il fut même envisagé qu'un vote négatif puisse mener à la sécession. D'autres observateurs se mirent à craindre que le statut de république, en modifiant le système d'États, ne sonne le glas d'une structure ayant si bien servi l'Australie jusqu'alors. On le voit, même l'Australie n'est pas à l'abri des frictions politico-géographiques qui affligent le monde d'aujourd'hui.

une compensation. Quand le bail d'une compagnie minière vient à échéance, les aborigènes peuvent maintenant reprendre possession du territoire. Les deux États les plus touchés par cette nouvelle réalité sont l'Australie-Méridionale et l'Australie-Occidentale, qui comprennent de vastes terres dites de la Couronne que les aborigènes peuvent justement revendiquer.

Aujourd'hui, seules quelques communautés aborigènes, dans les coins les plus reculés du Territoire du Nord, vivent toujours de la chasse, de la pêche et de la cueillette. Les autres, dispersées sur le continent, vivotent dans des réserves, travaillent dans des fermes d'élevage ou occupent des emplois subalternes dans les villes. La question des droits aborigènes demeure déterminante en Australie où, malgré la richesse relative, les premiers arrivants continuent de souffrir de pauvreté, de maladie, d'un manque général d'éducation et même de malnutrition.

La dégradation de l'environnement

L'environnement et la conservation du milieu est un autre problème pressant en Australie. En effet, la richesse du pays n'a pas seulement été extraite de ses mines et de ses pâturages : son écologie a aussi écopé. De grandes étendues d'une magnifique forêt ont été détruites. En Australie-Occidentale, on n'a pas hésité à créer de nouveaux pâturages pour les moutons en dénudant les cimes d'arbres plusieurs fois centenaires de façon que le soleil puisse passer et faire pousser des herbages au sol. En Tasmanie, où l'eucalyptus indigène d'Australie atteint des dimensions fantastiques (on le compare au séquoia des forêts nord-américaines), des milliers d'hectares de ce trésor irremplaçable ont été

L'eucalyptus est originaire d'Australie. Vu sa croissance rapide et son utilité comme matériau de construction, cet arbre est cultivé partout dans le monde. L'Australie possède d'immenses forêts d'eucalyptus (« gommier bleu »), qui abritent des animaux sauvages comme le koala. Malheureusement, ce bois est très inflammable et les incendies de forêts d'eucalyptus sont ravageurs et extrêmement destructeurs. Cette photo a été prise à l'ouest de Newcastle, en Nouvelle-Galles du Sud, dans les jours qui ont suivi un incendie. Certains arbres de cette forêt vont survivre, mais tous les animaux qui s'y trouvaient sont morts.

rasés pour fournir les usines de pâte à papier. La faune unique de l'Australie a aussi été touchée. De nombreuses variétés de marsupiaux sont disparues et beaucoup d'autres sont en voie d'extinction. Aujourd'hui, les Australiens sont de plus en plus conscients de la dégradation de leur environnement, et c'est tant mieux, car jamais un si petit groupe de personnes n'a fait autant de ravages dans l'écologie d'une si grande région en si peu de temps.

En Tasmanie, le parti environnementaliste « vert » a réussi à freiner la déforestation, la construction de barrages et d'autres projets de « développement ». Mais beaucoup d'Australiens voient encore le mouvement écologiste comme un obstacle à la croissance économique, à une époque où, justement, l'économie a besoin d'être stimulée.

La question de l'immigration

La question démographique préoccupe les Australiens depuis que l'Australie existe. Depuis plus longtemps, même. Il y a cinquante ans, alors que l'Australie comptait moins de la moitié de sa population actuelle, 95 % des habitants étaient de souche européenne, et plus des trois quarts d'entre eux venaient des îles britanniques. Des politiques eugéniques d'immigration (spécifiant la race) maintinrent cette proportion jusqu'aux années 1970. Aujourd'hui, la réalité est tout autre : des 18 millions d'Australiens, un tiers seulement sont d'origine britannique ou irlandaise, et chaque année le nombre d'immigrants asiatiques surpasse celui des naissances et des immigrants européens. Au début des années 1990, l'Australie a admis annuellement près de 150 000 immigrants, dont la majorité provenait de Hong Kong, du Viêt-nam, de la Chine, des Philippines, de la Malaysia, de l'Inde et du Sri Lanka. (L'immigration annuelle en provenance de Grande-Bretagne et d'Irlande est de 20 000 à 25 000 personnes; celle en provenance de Nouvelle-Zélande, de 5 000 à 10 000 individus.)

Comme ces changements démographiques se produisent en période de difficultés économiques, certains groupes font pression pour que le gouvernement limite de nouveau l'immigration. Beaucoup d'Australiens s'indignent du quota d'immigration de 80 000 que l'État a établi pour les prochaines années; d'autres, au contraire, le trouvent insuffisant. Deux groupes extrémistes, le Mouvement nationaliste australien (qui a son siège à Perth) et la Ligue des droits, s'opposent à toute nouvelle immigration asiatique. L'Australie est donc encore aux prises avec un problème démographique. Tandis que sa constitution ethnique se modifie et que sa société se transforme, le pays devra faire face aux grands défis du multiculturalisme.

En attendant, les touristes japonais affluent par milliers en Australie. Partout, on peut voir des enseignes, des cartes et des menus bilingues. Dans les villes, on peut se procurer des journaux du Japon, et des centaines d'écoles australiennes enseignent le japonais. À

LES PRINCIPALES VILLES DE L'ENSEMBLE AUSTRALIEN	
Ville	**Population*** (en millions)
Adélaïde (Australie)	1,1
Auckland (Nouvelle-Zélande)	1,0
Brisbane (Australie)	1,5
Canberra (Australie)	0,3
Melbourne (Australie)	3,2
Perth (Australie)	1,3
Sydney (Australie)	3,6
Wellington (Nouvelle-Zélande)	0,4

* Nombre approximatif d'habitants des agglomérations urbaines en 1997

vrai dire, si les deux extrémités de l'*Austrasie* (le nouveau nom désignant la partie ouest de l'aire pacifique) sont nettement différentes à de nombreux égards, elles se rapprochent chaque année davantage sur le plan économique. Les cargos est-asiatiques dans les ports de l'Australie témoignent des interactions et interconnexions grâce auxquelles une nouvelle région, dont l'Australie fera partie intégrante, est en train de se créer.

✦ La Nouvelle-Zélande

De l'autre côté de la mer de Tasman, à 2500 kilomètres à l'est-sud-est de l'Australie, se trouve la Nouvelle-Zélande. À une autre époque, ce pays aurait fait partie de l'ensemble géographique du Pacifique, car sa population se composait majoritairement de Maoris, un peuple aux racines polynésiennes. Mais la Nouvelle-Zélande, comme l'Australie, a été envahie et occupée par les Européens. Aujourd'hui, 85 % de ses 3,6 millions d'habitants sont des Européens et beaucoup de ses 400 000 Maoris sont des métis d'ancêtres euro-polynésiens.

La Nouvelle-Zélande est constituée de deux grandes îles montagneuses ainsi que de nombreuses petites îles dispersées (fig. 11.4). Les deux îles principales, celle du sud étant passablement plus grande que celle du nord, semblent minuscules dans l'immensité de l'océan Pacifique, mais leur superficie totale est supérieure à celle de la Grande-Bretagne. Ces deux îles contrastent nettement avec l'Australie. Surtout montagneuses ou vallonnées, elles comptent plusieurs pics, qui tous sont plus élevés que ceux du bloc continental australien. Ainsi, on trouve sur l'île du Sud une chaîne de montagnes couronnées de neige, que l'on appelle à juste titre les Alpes du Sud, avec des pics de plus de 3500 mètres. Toutes proportions gardées, l'île du Nord a un plus grand territoire à basse altitude, mais elle a aussi une région de hautes terres centrales aux pieds de laquelle s'étendent les pâturages de la principale zone laitière

de la Nouvelle-Zélande. En résumé, alors que l'Australie a une élévation et un relief relativement bas, la Nouvelle-Zélande est en moyenne plutôt haute et présente un relief très accidenté.

Occupation du territoire

Sur les deux îles, les régions les plus habitables sont donc les plaines côtières et les flancs de montagne à basse altitude. Sur l'île du Nord, Auckland, la plus grande zone urbaine, occupe une péninsule d'altitude relativement basse. Sur l'île du Sud, la plus vaste région à basse altitude est la plaine de Canterbury, centrée sur Christchurch. L'intérêt de ces basses terres tient à leurs impressionnants pâturages. En effet, la variété de sols et de plantes fourragères y est telle que les animaux peuvent y paître été comme hiver. Par ailleurs, la plaine de Canterbury, la principale région agricole du pays, produit une large gamme de légumes, de céréales et de fruits. Environ la moitié de tout le territoire de la Nouvelle-Zélande est constituée de prairies, et la majeure partie de l'activité agricole consiste à

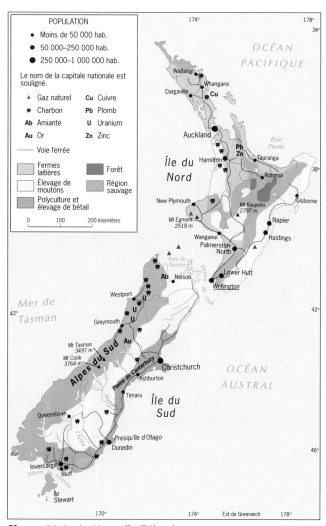

Figure 11.4 La Nouvelle-Zélande.

cultiver les plantes fourragères pour soutenir l'industrie pastorale. On y fait surtout l'élevage d'ovins et de bovins; la laine, la viande et les produits laitiers rapportent plus du tiers des revenus d'exportation.

Malgré leurs contrastes (superficie, forme, relief, climat et histoire), la Nouvelle-Zélande et l'Australie ont beaucoup en commun. Outre leur héritage britannique, elles ont toutes deux une importante industrie pastorale et un petit marché local, elles connaissent toutes deux le problème des grandes distances qui les séparent des marchés internationaux et elles ont le même désir de stimuler (par des mesures protectionnistes) l'industrie locale. Le taux élevé d'urbanisation en Nouvelle-Zélande (85 % de la population totale) rappelle l'Australie; les deux principaux secteurs d'emploi sont la fonction publique et les entreprises d'emballage et de préparation des produits agricoles établies dans les villes.

Encore plus isolée que l'Australie, la Nouvelle-Zélande a également été touchée par les développements de la zone Asie-Pacifique. Au milieu des années 1990, le Japon et d'autres pays de l'Asie-Pacifique ont acheté, ensemble, plus de produits de la Nouvelle-Zélande que l'Australie ou les États-Unis (la Grande-Bretagne n'achète qu'environ 6 % des exportations de la Nouvelle-Zélande). Quant aux importations, la plupart proviennent encore de l'Australie et des États-Unis (environ 40 % au total), quoique la part du Japon soit en croissance.

La Nouvelle-Zélande s'est développée sur le littoral (fig. I.9) non à cause d'un désert comme en Australie, mais en raison des hautes montagnes aux contours déchiquetés. Ses principales villes — Wellington, la capitale (incluant Hutt, sa ville satellite), et Auckland sur l'île du Nord, Christchurch et Dunedin sur l'île du Sud — étant toutes situées sur la côte, le système routier et ferroviaire est concentré dans la périphérie (fig. 11.4). Cette configuration est encore plus marquée sur l'île du Sud qu'au nord, car les Alpes du Sud constituent un obstacle de taille aux communications par voie de terre.

La question des Maoris et l'avenir de la Nouvelle-Zélande

Au cours des années 1990, l'activisme des Maoris s'intensifiant, la place qu'occupe ce groupe en Nouvelle-

« Partis de Christchurch en direction de l'intérieur des terres, nous avons traversé l'immense et glaciale plaine de Canterbury vers les Alpes du Sud. Nous avons vu des champs où poussaient des céréales, des légumes et des fruits. La plaine est fertile, malgré une saison de croissance des plantes courte mais ensoleillée qui permet d'abondantes récoltes. Plus près des montagnes commencent les pâturages. Des rangées d'arbres servent à couper les forts vents qui descendent des montagnes et soufflent sur la plaine de Canterbury, lorsque des systèmes de basse pression se forment au large. Ces vents sont assez violents pour compromettre les récoltes. » (Source : recherche sur le terrain de H.J. de Blij)

Zélande est devenue le principal enjeu national. Les Maoris demandent qu'on leur rende des territoires, tant en région urbaine que rurale, qui totalisent plus de la moitié de la superficie du pays. Ils exigent aussi qu'on leur accorde un droit prioritaire de pêche dans les eaux côtières.

Aujourd'hui, c'est à Auckland, la plus grande ville de Nouvelle-Zélande, que se trouve la plus importante concentration de Polynésiens au monde. En effet, les Maoris y forment, avec des Polynésiens venus des îles Samoa, Cook, Tonga et autres, le sixième de la population métropolitaine. On prévoit d'ailleurs que le nombre de Polynésiens doublera pour atteindre 25 % de la population totale du pays dès 2012. Des divisions ethniques risquent donc fort d'y apparaître et, comme en Australie, les effets de la convergence avec les ensembles géographiques voisins continueront de se faire sentir.

QUESTIONS DE RÉVISION

1. Pourquoi le littoral pacifique de l'Australie est-il considéré comme une région productive et en croissance ?

2. Du point de vue géographique, en quoi l'Australie et la Nouvelle-Zélande sont-elles différentes et en quoi sont-elles semblables ?

3. Quel rôle l'Australie et la Nouvelle-Zélande jouent-elles dans la structure économique de l'Asie-Pacifique ?

Votre étude de la géographie des archipels du Pacifique terminée, vous pourrez :

1 Discerner les traits communs des archipels du Pacifique et apprécier la complexité de leurs cultures fragmentées.

2 Décrire les principales caractéristiques de la Mélanésie, de la Micronésie et de la Polynésie, et localiser les îles et archipels les plus importants sur une carte muette.

3 Comprendre les potentialités et les problèmes propres à cet ensemble géographique, compte tenu de ses diverses composantes.

Les archipels du Pacifique : un avenir incertain

D e la côte ouest de l'Amérique à l'extrémité est de l'Asie et de l'Australie s'étend le plus vaste océan du globe : le Pacifique. De cette immense étendue d'eau, dont la superficie est supérieure à celle de l'ensemble des terres de la planète, émergent des dizaines de milliers d'îles. Certaines, comme la Nouvelle-Guinée (de loin la plus grande), sont assez vastes, mais la plupart sont petites, et bon nombre sont désertes. La superficie totale des archipels du Pacifique est d'à peine 970 000 km², soit près des deux tiers du Québec, et la Nouvelle-Guinée en occupe à elle seule 90 % [*].

Portrait de l'ensemble du Pacifique

Sur la carte de l'ensemble géographique (annexe D, p. 420), on voit que celui-ci occupe, en englobant les terres émergées *et* les étendues d'eau, un hémisphère presque entier. La limite nord de cet hémisphère est marquée par la Russie et l'Amérique du Nord, alors que sa limite sud coïncide avec celle de l'océan Austral (voir l'encadré « Antarctique »). Formant un ensemble géographique fragmenté et complexe, les archipels du Pacifique possèdent néanmoins des particularités régionales. On n'a qu'à penser à Hawaii, à Tahiti, aux Tonga et aux Samoa, des noms légendaires qui évoquent un monde bien à part.

Les critères de la géographique culturelle et politique moderne excluent l'Indonésie et les Philippines de l'ensemble du Pacifique, même si du point de vue politique une île de l'Indonésie en fait partie. L'Australie et la Nouvelle-Zélande ne sont pas non plus incluses, alors qu'elles l'auraient sans doute été à l'époque précoloniale : l'Australie en raison de sa population aborigène, et la Nouvelle-Zélande parce que les Maoris sont apparentés aux Polynésiens. Cependant, les Noirs australiens et les Maoris néo-zélandais ont subi l'européanisation de leurs pays respectifs et, mis à part quelques petits secteurs, la géographie régionale de l'Australie et de la Nouvelle-Zélande n'a de toute évidence plus grand-chose en commun avec les archipels du Pacifique. Par contre, la population de la Nouvelle-Guinée est encore majoritairement attachée à la culture traditionnelle du Pacifique.

Sur la carte de la figure 12.1, les polygones en pointillé représentent les limites maritimes des divers groupes d'îles. Colonisé par les Français, les Britanniques et les Américains, l'ensemble du Pacifique est encore

[*] Les données de l'annexe A ne correspondent pas aux chiffres indiqués ici, car elles excluent la partie occidentale de la Nouvelle-Guinée, l'Irian Jaya, une dépendance de l'Indonésie. C'est l'un des cas où les frontières politique et régionale ne coïncident pas (fig. 10.1).

aujourd'hui une mosaïque d'États indépendants et de dépendances étrangères. Le royaume polynésien des îles Hawaii fut annexé par les États-Unis pour devenir le 50ᵉ État de l'Union; la Nouvelle-Calédonie et la Polynésie française sont deux territoires français d'outre-mer; les territoires non incorporés de Guam et des Samoa orientales (ou américaines), ainsi que les îles Line, l'île Wake, les îles Midway et plusieurs groupes d'îlots sont administrés par les États-Unis, qui maintiennent en outre des liens particuliers avec d'anciennes dépendances américaines ayant en principe recouvré leur indépendance. L'île Pitcairn est administrée par la Grande-Bretagne, par l'intermédiaire de la Nouvelle-Zélande. Les îles Cook et l'île Niue sont des États autonomes associés de Nouvelle-Zélande, alors que l'atoll de Tokelau est un territoire néo-zélandais d'outre-mer.

Enfin, la minuscule île de Pâques, qui s'élève en terrasses dans le sud-est du Pacifique, a été intégrée au Chili.

Les autres groupes d'îles sont devenus des États indépendants. Les plus étendus sont les îles Fidji et les îles Salomon, deux ex-colonies britanniques, et Vanuatu, anciennement sous le contrôle conjoint de la France et de la Grande-Bretagne. La carte actuelle du Pacifique comprend également des micro-États tels que Tuvalu, Kiribati, Nauru et Belau. La majorité de ces pays vivent de l'aide internationale. Tuvalu, par exemple, a une superficie totale de 26 km², une population ne dépassant pas 10 000 habitants et un PNB par habitant d'environ 600 $, ses principales sources de revenus étant la pêche, l'exportation de coprah et, dans une moindre mesure, le tourisme. En réalité, la survie de Tuvalu dépend d'un fonds international créé conjointement

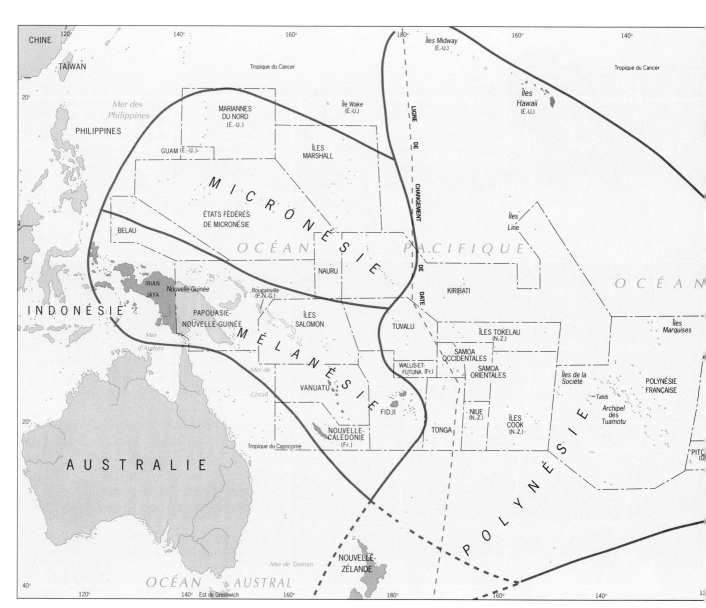

Figure 12.1 Les régions de l'ensemble du Pacifique.

par l'Australie, la Nouvelle-Zélande, la Grande-Bretagne, le Japon et la Corée du Sud. Les subventions attribuées par ce fonds et les sommes que les travailleurs exilés en Nouvelle-Zélande et dans d'autres pays envoient à leurs familles constituent des sources de devises d'une importance vitale.

Les droits maritimes

Le domaine continental des États des archipels du Pacifique est très réduit, mais leur territoire maritime est vaste (fig. 12.2). Lorsque la Conférence des Nations Unies sur le droit de la mer (CNUDM) codifia le concept de **zone économique exclusive (ZEE)** des états côtiers, les minuscules îles du Pacifique, comme Kiribati et Vanuatu, virent leur territoire

La vue du port de Papeete, à Tahiti, rappelle que l'île est l'un des derniers vestiges du colonialisme européen dans le Pacifique. En effet, malgré un fort courant autonomiste, la Polynésie française est encore un territoire français d'outre-mer. Lorsque la France a fait de nouveaux essais nucléaires en Polynésie, en 1995, la violence a éclaté à Papeete et ailleurs. La photo témoigne de la présence militaire française, mais aussi des importants investissements que ce pays a faits dans ses territoires du Pacifique : on aperçoit à l'arrière-plan des équipements modernes d'entreposage et de distribution du pétrole. Cet apport de capitaux a freiné le mouvement indépendantiste, car autrement l'archipel souffrirait d'une extrême pauvreté.

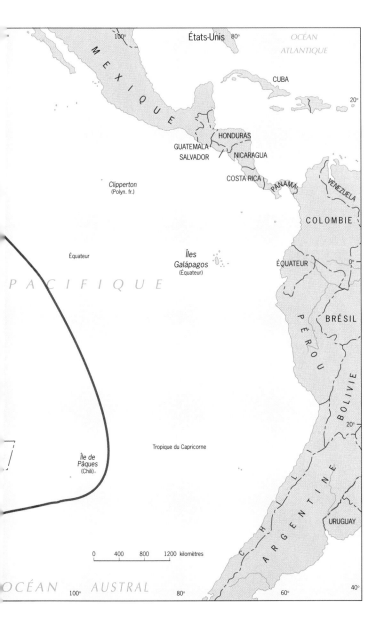

PRINCIPALES CARACTÉRISTIQUES GÉOGRAPHIQUES DES ARCHIPELS DU PACIFIQUE

1. L'ensemble du Pacifique est plus vaste que tout autre ensemble géographique, mais il se classe parmi les plus petits quant à la superficie totale des terres émergées, la Nouvelle-Guinée occupant à elle seule 90 % de celles-ci.

2. La Papouasie-Nouvelle-Guinée compte 4,3 millions d'habitants, soit plus des trois cinquièmes de la population des archipels du Pacifique.

3. Cet ensemble géographique, très fragmenté, comprend trois régions : la Mélanésie (qui englobe la Nouvelle-Guinée), la Micronésie et la Polynésie.

4. Les archipels du Pacifique se divisent sur les plans physiographique et culturel en deux groupes : les *îles hautes* d'origine volcanique et les *îles basses* de structure corallienne.

5. En Polynésie, les influences extérieures exercent partout d'énormes contraintes sur la culture indigène, qui d'ailleurs est presque entièrement disparue d'Hawaii, comme de la Nouvelle-Zélande, sous l'effet de l'occidentalisation.

6. La culture polynésienne indigène présente une cohérence et une uniformité remarquables partout en Polynésie, malgré l'étendue et la fragmentation de cette région.

7. Les archipels du Pacifique traversent une période de transition géopolitique : des îles recouvrent leur indépendance alors que d'autres établissent de nouvelles associations politiques.

s'étendre sur des centaines de milliers de kilomètres carrés dans l'espace maritime, ce qui leur permit de vendre des droits de pêche et, dans certains cas, d'exploration minière aux pays ayant la technologie requise pour exploiter ces ressources. Avant l'établissement des zones économiques exclusives, les eaux territoriales des pays insulaires du Pacifique s'arrêtaient à 20 km du littoral, malgré le découpage en États de l'espace maritime indiqué sur les cartes (fig. 12.1). Ces frontières géométriques constituaient alors des limites administratives : elles ne délimitaient pas des domaines (maritimes) souverains. La création des zones économiques exclusives donna aux micro-États du Pacifique le contrôle direct sur de vastes espaces océaniques et

leur *sous-sol,* terme par lequel les juristes de la CNUDM désignent le fond marin et tout ce qui se trouve à sa surface et en dessous.

Les zones économiques exclusives des États sont marquées en blanc sur la carte de la figure 12.2. Dans le Pacifique, ces aires entourant chaque île ou groupe d'îles ont réduit considérablement l'espace vierge et ouvert que constituait autrefois la **haute mer.** Dans tous les cas où la distance entre deux îles, ou une île et une masse continentale, est inférieure ou égale à 400 milles marins, la zone libre a disparu. Il est intéressant de noter que dans le sud-ouest du Pacifique et en Asie du Sud-Est la délimitation des zones économiques exclusives a presque réduit à néant le domaine de la haute mer. Ainsi, seule la

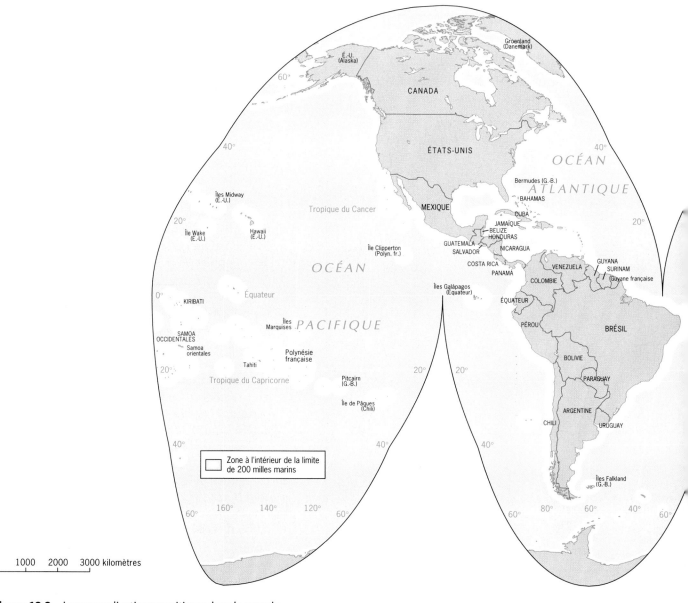

Figure 12.2 Les revendications maritimes dans le monde.

partie centrale de la mer de Chine méridionale reste libre, mais comme elle est encerclée par des zones économiques exclusives, elle sert tout au plus de tampon entre les États côtiers. La Nouvelle-Zélande et Hawaii possèdent également d'immenses zones économiques exclusives.

La délimitation de telles zones ne s'est pas faite sans difficultés. D'ailleurs, les revendications territoriales des Philippines, de l'Indonésie et de la Malaysia concernant certaines îles donnent un caractère temporaire à une partie de la carte de la figure 12.2. Si le XXIe siècle est effectivement le « siècle du Pacifique », comme le prédisent certains géographes, les petits États insulaires, de même que leurs domaines maritimes, auront une importance accrue.

Les régions de l'ensemble du Pacifique

Dans tout l'ensemble géographique, le tourisme est vraisemblablement la première source de revenus. Le voyageur qui sillonne le Pacifique voit se succéder des panoramas spectaculaires. Au-dessus des eaux azurées se dressent des volcans éteints ou actifs, sculptés par l'érosion en tours de basalte, drapés d'une végétation tropicale luxuriante et entourés de récifs et de lagunes. Des atolls, ou îles basses, avec leurs plages d'une blancheur de neige et leur couronne de palmiers,

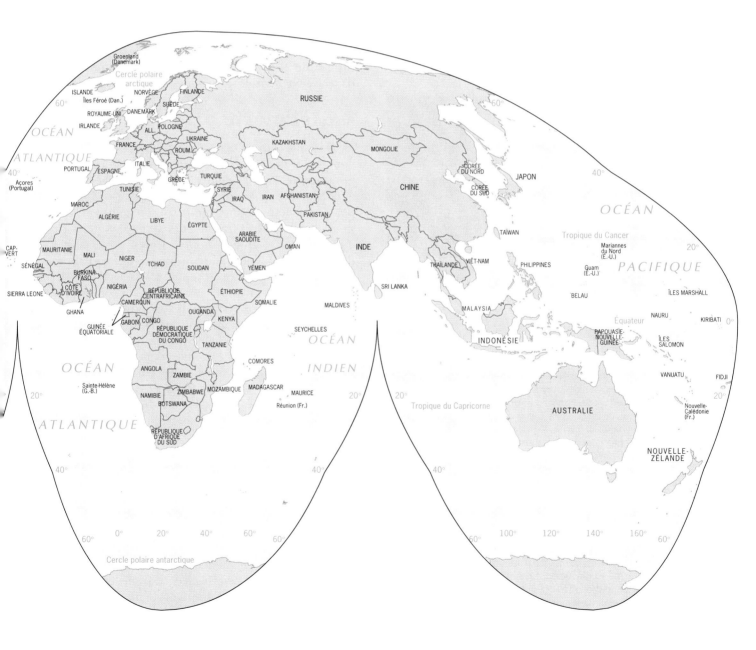

semblent flotter sur la mer. Les indigènes qui ont échappé aux influences étrangères donnent l'impression de jouir paisiblement de la vie.

En examinant de plus près les archipels du Pacifique, on s'aperçoit que cet ensemble apparemment homogène comprend véritablement trois grandes régions (fig. 12.1).

- **La Mélanésie**
  L'Irian Jaya, la Papouasie-Nouvelle-Guinée, les îles Salomon, Vanuatu, la Nouvelle-Calédonie et les îles Fidji.
- **La Micronésie**
  Belau, les États fédérés de Micronésie, les Mariannes du Nord, les îles Marshall, Nauru, la partie occidentale de Kiribati et Guam.
- **La Polynésie**
  Hawaii, les Samoa occidentales, les Samoa orientales (ou américaines), Tuvalu, Tonga, la partie orientale de Kiribati, les îles Cook et d'autres îles administrées par la Nouvelle-Zélande, ainsi que la Polynésie française.

| LES PRINCIPALES VILLES DES ARCHIPELS DU PACIFIQUE ||
Ville	Population* (en millions)
Honolulu (Hawaii)	0,9
Nouméa (Nouvelle-Calédonie)	0,1
Port Moresby (Papouasie-Nouvelle-Guinée)	0,2
Suva (îles Fidji)	0,2

* Nombre approximatif d'habitants des agglomérations urbaines en 1997

Des critères ethniques, linguistiques et physiographiques sont à la base de cette division en régions des archipels du Pacifique, mais il ne faut pas perdre de vue les dimensions. Non seulement la superficie de toutes les terres émergées est faible mais, en 1997, la population totale de l'ensemble géographique était d'environ 10 millions d'habitants, soit l'équivalent d'une mégalopole. Par ailleurs, les archipels du Pacifique ont une population moins importante que les oasis du Sahara en Afrique du Nord, qui forment elles aussi un ensemble d'établissements isolés disséminés sur un vaste territoire.

✦ Mélanésie

La Nouvelle-Guinée occupe l'extrême ouest de la région des archipels du Pacifique qui s'étend vers l'est jusqu'aux îles Fidji et englobe les îles Salomon, Vanuatu et la Nouvelle-Calédonie (fig. 12.1). Cette région, appelée Mélanésie, est habitée par des peuples mélanésiens, à la peau très foncée et aux cheveux noirs (le mot grec *melas* signifie « noir »). Certains spécialistes de la géographie culturelle considèrent que les Papous de Nouvelle-Guinée appartiennent à la race mélanésienne, alors que d'autres estiment qu'ils sont davantage apparentés aux aborigènes (ou indigènes) d'Australie. Ce qui est certain, c'est que la Mélanésie, avec ses quelque 7 millions d'habitants (en 1997), est de loin la région la plus peuplée de l'ensemble géographique. La Nouvelle-Guinée compte à elle seule près de 6 millions d'habitants (selon les données disponibles, qui sont cependant peu fiables), mais l'île est divisée en deux par une frontière géométrique : l'Irian Jaya, à l'ouest, est une province indonésienne, et la Papouasie-Nouvelle-Guinée, à l'est, est un État indépendant.

La Papouasie-Nouvelle-Guinée, qui totalise 4,3 millions d'habitants, a recouvré son indépendance en 1975, après près d'un siècle de domination britannique et australienne. C'est l'un des États les plus pauvres et les moins avancés du monde; l'arrière-pays montagneux, où les Papous vivent dans des villages minuscules, a presque totalement échappé aux changements qui ont transformé l'État voisin d'Australie. La capitale, Port Moresby, est la plus grande ville du pays avec ses 200 000 habitants; seulement un sixième de la population de la Papouasie-Nouvelle-Guinée vit dans des

« Notre arrivée dans le port de Nouméa, la capitale de la Nouvelle-Calédonie, en février 1996, nous a rappelé l'Afrique sous domination française des années 1950. Il était impossible de ne pas remarquer le drapeau tricolore et les soldats français en uniforme. Des villas construites à flanc de colline, occupées par les résidants d'origine française, dominent les plages bordées de palmiers et donnent au paysage un aspect méditerranéen. La Nouvelle-Calédonie recèle, comme l'Afrique, de précieux gisements de minerais : elle est le second producteur de nickel au monde. Nous avons pu capter une image du gigantesque centre de traitement du minerai; sur la photo, à gauche, on aperçoit sous le convoyeur un amas de concentré prêt pour l'expédition. Mais ce que la photo ne montre pas, ce sont les dommages qu'a causés à l'environnement l'exploitation des mines du sud de la Nouvelle-Calédonie, notamment par la destruction de la végétation sur des versants entiers de montagnes. Les Kanaks, d'origine mélanésienne, forment environ 58 % de la population totale de près de 200 000 habitants. Bon nombre d'entre eux travaillent au complexe minier de Nouméa et, en 1986, ils se sont opposés aux Français au cours d'affrontements violents qui ont fait plusieurs morts. Un référendum sur le statut de l'île est prévu pour 1998, mais le Nord échappe déjà au contrôle de l'administration française. Les négociations sur l'avenir de la Nouvelle-Calédonie, interrompues en 1996, pourront-elles aboutir sans qu'ait lieu un autre bain de sang ? » (Source : recherche sur le terrain de H. J. de Blij)

L'ANTARCTIQUE

Au sud des archipels du Pacifique s'étend l'océan Austral, ou océan Glacial Antarctique, vaste étendue d'eau encerclant le continent Antarctique. Autour de cette masse continentale recouverte de glaciers, des vents d'ouest persistants entraînent, dans un mouvement circulaire sans fin, des masses d'eau glaciale, des banquises et des icebergs. C'est cette dérive vers l'est qui définit l'océan Austral.

L'Antarctique a toujours attiré les pionniers et les explorateurs. Aux XVIIIe et XIXe siècles, les chasseurs de baleines et de phoques tuèrent un nombre considérable de bêtes qui vivaient dans les eaux de l'océan Austral, et les explorateurs plantèrent le drapeau de leur pays sur les rives de l'Antarctique. Les revendications territoriales émises durant l'entre-deux-guerres ont eu pour conséquence géographique la partition de l'Antarctique en secteurs ayant comme sommet le pôle Sud (fig. 12.3).

Mais pourquoi des États auraient-ils intérêt à faire valoir leurs droits sur des territoires éloignés et situés dans un milieu naturel très rébarbatif ? Les terres et la mer recèlent des matières premières susceptibles d'avoir un jour une importance cruciale, notamment les protéines contenues dans l'eau, et les carburants et les minéraux enfouis sous les glaciers. L'Antarctique, qui s'étend sur 14,2 millions de kilomètres carrés, est deux fois plus vaste que l'Australie, et l'océan Austral est presque aussi vaste que l'Atlantique (nord *et* sud). Même si l'exploitation de ce continent est impossible dans un proche avenir, divers États tiennent à faire valoir leur souveraineté sur ses territoires. Cependant, les pays qui ont émis des revendica-

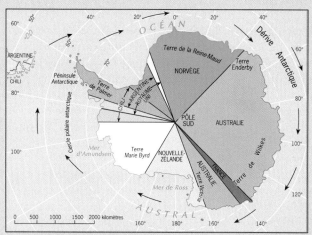

Figure 12.3 Les revendications territoriales en Antarctique.

tions territoriales reconnaissent la nécessité de la coopération internationale. Le traité de l'Antarctique, signé par 39 États en 1959 et renforcé en 1991, bloqua toute revendication territoriale, régit l'exploration scientifique et imposa la démilitarisation de l'Antarctique de même que la protection de l'environnement.

La planète tout entière bénéficie de cette entente internationale, puisqu'il est de plus en plus évident que l'Antarctique joue un rôle essentiel dans les systèmes naturels du globe et que toute modification provoquée par les activités humaines pourrait avoir des conséquences imprévisibles à l'échelle planétaire.

centres urbains, mais le taux de croissance de l'urbanisation est élevé. Bien que la minorité cultivée utilise l'anglais, environ 57 % des Papouans-Néo-Guinéens sont analphabètes et plus de 700 langues sont parlées par les Papous et les communautés mélanésiennes. Ces dernières sont concentrées dans les zones côtières du nord et de l'est, et elles tirent leur subsistance de la culture des tubercules et des bananes, comme la majorité des habitants de la région. Cependant, la découverte récente de riches gisements de pétrole et de minerais de cuivre et d'or a grandement accru le potentiel de développement du pays. De plus, le rendement des cultures d'exportation (huile de palme, café et cacao), très rentables, devrait augmenter sensiblement dans un proche avenir.

Depuis son accession à l'indépendance, la Papouasie-Nouvelle-Guinée a dû faire face à des forces de dislocation, et les relations avec l'État voisin d'Indonésie ont également entraîné des problèmes. Mais le plus grave est venu de l'île de Bougainville (fig. 12.1), où un mouvement sécessionniste est à l'origine d'une

guérilla. Un phénomène d'irrédentisme ayant sa source aux îles Salomon, où les insurgés ont trouvé de l'aide, a provoqué des tensions entre les États voisins de Mélanésie. Les rebelles ont réussi à s'emparer de la mine de cuivre de l'île de Bougainville, très productive, ce qui a mis fin à son exploitation et affaibli considérablement l'économie du pays. Vers la fin de 1994, les forces gouvernementales reprirent le contrôle de la mine, mais elles ne purent empêcher les hommes de l'Armée révolutionnaire de Bougainville de se regrouper dans la zone montagneuse couverte d'une forêt dense. En 1996, le calme n'était pas encore revenu malgré la présence sur l'île de forces multinationales de maintien de la paix.

Après la reprise de la mine de cuivre de Bougainville, un désastre frappa la zone montagneuse de la Nouvelle-Guinée : une explosion dévastatrice provoqua la fermeture de la mine d'or de Porgera, l'une des plus importantes du monde et une source majeure de revenus pour la Papouasie-Nouvelle-Guinée. L'exploitation dut être arrêtée et la reconstruction nécessita des mois de travail.

Les événements décrits ci-dessus mettent en évidence la vulnérabilité de cet État indépendant. En fait, le conflit qui déchire Bougainville est un héritage direct de la période coloniale. Lors de la déclaration d'indépendance, les habitants de cette île, à l'extrémité ouest de l'archipel Salomon, étaient peu favorables à l'intégration à la Papouasie-Nouvelle-Guinée. Mais l'Australie, qui administrait les deux territoires, insista pour que ceux-ci forment un seul et même État, vraisemblablement parce que les revenus tirés de la mine de cuivre iraient remplir les coffres de Port Moresby. Ce mariage forcé continue d'être une source d'instabilité dans la région.

La situation dans les îles Salomon illustre bien la fragmentation culturelle de la Mélanésie : cet archipel compte 400 000 habitants et 120 langues y sont en usage, dont certaines ne sont parlées que par quelques centaines d'indigènes vivant dans des villages éloignés. La république voisine de Vanuatu offre une moins grande diversité linguistique, mais cet archipel, qui totalise moins de 200 000 habitants, est composé de 80 îles. Quant à la Nouvelle-Calédonie, toujours un territoire français d'outre-mer (un référendum sur son statut est prévu pour 1998), sa population est également d'environ 200 000 habitants. Un peu plus de 40 % sont mélanésiens et 37 % sont d'origine française; ces derniers comptent un bon nombre de descendants des habitants de l'ancienne colonie pénitentiaire établie dans l'île par la France, de même que des immigrants attirés par les industries tertiaires associées à l'exploitation du nickel. La Nouvelle-Calédonie renferme en effet des réserves de nickel parmi les plus riches du monde. Aujourd'hui, la majeure partie de la population d'ascendance française vit dans l'agglomération de Nouméa, la capitale, située dans le sud-ouest de l'île. Les Mélanésiens habitent pour la plupart de petits villages et pratiquent une agriculture de subsistance. Les deux communautés n'ont pas encore réussi à s'entendre sur le statut futur de l'île; lorsque le prix du nickel diminua sur les marchés mondiaux, de nombreux Mélanésiens perdirent leur emploi, ce qui entraîna une détérioration des relations ethniques.

À son extrémité est, la Mélanésie englobe l'un des pays les plus intéressants des archipels du Pacifique : les Fidji, qui comprennent deux grandes îles et plus d'une centaine de petites îles. La population de près de 800 000 habitants est composée à 49 % de Mélanésiens et à 46 % de Sud-Asiatiques, ces derniers étant venus de l'Inde pour travailler dans les plantations de canne à sucre durant la période coloniale britannique. Lorsque, en 1970, les îles Fidji recouvrèrent leur indépendance, les Mélanésiens possédaient la majeure partie des terres et détenaient le pouvoir politique, alors que les Indiens, concentrés dans les villes et plus particulièrement dans la capitale, Suva, contrôlaient le commerce. Cette spécialisation représentait une source de

« Dans la ville de Lautoka, à Viti Levu, principale île des Fidji, nous avons trouvé une réponse à la question que tous se posent : " Que pourraient bien produire les îles tropicales à l'aide de ressources renouvelables ? " Les pins poussent très vite dans les sols volcaniques fertiles et bien arrosés de la partie occidentale de Viti Levu, et de vastes plantations fournissent actuellement un approvisionnement quasi constant en bois tendre, transformé sur place en copeaux que l'on transporte jusqu'au port par camion. Les Japonais achètent tout le bois que les Fidjiens sont en mesure de produire; ils compriment les copeaux pour en faire des panneaux dont ils se servent comme matériau de construction. » (Source : recherche sur le terrain de H. J. de Blij)

problèmes, qui ne tardèrent pas à se manifester lorsque les Indiens remportèrent plus de sièges au Parlement que les Mélanésiens : un coup d'État fut perpétré par des militaires mélanésiens, puis la Constitution fut révisée de manière à renforcer la prépondérance des Mélanésiens. L'intervention militaire entraîna une baisse notable de l'industrie touristique, et la pire sécheresse de l'histoire des Fidji contribua à faire chuter l'économie au pire moment qui soit. Mais ces déboires économiques n'ont pas eu que de néfastes conséquences. En effet, le fractionnement de la majorité mélanésienne qui en a résulté a montré qu'un gouvernement de coalition peut, dans le cadre de la Constitution actuelle, fonctionner d'une façon acceptable pour la plupart des Fidjiens d'ascendance indienne. Des tensions d'origine culturelle continuent de se faire sentir (la majorité des Mélanésiens sont chrétiens alors que presque tous les Indiens sont hindous), mais les îles Fidji ne devraient pas connaître le même sort que le Sri Lanka ou Chypre.

La Mélanésie est donc soumise à des forces de dislocation de différentes natures. Chaque pays présente sa propre forme de multiculturalisme et fait face à des problèmes particuliers, qui ont tendance à s'étendre aux États voisins et même à des territoires éloignés.

✦ Micronésie

La Micronésie englobe les îles situées au nord de la Mélanésie et à l'est des Philippines (fig. 12.1). Le nom de la région (*micro* vient du grec *mikros* qui signifie « petit ») reflète bien la taille des îles qui la composent. Non seulement les quelque 2000 îles de la Micronésie sont minuscules (la superficie de plusieurs ne dépasse pas 2,5 km^2), mais la plupart sont aussi moins élevées, en moyenne, que les îles mélanésiennes. La région comprend quelques îles volcaniques, ou **îles hautes**, bien que la majorité soient des îles coralliennes, ou **îles basses** (atolls), qui s'élèvent tout juste au-dessus du niveau de la mer. Guam, avec ses 550 km^2, est la plus grande île de la Micronésie, et le point le plus haut de la région n'atteint pas 1000 m.

La dichotomie *île haute/île basse* est utile non seulement pour l'étude de la Micronésie, mais aussi pour celle de l'ensemble géographique tout entier. Ces deux types d'îles présentent des différences considérables tant sur le plan physiographique qu'économique. Les

Vue de la mer, l'île de Bora Bora dans l'archipel de la Société, en Polynésie française, offre l'un des plus magnifiques paysages du Pacifique : les escarpements abrupts, sculptés par l'érosion dans les versants du volcan éteint, sont drapés d'une forêt dense et bordés de plages où poussent des palmiers. Une fois sur place, on découvre un aspect bien différent de l'île. Des détritus jonchent les plages qui n'appartiennent pas à des chaînes hôtelières, et les petites localités situées à l'écart de la zone touristique montrent des signes alarmants de pauvreté.

îles hautes retiennent une quantité importante de l'humidité contenue dans les masses d'air océanique ; elles sont en général bien arrosées et elles renferment des sols volcaniques fertiles. Une agriculture diversifiée s'y est donc développée. Ces îles ne présentent pas de très grands risques pour leurs habitants, elles sont dans l'ensemble plus peuplées que les îles basses, où des sécheresses sévissent fréquemment et où la pêche et la culture des cocotiers sont les principaux moyens de subsistance. Les îles basses sont traditionnellement habitées par de petites communautés, dont plusieurs se sont éteintes au fil des ans. Les grandes migrations, au cours desquelles des flottilles entières sont allées peupler des îles, depuis Hawaii jusqu'en Nouvelle-Zélande, ont eu en général les îles hautes comme point de départ.

Jusqu'au milieu des années 1980, la Micronésie était en grande partie sous la tutelle des États-Unis (elle fut le dernier des territoires placés sous tutelle par l'ONU durant l'après-guerre), mais le statut des îles de cette région a changé depuis. L'archipel Marshall, où les États-Unis ont procédé à des essais nucléaires (attirant ainsi l'attention sur l'atoll de Bikini), constitue actuellement une république ayant le statut d'État associé autonome des États-Unis, tout comme les États fédérés de Micronésie, le Commonwealth des Mariannes du Nord et, depuis 1994, Belau (fig. 12.1). En réalité, ces pays reçoivent des États-Unis une aide qui s'élève à des milliards de dollars, en échange de quoi ils s'engagent, en matière d'affaires étrangères, à n'adopter aucune politique qui aille à l'encontre des intérêts américains. Cet engagement est assorti de conditions supplémentaires : par exemple, lors de son accession à l'indépendance, Belau a accordé aux États-Unis le droit de maintenir durant 50 ans les bases militaires établies à l'intérieur de ses frontières.

La Micronésie comprend également Guam — un territoire non incorporé des États-Unis qui ne deviendra probablement pas indépendant dans un proche avenir et dont les revenus proviennent principalement des bases militaires américaines et du tourisme —, ainsi que la république de Nauru, qui compte 10 000 habitants sur un territoire d'environ 22 km^2. Ce micro-État de la Micronésie est devenu prospère grâce à l'exportation de phosphates en Australie et en Nouvelle-Zélande, où ce produit est utilisé comme engrais. Ainsi, le PNB du pays a augmenté à 10 000 \$US par habitant, ce qui en fait l'une des économies à revenu élevé du Pacifique. Cependant, Naura devra bientôt se réorienter, car ses gisements de phosphates seront épuisés dès le tournant du siècle.

Guam et Nauru constituent des exceptions en Micronésie. La majorité des habitants de la région vivent d'une agriculture de subsistance et de la pêche, et presque tous les pays dépendent de l'aide internationale pour survivre. La complémentarité économique naturelle entre les communautés agricoles des îles hautes et les communautés de pêcheurs des îles basses donne rarement lieu à des échanges en raison des distances considérables et du fossé culturel. La vie dans les îles peut paraître idyllique aux visiteurs, mais les Micronésiens font face tous les jours à de nombreuses difficultés.

✦ Polynésie

Le cœur des archipels du Pacifique s'étend à l'est de la Micronésie et de la Mélanésie, à l'intérieur d'un immense triangle dont les sommets coïncident avec Hawaii au nord, la Nouvelle-Zélande au sud et l'île de Pâques (territoire chilien) à l'est. Cette région, appelée Polynésie (fig. 12.1), englobe une myriade d'îles (*poly* vient du grec *polus* : « nombreux »). Certaines sont des monts d'origine volcanique : elles se dressent au-dessus des eaux du Pacifique (Mauna Kea au nord des îles Hawaii culmine à plus de 4200 m), supportent des forêts tropicales luxuriantes et sont arrosées par des pluies diluviennes totalisant plus de 2500 mm annuellement. D'autres sont des atolls coralliens (de faible altitude) où la végétation se réduit à quelques palmiers, la sécheresse y étant endémique. Les Polynésiens ont la peau légèrement plus claire et les cheveux un peu plus frisés que les autres indigènes des archipels du Pacifique, et ils ont la réputation d'avoir une excellente constitution physique. Les anthropologues distinguent ce groupe, de souche ancienne, des Néo-Hawaiiens issus du métissage de Polynésiens, d'Européens et d'Asiatiques. Dans l'État américain d'Hawaii, un archipel formé de plus

À l'époque où régnait la dynastie Kamehameha, des villages bordaient le littoral d'Oahu (représenté sur la photo), et des pirogues étaient alignées sur les plages. Aujourd'hui, un écran de béton longe l'océan à Honolulu, et les tours sont habitées par des touristes venus du Japon, d'Amérique du Nord et d'ailleurs. Les Polynésiens, dont la dernière souveraine fut destituée en 1893, ont assisté à la transformation totale de leur archipel.

de 130 îles, la culture polynésienne s'est non seulement européanisée mais aussi orientalisée.

En dépit de son étendue et de la diversité des milieux naturels, la Polynésie, qui abrite 2 millions d'habitants, constitue de toute évidence une région géographique. La culture polynésienne, même si elle est fragmentée du point de vue spatial, présente une cohérence et une uniformité notables d'une île à l'autre, et d'une extrémité à l'autre de la région. La cohérence s'observe particulièrement dans le vocabulaire, les techniques, l'habitation et les formes artistiques. Les Polynésiens se sont remarquablement bien adaptés à leur **environnement maritime**; les marins de la région avaient appris à naviguer dans leur vaste domaine océanique à bord de pirogues à balancier, pouvant atteindre 45 m de longueur, bien avant l'arrivée des navires à voiles des Européens. Ils parcouraient des centaines de kilomètres pour se rendre dans leurs sites de pêche préférés ou pour faire du troc; ils employaient des cartes faites de tiges de bambou et de cauris (des coquillages) et savaient se diriger à l'aide des étoiles. Cependant, les descriptions modernes du paradis polynésien, avec ses eaux couleur émeraude, sa végétation luxuriante et ses habitants paisibles, ne tiennent pas compte de dures réalités. Dans la société polynésienne, les pertes de vie en mer étaient nombreuses, les pirogues ne résistant pas toujours aux tempêtes; les membres d'une même famille étaient fréquemment séparés à cause d'accidents ou de migrations; la famine frappait souvent les plus petites îles; et les différentes communautés insulaires se sont affrontées au cours de nombreux conflits violents suivis de représailles contre les vainqueurs.

La Polynésie a une géographie politique complexe. En 1959, les îles Hawaii devenaient le 50ᵉ État américain. Leur population actuelle est de 1,3 million d'habitants, dont environ 80 % sont regroupés à Oahu. La superposition des diverses cultures, une caractéristique de cette île, est manifeste dans la capitale de l'État, Honolulu, où les gratte-ciel se détachent sur le célèbre volcan éteint situé tout près, à Diamond Head. Le royaume de Tonga a recouvré son indépendance en 1970, après avoir été sous protectorat britannique pendant sept décennies; les îles Ellice, rebaptisées Tuvalu, et les îles Gilbert au nord, renommées Kiribati, étaient également administrées par la Grande-Bretagne, qui a reconnu leur indépendance en 1978. Certaines îles, comme les Marquises et Tahiti, font partie d'un territoire français d'outre-mer, alors que d'autres, comme Rarotonga, sont toujours administrées par la Nouvelle-Zélande ou sont des possessions britanniques, américaines ou chiliennes.

La fragmentation géopolitique des archipels du Pacifique a eu un effet de désintégration sur la culture polynésienne. Les promoteurs immobiliers, les chaînes hôtelières et les devises apportées par les touristes sont en voie de transformer Tahiti de la même façon que l'a été Hawaii. L'américanisation de la partie est de l'archipel des Samoa a créé une nouvelle société n'ayant rien à voir avec l'ancienne. Ainsi, la cohérence qui caractérisait la culture polynésienne traditionnelle est en voie de disparition; la région est actuellement une mosaïque d'éléments anciens et modernes, les premiers étant soumis à des contraintes toujours plus grandes et les seconds présentant un aspect morne et aride.

Les pays et les cultures des archipels du Pacifique se trouvent au centre d'un océan autour duquel s'opéreront des transformations économiques et politiques majeures au cours du XXIe siècle. Les limites de cet ensemble géographique, à Hawaii et en Nouvelle-Zélande, ont été à ce point remodelées par les interventions étrangères que les royaumes et les cultures qu'elles abritaient autrefois ont presque disparu. Cependant, l'aire du Pacifique connaîtra vraisemblablement des changements encore beaucoup plus considérables, alors que le pays le plus peuplé et la future superpuissance qu'est la Chine fera face à l'État le plus prospère et le plus puissant : les États-Unis. Ces deux géants joueront sans doute des coudes pour s'assurer une position avantageuse dans le Pacifique, mais on peut se demander quel sera le sort des petits pays des archipels.

QUESTIONS DE RÉVISION

1. Pourquoi peut-on dire que le plus vaste des ensembles géographiques est également le plus petit ?

2. Décrivez la Papouasie-Nouvelle-Guinée en quelques grands traits caractéristiques.

3. Qu'est-ce qu'une zone économique exclusive (ZEE) ? Quelles sont les conséquences géographiques de la création des ZEE ?

Aires et données démographiques

À moins d'indication contraire, toutes les données démographiques du livre sont des projections pour 1997, estimées principalement à partir des sources suivantes : pour les pays, le *World Population Data Sheet* de 1995, publié par le *Population Reference Bureau Inc.*, et pour les villes, la base de données publiée par la *Population Division* des Nations Unies (*United Nations' Population Division*), la plus récente étant celle de 1995. Pour les villes de moins de 750 000 habitants, l'estimation est basée sur diverses sources.

(Les plus petits micro-États ne sont pas inclus.)

	Superficie (milliers de km²)	POPULATION (millions)			Densité de population en 1997 (hab./km²)	Taux annuel de croissance naturelle (%)	Nombre d'années nécessaires au doublement de la population	Espérance de vie à la naissance (années)	Population urbaine (%)	PNB par habitant en 1993 ($ US)
		1997	2004	2010						
Le monde	133 361,5	5878,5	6425,6	7023,6	44,0	1,5	45	66	43	4 500
Europe	5 853,7	581,9	587,3	592,8	99,2	0,2	332	73	72	11 870
Albanie	28,7	3,6	3,8	4,1	124,3	1,8	39	72	37	340
Allemagne	356,8	81,5	81,3	81,2	228,1	-0,1		76	85	23 560
Autriche	83,9	8,1	8,2	8,3	96,5	0,1	533	77	54	23 120
Biélorussie	207,6	10,3	10,6	10,9	49,4	-0,2		69	68	2 840
Belgique	30,6	10,2	10,3	10,4	332,7	0,1	578	77	97	21 210
Bosnie-Herzégovine	51,0	3,5	3,9	4,4	68,7	0,7	95	72	34	
Bulgarie	110,8	8,4	8,2	7,9	75,7	-0,3		71	67	1 160
Croatie	56,4	4,5	4,4	4,4	79,5	-0,1		70	54	
Danemark	43,0	5,2	5,3	5,3	121,2	0,1	770	75	85	26 510
Espagne	504,6	39,2	39,1	39	77,6	0,1	578	77	64	13 650
Estonie	45,0	1,5	1,4	1,4	32,4	-0,5		70	71	3 040
Finlande	336,8	5,1	5,2	5,2	15,4	0,3	227	76	64	18 970
France	546,8	58,5	60,1	61,7	106,9	0,3	217	78	74	22 360
Grèce	131,8	10,5	10,3	10,2	79,5	0,0		77	63	7 390
Hongrie	92,9	10,2	10,0	9,9	109,6	-0,3		69	63	3 330
Irlande	70,2	3,6	3,6	3,5	51,7	0,5	139	75	57	12 580
Islande	103,0	0,3	0,3	0,3	2,7	1,1	64	79	91	23 620
Italie	301,1	57,7	57,1	56,5	191,5	0,0		77	68	19 620
Lettonie	64,5	2,5	2,5	2,4	38,6	-0,5		68	69	2 030
Liechtenstein	0,3	0,1	0,1	0,1	201,9	0,6	108			
Lituanie	65,2	3,7	3,7	3,8	56,7	0,0		71	68	1 310
Luxembourg	2,6	0,4	0,4	0,4	158,6	0,4	193	76	86	35 850
Macédoine	25,6	2,2	2,2	2,3	84,1	0,8	85	72	58	780
Malte	0,8	0,4	0,4	0,4	485,2	0,7	102	75	85	
Moldavie	33,7	4,4	4,6	4,8	130,1	0,4	193	68	47	1 180
Norvège	324,1	4,4	4,5	4,7	13,5	0,3	224	77	73	26 340
Pays-Bas	41,2	15,6	16,2	16,9	378,3	0,4	182	77	89	20 710
Pologne	312,5	38,8	39,5	40,2	123,9	0,2	301	72	62	2 270
Portugal	88,8	9,9	9,9	9,9	111,9	0,1	866	75	34	7 890
République Tchèque	79,2	10,4	10,4	10,5	130,9	0,0		73	75	2 730
Roumanie	237,4	22,7	22,4	22,2	95,3	-0,1		70	55	1 120
Royaume-Uni	243,9	59,0	60,0	61,0	241,6	0,2	385	76	92	17 970
Slovaquie	48,7	5,4	5,6	5,7	111,2	0,4	178	71	57	1 900
Slovénie	20,2	2,0	2,0	2,0	98,0	0,1	1 386	73	50	6 310
Suède	449,7	8,9	9,0	9,2	19,7	0,1	990	78	83	24 830
Suisse	41,2	7,1	7,3	7,6	172,2	0,3	224	78	68	36 410
Ukraine	603,5	51,6	52,3	53,0	85,7	-0,4		69	68	1 910
Yougoslavie	69,6	10,9	11,0	11,1	156,7	0,3	204	72	47	

	Superficie (milliers de km²)	POPULATION (millions)			Densité de population en 1997 (hab./km²)	Taux annuel de croissance naturelle (%)	Nombre d'années nécessaires au doublement de la population	Espérance de vie à la naissance (années)	Population urbaine (%)	PNB par habitant en 1993 ($ US)
		1997	2004	2010						
Russie	17 068,8	145,7	147,6	149,5	8,5	-0,6		65	73	2 350
Arménie	29,8	3,8	4,0	4,2	127,8	0,8	83	71	68	660
Azerbaïdjan	86,5	7,5	8,2	9,0	86,9	1,6	43	71	54	730
Géorgie	69,6	5,4	5,6	5,7	78,0	0,2	462	73	56	560
Amérique du Nord	19 443,1	296,8	314,9	334,2	15,4	0,7	105	76	75	24 340
Canada	9 918,5	30,0	31,7	33,6	3,1	0,7	102	78	77	20 670
États-Unis	9 524,7	266,7	283,0	300,4	27,8	0,7	105	76	75	24 750
Amérique centrale	2 731,4	168,9	186,7	206,1	48,3	2,3	30	71	65	3 090
Antigua et Barbuda	0,5	0,1	0,1	0,1	128,5	1,2	58	73	31	6 390
Antilles néerlandaises	1,0	0,2	0,2	0,2	196,9	1,3	55	76	92	
Bahamas	14,0	0,3	0,3	0,3	20,5	1,5	47	73	84	11 500
Barbade	0,5	0,3	0,3	0,3	513,0	0,7	98	76	38	6 240
Belize	23,0	0,2	0,3	0,3	10,0	3,3	21	68	48	2 440
Costa Rica	50,7	3,5	3,9	4,4	68,7	2,2	32	76	49	2 160
Cuba	114,4	11,3	11,8	12,3	98,8	0,7	102	75	74	
Dominique	0,8	0,1	0,1	0,1	93,8	1,3	55	77		2 680
El Salvador	22,5	6,2	6,9	7,6	274,1	2,6	27	68	46	1 320
Grenade	0,3	0,1	0,1	0,1	379,8	2,4	29	71		2 410
Guadeloupe	1,8	0,4	0,5	0,5	245,9	1,2	56	75	48	
Guatemala	108,7	11,3	13,4	15,8	103,8	3,1	22	65	38	1 110
Haïti	27,7	7,5	8,6	9,8	271,0	2,3	30	57	31	
Honduras	112,1	5,8	6,6	7,6	51,3	2,8	25	68	46	580
Îles Vierges	0,3	0,1	0,1	0,1	389,5	1,9	37	75		
Jamaïque	10,9	2,5	2,7	2,8	233,9	2,0	35	74	53	1 390
Martinique	1,0	0,4	0,4	0,4	374,0	1,1	62	76	81	
Mexique	1 971,8	97,8	107,3	117,7	49,4	2,2	34	72	71	3 750
Nicaragua	130,0	4,7	5,6	6,7	35,9	2,7	26	65	62	360
Panamá	77,2	2,7	3,0	3,3	35,5	2,1	33	72	54	2 580
Porto Rico	8,8	3,7	3,9	4,1	425,8	1,0	67	74	73	7 020
République dominicaine	48,7	8,2	8,9	9,7	167,5	2,1	32	70	61	1 080
Sainte-Lucie	0,5	0,1	0,2	0,2	288,7	2,0	34	72	48	3 040
St-Vincent-et-les Grenadines	0,5	0,1	0,1	0,1	232,0	1,8	38	73	25	2 130
Trinité et Tobago	5,2	1,3	1,4	1,6	257,5	1,1	64	71	65	3 730
Amérique du Sud	17 799,4	330,1	361,1	394,9	18,5	1,8	38	68	73	3 020
Argentine	2 765,8	35,5	38,0	40,8	12,7	1,3	55	71	87	7 290
Bolivie	1 098,3	7,8	8,9	10,2	6,9	2,6	27	60	58	770
Brésil	8 508,7	163,2	178,1	194,4	19,3	1,7	41	66	77	3 020
Chili	756,8	14,7	15,9	17,3	19,3	1,7	41	72	85	3 070
Colombie	1 138,4	39,1	42,5	46,1	34,4	1,8	39	69	68	1 400
Équateur	283,5	12,0	13,4	14,9	42,1	2,2	31	69	58	1 170
Guyana	214,9	0,9	0,9	1,0	3,9	1,8	39	65	33	350
Guyane française	90,9	0,2	0,2	0,2	1,5	2,6	26	74		
Paraguay	406,7	5,2	6,0	7,0	12,7	2,8	25	70	51	1 500
Pérou	1 284,7	25,0	27,5	30,3	19,3	2,1	33	66	70	1 490
Surinam	163,1	0,4	0,5	0,5	2,7	2,0	36	70	49	1 210
Uruguay	176,1	3,2	3,3	3,5	18,1	0,7	102	73	90	3 910
Venezuela	911,6	23,0	25,7	28,7	25,1	2,6	27	72	84	2 840
Afrique du Nord/ Asie du Sud-Ouest	20 151,7	483,9	560,0	648,0	23,9	2,5	28	63	46	
Afghanistan	647,3	19,5	24,6	31,1	30,1	2,8	24	43	18	
Algérie	2 380,8	29,8	33,6	38,0	12,4	2,4	29	67	50	1 650
Arabie Saoudite	2 148,9	19,7	24,3	30,0	9,3	3,2	22	70	79	7 780
Bahreïn	0,8	0,6	0,7	0,8	814,8	2,5	28	74	88	7 870
Chypre	9,3	0,8	0,8	0,8	81,1	0,9	76	77	68	10 380

	Superficie (milliers de km²)	POPULATION (millions)			Densité de population en 1997 (hab./km²)	Taux annuel de croissance naturelle (%)	Nombre d'années nécessaires au doublement de la population	Espérance de vie à la naissance (années)	Population urbaine (%)	PNB par habitant en 1993 ($ US)
		1997	2004	2010						
Djibouti	23,0	0,6	0,7	0,8	26,2	2,2	32	48	77	780
Égypte	1 001,2	64,7	72,3	80,7	64,5	2,3	31	64	44	660
Émirats Arabes Unis	83,6	2,0	2,2	2,5	23,5	1,9	36	72	82	22 470
Érythrée	117,5	3,7	4,4	5,2	31,7	2,6	27	48	17	
Irak	434,7	22,2	27,7	34,5	51,0	3,7	19	66	70	
Iran	1 647,4	64,8	73,6	83,7	39,4	2,9	24	67	57	2 230
Israël	20,7	5,7	6,3	6,9	274,8	1,5	47	77	90	13 760
Cisjordanie	6,0	1,6	2,1	2,7	266,3	3,4	20	68		
Gaza	0,3	1,0	1,3	1,8	3 814,1	4,6	15	69	94	
Jordanie	91,9	4,4	5,2	6,2	47,5	3,3	21	72	68	1 190
Kazakhstan	2 716,4	17,2	17,8	18,4	6,2	0,9	74	69	57	1 540
Kirghizistan	198,3	4,6	5,1	5,6	23,2	1,8	38	68	36	830
Koweït	17,9	1,6	2,0	2,5	88,0	2,2	31	75		23 350
Liban	10,4	3,8	4,4	5,0	371,3	2,0	34	75	86	
Libye	1 759,0	5,6	7,1	8,9	3,1	3,4	21	63	85	
Maroc	712,2	30,7	34,5	38,7	43,2	2,2	32	69	46	1 030
Oman	212,3	2,4	3,0	3,7	11,2	4,9	14	71	12	5 600
Ouzbékistan	447,1	23,8	27,6	31,9	53,3	2,5	28	69	41	960
Qatar	11,1	0,5	0,6	0,6	48,6	1,8	39	73	91	15 140
Somalie	637,4	9,8	11,9	14,5	15,4	3,2	22	47	24	
Soudan	2 528,2	29,8	35,2	41,5	11,6	3,0	23	55	27	
Syrie	185,1	15,7	19,2	23,6	84,9	3,5	20	66	51	
Tadjikistan	143,2	6,1	7,5	9,2	42,8	2,4	29	70	31	470
Tunisie	163,6	9,2	10,2	11,2	56,4	1,9	36	68	60	1 780
Turkménistan	488,0	4,7	5,3	5,9	9,7	2,5	28	66	45	1 380
Turquie	780,3	63,3	70,8	79,2	81,1	1,6	44	67	51	2 120
Yémen	527,9	14,2	17,6	21,9	26,6	3,6	19	52	25	
Afrique subsaharienne	21 003,5	575,7	691,0	829,4	27,4	3,0	23	52	27	541
Afrique du Sud	1 220,5	44,7	50,7	57,5	36,7	2,3	30	66	63	2 900
Angola	1 246,3	12,1	14,6	17,6	9,7	2,7	26	46	37	
Bénin	112,6	5,7	6,9	8,3	51,0	3,1	22	48	30	420
Botswana	600,1	1,6	1,9	2,2	2,7	2,3	30	64	27	2 590
Burkina Faso	274,2	11,0	12,6	14,5	40,1	2,8	24	45	15	300
Burundi	28,0	6,8	8,0	9,5	242,4	3,0	23	50	6	180
Cameroun	475,3	14,3	17,4	21,2	30,1	2,9	24	58	41	770
Comores	1,8	0,6	0,7	0,9	324,2	3,6	20	58	29	520
Congo	342,0	2,6	2,9	3,2	7,7	2,3	31	46	58	920
Côte d'Ivoire	322,3	15,2	18,7	23,1	47,1	3,5	20	51	39	630
Éthiopie	1 103,9	59,4	73,1	90,0	53,7	3,1	23	50	15	100
Gabon	267,7	1,4	1,6	1,9	5,0	2,2	32	54	73	4 050
Gambie	11,4	1,1	1,3	1,5	100,7	2,7	26	45	26	360
Ghana	238,4	18,5	22,2	26,6	77,6	3,0	23	56	36	430
Guinée	245,7	6,9	8,0	9,3	27,8	2,4	29	44	29	510
Guinée-Bissau	36,2	1,1	1,3	1,5	30,9	2,1	32	44	22	220
Guinée Équatoriale	28,0	0,4	0,5	0,6	15,8	2,6	27	53	37	360
Kenya	582,5	30,1	36,2	43,6	51,7	3,3	21	56	27	270
Îles du Cap-Vert	4,1	0,4	0,5	0,6	100,0	2,8	25	65	44	870
Lesotho	30,3	2,1	2,5	3,0	70,3	1,9	36	61	22	660
Liberia	111,3	3,2	4,0	4,8	29,0	3,3	21	55	44	
Madagascar	586,9	15,7	19,1	23,3	26,6	3,2	22	57	22	240
Malawi	118,6	10,3	12,3	14,7	86,5	2,7	25	45	17	220
Mali	1 239,6	10,0	12,2	15,0	8,1	3,2	22	47	22	300
Maurice	2,1	1,1	1,2	1,3	554,7	1,5	47	69	44	2 980
Mauritanie	1 030,4	2,4	2,8	3,3	2,3	2,5	27	52	39	510
Mozambique	782,7	18,4	22,2	26,9	23,5	2,7	26	46	33	80
Namibie	824,1	1,6	1,9	2,2	1,9	2,7	26	59	32	1 660
Niger	1 266,5	9,8	12,0	14,8	7,7	3,4	21	47	15	270
Nigéria	923,5	107,6	132,0	162,0	116,6	3,1	22	56	16	310

	Superficie (milliers de km²)	POPULATION (millions)			Densité de population en 1997 (hab./km²)	Taux annuel de croissance naturelle (%)	Nombre d'années nécessaires au doublement de la population	Espérance de vie à la naissance (années)	Population urbaine (%)	PNB par habitant en 1993 ($ US)
		1997	2004	2010						
Ouganda	235,9	22,7	27,1	32,3	96,1	3,3	21	45	11	190
République Centrafricaine	622,7	3,3	3,6	3,9	5,4	2,0	34	41	39	390
République démocratique du Congo	2 344,6	46,8	56,9	69,1	20,1	3,2	22	48	29	
Réunion	2,6	0,7	0,7	0,8	260,9	1,8	40	73	73	
Rwanda	26,4	8,2	9,2	10,4	308,4	2,3	30	46	5	200
São Tomé et Príncipe	1,0	0,1	0,2	0,2	142,0	2,6	27	64	46	330
Sénégal	196,2	8,8	10,4	12,2	44,8	2,7	26	49	39	730
Sierra Leone	71,7	4,8	5,5	6,4	66,4	2,7	26	46	35	140
Swaziland	17,3	1,0	1,3	1,6	59,4	3,2	22	57	30	1 050
Tanzanie	944,7	30,2	35,9	42,8	32,0	3,0	23	49	21	100
Tchad	1 283,6	6,7	7,9	9,3	5,0	2,6	27	48	22	200
Togo	56,7	4,7	5,9	7,4	83,4	3,6	19	58	30	330
Zambie	752,4	9,6	11,2	13,0	12,7	3,1	23	48	42	370
Zimbabwe	390,4	11,9	13,5	15,3	30,5	2,7	26	54	27	540
Asie du Sud	4 404,1	1272,2	1420,4	1586,0	288,7	2,1	34	60	25	300
Bangladesh	143,9	124,9	141,7	160,8	867,0	2,4	29	55	17	220
Bhoutan	47,1	0,9	1,0	1,1	18,1	2,3	30	51	13	170
Inde	3 202,9	966,6	1069,2	1182,7	301,5	1,9	36	60	26	290
Maldives	0,3	0,3	0,3	0,4	1 079,6	3,6	19	65	26	820
Népal	140,8	23,6	27,6	32,2	167,9	2,4	29	54	10	160
Pakistan	803,6	137,2	160,5	187,7	170,6	2,9	24	61	32	430
Sri Lanka	65,5	18,7	19,8	21,0	285,6	1,5	46	73	22	600
Asie de l'Est	11 753,8	1472,6	1548,3	1628,0	125,1	1,0	66	70	35	3 570
Chine	9 557,3	1252,2	1320,2	1391,9	130,9	1,1	62	69	28	490
Corée du Nord	120,4	24,3	26,3	28,5	201,9	1,8	40	70	61	
Corée du Sud	98,4	45,7	47,7	49,7	464,4	1,0	72	72	74	7 670
Japon	377,2	125,9	128,1	130,4	333,5	0,3	277	79	77	31 450
Macao	0,0	0,4	0,5	0,5	16 528,5	1,2	57		97	
Mongolie	1 564,5	2,3	2,7	3,0	1,5	1,4	52	64	55	400
Taiwan	36,0	21,7	22,8	24,0	601,8	1,0	67	74	75	
Asie du Sud-Est	4 490,4	503,6	550,0	600,7	111,9	1,9	37	64	31	1 070
Brunei	5,7	0,3	0,3	0,4	54,4	2,4	29	74	67	
Cambodge	181,0	11,2	13,2	15,7	61,8	2,8	25	50	13	
Indonésie	1 918,7	204,9	222,0	240,6	106,5	1,6	43	63	31	730
Laos	236,6	5,1	6,1	7,2	21,6	2,8	25	52	19	290
Malaysia	329,6	20,9	24,0	27,5	63,3	2,4	29	71	51	3 160
Myanmar (Birmanie)	676,2	46,5	51,6	57,3	68,7	1,9	36	60	25	
Philippines	299,8	71,3	78,9	87,2	237,8	2,1	33	65	49	830
Singapour	0,5	3,1	3,3	3,6	5 910,0	1,2	56	74	100	19 310
Thaïlande	512,9	61,9	65,2	68,7	120,8	1,4	48	70	19	2 040
Viêt-nam	329,3	78,5	85,2	92,5	238,2	2,3	30	65	21	170
Australie	7 948,0	21,9	23,4	24,9	2,7	0,8	89	78	85	16 760
Australie	7 679,5	18,3	19,5	20,8	2,3	0,8	91	78	85	17 510
Nouvelle-Zélande	268,5	3,6	3,9	4,1	13,5	0,9	81	76	85	12 900
Pacifique	550,4	6,7	7,6	0,9	12,0	2,4	29	58	18	1 138
États fédérés de Micronésie	0,8	0,1	0,1	0,1	167,9	3,0	23	68	26	
Fidji	18,4	0,8	0,9	0,9	43,6	2,0	35	63	39	2 140
Guam	0,5	0,2	0,2	0,2	310,7	2,6	27	74	38	
Îles Marshall	0,3	0,1	0,1	0,1	233,5	4,0	17	63	65	
Îles Salomon	28,5	0,4	0,5	0,6	15,1	3,7	19	61	13	750
Nouvelle-Calédonie	19,2	0,2	0,2	0,2	10,0	2,0	34	74	70	
Papouasie–Nouvelle-Guinée	461,6	4,3	4,9	5,7	9,3	2,3	30	57	15	1 120
Polynésie française	3,9	0,2	0,3	0,3	59,1	2,1	34	70	57	
Samoa occidentales	2,8	0,2	0,2	0,2	66,0	2,6	27	65	21	980
Vanuatu	14,5	0,2	0,2	0,2	12,7	2,9	24	63	18	1 230

Lecture et interprétation de cartes

Les cartes sont des outils essentiels à la compréhension des composantes de l'espace géographique. Elles sont le médium visuel ou *graphique* par excellence des cartographes (ou concepteurs de cartes), qui se servent de ce mode de communication codé pour transmettre en condensé aux lecteurs les énormes quantités d'informations que recèle le monde réel. C'est d'ailleurs aux cartographes qu'incombe la difficile tâche de sélectionner les informations pertinentes à inclure dans telle ou telle carte. Par exemple, la carte de la figure B.1 comprend plusieurs rues du centre de Londres, mais les immeubles n'y sont pas représentés, car cette inclusion aurait rendu plus ardue la lecture de l'information principale ayant trait à la distribution des décès dus au choléra.

Lecture des cartes

Il suffit d'un peu d'exercice pour apprendre le « langage » géographique et décoder les informations contenues dans une carte. Pour donner la direction ou l'orientation sur une carte, on se sert généralement des coordonnées de longitude et de latitude qui renvoient au quadrillage formé par les parallèles et les méridiens. La **latitude** varie de 0° à 90° de part et d'autre de l'équateur. L'équateur correspond à 0° de latitude, alors que

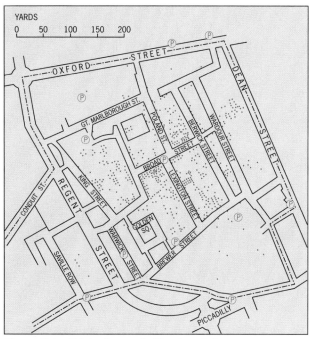

Figure B.1 Décès dus au choléra dans Soho.

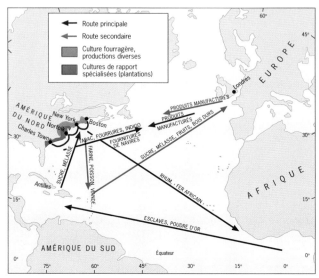

Figure B.2 Le commerce triangulaire.

le pôle Nord et le pôle Sud sont situés respectivement à 90° de latitude Nord et 90° de latitude Sud. (Les parallèles de latitude sont tracés d'est en ouest.) La **longitude,** qui varie de 0° à 180° (Est ou Ouest), est mesurée à partir du *méridien d'origine,* correspondant à 0° et passant par l'ancien observatoire de Greenwich, à Londres. Le 180e méridien, qui traverse l'océan Pacifique en son centre, joue essentiellement le rôle de *ligne de changement de date.* (Les méridiens sont tracés du nord au sud.) Comme on le voit à la figure B.2, le nord n'occupe pas nécessairement le sommet d'une carte. En réalité, la direction nord s'incurve suivant chaque méridien, et l'ensemble des courbes de longitude convergent vers le pôle Nord.

Les projections cartographiques

Pour représenter sur une surface plane (comme une feuille de papier) le tracé des continents qui se trouvent sur une surface courbe (la Terre), les cartographes utilisent des procédés qu'on appelle projections cartographiques. Les représentations de la Terre ainsi obtenues sont plus ou moins fidèles à l'image familière que nous avons des continents vus de l'espace, car le choix de la projection utilisée résulte d'un compromis entre la volonté de préserver les aires, les distances, les directions, les angles, etc. C'est ainsi que la carte de la figure B.2 comporte d'inévitables distorsions.

Selon le principe géométrique sous-jacent à leur construction, les projections sont classées en projections cylindriques, projections coniques, projections azimutales (ou stéréographiques). Chaque type de projection présente des avantages et des inconvénients dont il faut être conscient lorsqu'on étudie des cartes du monde. Le choix de la projection doit logiquement dépendre du but de la carte. Si, par exemple, on privilégie l'exactitude des surfaces (aires des régions), les angles seront déformés; la projection est alors qualifiée d'**équivalente**. Si les angles, par exemple dans le tracé des côtes, sont fidèles, alors les surfaces ne le seront plus et la projection sera dite **conforme.** Dans ces deux grandes catégories de projections, il existe des centaines de possibilités. Comme aucune ne parvient à représenter la totalité du globe sans déformation, il faut choisir la projection qui convient le mieux à nos besoins. Il faut aussi tenir compte de l'échelle de la carte, car le degré de distorsion augmente avec l'étendue représentée. Enfin, il faut savoir que les déformations sont surtout importantes sur les bords des cartes géographiques. Ainsi, l'image de certains pays et continents varie beaucoup non seulement en fonction de la projection adoptée, mais aussi selon le lieu qu'on choisit comme centre de la carte.

Les projections cylindriques

Dans les projections cylindriques, la carte est traitée comme une feuille de papier enroulée en cylindre autour du globe (fig. B.3). Le résultat de cette projection, une fois la feuille déroulée, est un quadrillage où les parallèles ne sont plus courbes mais droits. Il en est de même pour les méridiens, qui ne se rejoignent plus aux pôles. Les pôles ne sont plus des points mais des lignes. Les latitudes polaires sont donc considérablement agrandies, tandis que les régions près de l'équateur (ligne tangente, le long de laquelle le papier était le plus près du globe) ont conservé leurs proportions. Sur l'ensemble de la planisphère, les projections cylindriques faussent les proportions des continents. Par exemple, le Groenland apparaît aussi grand que l'Afrique, alors qu'il est en réalité 15 fois plus petit. Ce type de projection est encore couramment utilisé, avec des variantes qui permettent de réduire les distorsions. Par contre, à grande échelle comme sur les cartes topographiques, qui ne représentent qu'une portion minime de territoire, les déformations sont négligeables. Ainsi, les cartes topographiques du Canada sont construites au moyen d'une adaptation de la projection cylindrique de Mercator, la projection MTU (Mercator Transverse Universelle). La projection de Mercator est bien adaptée à la représentation des latitudes tempérées, mais elle minimise l'étendue réelle de la zone intertropicale (fig. B.4).

La projection de Peters est une autre adaptation de type cylindrique. Elle traduit un souci de donner à

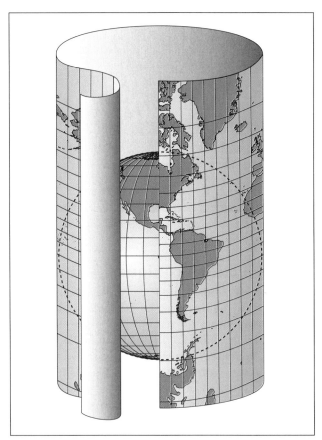

Figure B.3 Principe des projections cylindriques.

tous les territoires leur surface réelle (fig. B.5). Elle restitue à la zone intertropicale sa véritable extension, mais, pour arriver à ce résultat, elle déforme l'image des continents : leur aspect allongé ne correspond pas à ce que nous montrent les vues de la Terre prises de l'espace.

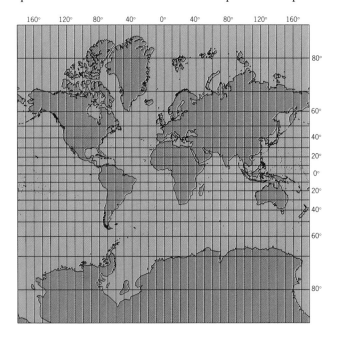

Figure B.4 Exemple de projection cylindrique : projection de Mercator.

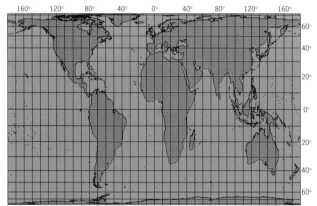

Figure B.5 Exemple de projection cylindrique : projection de Peters.

Les projections coniques

Dans les projections coniques, on projette un hémisphère sur une feuille de papier enroulée en forme de cône, et tangente à un parallèle quelconque de cet hémisphère (fig. B.6). En déroulant la feuille, on constate que les parallèles sont courbes et que les méridiens deviennent des droites convergeant au-delà des pôles. Les rapports de surface sont respectés, mais les angles qui déterminent le tracé des continents sont modifiés d'autant plus que l'on s'éloigne de la ligne de tangence.

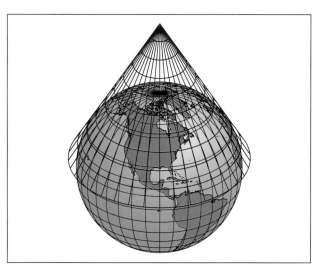

Figure B.6 Principe des projections coniques.

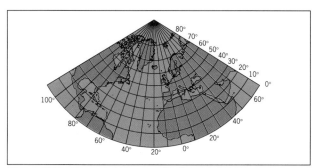

Figure B.7 Exemple d'une projection conique.

D'un méridien à l'autre, la direction du nord varie. Ce type de projection convient particulièrement pour les latitudes moyennes (fig. B.7).

Les projections azimutales

Dans les projections azimutales, on place simplement la feuille de papier en contact avec un point quelconque du globe (fig. B.8). Sur la feuille, méridiens et parallèles convergent vers le point de tangence; plus on s'éloigne de celui-ci, plus la déformation est importante. Bien que des variantes permettent de corriger ces distorsions, ce type de projection ne devrait être utilisé que pour représenter des régions peu étendues. L'une des variantes les plus connues de ce type de projection est la projection polaire qui s'impose pour toute représentation à caractère géostratégique, car elle restitue les distances et les positions relatives réelles entre les États qui possèdent une frontière commune dans les régions polaires (fig. B.9). Elle répond aussi aux besoins de la circulation maritime et aérienne dans les hautes latitudes.

Symbolisme des cartes

Une fois qu'on a compris les principes d'échelle et d'orientation, on peut entreprendre de décoder les

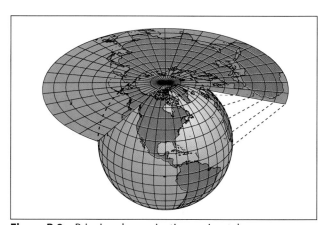

Figure B.8 Principe des projections azimutales.

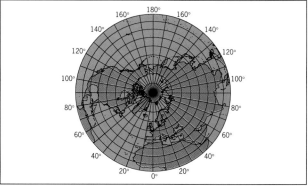

Figure B.9 Exemple d'une projection azimutale : la projection polaire.

informations contenues dans une carte. Dans le présent ouvrage, les informations sont le plus souvent fournies au moyen de points, de lignes et de symboles d'aires, dont le sens est précisé par l'emploi de la couleur. La signification de ces symboles est généralement donnée dans la *légende*, comme c'est le cas à la figure B.2. Il arrive cependant que le cartographe omette la légende et explique le contenu de la carte au lecteur par un texte en vignette ou dans un texte accompagnateur. Ainsi, sur la carte de la figure B.1 qui donne la distribution des décès dus au choléra dans le quartier londonien de Soho durant l'épidémie de 1854, le symbole P représente une station municipale de pompage de l'eau, et chaque point rouge une mort due au choléra. Les *points* dessinés sur cette carte servent à transmettre deux types d'informations : la localisation d'un phénomène et l'aspect quantitatif.

Les lignes sont utilisées pour relier des lieux entre lesquels se produisent un mouvement ou un flux. La carte expliquant le « commerce triangulaire » entre la Grande-Bretagne et ses colonies d'outre-Atlantique au XVIIᵉ siècle (fig. B.2) illustre bien ce procédé : chaque route commerciale est clairement indiquée, de même que la nature des biens transportés suivant cet axe, et la couleur sert à distinguer les routes principales, plus achalandées, des routes secondaires. Les *symboles d'aires* sont employés pour classer des espaces bidimensionnels et ainsi fournir une base cartographique à des catégorisations régionales (comme dans la carte de la figure I.7). Les classifications de ce type représentent divers degrés de généralisation. Par exemple, dans la figure B.2, le beige et le bleu servent à distinguer

grosso modo les surfaces émergées des étendues d'eau; les surfaces, le long de la côte Est des États-Unis, représentées en vert ou en rouge désignent plus précisément des régions qui se spécialisaient dans deux types différents de cultures commerciales. Les symboles d'aires servent également à transmettre des informations quantitatives; par exemple, dans la carte de la figure I.6, les surfaces colorées en beige pâle correspondent à des zones semi-arides, où la moyenne annuelle des précipitations varie entre 300 et 500 mm.

Interprétation des cartes

L'explication des schémas cartographiques est l'une des tâches les plus importantes du géographe. Même si dans le présent ouvrage ce travail est effectué pour vous, vous devez savoir que les spécialistes emploient actuellement divers appareils et techniques sophistiqués pour analyser des quantités considérables de données relatives à des régions. Malgré le recours à des méthodes modernes, le but principal des recherches en géographie demeure la détermination de *relations spatiales* significatives. La carte de la figure B.1 est un exemple classique de cette préoccupation persistante des géographes. En démontrant à l'aide de cette carte que les décès dus au choléra étaient plus fréquents à proximité des stations municipales de pompage de l'eau, le docteur John Snow réussit à convaincre les autorités de fermer ces installations. Le nombre de nouveaux cas de choléra tomba alors presque immédiatement à zéro, ce qui confirma l'hypothèse de Snow selon laquelle la maladie était attribuable à l'eau contaminée.

La Terre dans le cosmos

La position de la Terre dans le cosmos, sa forme et ses dimensions, de même que les mouvements qui l'animent, déterminent dans une large mesure la répartition des phénomènes géographiques observés sur la planète, les plus évidents étant les différences climatiques, l'alternance des saisons ainsi que l'alternance des jours et des nuits.

La planète Terre

Dans l'Univers, la planète Terre s'intègre d'abord au système solaire, puis à la Voie lactée, notre galaxie, et enfin à d'autres structures encore plus vastes. Né il y a 4,6 milliards d'années, notre système solaire se compose du Soleil, des neuf planètes connues qui gravitent autour de lui avec leurs satellites, et d'une ceinture d'astéroïdes entre Mars et Jupiter. La Terre, située entre Mars et Vénus, est la troisième de ces neuf planètes qui, sous l'effet du champ de gravitation du Soleil, le suivent dans sa course autour du centre de la Voie lactée.

La Terre n'est pas une sphère parfaite, mais un ellipsoïde légèrement aplati aux pôles et pourvu d'un renflement un peu au sud de l'équateur. La circonférence à l'équateur est de 40 076 kilomètres, tandis que celle passant par les pôles n'est que de 40 009 kilomètres. Bien que négligeables en apparence, ces inégalités ont une incidence sur les mouvements de notre planète dans l'espace.

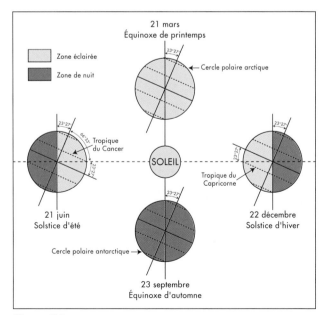

Figure C.1

La révolution que décrit la Terre autour du Soleil dure 365 jours, 5 heures et 49 minutes, soit 11 minutes de moins que les 365 jours et 6 heures de l'année civile. Cette orbite n'étant pas tout à fait régulière, on observe de légères différences dans la répartition de la chaleur solaire entre les deux hémisphères. Par contre, l'axe de rotation de la Terre par rapport au plan de son orbite est toujours incliné de 23° 27', et l'on retrouve cette même distance angulaire entre l'équateur et chacun des tropiques, et entre les pôles et les cercles polaires (fig. C.1). Cette inclinaison détermine à la fois les différences entre les climats du globe, l'alternance des saisons, et la durée du jour et de la nuit sous chaque latitude.

Saisons et parallèles

Les différentes saisons résultent donc de l'inclinaison de la Terre sur le plan de sa trajectoire autour du Soleil, que l'on nomme « plan de l'écliptique ». À cause de cette inclinaison, l'hémisphère Nord et l'hémisphère Sud bénéficient alternativement d'un maximum de réchauffement, pendant que l'hiver s'installe dans l'autre hémisphère. Ainsi, toutes les régions du globe ne bénéficient pas de la même exposition au Soleil, qui se trouve au zénith de l'équateur deux fois par an (aux équinoxes), et au zénith de chacun des tropiques une seule fois dans l'année (aux solstices). L'inégalité des températures à la surface de la Terre résulte de l'angle d'incidence des rayons solaires : les rayons directs distribuent plus de chaleur puisqu'ils sont concentrés sur une petite surface. Lorsque l'angle augmente à cause de la courbure de la Terre, la même quantité d'énergie se disperse sur une plus grande surface et perd ainsi de son pouvoir calorifique. Les régions tropicales reçoivent donc un rayonnement trois fois plus intense que les régions polaires. Les vents et les courants marins déviés par la rotation de la Terre distribuent la chaleur solaire aux différentes latitudes tout au long de l'année; les températures y déterminent à leur tour la circulation des masses d'air et les précipitations, et la diversité des conditions locales est à l'origine de la richesse biologique du globe.

Sur le plan géographique, la position de la Terre par rapport au Soleil au moment du changement des saisons a servi à établir les parallèles majeurs : équateur, tropiques et cercles polaires. Au solstice d'été dans l'hémisphère Nord (21 juin), le Soleil se trouve au zénith du tropique du Cancer, où il fournit un rayonnement plus direct et plus intense qu'à tout autre moment. C'est pour nous le jour le plus long de l'année, et au-delà du cercle polaire arctique on reçoit 24 heures d'éclairement. Le solstice d'hiver dans l'hémisphère Nord (22 décembre) correspond au moment où le Soleil passe au zénith du tropique du Capricorne. Le Soleil est alors au plus bas sur l'horizon, et c'est pour nous le jour le plus court de l'année. Toutes les régions situées au-delà du cercle polaire arctique sont plongées dans une nuit de 24 heures. Au début du printemps (21 mars) et de l'automne (23 septembre) ont lieu les équinoxes. Le Soleil se trouve alors au zénith de l'équateur. Le jour et la nuit sont d'égale durée, et les deux hémisphères sont éclairés également.

Méridiens et fuseaux horaires

Il y a toujours une moitié de la Terre éclairée quand l'autre est dans l'ombre. La zone éclairée change constamment au cours des 23 heures, 56 minutes et 4 secondes que la Terre met pour effectuer une rotation. Comme elle tourne de l'ouest vers l'est, nous voyons le Soleil se lever à l'est et se coucher à l'ouest. On considère qu'il est midi lorsque le soleil passe au zénith, mais vu la rotation de la Terre, cette situation se produit à des heures différentes selon les endroits. Si on utilise la position du Soleil comme repère, l'heure qu'il est varie considérablement sur de grandes distances. Pour qu'on puisse bien s'y retrouver, la Conférence internationale sur les méridiens divisa, en 1884, les 360° de longitude en fuseaux horaires de 15° chacun, couvrant les 24 heures de la journée (fig. C.2). Comme le degré 0 passe par Greenwich, en Angleterre, l'heure de base fut établie à partir de l'heure moyenne de Greenwich, ou Temps Universel (GMT). À l'est du méridien d'origine, l'heure est en avance sur le GMT, tandis qu'à l'ouest, elle est en retard. Lorsqu'on atteint, dans le Pacifique, la ligne de changement de date, à 180° de longitude, l'écart est de 12 heures par rapport au GMT. Les voyageurs qui passent cette ligne de l'est vers l'ouest ajoutent 24 heures en sautant un jour, tandis que ceux qui voyagent de l'ouest vers l'est doivent ôter 24 heures et répéter ce jour.

Enfin, il faut souligner que les limites des fuseaux horaires ne coïncident pas toujours avec les méridiens. Pour des raisons pratiques, ces limites s'adaptent aux découpages administratifs tels que les frontières ou les grandes régions d'un pays. Au Canada, par exemple, la limite entre le fuseau horaire du Québec et celui des provinces de l'Atlantique suit les frontières provinciales et non les méridiens.

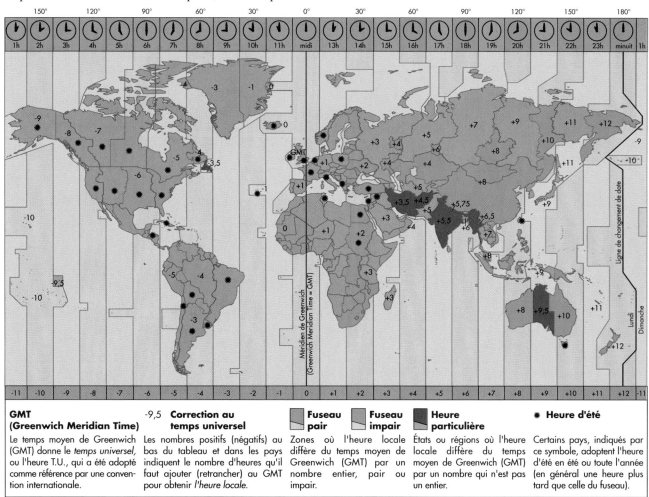

GMT
(Greenwich Meridian Time)
Le temps moyen de Greenwich (GMT) donne le *temps universel,* ou l'heure T.U., qui a été adopté comme référence par une convention internationale.

-9,5 **Correction au temps universel**
Les nombres positifs (négatifs) au bas du tableau et dans les pays indiquent le nombre d'heures qu'il faut ajouter (retrancher) au GMT pour obtenir *l'heure locale.*

☐ **Fuseau pair**
☐ **Fuseau impair**
Zones où l'heure locale diffère du temps moyen de Greenwich (GMT) par un nombre entier, pair ou impair.

■ **Heure particulière**
États ou régions où l'heure locale diffère du temps moyen de Greenwich (GMT) par un nombre qui n'est pas un entier.

✳ **Heure d'été**
Certains pays, indiqués par ce symbole, adoptent l'heure d'été en été ou toute l'année (en général une heure plus tard que celle du fuseau).

Figure C.2

-8 000 -6 400 -4 800 -3 200 -1 600 0 100 200 500 1 000 1 500 5 000

Introduction **LE MONDE**

Projection de Robinson

Chapitre 1   L'EUROPE

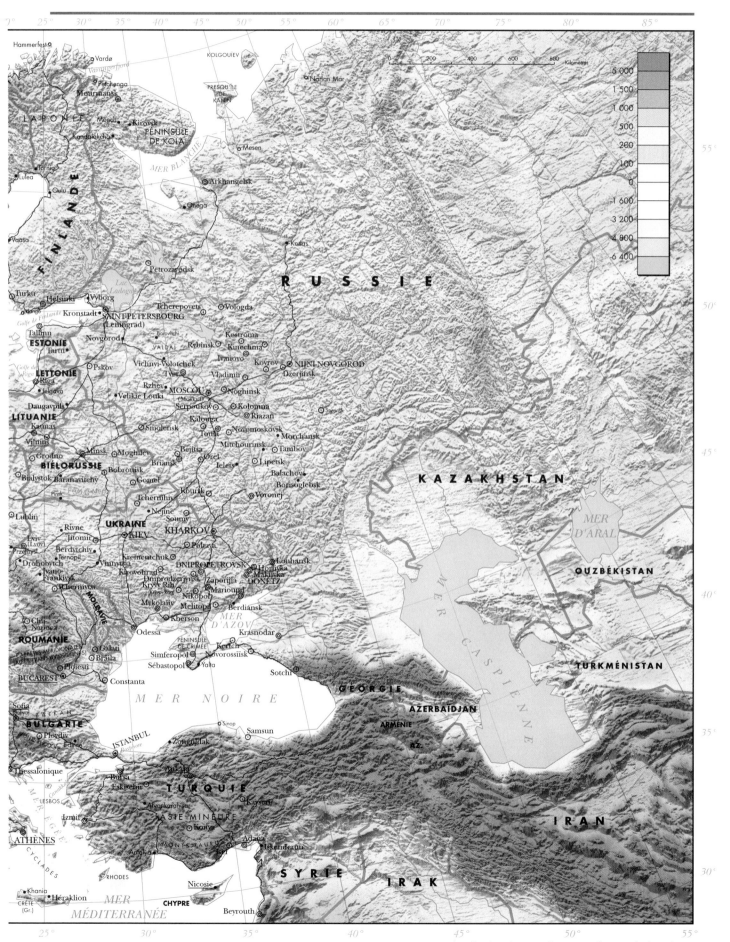

Projection conique conforme de Lambert

Chapitre 2 # LA RUSSIE

Projection conique conforme de Lambert

Chapitre 3

L'AMÉRIQUE DU NORD

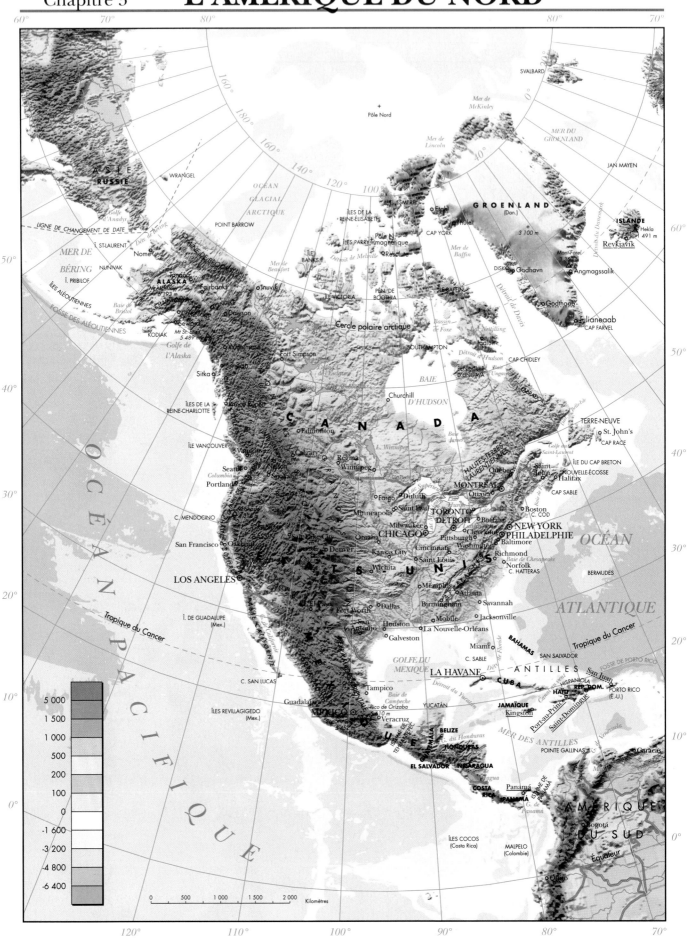

Projection conique conforme de Lambert

Chapitre 5

L'AMÉRIQUE DU SUD

Tropique du Cancer

LA HAVANE
Baie de Campêche
Yucatán
CUBA
ANTILLES
Détroit du Yucatán
HISPANIOLA
San Juan
PORTO RICO (É.-U.)
LA JAMAÏQUE
Golfe du Honduras
MER DES ANTILLES
GUADELOUPE (Fr.)
MARTINIQUE (Fr.)
BARBADE

OCÉAN ATLANTIQUE

AMÉRIQUE CENTRALE
Lac de Nicaragua
POINTE GALLINAS
Barranquilla
Cartagena
Golfe de Venezuela
Maracaibo
La Guaíra
TRINITÉ ET TOBAGO
Port of Spain
Panamá
ISTHME DE PANAMA
Golfe de Darien
Valencia
CARACAS
Golfe de Panama
Mérida
Ciudad Bolívar
Georgetown
Paramaribo
GUYANA
SURINAM
Cayenne
GUYANE FRANÇAISE
ÎLES COCOS (Costa Rica)
MALPELO (Col.)
Medellín
BOGOTÁ
MASSIF DES GUYANES
Boa Vista
MARAJÓ

COLOMBIE
ÉQUATEUR
Quito
Équateur
ÎLES GALÁPAGOS (Éq.)
Guayaquil
Golfe de Guayaquil
Cotopaxi 5 897
Chimborazo 6 267
Rio Negro
Manaus (Manaós)
Belém (Pará)
São Luís (Maranhão)
Fortaleza (Ceará)
CAP SÃO ROQUE
Iquitos
Leticia
Natal
João Pessoa (Paraíba)
RECIFE (Pernambuco)
Chiclayo
Solimões
Putumayo
Juruá
Purus
PIAUÍ
Trujillo
Huascarán 6 768
Pôrto Velho
Rio Branco
Maceió

PÉROU
Callao
LIMA
Cuzco
BRÉSIL
Salvador (Bahia)

OCÉAN PACIFIQUE
Arequipa
La Paz
Illimani
Mollendo
BOLIVIE
Sucre
Potosí
CHAPADA DE MATO GROSSO
Cuiabá
Brasília
Diamantina
PLATEAU DU BRÉSIL
Belo Horizonte
Pico da Bandeira
Vitória

Iquique
GRAN CHACO
PARAGUAY
São Francisco
SÃO PAULO
CAP FRIO
RIO DE JANEIRO
Santos
Tropique du Capricorne
Antofagasta
S. FELIX (Chili)
S. AMBROSIO (Chili)
San Miguel de Tucumán
Pilcomayo
Asunción
Corrientes
Bermejo
Paraná
Florianópolis

Copiapó
Coquimbo
Salto
Pôrto Alegre
Rio Grande

ÎLES JUAN FERNANDEZ (Chili)
Córdoba
Santa Fe
Valparaíso
Mendoza
Rosario
URUGUAY
SANTIAGO
ARGENTINE
BUENOS AIRES
MONTEVIDEO
La Plata
Rio de la Plata

OCÉAN ATLANTIQUE

Concepción
PAMPA
Valdivia
Bahía Blanca
CHILI
Puerto Montt
CHILOÉ
Viedma
Golfe de San Matías

ARCH. DES CHONOS
Comodoro Rivadavia
Golfe de San Jorge
S. Valentín 4 058

WELLINGTON
HANOVER
ÎLES FALKLAND (ISLA MALVINAS) (R.-U.)
Stanley
Río Gallegos
GÉORGIE DU SUD (Îles Falkland)
Punta Arenas
Détroit de Magellan
DESOLACIÓN
Sarmiento 2 469
TERRE DE FEU
ISLA DE LOS ESTADOS (ÎLES DES ÉTATS)
CAP HORN

Passage de Drake
ÎLES ORCADES DU SUD (R.-U.)

	5 000
	1 500
	1 000
	500
	200
	100
	0
	-1 600
	-3 200
	-4 800
	-6 400

0　400　800　1200　1600
Kilomètres

ÎLES SHETLAND DU SUD (R.-U.)
PÉNINSULE ANTARCTIQUE

Projection Plate Carrée Longitude-Latitude

Chapitre 4

L'ENSEMBLE CENTRAMÉRICAIN

Projection cylindrique de Mercator

Chapitre 6
L'AFRIQUE DU NORD ET

L'ASIE DU SUD-OUEST

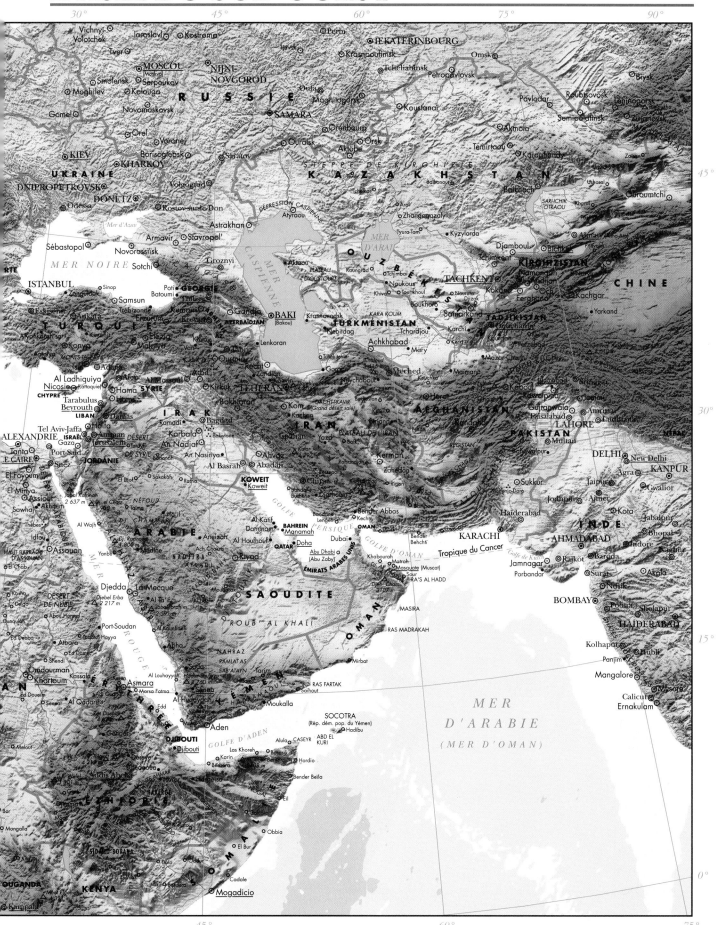

Projection conique conforme de Lambert

Chapitre 7

L'AFRIQUE SUBSAHARIENNE

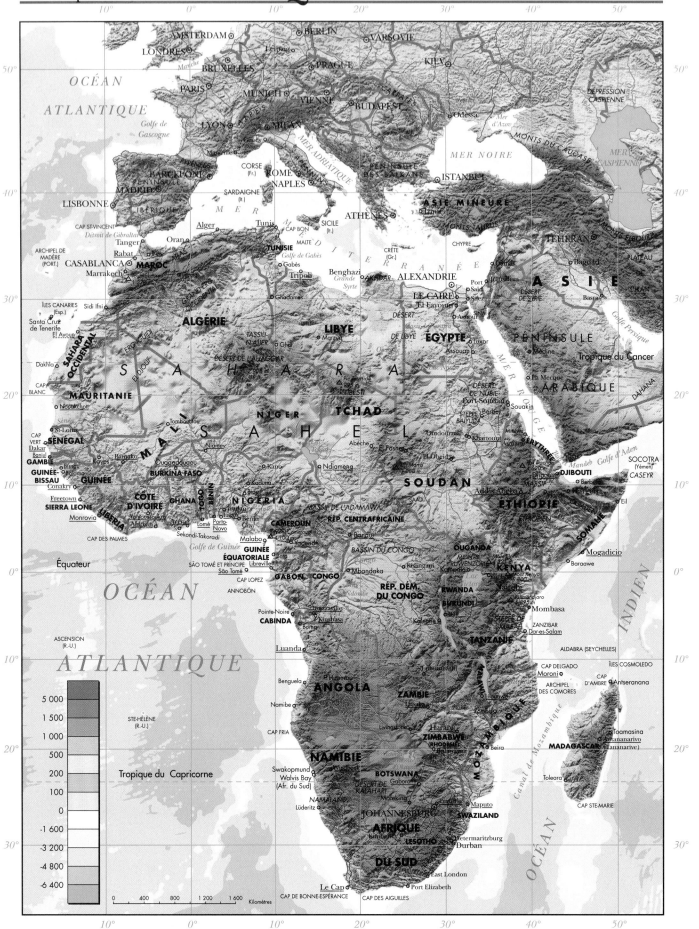

Projection cylindrique de Mercator

Chapitre 8 L'ASIE DU SUD

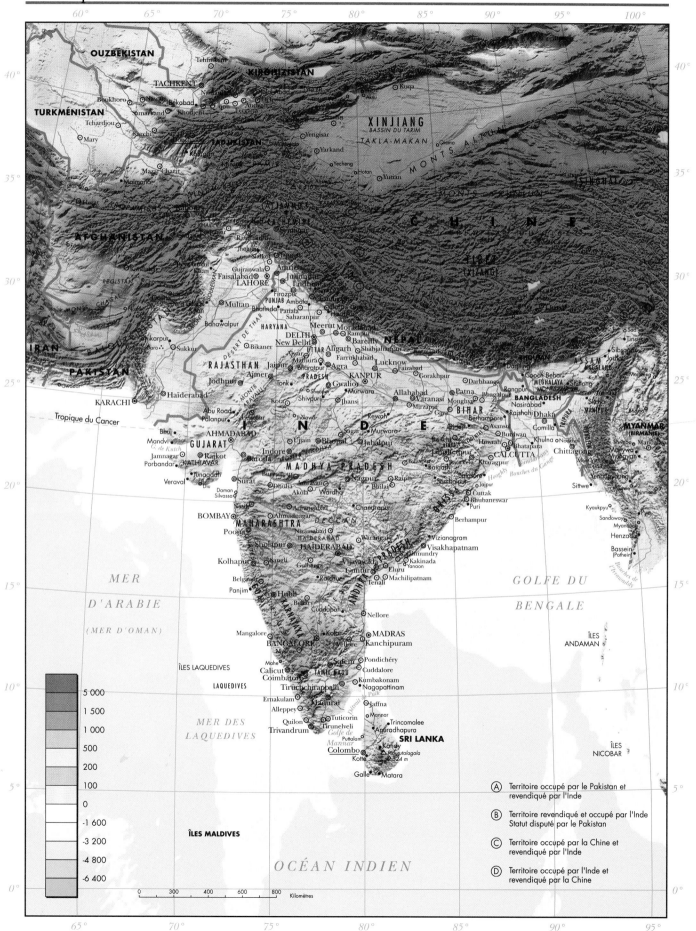

Projection cylindrique transverse de Mercator (Gauss-Kruger)

Chapitre 9

L'ASIE DE L'EST

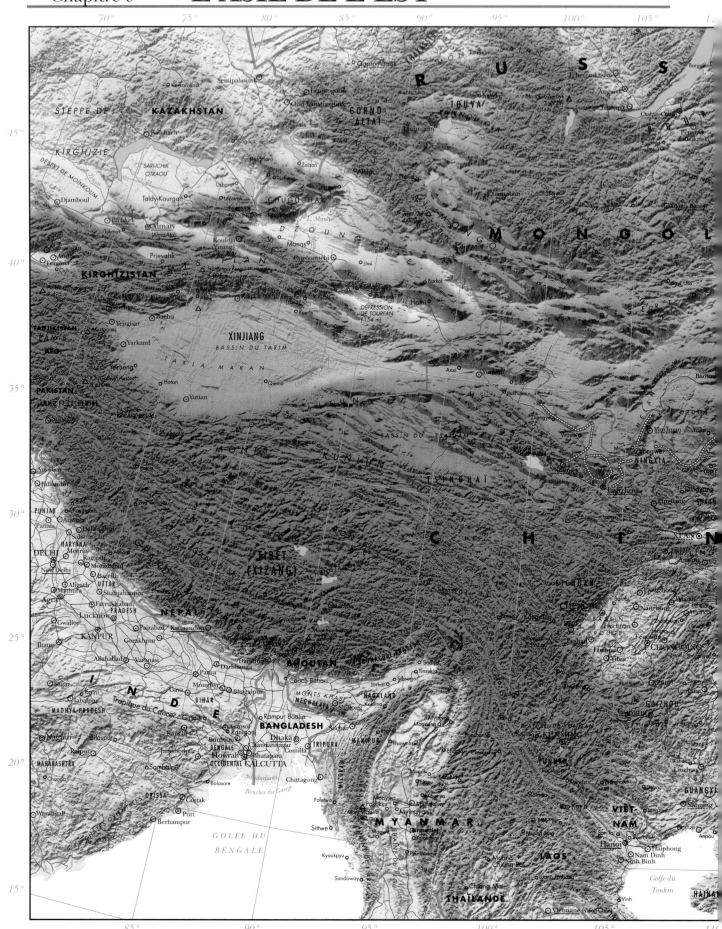

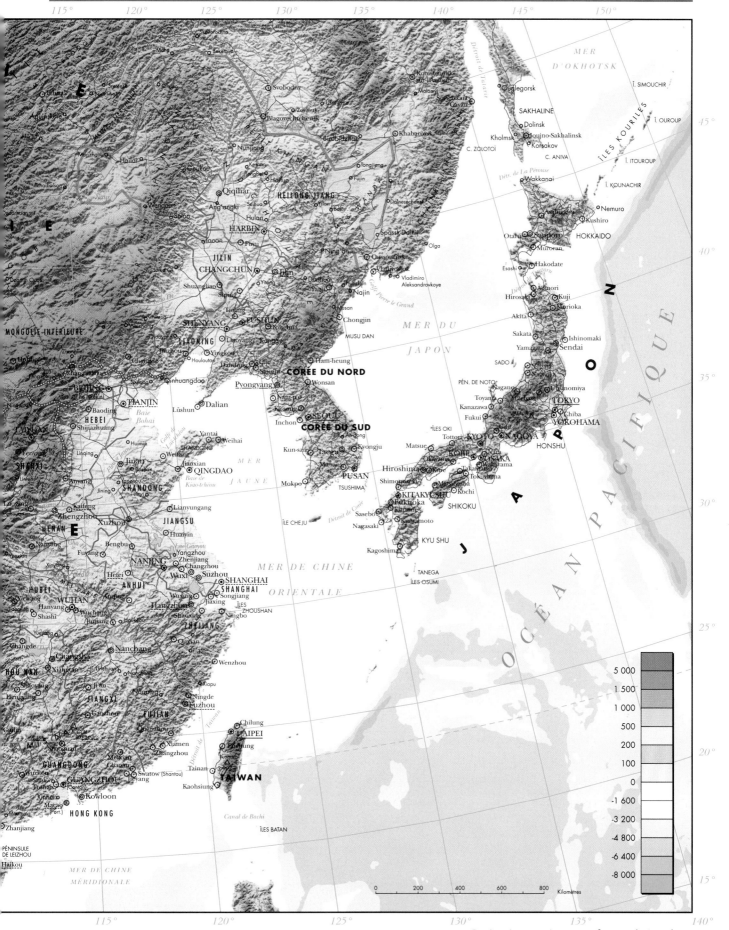

Projection conique conforme de Lambert

Chapitre 10   L'ASIE DU SUD-EST

125°   130°   135°   140°   145°   150°

-8 000   -6 400   -4 800   -3 200   -1 600   0   100   200   500   1 000   1 500   5 000

20°

15°

10°

PHILIPPINES

MER DES

PHILIPPINES

OCÉAN

S POLILLO
e de Lamon
ga
CATANDUANES
Legaspi
Sorsogon
MASBATE
Calbalogan
Roxas (Panay)
Iloilo
Bacolod
Cebu
ÎLE DINAGAT
BOHOL
Mer de Mindanao
agayan de Oro
Ozami
MINDANAO
Cotabato
Mont Apo
2 954 m
Davao
Golfe de Davao
ÎLE MIANGAS

SAMAR
LEYTE
Surigao

FOSSE DES PHILIPPINES

BELAU

P A C I F I Q U E

5°

ÎLES
TALAUD
ÎLE SANGIHE
ÎLE SIAU
Manado
Tondano
Gorontalo
Ternate
HALMAHERA

ÎLES
SONSOROL

ÎLE MOROTAI
ÎLES MAPIA

0°

Mer des Moluques
ÎLES BANGGAI
ÎLE TALIABU
île Tolo
ÎLE MANGOLE
ÎLES SULA
ÎLE SANANA
Labuha
SALAWATI
ÎLE OBI
ÎLE MISOOL
ÎLE BACAN
Mer d'Halmahera
ÎLE WAIGEO
Sorong
JAZIRAH DOBERAI
(Tête d'Oiseau)
Manokwari
BIAK
Détroit de Dampier
Golfe de Berau
Fakfak
Baie Cenderawasih

MOLUQUES
SERAM
Bula
Kaimana
BURU
Ambon
ÎLE AMBON
ÎLE MANUI
ÎLE WOWONI
ÎLES BANDA
ÎLE ADI

S   I   E

5°

ÎLES
TUKANGBESI
MER DE BANDA
ARCHIPEL LUCIPARA
ÎLES KAI
ÎLE KAI KECIL
Dobo
ÎLES ARU
ÎLE TRANGAN

N O U V E L L E

G U I N É E

IRIAN JAYA

PAPOUASIE
NOUVELLE-
GUINÉE

ÎLE
WETAR
ÎLE
DAMAR
ÎLE
BABAR
ÎLE YAMDENA
ÎLES TANIMBAR
ÎLE SELARU

ÎLE
LOMBLEN
ÎLE
ALOR
ATAURO
Dili
ÎLE
MOA

ÎLE
PANTAR
ER DE
SAVU
TIMOR

MER D'ARAFURA

10°

Kupang
ÎLE
ROTI

PÉN. DE COBOURG
ÎLE MELVILLE
ÎLE CROKER
ÎLES WESSEL

ÎLE BATHURST
Golfe de Van Diemen
Darwin

AUSTRALIE

125°   130°   135°   140°   145°   150°

Projection Plate Carrée Longitude-Latitude

Chapitre 11

L'ENSEMBLE AUSTRALIEN

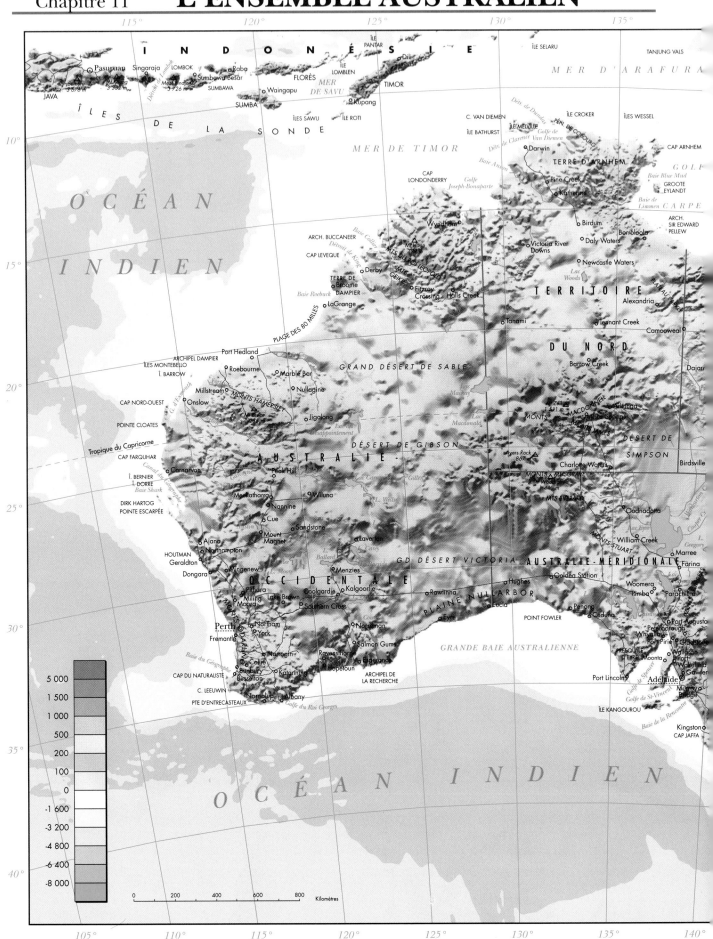

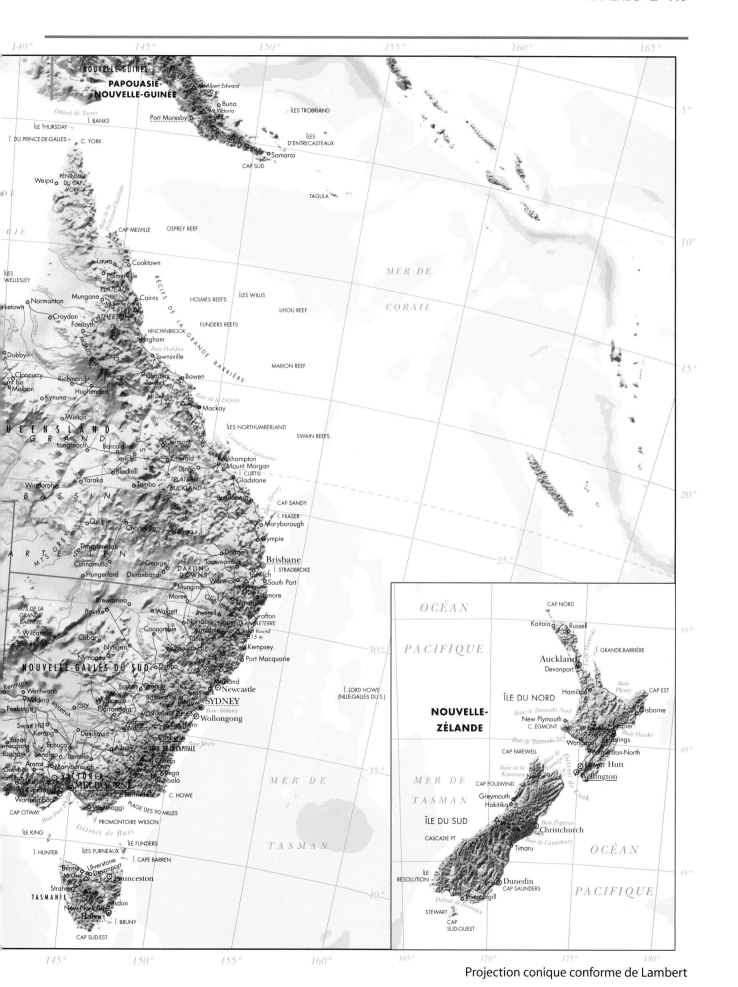

Projection conique conforme de Lambert

Chapitre 12

LES ARCHIPELS DU PACIFIQUE

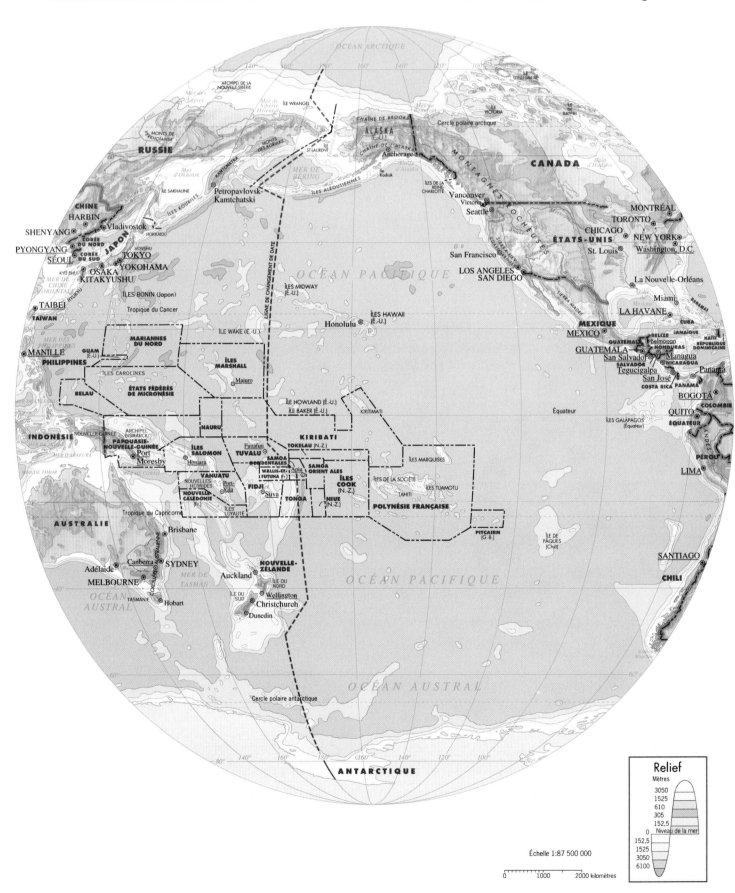

Projection Apinus II

Index géographique

Glossaire

A

Acculturation

Résultat de l'appauvrissement culturel des sociétés indigènes au contact de sociétés technologiquement plus développées.

Afrikaners

Minorité blanche d'Afrique du Sud, descendant des colonisateurs néerlandais, qui gagna graduellement en nombre et en influence, pour finalement monopoliser tout le pouvoir de 1948 à 1994.

Agriculture

Travail de la terre pour produire des plantes et des animaux utiles à l'alimentation et à la confection textile.

Aire pacifique

Groupe d'États (ou de parties d'États) disséminés dans le sens horaire depuis la Nouvelle-Zélande jusqu'au Chili. Ils ont en commun des niveaux de développement économique, industriel et urbain relativement élevés et des réseaux d'échanges commerciaux qui se font essentiellement de part et d'autre du Pacifique.

Alluvion (alluvial)

Dépôt meuble laissé par les rivières et les ruisseaux à la suite de crues ou d'inondations et formant une couche de sol fertile. Le delta du Nil et celui du Mississippi sont ainsi formés de dépôts alluviaux.

Altiplano

Plateau situé en haute altitude ou bassin entre deux chaînes de montagnes plus élevées encore. Les *altiplanos* andins se trouvent souvent à plus de 3000 mètres.

Apartheid

Pratique officielle de ségrégation totale des populations mise sur pied en 1948 par les Blancs d'Afrique du Sud. En vertu du principe du « développement séparé », la population majoritaire noire fut divisée en groupes ethnolinguistiques qu'on déporta dans des territoires distincts, les *homelands*. L'apartheid s'accompagna de nombreuses mesures racistes : interdiction pour les Noirs d'avoir une formation professionnelle, interdiction de relations sexuelles interraciales, interdiction de mariages interraciaux, etc. En 1990, le président blanc De Klerk, dans un processus de négociation avec l'ANC de Nelson Mandela, s'engagea à mettre fin à l'apartheid. Avec l'élection de Nelson Mandela à la présidence de la république en 1994 est née ce qu'on a appelé la « nouvelle Afrique du Sud », une république démocratique accordant à chaque citoyen un droit d'expression politique.

Archipel

Groupe d'îles assez rapprochées, formant habituellement une chaîne.

B

Balkanisation

Fragmentation d'une région en plusieurs unités rivales politiquement.

Bidonville

Développement désordonné autour des grandes villes des ensembles géographiques en émergence, caractérisé par l'érection, dans des endroits dépourvus de toute infrastructure sanitaire, d'abris de fortune constitués de matériaux de récupération : ferrailles, bois de rebuts, morceaux de carton, etc.

C

Capitale avancée

Capitale située dans un territoire qui est revendiqué par l'État voisin ou les États voisins. L'État qui y établit sa capitale montre ainsi sa ferme détermination à demeurer dans la zone contestée.

Capitalisme d'État

Entreprises d'État fonctionnant selon les règles de l'économie de marché, généralement dans une société strictement régimentée. La Corée du Sud est l'exemple par excellence.

Caste

Dans la société hindoue, groupe social rigide déterminé par l'hérédité et par la fonction religieuse ou sociale.

Continental (climat)

Climat des régions situées à l'intérieur des terres et bénéficiant peu de l'influence adoucissante des océans. Plus une région se trouve éloignée des grandes masses d'eau, plus les écarts de températures y sont importants.

Conurbation

Terme générique désignant l'ensemble formé par la fusion de grandes zones urbaines. La mégalopole qui s'étend depuis Boston jusqu'à Washington, en suivant les autres grands centres urbains de la côte atlantique des États-Unis, en est un bon exemple.

Convergence espace-temps

Le développement des moyens modernes de transport entraîne une réduction du temps de déplacement. Par exemple, avant la construction du chemin de fer transcontinental, le voyage de New York à San Francisco prenait deux mois. Avec le chemin de fer, le temps fut réduit à deux semaines. Aujourd'hui, le vol direct est de cinq heures.

Croissant fertile

Zone de terres fertiles qui s'étend en forme d'arc de cercle depuis le sud-est de la côte méditerranéenne, passe par le Liban et la Syrie, et se termine en Mésopotamie (Irak) dans les plaines alluviales.

Culture

Ensemble des connaissances, des mœurs et des comportements d'une société.

Cycle hydrologique

Processus par lequel s'effectue un transfert incessant de l'eau entre les océans, l'atmosphère et les continents.

Densité de population

Nombre d'habitants par unité de superficie.

Densité physiologique

Nombre de personnes par unité de terre arable.

Développement

Croissance économique et sociale d'un État.

Développement séparé

Politique systématique de ségrégation raciale instituée par l'État d'Afrique du Sud à partir de 1948. En vertu de cette politique, les groupes non blancs furent relocalisés dans dix petits territoires ségrégués, les *homelands*. L'application de cette politique entraîna d'importants déplacements de populations et s'accompagna de violences policières largement dénoncées par la communauté internationale.

Dislocation

Processus par lequel les régions d'un État réclament et acquièrent au détriment du gouvernement central plus de pouvoir et d'autonomie politiques.

Échelle

Rapport entre la distance séparant deux lieux sur une carte et la distance réelle séparant ces mêmes lieux sur la surface de la Terre.

Économie d'échelle

Économie découlant de la production à grande échelle (les coûts unitaires de production diminuant avec l'augmentation de niveau de production). C'est grâce aux économies d'échelle que les supermarchés et les grandes surfaces sont en mesure d'offrir des prix plus avantageux que ceux que consent l'épicier du coin.

Économie postindustrielle

Économie émergente ayant cours aux États-Unis et dans quelques autres pays développés, où un système de production hautement technologique dominé par les services, les technologies de l'information et la gestion commence à reléguer dans l'ombre l'industrie traditionnelle.

Ejido

Au Mexique, terre collective qui faisait auparavant partie d'une hacienda.

Enclave

Partie du territoire d'un pays se trouvant dans le territoire d'un autre pays.

Ensemble géographique

La plus grande des entités dans lesquelles on peut classer les terres habitées. Les ensembles géographiques sont la résultante de l'interaction entre des communautés humaines et des milieux naturels.

État

Territoire politiquement organisé et administré par un gouvernement souverain reconnu par la communauté internationale. Un État dispose aussi d'une population résidente permanente, d'une économie organisée et d'infrastructures fonctionnelles.

État compact

État de forme circulaire, ovale ou rectangulaire dont tous les points de la frontière se trouvent à peu près à la même distance du centre. Le Cambodge, l'Uruguay et la Pologne sont des exemples d'États compacts.

État en saillie

État dont le territoire a en saillie une étroite bande de terre qui s'étend en s'éloignant de la masse principale. La Thaïlande est l'exemple par excellence.

État longitudinal

État dont le territoire est au moins six fois plus long que large. Le Chili et le Viêt-nam en sont de bons exemples.

État-nation

Entité politique régissant un territoire clairement délimité et constituée d'une population historiquement apparentée.

État tampon

Voir Zone tampon.

Fazenda

Vaste plantation de café.

Fédération

Structure politique d'un pays où un gouvernement central représente diverses entités ayant des intérêts communs (défense, affaires étrangères, monnaie, etc.) tout en permettant à ces entités d'exercer leur propre juridiction dans certains domaines réservés.

Foyer culturel

Le terme désigne une aire culturelle d'innovation, source de rayonnement des traditions et de la culture d'un peuple ou d'une population.

Géographie physique

Étude spatiale des phénomènes naturels terrestres, de leurs structures, de leurs systèmes et de leurs interactions.

Globalisation

Réduction graduelle des contrastes entre les régions du monde résultant de l'accroissement des échanges internationaux sur les plans culturel, économique et politique.

Grandes Antilles

Les plus grandes îles des Antilles. Les Grandes Antilles comprennent Cuba, Hispaniola (composée d'Haïti et de la République dominicaine), Porto Rico et la Jamaïque.

Hacienda

Dans les pays hispanophones, ce mot désigne un vaste domaine, qu'on assimile parfois à une plantation. Aujourd'hui, à la suite de réformes agraires, nombre de ces exploitations agricoles ont été démantelées, subdivisées et réorganisées en coopératives.

Haute mer

Partie du domaine océanique située en dehors des zones où les États insulaires ou côtiers s'attribuent une souveraineté extraterritoriale.

Iconographie

Ensemble des symboles, des traits culturels et des traditions qui définissent l'identité d'un peuple.

Îles basses

Aussi appelées atolls, ces îles, qui s'élèvent à peine au-dessus du niveau de la mer, sont des terres sèches et arides où les résidents pratiquent une pêche de subsistance (les plus courantes des îles de la région pacifique).

Îles hautes

Îles d'origine volcanique très propices à l'agriculture en raison de la fertilité de leur sol (rares dans les îles de la région pacifique).

Indochine

Partie de l'Asie du Sud-Est continentale qui regroupait les colonies françaises du Laos, du Cambodge et du Viêt-nam.

Infrastructure

Terme très général qui désigne l'ensemble des équipements techniques et économiques d'un État : centres urbains, réseaux de transports, voies de communications, systèmes de distribution d'énergie, fermes, usines, mines, écoles, hôpitaux, services postaux, police et armée.

Interaction spatiale

Dans l'espace géographique, échanges de produits et de services entre les populations.

Irrigation

Arrosage artificiel des terres en culture. Dans le bassin inférieur du Nil, on pratiquait la culture de décrue qui consistait à retenir l'eau chargée de riches alluvions lors des crues à l'aide de digues.

Isohyète

Courbe joignant les points du globe où les précipitations sont égales.

Isthme

Bande de terre étroite reliant deux importantes masses continentales, généralement plus courte et plus étroite qu'un pont continental.

Jacota (triangle)

Triangle formé par le Japon, la Corée du Sud et Taiwan; une région économiquement très dynamique et très prospère.

Kolkhoze

Dans l'ancienne Union soviétique, ce terme désignait une ferme collective de plus petite taille que les *sovkhozes*.

Latitude

L'une des deux coordonnées sphériques qui déterminent un point à la surface de la Terre. Les lignes de latitude sont des parallèles tracées d'est en ouest autour du globe. Le degré 0 de latitude se trouve à l'équateur, tandis que les degrés 90 se trouvent au pôle Nord et au pôle Sud. Les zones de basse latitude sont donc situées près de l'équateur, sous les tropiques, tandis que les zones de haute latitude sont situées dans l'Arctique ou dans l'Antarctique.

Llanos

Vastes zones de savanes désignant plus particulièrement celles du bassin de l'Orénoque, de la Colombie et de la Guyana.

Longitude

L'une des deux coordonnées sphériques qui déterminent un point à la surface de la Terre. Les lignes de longitude décrivent une distance angulaire allant de 0° à 180° Est ou Ouest. Le degré 0, ou méridien d'origine, se trouve à Greenwich, près de Londres. Quant au 180ᵉ méridien, il traverse l'océan Pacifique en son centre et joue essentiellement le rôle de *ligne de changement de date.*

Maghreb

Région du nord-ouest de l'Afrique comprenant le Maroc, l'Algérie et la Tunisie.

Maquiladora

Usines modernes implantées au Mexique près de la frontière américaine où l'on fait l'assemblage de pièces importées ou la fabrication de produits finis essentiellement destinés à l'exportation vers les États-Unis. Les entrepreneurs étrangers auxquels appartiennent ces usines bénéficient de frais de douanes minimaux (grâce à l'Alena) et d'une main-d'œuvre à bon marché. Quant à l'État mexicain, il gagne des milliers d'emplois relativement bien rémunérés par rapport à la moyenne nationale.

Marché périodique

Organisés en réseaux et typiques des milieux ruraux et préindustriels, ces marchés de village sont ouverts tous les trois ou quatre jours. Les produits qui y sont vendus sont amenés à pied ou à bicyclette et le troc y demeure un mode d'échange privilégié.

Mégalopole

D'abord utilisé pour décrire la conurbation de la côte nord-est des États-Unis, ce terme générique désigne maintenant des ensembles d'agglomérations urbaines très importantes qui s'agglutinent dans diverses parties du monde.

Mercantilisme

Doctrine économique fondée sur l'acquisition de réserves d'or et d'argent et sur le maintien d'une balance commerciale toujours favorable avec les partenaires commerciaux (plus grande valeur des exportations que des importations). Cette politique protectionniste fut utilisée par les États d'Europe aux XVIᵉ et XVIIᵉ siècles pour asseoir leur dominance sur les autres États.

Métis

Individu ayant des ancêtres blancs et amérindiens.

Métropole

Important complexe urbain composé d'un noyau, la ville centrale, et d'une périphérie de banlieues.

Modèle de l'État européen

Territoire clairement délimité sur le plan juridique et habité par une population dont un gouvernement représentatif siège dans une capitale.

Mousson

Ce terme désigne le renversement saisonnier du vent et de l'humidité sous certaines latitudes. La *mousson d'hiver* se produit durant la saison froide lorsque le vent souffle du continent vers la mer. La *mousson d'été* a lieu durant les mois chauds d'été alors que les vents soufflent en sens contraire, de la mer vers le continent, en apportant des pluies abondantes. C'est la différence entre la pression de l'air au-dessus de la masse continentale et celle au-dessus de la mer qui enclenche le mécanisme de la mousson, l'air ayant toujours tendance à s'écouler, comme le ferait un liquide, d'une zone de haute pression vers une zone de plus basse pression. Les effets de la mousson sont particulièrement apparents dans les régions côtières d'Asie du Sud, d'Asie du Sud-Est et d'Asie de l'Est.

Mulâtre

Individu de couleur ayant pour ancêtres des Noirs africains et des Blancs européens.

Nation

Communauté d'humains installée sur un même territoire, ayant une certaine unité historique, linguistique, religieuse ou même économique, et régie par une même Constitution. (En pratique, la présence de tous ces critères est très rare.)

Nomadisme

Cycle de passage d'un campement à un autre. Les peuples nomades pratiquent généralement le pastoralisme.

Occupations consécutives

Phases successives de l'évolution du *paysage culturel* d'une région.

OPEP

Organisation des pays exportateurs de pétrole. Ce cartel international comprenait en 1996 douze pays membres : l'Algérie, le Gabon, l'Indonésie, l'Iran, l'Irak, le Koweit, la Libye, le Nigéria, le Qatar, l'Arabie Saoudite, les Émirats Arabes Unis (É.A.U.) et le Venezuela.

Parallèle

Ligne de latitude tracée d'est en ouest que coupent à angle droit les méridiens de longitude.

Pays enclavé

Désigne un pays n'ayant pas d'accès à la mer, la Suisse par exemple.

Paysage culturel

Par opposition au paysage physique; ensemble d'espaces créés ou modifiés par les humains et destinés à servir d'infrastructures ou de cadre de vie à la collectivité.

Périphérie

Zone d'interaction qui entoure une métropole (le *centre*) et qui en subit les influences économiques et culturelles.

Petites Antilles

Les îles plus petites des Antilles, qui s'étendent vers le sud, depuis les îles Vierges jusqu'à Trinité, près de la côte d'Amérique du Sud. On englobe généralement dans cette région l'archipel des Bahamas, qui se trouve un peu plus au nord.

Plantation

Vaste domaine consacré à la culture commerciale appartenant à un individu, à une famille ou à une compagnie. Presque toutes les plantations sont situées sous les tropiques.

Plaques lithosphériques

Grandes plaques rigides et mobiles d'une épaisseur moyenne de 100 kilomètres formant l'écorce terrestre, qu'on appelle aussi *plaques tectoniques*. Quand ces plaques entrent en collision, celle formée de roches de densité plus faible se soulève au-dessus de l'autre. C'est ce qui produit géologiquement l'émergence des grandes chaînes de montagnes. Ce phénomène s'accompagne de nombreux séismes et d'éruptions volcaniques.

Pluralisme culturel

Caractéristique des sociétés où deux communautés ou plus vivent ensemble tout en adhérant à leur propre culture.

Pont continental

Bande de terre étroite reliant deux importantes masses continentales.

Position

Localisation d'une région sur la surface de la Terre. On distingue la *position absolue*, qui est déterminée par les coordonnées appelées latitude et longitude, et la *position relative*, qui décrit la localisation d'une région par rapport aux régions environnantes.

Proche-étranger

Terme utilisé par les Russes pour désigner les 14 pays qui formaient l'ancienne Union soviétique, soit l'Estonie, la Lettonie, la Lituanie, la Biélorussie, l'Ukraine, la Molda-vie, la Géorgie, l'Azerbaïdjan, l'Arménie, le Kazakhstan, l'Ouzbékistan, le Turkménistan, le Kirghizistan et le Tadjikistan. La Russie tente de conserver un contrôle sur ces régions, notamment sur les réserves de pétrole qu'elles recèlent.

Puna

Quatrième zone d'habitation des plateaux d'Amérique du Sud, comprise entre 3600 et 4500 mètres d'altitude. Il fait si froid dans cette zone d'altitude au sol aride et dénudé qu'on ne peut y pratiquer que l'élevage du mouton et d'autres bêtes très résistantes aux basses températures.

Purification ethnique

Expulsion de populations entières par une autorité déterminée à se saisir d'un territoire. Ce phénomène séculaire en Europe de l'Est a refait surface en 1990 en ex-Yougoslavie.

Quartier des affaires

Situé au cœur du centre-ville d'une grande ville, le quartier des affaires est un secteur où l'on trouve une grande concentration d'édifices et d'entreprises commerciales : banques, compagnies d'assurances, courtiers en valeurs mobilières, grands magasins, etc. Le coût extrêmement élevé des terrains dans ces zones a été à l'origine des gratte-ciel.

Réforme agraire

Réorganisation spatiale de l'agriculture consistant à exproprier les terres des grands propriétaires agricoles pour les redistribuer aux paysans ou pour former des coopératives agricoles.

Région

Un territoire compris dans un ensemble géographique et présentant certaines caractéristiques particulières.

Région fonctionnelle

Région qui se distingue non pas par son uniformité (unité territoriale), mais par la façon dont les activités y sont organisées.

Région physiographique

Région caractérisée par une grande homogénéité des paysages naturels résultant de l'uniformité du relief, des sols, de la végétation et du climat.

Révolution industrielle

Période au cours de laquelle l'industrie manufacturière devient le principal facteur de croissance économique d'une région. La révolution industrielle se caractérise par d'importants investissements en capital, par des innovations technologiques et par une rapide urbanisation de la population.

Révolution verte

Hausse spectaculaire du rendement des terres dans certains pays en développement grâce à la création de semences de riz et d'autres céréales à croissance rapide.

Sahel

Signifiant littéralement rivage du désert, le Sahel est une zone semi-aride couvrant l'Afrique en son centre. Elle longe le Sahara et forme une transition entre ce dernier et l'Afrique humide. C'est une région où la sécheresse chronique, la désertification et une mise en pâture excessive ont amené la famine depuis 1970.

Savane

Sous les tropiques, vastes prairies herbeuses pauvres en arbres et en fleurs. Désigne aussi le climat tropical semi-aride.

Secteur primaire

Activités productives de matières brutes telles l'extraction minière, la pêche, la coupe du bois et spécialement l'agriculture.

Sertão

Zone semi-aride de l'arrière-pays du Nordeste brésilien.

Site

Caractéristiques internes d'un endroit, incluant son organisation spatiale et son cadre physique.

Situation

Caractéristiques externes d'un endroit; sa position relative, c'est-à-dire son emplacement par rapport à des zones riches en ressources ou d'autres agglomérations.

Sovkhoze

Dans l'ancienne Union soviétique, ce terme désignait une grande ferme collective très mécanisée appartenant à l'État et employant un grand nombre de travailleurs agricoles.

Spatial

Relatif à l'espace sur la surface de la Terre; synonyme de géographique.

Spécialisation spatiale

Spécialisation qu'une région a développée dans la production d'un produit ou d'un service particulier.

Structure intérieur-littoral

Ce concept fondé sur l'histoire culturelle de l'ensemble centraméricain distingue une région appelée intérieur euro-américain et une autre nommée littoral euro-africain. L'intérieur euro-américain, formé du pont continental allant du Mexique au Panamá, était une zone autosuffisante où prédominaient les haciendas. Le littoral euro-africain, qui comprend la zone côtière qui va du milieu du Yucatán à l'Amérique du Sud et qui comprend les îles des Caraïbes, était une zone de plantations vivant essentiellement du commerce avec l'Europe et l'Amérique du Nord.

Subsistance

Mode de vie des populations dont toutes les activités ne servent qu'à assurer la survie immédiate (nourriture, vêtements et abri).

Superficie

Espace qu'occupe une région sur la surface terrestre.

Supranationalisme

Une entente de coopération — politique, économique ou culturelle — entre trois pays ou plus visant la promotion d'objectifs communs. L'Union européenne est une organisation supranationale, de même que l'OPEP (Organisation des pays exportateurs de pétrole).

Tierra calienta

La plus basse des quatre zones d'habitation selon lesquelles les plateaux d'Amérique centrale et d'Amérique du Sud sont divisés. La *tierra calienta* renvoie à la plaine côtière chaude et humide et aux bassins intérieurs de faible altitude (750 mètres au-dessus du niveau de la mer). La végétation, dense et luxuriante, est celle de la forêt pluviale. On y fait plusieurs cultures tropicales, dont celle de la banane.

Tierra fría

Troisième zone d'habitation des plateaux d'Amérique centrale et d'Amérique du Sud, comprise entre 1850 mètres et 3600 mètres d'altitude. Sur ces terres froides où poussent des conifères, on trouve de vastes pâturages où l'on cultive du blé, des pommes de terre et de l'orge.

Tierra templada

Seconde zone d'habitation des plateaux d'Amérique centrale et d'Amérique du Sud. Située entre 750 et 1850 mètres au-dessus du niveau de la mer, la *tierra templada* est une zone tempérée où l'on cultive du tabac, du café, du maïs et un peu de blé.

Transition démographique

Modèle en 4 phases des changements démographiques auxquels assistent les pays en voie d'industrialisation. La phase 1 (taux de natalité et de mortalité élevés) est suivie d'une décroissance du taux de mortalité (phase 2) puis d'un retard dans le déclin du taux de natalité (phase 3), d'où une énorme augmentation de la population. Vient enfin la phase 4 durant laquelle le taux de natalité et de mortalité se stabilisent à des niveaux plus faibles.

Turkestan

Région à l'extrême nord-est de l'ensemble Afrique du Nord — Asie du Sud-Ouest. Désignée avant 1991 comme l'Asie centrale soviétique, le Turkestan est formé du Kazakhstan, de l'Ouzbékistan, du Turkménistan, du Kirghizistan et du Tadjikistan, cinq anciennes républiques socialistes soviétiques où prédomine la culture islamique.

Union européenne

Autrefois connue sous le nom de Marché commun, l'Union européenne compte, depuis 1995, 15 pays membres : la France, l'Italie, l'Allemagne, la Belgique, les Pays-Bas, le Luxembourg, le Royaume-Uni, l'Irlande, le Danemark, la Grèce, l'Espagne, le Portugal, l'Autriche, la Finlande et la Suède.

Urbanisation

Le **taux** d'urbanisation, un des plus fiables indices du développement d'un pays, indique quelle proportion de la population vit en milieu urbain. Le **processus** d'urbanisation renvoie aux migrations des populations des campagnes vers les villes au cours des périodes d'industrialisation. L'urbanisation peut aussi désigner l'étalement urbain, c'est-à-dire la transformation en zones résidentielles des zones agricoles qui entourent les grands centres urbains.

Véhiculaire

Renvoie à une langue servant aux communications entre des peuples de langue maternelle différente.

Ville primatiale

La plus grande ville d'un État, qui reflète bien la culture nationale et qui est aussi souvent, mais pas nécessairement, la capitale.

Zone centrale

Principal foyer de l'activité humaine d'un État. C'est la zone la plus accessible, la plus populeuse, la plus urbanisée et la plus productive d'un État-nation. Elle comprend souvent la capitale.

Zone d'altitude

Des régions définies verticalement.

Zone de transition

Entre deux ensembles géographiques, zone de changement très graduel et peu contrasté.

Zone économique exclusive (266)

Zone océanique pouvant s'étendre jusqu'à 200 milles marins du rivage à l'intérieur de laquelle les États insulaires ou côtiers exercent sur les autres États un contrôle extraterritorial sur la pêche, l'exploration minière ou d'autres activités commerciales.

Zone tampon

Pays ou ensemble de pays séparant des adversaires idéologiques ou politiques. En Asie du Sud, l'Afghanistan, le Népal et le Bhoutan faisaient partie d'une zone tampon entre les Britanniques d'une part et les Russes et les Chinois d'autre part. En Asie du Sud-Est continentale, la Thaïlande fut longtemps un État tampon entre Français et Britanniques.

Index